DIANZIJISHUJICHU
MONIBUFENQUANCHENGXUEXIZHIDAOYUXITIJINGJIE

智文天下
ZHIWENTIANXIA

电子技术基础模拟部分
全程学习指导与习题精解

（高教第六版）

主编　孙峥　何敏　罗珊　闵锐

东南大学出版社
SOUTHEAST UNIVERSITY PRESS

图书在版编目(CIP)数据

电子技术基础模拟部分全程学习指导与习题精解/孙峥等主编. —高教第6版. —南京：东南大学出版社，2015.6

ISBN 978-7-5641-5821-7

Ⅰ.①电… Ⅱ.①孙… Ⅲ.①模拟电路—电子技术—高等学校—教学参考资料 Ⅳ.①TN710

中国版本图书馆CIP数据核字(2015)第127892号

电子技术基础模拟部分全程学习指导与习题精解(高教第六版)

主　　编	孙　峥　何　敏　罗　珊　闵　锐	责任编辑	戴季东
电　　话	(025)83793329/83362442(传真)	电子邮件	liu-jian@seu.edu.cn
特约编辑	李　香		
出版发行	东南大学出版社	出 版 人	江建中
社　　址	南京市四牌楼2号	邮　　编	210096
销售电话	(025)83793191/57711295(传真)		
网　　址	http://www.seupress.com	电子邮件	press@seupress.com
经　　销	全国各地新华书店	印　　刷	南京新洲印刷有限公司
开　　本	718mm×1005mm　1/16	印　　张	18　字　数　510千
版　　次	2015年6月第1版第1次印刷		
书　　号	ISBN 978-7-5641-5821-7		
定　　价	26.00元		

前　言

本书是本科生学习电子技术基础(模拟部分)课程的辅导材料,可与华中科技大学电子技术课程组编、康华光主编的《电子技术基础 模拟部分》(第六版)配套使用,也可作为硕士研究生入学考试的复习参考资料,旨在帮助学生更好地掌握电子技术基础课程所涉及的基本概念、基本电路和基本分析方法。

本书共分11章,每章内容包括内容与要求、知识点归纳、习题全解和典型习题与全真考题详解四个部分。其中,“内容与要求”指出了对该章各部分内容应掌握的程度;“知识点归纳”简述该章要点、重点和难点,以便帮助读者抓住要旨,建立整体概念;“习题全解”对该章习题作出全面解析,力求从解题思路、解题方法和解题步骤等方面予以指导,使读者提高解题能力和效率;“典型习题与全真考题详解”精选有代表性、测试价值高的题目,以检验学习效果,提高应试水平。

本书由解放军理工大学孙峥、何敏、罗珊、闵锐编写,全书由孙峥统稿。

编者

目　录

第1章　绪　论

内容与要求

一、了解电子电路的基本概念。

二、了解四种类型的放大电路模型。

三、了解输入电阻、输出电阻、增益、频率响应等放大电路性能指标的概念。

知识点归纳

一、电子电路的基本概念

1. 信号源

自然界的各种物理量可以通过传感器转换为电信号，电子电路就是实现对电信号的处理。而转换的电信号可视为信号源，通常等效为图 1.1 所示的两种形式。其中图 1.1(a)为理想电压源与其内阻相串联，称为戴维宁等效电路；图 1.1(b)为理想电流源与其内阻相并联，称为诺顿等效电路。这两种信号源电路也可以相互等效转换。

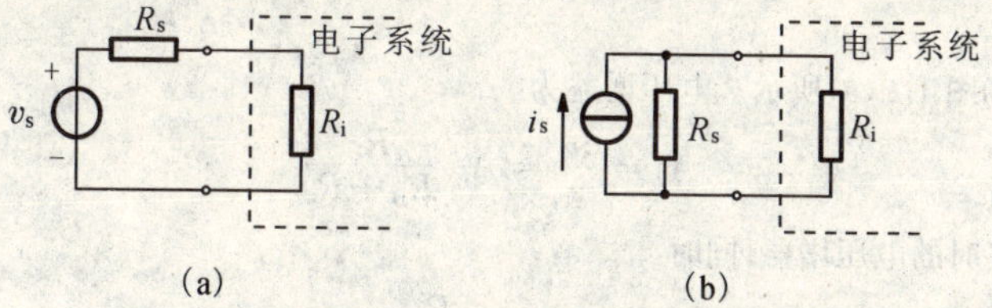

图 1.1　信号源的等效电路

(a) 电压源等效电路　(b) 电流源等效电路

2. 信号的频谱

信号都是时间的函数，大部分信号的波形看上去是无规则的。为了简化信号特征参数的提取，通常将信号从时域变换到频域来进行分析。

将一个信号分解为正弦信号的集合，得到其正弦信号幅值和相位随角频率变化的分布，称为该信号的频谱。一般满足狄利克雷条件的函数均可以通过傅里叶变换展开，于是周期信号变为离散频率函数，非周期信号变为连续频率函数，即非周期信号包含了所有可能的频率成分($0\leqslant \omega<\infty$)。

3. 模拟信号和数字信号

时间和幅值上均是连续的信号称为模拟信号，如正弦波信号。

时间和幅值上均是离散的信号称为数字信号。数字信号只有有限个离散的信号幅度，最常使用的数字信号是二值信号，即只有两种信号幅度，对于电压信号来说，就是只有高、低两种电平。除了幅值离散化特征之外，数字信号的变化时刻通常也是很有规律的，例如可按固定的周期变化，每个时间间隔内数字信号只有一个值。

除了模拟信号和数字信号外，还有一些其他信号类型的信号，例如时间连续但数值离散的信号、时间离散但数值连续的信号等。

二、放大电路的模型

放大电路的输入端口既有电压又有电流，输出端口同样有电压和电流。根据实际的输入信号和所需的输出信号是电压或电流，放大电路可分为四种类型，即电压放大、电流放大、互阻放大和互导放大，电路模型如图 1.2 所示。

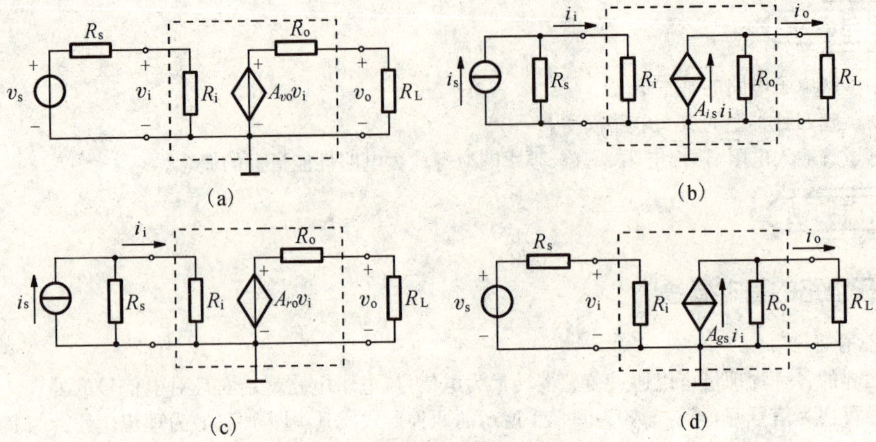

图 1.2　四种类型的放大电路模型

(a) 电压放大　(b) 电流放大　(c) 互阻放大　(d) 互导放大

1. 电压放大

电压放大模型如图 1.2(a)所示。电压增益为

$$A_v = \frac{v_o}{v_i} = A_{vo}\frac{R_L}{R_L + R_o}$$

式中 A_{vo} 为负载开路时的电压增益；同时

$$v_i = v_s\frac{R_i}{R_s + R_i}$$

可见，理想电压放大电路的输入电阻 $R_i \to \infty$，输出电阻 $R_o = 0$ 。电压放大电路适用于信号源内阻 R_s 较小而负载电阻 R_L 较大的场合。

2. 电流放大

电流放大模型如图 1.2(b)所示。电流增益为

$$A_i = \frac{i_o}{i_i} = A_{is}\frac{R_o}{R_L + R_o}$$

式中 A_{is} 为负载短路时的电流增益；同时

$$i_i = i_s\frac{R_s}{R_s + R_i}$$

可见，理想电流放大电路的输入电阻 $R_i = 0$，输出电阻 $R_o \to \infty$ 。电流放大电路适用于信号源内阻 R_s 较大而负载电阻 R_L 较小的场合。

3. 互阻放大和互导放大

互阻放大和互导放大模型分别如图 1.2(c)、(d)所示。电路中的 A_{ro} 和 A_{gs} 分别表示负载开路时的互阻增益和负载短路时的互导增益。理想互阻放大电路要求 $R_i = 0$，$R_o = 0$；理想互导放大电路则要求 $R_i \to \infty$，$R_o \to \infty$ 。

上述四种电路模型之间可以实现相互转换。但根据信号源的性质和负载的要求，一般只有一种模型在电路设计或分析中概念最明确，运用最方便。

三、放大电路的主要性能指标

1. 增益

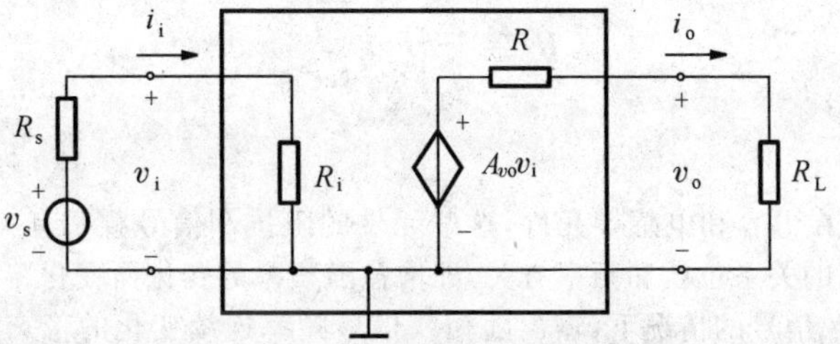

图 1.3　放大电路示意图

如图 1.3 所示，设放大电路的输入电压和电流分别为 v_i 、i_i，输出电压和电流分别为 v_o 、i_o，则电压增益 A_v 、电流增益 A_i 、互阻增益 A_r 和互导增益 A_g 分别为

$$A_v = \frac{v_o}{v_i} \quad A_i = \frac{i_o}{i_i} \quad A_r = \frac{v_o}{i_i} \quad A_g = \frac{i_o}{v_i}$$

增益实际上反映了放大电路在输入信号控制下，将供电电源能量转换为输出信号能量的能力。功率增益则为

$$A_p = \frac{v_o i_o}{v_i i_i}$$

为简化电路的分析和设计过程，常用对数方式表达增益，例如电压增益$=20\ \lg|A_v|$ dB，电流增益$=20\ \lg|A_i|$ dB，功率增益$=10\ \lg A_p$ dB。

2. 输入电阻

如图 1.3 所示，输入电阻是从放大电路输入端口看进去的等效电阻，等于输入电压 v_i 与输入电流 i_i 的比值，即

$$R_i = \frac{v_i}{i_i}$$

输入电阻 R_i 的大小决定了放大电路从信号源吸取信号幅值的大小。对于输入信号为电压信号的放大电路，即电压放大电路和互导放大电路，R_i 越大，则放大电路输入端的 v_i 越大，所以希望 R_i 越大越好；反之，对于输入信号为电流信号的放大电路，即电流放大电路和互阻放大电路，R_i 越小，注入放大电路的输入电流 i_i 越大，所以希望 R_i 越小越好。

3. 输出电阻

如图 1.3 所示，输出电阻是从输出端口看进去的等效输出信号源的内阻，它反映放大电路的带负载能力。所谓带负载能力，是指放大电路输出量随负载变化的程度。当负载变化时，输出量变化很小或基本不变，表示带负载能力很强。若放大电路的输出量为电压，即电压放大电路和互导放大电路，则 R_o 越小，负载电阻 R_L 变化时对输出电压 v_o 的影响越小，所以希望 R_o 越小越好；反之，若放大电路的输出量为电流，即电流放大电路和互阻放大电路，则与受控电流源并联的 R_o 越大，负载电阻 R_L 变化时对输出电

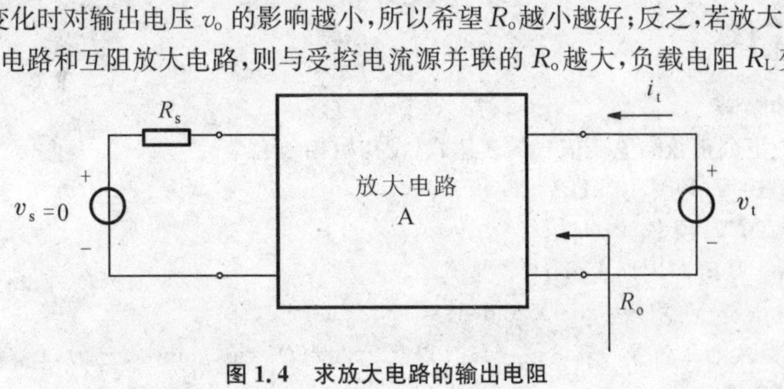

图 1.4　求放大电路的输出电阻

流 i_o 的影响越小，所以希望 R_o 越大越好。

如图 1.4 所示，通常定义 R_o 为在信号源短路（即 $v_s=0$ 但保留 R_s）、负载开路（$R_L=\infty$）的条件下，放大电路的输出端外加测试电压 v_t 与相应产生的测试电流 i_t 的比值，即

$$R_o=\frac{v_t}{i_t}\bigg|_{v_s=0,R_L=\infty}$$

4. 频率响应

(1) 频率响应

在放大电路中存在电容和电感等元件，这些元件的阻抗和信号频率有关，故放大电路的输出信号和输入信号之间的关系也就和频率有关，即增益随频率的变化而变化。所谓放大电路的频率响应，是指在输入正弦信号的情况下，输出随输入信号频率连续变化的稳态响应。此时放大电路的电压增益

$$\dot{A}_v(j\omega)=\frac{\dot{V}_o(j\omega)}{\dot{V}_i(j\omega)}=\left|\frac{\dot{V}_o(j\omega)}{\dot{V}_i(j\omega)}\right|\angle[\varphi_o(\omega)-\varphi_i(\omega)]$$

或者

$$\dot{A}_v=A_v(\omega)\angle\varphi(\omega)$$

幅度和频率之间的关系称为幅频响应，相位和频率之间的关系称为相频响应。

(2) 波特图

由于输入信号的频率范围很宽，同时放大电路的增益范围也很宽，为了能在同一坐标系中将频率和增益的变化范围表示出来，通常采用对数坐标。基于对数坐标的频率响应曲线的作图称为波特图，频率响应问题的基本分析方法是画波特图。

(3) 线性失真

因放大电路对不同频率信号产生的增益幅值不同而导致的失真称为幅度失真；因放大电路对不同频率信号产生的相移不同而导致的失真称为相位失真。幅度失真和相位失真总称频率失真，频率失真是由线性电抗元件（电容、电感等）所引起的，所以又称为线性失真。

5. 非线性失真

由放大电路自身的非线性特性而引起的失真称为非线性失真。线性失真和非线性失真都会使信号产生畸变，但两者又有很大的不同。除前述起因不同外，结果也不相同，线性失真不会产生新的频率从分量，而非线性失真会产生。定义非线性失真系数

$$\gamma=\frac{\sqrt{\sum_{k=2}^{\infty}V_{ok}^2}}{V_{o1}}\times100\%$$

式中 V_{o1} 是输出电压信号基波分量的有效值，V_{ok} 是高次谐波分量的有效值，k 为正整数。

习题全解

1.2 信号的频谱

1.2.1 写出下列正弦波电压信号的表达式（设初始相角为零）：

(1) 峰-峰值 10 V，频率 10 kHz；

(2) 有效值 220 V，频率 50 Hz；

(3) 峰-峰值 100 mV，周期 1 ms；

(4) 峰-峰值 0.25 V，角频率 1 000 rad/s。

【分析】 正弦波电压信号的表达式一般可以表示为 $v(t)=U_{om}\sin(\omega t+\theta)$，$U_{om}$ 为电压幅值，ω 为角频率，θ 为初始相角，$\omega=2\pi f$。

【解】

(1) $v(t)=5\sin(2\times10^4\pi t)$(V)；

(2) $v(t)=220\sqrt{2}\sin(100\pi t)$(V)；

(3) $v(t)=0.05\sin(2\,000\pi t)$(V)；

(4) $v(t)=0.125\sin(1\,000t)$(V)。

1.2.2 图题1.2.2中的方波电压信号加在一个电阻R两端，试用公式 $P=\frac{1}{T}\int_0^T\frac{v^2(t)}{R}\mathrm{d}t$ 计算信号在电阻上耗散的功率；然后根据主教材式(1.2.3)分别计算方波信号的傅里叶展开式中直流分量、基波分量、三次谐波分量在电阻上耗散的功率，并计算这3个分量在电阻上耗散功率之和占电阻上总耗散功率的百分比。

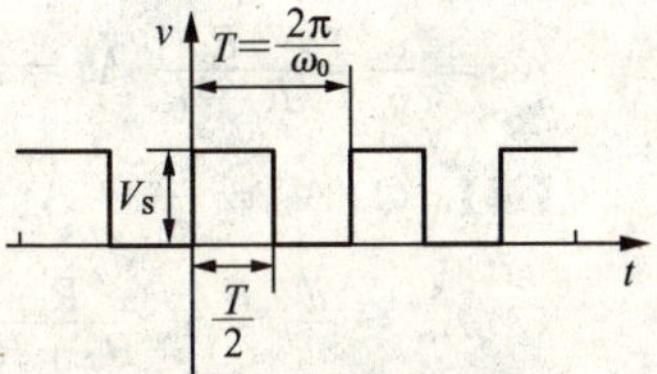

图题1.2.2 方波的时域表示

【分析】 方波信号是周期信号，在一个周期 T 内，$T/2$ 的时间电压幅值为 V_S，$T/2$ 的时间电压幅值为0。本题方波信号的傅里叶级数展开式为

$v(t)=\frac{V_S}{2}+\frac{2V_S}{\pi}(\sin\omega_0 t+\frac{1}{3}\sin3\omega_0 t+\frac{1}{5}\sin5\omega_0 t+\cdots)$，其中 $\omega_0=\frac{2\pi}{T}$ 其中直流信号为 $\frac{V_S}{2}$，基波信号为 $\frac{2V_S}{\pi}\sin\omega_0 t$，三次谐波信号为 $\frac{2V_S}{3\pi}\sin3\omega_0 t$。

【解】

(1) 方波信号在电阻上的耗散功率：

$$P_s=\frac{1}{T}\int_0^T\frac{v^2(t)}{R}\mathrm{d}t=\frac{V_S^2}{TR}\int_0^{\frac{T}{2}}\mathrm{d}t=\frac{V_S^2}{2R}$$

(2)直流分量 $P_0=\left(\frac{V_S}{2}\right)^2/R=\frac{V_S^2}{4R}$，基波分量 $P_1=\left(\frac{2V_S}{\pi}\cdot\frac{1}{\sqrt{2}}\right)^2/R=\frac{2V_S^2}{\pi^2R}$，三次谐波分量 $P_3=\left(\frac{2V_S}{3\pi}\cdot\frac{1}{\sqrt{2}}\right)^2/R=\frac{2V_S^2}{9\pi^2R}$。

(3) $P_0+P_1+P_3=\frac{V_S^2}{4R}+\frac{2V_S^2}{\pi^2R}+\frac{2V_S^2}{9\pi^2R}\approx0.475\frac{V_S^2}{R}$，故

$$(P_0+P_1+P_3)/P_s\approx\frac{0.475\frac{V_S^2}{R}}{\frac{V_S^2}{2R}}=0.95=95\%$$

1.4 放大电路模型

1.4.1 电压放大电路模型如图题1.4.1所示，设输出开路电压增益 $A_{vo}=10$。试分别计算下列条件下的源电压增益 $A_{vs}=v_o/v_s$：

(1) $R_i=10R_s$，$R_L=10R_o$；

(2) $R_i=R_s$，$R_L=R_o$；

(3) $R_i=R_s/10$，$R_L=R_o/10$；

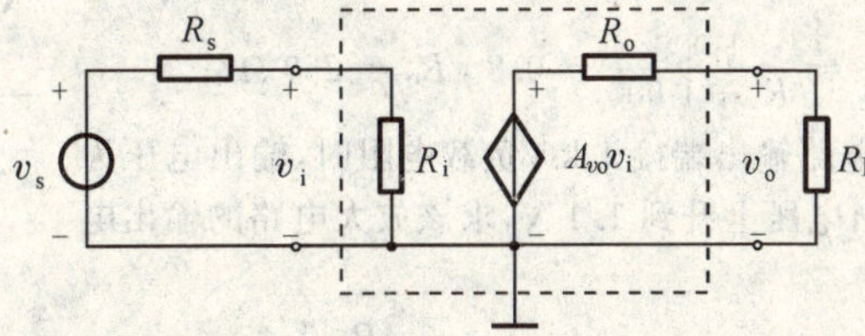

图题1.4.1

(4) $R_i=10R_s$，$R_L=R_o/10$。

【分析】 由输入回路得 $v_i=\dfrac{R_i}{R_s+R_i}v_s$，源电压增益为 $\dot{A}_{vs}=\dfrac{\dot{U}_o}{\dot{U}_s}=\dfrac{\dot{U}_o}{\dot{U}_i}\times\dfrac{R_i}{R_i+R_s}=\dfrac{R_i}{R_i+R_s}\dot{A}_v$

由输出回路得 $v_o=A_{vo}v_i\dfrac{R_L}{R_o+R_L}$，电压增益为 $A_v=\dfrac{v_o}{v_i}=A_{vo}\dfrac{R_L}{R_o+R_L}$。则源电压增益为

$\dot{A}_{vs}=\dfrac{v_o}{v_s}=\dfrac{R_i}{R_i+R_s}\dot{A}_v=A_{vo}\dfrac{R_L}{R_o+R_L}\dfrac{R_i}{R_i+R_s}$。

【解】 (1) $\dot{A}_{vs}=\dfrac{v_o}{v_s}=A_{vo}\dfrac{R_L}{R_o+R_L}\dfrac{R_i}{R_i+R_s}=10\times\dfrac{10}{10+1}\times\dfrac{10}{10+1}=\dfrac{1000}{11\times 11}\approx 8.26$

(2) $\dot{A}_{vs}=\dfrac{v_o}{v_s}=A_{vo}\dfrac{R_L}{R_o+R_L}\dfrac{R_i}{R_i+R_s}=10\times\dfrac{1}{1+1}\times\dfrac{1}{1+1}=\dfrac{10}{2\times 2}=2.5$

(3) $\dot{A}_{vs}=\dfrac{v_o}{v_s}=A_{vo}\dfrac{R_L}{R_o+R_L}\dfrac{R_i}{R_i+R_s}=10\times\dfrac{1}{1+10}\times\dfrac{1}{1+10}=\dfrac{10}{11\times 11}\approx 0.0826$

(4) $\dot{A}_{vs}=\dfrac{v_o}{v_s}=A_{vo}\dfrac{R_L}{R_o+R_L}\dfrac{R_i}{R_i+R_s}=10\times\dfrac{1}{1+10}\times\dfrac{10}{1+10}=\dfrac{100}{11\times 11}\approx 0.826$

1.5 放大电路的主要性能指标

1.5.1 在某放大电路输入端测量到输入正弦信号电流和电压的峰-峰值分别为 5 μA 和 5 mV，输出端接 2 kΩ 电阻负载，测量到正弦电压信号峰-峰值为 1 V。试计算该放大电路的电压增益 A_v、电流增益 A_i、功率增益 A_p，并分别换算成 dB 数表示。

【分析】 电压增益 $A_v=\dfrac{v_o}{v_i}$，电流增益 $A_i=\dfrac{i_o}{i_i}$，功率增益 $A_p=\dfrac{v_o i_o}{v_i i_i}$，输入电压、输入电流和输出电压已知，只需要求出输出电流就可以计算。

【解】

电压增益 $$A_v=\frac{v_o}{v_i}=\frac{1\ \text{V}}{0.005\ \text{V}}=200$$

$$20\lg|A_v|=20\lg 200\approx 46\ \text{dB}$$

电流增益 $$A_i=\frac{i_o}{i_i}=\frac{1\ \text{V}/2\,000\ \Omega}{5\times 10^{-6}\ \text{A}}=100$$

$$20\lg|A_i|=20\lg 100=40\ \text{dB}$$

功率增益 $$A_p=\frac{P_o}{P_i}=\frac{(1\ \text{V})^2/2\,000\ \Omega}{5\times 10^{-3}\ \text{V}\times 5\times 10^{-6}\ \text{A}}=20\,000$$

$$10\lg A_p=10\lg 20\,000\approx 43\ \text{dB}$$

1.5.2 当负载电阻 $R_L=1$ kΩ 时，电压放大电路输出电压比负载开路（$R_L=\infty$）时输出电压减少 20%，求该放大电路的输出电阻 R_o。

【分析】 电路输出端如图解 1.5.2 所示，负载开路时的电压为受控电压源两端的电压，记作 v_o'；加上负载 R_L 后，有

$$v_o=\frac{R_L}{R_o+R_L}v_o'$$

图解 1.5.2

【解】 $\dfrac{v_o}{v_o'}=\dfrac{R_L}{R_o+R_L}=\dfrac{1\,000}{R_o+1\,000}=0.8$，$R_o=250\ \Omega$

1.5.3 一电压放大电路输出端接 1 kΩ 负载电阻时，输出电压为 1 V，负载电阻断开时，输出电压上升到 1.1 V，求该放大电路的输出电阻 R_o。

【分析】 电路输出端如图解 1.5.2 所示，$v_o=\dfrac{R_L}{R_o+R_L}v_o'$。

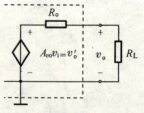

【解】 $\frac{v_o}{v'_o}=\frac{R_L}{R_o+R_L}=\frac{1\,000}{R_o+1\,000}=\frac{1}{1.1}$，$R_o=100\ \Omega$。

1.5.4 某放大电路输入电阻 $R_i=10\ \text{k}\Omega$，如果用 1 μA 电流源（内阻为∞）驱动，放大电路输出短路电流为 10 mA，开路输出电压为 10 V。求放大电路接 4 kΩ 负载电阻时的电压增益 A_v、电流增益 A_i、功率增益 A_p，并分别换算成 dB 数表示。

【分析】 要计算电压增益，电流增益和功率增益首先得到在负载一定的情况下的电压值和电流值。输入的电流为 1 μA，输入电阻已知的情况下，可得输入电压；计算输出电压和输出电流，可参考图解1.5.2，开路时的电压为 10 V（$A_{vo}v_i=10$ V），短路时电流为 10 mA（$\frac{A_{vo}v_i}{R_o}=10$ mA），求出输出电阻 R_o。当负载为 4 kΩ 时，计算出输出电压和电流。

【解】 $v_i=1\ \text{mA}\times10\ \text{k}\Omega=10\ \text{mV}$

$$R_o=\frac{10}{10}\ \text{k}\Omega=1\ \text{k}\Omega$$

$$v_o=10\times\frac{R_L}{R_L+R_o}=10\times\frac{4}{4+1}=8\ \text{V},\ i_o=\frac{v_o}{R_L}=\frac{8}{4}=2\ \text{mA}$$

$$A_v=\frac{v_o}{v_i}=\frac{8}{0.01}=800,\ 20\lg A_v=20\lg 800\approx58\ \text{dB}$$

$$A_i=\frac{i_o}{i_i}=\frac{2}{0.001}=2\,000,\ 20\lg A_i=20\lg 2\,000\approx66\ \text{dB}$$

$$A_p=\frac{v_oi_o}{v_ii_i}=\frac{8\times2}{0.01\times0.001}=1\,600\,000,\ 10\lg A_p=10\lg(1.6\times10^6)\approx62\ \text{dB}$$

1.5.5 有以下三种放大电路备用：(1) 高输入电阻型：$R_{i1}=1\ \text{M}\Omega$，$A_{vo1}=10$，$R_{o1}=10\ \text{k}\Omega$；(2) 高增益型：$R_{i2}=10\ \text{k}\Omega$，$A_{vo2}=100$，$R_{o2}=1\ \text{k}\Omega$；(3) 低输出电阻型：$R_{i3}=10\ \text{k}\Omega$，$A_{vo3}=1$，$R_{o3}=20\ \Omega$。用这三种放大电路组合，设计一个能在 100 Ω 负载电阻上提供至少 0.5 W 功率的放大器。已知信号源开路电压为 30 mV（有效值），内阻为 $R_s=0.5\ \text{M}\Omega$。

【分析】 高输入电阻放大电路一般作为输入级，减小对信号源电压的衰减；中间级用高增益型，对信号实现放大；输出级采用低输出阻抗型提高电路带负载能力。

【解】 组成的电路如图解 1.5.5 所示。

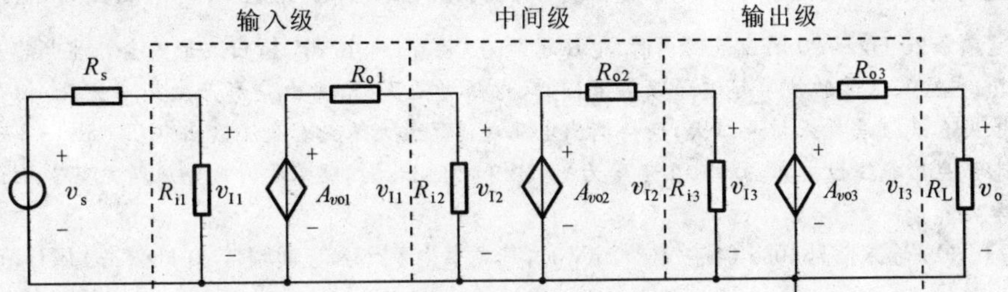

图解 1.5.5

$$v_{I1}=\frac{R_{i1}}{R_s+R_{i1}}\cdot v_s=\frac{1\times10^6}{(0.5+1)\times10^6}\times0.03\ \text{V}=0.02\ \text{V}$$

$$v_{I2}=\frac{R_{i2}}{R_{o1}+R_{i2}}\cdot A_{vo1}v_{I1}=\frac{10\times10^3}{(10+10)\times10^3}\times10\times0.02\ \text{V}=0.1\ \text{V}$$

$$v_{I3}=\frac{R_{i3}}{R_{o2}+R_{i3}}\cdot A_{vo2}v_{I2}=\frac{10\times10^3}{(1+10)\times10^3}\times100\times0.1\ \text{V}=\frac{100}{11}\ \text{V}$$

$$v_o = \frac{R_L}{R_{o3}+R_L}\cdot A_{vo3}v_{I3} = \frac{100}{20+100}\times 1\times\frac{100}{11}\ \text{V} = \frac{250}{33}\ \text{V}$$

$$P_o = v_o^2/R_L = [(250/33)^2/100]\text{W} \approx 0.574\ \text{W} > 0.5\ \text{W}$$

1.5.6 图题 1.5.6 所示电流放大电路的输出端直接与输入端相连，求输入电阻 R_i。

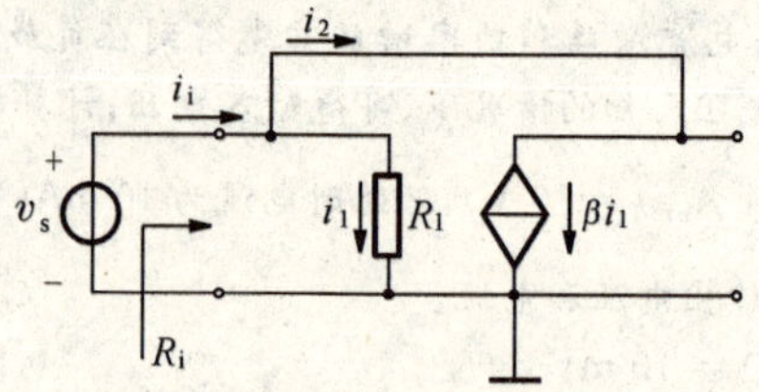

图题 1.5.6 电流放大电路

【分析】 输入电阻＝输入电压 v_s/输入电流 i_i。输入电流 $i_i = i_1 + i_2 = (1+\beta)i_1$，而 $v_s/i_1 = R_1$。

【解】 $R_i = \dfrac{v_s}{i_i} = \dfrac{v_s}{(1+\beta)i_1} = \dfrac{R_1}{(1+\beta)}$

1.5.7 在电压放大电路的上限频率点，电压增益比中频区增益下降 3 dB，这时在相同输入电压条件下，与中频区比较，输出电压下降到多少？

【分析】 电压增益下降到原来的 $1/\sqrt{2}$ 时的频率为上限频率。对应的 dB 数下降了 $10\lg(1/\sqrt{2}) \approx -3$ dB。同样下降了 3 dB 的上限频率点对应的放大倍数下降了 $1/\sqrt{2}$。

【解】 $1/\sqrt{2} \approx 0.707$，在相同输入电压条件下，上限频率点的输出电压约下降到中频区的 0.707。

1.5.8 设一放大电路的通频带为 20 Hz～20 kHz，通带电压增益 $|\dot{A}_{vM}| = 40$ dB，最大不失真交流输出电压范围是 −3～+3 V。(1) 若输入一个 $10\sin(4\pi\times10^3 t)$mV 的正弦波信号，输出波形是否会产生频率失真和非线性失真？若不失真，则输出电压的峰值是多大？(2) 若 $v_i = 40\sin(4\pi\times10^4 t)$mV，重复回答(1)中的问题；(3) 若 $v_i = 10\sin(8\pi\times10^4 t)$mV，输出波形是否会产生频率失真和非线性失真？为什么？

【分析】 这道题需要考虑两方面的问题：(1) 当输出电压范围不超过 −3～+3 V 时，输入信号的频率在通频带 20 Hz～20 kHz 范围内时，电压增益为 $|\dot{A}_{vM}| = 40$ dB，输出波形不会产生频率失真和非线性失真，当输入信号的频率超过通频带范围时，电压增益下降，输出波形产生频率失真，但是不会产生非线性失真；(2) 当输入信号过大，使得输出电压超过了最大不失真交流输出电压范围 −3～+3 V，输出波形产生了非线性失真。另外，在频率为 20 Hz 和 20 kHz 时，还需要考虑电压增益有 3 dB 的衰减会产生频率失真。

【解】 (1) 输入信号 $10\sin(4\pi\times10^3 t)$mV 时，其频率为 2 kHz，在通频带 20 Hz～20 kHz 范围内，不会产生频率失真；电压增益为 $|\dot{A}_{vM}| = 40$ dB，放大倍数为 100，最大幅值的输出电压为 10 mV×100 = 1 000 mV = 1 V，没有超过了最大不失真交流输出电压范围 −3～+3 V，不会产生非线性失真，输出电压的峰值为 2 V。

(2) 若 $v_i = 40\sin(4\pi\times10^4 t)$mV，其频率为 20 kHz，刚好等于上限频率，产生了频率失真；电压增益为 $|\dot{A}_{vM}| = 40\ \text{dB} - 3\ \text{dB}$，放大倍数为 70.7，最大幅值的输出电压为 40 mV × 70.7 = 2 828 mV = 2.828 V，没有超过最大不失真交流输出电压范围 −3～+3 V，不会产生非线性失真。

(3) 若 $v_i = 10\sin(8\pi\times10^4 t)$mV，其频率为 40 kHz，超过了通频带 20 Hz～20 kHz 范围，产生了频率失真；电压增益小于 100，最大幅值的输出电压小于 10 mV×100 = 1 000 mV = 1 V，没有超过了最大不失真交流输出电压范围 −3～+3 V，不会产生非线性失真。

典型习题与全真考题详解

1. 某放大电路在负载开路时，测得输出电压为 5 V，在输入电压不变的情况下接入 3 kΩ 的负载电阻，输出电压下降到 3 V，说明该放大电路的输出电阻为________。

【解】 2 kΩ

2. 某放大电路在接有 2 kΩ 负载电阻时，测得输出电压为 3 V，在输入电压不变的情况下断开负载电阻，输出电压上升到 7.5 V，说明该放大电路的输出电阻为________。

【解】 3 kΩ

3. 已知某放大电路的输出电阻为 3 kΩ，在接有 4 kΩ 负载电阻时，测得输出电压为 2 V。在输入电压不变的条件，断开负载电阻，输出电压将上升到________。

【解】 3.5 V

4. (武汉科技大学 2006 年硕士研究生入学考试试题)放大电路对不同频率的正弦信号的稳态响应特性简称为________。由于放大电路对含有多种频率信号的________不同而产生的波形失真，称为幅度失真；由于放大电路对信号中不同频率产生的________不同而产生的波形失真，称为相位失真。

【解】 频率响应　放大倍数　相移

第 2 章　运算放大器

内容与要求

一、掌握实际集成运放及理想集成运放的特点。

二、掌握虚短、虚断的重要概念。

三、掌握由集成运放组成的基本运算电路及其分析方法。

知识点归纳

一、集成电路运算放大器

集成运算放大器是一种可实现信号的加、减、积分、微分等数学运算的集成芯片，简称集成运放。

1. 集成运放的内部结构

(1) 输入级：由差分放大电路构成，抗干扰，有两个输入端——同相输入端 P、反相输入端 N；

(2) 中间级：电压放大；

(3) 输出级：功率放大，负载能力强。

2. 集成运放的电路模型特点

集成运放的电路模型及电压传输特性分别如图 2.1 及图 2.2 所示。

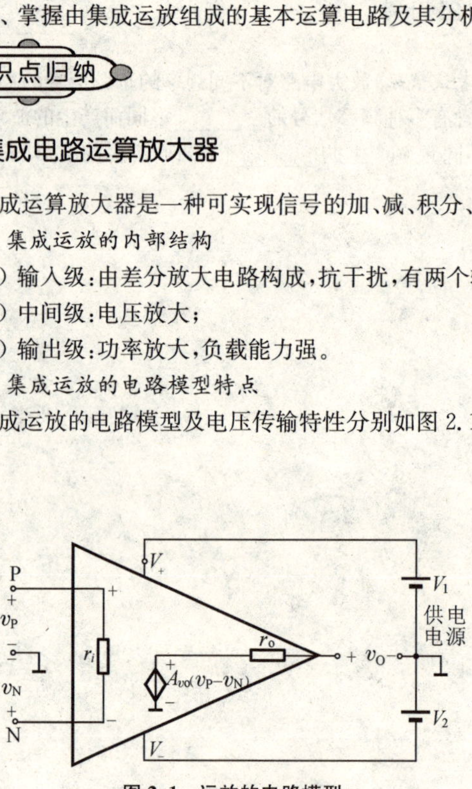

图 2.1　运放的电路模型

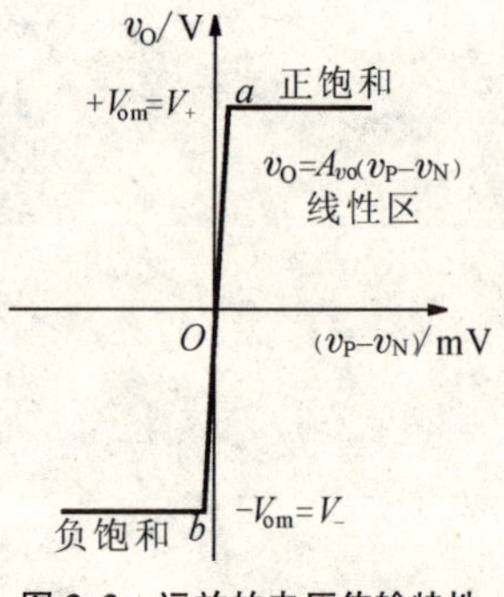

图 2.2　运放的电压传输特性

(1) 线性区：$v_O = A_{vo}(v_N - v_P)$；

$v_N - v_P$ 为输入信号，A_{vo} 为运放的电压增益，也称开环增益(开环指运放无反馈)，A_{vo} 很高，通常达 10^6 或更高。

(2) 非线性区(饱和区)：$v_O = \pm V_{om}$；

$\pm V_{om}$ 不可能超过运放的正、负电源值 V_+ 和 V_- 。

(3) 输入电阻 r_i 较大，通常为 10^6 Ω 或更高；

(4) 输出电阻 r_o 较小，通常为 100 Ω 或更低。

3. 运放模型特点的引申意义

由于开环增益 A_{vo} 很高，加很小的输入电压 $v_N - v_P$ ，比如 1 mV ，就会使输出电压 v_O 大大超出其饱和极限值而扩展到饱和区，因此在开环状态(无反馈)下，运放的线性区很小，电路不易稳定，无法进行信号的运算。

二、理想运算放大器

1. 理想运放的电路模型特点

(1) $A_{vo} \to \infty$，$+V_{om} = V_+$，$-V_{om} = V_-$；

(2) $r_i \approx \infty$；

(3) $r_o \approx 0$；

2. 理想模型的两虚概念

(1) 由于$A_{vo} \to \infty$，则只有净输入电压$v_{id} = v_P - v_N \approx 0$，理想运放才可能工作在线性区，否则输出电压$v_O$就趋于饱和。或者说，如果理想运放工作在线性区，则有$v_{id} = v_P - v_N \approx 0$，即$v_P \approx v_N$，同相输入端与反相输入端虚假短路，简称虚短。

(2) 由于$r_i \approx \infty$，可以认为流入理想运放同相端和反相端的电流都为零，$i_P = i_N \approx 0$，即输入端为虚假断路，简称虚断。

三、基本线性运放电路

1. 运放工作在线性区的条件——电路引入负反馈

由于运放线性区的工作范围很小，开环时运放电路不稳定，无法实现对信号的运算，只有引入负反馈，电路才能稳定，实现对信号的运算。

为分析方便，不做特别说明时，本章下文运放均指理想运放。

负反馈：将电路中的一部分输出信号返回到输入端，形成闭环系统，并削弱输入信号。负反馈是放大电路中重要的组成部分。

2. 同相放大电路

(1) 基本电路及其技术指标(电路如图2.3所示)

① 闭环增益$A_v = \dfrac{v_o}{v_i} = 1 + \dfrac{R_2}{R_1}$；

信号被同相放大。由$A_v \ll A_{vo}$，可知引入负反馈使电路增益下降，但作为交换，负反馈稳定了电路的输出，使信号运算成为可能。

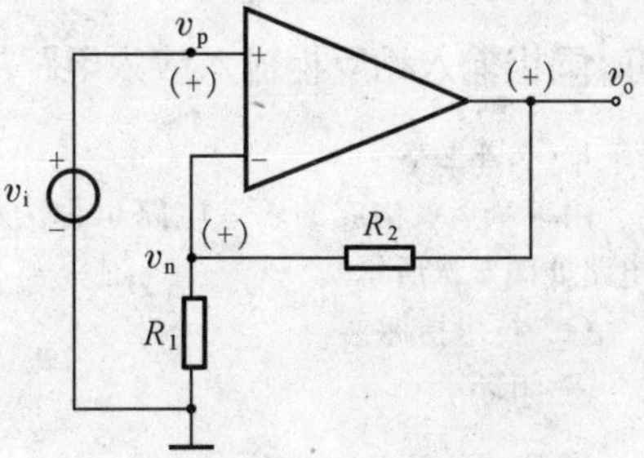

图2.3　同相放大电路

注意：在同相放大电路中，$v_o = \left(1 + \dfrac{R_2}{R_1}\right) v_p$ 是常用公式。当电路为图2.3所示基本电路时，有$v_p = v_i$，则$v_o = \left(1 + \dfrac{R_2}{R_1}\right) v_p = \left(1 + \dfrac{R_2}{R_1}\right) v_i$；而当输入端有电阻对$v_i$分压时，如书后习题2.3.3(a)，由于$v_p \neq v_i$，则需根据虚断先求出$v_p$。

② 放大电路输入电阻$R_i \to \infty$；

③ 放大电路输出电阻$R_o \to 0$。

输入电阻R_i很高、输出电阻R_o很低是同相放大电路的重要优点。R_i、R_o分别是放大电路的输入、输出电阻，注意与运放模型的输入、输出电阻r_i、r_o的区别。

(2) 电压跟随器

电压跟随器(如图2.4所示)是一种特殊的同相放大器，也称缓冲器，其$A_v = 1$，即输出信号始终跟随输入信号。电压跟随器虽然不能放大信号，但因具有其高输入阻抗和低输出阻抗的特性而应用广泛。

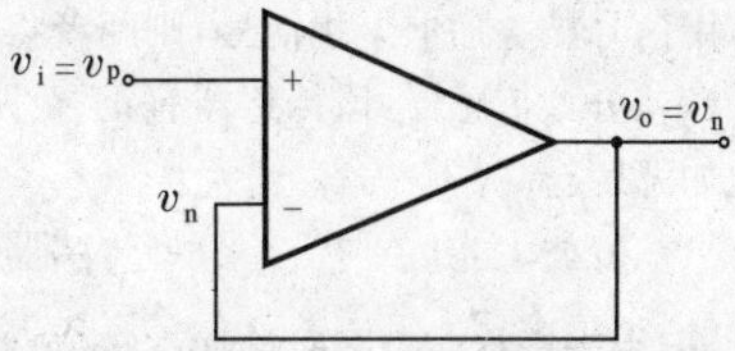

图2.4　电压跟随器

(3) 电路中的虚短

由于引入负反馈之后，运放工作在线性区，因此有$v_P \approx v_N$，虚短。运放电路中，虚短成立的前提是引入负反馈，运放工作在线性区。

3. 反相放大电路

(1) 基本电路及其技术指标(电路如图 2.5 所示)

① 闭环增益 $A_v=\frac{v_o}{v_i}=-\frac{R_2}{R_1}$,输出信号与输入信号反相;

② 放大电路输入电阻 $R_i=R_1$;

③ 放大电路输出电阻 $R_o\to 0$ 。

反相输入端"虚地"是反相放大电路的重要特征,同时也导致了其输入阻抗不够高这个不理想的特性。

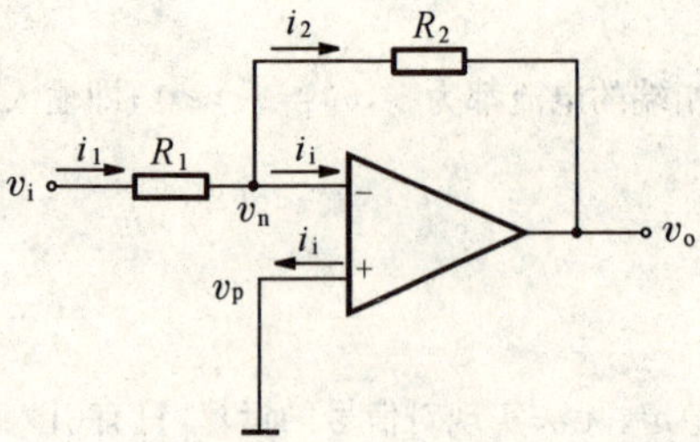

图 2.5 反相放大电路

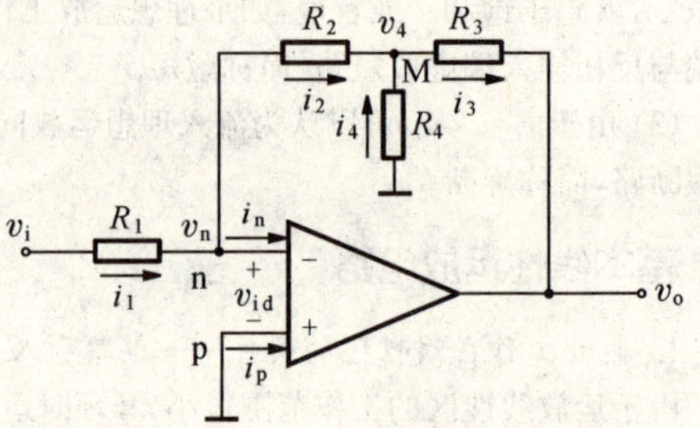

图 2.6 含 T 形反馈网络的反相放大电路

(2) 含 T 形反馈网络的反相放大电路(电路如图 2.6 所示)

用低阻值的 T 形网络代替反馈电阻,可获得放大电路的高增益。

四、同相输入和反相输入放大电路的其他应用

1. 求差电路

由单个运放构成的求差电路也称为单运放差分放大器(电路如图 2.7 所示)。

(1) 技术指标

① 闭环增益

当 $R_4/R_1=R_3/R_2$ 时,$v_o=\frac{R_4}{R_1}(v_{i2}-v_{i1})$,实现两个信号的差值部分 $v_{i2}-v_{i1}$ 的放大;

② 输出电阻 $R_o\to 0$;

③ 输入电阻 $R_i=2R_1$ 。输入电阻不高是该种求差电路不够理想的特性。

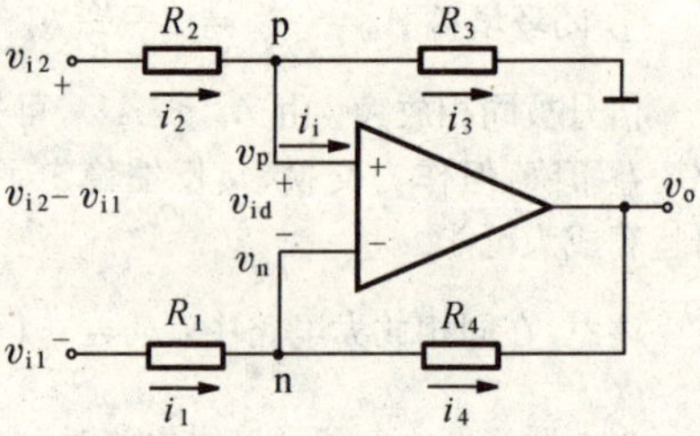

图 2.7 求差电路

(2) 对信号差值 $v_{i2}-v_{i1}$ 的理解

放大电路的干扰问题:当传感器将采集到的信号 v_i 输入同相或反相放大电路时,在传输过程中,若有用信号被叠加上干扰信号,则两者将一起被放大,造成输出失真。

差分型传感器:该传感器有正、负两个输出端,输出端之间的信号差 $v_{i2}-v_{i1}$ 是采集到的有用信号,比如温度越高,$v_{i2}-v_{i1}$ 越大。

差分放大器抗干扰:差分型传感器将采集的信号输入差分放大电路,传输过程中干扰信号依然存在,但由于干扰信号同时叠加在正、负两根传输线上(共模干扰),根据 $v_o=\frac{R_4}{R_1}(v_{i2}-v_{i1})$,$v_{i1}$ 和 v_{i2} 中相同的干扰信号分量将相减为零,因此电路仅实现了对有用信号的放大。差分型传感器被广泛采用。

2. 仪用放大器

仪用放大器是一种应用非常广泛的放大器,由三个运放构成,也称为三运放差分放大器,如图 2.8

所示，其主要特点如下。

(1) 实现两个信号差值部分的放大，$A_v = \frac{v_o}{v_1 - v_2} = -\frac{R_4}{R_3}\left(1 + \frac{2R_2}{R_1}\right)$；

(2) 由于信号都从同相端加入，输入电阻 $R_i \to \infty$，实际仪用放大器的 R_i 可达 10 MΩ 以上，克服了单运放差分放大器输入电阻不够高的缺点；

(3) 共模抑制比很高，抗干扰能力强；

(4) 可通过外接一个电位器来控制电压放大倍数。

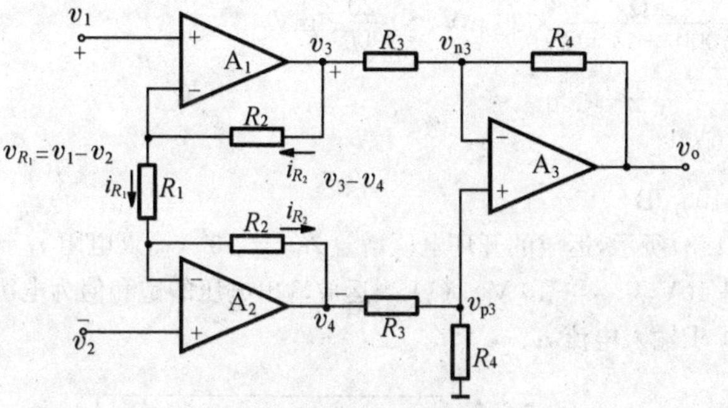

图 2.8　仪用放大器

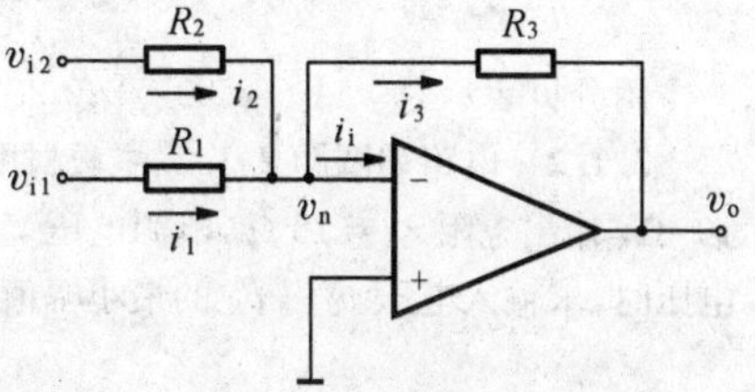

图 2.9　反向求和电路

3. 求和电路

(1) 同相求和：多个信号同时从运放同相端输入，电路对每个信号同相放大，然后再求和；

(2) 反相求和：多个信号同时从运放反相端输入，电路对每个信号反相放大，然后再求和，如图 2.9 所示。

可运用叠加原理进行求和电路的增益计算。

4. 积分电路和微分电路

分别在无源微、积分电路中加上运放，称为有源微、积分电路。

无源微、积分电路电路的缺点：无源微、积分电路的时间常数 $\tau = RC$ 容易受后继电路输入阻抗的影响而不稳定。有源微、积分电路的运算效果更为理想。

(1) 积分电路（电路如图 2.10 所示）

电容在负反馈支路上。当 $v_C(0) = 0$，$v_O = -\frac{1}{RC}\int v_I \mathrm{d}t$，积分电路可将方波信号转换成三角波信号。

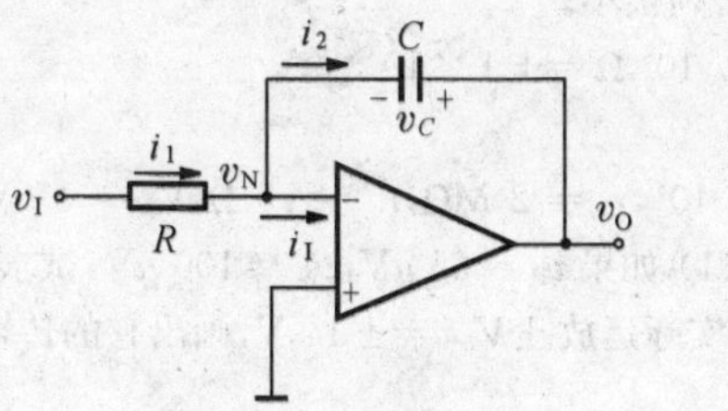

图 2.10　积分电路

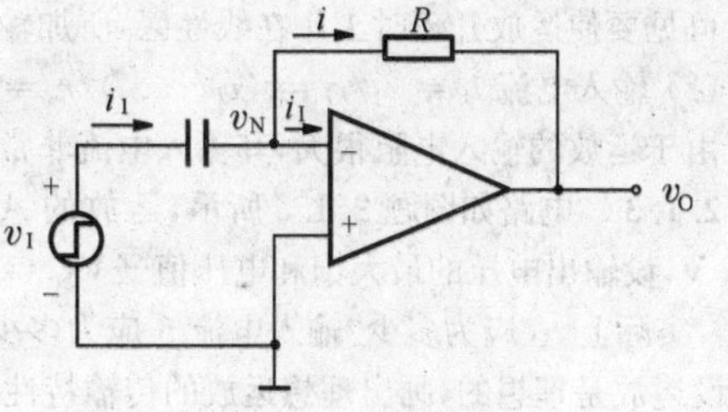

图 2.11　微分电路

(2) 微分电路（电路如图 2.11 所示）

将积分电路的电容和电阻互换位置，得到微分电路。当 $v_C(0) = 0$，$v_O = -RC\frac{\mathrm{d}v_I}{\mathrm{d}t}$。微分电路可将阶跃函数信号转换成尖脉冲信号，还可将三角波信号转换成方波信号，此外微分电路对高频噪声特别敏感。

习题全解

2.1 集成电路运算放大器

2.1.1 图题 2.1.1 所示电路，当运放的信号电压 $v_I = 20$ mV 时，测得输出电压 $v_O = 4$ V。求该运算放大器的开环增益 A_{vo}。

【分析】 在输入端，电阻 R_2 对 v_I 进行分压，因此该电路的 $v_P \neq v_I$。

【解】 根据虚断，有

$$v_P = \frac{R_1}{R_1 + R_2} v_I = \frac{1\ \text{k}\Omega}{(1\,000 + 1)\ \text{k}\Omega} \times 20\ \text{mV} = \frac{20}{1\,001}\ \text{mV}$$

则开环增益 $A_{vo} = \dfrac{v_O}{v_P - v_N} = \dfrac{4\ \text{V}}{\dfrac{20}{1\,001}\ \text{mV}} = 200\,200$

用分贝表示为 $A_{vo} = 20\lg 200\,200 = 106$ dB

2.1.2 电路如图题 2.1.2(主教材图 2.1.3)所示，运放的开环电压增益 $A_{vo} = 10^6$，输入电阻 $r_i = 10^9\ \Omega$，输出电阻 $r_o = 75\ \Omega$，电源电压 $V_+ = +10\text{V}$，$V_- = -10$ V。(1) 当运放输出电压的饱和值为电源电压时，求输入电压 $v_P - v_N$ 的最小幅值；(2) 求输入电流 i_I。

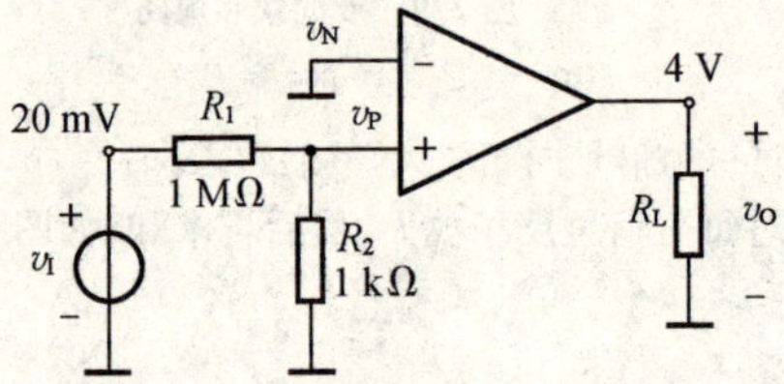

图题 2.1.1

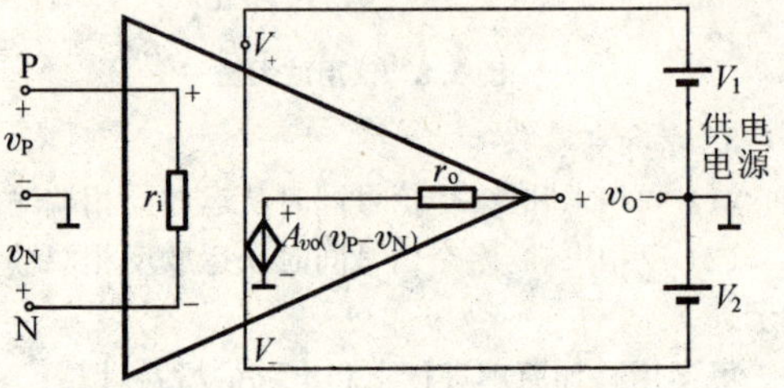

图题 2.1.2

【分析】 运放的开环电压增益 A_{vo} 很大，通常可达几十万倍，在线性区，输出电压 $v_O = A_{vo} v_i = A_{vo}(v_P - v_N)$。$v_O$ 不可能超过正负饱和极限值，当输入信号超过一定范围，v_O 不再线性增加，进入饱和区。理想运放 v_O 的饱和极限值等于电源电压值，即 $+V_{om} = V_+$，$-V_{om} = V_-$，实际运放 v_O 的范围低于 V_+ 而又高于 V_-。

【解】 (1) 输入电压的最小幅值 $v_P - v_N = v_O / A_{vo}$，代入 $v_O = \pm V_{om} = \pm 10$ V，$A_{vo} = 10^6$，得输入电压的最小幅值 $v_P - v_N = \pm 10\ \mu$V。

可见要使运放开环时工作在线性区，所加输入信号必须很小。

(2) 输入电流 $i_I = v_I / r_i = (v_P - v_N)/r_i = \pm 10\ \mu\text{V}/ 10^9\ \Omega = \pm 1 \times 10^{-8}\ \mu$A

由于运放的输入电阻很大，其输入电流非常小。

2.1.3 电路如图题 2.1.2 所示，运放的 $A_{vo} = 2 \times 10^5$，$r_i = 2\ \text{M}\Omega$，$r_o = 75\ \Omega$，$V_+ = 15$ V，$V_- = -15$ V，设输出电压的最大饱和电压值 $\pm V_{om} = \pm 14$ V。(1) 如果 $v_P = 25\ \mu$V，$v_N = 100\ \mu$V，试求输出电压 v_O，实际上 v_O 应为多少？输入电流 i_I 应为多少？(2) 设实际运放 $\pm V_{om} = \pm 14$ V，画出它的传输特性；(3) 设运放是理想的，画出理想运放的传输特性。

【解】 (1) 此时 $v_I = v_P - v_N = 25 - 100 = -75\ \mu$V

若在线性区，则 $v_O = A_{vo}(v_P - v_N) = A_{vo} v_I = 2 \times 10^5 \times (-75) \times 10^{-6} = -15$ V

由于 v_O 的计算结果小于负饱和极限值 −14 V，可判断运放由于输入信号较大而进入负饱和区，此时实际输出电压 $v_O = -V_{om} = -14$ V

输入电流 $i_I = \dfrac{(v_P - v_N)}{r_i} = \dfrac{(25 - 100)\ \mu\text{A}}{2 \times 10^6\ \Omega} = -37.5$ pA

(2) 求出线性区对应的输入信号范围：

当 $v_O = \pm V_{om} = \pm 14\ \text{V}$ 时，$v_I = v_P - v_N = \dfrac{v_O}{A_{vo}} = \dfrac{\pm 14\ \text{V}}{2\times 10^5} = \pm 70\ \mu\text{V}$

当输入信号在 $-70\ \mu\text{V} \sim +70\ \mu\text{V}$ 范围内时，运放工作在线性区，v_O 呈线性增长；否则进入饱和区 $v_O = \pm V_{om} = \pm 14\ \text{V}$，传输特性参见图解 2.1.3(a)。

(3) 理想运放的正负饱和极限值等于正负电源值，即 $\pm V_{om} = \pm 15\ \text{V}$；又 $A_{vo} = \infty$，则传输特性见图解 2.1.3(b)

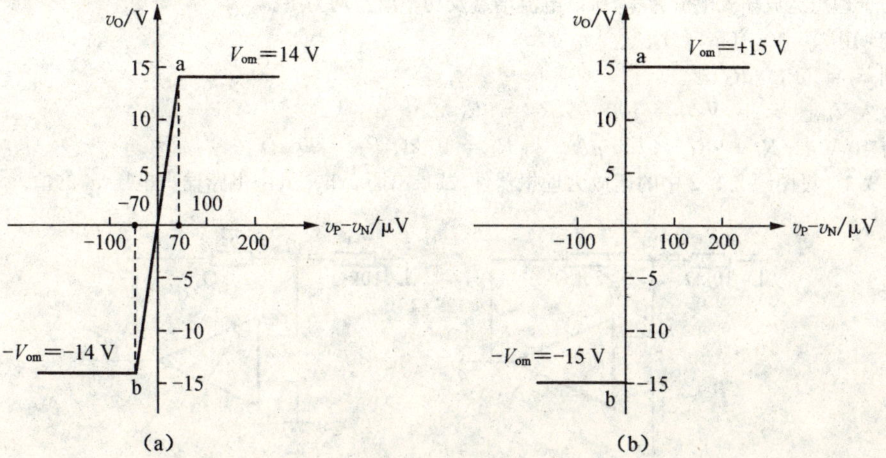

图解 2.1.3

(a) $A_{vo}=2\times10^5$，$V_{om}=\pm14$ V 的 $v_O=f(v_P-v_N)$　(b) 理想运放的 $v_O=f(v_P-v_N)$

2.3　基本线性运放电路

2.3.1　电路如图题 2.3.1 所示，$v_S = 1\ \text{V}$，设运放是理想的。(1) 求 i_I、i_1、i_2、v_O 和 i_L 的值；(2) 求闭环电压增益 $A_v = v_O/v_S$、电流增益 $A_i = i_L/i_I$ 和功率增益 $A_p = P_o/P_i$；(3) 当最大输出电压 $V_{o(max)} = 10\ \text{V}$，反馈支路 R_1、R_2 的电流为 $100\ \mu\text{A}$，$R_2 = 9R_1$ 时，求 R_1、R_2 的值。

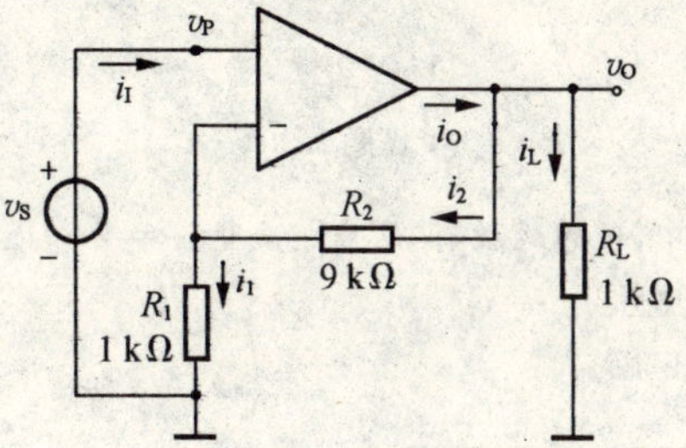

图题 2.3.1

【分析】　这是同相输入的比例放大电路，负反馈放大电路中，理想运放有“两虚”：虚断 $i_I = 0$ 和虚短 $v_N = v_P$。

【解】　(1) 由理想运放，有

$i_I = i_P = i_N = 0$

$$v_O = \left(1+\frac{R_2}{R_1}\right)v_s = \left(1+\frac{9\ \text{k}\Omega}{1\ \text{k}\Omega}\right)\times 1\ \text{V} = 10\ \text{V}$$

$i_1 = i_2 = \dfrac{v_O}{R_1 + R_2} = \dfrac{10\ \text{V}}{(1+9)\ \text{k}\Omega} = 1\ \text{mA}$

$i_L = \dfrac{v_O}{R_L} = \dfrac{10\ \text{V}}{1\ \text{k}\Omega} = 10\ \text{mA}$

(2) 闭环电压增益 $A_v = v_O/v_S = 10\ \text{V}/1\ \text{V} = 10$

电流增益 $A_i = i_L/i_I = 10\ \text{mA}/0 = \infty$

功率增益 $A_p = P_O/P_I = v_O i_O / v_S i_I = \infty$

由于理想运放输入电流为零，所以电流增益及功率增益均为零。

(3) 由 $i_N = 0$，有 $i_1 = i_2$

则 $v_O = (R_1 + R_2) i_2$

代入 $V_{o(max)} = 10\ \text{V}, i_2 = 100\ \mu\text{A}, R_2 = 9R_1$

有 $10\ \text{V} = (R_1 + 9R_1) \times 100\ \mu\text{A}$　得 $R_1 = 10\ \text{k}\Omega, R_2 = 90\ \text{k}\Omega$

2.3.2　设图题 2.3.2 中的运放为理想器件，试求出图 a、b、c、d 中电路输出电压 v_o 的值。

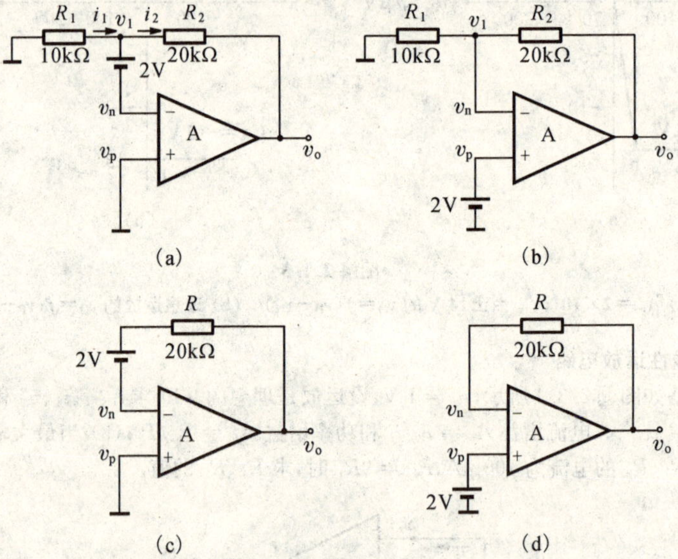

图题 2.3.2

【分析】　负反馈放大电路中，理想运放有“两虚”：虚断 $i_i = 0$ 和虚短 $v_n = v_p$ 。

【解】　利用虚断 $i_i = 0$ 和虚短 $v_n = v_p$ 。

图题 2.3.2(a)为反相放大电路。

根据虚断，有 $i_1 = i_2$，即 $\dfrac{0 - v_1}{R_1} = \dfrac{v_1 - v_o}{R_2}$ 。

根据虚短，有 $v_1 = 2\ \text{V}$ 。又 $R_1 = 10\ \text{k}\Omega, R_2 = 20\ \text{k}\Omega$，所以 $v_o = 6\ \text{V}$ 。

图题 2.3.2(b)为同相放大电路。

根据同相放大电路电压增益公式，得 $v_o = \left(1 + \dfrac{R_2}{R_1}\right) v_p = \left(1 + \dfrac{20}{10}\right) \times 2\ \text{V} = 6\ \text{V}$ 。

图题 2.3.2(c)中根据虚短，$v_n = v_p = 0\ \text{V}$ 。

又根据虚断，电阻 R 上电流为零，无压降，所以 $v_o = 2\ \text{V}$ 。

图题 2.3.2(d)中根据虚短，$v_n = v_p = 2\ \text{V}$ 。

又根据虚断，电阻 R 上电流为零，无压降，所以 $v_o = 2\ \text{V}$ 。

2.3.3　电路如图题2.3.3所示，设运放是理想的，图a电路中的 $v_i = 6$ V，图b电路中的 $v_i = 10\sin\omega t$(mV)，图c电路中 $v_{i1} = 0.6$ V、$v_{i2} = 0.8$ V，求各运放电路的输出电压 v_o 和图a、b中各支路的电流。

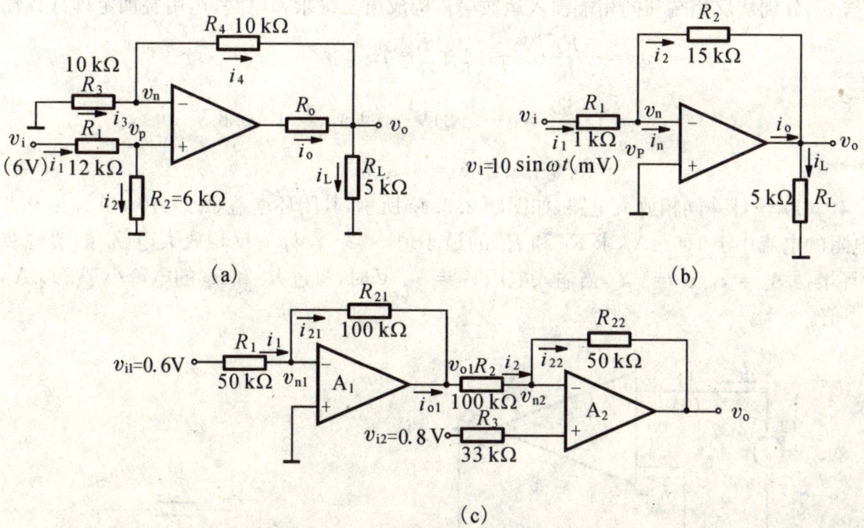

图题 2.3.3

【分析】　(a)图为同相放大电路，注意电压增益的公式不能直接套用教材中的基本同相放大电路公式 $A_v = \dfrac{v_o}{v_i} = 1 + \dfrac{R_2}{R_1}$。在基本同相放大电路中，有 $v_n = v_p = v_i$，而对于(a)图，由于输入支路电阻 R_1、R_2 对 v_i 的分压，由虚短和虚断，$v_n = v_p \neq v_i$，所以应先求出 v_p。

(c)图为两级运算放大电路，其中第一级为反相反大电路；第二级为求差电路，可运用叠加定理进行计算。

【解】　(a)图中，由虚短和虚断，有 $v_n = v_p$，$i_n = i_p = 0$

$$v_p = \frac{R_2}{R_1 + R_2} v_i = \frac{6}{12+6} \times 6\ \text{V} = 2\ \text{V}$$

$$v_o = \left(1 + \frac{R_4}{R_3}\right) v_p = \left(1 + \frac{10}{10}\right) \times 2\ \text{V} = 4\ \text{V}$$

$$i_1 = i_2 = \frac{v_i}{R_1 + R_2} = \frac{6\ \text{V}}{(12+6)\ \text{k}\Omega} \approx 0.33\ \text{mA}$$

$$i_3 = i_4 = \frac{-v_n}{R_3} = \frac{-v_p}{R_3} = \frac{-2\ \text{V}}{10\ \text{k}\Omega} = -0.2\ \text{mA}$$

$$i_L = \frac{v_o}{R_L} = \frac{4\ \text{V}}{5\ \text{k}\Omega} = 0.8\ \text{mA}$$

$$i_o = i_L - i_4 = [0.8 - (-0.2)]\ \text{mA} = 1\ \text{mA}$$

(b)图中，由虚短和虚断，有 $v_n = v_p = 0$，$i_n = i_p = 0$

$$v_o = -\frac{R_2}{R_1} v_i = -\frac{15}{1}(10\sin\omega t)\text{mV} = -150\sin\omega t(\text{mV})$$

$$i_2 = i_1 = \frac{v_i - v_n}{R_1} = \frac{(10\sin\omega t)\text{mV} - 0}{1\ \text{k}\Omega} = 10\sin\omega t(\mu\text{A})$$

$$i_L = \frac{v_o}{R_L} = \frac{-150\sin\omega t(\text{mV})}{5\ \text{k}\Omega} = -30\sin\omega t(\mu\text{A})$$

$$i_o = i_L - i_2 = (-30\sin\omega t - 10\sin\omega t)\mu\text{A} = -40\sin\omega t(\mu\text{A})$$

(c)图为两级运算放大电路，v_{i1} 从反相端输入运放 A_1，构成第一级反相放大电路。

$$v_{o1} = -\frac{R_{21}}{R_1} v_{i1} = -\frac{100}{50} \times 0.6\ \text{V} = -1.2\ \text{V}$$

v_{o1} 与 v_{i2} 分别从反相端和同相端输入运放 A_2，构成第二级求差电路，运用叠加定理计算输出电压。

$$\begin{aligned} v_o &= -\frac{R_{22}}{R_2} v_{o1} + \left(1 + \frac{R_{22}}{R_2}\right) v_{i2} \\ &= -\frac{50}{100} \times (-1.2)\text{V} + \left(1 + \frac{50}{100}\right) \times 0.8\ \text{V} \\ &= (0.6 + 1.2)\text{V} = 1.8\ \text{V} \end{aligned}$$

2.3.4 (1) 设计一同相放大电路，如图题 2.3.4a 所示，其闭环增益 $A_v = 10$，当 $v_i = 0.8$ V时，流入每一电阻的电流小于 100 μA，求 R_1 和 R_2 的最小值。(2) 设计一反相放大电路，如图题 2.3.4b 所示，其闭环增益 $A_v = v_o/v_i = -8$，当输入电压 $v_i = -1$ V时，流过 R_1 和 R_2 的电流小于 20 μA，求 R_1 和 R_2 的最小值。

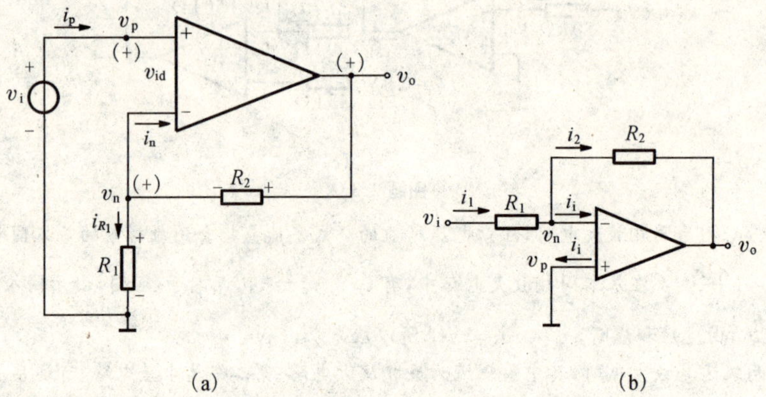

图题 2.3.4

【分析】 在题(1)中，可根据电流 i_{R_1} 的极限值先推出 R_1 的最小值，再由闭环增益公式及 R_1 的最小值推出 R_2 的最小值。题(2)类似。

【解】 (1) 同相放大电路如图题 2.3.4a 所示，由虚短和虚断有 $v_n = v_p = v_i$，$i_n = i_p = 0$，则

$$i_{R_1} = \frac{v_n}{R_1} = \frac{v_i}{R_1}$$

$$R_{1\min} = \frac{v_i}{i_{R_1\max}} = \frac{0.8\ \text{V}}{100\ \mu\text{A}} = 8\ \text{k}\Omega$$

由 $A_v = 1 + \dfrac{R_2}{R_1}$，得 $R_2 = R_1(A_v - 1)$

则 $R_{2\min} = R_{1\min}(A_v - 1) = 8\ \text{k}\Omega \times (10 - 1) = 72\ \text{k}\Omega$

(2) 反相放大电路如图题 2.3.4b 所示，由虚短和虚断有 $v_n = v_p = 0$，$i_n = i_p = 0$

$$R_{1\min} = \frac{|v_i|}{i_{R_1\max}} = \frac{1\ \text{V}}{20\ \mu\text{A}} = 50\ \text{k}\Omega$$

由 $A_v = -\dfrac{R_2}{R_1}$，得 $R_{2\min} = -R_{1\min}A_v = -50\ \text{k}\Omega \times (-8) = 400\ \text{k}\Omega$

2.3.5 电流－电压转换器如图题 2.3.5 所示。设光探测仪的输出电流作为运放的输入电流 i_s；信号内阻 $R_{si} \gg R_i$，(1) 试证明输出电压 $v_o = -i_s R$，求输入电阻 R_i 和输出电阻 R_o；(2) 当 $i_s = 0.5$ mA，$R_{si} = 10\ \text{k}\Omega$，$R = 10\ \text{k}\Omega$，求输出电压 v_o 和互阻增益 A_r。

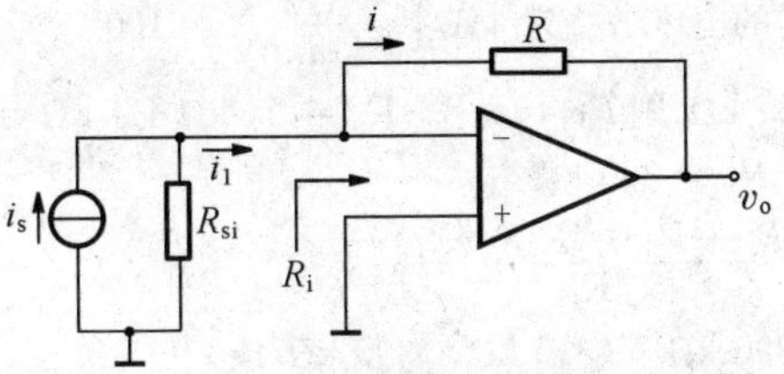

图题 2.3.5

【解】 (1) 由虚短和虚断，有 $v_n = v_p = 0$，$i_n = i_p = 0$

$v_o = -iR = -i_1R$

又 $R_{si} \gg R_i$，有 $i_1 = i_s$，因此 $v_o = -i_sR$

输入电阻 $R_i = v_i/i_1$，由于 $v_n \approx v_p = 0$，有 $R_i \approx 0$；

由于理想运放 $r_o \to 0$，则输出电阻 $R_o \approx 0$

(2) 输出电压　$v_o = -i_sR = -0.5\ \text{mA} \times 10\ \text{k}\Omega = -5\ \text{V}$

互阻增益　$A_r = \left|\dfrac{v_o}{i_s}\right| = \dfrac{5\ \text{V}}{0.5\ \text{mA}} = 10\ \text{k}\Omega$

2.3.6　电路如图题 2.3.6 所示，设运放是理想的，三极管 T 的 $V_{BE} = V_B - V_E = 0.7\ \text{V}$。(1) 求出三极管的 c、b、e 各极的电位值；(2) 若电压表的读数为 200 mV，试求三极管电流放大系数 $\beta = I_C/I_B$ 的值。

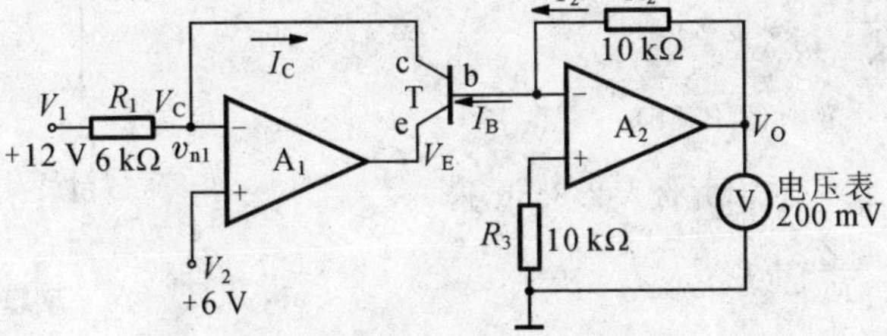

图题 2.3.6

【解】 (1) 由虚短和虚断，三极管的 c、b、e 各极的电位值为

$$V_C = v_{n1} = v_{p1} = 6\ \text{V},\ V_B = v_{n2} = v_{p2} = 0\ \text{V}$$

$$V_E = V_B - V_{BE} = (0 - 0.7)\ \text{V} = -0.7\ \text{V}$$

(2)

$$I_C = I_{R1} = \frac{V_I - V_C}{R_1} = \frac{12\ \text{V} - 6\ \text{V}}{6\ \text{k}\Omega} = 1\ \text{mA}$$

$$I_B = I_2 = \frac{V_O - V_B}{R_2} = \frac{200\ \text{mV} - 0}{10\ \text{k}\Omega} = 20\ \mu\text{A}$$

则电流放大系数　$\beta = \dfrac{I_C}{I_B} = \dfrac{1\ \text{mA}}{20\ \mu\text{A}} = 50$

2.3.7　图题 2.3.7 所示电路作为麦克风电路的前置放大器，麦克风的输出电压为电路的输入电压 $v_i = 12$ mV(有效值)，信号源内阻 $R_{si} = 1\ \text{k}\Omega$，$R_1 = R'_1 + R_{si}$($R'_1$ 为电路外接电阻)，要求输出电压 $v_o = 1.2$ V(有效值)，求电路中各阻值设计时该电路所有电阻小于 500 kΩ。

【分析】 该放大电路的反馈支路为 T 形电阻网络，可用低阻值电阻网络获得高增益的放大电路，本题电路参数设计不唯一，可参照教材例题 2.3.3。

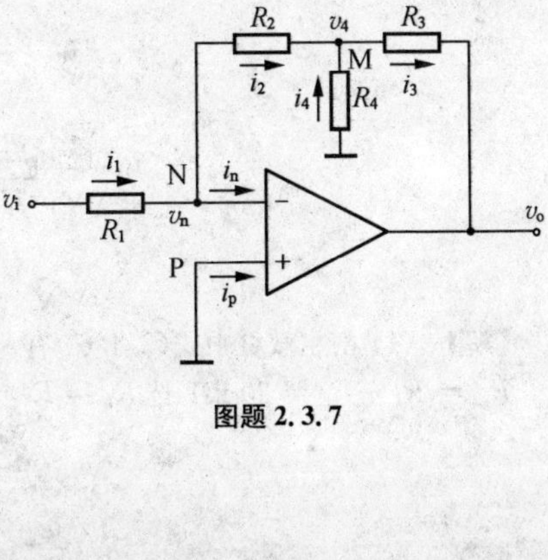

图题 2.3.7

【解】 据题意，电路所需的电压增益为 $|A_v| = \dfrac{1.2\ \text{V}}{12\ \text{mV}} = 100$

若选择标准电阻 $R'_1 = 51\ \text{k}\Omega$，则 $R_1 = R'_1 + R_{si} = 51\ \text{k}\Omega + 1\ \text{k}\Omega = 52\ \text{k}\Omega$

同时选择标准电阻 $R_2 = R_3 = 390\ \text{k}\Omega$

将参数代入 $|A_v| = \left|-\dfrac{R_2 + R_3 + (R_2R_3/R_4)}{R_1}\right|$

有 $100 = \left|-\dfrac{390\ \text{k}\Omega + 390\ \text{k}\Omega + (390\ \text{k}\Omega \times 390\ \text{k}\Omega/R_4)}{52\ \text{k}\Omega}\right|$

得 $R_4 = 34.4\ \text{k}\Omega$

因此，取 $R'_1 = 51\ \text{k}\Omega, R_2 = R_3 = 390\ \text{k}\Omega, R_4 = 34.4\ \text{k}\Omega$，此时电路满足设计要求。

考虑标准电阻以及电压增益，取 $R_4 = 33\ \text{k}\Omega$。

2.3.8 将电压源 v_s 转换为电流源 i_L 驱动线圈 Z_L 的电压－电流转换器，如图题 2.3.8 所示。求 i_L/v_s 表达式。(注：电路中为使 i_L 独立于 Z_L，设 $\dfrac{R_2}{R_1R_3} = \dfrac{1}{R_4}$)

【解】 由虚断 $i_n = i_p = 0$，有

$i_1 = i_2$，即 $\dfrac{v_s - v_n}{R_1} = \dfrac{v_n - v_o}{R_2}$

$i_3 = i_4 + i_L$，即 $\dfrac{v_o - v_p}{R_3} = \dfrac{v_p}{R_4} + i_L$

由虚短 $v_n = v_p = v_L = i_LZ_L$，则

$$\frac{v_s - i_LZ_L}{R_1} = \frac{i_LZ_L - v_o}{R_2} \quad (2.3.8a)$$

$$\frac{v_o - i_LZ_L}{R_3} = \frac{i_LZ_L}{R_4} + i_L \quad (2.3.8b)$$

由式 2.3.8a 求出 $v_o - i_LZ_L$，并带入 2.3.8b，得

$$\frac{R_2}{R_1}\left(\frac{i_LZ_L - v_S}{R_3}\right) = \frac{i_LZ_L}{R_4} + i_L$$

又据题 $\dfrac{R_2}{R_1R_3} = \dfrac{1}{R_4}$，则 $i_L = -\dfrac{v_s}{R_4}$

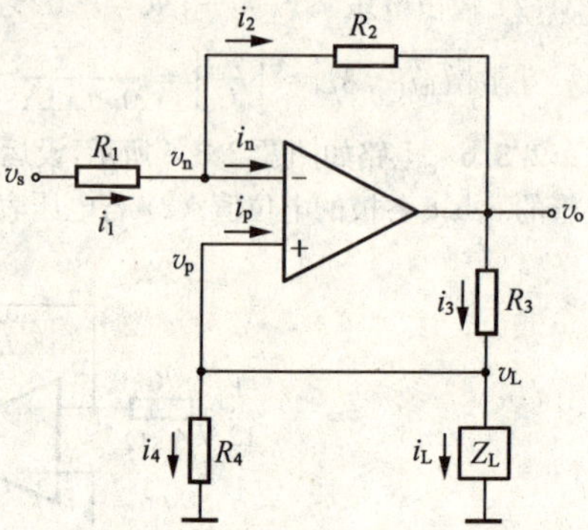

图题 2.3.8

2.4 同相输入和反相输入放大电路的其他应用

2.4.1 差分放大电路如图题 2.4.1 所示，运放是理想的，电路中 $R_4/R_1 = R_3/R_2$。(1) 设 $R_1 = R_2$，从 B、A 两端看进去的输入电阻 $R_{id} = 20\ \text{k}\Omega, A_v = 10$，求在 $v_{i2} - v_{i1}$ 作用下电阻值 R_1、R_2、R_3 和 R_4；(2) $v_{i2} = 0$ 时，求从 v_{i1} 输入信号端看进去的输入电阻 R_{i1} 值；(3) $v_{i1} = 0$ 时，求从 v_{i2} 输入信号端看进去的输入电阻 R_{i2} 值。

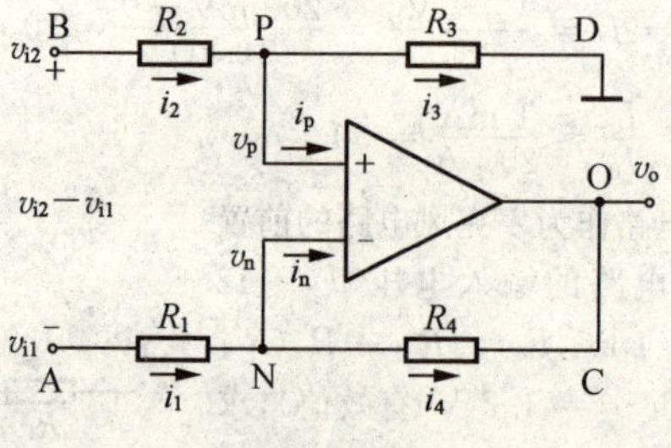

图题 2.4.1

【解】 (1) 由主教材中式(2.4.6)有

$R_{id} = R_1 + R_2 = 20\ \text{k}\Omega$，选 $R_1 = R_2 = 10\ \text{k}\Omega$，

又由主教材中式(2.4.5)有

$$A_{vd}=\frac{v_o}{v_{i2}-v_{i1}}=\frac{R_4}{R_1}=10$$

则 $R_4=10R_1=10\times10\ \text{k}\Omega=100\ \text{k}\Omega$

又 $R_4/R_1=R_3/R_2$，则 $R_3=R_4=100\ \text{k}\Omega$

(2) $v_{i2}=0$ 时，v_{i1} 单独作用

$i_1=\frac{v_{i1}-v_n}{R_1}$，由虚短，$v_n=v_p=0$

得 $R_{i1}=\frac{v_{i1}}{i_1}=R_1$

(3) $v_{i1}=0$ 时，v_{i2} 单独作用

由虚断有 $i_2=i_3$，则 $v_{i2}=i_2(R_2+R_3)$

得 $R_{i2}=\frac{v_{i2}}{i_2}=R_2+R_3$

2.4.2　一高输入电阻的桥式放大电路如图题 2.4.2 所示，(1) 试写出 $v_o=f(\delta)$ 的表达式 $(\delta=\Delta R/R)$；(2) 当 $v_i=7.5\ \text{V}$，$v_{i2}=0$，$\delta=0.01$ 时，求 v_A、v_B、v_{AB} 和 v_o。

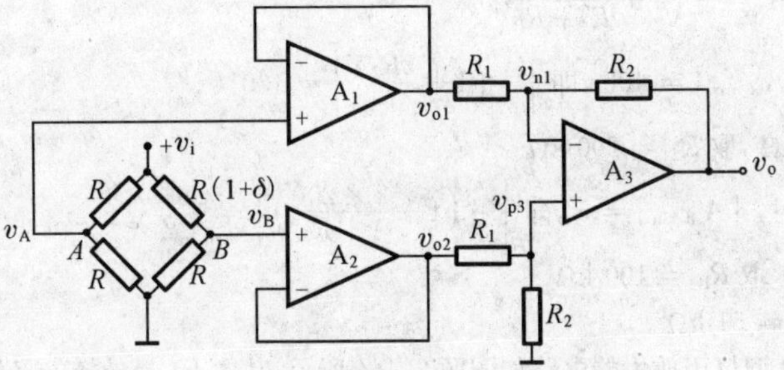

图题 2.4.2

【分析】　本题为差分放大电路在传感器输出信号放大的应用，所示电路是电阻电桥测量电路，为实际工程中常见的传感器接口电路。桥臂上的电阻 $R(1+\delta)$ 是电阻性的传感器件，比如光敏电阻和驻极体话筒等，当非电量发生变化时，电阻 $R(1+\delta)$ 按一定比例变化，使电桥的输出电压发生变化，并通过电压跟随器输入差放电路 A_3。电压 v_o 的大小反映了电桥中电阻阻值的变化，即传感器非电量的变化。

【解】　(1) A_1 构成电压跟随器　　$v_{o1}=v_A=\frac{R}{R+R}v_i=\frac{v_i}{2}$

A_2 构成电压跟随器　　$v_{o2}=v_B=\frac{R}{R+R(1+\delta)}v_i=\frac{v_i}{2+\delta}$

A_3 构成差放电路　　$v_o=\frac{R_2}{R_1}(v_{o2}-v_{o1})$

将 v_{o1}、v_{o2} 代入 v_o，整理得 $v_o=f(\delta)=-\frac{R_2\delta}{R_1(4+2\delta)}v_i$

(2) 当 $v_i=7.5\ \text{V}$，$v_{i2}=0$，$\delta=0.01$ 时

$$v_A=\frac{v_i}{2}=\frac{7.5\ \text{V}}{2}=3.75\ \text{V}$$

$$v_B=\frac{v_i}{2+\delta}=\frac{7.5\ \text{V}}{2+0.01}=3.731\ 3\ \text{V}$$

$$v_{AB}=v_A-v_B=3.75\ \text{V}-3.731\ 3\ \text{V}=0.018\ 7\ \text{V}$$

$$v_o=\frac{R_2}{R_1}(v_{o2}-v_{o1})=-\frac{R_2}{R_1}(v_A-v_B)=-0.018\ 7\frac{R_2}{R_1}$$

2.4.3 仪用放大器电路如图题 2.4.3（主教材图 2.4.3）所示，设电路中 $R_4=R_3$，R_1 为固定电阻 $R_1'=1\ \text{k}\Omega$ 和电位器 R_P 串联，若要求电压增益在 5～400 之间可调，求所需电阻 R_2、R_P 的阻值范围。并选取 R_2、R_3、R_4 和 R_P，但电路中每个电阻值必须小于 $250\ \text{k}\Omega$。

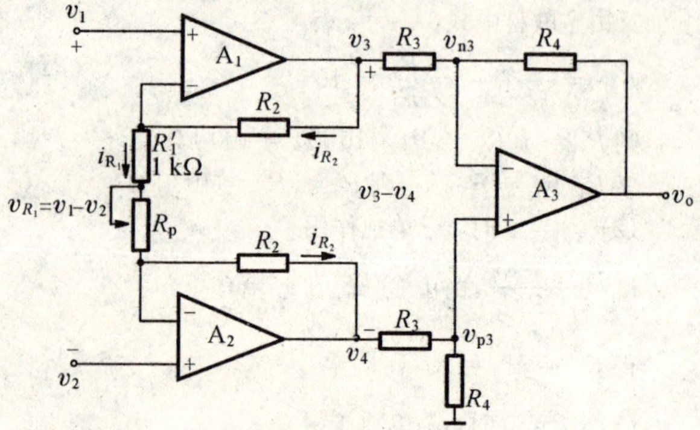

图题 2.4.3

【分析】 仪用放大器是一种非常重要的放大器，也叫三运放差分放大器。它具有很高的输入阻抗，一般可达 10 MΩ 以上，同时也具有相当高的共模抑制比。仪用放大器通过外接一个电位器 R_P 来控制电压放大倍数。注意，电阻阻值的选取除了依据计算结果，还要根据元件的标称值。

【解】 仪放的增益 $A_v=-\dfrac{R_4}{R_3}\left(1+\dfrac{2R_2}{R_1}\right)=-\dfrac{R_4}{R_3}\left(1+\dfrac{2R_2}{R_1'+R_P}\right)$

由 $R_3=R_4$，有 $A_v=-\left(1+\dfrac{2R_2}{R_1'+R_P}\right)$

当 $R_P=0$ 时，$|A_{vd\max}|=400$，即 $\left|-\left(1+\dfrac{2R_2}{1}\right)\right|=400$

得 $R_2=199.5\ \text{k}\Omega$，取 $R_2=200\ \text{k}\Omega$

当 R_P 为最大值时，$|A_{vd\min}|=5$，即 $\left|-\left(1+\dfrac{2\times200}{1+R_P}\right)\right|=5$

得 $R_P=100\ \text{k}\Omega$，取 $R_P=100\ \text{k}\Omega$

另选取 $R_3=R_4=51\ \text{k}\Omega$。

2.4.4 INA2128 型仪用放大器电路如图题 2.4.4 所示，其中 R_1 是外接电阻。(1) 它的输入干扰电压 $V_C=1\ \text{V}$（直流），输入信号 $v_{i1}=-v_{i2}=0.04\sin\omega t\ \text{V}$，输入端电压 $v_1=(V_C+0.04\sin\omega t)\text{V}$，$v_2=(V_C-0.04\sin\omega t)\text{V}$，当 $R_1=1\ \text{k}\Omega$ 时，求出 v_3、v_4、v_3-v_4 和 v_o 的电压值；(2) 当输入电压 $V_{id}=V_1-V_2=0.018\ 66\ \text{V}$ 时，要求 $V_o=-5\ \text{V}$，求此时外接电阻 R_1 的值。

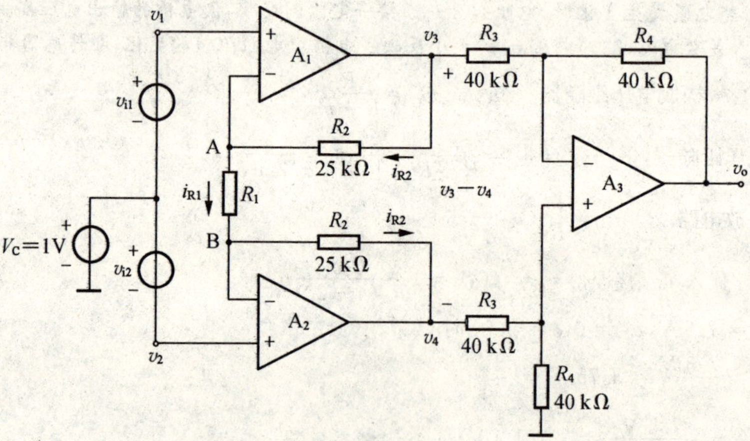

图题 2.4.4

【分析】 干扰电压 V_C 同时加到运放 A_1、A_2 的输入端，是共模信号。

【解】　根据虚短，$v_A = v_1$，$v_B = v_2$

$$i_{R1} = \frac{v_A - v_B}{R_1} = \frac{v_1 - v_2}{R_1} = \frac{(V_C + 0.04\sin\omega t)\text{V} - (V_C - 0.04\sin\omega t)\text{V}}{1\ \text{k}\Omega} = 0.08\sin\omega t\,\text{mA}$$

根据虚断，$i_{R2} = i_{R1}$

$$v_3 = v_A + i_{R2}R_2 = v_1 + i_{R1}R_2 = (1 + 0.04\sin\omega t)\text{V} + 25\ \text{k}\Omega \times 0.08\sin\omega t\,\text{mA}$$
$$= (1 + 2.04\sin\omega t)\text{V}$$
$$v_4 = v_B - i_{R2}R_2 = v_1 - i_{R1}R_2 = (1 - 0.04\sin\omega t)\text{V} - 25\ \text{k}\Omega \times 0.08\sin\omega t\,\text{mA}$$
$$= (1 - 2.04\sin\omega t)\text{V}$$
$$v_3 - v_4 = (1 + 2.04\sin\omega t)\text{V} - (1 - 2.04\sin\omega t)\text{V} = 4.08\sin\omega t\,\text{V}$$
$$v_o = \frac{R_4}{R_3}(v_4 - v_3) = -4.08\sin\omega t\,\text{V}$$

(2) 当 $V_o = -5$ V，输入电压 $V_{id} = V_1 - V_2 = 0.018\,66$ V时

$$A_v = \frac{V_o}{V_{id}} = \frac{-5}{0.018\,66} \approx -270$$

由主教材式(2.4.9)，$A_v = -\dfrac{R_4}{R_3}\left(1 + \dfrac{2R_2}{R_1}\right)$

即　$-270 = -\left(1 + \dfrac{2 \times 25\ \text{k}\Omega}{R_1}\right)$

所以　$R_1 \approx 186\ \Omega$

仪用放大器中，为使电压增益可调，外接电阻 R_1 通常设置为可调电阻，可以用一固定电阻和一电位器串联实现。

2.4.5　图题2.4.5所示为一增益线性调节运放电路，试求出该电路的电压增益 $A_v = v_o/(v_{i1} - v_{i2})$ 的表达式。

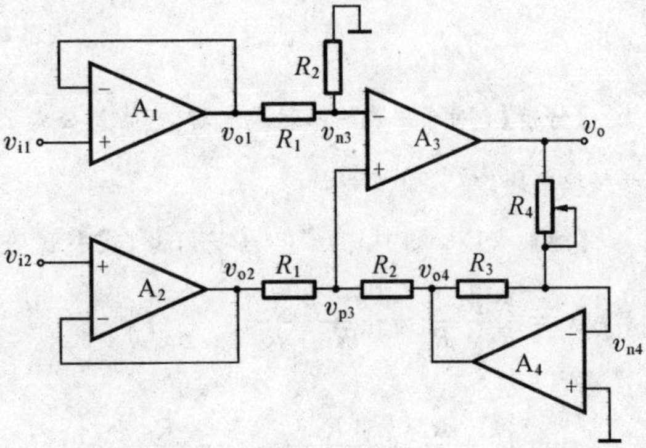

图题 2.4.5

【分析】　v_{i1} 和 v_{i2} 加入电压跟随器 A_1、A_2 得到 v_{o1} 和 v_{o2}，再输入下一级差分放大器 A_3。值得注意的是，输出电压 v_o 又输入一个反相比例运算电路 A_4，并得到 v_{o4}，v_{o4} 通过 R_2 反馈回 A_3 的同相输入端，所以 A_3 的同相端有 v_{o2} 及 v_{o4} 两个输入信号。

【解】　A_1、A_2 构成电压跟随器，有

$$v_{o1} = v_{i1},\ v_{o2} = v_{i2}$$

A_4 构成反相比例运算电路，有 $v_{o4} = -\dfrac{R_3}{R_4}v_o$

A_3 构成差分放大电路，由虚断 $i_{n3} = i_{p3} = 0$

得　$\dfrac{v_{o1} - v_{n3}}{R_1} = \dfrac{v_{n3}}{R_2}$　　(1)

及　$\dfrac{v_{o2} - v_{p3}}{R_1} = \dfrac{v_{p3} - v_{o4}}{R_2}$　　(2)

(1)、(2)式联立方程组，由虚短 $v_{n3} = v_{p3}$，代入 $v_{o1} = v_{i1}$、$v_{o2} = v_{i2}$ 及 $v_{o4} = -\dfrac{R_3}{R_4}v_o$，

整理得　$A_v = \dfrac{v_o}{v_{i1} - v_{i2}} = -\dfrac{R_2R_4}{R_1R_3}$

2.4.6　设计一反相加法器，使其输出电压 $v_o = -(7v_{i1} + 14v_{i2} + 3.5v_{i3} + 10v_{i4})$，允许使用的最大电阻值为280 kΩ，求各支路的电阻。

【分析】　反相加法器的作用是反相放大并求和。

【解】 设反相放大器的反馈电阻为 R_5，反相端各支路输入电阻分别为 R_1、R_2、R_3、R_4，则

输出电压 $v_o=-\left(\frac{R_5}{R_1}v_{i1}+\frac{R_5}{R_2}v_{i2}+\frac{R_5}{R_3}v_{i3}+\frac{R_5}{R_4}v_{i4}\right)$

根据允许使用的最大电阻值，取 $R_5=280\ \mathrm{k\Omega}$，则

$v_o=-\left(\frac{280}{R_1}v_{i1}+\frac{280}{R_2}v_{i2}+\frac{280}{R_3}v_{i3}+\frac{280}{R_4}v_{i4}\right)$

对比 $v_o=-(7v_{i1}+14v_{i2}+3.5v_{i3}+10v_{i4})$

得 $R_1=40\ \mathrm{k\Omega}$，$R_2=20\ \mathrm{k\Omega}$，$R_3=80\ \mathrm{k\Omega}$，$R_4=28\ \mathrm{k\Omega}$。

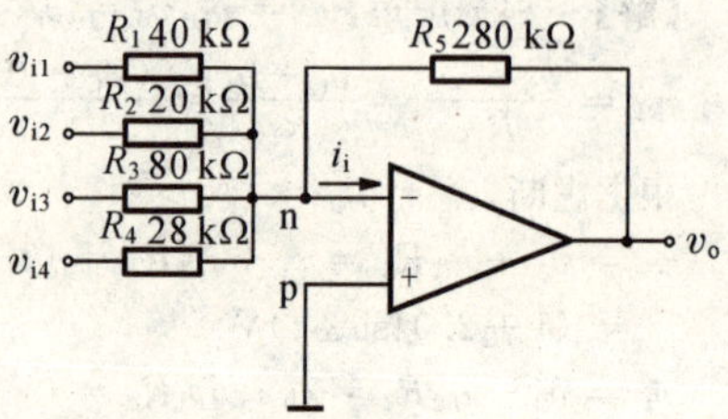

图解 2.4.6

反相加法器电路如图解 2.4.6 所示。

2.4.7 同相输入加法电路如图题 2.4.7a、b 所示。(1)求图 a 中输出电压 v_o 的表达式。当 $R_1=R_2=R_3=R_4$ 时，$v_o=$？(2)求 b 图中输出电压 v_o 的表达式，当 $R_1=R_2=R_3$ 时，$v_o=$？

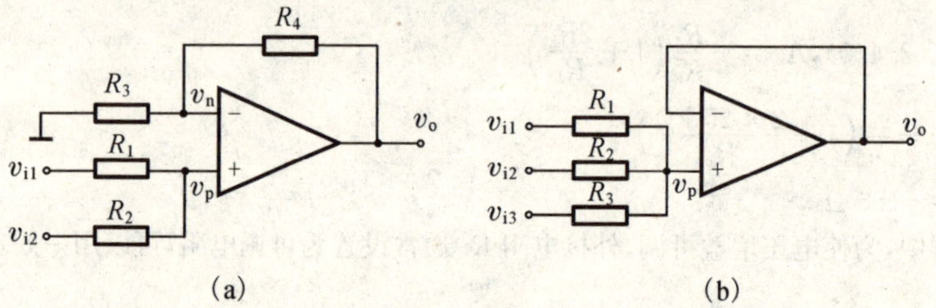

图题 2.4.7

【分析】 对于同相输入运放电路，有常用公式 $v_o=\left(1+\frac{R_2}{R_1}\right)v_p$，其中 R_2 为反馈电阻，R_1 为反相端接地电阻。

【解】 (1) a 图中 $v_o=\left(1+\frac{R_4}{R_3}\right)v_p$，式中 v_p 在输入回路中应用叠加定理计算得

$$v_p=\frac{R_2}{R_1+R_2}v_{i1}+\frac{R_1}{R_1+R_2}v_{i2}$$

所以

$$v_o=\left(1+\frac{R_4}{R_3}\right)\left(\frac{R_2}{R_1+R_2}v_{i1}+\frac{R_1}{R_1+R_2}v_{i2}\right)$$

当 $R_1=R_2=R_3=R_4$ 时，得 $v_o=v_{i1}+v_{i2}$

(2) b 图中，由虚短 $v_o=v_n=v_p$，v_p 在输入回路中应用叠加定理计算得

$$v_p=\frac{R_2\,/\!/\,R_3}{R_1+R_2\,/\!/\,R_3}v_{i1}+\frac{R_1\,/\!/\,R_3}{R_2+R_1\,/\!/\,R_3}v_{i2}+\frac{R_1\,/\!/\,R_2}{R_3+R_1\,/\!/\,R_2}v_{i3}$$

所以

$$v_o=\frac{R_2\,/\!/\,R_3}{R_1+R_2\,/\!/\,R_3}v_{i1}+\frac{R_1\,/\!/\,R_3}{R_2+R_1\,/\!/\,R_3}v_{i2}+\frac{R_1\,/\!/\,R_2}{R_3+R_1\,/\!/\,R_2}v_{i3}$$

当 $R_1=R_2=R_3$ 时，得 $v_o=\frac{1}{3}(v_{i1}+v_{i2}+v_{i3})$

2.4.8 加减法运算电路如图题 2.4.8 所示，求输出电压 v_o 的表达式。

【分析】 电路为差分放大电路，但同相端和反相端各有两个信号输入，可以应用叠加定理计算，也可以根据"两虚"概念在结点列 KCL 方程来计算。

【解】 方法一：应用叠加定理

令 $v_{i3}=v_{i4}=0$，则

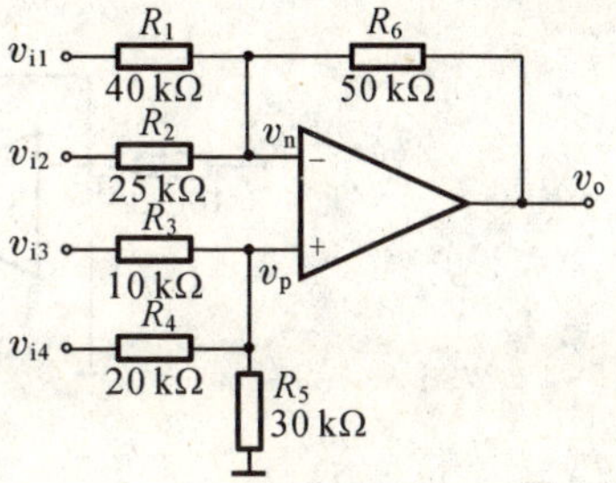

图题 2.4.8

$$v_o'=-\frac{R_6}{R_1}v_{i1}-\frac{R_6}{R_2}v_{i2}=-\frac{5}{4}v_{i1}-2v_{i2}$$

令 $v_{i1}=v_{i2}=0$，则

$$v_p''=\frac{R_4 /\!/ R_5}{R_3+R_4 /\!/ R_5}v_{i3}+\frac{R_3 /\!/ R_5}{R_4+R_3 /\!/ R_5}v_{i4}=\frac{6}{11}v_{i3}+\frac{3}{11}v_{i4}$$

$$v_o''=\left(1+\frac{R_6}{R_1 /\!/ R_2}\right)v_p'' \qquad (v_{i1}、v_{i2}\text{ 除源后},R_1\text{和}R_2\text{并联})$$

$$=\left[1+\frac{50}{\frac{40\times25}{40+25}}\right]\left(\frac{6}{11}v_{i3}+\frac{3}{11}v_{i4}\right)$$

$$=\frac{51}{22}v_{i3}+\frac{51}{44}v_{i4}$$

叠加，得 $v_o=v_o'+v_o''=-\frac{5}{4}v_{i1}-2v_{i2}+\frac{51}{22}v_{i3}+\frac{51}{44}v_{i4}$

方法二：根据“两虚”概念，列结点 KCL 方程

由虚断 $i_n=i_p=0$，则反相、同相输入端的 KCL 方程分别为

$$\frac{v_{i1}-v_n}{R_1}+\frac{v_{i2}-v_n}{R_2}=\frac{v_n-v_o}{R_6}$$

$$\frac{v_{i3}-v_p}{R_3}+\frac{v_{i4}-v_p}{R_4}=\frac{v_p}{R_5}$$

联立方程，代入虚短 $v_n=v_p$ 及各电阻数值，整理得

$$v_o=-\frac{5}{4}v_{i1}-2v_{i2}+\frac{51}{22}v_{i3}+\frac{51}{44}v_{i4}$$

2.4.9　电路如图题 2.4.9 所示，设运放是理想的，试求 v_{o1}、v_{o2} 及 v_o 的表达式。

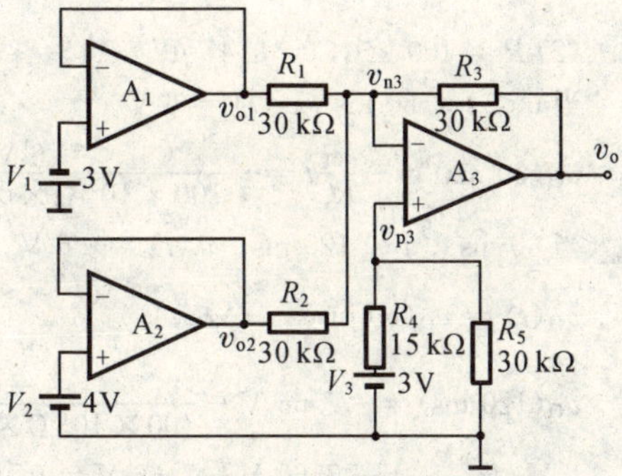

图题 2.4.9

【分析】　电压信号 V_1、V_2 分别通过电压跟随器 A_1、A_2 输入第二级差分放大器 A_3 的反相输入端，信号 V_3 则通过 R_4、R_5 构成的分压电路加到 A_3 的同相输入端，可利用叠加定理计算输出电压。

【解】　令 $V_3=0$　有 $v_o'=-\frac{R_3}{R_1}v_{o1}-\frac{R_3}{R_2}v_{o2}$

A_1、A_2 构成电压跟随器，有 $v_{o1}=V_1=-3\text{ V}$，$v_{o2}=V_2=4\text{ V}$，

则 $v_o'=-\frac{30}{30}\times(-3\text{ V})-\frac{30}{30}\times4\text{ V}=-1\text{ V}$

令 $V_1=V_2=0$　由 $v_{o1}=v_{o2}=0$，R_1、R_2 相当于并联。

有 $v_o''=\left(1+\frac{R_3}{R_1 /\!/ R_2}\right)v_{p_3}''$

式中 $v_{p_3}''=\frac{R_5}{R_4+R_5}V_3=\frac{30}{15+30}\times3\text{V}=2\text{V}$

则 $v_o''=\left(1+\frac{30}{15}\right)\times2\text{ V}=6\text{ V}$

叠加得 $v_o=v_o'+v_o''=(-1+6)\text{ V}=5\text{ V}$

2.4.10　积分电路如图题 2.4.10a 所示，设运放是理想的，已知初始状态时 $v_C(0)=0$，试回答下列问题：(1) 当 $R=100\text{ k}\Omega$、$C=2\ \mu\text{F}$ 时，突然加入 $v_I(t)=1\text{ V}$ 的阶跃电压，求 t=1 s 后输出电压 v_O 的值；(2) 当 $R=100\text{ k}\Omega$、$C=0.47\ \mu\text{F}$，输入电压波形如图题 2.4.10b 所示，试画出 v_O 的波形，并标出 v_O 的幅值和回零时间。

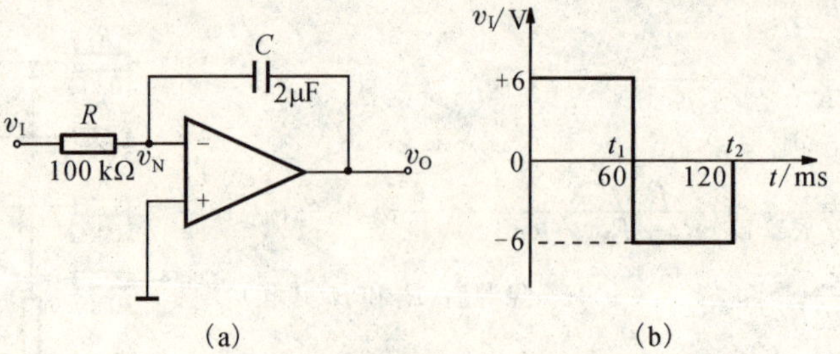

图题 2.4.10

【分析】 无源的微、积分电路，由电阻和电容组成，其时间常数 $\tau = RC$ 容易受后继电路输入阻抗的影响而不稳定，而在其电路中加上运放，即成为有源微、积分电路，运算效果更为理想。当给积分电路加阶跃信号时，$v_0 = -\frac{v_I}{RC}t$，即电容将以近似恒流的方式进行充、放电，输出电压 v_O 与时间 t 成正比。

【解】 (1) $R = 100\ \text{k}\Omega$、$C = 2\ \mu\text{F}$

当输入阶跃信号时，积分电路的输出电压为 $v_O = -\frac{1}{RC}\int v_I \text{d}t = -\frac{v_I}{RC}t$

当阶跃信号 $v_I(t) = 1\ \text{V}$，$t = 1\ \text{s}$ 时，得 $v_O(1\ \text{s}) = -\frac{1\ \text{V}}{100\times10^3\ \Omega\times2\times10^{-6}\ \text{F}}\times1\ \text{s} = -5\ \text{V}$

(2) $R = 100\ \text{k}\Omega$，$C = 0.47\ \mu\text{F}$

当 $0 \leqslant t \leqslant 60\ \text{ms}$，$v_I(t) = 6\ \text{V}$

$$v_O(60\ \text{ms}) = -\frac{v_I}{RC}t = -\frac{6\ \text{V}}{100\times10^3\ \Omega\times0.47\times10^{-6}\ \text{F}}\times60\times10^{-3}\ \text{s} = -7.66\ \text{V}$$

当 $60\ \text{ms} < t \leqslant 120\ \text{ms}$，$v_I(t) = -6\ \text{V}$

$$v_O(t) = v_O(60\ \text{ms}) - \frac{v_I}{RC}t$$

$$v_O(120\ \text{ms}) = -7.66\ \text{V} - \frac{-6\ \text{V}}{100\times10^3\ \Omega\times0.47\times10^{-6}\ \text{F}}\times(120-60)\times10^{-3}\ \text{s}$$
$$= -7.66\ \text{V} + 7.66\ \text{V} = 0\ \text{V}$$

v_O 波形如图解 2.4.10 所示。

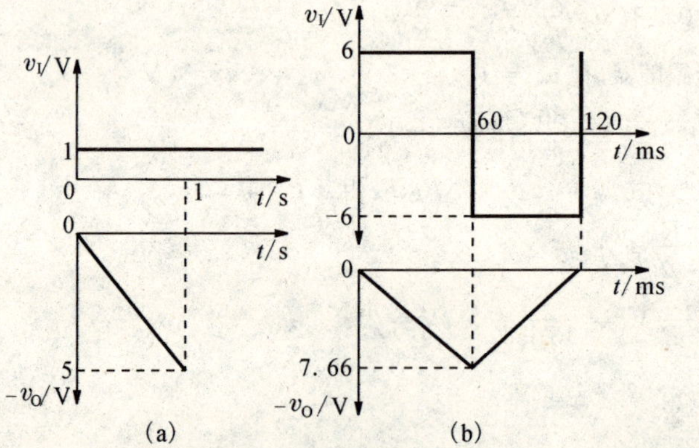

图解 2.4.10

2.4.11 电路如图题 2.4.11 所示，A_1、A_2 为理想运放，电容的初始电压 $v_C(0) = 0$。

(1) 写出 v_O 与 v_{I1}、v_{I2}、v_{I3} 之间的关系式；

(2) 写出当电路中电阻 $R_1 = R_2 = R_3 = R_4 = R_5 = R_6 = R$ 时，输出电压 v_O 的表达式。

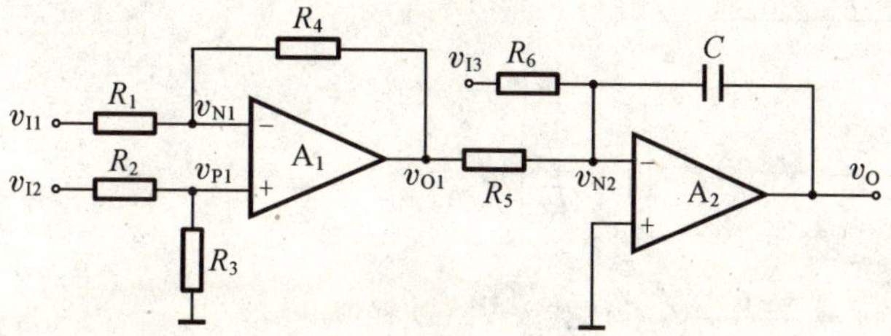

图题 2.4.11

【分析】 两级运放级联，第一级是差放电路，可运用叠加定理计算 v_{O1}，方法如题 2.4.8 所示；第二级是加法积分运算电路，仍可运用叠加定理计算 v_O。

【解】 (1) 第一级差放电路　$v_{O1}=\left(1+\frac{R_4}{R_1}\right)\left(\frac{R_3}{R_2+R_3}\right)v_{I2}-\frac{R_4}{R_1}v_{I1}$

第二级加法积分电路

令 $v_{O1}=0$，根据虚短，$v_{N2}=v_{P2}=0\text{ V}$，R_5 中电流为零

$$v'_O=-\frac{1}{C}\int_0^t\frac{v_{I3}}{R_6}\,dt$$

令 $v_{I3}=0$，根据虚短，$v_{N2}=v_{P2}=0\text{V}$，R_6 中电流为零

$$v''_O=-\frac{1}{C}\int_0^t\frac{v_{O1}}{R_5}\,dt$$

叠加得 $v_O=v'_O+v''_O=-\frac{1}{C}\int_0^t\left(\frac{v_{I3}}{R_6}+\frac{v_{O1}}{R_5}\right)dt$

代入所求出的 v_{O1} 表达式，得

$$v_O=-\frac{1}{C}\int_0^t\left[-\frac{R_4}{R_1R_5}v_{I1}+\left(1+\frac{R_4}{R_1}\right)\frac{R_3}{R_5(R_2+R_3)}v_{I2}+\frac{v_{I3}}{R_6}\right]dt$$

(2) 当电阻 $R_1=R_2=R_3=R_4=R_5=R_6=R$ 时，

$$v_{O1}=v_{I2}-v_{I1}$$

$$v_O=-\frac{1}{RC}\int_0^t[(v_{I2}-v_{I1})+v_{I3}]dt$$

2.4.12 差分式积分运算电路如图题 2.4.12 所示。设运放是理想的，电容器 C 上的初始电压 $v_C(0)=0$，且 $C_1=C_2=C$，$R_1=R_2=R$。若 v_{I1}、v_{I2} 已知，求(1) 当 $v_{I1}=0$ 时，推导 v_O 与 v_{I2} 的关系；(2) 当 $v_{I2}=0$ 时，推导 v_O 与 v_{I1} 的关系；(3) 当 v_{I1}、v_{I2} 同时加入时，写出 v_O 与 v_{I1}、v_{I2} 的关系式，并说明电路的功能。

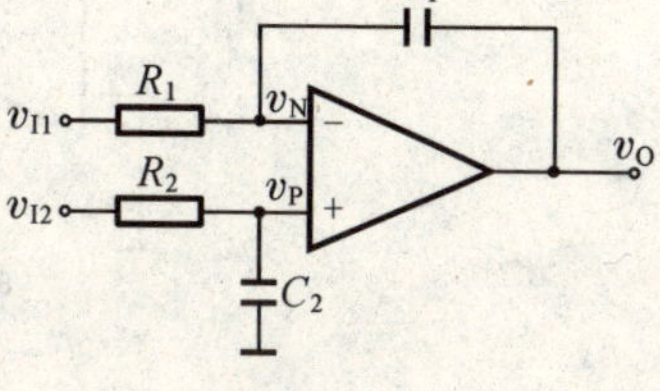

图题 2.4.12

【分析】 根据信号输入端的不同，积分电路分为反相积分电路、同相积分电路和差分式积分电路。电路中出现两个电容，其中 C_1 是积分运算电路的反馈支路电容，C_2 则是在同相端的接地电容，与 R_2 相当于串联，对 v_{I2} 分压。此外，在计算过程中引入算子 $s=j\omega$ 后，应注意物理量在频域和时域的表达方式及转换。根据拉氏逆变换，频域函数中的 $\frac{1}{s}$ 对应时域函数中的积分，而 s 则对应微分。

【解】 (1)当 $v_{I1}=0$ 时，电路为同相积分电路。

容抗 $X_C=\frac{1}{j\omega C}=\frac{1}{sC}$

由 $C_1=C_2=C$，$R_1=R_2=R$，再由虚短和虚断，在反相端有

$$\frac{0-V_N(s)}{R}=\frac{V_N(s)-V'_O(s)}{\frac{1}{sC}}$$

得 $V'_O(s)=\left(1+\frac{\frac{1}{sC}}{R}\right)V_N(s)=\left(1+\frac{\frac{1}{sC}}{R}\right)V_P(s)$

又在同相端，$V_P(s)=\frac{\frac{1}{sC}}{R+\frac{1}{sC}}V_{I2}(s)$，代入 $V'_O(s)$ 整理得

$V'_O(s)=\frac{1}{sCR}V_{I2}(s)$

则根据拉普拉斯反变换，v'_O 在时域内的表达式为

$$v'_O=\frac{1}{RC}\int_0^t v_{I2}\,dt$$

(2) $v_{I2}=0$ 时，电路为反相积分电路。由虚短和虚断有

$$\frac{V_{I1}(s)-V_N(s)}{R}=\frac{V_N(s)-V''_O(s)}{\frac{1}{sC}}$$

又 $V_N(s)=V_P(s)=0$，代入上式整理得 $V''_O(s)=-\frac{1}{sRC}V_{I1}(s)$

则根据拉普拉斯反变换，v''_O 在时域内的表达式为

$$v''_O=-\frac{1}{RC}\int_0^t v_{I1}\,dt$$

(3)当 v_{I1}、v_{I2} 同时加入时，电路为差分式积分电路。应用叠加定理，总输出电压为

$$v_O=v'_O+v''_O=\frac{1}{RC}\int_0^t(v_{I2}-v_{I1})dt$$

2.4.13 微分电路如图题 2.4.13a 所示，输入电压 v_I 如图题 2.4.13b 所示，设电路 $R=10\text{ k}\Omega$，$C=100\ \mu\text{F}$，设运放是理想的，试画出输出电压 v_O 的波形，并标出 v_O 的幅值。

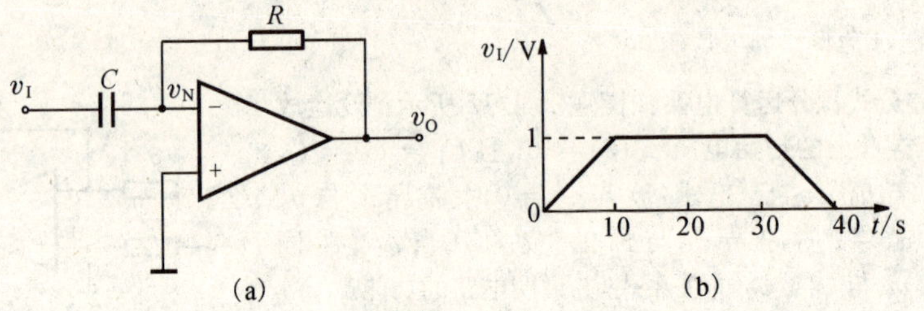

图题 2.4.13

(a) 微分电路 (b) v_I 的波形

【分析】 将积分电路的电阻和电容位置对换，并选取较小的时间常数，即得微分电路。微分电路在某一个时刻的输出，与该时刻输入信号的变化率在数值上成正比，当输入一个波形斜率固定的信号时，由于信号的变化率固定，输出端会得到一个直流信号，而当输入阶跃信号时，输出端在跃变点会得到一个尖脉冲。

【解】 根据微分电路，有 $v_O=-RC\frac{dv_I}{dt}$

当 $0\leqslant t<10$ s 时，v_I 的变化率固定，斜率为 1/10

$v_O=-RC\frac{dv_I}{dt}=-(10\times10^3\,\Omega\times100\times10^{-6}\,\text{F})\times\frac{1\text{ V}}{10\text{ s}}=-0.1\text{ V}$

当 $10\leqslant t<30$ s 时，v_I 恒定

$v_O = -RC\dfrac{dv_I}{dt} = 0$

当 $30 \leqslant t \leqslant 40$ s时，v_I 的变化率固定，斜率为 $-(1/10)$

$$v_O = -RC\frac{dv_I}{dt} = -(10\times10^3\ \Omega\times100\times10^{-6}\text{F})\times\left(-\frac{1\text{ V}}{10\text{ s}}\right) = 0.1\text{ V}$$

输出电压波形如图解 2.4.13 所示。

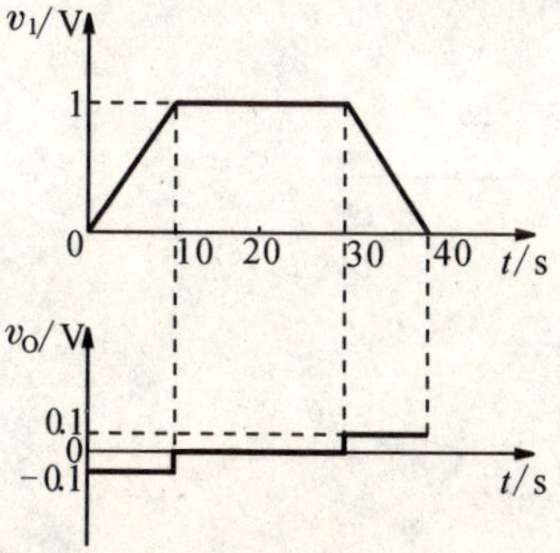

图解 2.4.13

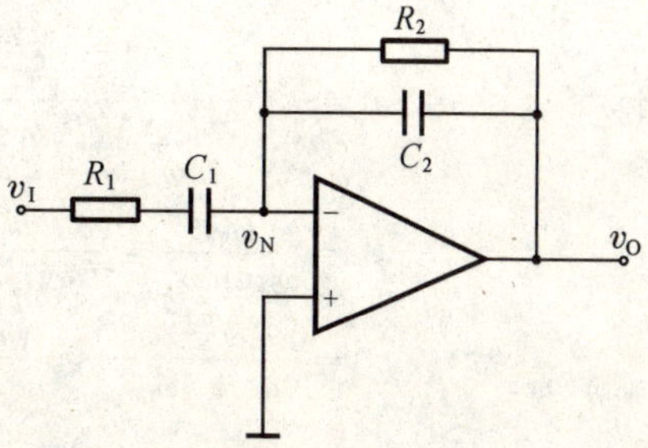

图题 2.4.14

2.4.14　一实用微分电路如图题 2.4.14 所示，它具有衰减高频噪声的作用。

(1) 确定电路的传递函数 $V_o(s)/V_i(s)$；(2) 若 $R_1 = R_2 = R, C_1 = C_2 = C$，试问应当怎样限制输入信号 v_I 的频率，才能使电路不失去微分的功能？

【分析】　当有用信号和高频噪声一起加入普通微分电路时，高频噪声的输出非常大，很可能淹没有用信号的输出，即普通微分电路对高频噪声非常敏感；本题电路则是一种改进型的微分电路，通过对电路传递函数的分析发现，当有用信号混杂高频噪声一起加入该电路时，只有相对低频的有用信号被微分，而高频信号则被积分，使电路对高频噪声不再敏感。

【解】　(1) 由虚短和虚断　$\dfrac{V_i(s)}{Z_1} = \dfrac{-V_o(s)}{Z_2}$，即

$$\frac{V_i(s)}{R_1 + \dfrac{1}{sC_1}} = \frac{-V_o(s)}{\dfrac{1}{\dfrac{1}{R_2} + sC_2}}$$　整理得电路的传递函数为

$$\frac{V_o(s)}{V_i(s)} = -\frac{sR_2C_1}{(1+sR_1C_1)(1+sR_2C_2)}$$

(2) 当 $C_1 = C_2 = C, R_1 = R_2 = R$

$$\frac{V_o(s)}{V_i(s)} = -\frac{sRC}{(1+sRC)^2}$$　代入 $s = j\omega$

得　$$A(j\omega) = \frac{V_o(j\omega)}{V_i(j\omega)} = -\frac{j\omega RC}{(1+j\omega RC)^2} = -\frac{j\dfrac{\omega}{\omega_H}}{1-\left(\dfrac{\omega}{\omega_H}\right)^2 + 2j\dfrac{\omega}{\omega_H}}$$　式中 $\omega_H = \dfrac{1}{RC}$

讨论：① 当 $\omega \ll \omega_H$　$$A(j\omega) = -\frac{j\dfrac{\omega}{\omega_H}}{1-\left(\dfrac{\omega}{\omega_H}\right)^2 + 2j\dfrac{\omega}{\omega_H}} \approx -\frac{j\dfrac{\omega}{\omega_H}}{1+2j\dfrac{\omega}{\omega_H}}$$

$$= -\frac{j\dfrac{\omega}{\omega_H}\left(1-2j\dfrac{\omega}{\omega_H}\right)}{\left(1+2j\dfrac{\omega}{\omega_H}\right)\left(1-2j\dfrac{\omega}{\omega_H}\right)} = -\frac{j\dfrac{\omega}{\omega_H}+2\left(\dfrac{\omega}{\omega_H}\right)^2}{1+4\left(\dfrac{\omega}{\omega_H}\right)^2}$$

$$\approx -\mathrm{j}\frac{\omega}{\omega_H} = -\mathrm{j}\omega RC$$

即 $V_o(s) = -sRCV_i(s)$

根据拉普拉斯逆变换，v_O 在时域内的表达式为

$v_O = -RC\dfrac{\mathrm{d}v_I}{\mathrm{d}t}$　　电路具有反相微分功能。

② 当 $\omega = \omega_H$　　$A(\mathrm{j}\omega) = -\dfrac{1}{2}$　　电路构成反相比例运算电路。

③ 当 $\omega \gg \omega_H$

$$A(\mathrm{j}\omega) = -\frac{\mathrm{j}\dfrac{\omega}{\omega_H}}{1-\left(\dfrac{\omega}{\omega_H}\right)^2+2\mathrm{j}\dfrac{\omega}{\omega_H}} \approx -\frac{\mathrm{j}\dfrac{\omega}{\omega_H}}{-\left(\dfrac{\omega}{\omega_H}\right)^2+2\mathrm{j}\dfrac{\omega}{\omega_H}}$$

$$= \frac{\mathrm{j}\omega_H}{\omega-\mathrm{j}2\omega_H} = \frac{\mathrm{j}\omega_H(\omega+\mathrm{j}2\omega_H)}{(\omega-\mathrm{j}2\omega_H)(\omega+\mathrm{j}2\omega_H)}$$

$$= \frac{\mathrm{j}\omega_H\omega-2\omega_H{}^2}{\omega^2+4\omega_H{}^2} \approx \frac{\mathrm{j}\omega_H\omega-2\omega_H{}^2}{\omega^2}$$

$$= \mathrm{j}\frac{\omega_H}{\omega}-2\left(\frac{\omega_H}{\omega}\right)^2 \approx \mathrm{j}\frac{\omega_H}{\omega}$$

$$= -\frac{1}{\mathrm{j}\omega RC}$$

即 $V_o(s) = -\dfrac{1}{sRC}V_I(s)$

根据拉普拉斯逆变换，v_O 在时域内的表达式为

$v_O = -\dfrac{1}{RC}\displaystyle\int_0^t v_I\mathrm{d}t$　　电路具有反相积分功能。

根据以上分析，只有当输入信号 v_I 的角频率 $\omega \ll \omega_H = \dfrac{1}{RC}$，即频率 $f \ll f_H = \dfrac{1}{2\pi RC}$，电路才能实现微分的功能，$f_H = \dfrac{1}{2\pi RC}$ 被称为电路的固有频率。

2.4.15　电路如图题 2.4.15a 所示，A 为理想运放，当 $t=0$ 时，电容 C 的初始电压 $v_C(0)=0$。(1) 写出电路的电压增益 $A_v(s) = V_o(s)/V_i(s)$ 的表达式；(2) 若输入电压 v_I 为一方波，如图题2.4.15b 所示，试画出 v_O 稳态时的波形。

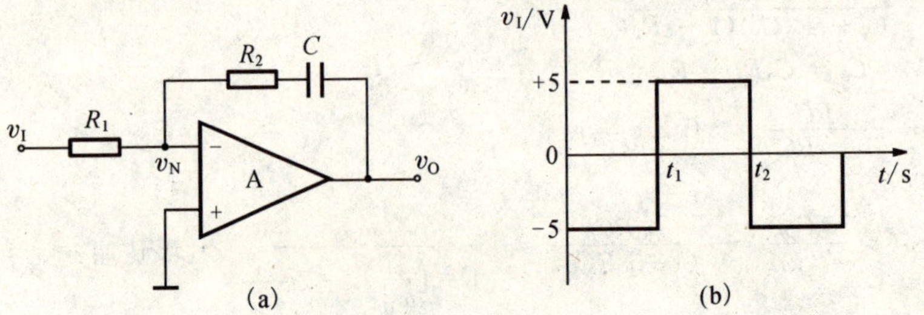

图题 2.4.15

(a) 电路　(b) 输入电压 v_I 的波形

【解】 (1) 由虚短和虚断，有　$\dfrac{V_i(s)}{R_1} = -\dfrac{V_o(s)}{R_2+\dfrac{1}{sC}}$

所以　$A_v(s)=\frac{V_o(s)}{V_i(s)}=-\left(\frac{R_2}{R_1}+\frac{1}{sR_1C}\right)$

(2) 由拉普拉斯逆变换

$$v_O(t)=-\left[\frac{R_2}{R_1}v_I(t)+\frac{1}{R_1C}\int_0^t v_I(t)\mathrm{d}t\right]+v_O(0_-)$$

可见，$v_O(t)$ 与 $v_I(t)$ 形成比例积分运算关系。又据题意 $v_O(0_-)=0$，

令 $v_{O1}(t)=-\frac{R_2}{R_1}v_I(t)$，$v_{O2}(t)=-\frac{1}{R_1C}\int_0^t v_I(t)\mathrm{d}t$

则 $v_O(t)=v_{O1}(t)+v_{O2}(t)$，即 $v_O(t)$ 为反相比例运算和反相积分运算的叠加。

① 当 $0\leqslant t\leqslant t_1$ 时，由 $v_I(t)=-5\ \text{V}$，得

$$v_{O1}(t)=-\frac{R_2}{R_1}v_I(t)=\frac{5R_2}{R_1}(\text{V})$$

又由初始电压 $v_C(0)=0$，有 $v_{O2}(0)=0$，得

$$v_{O2}(t)=\frac{5t}{R_1C}(\text{V})$$

② 当 $t_1<t\leqslant t_2$ 时，由 $v_I(t)=+5\ \text{V}$，得

$$v_{O1}(t)=-\frac{R_2}{R_1}v_I(t)=-\frac{5R_2}{R_1}(\text{V})$$

$$v_{O2}(t)=v_{O2}(t_1)-\frac{5}{R_1C}(t-t_1)=\frac{5t_1}{R_1C}-\frac{5(t-t_1)}{R_1C}(\text{V})$$

③ 当 $t_2<t\leqslant t_3$ 时，由 $v_I(t)=-5\ \text{V}$，得

$$v_{O1}(t)=-\frac{R_2}{R_1}v_I(t)=\frac{5R_2}{R_1}(\text{V})$$

$$v_{O2}(t)=v_{O2}(t_2)+\frac{5}{R_1C}(t-t_2)$$

$$=\frac{5}{R_1C}(2t_1-t_2)+\frac{5}{R_1C}(t-t_2)(\text{V})$$

若 $v_I(t)$ 为占空比为 50% 的方波，$2t_1=t_2$，则 $v_{O2}(t_2)=0$，得

$$v_{O2}(t)=\frac{5}{R_1C}(t-t_2)(\text{V})$$

根据 $v_I(t)$ 的波形变化，分别作出 $v_{O1}(t)$ 和 $v_{O2}(t)$ 的波形，叠加后即可得到 $v_O(t)$ 的波形，$v_O(t)$ 的波形如图解 2.4.15(c)所示。

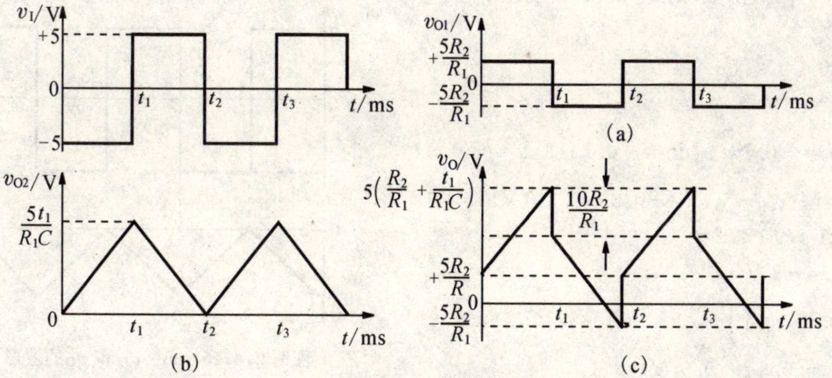

图解 2.4.15

2.4.16　电路如图题 2.4.16a 所示。设运放是理想的，电容器 C 上的初始电压为零，即 $v_C(0)=0$，$v_{I1}=-0.1\ \text{V}$，v_{I2} 是幅值为 $\pm 3\ \text{V}$，周期 $T=2\ \text{s}$ 的矩形波。(1) 求出 v_{O1}、v_{O2} 和 v_O 的表达式；(2) 当

输入电压 v_{I1}、v_{I2} 如图题 2.4.16b 所示时，试画出 v_O 的波形。

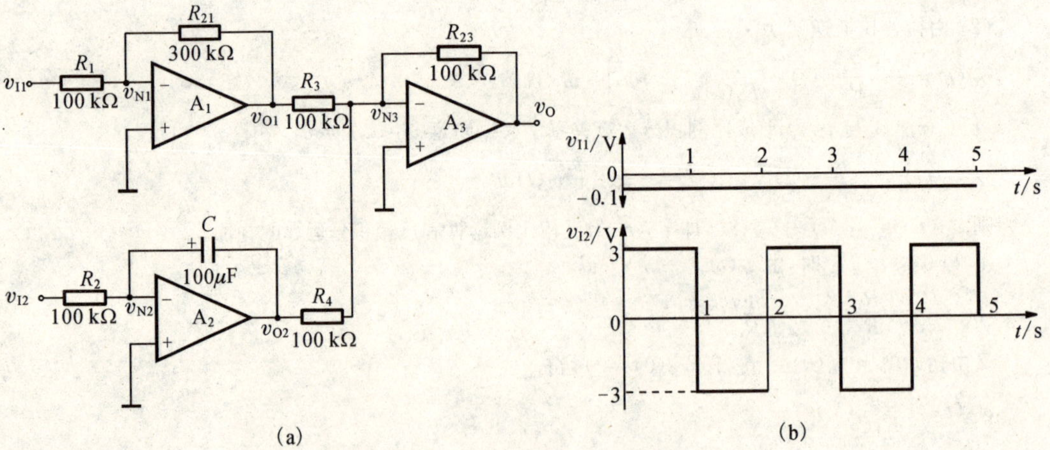

图题 2.4.16

(a) 电路 (b) 输入电压 v_{I1}、v_{I2} 的波形图

【分析】 由电路图，A_1 构成反相比例运放电路，A_2 构成反相积分电路，A_3 构成同相求和电路。

【解】 (1) A_1 构成反相比例运算电路 $v_{O1}=-\dfrac{R_{21}}{R_1}v_{I1}=-\dfrac{300\ \text{k}\Omega}{100\ \text{k}\Omega}\times v_{I1}=-3v_{I1}$

A_2 构成反相积分运算电路 $v_{O2}=-\dfrac{1}{R_2C}\int_0^t v_{I2}\,\text{d}t+v_{O2}(0)$

由 $v_C(0)=0$，有 $v_{O2}(0)=0$，则

$$v_{O2}=-\frac{1}{100\ \text{k}\Omega\times 100\ \mu\text{F}}\int_0^t v_{I2}\,\text{d}t=-0.1\int_0^t v_{I2}\,\text{d}t$$

A_3 构成加法运算电路

$$v_O=-\frac{R_{23}}{R_3}v_{O1}-\frac{R_{23}}{R_4}v_{O2}=-\frac{100\ \text{k}\Omega}{100\ \text{k}\Omega}v_{O1}-\frac{100\ \text{k}\Omega}{100\ \text{k}\Omega}v_{O2}=-v_{O1}-v_{O2}$$

由 $v_{I1}=-0.1$ V，有 $v_{O1}=-3v_{I1}=0.3$ V，所以

$$v_O=-v_{O1}-v_{O2}=-0.3+0.1\int_0^t v_{I2}\,\text{d}t\ (\text{V})$$

(2) v_{I2} 为阶跃函数，则 v_O 的波形为随时间增长的线性函数。

① 当 $0\leqslant t\leqslant 1$ s

由 $v_{I2}=3$ V

$$v_{O2}(t)=-0.1\int_0^t v_{I2}\,\text{d}t=-0.1\int_0^1 3\ \text{d}t=-0.3\ t$$

则 $v_O=-v_{O1}-v_{O2}=-0.3+0.3\ t(\text{V})$

② 当 $1\ \text{s}<t\leqslant 2$ s

由 $v_{I2}=-3$ V

$$v_{O2}(t)=-0.1\int_1^2 v_{I2}\,\text{d}(t-1)+v_{O2}(1\ \text{s})=0.3\ t-0.6(\text{V})$$

则 $v_O=-v_{O1}-v_{O2}$

$$=-0.3-(0.3\ t-0.6)=0.3-0.3\ t(\text{V})$$

$v_O(t)$ 的波形如图解 2.4.16 所示。

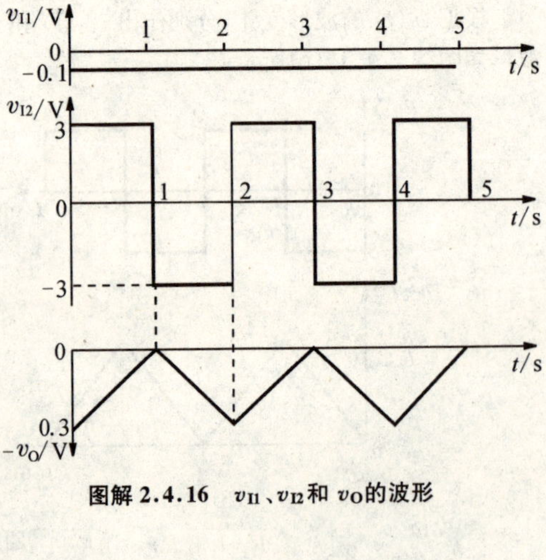

图解 2.4.16 v_{I1}、v_{I2} 和 v_O 的波形

典型习题与全真考题详解

1. 理想运放电路如图题 2.1 所示，试求输出电压 v_o 与输入电压 v_i 之间的运算关系。

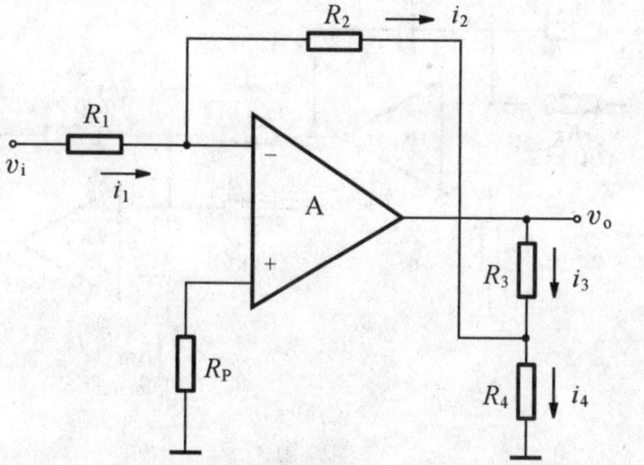

图题 2.1

【解】　由 $i_3 = i_4 - i_2$，得 $v_o = i_3R_3 + i_4R_4 = (i_4 - i_2)R_3 + i_4R_4$

根据理想集成运放工作在线性状态时的虚断和虚短，有

$$i_2 = i_1 = \frac{v_i}{R_1}$$

$$i_4 = -\frac{i_2R_2}{R_4} = -\frac{i_1R_2}{R_4} = -\frac{v_iR_2}{R_1R_4}$$

则 $v_o = (i_4 - i_2)R_3 + i_4R_4 = \left(-\frac{v_iR_2}{R_1R_4} - \frac{v_i}{R_1}\right)R_3 - \frac{v_iR_2}{R_1R_4}R_4 = -\left(\frac{R_2R_3}{R_1R_4} + \frac{R_3}{R_1} + \frac{R_2}{R_1}\right)v_i$

2. 电路如图题 2.2 所示。已知 $R_1 = R_3 = R_6 = 20\ \text{k}\Omega$，$R_2 = 60\ \text{k}\Omega$，$R_4 = R_5 = 10\ \text{k}\Omega$，$R_7 = 40\ \text{k}\Omega$。试求：

(1) 输出电压 v_o 与输入电压 v_i 之间的运算关系；

(2) 输入电阻 R_i。

图题 2.2

【解】 (1) 集成运放 A_1 组成反相比例运算电路，A_2 组成同相比例运算电路。

$$v_{o1} = -\frac{R_2}{R_1}v_i = -\frac{60}{20}v_i = -3v_i$$

由于 $v_{p2} = \frac{R_4}{R_3 + R_4}v_{o1} = \frac{10}{20 + 10}v_{o1} = \frac{1}{3}v_{o1} = -v_i$

所以 $v_o = \left(1 + \frac{R_6}{R_5}\right)v_{+2} = \left(1 + \frac{20}{10}\right)v_{p2} = -3v_i$

(2) $i_1 = \frac{v_i}{R_1}$

$$i_2 = \frac{v_i - v_o}{R_7} = \frac{v_i - (-3v_i)}{R_7} = \frac{4v_i}{R_7}$$

则 $i_i = i_1 + i_2 = \left(\frac{1}{R_1} + \frac{4}{R_7}\right)v_i$

所以 $R_i = \frac{v_i}{i_i} = \frac{1}{1/R_1 + 4/R_7} = \frac{R_1R_7}{4R_1 + R_7} = \frac{20 \times 40}{4 \times 20 + 40}\ \text{k}\Omega \approx 6.67\ \text{k}\Omega$

3. (电子科技大学 2007 年硕士研究生入学考试试题)图题 2.3 所示电路为集成运放构成的模拟运算电路，运放 A_1、A_2 的性能可视为理想。

(1) 求运放的输入平衡电阻 R_{P1}、R_{P2}。

(2) 求运放输入平衡时的函数表达式 $v_o = f(v_{i1}、v_{i2}、v_{i3})$

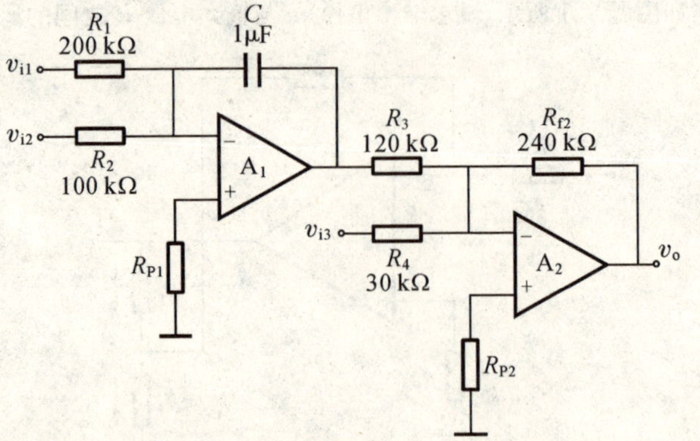

图题 2.3

【解】 (1) 运放的输入平衡电阻

$R_{P1} = R_1 // R_2 = 200\ \text{k}\Omega // 100\ \text{k}\Omega \approx 66.7\ \text{k}\Omega$

$R_{P2} = R_3 // R_4 // R_{f2} = 120\ \text{k}\Omega // 30\ \text{k}\Omega // 240\ \text{k}\Omega \approx 21.8\ \text{k}\Omega$

(2) 对运放 A_1,根据叠加原理

$$v_{o1} = -\frac{1}{R_1 C}\int v_{i1}\,dt - \frac{1}{R_2 C}\int v_{i2}\,dt$$

$$= -\frac{1}{200\ \text{k}\Omega \times 1\ \mu\text{F}}\int v_{i1}\,dt - \frac{1}{100\ \text{k}\Omega \times 1\ \mu\text{F}}\int v_{i2}\,dt = -5\int (v_{i1} + 2v_{i2})\,dt$$

对运放 A_2,根据叠加原理

$$v_o = -\frac{R_{f2}}{R_3}v_{o1} - \frac{R_{f2}}{R_4}v_{i3} = -\frac{240\ \text{k}\Omega}{120\ \text{k}\Omega} \times v_{o1} - \frac{240\ \text{k}\Omega}{30\ \text{k}\Omega} \times v_{i3} = -2v_{o1} - 8v_{i3}$$

则输出电压的表达式为

$$v_o = 10\int (v_{i1} + 2v_{i2})\,dt - 8v_{i3}$$

4. (浙江大学 2006 年硕士研究生入学考试试题)电路如图题 2.4 所示,分析电路输出电压与输入电压间的关系,并说明电路的功能。

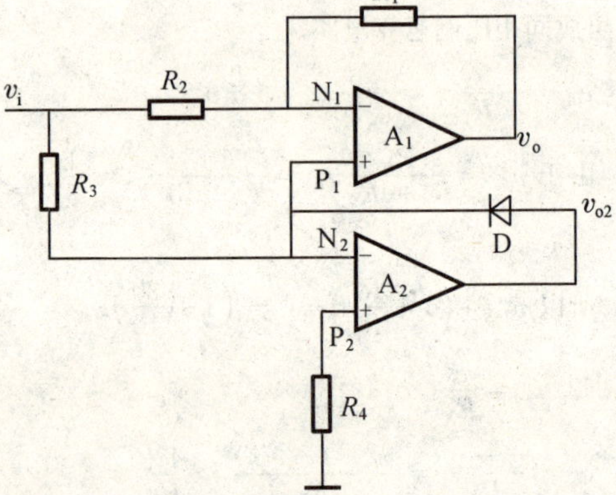

图题 2.4

【解】 (1) 当 $v_i > 0$,由 $v_{o2} < 0$,有二极管 D 截止,此时 A_2 工作在开环饱和状态,虚短不成立,只有虚断成立。由 $i_{R3} = 0$,有 $v_{N1} = v_{P1} = v_{N2} = v_i$;又 $i_{R2} = i_{R1} = 0$,有 $v_o = v_{N1}$;因此 $v_o = v_i$。

(2) 当 $v_i < 0$,由 $v_{o2} > 0$,有二极管 D 导通,此时 A_2 工作在线性放大区,有虚短及虚断。则 $v_{P1} = v_{N2} = v_{P2} = 0$。对于 A_1,有 $v_o = -\frac{R_1}{R_2}v_i$,若 $R_1 = R_2$,则 $v_o = -v_i$。

所以,$v_o = |v_i|$,构成绝对值电路。

第3章　二极管及其基本电路

内容与要求

一、充分了解二极管的结构与工作原理。

二、掌握二极管和稳压管的伏安特性和主要参数。

三、掌握二极管和稳压管基本电路及分析方法。

知识点归纳

一、半导体的基本知识

1. 半导体材料

(1) 常用半导体材料

元素半导体：如硅(Si)和锗(Ge)等四价元素；化合物半导体：如砷化镓(GaAs)等。

(2) 导电能力

半导体导电能力界于导体和绝缘体之间，受外界光、热及自身掺杂浓度的影响很大。

(3) 物理结构

半导体晶体中的原子在空间排列整齐，形成点阵，也称晶格。原子之间通过共价键结合，共价键中的价电子不像绝缘体中束缚得那样紧。半导体的导电性能与其共价键结构有关。

2. 本征半导体

完全纯净的、具有完整晶体结构的半导体称为本征半导体。

(1) 导电性能：$T=0$ K，无外部能量作用时，本征半导体不导电，如同绝缘体。

(2) 本征激发：室温下，共价键中被束缚的价电子获得能量，挣脱束缚，成为自由电子，同时留下空穴，自由电子和空穴成对产生的同时，不断复合，最终达到动态平衡。随着温度升高，热运动加剧，电子和空穴浓度增加，半导体导电性能随之加强。

(3) 两种载流子：自由电子，带负电荷；空穴，带正电荷。空穴被看成带正电荷的原因是，空穴吸引价电子填补，产生新空穴，相当于空穴运动，方向与电子运动方向相反。

3. 杂质半导体

通过扩散工艺，在本征半导体中掺入少量的五价或三价元素得到杂质半导体。注意，杂质半导体依然是电中性。

(1) N型半导体：在本征半导体中掺入少量五价元素(如磷、锑、砷)，使之取代晶格中四价原子的位置。其多数载流子(多子)为自由电子，少数载流子(少子)为空穴。N型半导体主要靠自由电子导电。

(2) P型半导体：在本征半导体中掺入少量三价元素(如硼、镓、铟)，使之取代晶格中四价原子的位置。其多子为空穴，少子为自由电子。P型半导体主要靠空穴导电。

(3) 导电性能：由于掺杂使载流子浓度大大提高，杂质半导体的导电性能随之大为增强。

(4) 影响多子/少子浓度的主要因素：多子浓度主要由掺杂浓度决定，少子浓度主要由温度决定。由于温度升高导致热激发产生的载流子浓度增大，半导体导电性能具有温度敏感性，据此制作热敏和光敏器件；同时也说明半导体器件的温度稳定性差，温度是影响半导体器件性能的重要因素之一。

(5) 半导体与导体导电的重要区别：导电时，导体中只有电子电流，而半导体中不仅有自电电子移动产生的电子电流，还有受束缚的价电子填补空穴产生的空穴电流。

二、PN结的形成与特性

1. 载流子的漂移与扩散

(1) 漂移运动：由电场作用引起的载流子的运动。

(2) 扩散运动：由载流子浓度差引起的载流子的运动。

2. PN结的形成

在一块本征半导体两侧通过扩散不同的杂质，分别形成N型半导体和P型半导体，在结合面上形成PN结的物理过程如下：

浓度差→多子的扩散运动→由杂质离子形成空间电荷区(即PN结/势垒区/耗尽层)→空间电荷区形成内电场→内电场促使少子漂移，同时阻止多子扩散→多子的扩散和少子的漂移达到动态平衡。

3. PN结的单向导电特性

PN结的单向导电特性是PN结的主要特性。

(1) PN结正偏(P端接高电位，N端接低电位)：外加电场与内电场方向相反，多子扩散加强，少子漂移受阻，PN结变窄，正向电流较大，正向电阻较小，PN结处于导通状态。

(2) PN结反偏(P端接低电位，N端接高电位)：外加电场与内电场方向一致，多子扩散受阻，几乎停止，少子漂移加强，PN结变宽，反向电流很小，反向电阻很大，PN结近似截止。

4. PN结的反向击穿特性

反向击穿是指加在PN结上的反向电压超过一定数值$V_{(BR)}$后，反向电流急剧增加的现象。

(1) 齐纳击穿：高掺杂、耗尽层薄时，若反向电压过大，在空间电荷区内形成强电场，直接破坏共价键，产生电子—空穴对，致使电流急剧增加。

(2) 雪崩击穿：低掺杂时，若反向电压过大，空间电荷区的电场使少子的漂移速度加快，把价电子撞出共价键，产生电子—空穴对(碰撞电离)，新产生的电子与空穴被电场加速后又撞出其他价电子，载流子数目雪崩式地倍增，电流急剧增加。雪崩击穿的反向击穿电压高。

(3) 电击穿：指可逆击穿，反向击穿时，若对PN结反向电流加以限制，不致过热，则击穿不会对PN结产生破坏。

(4) 热击穿：指不可逆击穿，反向击穿时，若不对PN结反向电流加以限制，PN结可能因为过热而造成永久破坏，应避免。

5. PN结的电容特性

PN结无论正偏还是反偏，由于耗尽层内都有正负电荷的积累，积累电荷随外加电压变化，表现为PN结的电容效应，也称PN结上有寄生电容效应，非线性，很小，一般为pF级。电容效应影响二极管、三极管的高频特性。

(1) 扩散电容(C_D)：正偏电压变化时，扩散区内电荷的积累和释放所等效的电容。与流过PN结的正向电流i、温度电压当量V_T以及非平衡少子的寿命有关。

(2) 势垒电容(C_B)：反偏电压变化时，空间电荷区宽度变化所等效的电容。与外加电压以及PN结的结面积、空间电荷区宽度、半导体的介电常数有关。

PN结正偏时，以扩散电容为主；反偏时，则以势垒电容为主。

6. PN结的$V-I$特性

PN结的$V-I$特性表达式为$i_D = I_s(e^{v_D/nV_T} - 1)$。

其中I_s为反向饱和电流；n为发射系数，其值在1～2之间；常温下(T=300 K)，温度的电压当量$V_T = 26$ mV。

三、二极管

1. 二极管结构和类型

(1) 结构：封装起来的PN结。即将PN结用外壳封装起来，并引出两个电极。P区引出的电极为正极(阳极),由N区引出的电极为负极(阴极)。

(2) 类型:

① 点接触型:PN结的结面积小,不能承受大电流和高反向电压,极间电容很小,适用于高频电路和小功率整流;

② 面接触型:PN结采用合金法工艺制成,结面积大,能流过较大的电流,极间电容较大,适用于低频电路和较大功率整流管。

2. 二极管的 $V-I$ 特性

二极管的 $V-I$ 特性与PN结的 $V-I$ 特性基本相同。由于存在半导体体电阻、引线电阻以及管表面的漏电流,外加相同正向电压时,二极管的正向电流小于PN结上的电流。

(1) 二极管结的 $V-I$ 特性

$i_D = I_s(e^{v_D/V_T} - 1)$,其中常温下,$V_T = 26\ \text{mV}$。

硅、锗二极管的 $V-I$ 曲线示意图分别如图3.1和3.2所示。

(2) 正向导通特性

当正向电压 v_D 小于门坎电压(死区电压) V_{th},二极管中电流近似为零。硅管 $V_{th}\approx0.5$ V,锗管 $V_{th}\approx0.1$ V。此后,二极管导通,电流随电压呈指数规律迅速增加,导通管压降小且变化不大,硅管正向导通压降约为0.7 V,锗管正向导通压降约为0.2 V。

(3) 反向截止特性

当二极管上加反向电压,且没达到反向击穿电压时,二极管截止。此时二极管中的反向电流很小,且几乎不变,称为反向饱和电流。反向饱和电流受温度影响很大。硅管的反向电流比锗管的小得多。

(4) 反向击穿特性

当反向电压增加到一定大小(V_{BR})时,反向电流急剧增加,但二极管两端的电压几乎不变。当没有发生热击穿之前,电击穿对二极管本身没有任何损坏,是可逆的。但二极管和其他元件一样,会因为过热而烧毁,即热击穿,所以在二极管电路中必须接入限流电阻。

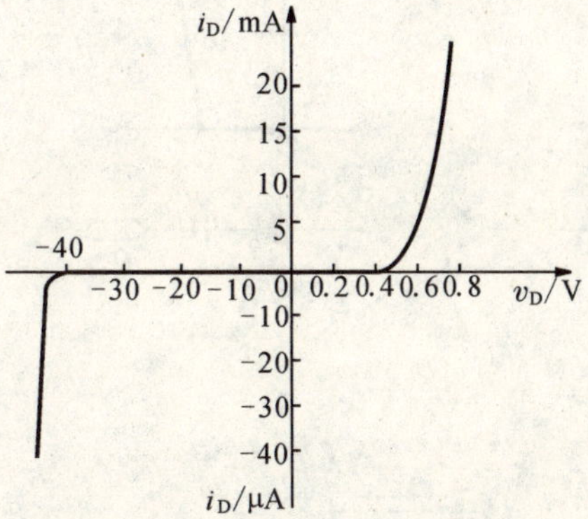

图3.1　硅二极管的 $V-I$ 曲线示意图

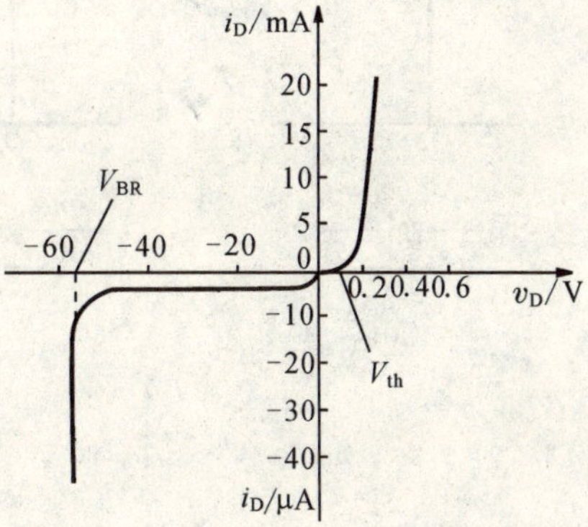

图3.2　锗二极管的 $V-I$ 曲线示意图

3. 二极管的主要参数

(1) 最大整流电流 I_F:二极管长期使用时,允许流过二极管的最大正向平均电流。

(2) 最大反向工作电压 V_{RM}:保证二极管不被击穿所允许的的最高反向电压,一般是反向击穿电压 V_{BR} 的1/2～2/3。

(3) 反向电流 I_R:二极管没击穿时的反向电流。反向电流大,说明管子的单向导电性差。硅管的反向电流较小,锗管的反向电流较大。温度对反向电流 I_R 的影响很大。

(4) 最高工作频率 f_M:主要取决于结电容的大小。若工作频率高于 f_M,二极管的单向导电性变差。

四、二极管的基本电路及其分析方法

1. 简单二极管电路的图解分析方法

二极管是一种非线性器件，图解分析法是非线性电路的常规分析方法，但前提条件是已知二极管的 $V-I$ 特性曲线，该曲线和电路负载线的交点即为工作点 Q。

2. 二极管电路的简化模型分析法

建立二极管模型的目的：将非线性电路近似简化为线性电路。

建立二极管模型的思路：根据电路的不同条件，将二极管的指数模型分段线性化，得到其等效线性模型。根据电路条件不同，可建立四种模型。

(1) 理想模型：如图 3.3(a)所示。认为二极管的正向管压降为零(短路)，反向电流为零(断路)。

适用条件：电源电压远大于二极管的管压降时。

(2) 恒压降模型：如图 3.3(b)所示。认为二极管的正向管压降恒定，反向电流为零。

适用条件：电源电压远大于二极管的管压降时。比理想模型更合理，应用较广。

(3) 折线模型：如图 3.3(c)所示。认为二极管的正向管压降不恒定，随二极管电流增加而增加。正向导通时等效为一个电阻 r_D 和门坎电压 V_{th} 的串联。更接近二极管实际的伏安特性。

适用条件：电源电压接近二极管管压降时。

(4) 小信号模型：如图 3.3(d)所示。当二极管外加直流正向偏置电压，并在此基础上外加小信号电压时，对小信号而言，二极管等效为一个线性动态电阻 r_d。常温下，$r_d \approx V_T/I_D = 26\ \text{mV}/I_D$。注意，动态电阻 r_d 与静态工作点 Q 有关。

适用条件：二极管处于正向偏置条件下，$v_D \gg V_T$，且外加的小信号电压足够小。

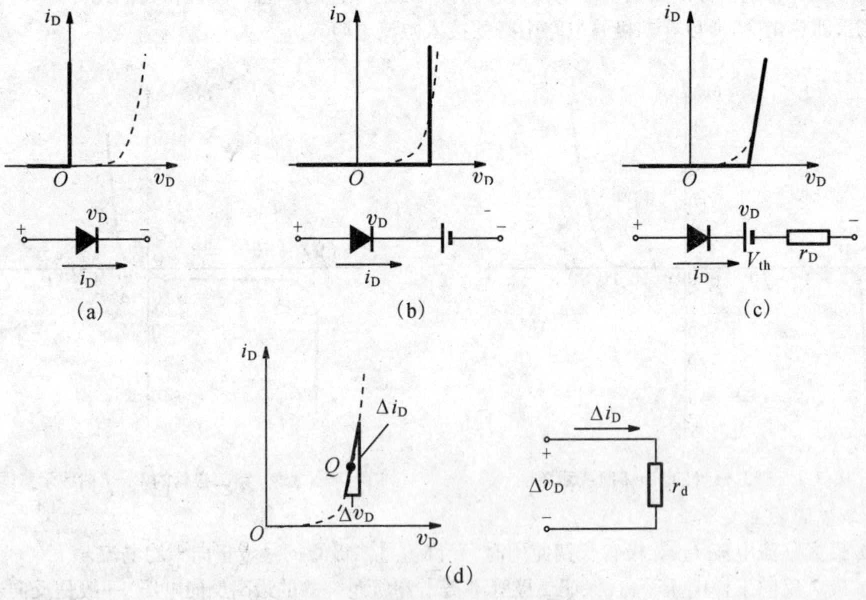

图 3.3 二极管的四种简化模型

五、特殊二极管

1. 齐纳二极管

(1) $V-I$ 特性：如图 3.4 所示。伏安特性与普通二极管相似，但在击穿区的曲线很陡，几乎与纵轴平行，表现出很好的稳压特性，又称稳压管。

(2) 正常工作区：反向击穿区。

(3) 主要参数

① 稳定电压 V_Z：在规定的稳压管反向工作电流 I_Z 下，所对应的反向工作电压。

② 最大稳定工作电流 I_{Zmax} 和最小稳定工作电流 I_{Zmin}：若二极管上的反向电流小于 I_{Zmin}，则二极管处于反向截止区，尚未进入反向击穿区，不能正常稳压；若二极管上的反向电流大于 I_{Zmax}，则反向击穿电流过大，二极管可能发生热击穿而烧毁。

③ 动态电阻：$r_Z = \Delta V_Z / \Delta I_Z$，$r_Z$ 愈小，曲线愈陡，稳压性能愈好。

④ 最大耗散功率：$P_{ZM} = V_Z I_{ZM}$，二极管的极限参数之一。

⑤稳定电压温度系数 α：环境温度每变化 1 ℃引起稳压值变化的百分数，是稳压管的质量指标。当稳压值 $V_Z > 7$ V，$\alpha > 0$，二极管具有正的温度系数；当稳压值 $V_Z < 4$ V，$\alpha < 0$，二极管具有负的温度系数；当稳压值 $V_Z = 4 \sim 7$ V，α 接近于零。

2. 变容二极管

特点：有显著的电容效应，结电容随反向电压的增加而减小。这是由于反向电压增加时，空间电荷区变宽，相当于结电容极板间的距离增大，根据电容公式 $C = \dfrac{\varepsilon S}{d}$，结电容减小。

3. 肖特基二极管

特点：电容效应非常小，速度快，正向压降低，反向击穿电压也低，反向漏电流大。

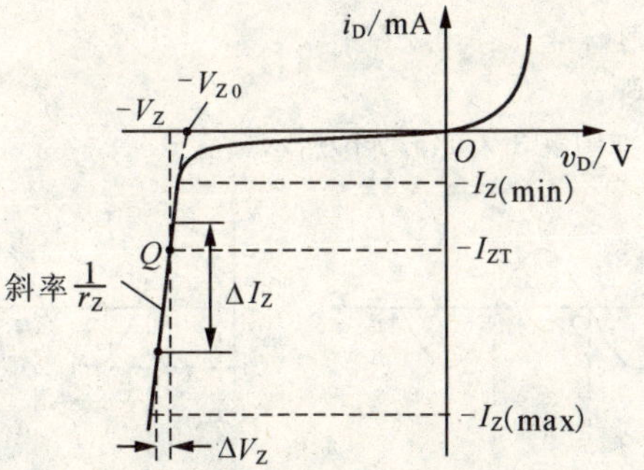

图 3.4　稳压管的 V-I 特性示意图

习题全解

3.2　PN 结的形成与特性

3.2.1　在室温(300 K)情况下，若二极管的反向饱和电流为 1 nA，问它的正向电流为 0.5 mA 时应加多大的电压？设二极管的指数模型为 $i_D = I_S(e^{v_D/(nV_T)} - 1)$，其中 $n = 1$，$V_T = 26$ mV。

【分析】　在二极管的指数模型 $i_D = I_S(e^{v_D/(nV_T)} - 1)$ 中，i_D 为二极管中的正向电流；I_S 为反向饱和电流；v_D 为二极管两端的外加电压；n 为发射系数，与 PN 结的尺寸、材料及通过的电流有关，其值在 1~2 之间。

【解】　将已知参数代入二极管指数模型 $i_D = I_S(e^{v_D/(nV_T)} - 1)$，得

$$0.5 \times 10^{-3}\,\text{A} = 1 \times 10^{-9}\,\text{A}(e^{\frac{v_D}{1 \times 0.026\text{V}}} - 1)$$

故

$$v_D \approx 0.34\ \text{V}$$

3.2.2　在室温(300 K)情况下，若二极管加 0.7 V 正向电压时，产生的正向电流为 1 mA。(1) 求二极管的反向饱和电流；(2) 当二极管正向电流增加 10 倍时，其电压应为多少？设 $n = 1$。

【解】 (1) 将已知参数代入二极管指数模型 $i_D = I_S(e^{v_D/(nV_T)} - 1)$,得

$10 \times 10^{-3}\ A = I_S(e^{\frac{0.7\ V}{1 \times 0.026\ V}} - 1)$

所以 $I_S \approx 2 \times 10^{-5}\ A$

(2) 当二极管正向电流增加10倍时,有

$I_S(e^{\frac{v_D}{0.026\ V}} - 1) / I_S(e^{\frac{0.7\ V}{0.026\ V}} - 1) = 10$

所以 $v_D \approx 0.76\ V$

3.4 二极管的基本电路及其分析方法

3.4.1 电路如图题3.4.1所示,电源 $v_s = 2\sin\omega t$(V),试分别使用二极管理想模型和恒压降模型($V_D = 0.7\ V$)分析,试绘出负载 R_L 两端的电压波形,并标出幅值。

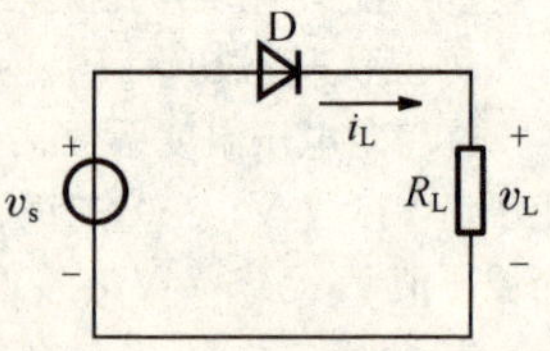

图题 3.4.1

【分析】 二极管的理想模型认为正向导通管压降为0 V,即只要阳极电位比阴极电位高,二极管就导通,一旦导通,二极管相当于短路;在恒压降模型中,认为二极管的阳极电位比阴极电位高0.7 V才导通,即正向导通管压降为0.7 V。两种模型都认为,截止时,二极管的反向电流为0,相当于开路。

【解】 (1) 理想模型

$v_s > 0$ 时,D导通,管压降为0 V,则 $v_L = v_s$;

$v_s \leqslant 0$ 时,D截止,电路电流为0 A,则 $v_L = 0$。

(2) 恒压降模型

$v_s > 0.7\ V$ 时,D导通,则 $v_L = v_s - 0.7\ V$;

$v_s \leqslant 0.7\ V$ 时,D截止,则 $v_L = 0$。

R_L 两端的电压波形分别如图解3.4.1(a)、(b)所示。

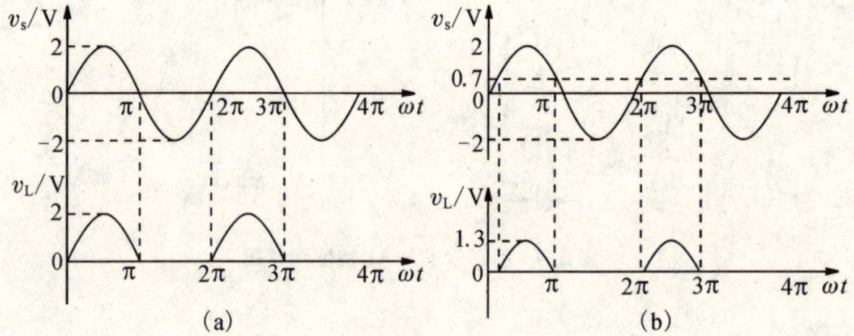

图解 3.4.1

3.4.2 12 V电池的充电电路如图题3.4.2所示,用二极管理想模型分析,若 v_s 是振幅为24 V的正弦波,则二极管流过的峰值电流和二极管两端的最大反向电压各是多少?

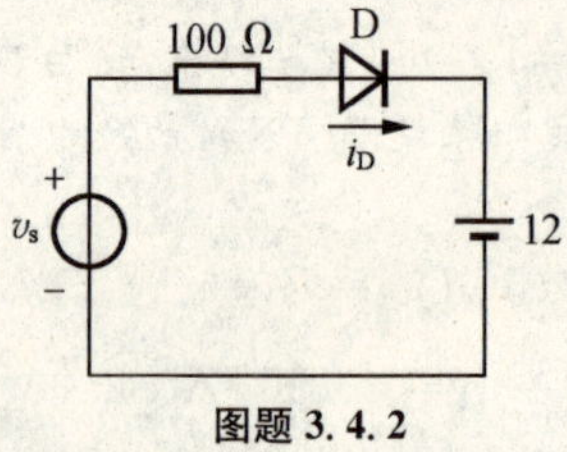

图题 3.4.2

【分析】 判断二极管导通与否的方法如下:将二极管断开,在电路中设定一个零电位参考点,通过比较二极管阳极、阴极电位的高低来判断导通与否。如果是理想模型,只要二极管阳极电位高于阴极电

位，即导通；如果是恒压降模型（设 $V_D = 0.7$ V），只要二极管阳极电位比阴极电位高 0.7 V，即导通。

【解】 理想模型下

当 $v_s > 12$ V时，D导通，此时二极管流过的峰值电流为

$I_m = (24-12)\text{V}/100\ \Omega = 0.12$ A

当 $v_s \leqslant 12$ V时，D截止，此时二极管承受的最大反向电压为

$V_{Rm} = |(-24-12)|\text{V} = 36$ V

3.4.3　电路如图题 3.4.3 所示，电源 v_s 为正弦波电压。(1) 二极管采用理想模型，试绘出负载 R_L 两端的电压波形；(2) v_s 的有效值为 220 V，则二极管的最高反向工作电压值应为多少？

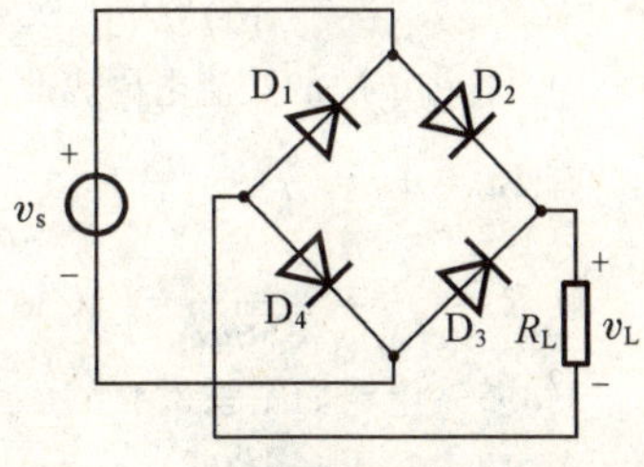

图题 3.4.3

【分析】 此电路为4个二极管构成的桥式整流电路。假设以电源 v_s 图示的"—"参考方向为零电位参考点。则在 v_s 正半周，D_1 的阴极和 D_2 的阳极与 v_s 的正极相连，为电路中电位最高点，因此 D_1 截止，D_2 导通；同时，D_3 的阳极、D_4 的阴极与 v_s 的负极相连，为电路中电位最低点，因此 D_3 截止，D_4 导通。负半周时二极管导通情况相反。

注意，无论在 v_s 的正半周还是负半周，负载 R_L 上的电流方向一致，因此其电压波形方向也一致。

【解】 (1) 理想模型下，二极管正向压降为0。

$v_s > 0$ 时，D_2、D_4 导通，D_1、D_3 截止，$v_L = v_s$；

$v_s \leqslant 0$ 时，D_2、D_4，截止，D_1、D_3 导通，$v_L = -v_s$。

负载 R_L 两端的电压波形如图解 3.4.3 所示，该电路把 v_s 的负半周波形翻正，也称为全波整流电路。

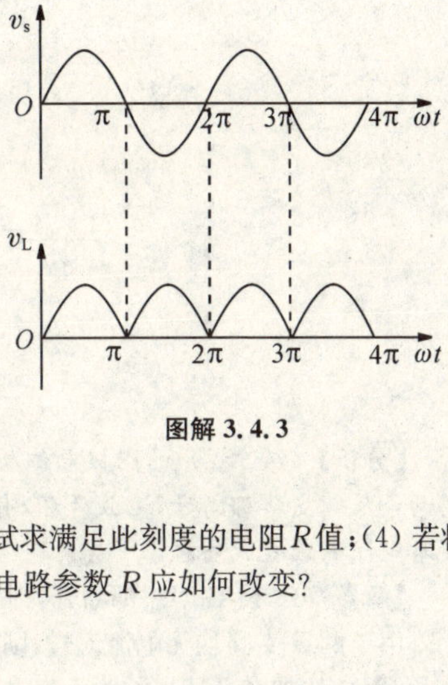

图解 3.4.3

(2) 二极管的最高反向工作电压值

$V_{RM} = \sqrt{2} \times 220\ \text{V} \approx 311$ V

3.4.4　图题 3.4.4 是一高输入阻抗交流电压表电路，设运放和二极管均为理想器件，被测电压 $v_i = \sqrt{2}V_i \sin\omega t$。(1) 当 v_i 瞬时极性为正时，标出流过表头 M 的电流方向，说明哪几个二极管导通；(2) 写出流过表头 M 的电流平均值的表达式；(3) 表头的满刻度电流为 100 μA，要求当 $V_i = 1$ V时，表头的指针为满刻度，试求满足此刻度的电阻 R 值；(4) 若将 1 V的交流电压表改为 1 V的直流电流表，表头指针为满刻度时，电路参数 R 应如何改变？

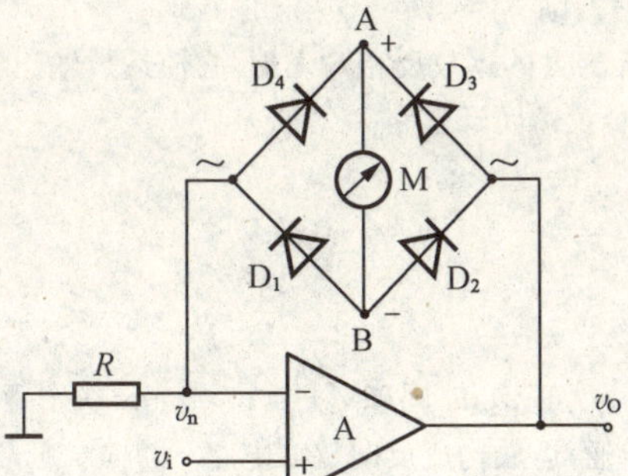

图题 3.4.4

【解】 (1) 当 v_i 瞬时极性为正时，v_O 瞬时极性也为正，所以二极管 D_3、D_1 导通，流过表头 M 的电流方向为 A 到 B。

(2) 由于 D_3、D_1 和 D_4、D_2 分组轮流导通，流过表头 M 的电流平均值即为 R 上电流的平均值。

根据虚短 $v_n = v_i$，所以

$$I_M = I_R = \frac{V_R}{R} = \frac{V_I}{R} = \frac{1}{\pi R}\int_0^{\pi} v_i \mathrm{d}\omega t = \frac{1}{\pi R}\int_0^{\pi} \sqrt{2}V_i \sin\omega t \mathrm{d}\omega t = \frac{2\sqrt{2}V_i}{\pi R} \approx \frac{0.9\ V_i}{R}$$

(3) 由上式

$$R \approx \frac{0.9\ V_i}{I_M} = \frac{0.9 \times 1\ \text{V}}{100\ \mu\text{A}} = 9\ \text{k}\Omega$$

(4) 若将 1 V 的交流电压表改为 1 V 的直流电流表，则根据虚短 $v_n = v_i$

有 $I_M = I_R = \dfrac{V_R}{R} = \dfrac{V_I}{R}$

则 $R = \dfrac{V_I}{I_M} = \dfrac{1\ \text{V}}{100\ \mu\text{A}} = 10\ \text{k}\Omega$

3.4.5 电路如图题 3.4.5 所示，设运放是理想的，二极管导通电压降为 0.7 V。(1) $v_S = 2$ V 时，v_A 等于多少？v_O 等于多少？(2) $v_S = -2$ V 时，v_A 等于多少？v_O 等于多少？(3) 当正弦波 v_S 的振幅分别为 2 V 和 0.5 V 时，绘出相应的 v_A 和 v_O 的波形，并标出幅值。(4) 若图题 3.4.1 中的 v_S 也是振幅为 0.5 V 的正弦波，二极管导通电压降也为 0.7 V，那么 v_L 的电压波形是怎样的？据此说明与图题 3.4.1 所示电路相比，本题电路有什么优点。(提示：v_S 为正半周和负半周时，两二极管的工作状态不同)

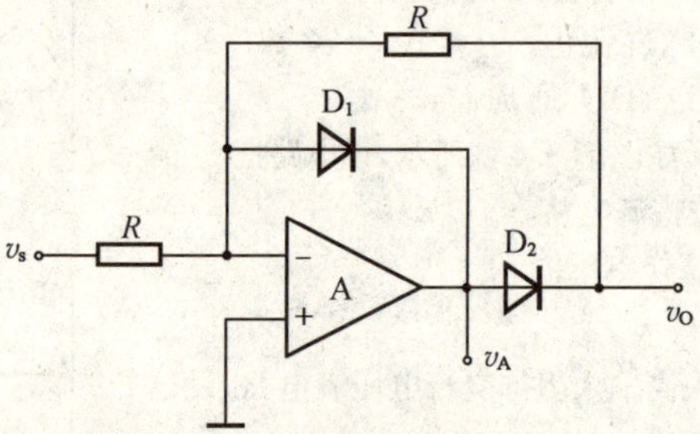

图题 3.4.5

【分析】 v_A 是 D_1 的阴极电位及 D_2 的阳极电位；判断二极管工作状态时，先断开 D_1、D_2，此时运放的两条反馈支路都断开，运放开环，有虚断，无虚短，且此时反馈支路电阻 R 上无电流，根据虚断，v_S 输入支路电阻 R 上也无电流。

【解】 (1) 设 D_1、D_2 都断开，则 v_A 为负饱和，

由于两 R 支路均无电流流过，则 $v_O = v_n = v_S = 2$ V

2 V 电压加在开环增益为无穷大的运放反相输入端，必使运放输出电压 v_A 趋向负饱和值，因此可判断 D_1 导通、D_2 截止，运放构成负反馈闭环电路。

由 $v_n = v_p = 0$，有

$v_A = v_n - 0.7 = v_p - 0.7 = 0 - 0.7\ \text{V} = -0.7\ \text{V}$

由虚地，实际输出电压

$v_O = v_n = 0$ V

(2) 设 D_1、D_2 都断开，则 v_A 为正饱和，同理 $v_O = v_n = v_S = -2$ V

因此可判断 D_1 截止，D_2 导通，运放构成反向放大电路

$v_O = -\dfrac{R}{R}v_S = -v_S = 2$ V

$v_A = v_O + 0.7\ \text{V} = 2.7$ V

(3) 当 v_S 为正弦波时，根据(1)、(2) 分析可得

当 $v_S > 0$，D_1 导通，D_2 截止

$v_A = v_n - 0.7 = v_p - 0.7 = 0 - 0.7\ \text{V} = -0.7\ \text{V}, v_O = v_n = 0\ \text{V}$

当 $v_S < 0$，D_1 截止，D_2 导通

$v_O = -\dfrac{R}{R}v_S = -v_S, v_A = v_O + 0.7\ \text{V}$

v_A 和 v_O 的波形见图解 3.4.5。

(4) 若图题3.4.1中的 v_S 也是振幅为0.5 V的正弦波，小于二极管的导通电压降0.7 V，则二极管始终截止，$v_L = 0$ V。而本题由于运算放大器的存在，即使 v_S 很小也能克服二极管的死区电压、使二极管导通，产生相应的输出。

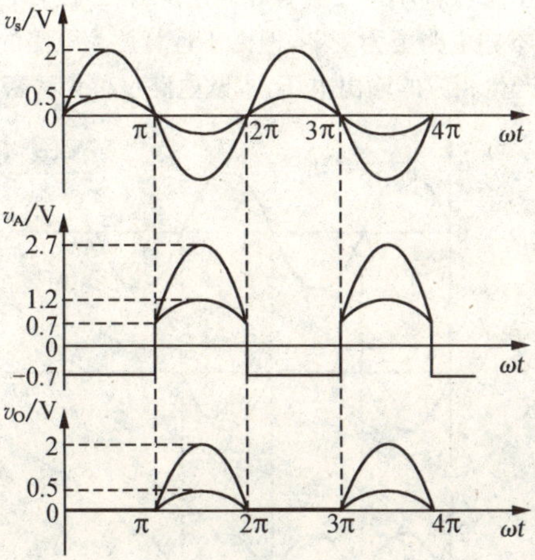

图解 3.4.5

3.4.6　电路如图题3.4.6所示，设运放是理想的，二极管的导通压降为0.7 V。(1) 试证明 $v_O = |v_S|$，即该电路为绝对值运算电路(提示：分 $v_S > 0$ 和 $v_S \leqslant 0$ 两种情况推导出 v_O 和 v_S 的关系式)；(2) v_S 是振幅为2 V的正弦波时，绘出 v_{O1} 和 v_O 的波形，并标出幅值；(3) v_S 为正弦波时，v_O 的波形与图题3.4.3的 v_L 波形相同，但与图题3.4.3电路相比，本题电路有什么优缺点？

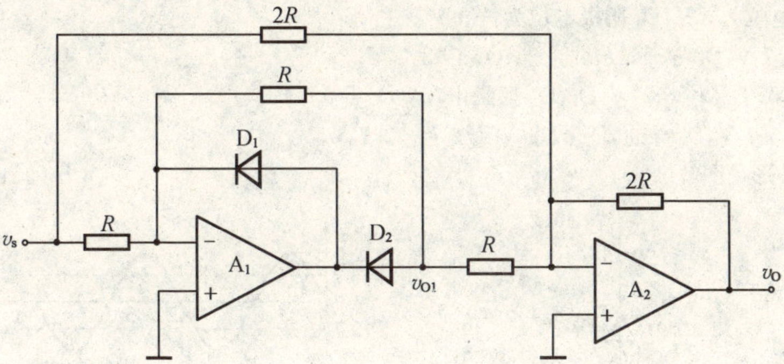

图题 3.4.6

【分析】　二极管工作状态的分析参见题3.4.5。

【解】　(1) $v_S > 0$ 时，由于 A_1 的反向放大作用，D_1 截止，D_2 导通

A_1 构成反相器，由虚地，有

$\dfrac{v_S}{R} = \dfrac{0 - v_{O1}}{R}$，即 $v_{O1} = -v_S$

A_2 构成反相加法器，有

$v_O = -\frac{2R}{2R}v_S - \frac{2R}{R}v_{O1} = -v_S - 2(-v_S) = v_S$

$v_S \leqslant 0$ 时，由于 A_1 的反向放大作用，D_1 导通，D_2 截止

由虚短，$v_{O1} = 0$ V

则 $v_O = -\frac{2R}{2R}v_S - \frac{2R}{R}v_{O1} = -v_S$

所以 $v_O = |v_S|$

(2) 由(1)分析结果绘出 v_{O1} 和 v_O 的波形如图解 3.4.6 所示。

(3) 图题 3.4.3 电路中，当 v_S 振幅小于二极管导通压降时，二极管始终处于截止状态，输出电压 $v_L = 0$；与图题 3.4.3 电路相比，本题电路更为复杂，但由于运算放大电路的存在，v_S 振幅的大小将不影响二极管的工作状态，电路始终产生相应的输出电压，本题电路也称为精密整流电路。

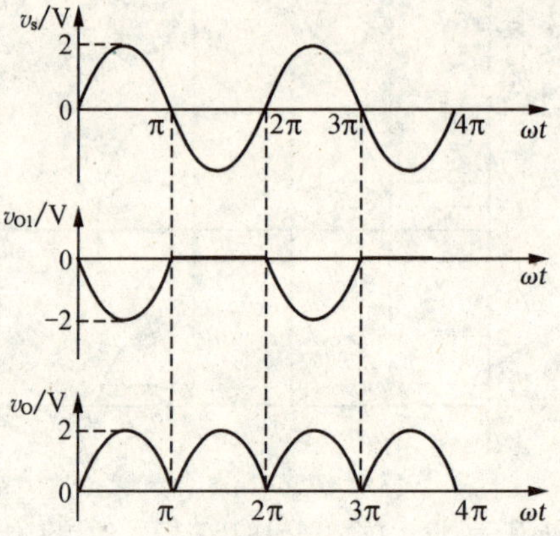

图解 3.4.6

3.4.7 电路如图题 3.4.7 所示，D_1、D_2 为硅二极管，当 $v_s = 6\sin\omega t$ V 时，试用恒压降模型分析电路，绘出输出电压 v_O 的波形。

【解】 D_1、D_2 为硅二极管，采用恒压降模型时，$V_D = 0.7$ V。以"⊥"(地)为零电位参考点，将 D_1、D_2 断开，D_1 阴极电位为 3 V，D_2 阳极电位为 −3 V。

当 $v_s > 3.7$ V，D_1 导通，D_2 截止，$v_O(t) = 3.7$ V；

当 $-3.7\text{ V} \leqslant v_s \leqslant 3.7$ V，D_1、D_2 都截止，$v_O(t) = v_s(t)$；

当 $v_s < -3.7$ V，D_2 导通，D_1 截止，$v_O(t) = -3.7$ V。

$v_O(t)$ 的波形见图解 3.4.7。

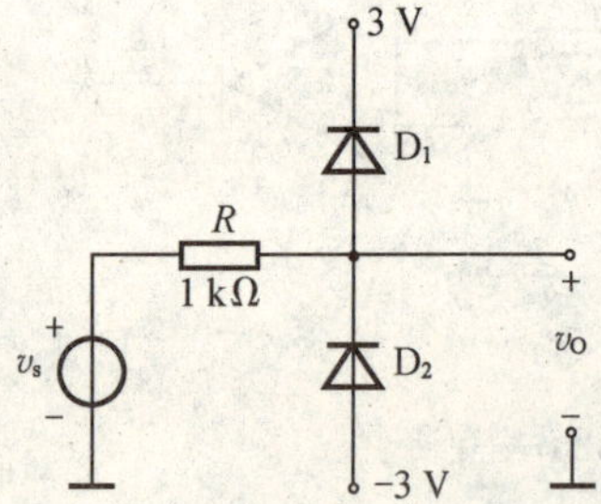

图题 3.4.7

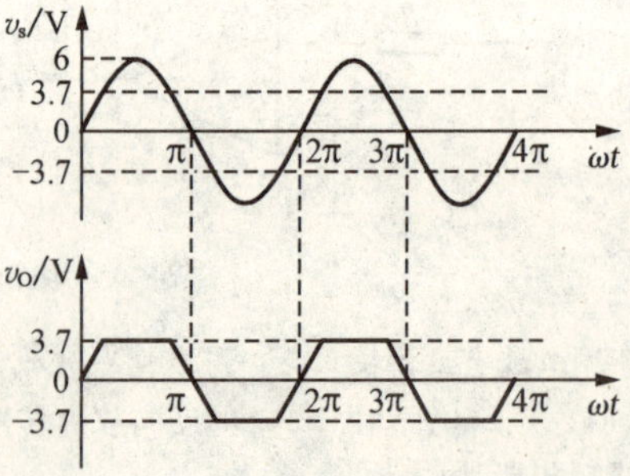

图解 3.4.7

3.4.8 二极管电路如图题 3.4.8a 所示，设输入电压 $v_I(t)$ 波形如图 b 所示，在 $0 < t < 5$ ms 的时间间隔内，试绘出 $v_O(t)$ 的波形，设二极管是理想的。

【分析】 首先判断二极管导通与截止的 $v_I(t)$ 条件，再根据二极管理想模型推出对应的 $v_O(t)$ 波形。

【解】 以图中 6 V 电源的负极为零电位参考点。将 D 断开，其阴极电位为 6 V。由于二极管为理想模型，正向导通管压降为 0，则

当 $v_I(t) \leqslant 6\ \text{V}$，D 截止，得 $v_O(t) = 6\ \text{V}$

当 $v_I(t) > 6\ \text{V}$，D 导通，得 $v_O(t) = 6\ \text{V} + \dfrac{v_I(t) - 6\ \text{V}}{(200+200)\Omega} \times 200\ \Omega = \dfrac{1}{2} v_I(t) + 3\ \text{V}$

代入 $v_I(5\ \text{ms}) = 10\ \text{V}$，得 $v_O(5\ \text{ms}) = 8\ \text{V}$。

$v_O(t)$ 波形见图解 3.4.8。

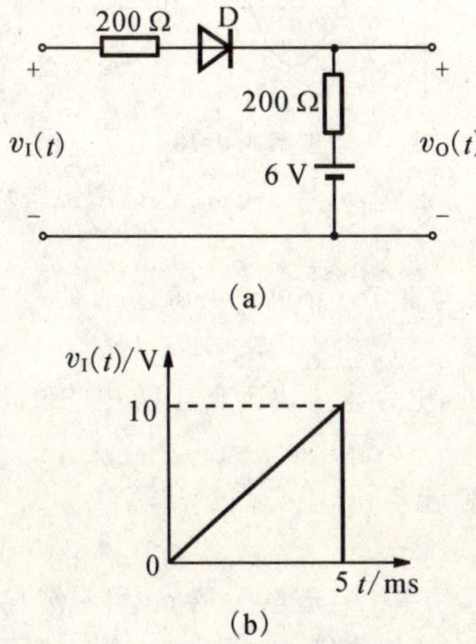

图题 3.4.8

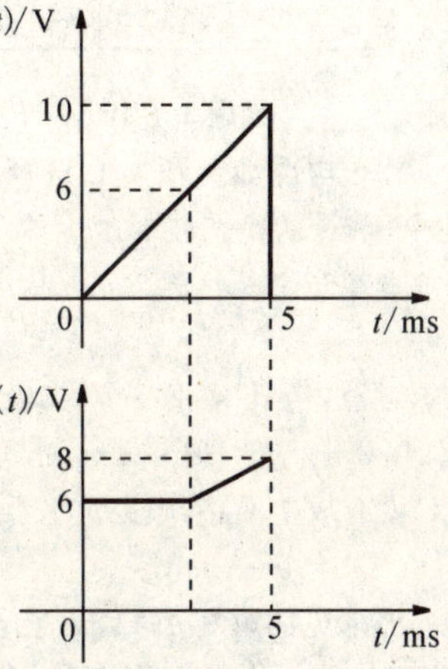

图解 3.4.8

3.4.9 使用恒压降模型（$V_D = 0.7\ \text{V}$），重复题 3.4.8。

【解】 以图中 6 V 电源的负极为零电位参考点。将 D 断开，其阴极电位为 6 V。由于二极管为恒压降模型，导通压降为 0.7 V，则

当 $v_I(t) \leqslant 6.7\ \text{V}$，D 截止，得 $v_O(t) = 6\ \text{V}$

当 $v_I(t) > 6.7\ \text{V}$，D 导通，得

$$v_O(t) = 6\ \text{V} + \frac{v_I(t) - 6\ \text{V} - 0.7\ \text{V}}{(200+200)\Omega} \times 200\ \Omega = \frac{1}{2} v_I(t) + 2.65\ \text{V}$$

代入 $v_I(5\ \text{ms}) = 10\ \text{V}$，得 $v_O(5\ \text{ms}) = 7.65\ \text{V}$。

$v_O(t)$ 波形见图解 3.4.9。

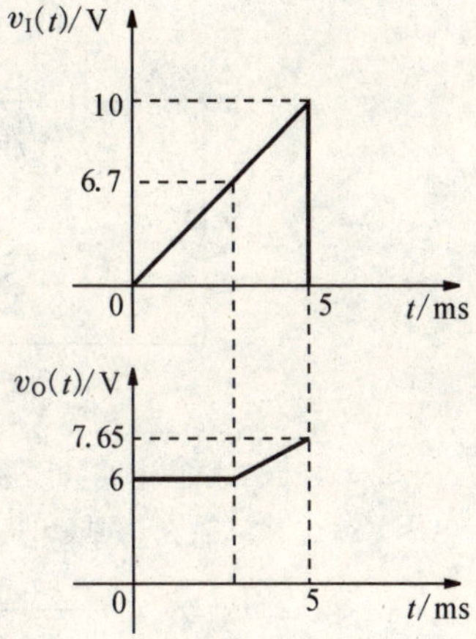

图解 3.4.9

3.4.10 二极管钳位电路如图题 3.4.10 所示，已知 D 为硅二极管，$v_S = 6\sin\omega t\ \text{V}$，且 $R_L C >> (2\pi/\omega)$。试用恒压降模型分析电路，绘出输出电压 v_O 的稳态波形。

【分析】 本题的分析方法同主教材例 3.4.5。

【解】 根据电路可知，只有在 v_S 的正半周，D 才可能导通，此时电容器 C 充电，充电的最高电压为 $V_C = V_m - V_D = (6-0.7)\text{V} = 5.3\ \text{V}$。

由于 D 导通时，整个回路的电阻非常小，电容 C 快速充至最大电压值。D 截止时电容器 C 通过负载电阻 R_L 放电，据题意，放电时间常数 $R_L C$ 远大于 v_S 的周期，电容器 C 的放电速度远小于充电速度，V_C 不会有明显变化，电路进入稳态，则有

$$v_O = v_S - V_C = v_S - 5.3$$

v_O 的稳态波形见图解 3.4.10，v_O 相当于在 v_S 中叠加了直流电压 $-V_C$，也可看作 v_O 的顶部钳位在

了 0.7 V 直流电平上。当电路处于稳态时，只有在 v_S 的正峰值电压处（$v_S = V_m$），$v_O = 0.7$ V，二极管 D 正向压降为 0.7 V 才可能导通，其他任何时候二极管 D 均反向截止。

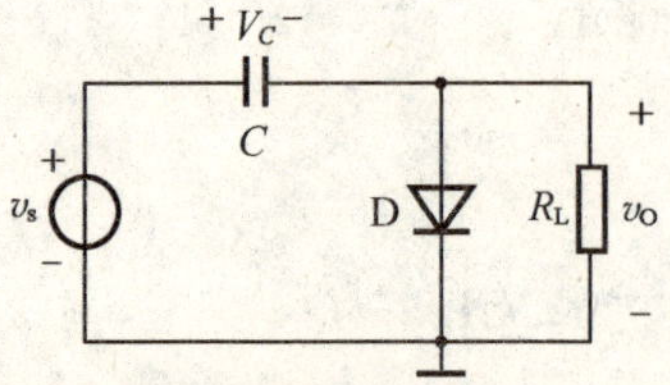

图题 3.4.10

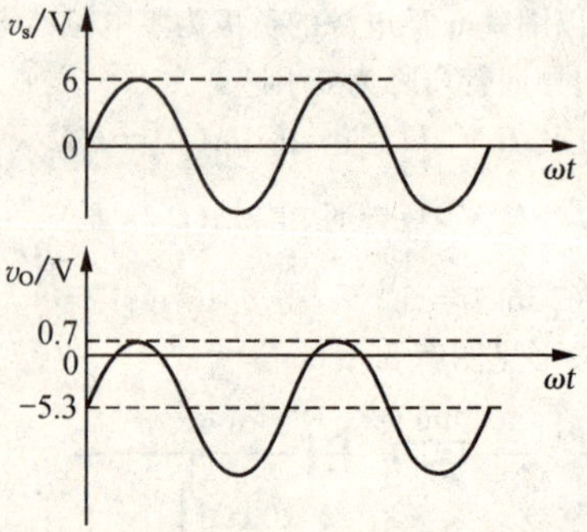

图解 3.4.10

3.4.11 钳位电路如图题 3.4.11 所示，已知 D 为硅二极管，$v_S = 4\sin\omega t$ V。试用恒压降模型分析电路，绘出输出电压 v_O 的稳态波形。

【分析】 本题与主教材例 3.4.5 相比，在二极管支路串联了一个直流电压源，目的是改变钳位的直流电平。

【解】 据题意，当 $v_S < 2.3$ V，二极管 D 才可能导通，电容器 C 快速充电，充电的最高电压为

$V_C = V_m + 3 - V_D = (4 + 3 - 0.7)\text{V} = 6.3$ V。

电容器 C 没有放电回路，电路进入稳态，V_C 保持不变，有

$v_O = v_S + V_C = v_S + 6.3$

v_O 的稳态波形见图解 3.4.11，v_O 相当于在 v_S 中叠加了一个直流电压 V_C，也可看作 v_O 的底部钳位在了 2.3 V 直流电平上。当电路处于稳态时，只有在 v_S 的负峰值电压处，$v_O = 2.3$ V，二极管 D 正向压降为 0.7 V，才能导通。

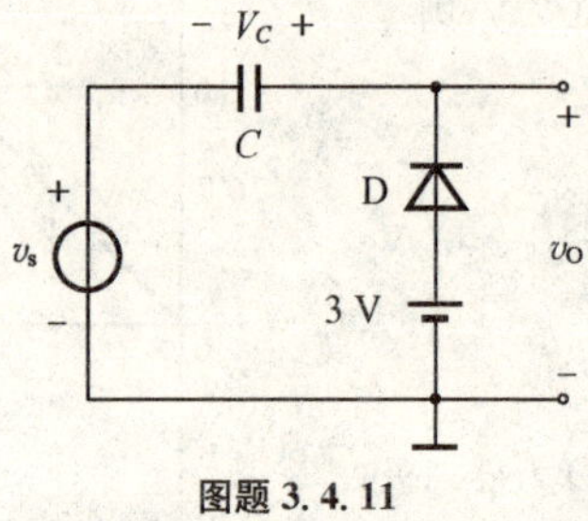

图题 3.4.11

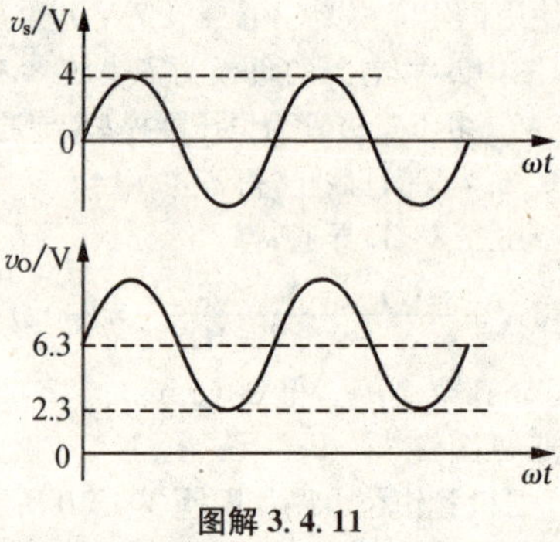

图解 3.4.11

3.4.12 二极管电路如图题 3.4.12 所示，试判断图中的二极管是导通还是截止？并求出 AO 两端电压 V_{AO}。设二极管是理想的。

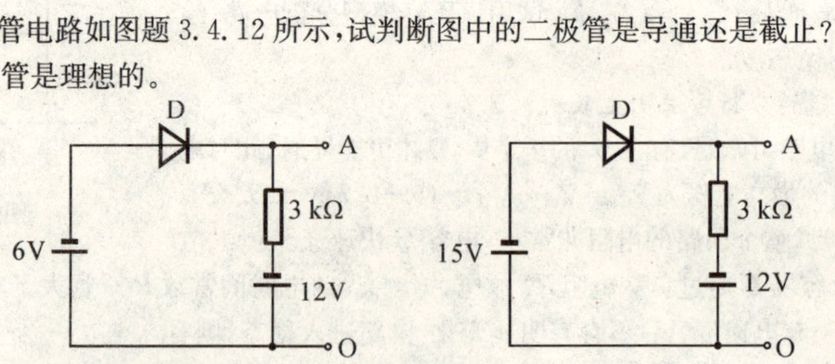

(a) (b)

图题 3.4.12

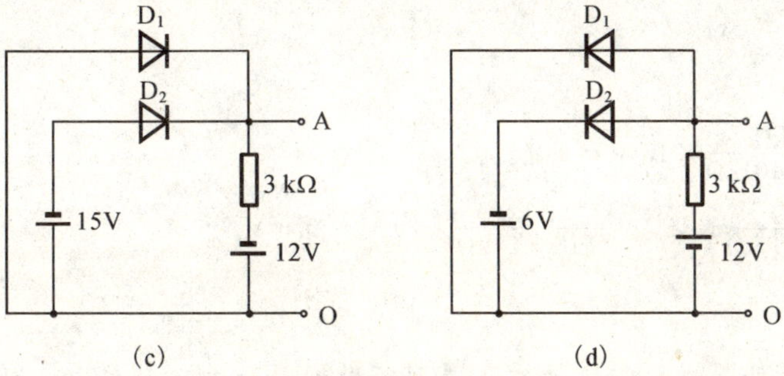

图题 3.4.12

【分析】 若干个共阳极接法的二极管，如若均满足导通条件，阴极电位低的二极管将会优先导通，并根据导通管压降钳制阳极的电位；而共阴极接法的二极管，阳极电位高的二极管将会优先导通，并根据导通管压降钳制阴极的电位。

【解】 以图中 O 点为零电位参考点，理想二极管的导通压降为 0 V。

(a) 将 D 断开，D 的阳极电位为 -6 V，阴极电位为 -12 V，D 导通，$V_{AO}=-6$ V。

(b) 将 D 断开，D 的阳极电位为 -15 V，阴极电位为 -12 V，D 截止，电阻上无电流、无压降，$V_{AO}=-12$ V。

(c) D_1、D_2 为共阴极二极管，将 D_1、D_2 都断开，阴极电位都为 -12 V，而 D_1 的阳极电位为 0 V，D_2 的阳极电位为 -15 V，D_1 优先导通，并将 A 点的电位钳制在 0 V，使 D_2 截止，所以 $V_{AO}=0$ V。

(d) D_1、D_2 为共阳极二极管，将 D_1、D_2 都断开，阳极电位都为 12 V，而 D_1 的阴极电位为 0 V，D_2 的阴极电位为 -6 V，D_2 优先导通，并将 A 点的电位钳制在 -6 V，使 D_1 截止，所以 $V_{AO}=-6$ V。

3.4.13 试判断图题 3.4.13 中二极管是导通还是截止，为什么？设二极管是理想的。

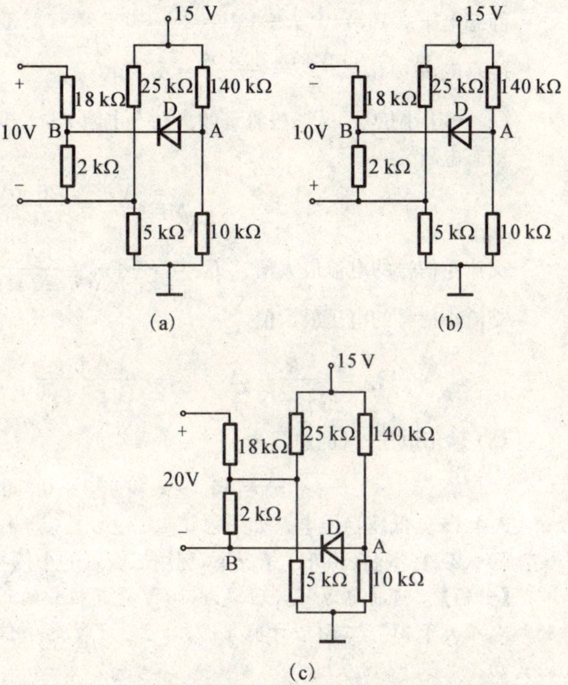

图题 3.4.13

【分析】 将二极管断开，通过比较 A 点和 B 点的电位高低来判断其导通与否。注意图中 B 点电位的求取，若将“⊥”(地)作为零电位参考点，可由此沿电路推算出 B 点电位。

【解】 以“⊥”(地)为零电位参考点。

(a) 将 D 断开

$$V_A=\frac{10\ \text{k}\Omega}{(140+10)\text{k}\Omega}\times 15\ \text{V}=1\ \text{V}$$

$$V_B=\frac{5\ \text{k}\Omega}{(25+5)\text{k}\Omega}\times 15\ \text{V}+\frac{2\ \text{k}\Omega}{(18+2)\text{k}\Omega}\times 10\ \text{V}=3.5\ \text{V}$$

$V_A<V_B$

D 反偏截止。

(b) 将 D 断开

$$V_A=\frac{10\ \text{k}\Omega}{(140+10)\text{k}\Omega}\times 15\ \text{V}=1\ \text{V}$$

$$V_B=\frac{5\ \text{k}\Omega}{(25+5)\text{k}\Omega}\times 15\ \text{V}-\frac{2\ \text{k}\Omega}{(18+2)\text{k}\Omega}\times 10\ \text{V}=1.5\ \text{V}$$

$V_A < V_B$

D反偏截止。

(c) 将D断开

$$V_A = \frac{10\ \text{k}\Omega}{(140+10)\text{k}\Omega} \times 15\ \text{V} = 1\ \text{V}$$

$$V_B = \frac{5\ \text{k}\Omega}{(25+5)\ \text{k}\Omega} \times 15\ \text{V} - \frac{2\ \text{k}\Omega}{(18+2)\text{k}\Omega} \times 20\ \text{V} = 0.5\ \text{V}$$

$V_A > V_B$

D正偏导通。

3.4.14 电路如图题 3.4.14 所示，D为硅二极管，$V_{DD} = 2\ \text{V}$，$R = 1\ \text{k}\Omega$，正弦信号 $v_s = 50\sin(2\pi \times 50\ t)\text{mV}$。(1) 静态(即 $v_s = 0$)时，求二极管中的静态电流和 v_O 的静态电压；(2) 动态时，求二极管中的交流电流振幅和 v_O 的交流电压振幅；(3) 求输出电压 v_O 的总量。

【分析】 输出总电压 v_O = 输出静态电压 V_O + 输出交流小信号电压 v_o，其中求取 V_O 时采用二极管的恒压降模型，求取 v_o 时采用二极管的小信号模型。二极管交流动态电阻的大小与静态工作点 Q 有关。

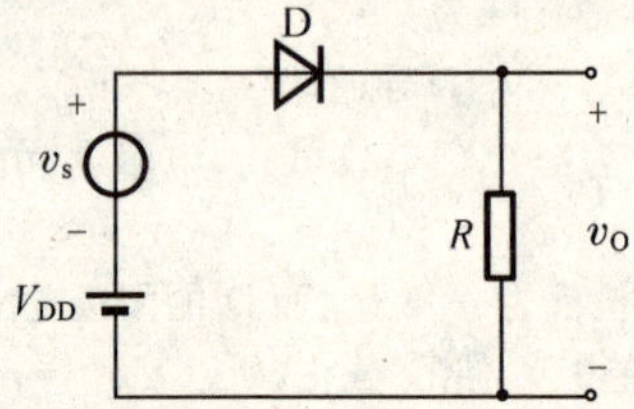

图题 3.4.14

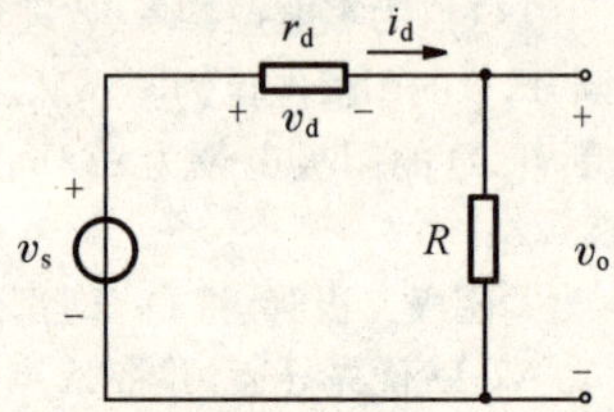

图解 3.4.14

【解】 (1) 静态时，由于 $V_{DD} = 2\text{V}$，D导通，采用恒压降模型，$V_D = 0.7\ \text{V}$。

静态电压 $V_O = V_{DD} - V_D = 2\text{V} - 0.7\ \text{V} = 1.3\ \text{V}$

静态电流 $I_D = \dfrac{V_O}{R} = \dfrac{1.3\ \text{V}}{1\ \text{k}\Omega} = 1.3\ \text{mA}$

(2) 对于小信号 v_s，二极管等效为动态电阻 r_d，二极管的小信号交流等效电路如图解 3.4.14 所示。

动态电阻

$$r_d \approx \frac{V_T}{I_D} = \frac{26\ \text{mV}}{1.3\ \text{mA}} = 20\ \Omega$$

交流小信号的电流最大值 $I_{dm} = \dfrac{V_{sm}}{r_d + R} = \dfrac{50\ \text{mV}}{20\ \Omega + 1\ 000\ \Omega} \approx 49\ \mu\text{A}$

交流小信号的电压最大值

$$V_{om} = \frac{R}{r_d + R} \cdot V_{sm} = \frac{1\ 000\ \Omega}{20\ \Omega + 1\ 000\ \Omega} \times 50\ \text{mV} \approx 49\ \text{mV} = 0.049\ \text{V}$$

(3) 输出电压 v_O 的总量为

$$v_O = V_O + v_o = 1.3 + 0.049\sin(2\pi \times 50\ t)(\text{V})$$

3.4.15 低压稳压电路如图题 3.4.15 所示。(1) 利用硅二极管恒压模型求电路的 I_D 和 v_O($V_D = 0.7\ \text{V}$)；(2) 在室温(300K)情况下，利用二极管的小信号模型求 v_O 的变化范围。

【分析】 可将电源 V_{DD} 理解为，10 V是二极管的正向偏置电压，±1 V是小信号。三个二极管串联的端电压大于 $3V_D$，二极管才能导通。对于±1 V的小信号，二极管适用小信号模型，此时三个二极管等效为动态电阻 r_{d1}、r_{d2}、r_{d3}。

【解】 (1)10 V直流正向偏置下，D_1、D_2 及 D_3 均导通。

$V_O = 3V_D = 3 \times 0.7\ \text{V} = 2.1\ \text{V}$

$$I_D = \frac{V_{DD} - 3V_D}{R} = \frac{(10 - 3 \times 0.7)\text{V}}{1\text{ k}\Omega} = 7.9\text{ mA}$$

(2) 小信号作用下，D_1、D_2 及 D_3 采用小信号模型，等效电路如图解 3.4.15 所示，室温 300 K 时，

$$r_d = r_{d1} = r_{d2} = r_{d3} \approx \frac{V_T}{I_D} = \frac{26\text{ mV}}{I_D} = \frac{26\text{ mV}}{7.9\text{ mA}} \approx 3.29\ \Omega$$

$$\Delta v_O = \Delta V_{DD} \frac{3r_d}{R + 3r_d} = \pm 1\text{ V} \times \frac{3 \times 3.02\Omega}{(1\,000 + 3 \times 3.29)\Omega} \approx \pm 9.8\text{ mV}$$

所以 v_O 的变化范围为$(V_O + \Delta v_O) \sim (V_O - \Delta v_O)$，即 2.090 2 V ~ 2.109 8 V。

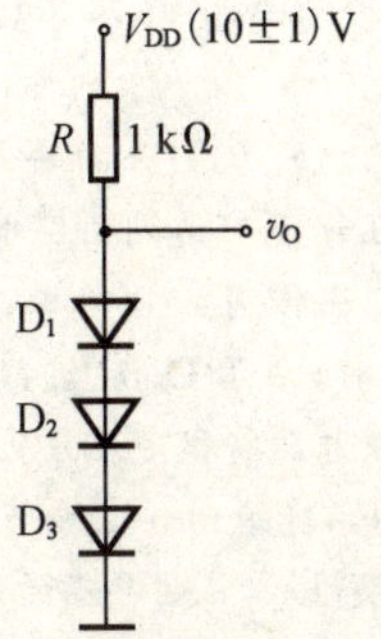

图题 3.4.15

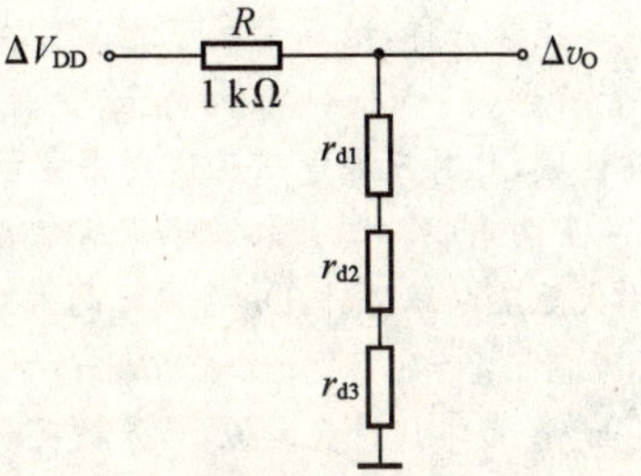

图解 3.4.15

3.4.16　在图题 3.4.15 的基础上，输出端外接一负载 $R_L = 1\text{ k}\Omega$ 时，问输出电压的变化范围是多少？

【分析】　根据 $r_d \approx \frac{V_T}{I_D} = \frac{26\text{ mV}}{I_D}$，动态电阻 r_d 的大小与静态工作点 Q 有关。在 10 V 的直流偏置下，外接负载 R_L 导致二极管的静态电流 I_D 变化，因此等效动态电阻 r_d 的大小也发生变化。

【解】　10 V 直流正向偏置下，二极管采用恒压降模型，D_1、D_2 及 D_3 均导通，有 $V_O = 3V_D = 2.1$ V

负载上的电流　$I_L = \frac{3V_D}{R_L} = \frac{3 \times 0.7\text{ V}}{1\text{ k}\Omega} = 2.1\text{ mA}$

小信号作用下，D_1、D_2 及 D_3 采用小信号模型

二极管中的静态电流　$I_D = I_R - I_L = \frac{(10 - 3 \times 0.7)\text{V}}{1\text{ k}\Omega} - 2.1\text{ mA} = 5.8\text{ mA}$

二极管中的小信号等效动态电阻　$r_d = r_{d1} = r_{d2} = r_{d3} \approx \frac{V_T}{I_D} = \frac{26\text{ mV}}{5.8\text{ mA}} \approx 4.48\Omega$

则小信号作用下的电压变化为

$$\Delta v_O = \Delta V_{DD} \frac{3r_d}{R + 3r_d} = \pm 1\text{ V} \times \frac{3 \times 4.48\Omega}{(1\,000 + 3 \times 4.48)\Omega} \approx 13.3\text{ mV}$$

所以 v_O 的变化范围为　$(V_O + \Delta v_O) \sim (V_O - \Delta v_O)$，即 2.086 7 V ~ 2.113 3 V。

3.4.17　低压稳压电路如图题 3.4.17 所示。已知 $5\text{ V} \leqslant V_I \leqslant 10\text{ V}$，保证二极管正向导通压降为0.7 V 的最小电流 $I_{D(min)} = 2$ mA，二极管的最大整流电流 $I_{D(max)} = 15$ mA。利用恒压降模型，在保持 $V_O = 0.7$ V时，讨论电阻 R 和 R_L 的取值范围。

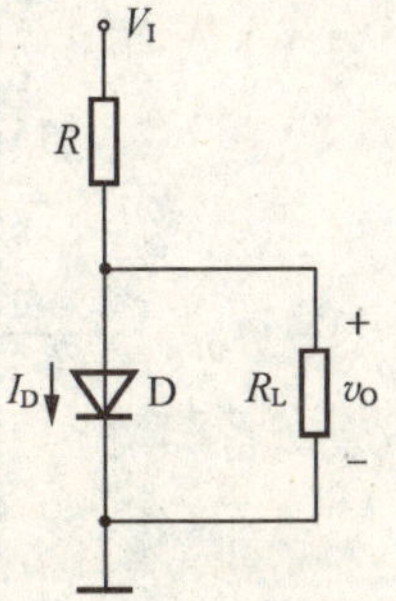

图题 3.4.17

【解】　要保证二极管正常工作，二极管电流应满足 $I_{D(min)} \leqslant I_D \leqslant I_{D(max)}$

二极管中电流最大的最坏情况是，R_L 开路且 $V_I = 10$ V，此时应保证

$$I_D = \frac{(10 - 0.7)\text{V}}{R} \leqslant I_{D(max)}$$

则 $R \geqslant \frac{(10 - 0.7)\text{V}}{I_{D(max)}} = \frac{9.3\text{ V}}{15\text{ mA}} = 620\Omega$

即 $R_{(\min)} = 620\Omega$

二极管中电流最小的最坏情况是，R_L 为最小值且 $V_I = 5$ V，此时应保证

$I_D = \frac{(5-0.7)\text{V}}{R} - \frac{0.7\text{ V}}{R_{L(\min)}} \geqslant I_{D(\min)}$，代入 $I_{D(\min)} = 2$ mA

则 $R \leqslant \frac{4.3R_{L(\min)}}{2R_{L(\min)} + 0.7}$ kΩ

即 $R_{(\max)}$ 与 $R_{L(\min)}$ 有关。

3.5 特殊二极管

3.5.1 电路如图题 3.5.1 所示，所有稳压管均为硅管，且稳定电压 $V_Z = 8$ V，设 $v_i = 15\sin\omega t$V，试绘出 v_{O1} 和 v_{O2} 的波形。

【分析】 与普通二极管一样，稳压管也可能工作在三种情况下：(1) 正向导通，其导通管压降和普通二极管一样，如硅管约为 0.7 V；(2) 反向截止，这时反偏电压还没有达到击穿电压；(3) 反向击穿，这是稳压管的正常工作区域，此时反偏电压已达到击穿电压，起稳压作用。

(b)图中 D_{Z1} 和 D_{Z2} 反向串联。当 v_i 在正半周从零开始增大时，由于 D_{Z2} 反偏截止，相当于开路，此时 $v_{O2} = v_i$；当 v_i 继续增大至某电压值时，D_{Z2} 将被反向击穿，其两端电压将稳定在 8 V，同时 D_{Z1} 正向导通，且导通管压降为 0.7 V，此时 $v_{O2} = 8.7$ V；此状况从 $v_i = 8.7$ V 开始，持续到 v_i 从峰值再次下降到 8.7 V 止；此后，D_{Z2} 再次反偏截止。v_i 负半周情况类似，只是被反向击穿的是 D_{Z1}，正向导通的是 D_{Z2}。

【解】 (a) 当 $v_i < -0.7$V，D_Z 正向导通，$v_{O1} = -0.7$ V；

当 $-0.7\text{ V} \leqslant v_i < 8$ V，D_Z 截止，$v_{O1} = v_i = 15\sin\omega t$V；

当 $v_i \geqslant 8$ V，D_Z 反向击穿，$v_{O1} = V_Z = 8$ V。

(b) 当 $-8.7\text{ V} \leqslant v_i \leqslant 8.7$ V，D_{Z1} 或 D_{Z2} 截止，$v_{O2} = v_i = 15\sin\omega t$V；

当 $v_i > 8.7$ V，D_{Z2} 反向击穿，D_{Z1} 正向导通，$v_{O2} = 8.7$ V；

当 $v_i < -8.7$ V，D_{Z1} 反向击穿，D_{Z2} 正向导通，$v_{O2} = -8.7$ V。

v_{O1} 和 v_{O2} 波形如图解 3.5.1 所示。

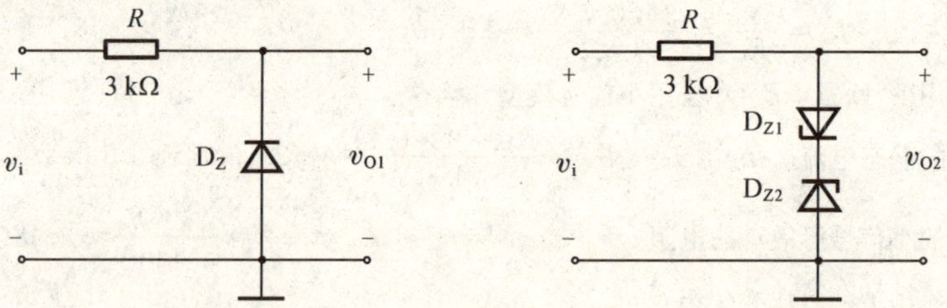

图题 3.5.1

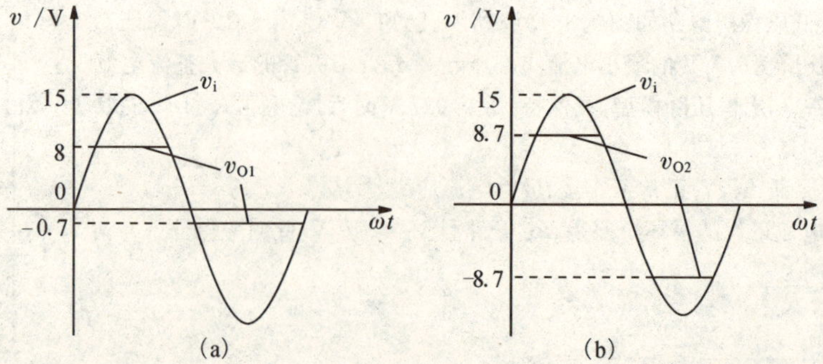

图解 3.5.1

3.5.2　稳压电路如图题3.5.2所示。(1) 试近似写出稳压管的耗散功率P_Z的表达式，并说明输入V_I和负载R_L在何种情况下，P_Z达到最大值或最小值；(2) 写出负载吸收的功率表达式和限流电阻R消耗的功率表达式。

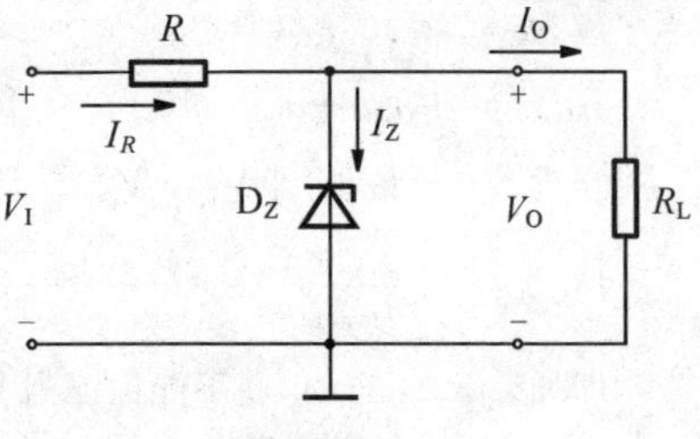

图题3.5.2

【分析】　稳压管起稳压作用时，必须保证其工作在反向击穿状态，因此其工作电流I_Z要求在$I_{Z(min)} \sim I_{Z(max)}$之间。

【解】　(1) 稳压管的耗散功率$P_Z = V_Z I_Z$

根据KCL　$I_Z = I_R - I_O = \dfrac{V_I - V_Z}{R} - \dfrac{V_Z}{R_L}$

则　$P_Z = V_Z I_Z = V_Z\left(\dfrac{V_I - V_Z}{R} - \dfrac{V_Z}{R_L}\right)$

当R_L开路且V_I最大时，P_Z达到最大值，$P_{ZM} = V_Z \cdot \dfrac{V_I - V_Z}{R}$

当I_O最大，即$I_Z = I_{Z(min)}$时，P_Z达到最小值。

(2) 负载吸收的功率　$P_L = V_Z I_O = \dfrac{V_Z^2}{R_L}$

限流电阻R消耗的功率　$P_R = \dfrac{V_R^2}{R_L} = \dfrac{(V_I - V_Z)^2}{R_L}$

3.5.3　稳压电路如图题3.5.2所示。若$V_I = 10\ \text{V}$，$R = 100\ \Omega$，稳压管的$V_Z = 5\ \text{V}$，$I_{Z(min)} = 5\ \text{mA}$，$I_{Z(max)} = 50\ \text{mA}$，问：(1) 负载$R_L$的变化范围是多少？(2) 稳压电路的最大输出功率$P_{OM}$是多少？(3) 稳压管的最大耗散功率$P_{ZM}$和限流电阻$R$上的最大耗散功率$P_{RM}$是多少？

【分析】　稳压管起稳压作用时，必须保证其工作在反向击穿状态。本题限流电阻R已确定，因此确定负载电阻R_L范围的依据就是要保证I_Z在$I_{Z(min)} \sim I_{Z(max)}$之间。负载电阻$R_L$若太小，负载电流很大，将导致稳压管电流$I_Z$过小，无法使稳压管击穿；负载电阻$R_L$若太大，负载电流很小，将导致稳压管电流$I_Z$过大，烧毁稳压管。

【解】　(1) 总电流　$I_R = \dfrac{V_I - V_Z}{R} = \dfrac{10\ \text{V} - 5\ \text{V}}{100\ \Omega} = 0.05\ \text{A} = 50\ \text{mA}$

负载电阻R_L最大时，即负载开路，稳压管中电流最大，此时稳压管中电流

$$I_Z = I_R = 50\ \text{mA} = I_{Z(max)}$$

所以

$$R_{L(max)} = \infty$$

负载电阻R_L最小时，负载电流最大，则稳压管中电流最小，此时要保证稳压管中至少有5 mA的电流流过，即　$I_R - I_{O(max)} \geqslant I_{Z(min)}$

得负载最大输出电流　$I_{O(max)} \leqslant I_R - I_{Z(min)} = 50\ \text{mA} - 5\ \text{mA} = 45\ \text{mA}$

所以　$R_{L(min)} = \dfrac{V_Z}{I_{O(max)}} = \dfrac{5\ \text{V}}{45\ \text{mA}} \approx 111\ \Omega$

负载R_L的变化范围为　$R_L \geqslant 111\ \Omega$

(2) 稳压电路的最大输出功率$P_{OM} = V_Z I_{O(max)} = 5\ \text{V} \times 45\ \text{mA} = 225\ \text{mV}$

(3) 负载开路时稳压管的耗散功率P_{ZM}最大，$P_{ZM} = V_Z I_{Z(max)} = 5\ \text{V} \times 50\ \text{mA} = 250\ \text{mW}$

限流电阻R上的最大耗散功率$P_{RM} = (V_I - V_Z) I_{R(max)} = (10-5)\text{V} \times 50\ \text{mA} = 250\ \text{mW}$

3.5.4　设计一稳压管并联式稳压电路，要求输出电压$V_O = 4\ \text{V}$，输出电流$I_O = 15\ \text{mA}$，若输入直流电压$V_I = 6\ \text{V}$，且有10%的波动。试选用稳压管型号和合适的限流电阻值，并检验它们的功率定额。

【分析】　选取限流电阻R时，必须保证稳压管工作在反向击穿状态。R值太大可能使I_Z太小，无法使稳压管击穿；R值太小可能使I_Z太大，烧毁稳压管。所以应在保证稳压管可靠击穿的情况下，尽可能选择较大的R值。

【解】　取稳压管反向击穿的最小电流$I_{Z(min)} = 10\ \text{mA}$，则为保证稳压管正常工作，限流电阻的电流

至少应为

$I_{R(\min)}=I_{Z(\min)}+I_O=10\ \text{mA}+15\ \text{mA}=25\ \text{mA}$

当输入电压最小，即 $V_I=V_{I(\min)}$ 时，为保证击穿，则限流电阻

$$R_{(\max)}=\frac{V_{I(\min)}-V_Z}{I_{R(\min)}}=\frac{(6-6\times10\%)\text{V}-4\ \text{V}}{25\ \text{mA}}=56\ \Omega$$

即如果 $R>56\ \Omega$，将不能保证当 $V_I=V_{I(\min)}$ 时稳压管被反向击穿，所以选用电阻 56 Ω。

R 上的最大耗散功率发生在输入电压最大，即 $V_I=V_{I(\max)}$ 时，

$$P_{RM}=\frac{[V_{I(\max)}-V_Z]^2}{R}=\frac{[(6+6\times10\%)\text{V}-4\ \text{V}]^2}{56\ \Omega}=0.121\ \text{W}$$

当负载开路，且输入电压最大，即 $V_I=V_{I(\max)}$ 时，稳压管电流 I_Z 最大，

$$I_{Z(\max)}=I_R=\frac{(6+6\times10\%)\text{V}-4\ \text{V}}{56\ \Omega}=46.4\ \text{mA}$$

则稳压管的最大耗散功率为

$P_{ZM}=V_O I_{Z(\max)}=4\ \text{V}\times46.4\ \text{mA}=0.186\ \text{W}$

根据计算结果，限流电阻选用 56 Ω、0.25 W 的电阻。稳压管可选用 2CW52，该管 $V_Z\approx4\ \text{V}$，$I_{Z(\max)}=55\ \text{mA}$，$P_{ZM}=0.25\ \text{W}$。

典型习题与全真考题详解

1.（武汉科技大学 2007 年硕士研究生入学考试试题）整流二极管的特性是利用 PN 结的________特性，稳压二极管的稳压作用是利用 PN 结的________特性。

【解】 单向导电，反向击穿

2.（北京科技大学 2011 年硕士研究生入学考试试题）二极管的主要特点是具有________。

A. 电流放大作用　　B. 单向导电性　　C. 稳压作用

【解】 B

3.（北京科技大学 2011 年硕士研究生入学考试试题）电路如图题 3.3，设 D_{Z1} 的稳压电压为 6 V，D_{Z2} 的稳压电压为 12 V，设稳压管的正向压降为 0.7 V，则输出电压 V_O 等于________。

A. 18 V　　B. 6.7 V

C. 12.7 V　　D. 6 V

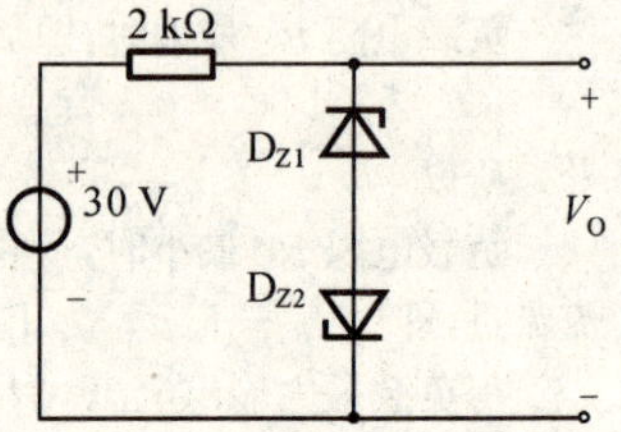

图题 3.3

【解】 B。电路中 D_{Z1} 反向击穿，D_{Z2} 正向导通。

4. 已知稳压管的稳压值 $V_Z=6\ \text{V}$，稳定电流的最小值 $I_{Z\min}=5\ \text{mA}$。求图题 3.4 电路中 V_{O1} 和 V_{O2} 各为多少伏。

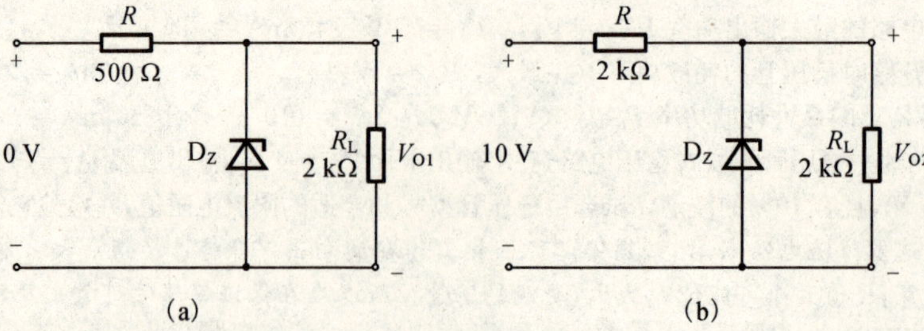

图题 3.4

【解】 图(a)中,假设 D_Z 被反向击穿起稳压作用。

则 $V_{O1}=6\ \text{V}$, $I_L=\dfrac{6\ \text{V}}{2\ \text{k}\Omega}=3\ \text{mA}$, $I_R=\dfrac{10\ \text{V}-6\ \text{V}}{500\ \Omega}=8\ \text{mA}$

再由 KCL,得 $I_{DZ}=5\ \text{mA}$,达到最小稳定电流 I_{Zmin},可见假设成立,因此 $V_{O1}=6\ \text{V}$。

图(b)中,假设 D_Z 被反向击穿起稳压作用。

则 $V_{O2}=6\ \text{V}$, $I_L=\dfrac{6\ \text{V}}{2\ \text{k}\Omega}=3\ \text{mA}$, $I_R=\dfrac{10\ \text{V}-6\ \text{V}}{2\ \text{k}\Omega}=2\ \text{mA}<5\ \text{mA}$

此时稳压管上无法达到到最小稳定电流 I_{Zmin},不能被反向击穿,二极管处于反向截止状态。

因此 $V_{O2}=\dfrac{2\ \text{k}\Omega}{2\ \text{k}\Omega+2\ \text{k}\Omega}\times 10\ \text{V}=5\ \text{V}$。

5. 电路如图题 3.5(a)所示,二极管的导通电压 $V_D=0.7\ \text{V}$,输入电压 v_{i1} 和 v_{i2} 的波形如图题 3.5(b)所示。试画出输出电压 v_O 的波形,并标出幅值。

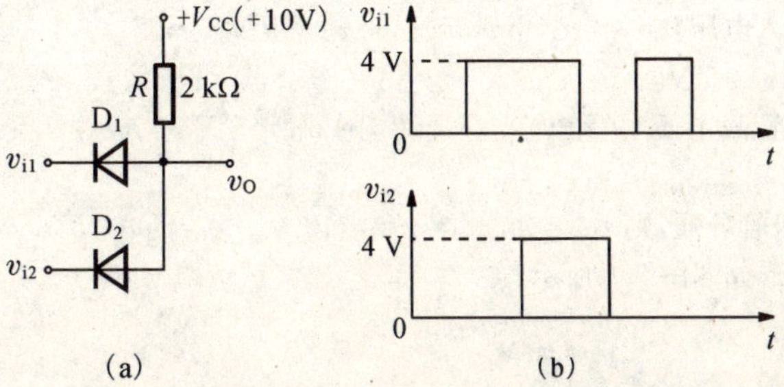

图题 3.5

【解】 $v_{i1}=v_{i2}=0\ \text{V}$ 时,D_1、D_2 均导通,$v_O=0.7\ \text{V}$;

$v_{i1}=v_{i2}=4\ \text{V}$ 时,D_1、D_2 均导通,$v_O=4+0.7=4.7\ \text{V}$;

$v_{i1}=0\ \text{V}$,$v_{i2}=4\ \text{V}$ 时,D_1 因正偏电压大而优先导通,D_2 截止,$v_O=0.7\ \text{V}$;

$v_{i1}=4\ \text{V}$,$v_{i2}=0\ \text{V}$ 时,D_2 因正偏电压大而优先导通,D_1 截止,$v_O=0.7\ \text{V}$。

输出电压波形如图解 3.5 所示,电路构成与门,当输入均为高电平时,输出才为高电平。

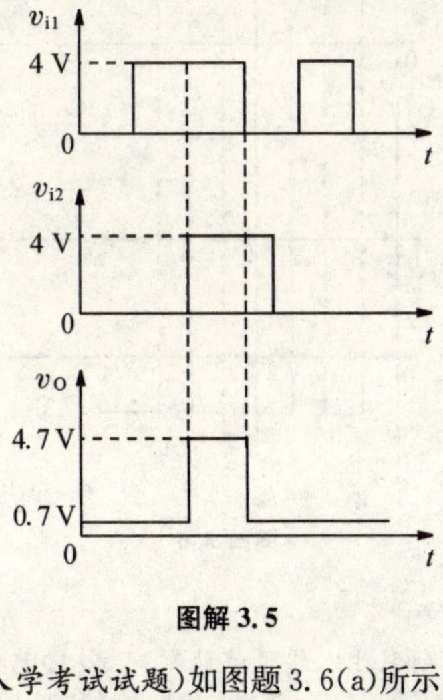

图解 3.5

6. (清华大学 2006 年研究生入学考试试题)如图题 3.6(a)所示电路,图(b)所示是输入电压 v_I 的波形。试画出对应 v_I 的输出电压 v_O、电阻 R 上的电压 v_R 和二极管 D 上的电压 v_D 的波形。二极管的正向压降可忽略不计。

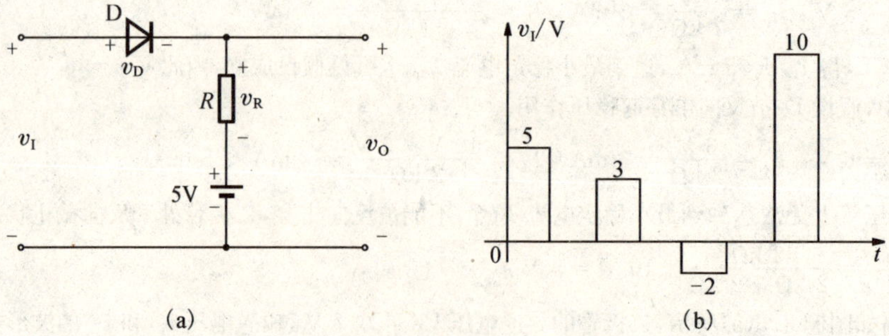

图题 3.6

【解】 由 KVL,输入电压 $v_I = v_D + v_O = v_D + v_R + 5\ V$

输出电压 $v_O = v_R + 5\ V$

当 $v_I \leqslant 5\ V$,二极管截止,R 中无电流,$v_R = 0$,则 $v_O = 5\ V$,二极管承受的反向电压 $v_D = v_I - 5\ V$。

当 $v_I = 10\ V$,二极管导通,则 $v_D = 0$,$v_O = v_I = 10\ V$,$v_R = v_O - 5\ V = 5\ V$。

v_O、v_R 及 v_D 的波形如图解 3.6 所示。

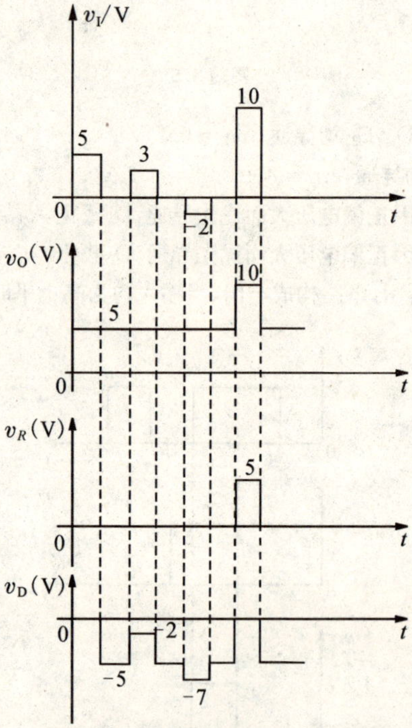

图解 3.6

7. (中山大学 2011 年硕士学位研究生入学考试试题)二极管电路如图题 3.7(a)所示,设输入电压 $v_I(t)$波形如图(b)所示,试在 $0 < t < 5$ ms 的时间间隔内求出输出电压 $v_o(t)$的表达式,并绘出波形,设二

极管是理想的。

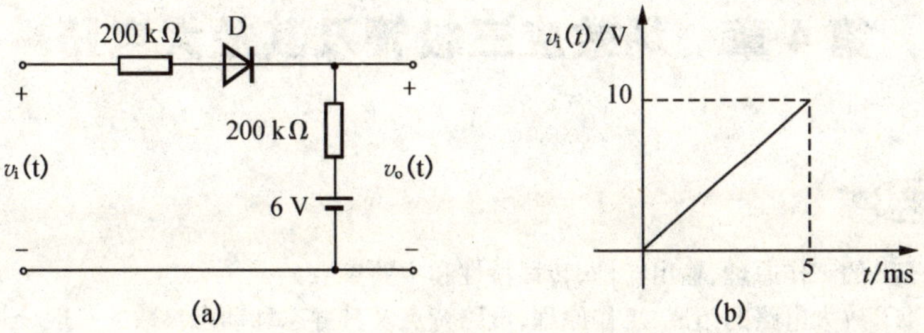

图题 3.7

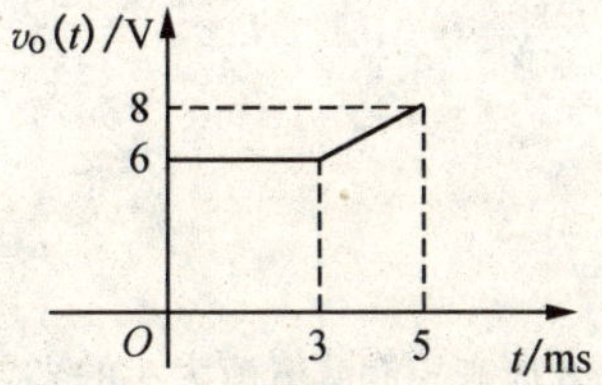

图解 3.7

【解】 当 $0<t\leqslant 3$ ms 时，由于 $v_i\leqslant 6$ V，二极管 D 截止所以 $v_o=6$ V

当 3 ms$<t<$5 ms 时，由于 $v_i>6$ V，二极管 D 导通

$$i(t)=\frac{v_i(t)-6}{400}\ \text{mA}$$

所以 $v_o(t)=i(t)\times 200+6=\frac{1}{2}v_i(t)+3(\text{V})$

$v_o(t)$波形如图解 3.7 所示。

第 4 章　场效应三极管及其放大电路

内容与要求

一、了解 FET 的工作原理、输出特性、转移特性和主要参数。

二、掌握 FET 放大电路的组成、工作原理、电路特点及其静态和动态参数的一般分析方法(包括图解法和小信号模型分析法)。

三、掌握带负载管的 MOS 放大电路的工作原理及其动态参数的求解方法。

知识点归纳

一、场效应管(FET)概述

1. FET 的种类

场效应管(FET)是一种利用电场效应来控制其电流大小的半导体器件,只有一种载流子(电子或空穴)参与导电,属于单极型器件。按基本结构分,有 MOSFET 和 JFET;按导电沟道分,有 N 沟道型和 P 沟道型;按导电沟道是否事先存在,有增强型和耗尽型。归纳起来,场效应管共分六种类型,电路符号如图 4.1 所示。其中虚线表示事先不存在导电沟道,即增强型;实线表示事先就存在导电沟道,即耗尽型;箭头指向沟道的,为 N 沟道型;箭头背向沟道的,为 P 沟道型。

	N 沟道			P 沟道		
	增强型 MOSFET	耗尽型 MOSFET	耗尽型 JFET	增强型 MOSFET	耗尽型 MOSFET	耗尽型 JFET
电路符号	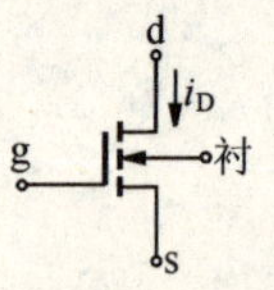	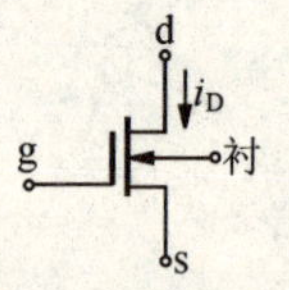	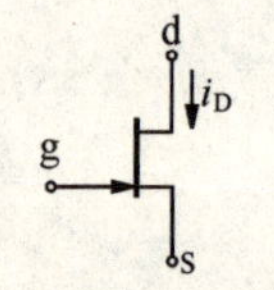	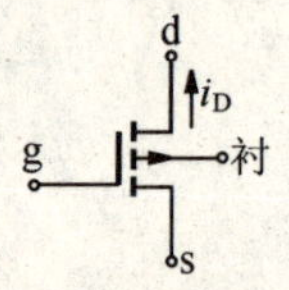	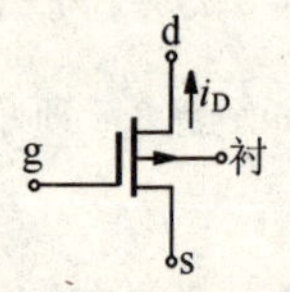	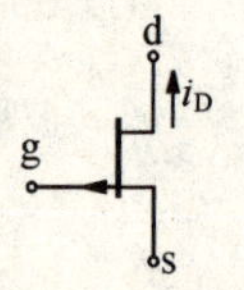
V_T 或 V_P	+	−	−	−	+	+
K_n 或 K_v	$K_n=\frac{1}{2}\mu_n C_{ox}(W/L)=\frac{1}{2}K'_n(W/L)$		$K_n=I_{DSS}/V_P^2$	$K_p=\frac{1}{2}\mu_p C_{ox}(W/L)=\frac{1}{2}K'_n(W/L)$		$K_p=I_{DSS}/V_P^2$
输出特性	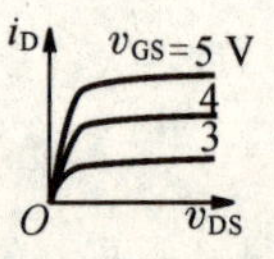	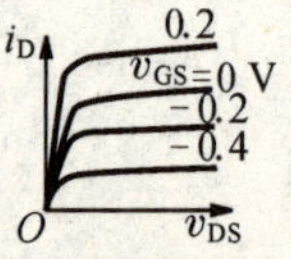	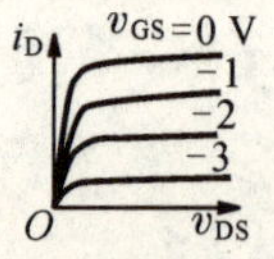	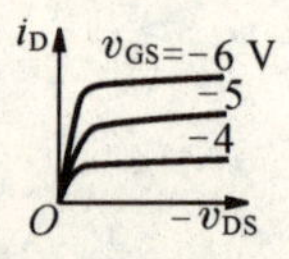	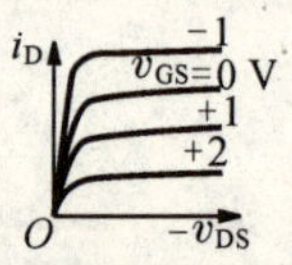	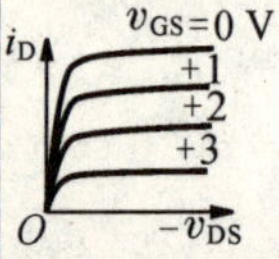
转移特性	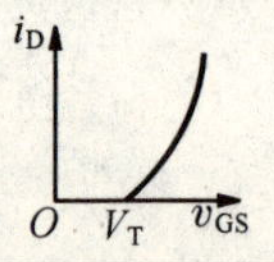	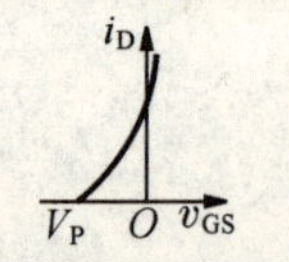	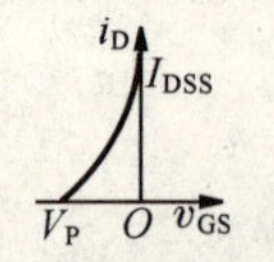	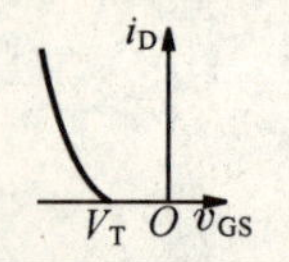	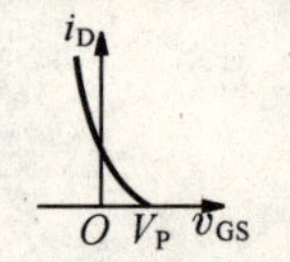	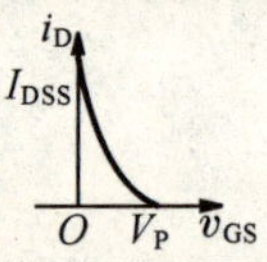

图 4.1　各种 FET 的特性比较

2. FET 的伏安特性和主要参数

FET 的输出特性是指在栅源电压 v_{GS} 一定的情况下,漏极电流 i_D 与漏源电压 v_{DS} 之间的关系,即

$$i_D = f(v_{DS})\big|_{v_{GS}=常数}$$

由于 FET 的栅极电流 $i_G \approx 0$,讨论它的输入特性没有意义,取而代之的是转移特性。所谓转移特性是在漏源电压 v_{DS} 一定的条件下,栅源电压 v_{GS} 对漏极电流 i_D 的控制特性,即

$$i_D = f(v_{GS})\big|_{v_{DS}=常数}$$

FET 的主要参数分为直流参数、交流参数和极限参数等。其中,直流参数主要有开启电压 V_T 或夹断电压 V_P、饱和漏极电流 I_{DSS};交流参数有低频互导 g_m 和输出电阻 r_{ds};极限参数包括最大漏极电流 I_{DM}、最大漏源电压 $V_{(BR)DS}$、最大耗散功率 P_{DM}、最大栅源电压 $V_{(BR)GS}$。除以上参数外,还有极间电容、高频参数等其他参数。

各种类型 FET 的伏安特性如图 4.1 所示。图中假设 i_D 的参考方向与实际电流方向相同,故曲线均位于横轴上方;耗尽型 FET 的 v_{GS} 可正、可负、可零(JFET 也可归于耗尽型管),存在夹断电压 V_P;增强型 FET 的 v_{GS} 仅为正,或仅为负,存在开启电压 V_T。

3. FET 工作区域的判断方法

FET 的正常工作区域分为截止区、饱和区和可变电阻区(非饱和区),以图 4.1 中所示的 N 沟道增强型 MOSFET 为例,其判断方法如下:

(1) 判断管子是否导通:由该管的转移特性可见,当 $v_{GS} > V_T$ 时,管子导通;当 $v_{GS} < V_T$ 时,管子截止。

(2) 若管子导通,再进一步判断管子究竟工作在可变电阻区还是饱和区:由该管的输出特性可见,当 $v_{DS} = v_{GS} - V_T$ 时沟道发生预夹断,这是可变电阻区与饱和区的分界点,因此当 $v_{DS} < (v_{GS} - V_T)$ 时,管子工作在可变电阻区;当 $v_{DS} > (v_{GS} - V_T)$ 时,管子工作在饱和区。

由上可见,为正确判断各种类型 FET 的工作区域,熟练掌握其伏安特性是十分必要的。

二、放大电路的基本概念

1. 放大电路的静态和动态

放大电路中既有直流电源又有交流信号源,因此放大电路有两种工作状态,即静态和动态。

未加输入信号时的工作状态称为静态。此时只有直流电源作用,FET 的各极间电压和电流都是直流量。

加入信号后的工作状态称为动态。此时输入信号和直流电源共同作用,电路中的电压和电流表现为直流量和交流量的叠加。虽然只有其中的交流量才能反映输入信号的变化,是放大电路真正需要输出的信号,但为了保证交流量不失真,直流量又是必不可少的,即静态工作点 Q 要设置得合适。

2. 放大电路的直流通路和交流通路

放大电路处于动态时,往往直流量和交流量并存。由于电容和电感的存在,直流电流和交流电流所流经的通路不同,为便于分析,故引入直流通路和交流通路的概念。

仅在直流电源作用下,直流电流所流经的路径称为直流通路。画直流通路时,应将交流信号源视为短路(但要保留其内阻),电路中的电容开路,电感短路。

仅在输入信号作用下,交流电流所流经的路径称为交流通路。画交流通路时,应将电路中的电容和直流电压源视为短路。应当指出,交流通路并不是实际的工作电路,交流通路存在的前提是假设电路已有合适的静态工作点 Q。

3. 放大电路的组成原则

(1) 要有合适的静态工作点

为了能作为线性放大器工作,FET 必须偏置在饱和区(放大区),并且即使在输入信号的最大幅值下,FET 仍能工作在饱和区,以保证电路不失真。

(2) 输入信号能够加得进,输出信号能够取得出

输入信号能够有效作用于 FET 的 g－s 回路,输出信号能够有效作用于负载。

三、FET 放大电路的基本分析方法

分析 FET 放大电路就是求解静态工作点和各项动态参数，应遵守“先静态、后动态”的原则，静态工作点合适，动态分析才有意义。求解静态工作点时利用直流通路，求解动态参数时利用交流通路，两种通路切不可混淆。

1. *静态工作点的估算*

静态工作点可以利用放大电路的直流通路近似计算而得，具体步骤如下。

(1) 画出放大电路的直流通路，标出各直流电压、电流。

(2) 假设管子工作在饱和区，根据饱和区的 $I-V$ 函数关系以及输出端管外电路的 KVL 回路方程计算静态工作点的各项参数，将计算所得的 V_{DSQ} 与 $V_{GSQ}-V_T$（或 $V_{GSQ}-V_P$）数值相比较，若比较结果为饱和区，说明假设正确，管子确实工作在饱和区，前面的计算结果可用；若比较结果为可变电阻区，说明假设错误，管子实际上工作在可变电阻区，此时的 I_{DQ} 应由可变电阻区的 $I-V$ 函数关系确定。

2. *图解分析法*

通过作图的方法对放大电路进行分析即为图解分析法。主要包括直流负载线和交流负载线的作图、失真情况分析以及最大不失真输出电压的求解等。

以如图 4. 2a 所示的由 N 沟道增强型 MOSFET 组成的共源极放大电路为例。

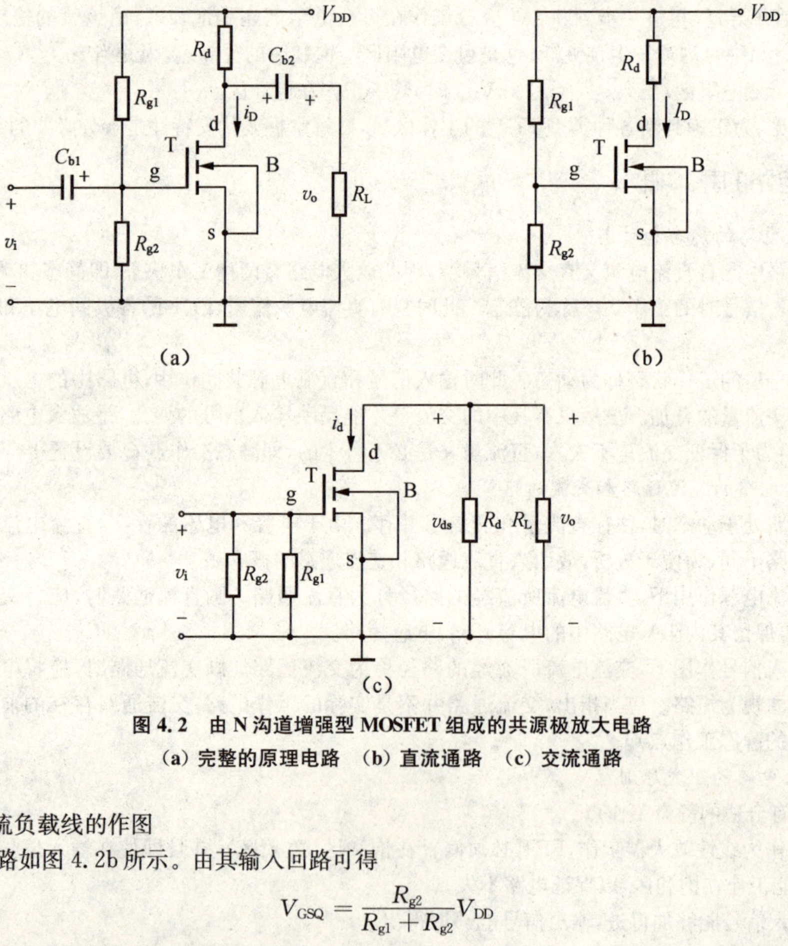

图 4.2 由 N 沟道增强型 MOSFET 组成的共源极放大电路

(a) 完整的原理电路 (b) 直流通路 (c) 交流通路

(1) 直流负载线的作图

直流通路如图 4. 2b 所示。由其输入回路可得

$$V_{GSQ}=\frac{R_{g2}}{R_{g1}+R_{g2}}V_{DD}$$

由其输出回路可得

$$v_{DS}=V_{DD}-i_{D}R_{d}$$

该方程称为直流负载线。在图4.3所示输出特性曲线的横轴取(V_{DD},0)点，纵轴取(0,V_{DD}/R_{d})点，连接两点即可画出直流负载线(如图中虚线所示)，斜率为$-1/R_{d}$，它和$v_{GS}=V_{GSQ}$那条曲线的交点就是静态工作点$Q(V_{DSQ},I_{DQ})$。

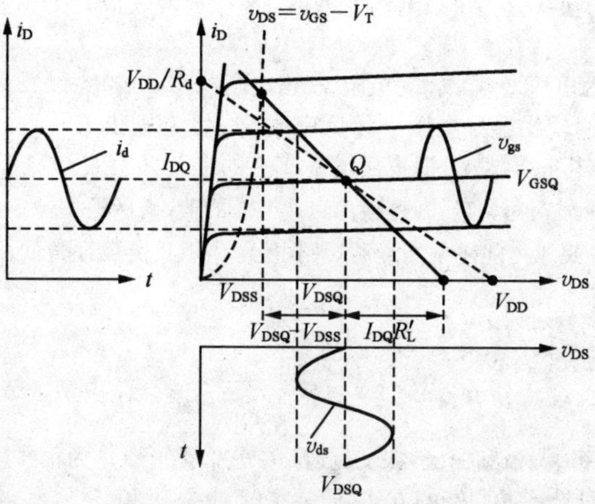

图4.3　图解分析法

(2) 交流负载线的作图

交流通路如图4.2c所示。由图可知$v_{ds}=-i_{d}R'_{L}$，将$v_{ds}=v_{DS}-V_{DSQ}$、$i_{d}=i_{D}-I_{DQ}$代入可得

$$v_{DS}=V_{DSQ}+I_{DQ}R'_{L}-i_{D}R'_{L}$$

该方程称为交流负载线，其中$R'_{L}=R_{d}\parallel R_{L}$。在横轴上取($V_{DSQ}+I_{DQ}R'_{L}$,0)点，连接该点和$Q$点，即可画出交流负载线(如实线所示)，斜率为$-1/R'_{L}$。注意，当正弦输入信号$v_{i}$的瞬时值为零时，电路的状态相当于静态，因此交流负载线必过Q点，并且交流负载线比直流负载线陡峭。

(3) 失真情况分析以及最大不失真输出电压的求解

图4.3中，在正弦输入信号v_{i}作用下，动态工作点(v_{DS},i_{D})将以Q点为中心沿着交流负载线上下移动。由于动态工作点(v_{DS},i_{D})在横轴上的投影就是输出信号v_{o}的幅值，故可通过比较($V_{DSQ}-V_{DSS}$)、$I_{DQ}R'_{L}$这两段线段的长度，进行失真情况分析，其中V_{DSS}为交流负载线与临界点轨迹$v_{DS}=v_{GS}-V_{T}$相交时得到的临界点所对应的V_{DS}值。

若($V_{DSQ}-V_{DSS}$)的数值较小，说明随着v_{i}幅值的增大，管子将会在v_{i}正半周的部分时间内进入可变电阻区(非饱和区)，从而出现饱和失真，此时的最大不失真输出电压为($V_{DSQ}-V_{DSS}$)；若$I_{DQ}R'_{L}$的数值较小，则说明随着v_{i}幅值的增大，管子会在v_{i}负半周的部分时间内进入截止区，从而出现截止失真，此时的最大不失真输出电压为$I_{DQ}R'_{L}$。因此，当v_{i}较大时，应把静态工作点设置在交流负载线的中点，这时可得到输出电压的最大动态范围。

3. 小信号模型分析法

(1) 基本思想

当放大电路的输入信号幅值较小，工作点只在静态工作点附近产生微小的变化时，可用小信号线性等效模型取代具有非线性特性的FET，从而使整个放大电路线性化，这样就可以用处理线性电路的方法分析处理FET放大电路了。小信号模型分析法通常用于求解电压(或电流)增益、输入电阻和输出电阻等。

(2) FET的低频小信号模型

FET的低频小信号模型如图4.4所示。无论哪一种管型，也无论共源极、共漏极或共栅极接法，g－s间均视为开路，d－s间均等效为电压控制电流源$g_{m}v_{gs}$，r_{ds}为该受控源的内阻，即FET的输出电阻，而s

极是这两条等效支路的连接点。

(3) 小信号等效电路

正确画出FET放大电路的小信号等效电路是求解电路各项动态参数的关键。画小信号等效电路时，首先要画出电路的交流通路，再用FET的低频小信号模型取代其中的FET，便可得到整个放大电路的小信号等效电路。

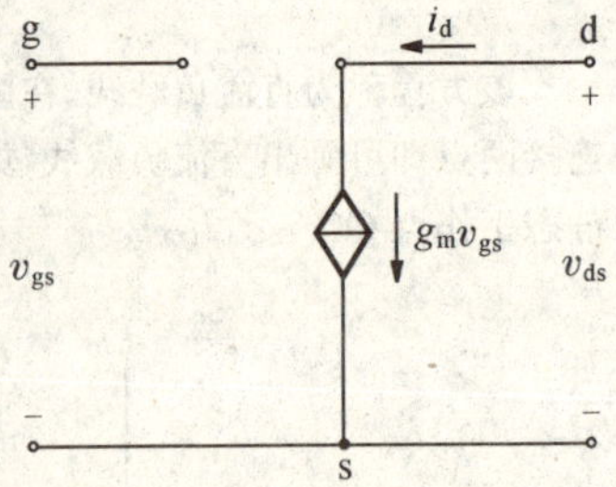

图4.4 FET的低频小信号模型

(4) 求解电压增益(源电压增益)、输入电阻、输出电阻

根据小信号等效电路，写出输入电压 v_i(信号源电压 v_s) 和输出电压 v_o 的表达式，再根据电压增益 A_v(源电压增益 A_{vs}) 的定义，利用 $i_d = g_m v_{gs}$ 描述出 v_o 与 v_i(v_s) 的关系，即可得出 A_v(A_{vs}) 的值；最后根据输入电阻 R_i 和输出电阻 R_o 的物理意义，得出结论。求解 R_o 时，往往令信号源短路(保留内阻)、负载开路，然后通过在输出端外加测试电压的方法进行分析计算。

四、FET放大电路的三种组态

1. 三种组态的识别

FET有三个电极：源极、漏极和栅极，在交流通路中它们都可以作为信号输入、输出端口的共同端，因此FET放大电路有三种选择共同端的方式，即共源极、共漏极和共栅极，也称为三种组态，如图4.5所示。

最简单的组态识别方法是观察哪个极交流接“地”，若三个极都不接“地”，则要根据放大电路的交流通路，观察信号的传递方式，即看输入信号从哪个极输入以及输出信号从哪个极输出来判断。例如对共源极放大电路而言，信号从栅极输入，漏极输出；对共漏极放大电路而言，信号从栅极输入，源极输出；对共栅极放大电路而言，则是信号从源极输入，漏极输出。

2. 三种组态的特点及用途

(1) 共源极放大电路

电压增益通常大于1，输出电压与输入电压反相；输入电阻很高，输出电阻主要取决于漏极电阻。本章涉及的共源极放大电路主要有基本共源极放大电路、带源极电阻的共源极放大电路、带负载管的NMOS放大电路、CMOS放大电路等，其中CMOS放大电路是集成MOS放大电路中用得较多的一种电路形式。

(2) 共漏极放大电路

电压增益小于1但接近于1，输出电压与输入电压同相，有电压跟随作用；输入电阻高，输出电阻低，可用于阻抗变换。

(3) 共栅极放大电路

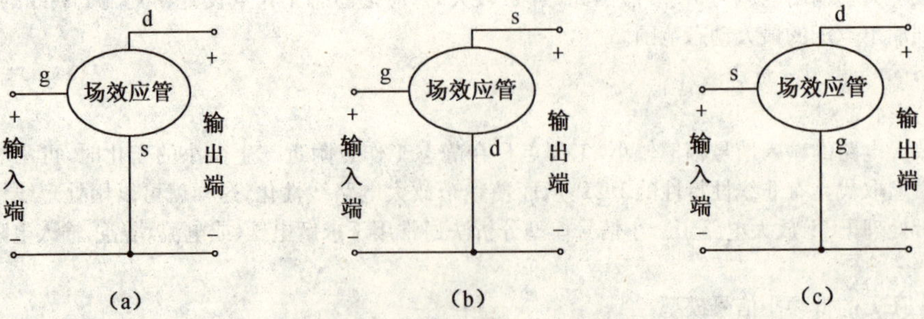

图4.5 FET放大电路的三种基本组态

(a) 共源组态 (b) 共漏组态 (c) 共栅组态

电压增益一般也较高，电流增益小于 1 但接近于 1，有电流跟随作用；输入电阻小，输出电阻主要取决于漏极电阻；高频特性较好（参见第 6 章），常用于高频或宽带低输入阻抗的场合。

五、多级放大电路

在单管 FET 不能满足性能指标要求时，可将三种组态中的两种（或两种以上）进行适当的组合，以获得更好的综合性能，这种电路常称为组合电路或多级放大电路。它的总的电压增益等于组成它的各级单管放大电路电压增益的乘积；输入电阻等于第一级放大电路的输入电阻；输出电阻等于最后一级放大电路的输出电阻。

计算多级放大电路的电压增益时，重点要考虑前后级的相互影响：在计算前一级的电压增益时，要将后一级的输入电阻作为前一级的负载；而在计算后一级的电压增益时，要将前一级的输出电阻看成后一级的信号源内阻。

习题全解

4.1　金属－氧化物－半导体（MOS）场效应管

4.1.1　图题 4.1.1 所示为 MOSFET 的转移特性，请分别说明各属于何种沟道。如是增强型，说明它的开启电压 V_T 等于多少；如是耗尽型，说明它的夹断电压 V_P 等于多少。（图中 i_D 的参考正向为流进漏极）

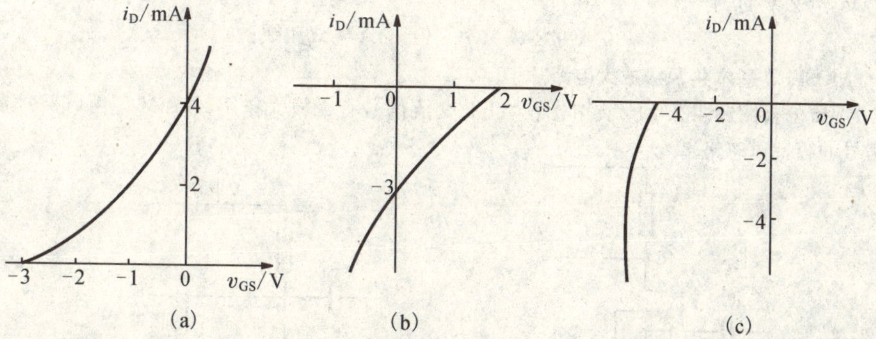

图题 4.1.1

【分析】　主教材中各类 FET 的转移特性曲线均位于横轴上方的原因是，假设 i_D 的参考方向与实际电流方向相同。因此，若将 i_D 的参考方向设为均以流进漏极为正，则原来位于横轴上方的 P 沟道 FET 的转移特性曲线将以横轴为对称轴，全部翻转到下方。本题可据此进行判断。

【解】　(a) N 沟道耗尽型 MOSFET，$V_{PN}=-3$ V。

(b) P 沟道耗尽型 MOSFET，$V_{PP}=2$ V。

(c) P 沟道增强型 MOSFET，$V_{TP}=-4$ V。

4.1.2　一个 MOSFET 的转移特性如图题 4.1.2 所示（其中漏极电流 i_D 的参考正向是它的实际方向）。试问：

(1) 该管是耗尽型还是增强型？

(2) 是 N 沟道还是 P 沟道 FET？

(3) 从这个转移特性上可求出该 FET 的夹断电压 V_P 还是开启电压 V_T？其值等于多少？

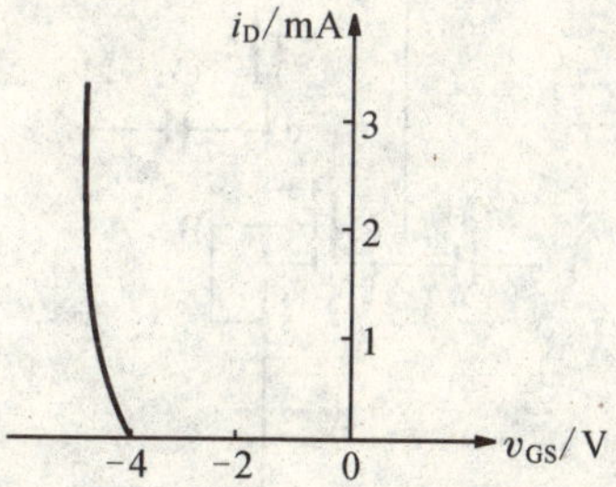

图题 4.1.2

【解】　(1) 由于 v_{GS} 仅为负值，故该 MOS 管是增强型。

(2) 由于 $v_{GS}<0$，说明栅极加的是负电压，可吸引空穴形成 P 沟道。

(3) 增强型管存在开启电压，$V_{TP}=-4$ V。

4.1.3 已知P沟道耗尽型MOSFET的参数为$K_p=0.2\ \text{mA/V}^2$，$V_{PP}=0.5\ \text{V}$，$i_D=-0.5\ \text{mA}$（参考方向为流进漏极）。试求此时的预夹断点栅源电压V_{GS}和漏源电压V_{DS}。

【解】 对于P沟道耗尽型MOSFET，其饱和区（包括预夹断点）的$I-V$特性表达式为

$$i_D=-K_p\,(v_{GS}-V_{PP})^2$$

将已知条件代入，得

$$-0.5=-0.2\,(v_{GS}-0.5)^2$$

$$\therefore v_{GS}=-1.08\ \text{V}。$$

预夹断点处的漏源电压为

$$v_{DS}=v_{GS}-v_{PP}=-1.08\ \text{V}-0.5\ \text{V}=-1.58\ \text{V}$$

4.1.4 设N沟道增强型MOSFET的参数为$V_{TN}=1\ \text{V}$，$W=100\ \mu\text{m}$，$L=5\ \mu\text{m}$，$\mu_n=650\ \text{cm}^2/\text{V}\cdot\text{s}$，$C_{ox}=76.7\times10^{-9}\ \text{F/cm}^2$。当$V_{GS}=2\,V_{TN}$，MOSFET工作在饱和区，试计算此时场效应管的工作电流I_D。

【解】 对于N沟道增强型MOSFET，其饱和区的$I—V$特性表达式为

$$i_D=K_n\,(v_{GS}-V_{TN})^2$$

其中

$$K_n=\frac{\mu_n C_{ox}}{2}\left(\frac{W}{L}\right)=\left(\frac{650\times76.7\times10^{-9}}{2}\times\frac{100}{5}\right)\text{F/(V}\cdot\text{s)}\approx0.499\ \text{mA/V}^2$$

故当$V_{GS}=2\ \text{V}$时，有

$$I_D\approx0.499\times(2\times1-1)^2\ \text{mA}=0.499\ \text{mA}$$

4.2 MOSFET基本共源极放大电路

4.2.1 试分析图题4.2.1所示各电路对正弦交流信号有无放大作用，并简述理由（设各电容对正弦交流信号的容抗可忽略）。

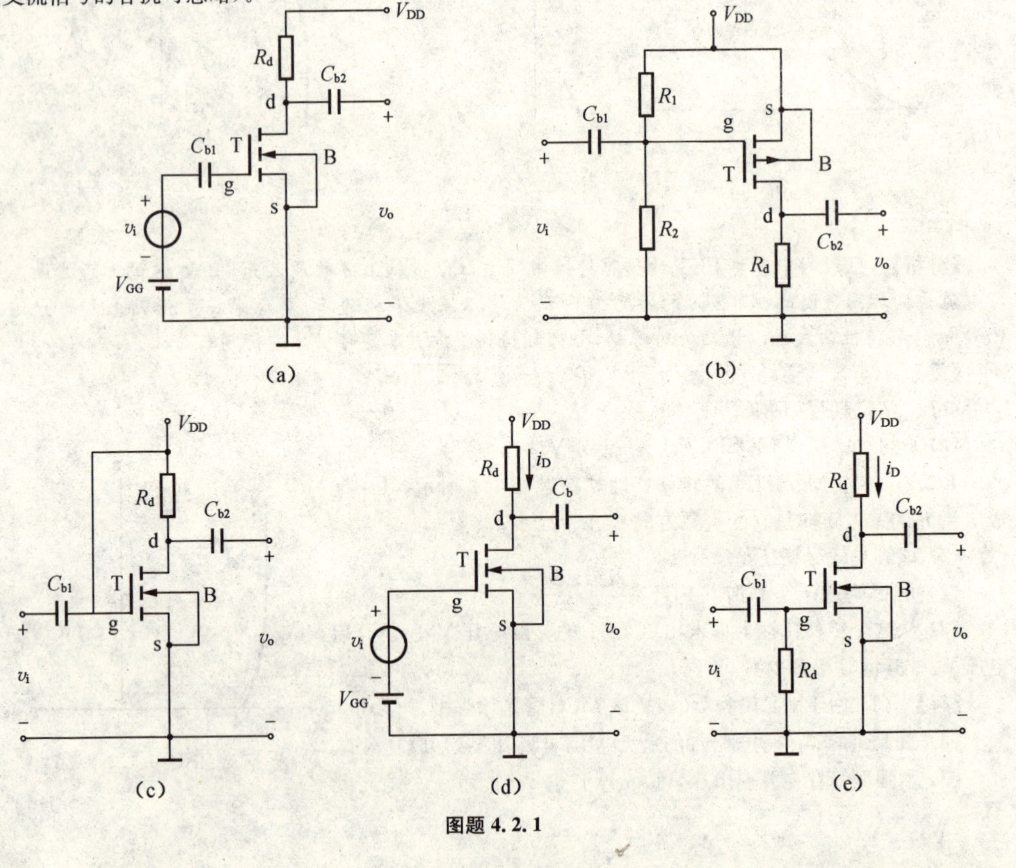

图题 4.2.1

【分析】 本题的判断依据是放大电路的组成原则，即 FET 必须偏置在饱和区(放大区)，输入信号能够有效作用于 FET 的 g—s 回路，输出信号能够有效作用于负载。解答此类题目时，应能根据放大管的类型迅速判断设置 Q 点需加的直流电源以及电路的交、直流通路。

【解】 (a) 无放大作用。分析直流通路可知，由于电容 C_{b1} 的隔直作用，V_{GG} 无法加到栅极，故不能将管子偏置在饱和区。

(b) 有放大作用。原因在于：T 为增强型 PMOS 管，故开启电压 V_{TP} 为负值，为保证管子导通，栅源偏置电压 V_{GS} 应介于 V_{TP}(负值) 与零之间，分析直流通路可知，$V_{GS} \approx V_G - V_{DD}$($V_G$ 为 R_1、R_2 对 V_{DD} 的分压)，即栅源之间能够获得负偏压，满足导通条件；另外分析交流通路可知，v_i 能够有效作用于管子的 g—s 回路，v_o 则能通过 C_{b1} 传输出去。

(c) 无放大作用。分析交流通路可知，因 g 点为交流接地点，故 v_i 不能加至管子的 g－s 回路。

(d) 有放大作用。原因在于：T 为增强型 NMOS 管，故开启电压 V_{TN} 为正值，为保证管子导通，栅源偏置电压 V_{GS} 应大于 V_{TN}，分析直流通路可知，$V_{GS} = V_{GG}$，满足导通条件；另外分析交流通路可知，v_i 能够有效作用于管子的 g－s 回路，v_o 则能通过 C_b 传输出去。

(e) 无放大作用。T 为增强型 NMOS 管，故开启电压 V_{TN} 为正值，为保证管子导通，栅源偏置电压 V_{GS} 应大于 V_{TN}，而分析直流通路可知，$V_{GS} = 0$，所以 T 截止。

4.2.2 测量某 MOSFET 的漏源电压、栅源电压值如下，其 V_T 或 V_P 值也已知，试判断该管工作在什么区域(饱和区、可变电阻区、预夹断临界点或截止)。

(1) $V_{DS} = 3\ \text{V}, V_{GS} = 2\ \text{V}, V_{TN} = 1\ \text{V}$

(2) $V_{DS} = 1\ \text{V}, V_{GS} = 2\ \text{V}, V_{TN} = 1\ \text{V}$

(3) $V_{DS} = 3\ \text{V}, V_{GS} = 1\ \text{V}, V_{TN} = 1.5\ \text{V}$

(4) $V_{DS} = 3\ \text{V}, V_{GS} = -1\ \text{V}, V_{PN} = -2\ \text{V}$

(5) $V_{DS} = -3\ \text{V}, V_{GS} = -2\ \text{V}, V_{TP} = -1\ \text{V}$

(6) $V_{DS} = 3\ \text{V}, V_{GS} = -2\ \text{V}, V_{TP} = -1\ \text{V}$

(7) $V_{DS} = -3\ \text{V}, V_{GS} = -1\ \text{V}, V_{TP} = -1.5\ \text{V}$

(提示：V_{TN}、V_{TP} 分别为增强型 MOS 管 N 沟道和 P 沟道的开启电压，V_{PN} 为耗尽型 N 沟道 MOS 管夹断电压。)

【分析】 不同类型 FET 由于自身沟道性质不同(是否事先存在导电沟道以及是 P 沟道还是 N 沟道)，因此对偏置电压 V_{GS} 和 V_{DS} 的要求不同。其中，V_{GS} 决定管子是否导通，V_{DS} 则决定导通之后是工作在饱和区还是可变电阻区。可见，熟悉不同类型 FET 的伏安特性曲线是正确判断其工作区域的前提，读者应予以充分重视。

【解】 (1) 为增强型 NMOS 管，由于 $V_{GS} > V_{TN}$，故管子导通；又由于 $V_{DS} > V_{GS} - V_{TN}$，故可判断管子工作在饱和区。

(2) 为增强型 NMOS 管，由于 $V_{GS} > V_{TN}$，故管子导通；又由于 $V_{DS} = V_{GS} - V_{TN}$，故可判断管子工作在预夹断临界点。

(3) 为增强型 NMOS 管，由于 $V_{GS} < V_{TN}$，故管子截止。

(4) 为耗尽型 NMOS 管，由于 $V_{GS} > V_{PN}$，故管子导通；又由于 $V_{DS} > V_{GS} - V_{PN}$，故可判断管子工作在饱和区。

(5) 为增强型 PMOS 管，由于 $V_{GS} < V_{TP}$，故管子导通；又由于 $V_{DS} < V_{GS} - V_{TP}$，故可判断管子工作在饱和区。

(6) 为增强型 PMOS 管，故 V_{DS} 应为负值，而题中 $V_{DS} = 3\ \text{V}$，故管子截止。

(7) 为增强型 PMOS 管，由于 $V_{GS} > V_{TP}$，故管子截止。

4.3 图解分析法

4.3.1 电路如图题 4.3.1 所示，设 $R_{g1} = 90\ \text{k}\Omega$，$R_{g2} = 60\ \text{k}\Omega$，$R_d = 30\ \text{k}\Omega$，$V_{DD} = 5\ \text{V}$，$V_{TN} =$

1 V，$K_n=0.1\ \mathrm{mA/V^2}$。试计算电路的栅源电压 V_{GS} 和漏源电压 V_{DS}。

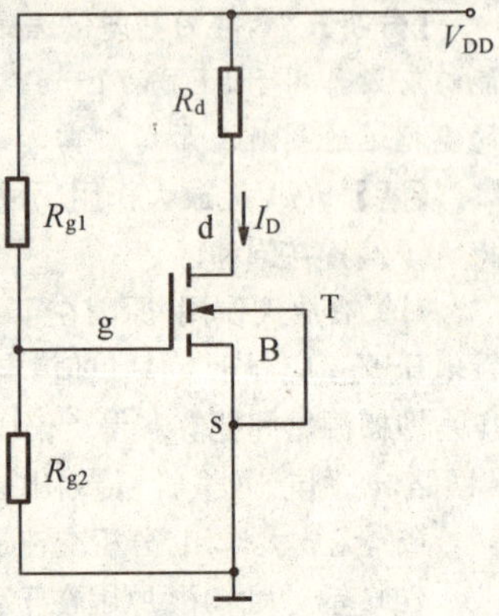

图题 4.3.1

【分析】 本题应首先明确该管的工作区域。对于 N 沟道增强型 MOSFET，$V_{GS}>V_{TN}$ 时导通，在此基础上若 $V_{DS}>V_{GS}-V_{TN}$，那么管子工作在饱和区；若 $V_{DS}<V_{GS}-V_{TN}$，则工作在可变电阻区。

【解】 由图可知，栅源电压

$$V_{GS}=V_G-V_S=\frac{R_{g2}}{R_{g1}+R_{g2}}V_{DD}=\frac{60}{90+60}\times 5\ \mathrm{V}=2\ \mathrm{V}$$

由于 $V_{GS}>V_{TN}$，故管子导通。设其工作在饱和区，则漏极电流

$$I_D=K_n\,(V_{GS}-V_{TN})^2=0.1\times(2-1)^2\ \mathrm{mA}=0.1\ \mathrm{mA}$$

故漏源电压为

$$V_{DS}=V_{DD}-I_DR_d=(5-0.1\times 30)\ \mathrm{V}=2\ \mathrm{V}$$

由于 $V_{DS}>V_{GS}-V_{TN}$，说明假设成立，该管确实工作在饱和区。

4.3.2 电路如图题 4.3.2 所示，设 $R_1=R_2=100\ \mathrm{k\Omega}$，$V_{DD}=5\ \mathrm{V}$，$R_d=7.5\ \mathrm{k\Omega}$，$V_{TP}=-1\ \mathrm{V}$，$K_p=0.2\ \mathrm{mA/V^2}$。试计算图题 4.3.2 所示 P 沟道增强型 MOSFET 共源极电路的漏极电流 I_D 和漏源电压 V_{DS}。

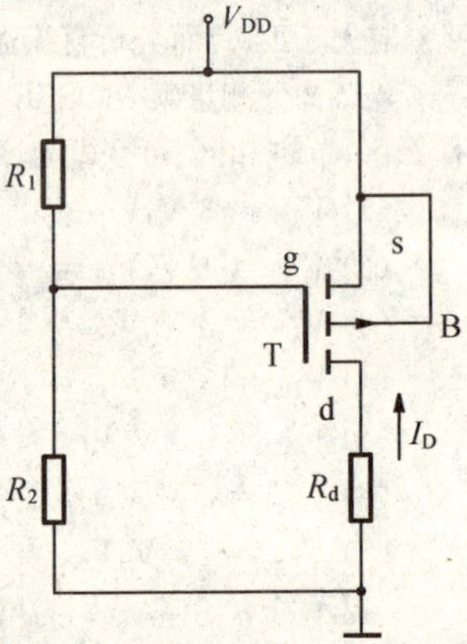

图题 4.3.2

【解】 由图可知，栅源电压为

$$V_{GS}=V_G-V_S=\frac{R_2}{R_1+R_2}V_{DD}-V_{DD}$$

$$=\left(\frac{100}{100+100}\times 5-5\right)\ \mathrm{V}=-2.5\ \mathrm{V}$$

由于 $V_{GS}<V_{TP}$，故管子导通。设其工作在饱和区，则漏极电流为

$$I_D=-K_p\,(V_{GS}-V_T)^2=[-0.2\times(-2.5+1)^2]\ \mathrm{mA}=-0.45\ \mathrm{mA}$$

故漏源电压为

$$V_{DS}=-V_{DD}-I_DR_d=(-5+0.45\times 7.5)\ \mathrm{V}=-1.625\ \mathrm{V}$$

由于 $V_{DS}<V_{GS}-V_{TP}$，说明假设成立，该管确实工作在饱和区。

4.3.3 已知电路和场效应管的输出特性分别如图题 4.3.3a 和图题4.3.3b所示。电路参数为：$R_{g1}=180\ \mathrm{k\Omega}$，$R_{g2}=60\ \mathrm{k\Omega}$，$R_d=10\ \mathrm{k\Omega}$，$R_L=20\ \mathrm{k\Omega}$，$V_{DD}=10\ \mathrm{V}$。(1) 试用图解法作出直流负载线，决定静态工作点 Q 值；(2) 作交流负载线；(3) 当 $v_i=0.5\sin\omega t\,\mathrm{V}$ 时求出相应的 v_o 波形和电压增益。

【分析】 本章"知识点归纳"中已利用图解法对该电路进行过详细分析，读者可据此求解。

【解】 (1) 根据题意，$V_{DD}=10\ \mathrm{V}$，$V_{DD}/R_d=10\ \mathrm{V}/10\ \mathrm{k}=1\ \mathrm{mA}$，在图题 4.3.3b所示输出特性曲线的横轴取(10 V，0) 即 M 点，纵轴取(0，1 mA) 即 N 点，连接 M、N，即可画出直流负载线。

由于

$$V_{GSQ}=\frac{R_{g2}}{R_{g1}+R_{g2}}V_{DD}=\frac{60}{180+60}\times 10\ \mathrm{V}=2.5\ \mathrm{V}$$

故直线 MN 与 $v_{GS}=V_{GSQ}=2.5\ \mathrm{V}$ 那条输出特性曲线的交点为 Q 点，读取 Q 点的横坐标为 $V_{DSQ}=5\ \mathrm{V}$，纵坐标为 $I_{DQ}=0.51\ \mathrm{mA}$。

(2) $R'_L=R_d\,/\!/\,R_L=(10\,/\!/\,20)\mathrm{k\Omega}\approx 6.67\ \mathrm{k\Omega}$，$V_{DSQ}+I_{DQ}R'_L=2.5\ \mathrm{V}+0.51\ \mathrm{mA}\times 6.67\ \mathrm{k\Omega}\approx 8.4\ \mathrm{V}$，在图题 4.3.3b 的横轴取(8.4 V，0) 即 B 点，连接 B、Q 并与纵轴相交于 A 点，直线 AB 即为交流负载线。

(3) 当 $v_i=0.5\sin\omega t\,\mathrm{V}$ 时，由于 $v_{GS}=V_{GSQ}+v_{gs}=(2.5+0.5\sin\omega t)\mathrm{V}$，通过作图的方法，在交流负载线上确定 Q' 和 Q'' 的位置，得到 v_{ds} 的最大输出幅值约为 $(6.6-3.4)/2=1.6\ \mathrm{V}$，故 $v_o=v_{ds}\approx 1.6\sin\omega t\,\mathrm{V}$，则电压增益为

$$A_v=\frac{v_o}{v_i}=-\frac{1.6\sin\omega t}{0.5\sin\omega t}=-3.2$$

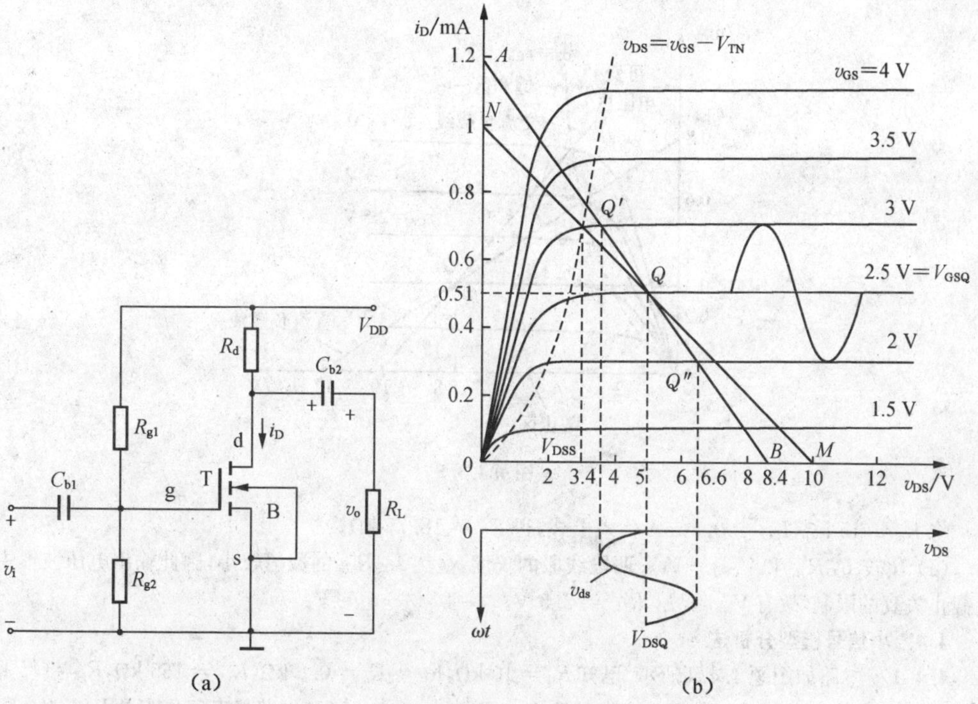

图题 4. 3. 3

负号表示共源放大电路的输出电压与输入电压相位相反。

4. 3. 4　在题 4. 3. 3 所给电路参数条件下，此时最大不失真输出电压的幅值 V_{om} 约为多少？

【解】　由图解 4. 3. 3 可知，v_o 正半周的最大输出电压幅值为

$$I_{DQ}R'_L = 0.51\ \text{mA} \times (10 \mathbin{/\!/} 20)\text{k}\Omega = 3.4\ \text{V}$$

v_o 负半周的最大输出电压幅值为

$$V_{DSQ} - V_{DSS} \approx 5\ \text{V} - 2.9\ \text{V} = 2.1\ \text{V}$$

综上所述，取 3. 4 V 和 2. 1 V 中的较小者，故 $V_{om} \approx 2.1$ V。

4. 3. 5　已知电路如图题 4. 3. 3a 所示，该电路的交、直流负载线绘于图题 4. 3. 5 中。试求：(1) 电源电压 V_{DD}，静态栅源电压 V_{GSQ}，漏极电流 I_{DQ} 和漏源电压 V_{DSQ} 值；(2) 已知 $R_{g1} = 200$ kΩ，R_{g2} 的值；(3) R_d、R_L 的值；(4) 输出电压的最大不失真幅度 V_{om}（设 v_i 为正弦信号）。

【解】　(1) 由直流负载线和横轴的交点可知，$V_{DD} = 12$ V；由 Q 点的位置可知，$V_{GSQ} = 2$ V，$I_{DQ} = 0.3$ mA，$V_{DSQ} = 7.5$ V。

(2) 由直流通路的输入回路，可知

$$V_{GSQ} = \frac{R_{g2}}{R_{g1} + R_{g2}} V_{DD}$$

将 $V_{GSQ} = 2$ V、$V_{DD} = 12$ V、$R_{g1} = 200$ kΩ 代入上式，得 $R_{g2} = 40$ kΩ。

(3) 由直流通路的输出回路，可知

$$R_d = \frac{V_{DD} - V_{DSQ}}{I_{DQ}}$$

将 $V_{DD} = 12$ V、$V_{DSQ} = 7.5$ V、$I_{DQ} = 0.3$ mA 代入上式，得 $R_d = 15$ kΩ。

由图题 4. 3. 5 可知，$I_{DQ}R'_L = 10\ \text{V} - 7.5\ \text{V} = 2.5$ V，故

$$R'_L = R_d \mathbin{/\!/} R_L = \frac{2.5\ \text{V}}{I_{DQ}}$$

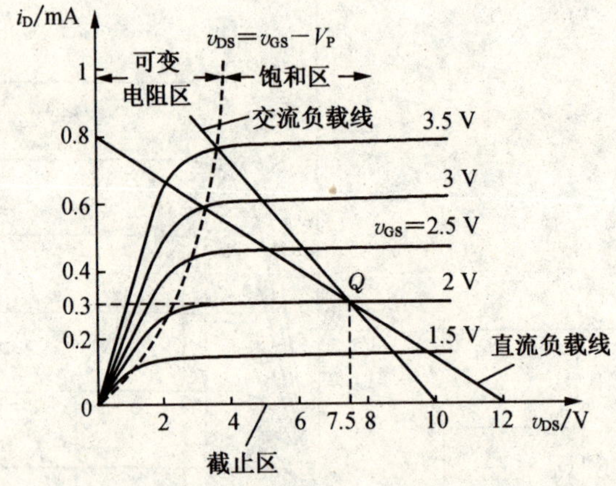

图题 4.3.5

将 $R_d=15\ \text{k}\Omega$、$I_{DQ}=0.3\ \text{mA}$ 代入上式，得 $R_L=18.75\ \text{k}\Omega$。

(4) 比较 $I_{DQ}R'_L$ 和 $V_{DSQ}-V_{DSS}$ 两段线段的长度，显然 $I_{DQ}R'_L$ 的数值较小，因此输出电压波形主要受截止失真的限制，故有 $V_{om}\approx I_{DQ}R'_L=2.5\ \text{V}$。

4.4 小信号模型分析法

4.4.1 电路如图题 4.4.1 所示。已知 $R_d=10\ \text{k}\Omega$，$R_{si}=R_s=0.5\ \text{k}\Omega$，$R_{g1}=165\ \text{k}\Omega$，$R_{g2}=35\ \text{k}\Omega$，$V_{TN}=0.8\ \text{V}$，$K_n=1\ \text{mA/V}^2$，场效应管的输出电阻 $r_{ds}=\infty(\lambda=0)$，电路静态工作点处 $V_{GS}=1.5\ \text{V}$。试求图题 4.4.1 所示共源极电路的小信号电压增益 $A_v=v_o/v_i$、源电压增益 $A_{vs}=v_o/v_s$、输入电阻 R_i 和输出电阻 R_o（提示：先根据 K_n、V_{GS} 和 V_{TN} 求出 g_m，再求 A_v）。

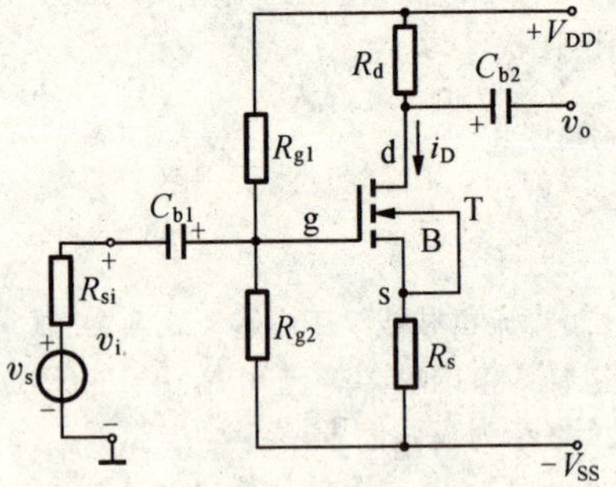

图题 4.4.1

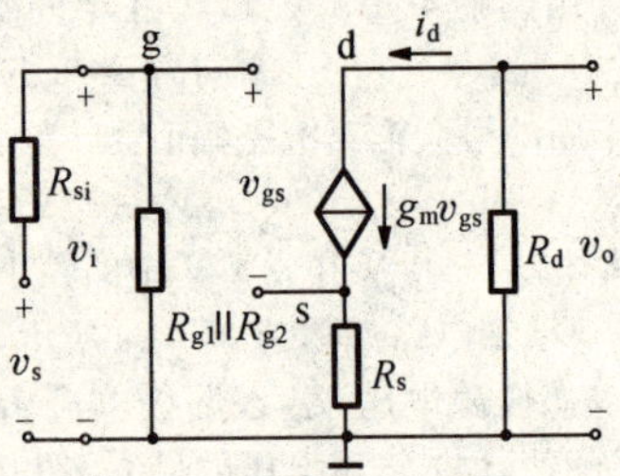

图解 4.4.1

【解】 小信号等效电路如图解 4.4.1 所示。该电路为共源极放大电路，由于

$$g_m=2K_n(V_{GS}-V_{TN})=[2\times1\times(1.5-0.8)]\ \text{mS}=1.4\ \text{mS}$$

故可求得 $A_v=\dfrac{v_o}{v_i}=-\dfrac{g_m v_{gs}\cdot R_d}{v_{gs}+g_m v_{gs}\cdot R_s}=-\dfrac{g_m R_d}{1+g_m R_s}=-\dfrac{1.4\times10}{1+1.4\times0.5}\approx-8.24$

$$R_i=R_{g1}\ /\!/\ R_{g2}=(165\ /\!/\ 35)\ \text{k}\Omega\approx28.9\ \text{k}\Omega$$

$$R_o=R_d=10\ \text{k}\Omega$$

$$A_{vs}=\frac{v_o}{v_s}=\frac{v_o}{v_i}\cdot\frac{v_i}{v_s}=\frac{R_i}{R_i+R_{si}}A_v=-\frac{28.9}{28.9+0.5}\times8.24\approx-8.1$$

4.4.2 电路如图题 4.4.2 所示。设电流源电流 $I=0.5\ \text{mA}$，$V_{DD}=V_{SS}=5\ \text{V}$，$R_g=100\ \text{k}\Omega$，$R_d=9\ \text{k}\Omega$，$C_s$ 很大，对信号可视为短路。场效应管的 $V_{TN}=0.8\ \text{V}$，$K_n=1\ \text{mA/V}^2$，输出电阻 $r_{ds}=\infty$。

试求电路的小信号电压增益 A_v 。

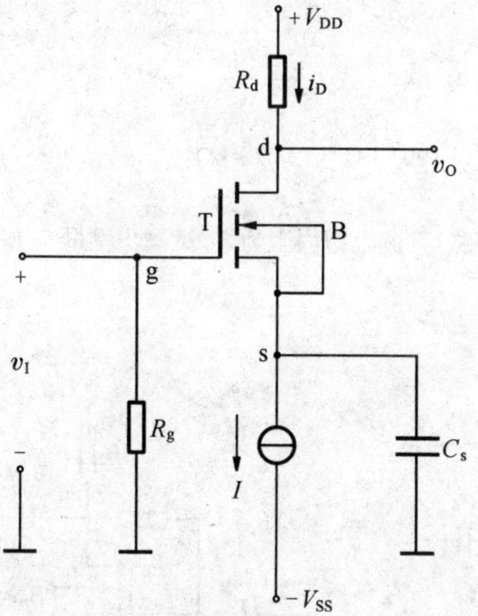

图题 4.4.2

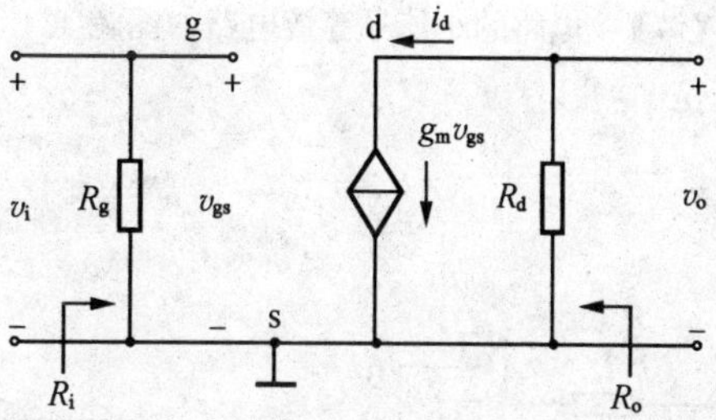

图解 4.4.2

【分析】 据直流通路，可求出 V_{GSQ}，进而求得 g_m，再求 A_v 。

【解】 由于

$$I_{DQ} = K_n\,(V_{GSQ} - V_{TN})^2$$

将 $I_{DQ} = 0.5\ \text{mA}$ 、$V_{TN} = 0.8\ \text{V}$ 、$K_n = 1\ \text{mA/V}^2$ 代入上式，可求得 $V_{GSQ} \approx 1.51\ \text{V}$，故有

$$g_m = 2K_n(V_{GSQ} - V_{TN}) = 2 \times 1 \times (1.51 - 0.8)\text{mS} = 1.42\ \text{mS}$$

电路的小信号等效电路如图解 4.4.2 所示。由图可见，电压增益

$$A_v = \frac{v_o}{v_i} = -\frac{g_m v_{gs} R_d}{v_{gs}} = -g_m R_d = -1.42 \times 9 = -12.78$$

4.4.3 已知电路参数如图题 4.4.3 所示，FET 工作点上的互导 $g_m = 1\ \text{mS}$，设 $r_{ds} \gg R_d$ 。(1) 画出电路的小信号等效电路；(2) 求电压增益 A_v ；(3) 求放大器的输入电阻 R_i 和输出电阻 R_o 。

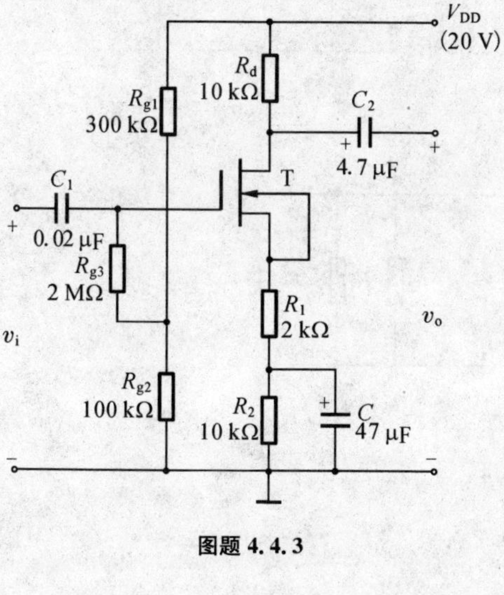

图题 4.4.3

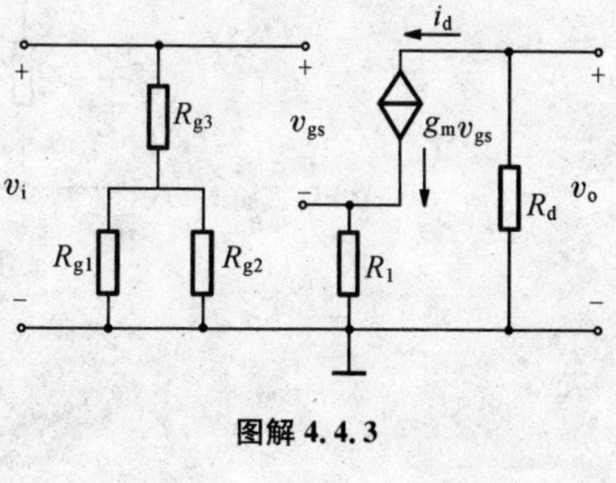

图解 4.4.3

【解】(1) 小信号等效电路如图解 4.4.3 所示。

(2) 电压增益

$$A_v=\frac{v_o}{v_i}=-\frac{g_m v_{gs}\cdot R_d}{v_{gs}+g_m v_{gs}\cdot R_1}=-\frac{g_m R_d}{1+g_m R_1}=-\frac{1\times 10}{1+1\times 2}\approx -3.3$$

(3) 输入电阻和输出电阻分别为

$$R_i=R_{g3}+R_{g1}\,/\!/\,R_{g2}=(2\,000+300\,/\!/\,100)\ \text{k}\Omega=2\,075\ \text{k}\Omega$$

$$R_o=R_d=10\ \text{k}\Omega$$

4.4.4 设电路中各电容很大,对交流信号均可视为短路,直流电源内阻为零。试画出图题 4.4.4 所示电路的小信号等效电路。

【解】 电路的小信号等效电路如图解 4.4.4 所示。

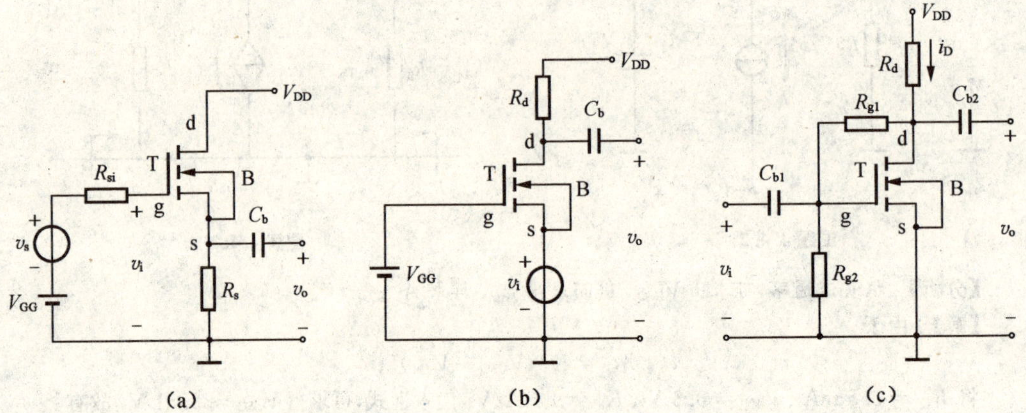

图题 4.4.4

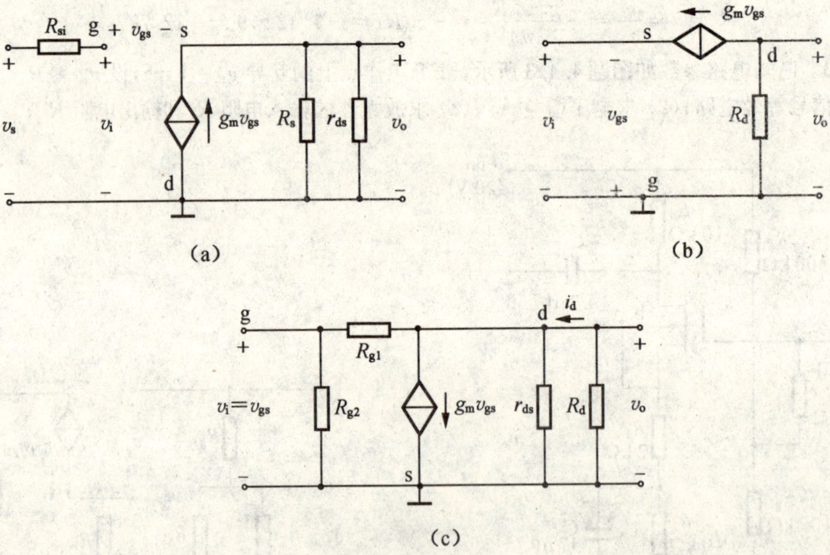

图解 4.4.4

4.5　共漏极和共栅极放大电路

4.5.1　电路如图题 4.5.1 所示，设电路参数为 $V_{DD}=12\ \text{V}$，$R_{g1}=150\ \text{k}\Omega$，$R_{g2}=450\ \text{k}\Omega$，$R_s=1\ \text{k}\Omega$，$R_{si}=10\ \text{k}\Omega$。场效应管参数为 $V_{TN}=1.5\ \text{V}$，$K_n=2\ \text{mA/V}^2$，$\lambda=0$。试求：(1) 静态工作点 Q；(2) 电压增益 A_v 和源电压增益 A_{vs}；(3) 输入电阻 R_i 和输出电阻 R_o。

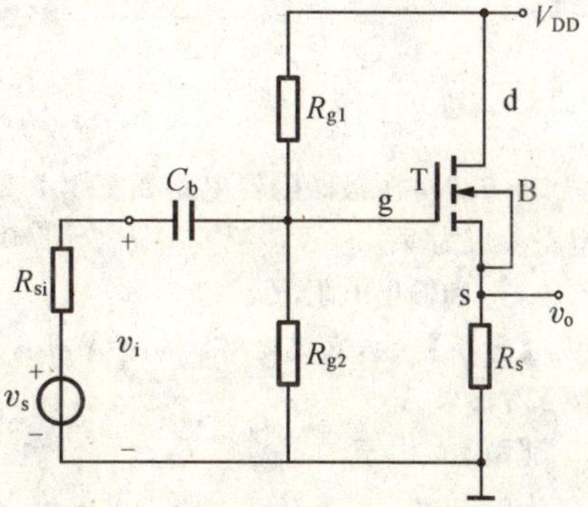

图题 4.5.1

【分析】　该题为共漏极放大电路，因此具有电压跟随作用。

【解】　(1) 根据饱和区的 $I-V$ 函数关系以及直流通路的 KVL 回路方程，有

$$\begin{cases} I_{DQ}=K_n\,(V_{GSQ}-V_{TN})^2 \\ V_{GSQ}=\dfrac{R_{g2}}{R_{g1}+R_{g2}}V_{DD}-I_{DQ}R_s \end{cases}$$

将 $V_{DD}=12\ \text{V}$、$R_{g1}=150\ \text{k}\Omega$、$R_{g2}=450\ \text{k}\Omega$、$R_s=1\ \text{k}\Omega$、$V_{TN}=1.5\ \text{V}$、$K_n=2\ \text{mA/V}^2$ 代入以上联立方程组，可求得

$$I_{DQ}\approx\frac{31\pm 7.8}{4}\ \text{mA}$$

其中当 $I_{DQ}\approx\dfrac{31+7.8}{4}\ \text{mA}=9.7\ \text{mA}$ 时，V_{GS} 将小于 V_{TN}，管子截止，说明此解不合理，故舍去，得到 $I_{DQ}\approx\dfrac{31-7.8}{4}\ \text{mA}=5.8\ \text{mA}$，所以

$$V_{GSQ}=\frac{R_{g2}}{R_{g1}+R_{g2}}V_{DD}-I_{DQ}R_s\approx(9-5.8)\text{V}=3.2\ \text{V}$$

$$V_{DSQ}=V_{DD}-I_{DQ}R_s=12\ \text{V}-5.8\ \text{mA}\times 1\ \text{k}\Omega=6.2\ \text{V}$$

(2) 小信号等效电路如图解 4.5.1a 所示。由于 $\lambda=0$，即 $r_{ds}=\infty$，故有

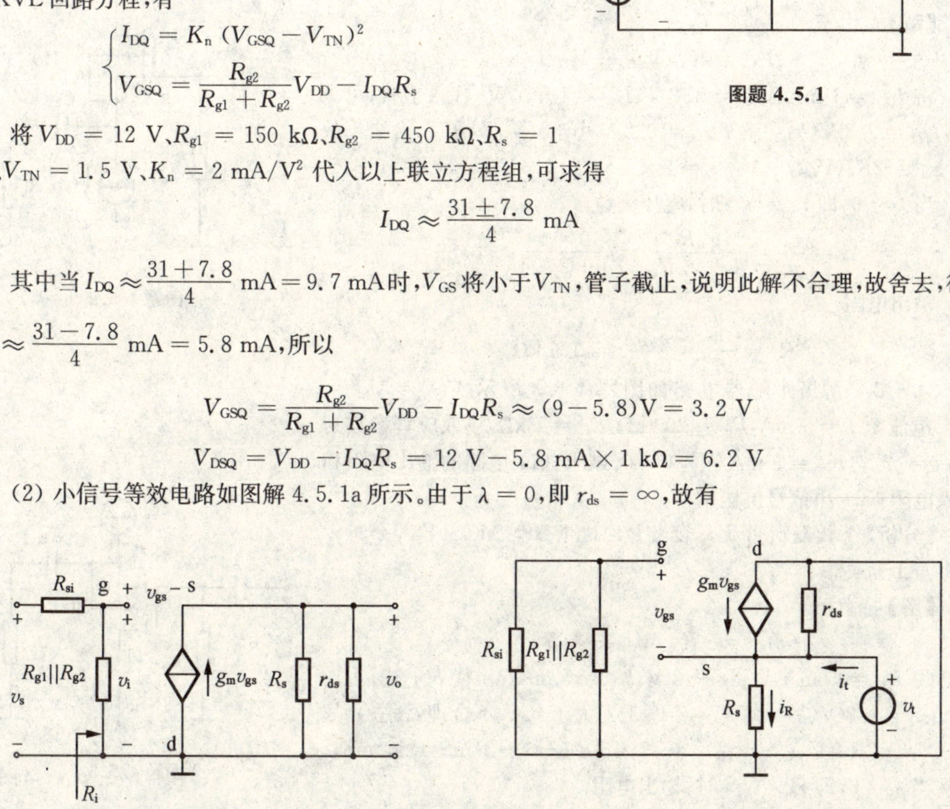

(a)　　(b)

图解 4.5.1

$$A_v=\frac{v_o}{v_i}=\frac{g_m v_{gs}R_s}{v_{gs}+g_m v_{gs}R_s}=\frac{g_m R_s}{1+g_m R_s}$$

$$A_{vs}=\frac{v_o}{v_s}=\frac{R_i}{R_i+R_{si}}A_v$$

将

$$g_m=2K_n(V_{GSQ}-V_{TN})=2\times 2\times(3.2-1.5)\text{mS}=6.8\ \text{mS}$$

$$R_i=R_{g1}\,/\!/\,R_{g2}=150\ \text{k}\Omega\,/\!/\,450\ \text{k}\Omega=112.5\ \text{k}\Omega$$

代入，可得 $A_v\approx 0.87$，$A_{vs}\approx 0.8$。

(3) 求解输出电阻 R_o 时，可令信号源短路(保留内阻)、负载开路，然后通过在输出端外加测试电压

的方法进行分析计算，具体电路如图解 4.5.1b 所示。由于 $r_{ds}=\infty$，故有

$$R_o=\frac{v_t}{i_t}=\frac{v_t}{\frac{v_t}{R_s}+g_m v_t}=\frac{1}{\frac{1}{R_s}+g_m}=R_s\ /\!/\ \frac{1}{g_m}=1\ \text{k}\Omega\ /\!/\ \frac{1}{6.8\ \text{mS}}\approx 0.128\ \text{k}\Omega$$

$$R_i=R_{g1}\ /\!/\ R_{g2}=150\ \text{k}\Omega\ /\!/\ 450\ \text{k}\Omega=112.5\ \text{k}\Omega$$

4.5.2 源极跟随器电路如图题 4.5.2 所示，场效应管参数为 $K_n=1\ \text{mA/V}^2$，$V_{TN}=1.2\ \text{V}$，$\lambda=0$。电路参数为 $V_{DD}=V_{SS}=5\ \text{V}$，$R_g=500\ \text{k}\Omega$，$R_L=4\ \text{k}\Omega$。若电流源 $I=1\ \text{mA}$，试求小信号电压增益 $A_v=v_o/v_i$ 和输出电阻 R_o。

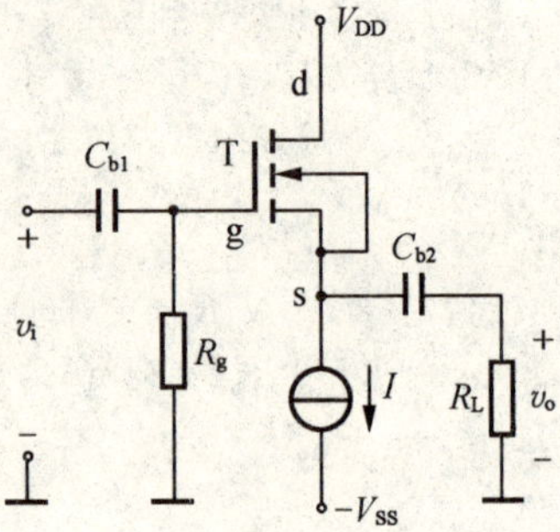

图题 4.5.2

【分析】 据直流通路，$V_{GQ}=0$，$I_{DQ}=1\ \text{mA}$，由此可求出 V_{GSQ} 和 g_m，再求 A_v。

【解】 由于

$$I_{DQ}=K_n\ (V_{GSQ}-V_{TN})^2$$

将 $I_{DQ}=1\ \text{mA}$、$V_{TN}=1.2\ \text{V}$、$K_n=1\ \text{mA/V}^2$ 代入上式，可求得 $V_{GSQ}=2.2\ \text{V}$（另一解 $V_{GSQ}=0.2\ \text{V}$ 小于 V_{TN}，不合理，舍去）。故

$$g_m=2K_n(V_{GSQ}-V_{TN})=2\times1\times(2.2-1.2)\text{mS}=2\ \text{mS}$$

当 $\lambda=0$，即 $r_{ds}=\infty$ 时，电压增益

$$A_v=\frac{v_o}{v_i}=\frac{g_m R_L}{1+g_m R_L}=\frac{2\times4}{1+2\times4}\approx0.89$$

输出电阻

$$R_o=\frac{1}{g_m}=\frac{1}{2\ \text{mS}}=0.5\ \text{k}\Omega$$

4.5.3 源极跟随器电路如图题 4.5.3 所示。$V_{DD}=V_{SS}=5\ \text{V}$。电流源 $I=5\ \text{mA}$，$R_g=200\ \text{k}\Omega$，$R_L=1\ \text{k}\Omega$，场效应管参数为 $V_{TP}=-2\ \text{V}$，$K_P=5\ \text{mA/V}^2$，$\lambda=0$。试求：(1) 电路的输出电阻和输入电阻；(2) 小信号电压增益。

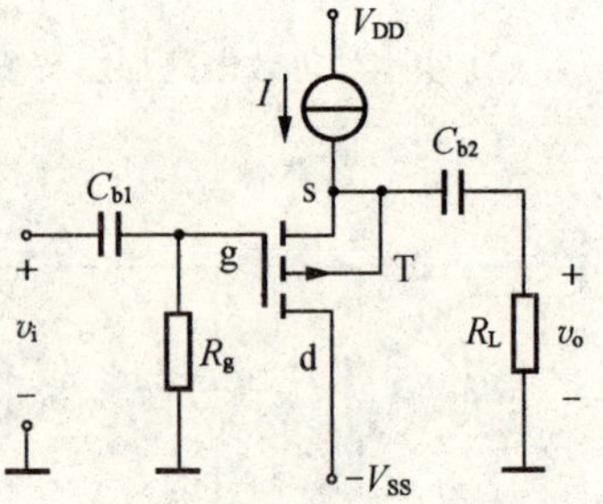

图题 4.5.3

【分析】 该题所用放大管为 P 沟道增强型 MOSFET，分析方法则与上题类似。

【解】 由于

$$I_{DQ}=-K_P\ (V_{GSQ}-V_{TP})^2$$

将 $I_{DQ}=5\ \text{mA}$、$V_{TP}=-2\ \text{V}$、$K_P=5\ \text{mA/V}^2$ 代入上式，可求得 $V_{GSQ}=-3\ \text{V}$（另一解 $V_{GSQ}=-1\ \text{V}$ 大于 V_{TP}，不合理，舍去）。故

$$g_m=-2K_P(V_{GSQ}-V_{TP})=-2\times5\times(-3+2)\text{mS}=10\ \text{mS}$$

当 $\lambda=0$，即 $r_{ds}=\infty$ 时，输出电阻

$$R_o=\frac{1}{g_m}=\frac{1}{10\ \text{mS}}=100\ \Omega$$

$$R_i=R_g=200\ \text{k}\Omega$$

电压增益

$$A_v=\frac{v_o}{v_i}=\frac{g_m R_L}{1+g_m R_L}=\frac{10\times1}{1+10\times1}\approx0.91$$

4.5.4 电路如图题 4.5.1 所示。设 $R_s=0.75\ \text{k}\Omega$，$R_{g1}=R_{g2}=240\ \text{k}\Omega$，$R_{si}=4\ \text{k}\Omega$。场效应管的 $g_m=11.3\ \text{mA/V}$，$r_{ds}=50\ \text{k}\Omega$。试求源极跟随器的源电压增益 $A_{vs}=v_o/v_s$、输入电阻 R_i 和输出电阻 R_o。

【分析】 该题与题 4.5.1 的区别是后者的 $\lambda=0$ 即 $r_{ds}=\infty$，而这里 $r_{ds}=50\ \text{k}\Omega$。分析方法类似。

【解】 小信号等效电路如图解 4.5.1a 所示。电压增益

$$A_v=\frac{v_o}{v_i}=\frac{R_s\ /\!/\ r_{ds}}{\frac{1}{g_m}+R_s\ /\!/\ r_{ds}}=\frac{0.75\ /\!/\ 50}{\frac{1}{11.3}+0.75\ /\!/\ 50}\approx0.89$$

又输入电阻

$$R_i = R_{g1} // R_{g2} = 240\ \text{k}\Omega // 240\ \text{k}\Omega = 120\ \text{k}\Omega$$

故源电压增益

$$A_{vs} = \frac{v_o}{v_s} = \frac{R_i}{R_i + R_{si}} A_v = \frac{120}{120+4} \times 0.89 \approx 0.86$$

输出电阻

$$R_o = R_s // r_{ds} // \frac{1}{g_m} = \left(0.75 // 50 // \frac{1}{11.3}\right)\text{k}\Omega \approx 0.08\ \text{k}\Omega = 80\Omega$$

4.5.5　电路如图题 4.5.5 所示。电路参数为 $I = 1$ mA，$V_{DD} = V_{SS} = 5$ V，$R_g = 100$ kΩ，$R_d = 10$ kΩ，$R_L = 1$ kΩ，$R_{si} = 1$ kΩ。场效应管参数为 $V_{TN} = 1$ V，$K_n = 1$ mA/V²，$\lambda = 0$。试求：(1) 输入电阻 R_i 和输出电阻 R_o；(2) 电流增益 $A_{is} = i_o / i_s$。

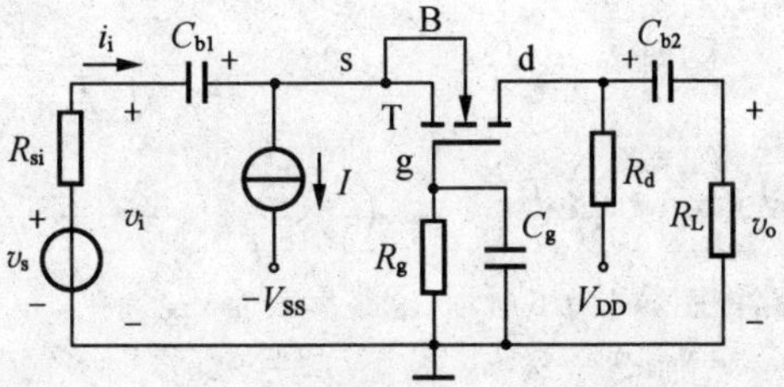

图题 4.5.5

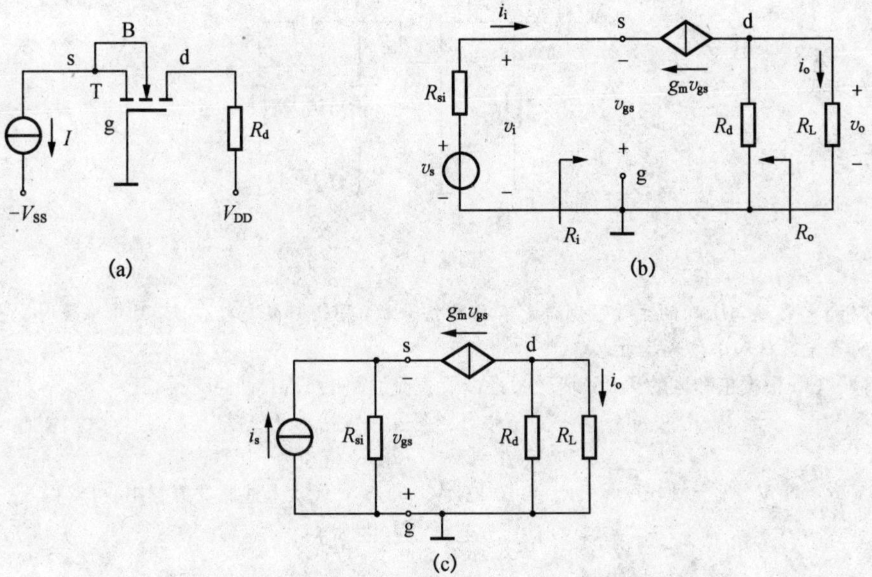

图解 4.5.5

【分析】　该题为共栅极放大电路，因此具有电流跟随作用。

【解】　(1) 直流通路如图解 4.5.5a 所示。由于

$$I_{DQ} = K_n\ (V_{GSQ} - V_{TN})^2$$

将 $I_{DQ} = 1$ mA、$V_{TN} = 1$ V、$K_n = 1$ mA/V² 代入上式，可求得 $V_{GSQ} = 2$ V(另一解 $V_{GSQ} = 0$ V 小于 V_{TN}，不合理，舍去)。故

$$g_m = 2K_n(V_{GSQ} - V_{TN}) = 2 \times 1 \times (2-1)\text{mS} = 2\ \text{mS}$$

小信号等效电路如图解 4.5.5b 所示。由图可知，输入电阻

$$R_i = \frac{v_i}{i_i} = \frac{-v_{gs}}{-g_m v_{gs}} = \frac{1}{g_m} = \frac{1}{2\ \text{mS}} = 0.5\ \text{k}\Omega$$

输出电阻

$$R_o = R_d = 10\ \text{k}\Omega$$

(2) 将图解 4.5.5b 中的信号源等效为诺顿支路，如图解 4.5.5c 所示。由图可知

$$i_o = \left(\frac{R_d}{R_d + R_L}\right)(-g_m v_{gs})$$

$$i_s = -g_m v_{gs} - \frac{v_{gs}}{R_{si}} = -\left(g_m + \frac{1}{R_{si}}\right)v_{gs}$$

故电流增益

$$A_{is} = \frac{i_o}{i_s} = \frac{R_d}{R_d + R_L} \times g_m v_{gs} \times \frac{1}{\left(g_m + \frac{1}{R_{si}}\right)v_{gs}}$$

$$= \left(\frac{R_d}{R_d + R_L}\right)\left(\frac{g_m R_{si}}{1 + g_m R_{si}}\right) = \left(\frac{10}{10+1}\right)\left(\frac{2\times 1}{1+2\times 1}\right) \approx 0.61$$

4.5.6 共栅极放大电路如图题4.5.6所示。电路参数为 $V_{DD} = V_{SS} = 5\ \text{V}$，$R_s = 10\ \text{k}\Omega$，$R_d = 5\ \text{k}\Omega$，$R_L = 5\ \text{k}\Omega$。场效应管参数 $K_n = 3\ \text{mA/V}^2$，$V_{TN} = 1\ \text{V}$，$\lambda = 0$。(1) 计算静态工作点 Q；(2) 求 g_m；(3) 求 $A_v = v_o/v_i$。

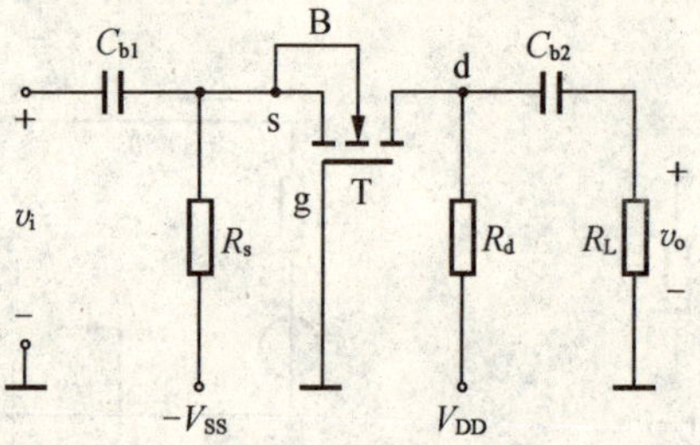

图题 4.5.6

【分析】 该题与上题的主要区别是没有画出信号源，并且栅极直接接地，因此求解时完全可以参考上题的直流通路和小信号等效电路。

【解】 (1) 根据饱和区的 $I-V$ 函数关系以及直流通路的 KVL 回路方程，有

$$\begin{cases} I_{DQ} = K_n\ (V_{GSQ} - V_{TN})^2 \\ V_{GSQ} = V_{SS} - I_{DQ}R_s \end{cases}$$

将 $V_{TN} = 1\ \text{V}$、$K_n = 3\ \text{mA/V}^2$、$R_s = 10\ \text{k}\Omega$、$V_{SS} = 5\ \text{V}$ 代入上述联立方程组，可求得

$$I_{DQ} \approx \frac{241 \pm 21.93}{600}\ \text{mA}$$

其中，当 $I_{DQ} \approx \frac{241 + 21.93}{600}\ \text{mA} = 0.438\ \text{mA}$ 时，V_{GS} 将小于 V_{TN}，管子截止，说明此解不合理，故舍去，得到 $I_{DQ} \approx \frac{241 - 21.93}{600}\ \text{mA} = 0.365\ \text{mA}$，所以

$$V_{GSQ} = V_{SS} - I_{DQ}R_s = 5 - 0.365 \times 10 = 1.35\ \text{V}$$

$$V_{DSQ} = V_{DD} + V_{SS} - I_{DQ}(R_s + R_d) \approx 10\ \text{V} - 0.365\ \text{mA} \times (10+5)\text{k}\Omega = 4.525\ \text{V}$$

(2) $g_m = 2K_n(V_{GSQ} - V_{TN}) \approx 2 \times 3 \times (1.35 - 1)\text{mS} = 2.1\ \text{mS}$

(3) 参考图解 4.5.5b 所示的小信号等效电路，有

$$A_v = \frac{v_o}{v_i} = \frac{g_m v_{gs}(R_d \,//\, R_L)}{v_{gs}} = g_m(R_d \,//\, R_L) \approx 2.1\ \text{mS} \times (5 \,//\, 5)\text{k}\Omega = 5.25$$

4.6　集成电路单级 MOSFET 放大电路

4.6.1　电路如图题 4.6.1 所示，设场效应管的参数为 $g_{m1} = 0.8\ \text{mS}$，$\lambda_1 = \lambda_2 = 0.01\ \text{V}^{-1}$。场效应管的静态工作电流 $I_D = 0.2\ \text{mA}$。试求该共源放大电路的电压增益。

【分析】　在集成电路放大器中，常用 MOSFET 构成电流源作为偏置电路或有源负载。因此带有源负载的放大电路也是本章讨论的内容之一，读者应予以足够的重视。由图题 4.6.1 可知，T_1 为放大管，T_2 为 T_1 的有源负载。由于 T_2 的栅极 g_2 与源极 s_2 相连，即 $V_{GS2} = 0$，故 T_2 构成 $I_{DQ2} = 0.2\ \text{mA}$ 的恒流源（根据已知条件 $I_D = 0.2\ \text{mA}$），设从 T_2 源极（s_2）看入的动态电阻为 r_{ds2}，小信号等效电路如图解4.6.1 所示。

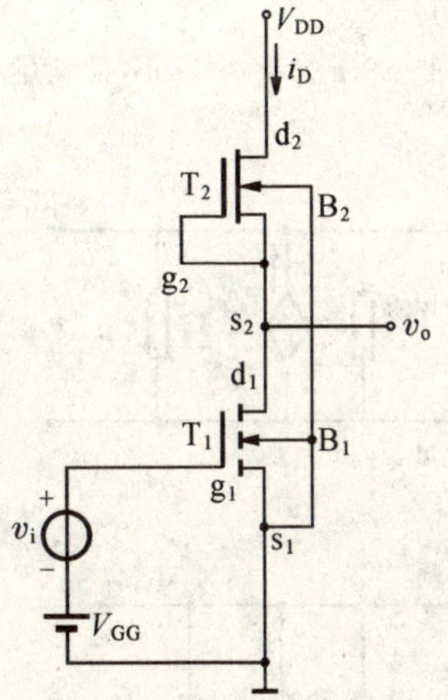

图题 4.6.1

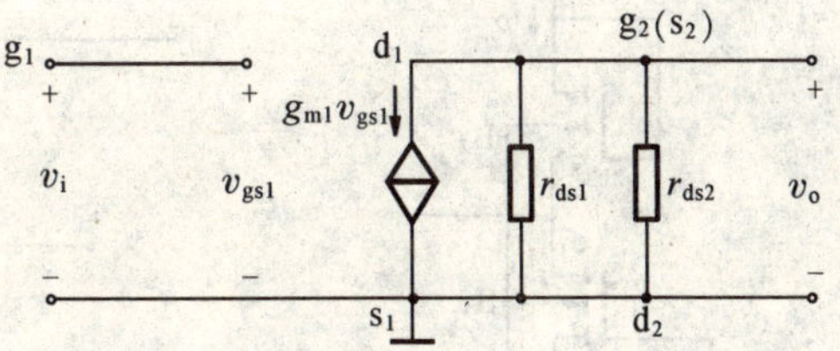

图解 4.6.1

【解】　由图解 4.6.1 可知，电压增益

$$A_v = \frac{v_o}{v_i} = -\frac{g_{m1} v_{gs1}(r_{ds1} \,//\, r_{ds2})}{v_{gs1}} = -g_{m1}(r_{ds1} \,//\, r_{ds2})$$

其中

$$r_{ds1} = r_{ds2} = \frac{1}{\lambda I_D} = \frac{1}{0.01\ \text{V}^{-1} \times 0.2\ \text{mA}} = 500\ \text{k}\Omega$$

故有

$$A_v = -0.8 \times (500 \,//\, 500) = -200$$

4.6.2　电路如图题 4.6.2 所示，设场效应管的参数为 $g_{m1} = 0.7\ \text{mS}$，$\lambda_1 = \lambda_2 = 0.01\ \text{V}^{-1}$。场效应管静态工作时的偏置电流 $I_{REF} = 0.2\ \text{mA}$。试求该 CMOS 共源放大电路的电压增益 A_v。

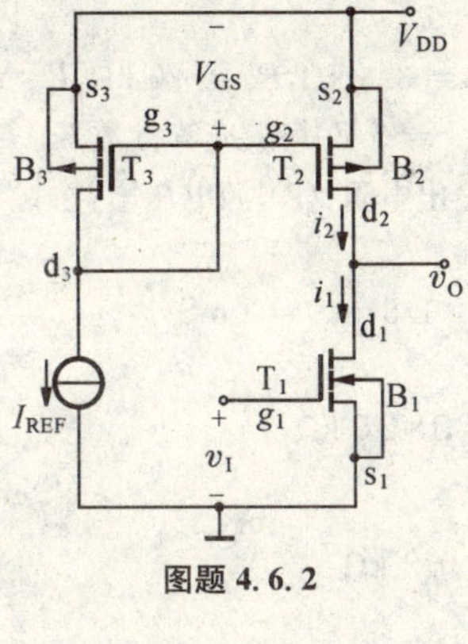

图题 4.6.2

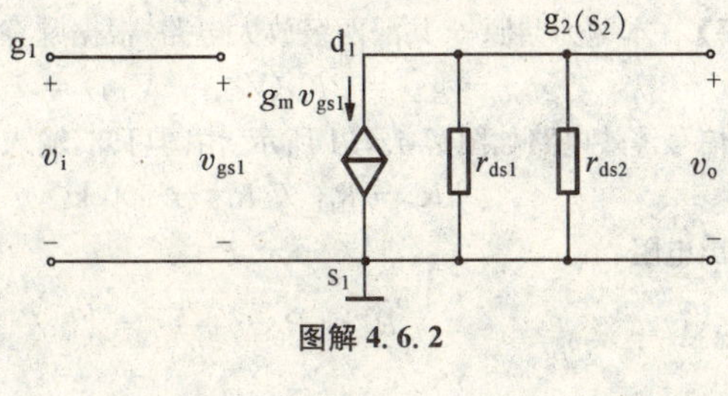

图解 4.6.2

【分析】 由图可知，T_1 为放大管，T_2、T_3 构成镜像电流源作为 T_1 的有源负载。根据已知条件，$i_1 = i_2 = I_{REF} = 0.2\ \text{mA}$，设从 T_2 漏极(d_2)看入的动态电阻为 r_{ds2}，小信号等效电路如图解 4.6.2 所示。

【解】 由图解 4.6.2 可知，电压增益

$$A_v = \frac{v_o}{v_i} = -g_{m1}(r_{ds1} /\!/ r_{ds2})$$

其中

$$r_{ds1} = r_{ds2} = \frac{1}{\lambda I_D} = \frac{1}{0.01\ \text{V}^{-1} \times 0.2\ \text{mA}} = 500\ \text{k}\Omega$$

故有

$$A_v = -0.7 \times (500 /\!/ 500) = -175$$

4.6.3 电路如图题 4.6.3 所示，设场效应管的参数为 $g_{m1} = 1\ \text{mS}$，$g_{m2} = 0.2\ \text{mS}$，且满足 $1/g_{m1} \ll r_{ds1}$ 和 $1/g_{m2} \ll r_{ds2}$，试求 $A_v = v_o/v_i$。

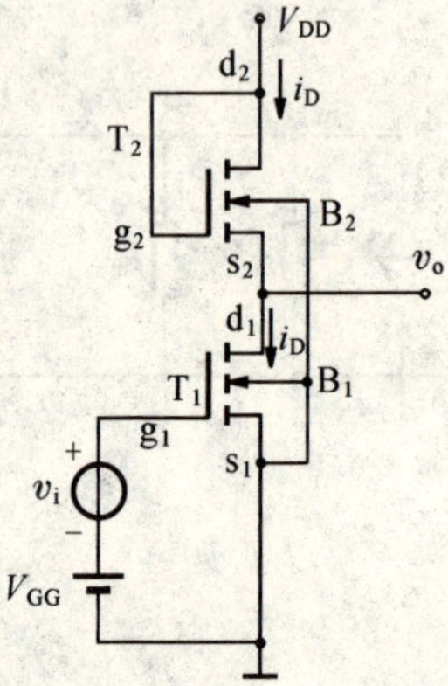

图题 4.6.3

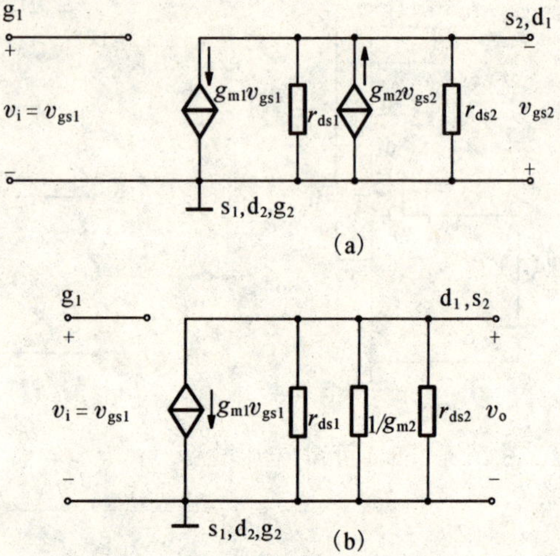

图解 4.6.3

【解】 小信号等效电路如图解 4.6.3a 所示。由图可知

$$\frac{v_{gs2}}{g_{m2} v_{gs2}} = \frac{1}{g_{m2}}$$

即受控源 $g_{m2} v_{gs2}$ 可视为电阻 $1/g_{m2}$，如图解 4.6.3b 所示。故有

$$A_v = \frac{v_o}{v_i} = -g_{m1}\left(r_{ds1} /\!/ \frac{1}{g_{m2}} /\!/ r_{ds2}\right) \approx -\frac{g_{m1}}{g_{m2}} = -\frac{1\ \text{mS}}{0.2\ \text{mS}} = -5$$

4.7 多级放大电路

4.7.1 电路如图题 4.7.1 所示。电路参数为 $R_L = 5\ \text{k}\Omega$，$R_{d1} = 3.3\ \text{k}\Omega$，$R_{si} = 20\ \text{k}\Omega$，$R_{s2} = 5\ \text{k}\Omega$，$R_{g1} = 500\ \text{k}\Omega$，$R_{g2} = 300\ \text{k}\Omega$，$I_{DQ1} = I_{DQ2} = 1.5\ \text{mA}$，$V_{GSQ1} = V_{GSQ2} = 3\ \text{V}$。场效应管参数 $K_{n1} = K_{n2} = 1\ \text{mA/V}^2$，$V_{TN1} = V_{TN2} = 1.5\ \text{V}$，$\lambda_1 = \lambda_2 = 0$。试求：(1) 输入和输出电阻；(2) 源电压增益 A_{vs}。

【解】 本题为共源－共漏两级放大电路。根据题意，有

$$g_{m1} = g_{m2} = 2K_n(V_{GSQ} - V_{TN}) = 2 \times 1 \times (3 - 1.5)\text{mS} = 3\ \text{mS}$$

小信号等效电路如图解 4.7.1 所示。由图可知，输入电阻

$$R_i = R_{g1} /\!/ R_{g2} = 500\ \text{k}\Omega /\!/ 300\ \text{k}\Omega = 187.5\ \text{k}\Omega$$

输出电阻

$$R_o = R_{s2} /\!/ \frac{1}{g_{m2}} = \left(5 /\!/ \frac{1}{3}\right)\text{k}\Omega \approx 0.3\ \text{k}\Omega$$

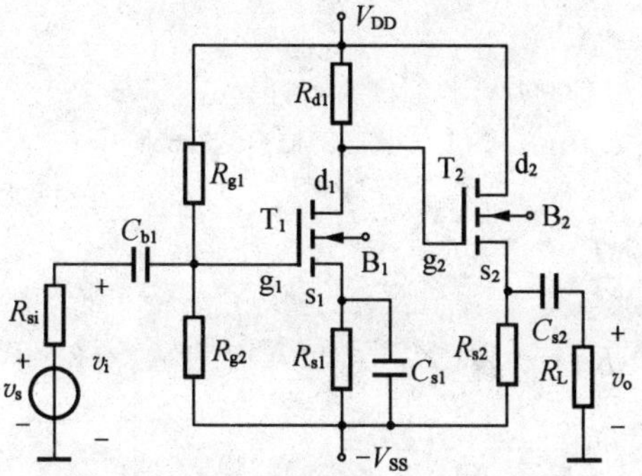

图题 4.7.1

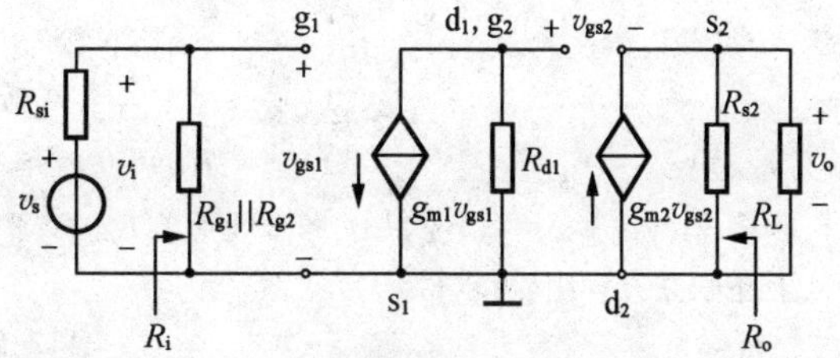

图解 4.7.1

(2) 电压增益

$$A_v=\frac{v_o}{v_i}=-\frac{g_{m1}v_{gs1}R_{d1}}{v_{gs1}}\cdot\frac{g_{m2}v_{gs2}(R_{s2}\ /\!/\ R_L)}{v_{gs2}+g_{m2}v_{gs2}(R_{s2}\ /\!/\ R_L)}$$

$$=-\frac{g_{m1}g_{m2}R_{d1}(R_{s2}\ /\!/\ R_L)}{1+g_{m2}(R_{s2}\ /\!/\ R_L)}=-\frac{3\times3\times3.3\times(5\ /\!/\ 5)}{1+3\times(5\ /\!/\ 5)}\approx-8.74$$

源电压增益

$$A_{vs}=\frac{v_o}{v_s}=\frac{R_i}{R_i+R_{si}}A_v=-\frac{187.5}{187.5+20}\times8.74\approx-7.9$$

4.7.2 电路如图题 4.7.1 所示。电路参数为 $V_{DD}=V_{SS}=10\ \text{V}$，$R_L=4\ \text{k}\Omega$，$R_{s1}=1.7\ \text{k}\Omega$，$R_{s2}=5\ \text{k}\Omega$，$R_{si}=10\ \text{k}\Omega$，$R_{d1}=3.3\ \text{k}\Omega$，$R_{g1}=560\ \text{k}\Omega$，$R_{g2}=300\ \text{k}\Omega$。场效应管参数为 $K_{n1}=K_{n2}=1\ \text{mA/V}^2$，$V_{TN1}=V_{TN2}=2\ \text{V}$，$\lambda_1=\lambda_2=0$。试求：(1) 静态工作点；(2) 输入和输出电阻；(3) 源电压增益。

【解】 (1) 直流通路如图解 4.7.2 所示。对于 T_1，有

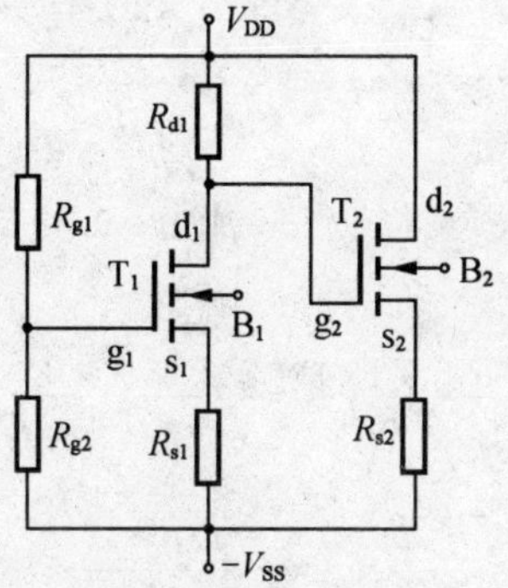

图解 4.7.2

$$\begin{cases}V_{GSQ1}=\dfrac{R_{g2}}{R_{g1}+R_{g2}}\cdot(V_{DD}+V_{SS})-I_{DQ1}R_{s1}\\ I_{DQ1}=K_{n1}(V_{GSQ1}-V_{TN1})^2\end{cases}$$

将 $V_{DD}=V_{SS}=10\ \text{V}$、$R_{s1}=1.7\ \text{k}\Omega$、$R_{g1}=560\ \text{k}\Omega$、$R_{g2}=300\ \text{k}\Omega$、$K_{n1}=1\ \text{mA/V}^2$、$V_{TN1}=2\ \text{V}$ 代入上述联立方程组，可求得

$$V_{GSQ1}\approx\frac{5.8\pm5.9}{3.4}\ \text{V}$$

其中，当 $V_{GSQ1}\approx\dfrac{5.8-5.9}{3.4}\ \text{V}$ 时，V_{GSQ1} 将小于 V_{TN1}，T_1 截止，说明此解不合理，故舍去，得到 V_{GSQ1}

$\approx \dfrac{5.8+5.9}{3.4}\ \text{V} = 3.44\ \text{V}$，所以

$$I_{DQ1} = K_{n1}\,(V_{GSQ1} - V_{TN1})^2 = (1\ \text{mA/V}^2)\times(3.44\ \text{V} - 2\ \text{V})^2 \approx 2.1\ \text{mA}$$

$$V_{DSQ1} = V_{DD} + V_{SS} - I_{DQ1}(R_{s1} + R_{d1}) \approx 20\ \text{V} - 2.1\ \text{mA}\times(1.7+3.3)\text{k}\Omega = 9.5\ \text{V}$$

对于 T_2，有

$$\begin{cases} V_{GSQ2} = (V_{DD} + V_{SS}) - I_{DQ1}R_{d1} - I_{DQ2}R_{s2} \\ I_{DQ2} = K_{n2}\,(V_{GSQ2} - V_{TN2})^2 \end{cases}$$

将 $V_{DD} = V_{SS} = 10\ \text{V}$、$I_{DQ1} \approx 2.1\ \text{mA}$、$R_{d1} = 3.3\ \text{k}\Omega$、$R_{s2} = 5\ \text{k}\Omega$、$K_{n2} = 1\ \text{mA/V}^2$、$V_{TN2} = 2\ \text{V}$ 代入上述联立方程组，可求得

$$I_{DQ2} \approx \frac{112 \pm 14.9}{50}\ \text{mA}$$

其中，当 $I_{DQ2} \approx \dfrac{112+14.9}{50}\ \text{mA} \approx 2.54\ \text{mA}$ 时，V_{GSQ2} 将小于 V_{TN2}，T_2 截止，说明此解不合理，故舍去，得到 $I_{DQ2} \approx \dfrac{112-14.9}{50}\ \text{mA} \approx 1.94\ \text{mA}$，所以

$$V_{GSQ2} = (V_{DD} + V_{SS}) - I_{DQ1}R_{d1} - I_{DQ2}R_{s2} = 20\ \text{V} - 2.1\ \text{mA}\times 3.3\ \text{k}\Omega - 1.94\ \text{mA}\times 5\ \text{k}\Omega \approx 3.4\ \text{V}$$

$$V_{DSQ2} = V_{DD} + V_{SS} - I_{DQ2}R_{s2} \approx 20\ \text{V} - 1.94\ \text{mA}\times 5\ \text{k}\Omega = 10.3\ \text{V}$$

(2) 小信号等效电路参见图解 4.7.1。由图可见，输入电阻

$$R_i = R_{g1} \mathbin{/\!/} R_{g2} = 560\ \text{k}\Omega \mathbin{/\!/} 300\ \text{k}\Omega \approx 195.3\ \text{k}\Omega$$

输出电阻

$$R_o = R_{s2} \mathbin{/\!/} \frac{1}{g_{m2}} = \left(5 \mathbin{/\!/} \frac{1}{3}\right)\text{k}\Omega \approx 0.3\ \text{k}\Omega$$

由于

$$g_{m1} = 2K_{n1}(V_{GSQ1} - V_{TN1}) = 2\times 1\times(3.44-2)\text{mS} = 2.88\ \text{mS}$$

$$g_{m2} = 2K_{n2}(V_{GSQ2} - V_{TN2}) = 2\times 1\times(3.4-2)\text{mS} = 2.8\ \text{mS}$$

故

$$R_o = \left(5 \mathbin{/\!/} \frac{1}{2.8}\right)\text{k}\Omega \approx 0.33\ \text{k}\Omega$$

(3) 电压增益

$$A_v = \frac{v_o}{v_i} = -\frac{g_{m1}g_{m2}R_{d1}(R_{s2} \mathbin{/\!/} R_L)}{1 + g_{m2}(R_{s2} \mathbin{/\!/} R_L)} = -\frac{2.88\times 2.8\times 3.3\times(5 \mathbin{/\!/} 4)}{1+2.8\times(5 \mathbin{/\!/} 4)} \approx -8.19$$

源电压增益

$$A_{vs} = \frac{v_o}{v_s} = \frac{R_i}{R_i + R_{si}}A_v = -\frac{195.3}{195.3+10}\times 8.19 \approx -7.79$$

4.7.3 电路如图题 4.7.3 所示。已知电路参数 $R_{d2} = 4\ \text{k}\Omega$，$V_{GSQ1} = V_{GSQ2} = 2.8\ \text{V}$。场效应管参数为 $K_{n1} = K_{n2} = 1.2\ \text{mA/V}^2$，$V_{TN1} = V_{TN2} = 1.9\ \text{V}$，$\lambda_1 = \lambda_2 = 0$。试求该电路的电压增益。

【解】 (1) 该电路为共源－共栅两级放大电路，小信号等效电路如图解 4.7.3 所示。由图可见，$g_{m1}v_{gs1} = g_{m2}v_{gs2}$，$v_o = -g_{m2}v_{gs2}R_{d2} = -g_{m1}v_{gs1}R_{d2} = -g_{m1}v_iR_{d2}$，故电压增益

$$A_v = \frac{v_o}{v_i} = -g_{m1}R_{d2}$$

由于

$$g_{m1} = g_{m2} = 2K_n(V_{GSQ} - V_{TN}) = 2\times 1.2\times(2.8-1.9)\text{mS} = 2.16\ \text{mS}$$

则

$$A_v = -2.16\times 4 \approx -8.64$$

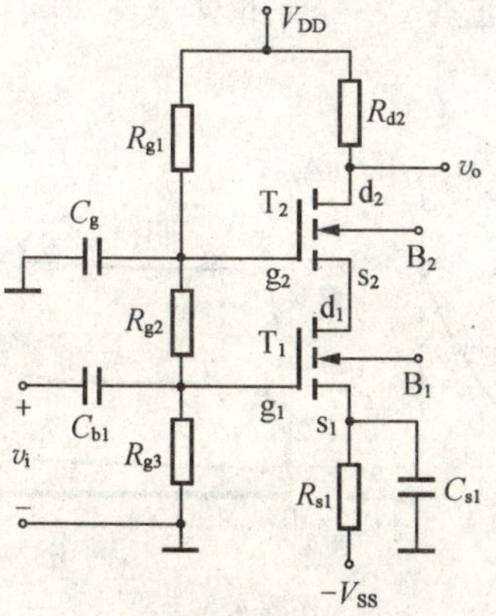

图题 4.7.3

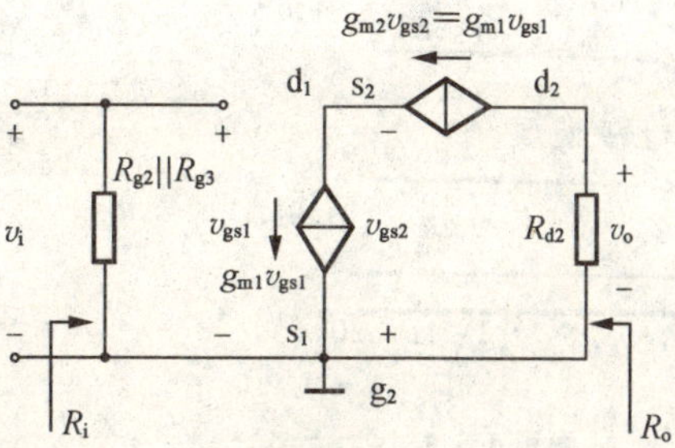

图解 4.7.3

4.7.4　电路如图题 4.7.3 所示。电路参数为 $V_{DD}=V_{SS}=10\ \text{V}$，$R_{s1}=10\ \text{k}\Omega$，$R_{g1}=180\ \text{k}\Omega$，$R_{g2}=180\ \text{k}\Omega$，$R_{g3}=150\ \text{k}\Omega$，$R_{d2}=3\ \text{k}\Omega$。场效应管参数为 $K_{n1}=K_{n2}=1.2\ \text{mA/V}^2$，$V_{TN1}=V_{TN2}=2\ \text{V}$，$\lambda_1=\lambda_2=0$。试求：(1) 静态工作点；(2) 电压增益。

【解】 (1) 直流通路如图解 4.7.4 所示。对于 T_1，由于

$$\begin{cases} V_{GSQ1}=\dfrac{R_{g3}}{R_{g1}+R_{g2}+R_{g3}}\cdot V_{DD}-I_{DQ1}R_{s1}+V_{SS} \\ I_{DQ1}=K_{n1}(V_{GSQ1}-V_{TN1})^2 \end{cases}$$

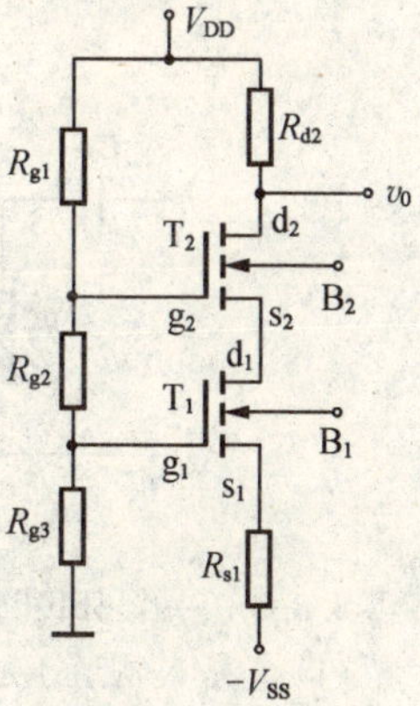

图解 4.7.4

将 $V_{DD}=V_{SS}=10\ \text{V}$、$R_{g1}=180\ \text{k}\Omega$、$R_{g2}=180\ \text{k}\Omega$、$R_{g3}=150\ \text{k}\Omega$、$R_{s1}=10\ \text{k}\Omega$、$K_{n1}=1.2\ \text{mA/V}^2$、$V_{TN1}=2\ \text{V}$ 代入上述联立方程组，可求得

$$V_{GSQ1}\approx\frac{47\pm 22.94}{24}\ \text{V}$$

其中，当 $V_{GSQ1}=\dfrac{47-22.94}{24}\ \text{V}\approx 1\ \text{V}$ 时，V_{GSQ1} 小于 V_{TN1}，T_1 截止，说明此解不合理，故舍去，得到 $V_{GSQ1}=\dfrac{47+22.94}{24}\ \text{V}\approx 2.91\ \text{V}$，所以

$$I_{DQ1}=I_{DQ2}=K_{n1}(V_{GSQ1}-V_{TN1})^2=(1.2\ \text{mA/V}^2)\times(2.91\ \text{V}-2\ \text{V})^2\approx 0.99\ \text{mA}$$

由于 T_1、T_2 参数相同且 $I_{DQ1}=I_{DQ2}$，故 $V_{GSQ2}=V_{GSQ1}\approx 2.91\ \text{V}$，又

$$V_{GSQ2}=V_{GQ2}-V_{SQ2}=\frac{R_{g2}+R_{g3}}{R_{g1}+R_{g2}+R_{g3}}\cdot V_{DD}-V_{SQ2}$$

将 $V_{GSQ2}\approx 2.91\ \text{V}$、$R_{g1}=180\ \text{k}\Omega$、$R_{g2}=180\ \text{k}\Omega$、$R_{g3}=150\ \text{k}\Omega$、$V_{DD}=10\ \text{V}$ 代入上式，可求得 $V_{SQ2}\approx 3.56\ \text{V}$，故

$$V_{DSQ1}=V_{SQ2}-V_{SQ1}=V_{SQ2}-I_{DQ1}R_{s1}+V_{SS}\approx 3.56\ \text{V}-0.99\ \text{mA}\times 10\ \text{k}\Omega+10=3.66\ \text{V}$$

$$V_{DSQ2}=V_{DD}-I_{DQ2}R_{d2}-V_{SQ2}\approx 10\ \text{V}-0.99\ \text{mA}\times 3\ \text{k}\Omega-3.56\ \text{V}=3.47\ \text{V}$$

(2) 小信号等效电路参见图解 4.7.3。由于

$$g_{m1}=g_{m2}=2K_n(V_{GSQ}-V_{TN})=2\times 1.2\times(2.91-2)\text{mS}=2.184\ \text{mS}$$

故电压增益

$$A_v=\frac{v_o}{v_i}=-g_{m1}R_{d2}=-2.184\times 3=-6.552$$

4.8　结型场效应管(JFET)及其放大电路

4.8.1　试从图题 4.8.1 的输出特性中，作出 $v_{DS}=4\ \text{V}$ 时的转移特性。

【解】 如图解 4.8.1 所示。在 $v_{DS}=4\ \text{V}$ 处作横坐标的垂线，读出其与各条曲线交点 a、b、c 的纵坐标

值 i_D 以及与之相对应的 v_{GS} 值，建立 $i_D = f(v_{GS})$ 坐标系，确定点 a'、b'、c' 的位置，连线，即可得到转移特性曲线 $i_D = f(v_{GS})|_{v_{DS}=4\ V}$。

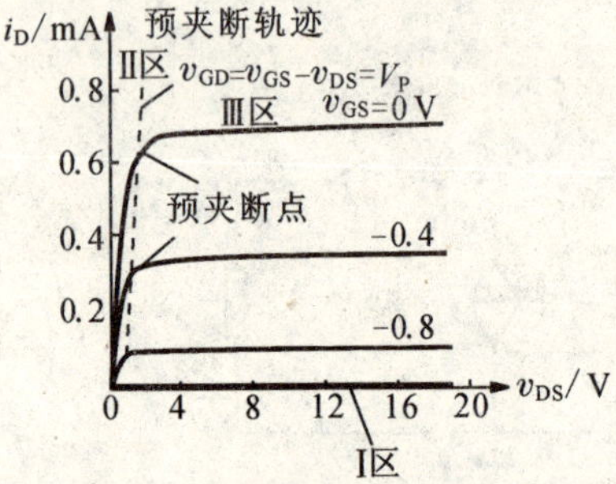

图题 4.8.1

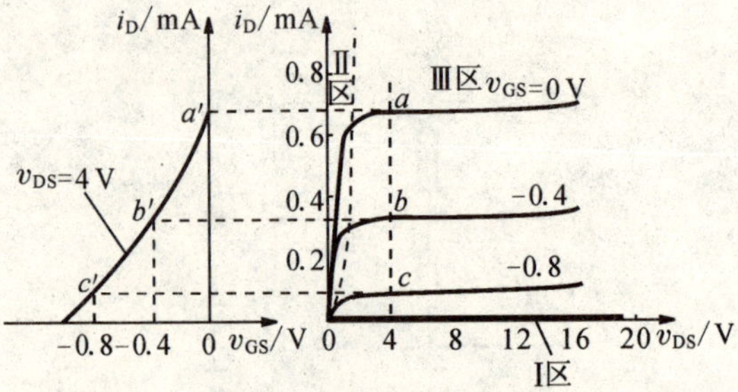

图解 4.8.1

4.8.2 考虑 P 沟道 FET 对电源极性的要求，试画出由这种类型管子组成的共源极放大电路。

【解】 P 沟道 FET 通常要求直流电源的极性为负，由这种类型的管子所构成的共源放大电路可如图解 4.8.2 所示。

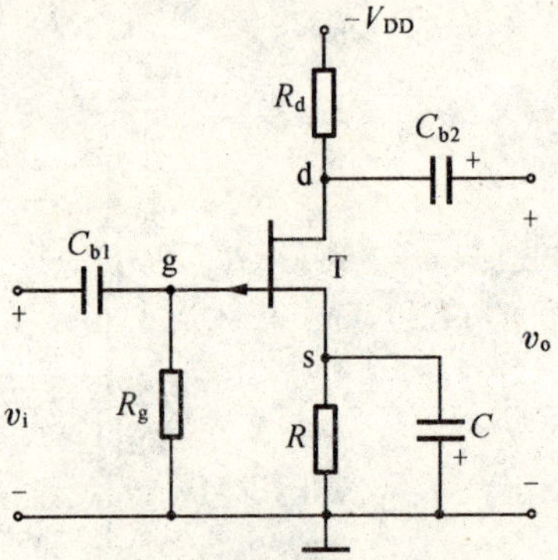

图解 4.8.2

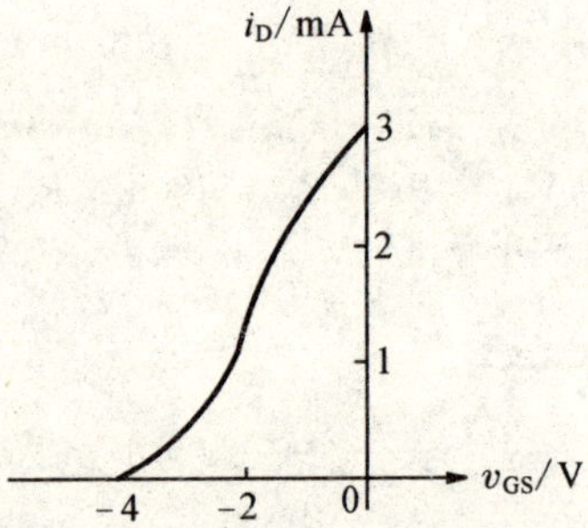

图题 4.8.3

4.8.3 一个 JFET 的转移特性曲线如图题 4.8.3 所示，试问：

(1) 它是 N 沟道还是 P 沟道的 FET？(2) 它的夹断电压 V_P 和饱和漏极电流 I_{DSS} 各是多少？

【解】 由图可知，它是 N 沟道的 JFET，其夹断电压 $V_{PN} = -4\ V$，饱和漏极电流 $I_{DSS} = 3\ mA$。

4.8.4 试在具有四象限的直角坐标上分别画出各种类型 FET（包括 N 沟道、P 沟道 MOS 增强型和耗尽型，JFET P 沟道、N 沟道耗尽型）的转移特性示意图，并标明各自的开启电压或夹断电压。

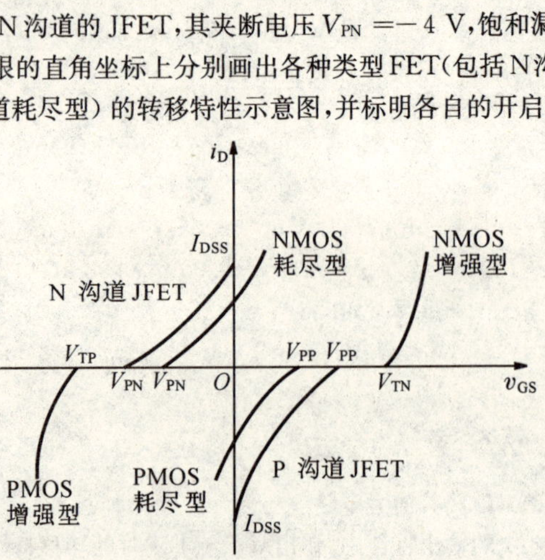

图解 4.8.4

【分析】 本题的分析思路与题 4.1.1 类似。

【解】 四象限直角坐标内各类 FET 的转移特性示意图如图解 4.8.4 所示。

4.8.5 四个 FET 的转移特性分别如图题 4.8.5a、b、c、d 所示，其中漏极电流 i_D 的参考方向是它的实际方向。试问它们各是哪种类型的 FET？

【解】 图题 4.8.5a 为 P 沟道 JFET；图题 4.8.5b 为 N 沟道耗尽型 MOSFET；图题 4.8.5c 为 P 沟道耗尽型 MOSFET；图题 4.8.5d 为 N 沟道增强型 MOSFET。

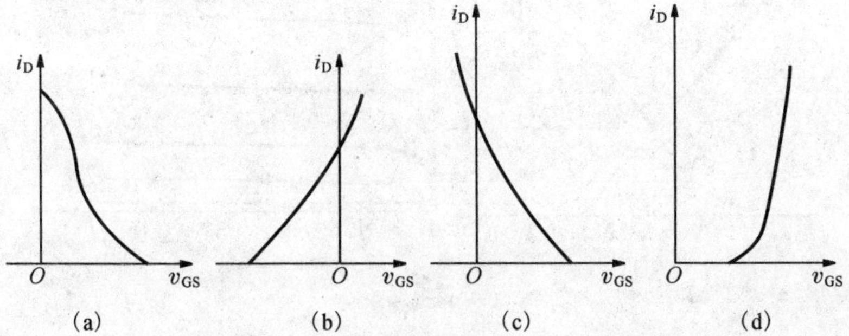

图题 4.8.5

4.8.6 已知电路形式如图题 4.8.6a 所示，其中管子输出的特性如图题 4.8.6b 所示，电路参数为 $R_d = 25\ \mathrm{k\Omega}$，$R_s = 1.5\ \mathrm{k\Omega}$，$R_g = 5\ \mathrm{M\Omega}$，$V_{DD} = 15\ \mathrm{V}$。试用图解法和计算法求静态工作点 Q。

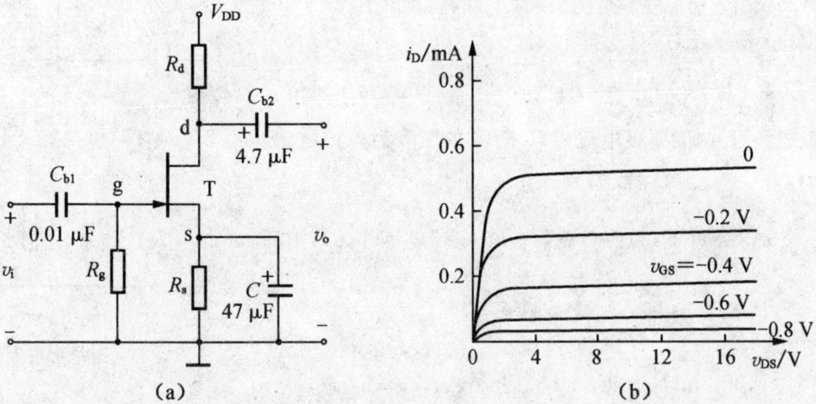

图题 4.8.6

【解】 (1) 利用图解法求解静态工作点 Q

① 根据输出特性曲线得到转移特性曲线，如图解 4.8.6 所示。

② 当 $v_i = 0$ 时，由于栅极电流为零，故 $V_{GS} = V_G - V_S = -I_D R_s$，该直流负载线和转移特性曲线的交点就是静态工作点 Q'，读取 Q' 点的坐标值为 $V_{GSQ} \approx -0.35\ \mathrm{V}$，$I_{DQ} \approx 0.22\ \mathrm{mA}$。

③ 当 $v_i = 0$ 时，$V_{DS} = V_{DD} - I_D(R_d + R_s)$，该直流负载线和 $v_{GS} = V_{GSQ}$ 输出特性曲线的交点就是静态工作点 Q，读取 Q 点的坐标值为 $V_{DSQ} \approx 9.5\ \mathrm{V}$，$I_{DQ} \approx 0.22\ \mathrm{mA}$。

(2) 计算法求解静态工作点 Q

根据题意，有

$$\begin{cases} i_D = I_{DSS}\left(1 - \dfrac{V_{GS}}{V_{PN}}\right)^2 \\ v_{GS} = -i_D R_s \end{cases}$$

由输出特性可知，$V_{PN}\approx -1$ V，且当 $v_{GS}=0$ 时，$I_{DSS}=0.5$ mA，代入上述方程组，可求得 $I_{DQ}\approx 0.22$ mA、$V_{GSQ}\approx -0.33$ V，则 $V_{DSQ}=V_{DD}-I_{DQ}(R_d+R_s)=[15-0.22\times(25+1.5)]\text{V}\approx 9.2$ V。

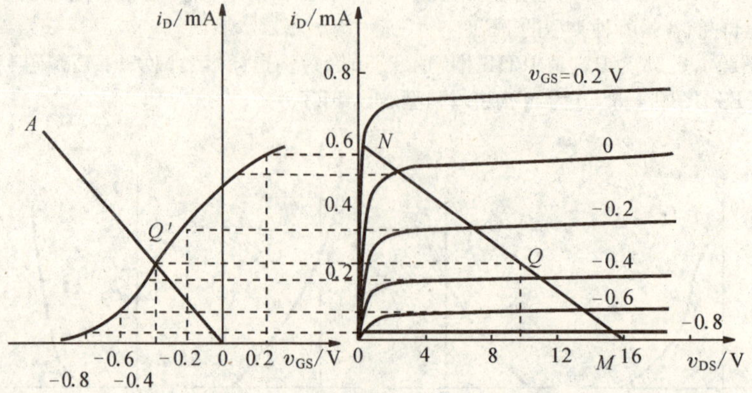

图解 4.8.6

4.8.7 在图题4.8.7所示FET放大电路中，已知 $V_{DD}=20$ V，$V_{GS}=-2$ V，管子参数 $I_{DSS}=4$ mA，$V_{PN}=-4$ V。设 C_1、C_2 在交流通路中可视为短路。(1) 求电阻 R_1 和静态电流 I_D；(2) 求正常放大条件下 R_2 可能的最大值（提示：正常放大时，工作点落在放大区（即饱和区））；(3) 设 r_{ds} 可忽略，在上述条件下计算 A_v 和 R_o。

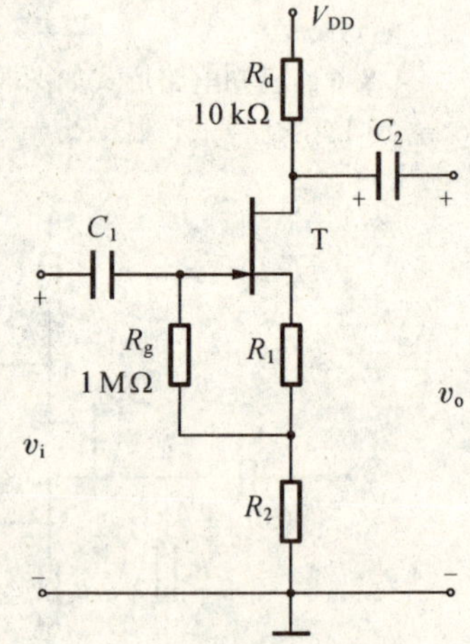

图题 4.8.7

【解】 (1) 根据题意，有

$$I_{DQ}=I_{DSS}\left(1-\frac{V_{GSQ}}{V_{PN}}\right)^2=4\times\left(1-\frac{-2}{-4}\right)^2\ \text{mA}=1\ \text{mA}$$

由直流通路可知，因栅极电流为零，R_1 上的压降为 $-V_{GSQ}$，所以

$$R_1=-\frac{V_{GSQ}}{I_{DQ}}=-\frac{-2}{1}\text{k}\Omega=2\ \text{k}\Omega$$

(2) 正常放大条件下，为使 Q 点落在放大区（即饱和区），则漏一源电压应满足

$$V_{DS}\geqslant V_{GS}-V_{PN}$$

即

$$V_{DD}-I_D(R_d+R_1+R_2)\geqslant V_{GS}-V_{PN}$$

将 $V_{DD}=20$ V、$I_D=1$ mA、$R_d=10$ kΩ、$R_1=2$ kΩ、$V_{GS}=-2$ V、$V_{PN}=-4$ V代入上式，可求得 $R_2\leqslant 6$ kΩ。

(3) 该电路为共源极放大电路，若忽略 R_g 和 r_{ds} 的影响，则电压增益

$$A_v=\frac{v_o}{v_i}\approx-\frac{g_m v_{gs}\cdot R_d}{v_{gs}+g_m v_{gs}\cdot(R_1+R_2)}=-\frac{g_m R_d}{1+g_m(R_1+R_{2max})}$$

其中

$$g_m=-\frac{2I_{DSS}\left(1-\dfrac{V_{GS}}{V_{PN}}\right)}{V_{PN}}=-\frac{2\times4\left(1-\dfrac{-2}{-4}\right)}{-4}\ \text{mS}=1\ \text{mS}$$

故

$$A_v=-\frac{1\times10}{1+1\times(2+6)}\approx-1.1$$

$$R_o\approx R_d=10\ \text{k}\Omega$$

4.8.8　源极输出器电路如图题 4.8.8 所示。已知 FET 工作点上的互导 $g_m = 0.9$ mS，其它参数如图中所示。求电压增益 A_v、输入电阻 R_i 和输出电阻 R_o。

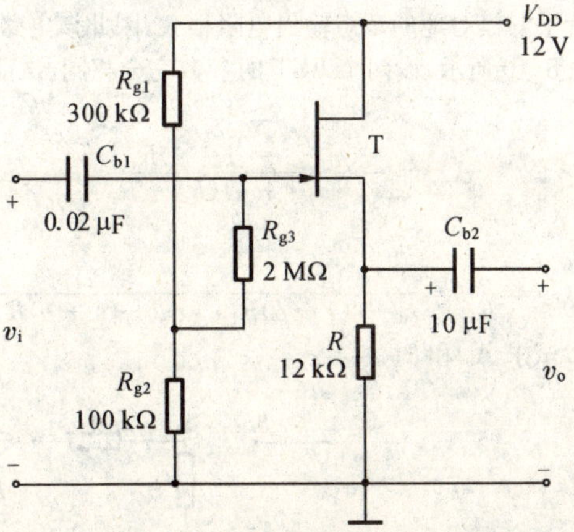

图题 4.8.8

【解】　据小信号等效电路，有

$$A_v = \frac{v_o}{v_i} = \frac{g_m v_{gs} \cdot R_s}{v_{gs} + g_m v_{gs} \cdot R_s} = \frac{R_s}{\dfrac{1}{g_m} + R_s} = \frac{12\ \text{k}\Omega}{\dfrac{1}{0.9\ \text{mS}} + 12\ \text{k}\Omega} \approx 0.92$$

$$R_i = R_{g3} + R_{g1} \mathbin{/\!/} R_{g2} = 2\,000\ \text{k}\Omega + (300 \mathbin{/\!/} 100)\text{k}\Omega = 2\,075\ \text{k}\Omega$$

$$R_o = R_s \mathbin{/\!/} \frac{1}{g_m} = 12\ \text{k}\Omega \mathbin{/\!/} \frac{1}{0.9\ \text{mS}} \approx 1.02\ \text{k}\Omega$$

4.8.9　FET 恒流源电路如图题 4.8.9 所示。设已知管子的参数 g_m、r_{ds}，且 $\mu = g_m r_{ds}$。试证明 AB 两端的小信号电阻 r_{AB} 为

$$r_{AB} = R_s + (1 + g_m R_s) r_{ds}$$

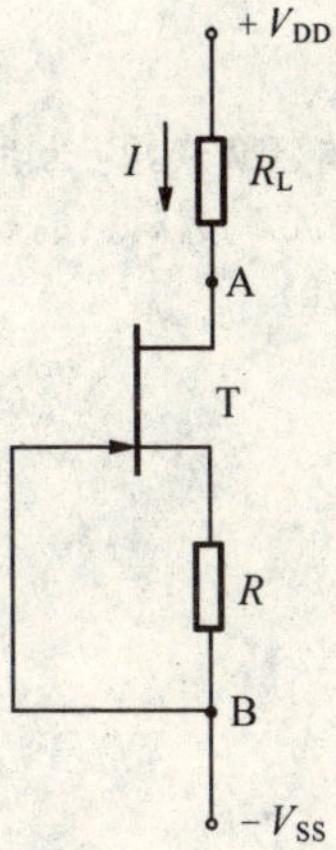

图题 4.8.9

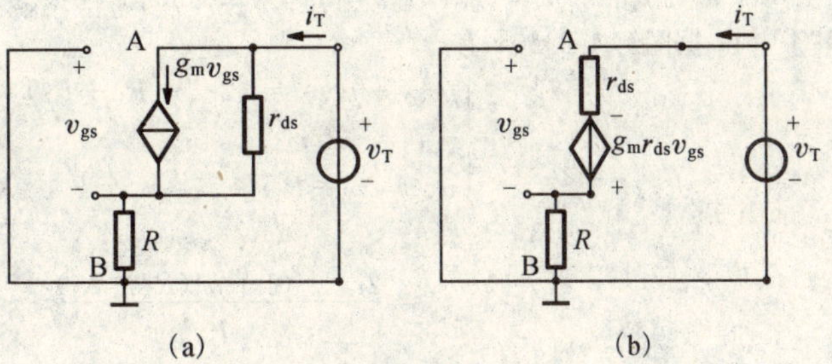

图解 4.8.9

【分析】　小信号等效电路如图解 4.8.9a 所示，设测试电压为 v_T，产生的测试电流为 i_T。为便于求解，将受控电流源 $g_m v_{gs}$ 转换成受控电压源 $g_m r_{ds} v_{gs}$，如图解 4.8.9b 所示(注意图中 $g_m r_{ds} v_{gs}$ 极性的标注)。

【解】　由图解 4.8.9b 可知，AB 两端的小信号电阻为

$$r_{AB} = \frac{v_T}{i_T} = \frac{i_T r_{ds} - g_m r_{ds} v_{gs} + i_T R_s}{i_T}$$

其中 $v_{gs}=-i_T R_s$，故

$$r_{AB}=\frac{i_T r_{ds}+g_m r_{ds}\cdot i_T R_s+i_T R_s}{i_T}=r_{ds}+g_m r_{ds}R_s+R_s=R_s+(1+g_m R_s)\cdot r_{ds}$$

由 r_{AB} 的表达式可知，管子漏极对地的动态输出电阻很大，因此该电路可作为恒流源使用。

4.8.10 电路如图题 4.8.10 所示，设两个 FET 的参数完全相同。试证明：(1) 电压增益为(提示：$\mu=g_m r_{ds}$)

$$A_v=\frac{-\mu[r_{ds}+(1+\mu)R_1]}{2r_{ds}+(1+\mu)(R_1+R_2)}$$

(2) 输出电导为

$$G_o=\frac{1}{R_o}=\frac{1}{r_{ds}+(1+\mu)R_1}+\frac{1}{r_{ds}+(1+\mu)R_2}$$

(3) 如果 $R_1=R_2=R$，试求 A_v 和 R_o。

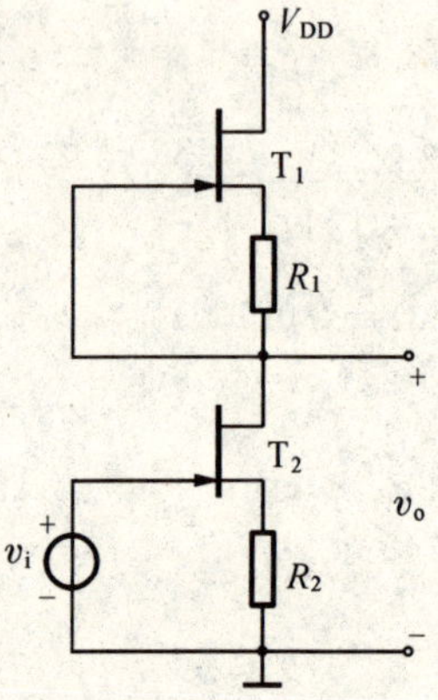

图题 4.8.10

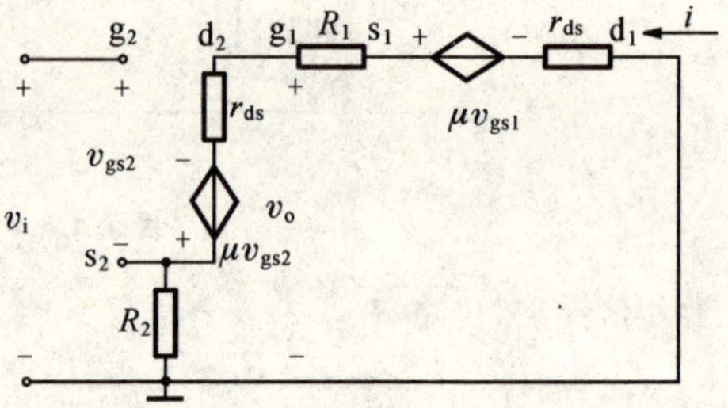

(a)

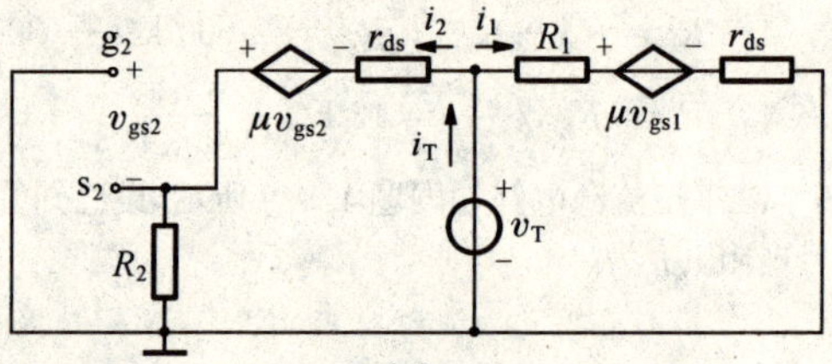

(b)

图解 4.8.10

【分析】 本题中 T_1 构成恒流源电路(具体分析参见题 4.8.9)作为 T_2 的有源负载，T_2 为共源极放大电路，小信号等效电路如图解 4.8.10a 所示。为便于分析，将图中两个受控电流源 $g_m v_{gs1}$、$g_m v_{gs2}$ 转换成受控电压源 $g_m r_{ds} v_{gs1}=\mu v_{gs1}$、$g_m r_{ds} v_{gs2}=\mu v_{gs2}$(注意 μv_{gs1} 和 μv_{gs2} 极性的标注)。

【解】 (1) 据图解 4.8.10a，有

$$\begin{cases}\mu v_{gs1}+\mu v_{gs2}=(2r_{ds}+R_1+R_2)\cdot i\\ v_{gs1}=-R_1 i\\ v_{gs2}=v_i-R_2 i\end{cases}$$

故

$$v_i=\frac{2r_{ds}+(1+\mu)(R_1+R_2)}{\mu}\cdot i$$

又

$$\begin{cases}v_o=\mu v_{gs1}-(r_{ds}+R_1)i\\ v_{gs1}=-R_1 i\end{cases}$$

所以

$$v_o=-[r_{ds}+(1+\mu)R_1]\cdot i$$

于是

$$A_v = \frac{v_o}{v_i} = \frac{-\mu[r_{ds} + (1+\mu)R_1]}{2r_{ds} + (1+\mu)(R_1 + R_2)}$$

(2) 为求输出电导 G_o，在 d_2 和地之间施加测试电压 v_T，产生测试电流 i_T，如图解 4.8.10b 所示。则

$$\begin{cases} G_o = \dfrac{i_T}{v_T} = \dfrac{i_1 + i_2}{v_T} \\ i_1 = \dfrac{v_T - \mu v_{gs1}}{r_{ds} + R_1} \\ i_2 = \dfrac{v_T + \mu v_{gs2}}{r_{ds} + R_2} \\ v_{gs1} = R_1 i_1 \\ v_{gs2} = -R_2 i_2 \end{cases}$$

所以

$$G_o = \frac{1}{r_{ds} + (1+\mu)R_1} + \frac{1}{r_{ds} + (1+\mu)R_2}$$

(3) 当 $R_1 = R_2 = R$ 时，有

$$A_v = \frac{-\mu[r_{ds} + (1+\mu)R]}{2r_{ds} + (1+\mu)2R} = -\frac{\mu}{2}$$

$$R_o = \frac{1}{G_o} = \frac{r_{ds} + (1+\mu)R}{2}$$

典型习题与全真考题详解

1. 如图题 4.1 所示的各输出特性曲线中，属于 N 沟道耗尽型 MOS 管的是________图。

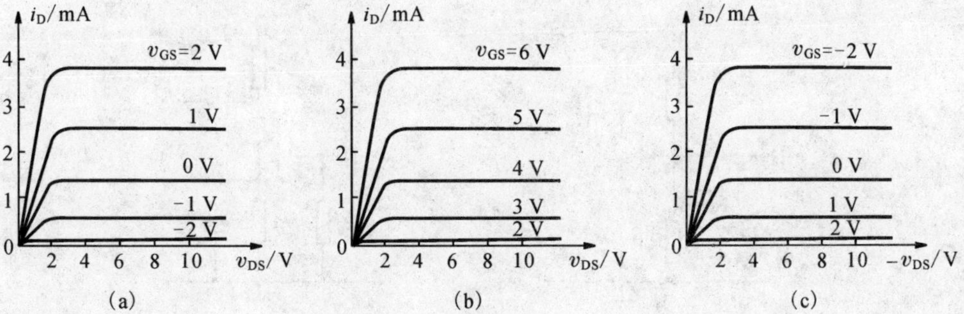

图题 4.1

【解】 (a)。提示：N 沟道耗尽型 MOS 管的 i_D 与 v_{DS} 为关联参考方向，且 v_{GS} 可正、可负、可零。

2. 三只场效应管的直流电位如图题 4.2 所示，试判断它们分别工作于什么区域。

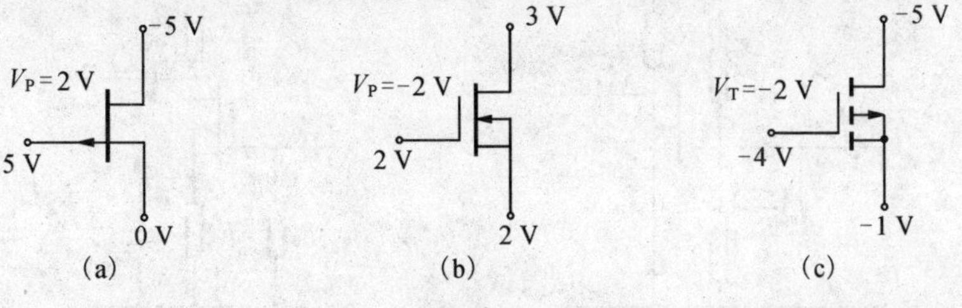

图题 4.2

【解】 图题 4.2(a)为 P 沟道 JFET，$V_{GS} = 5\ \text{V} > V_{PP}$，故管子工作在截止区。

图题 4.2(b)为 N 沟道耗尽型 MOSFET，$V_{GS} = 0\ \text{V} > V_{PN}$，故管子导通；又 $V_{DS} = 1\ \text{V} < (V_{GS} -$

V_{PN}）= 2 V，故管子工作在可变电阻区。

图题 4.2(c)为 P 沟道增强型 MOSFET，$V_{GS} = -3\text{ V} < V_{TP}$，故管子导通；又 $V_{DS} = -4\text{ V} < (V_{GS} - V_{TP}) = -1\text{ V}$，故管子工作在饱和区(放大区)。

3. 已知某 N 沟道耗尽型 MOS 管的夹断电压 $V_{PN} = -3\text{ V}$，其三个极 ①、②、③ 的电位分别为 4 V、8 V、12 V，试分别判断图题 4.3 两种情况下该管的工作区域。

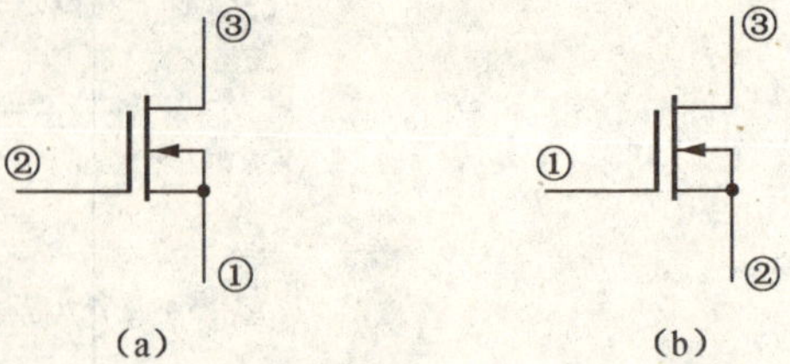

图题 4.3

【解】 由图题 4.3a 可知，$V_G = 8\text{ V}, V_S = 4\text{ V}, V_D = 12\text{ V}$，故 $V_{GS} = 8\text{ V} - 4\text{ V} = 4\text{ V}$，由于 $V_{GS} > V_{PN}$，说明管子导通；而 $V_{DS} = 12\text{ V} - 4\text{ V} = 8\text{ V}$，$V_{GS} - V_{PN} = 4\text{ V} - (-3\text{ V}) = 7\text{ V}$，即 $V_{DS} > V_{GS} - V_{PN}$，故可判断管子工作在恒流区。

由图题 4.3b 可知，$V_G = 4\text{ V}, V_S = 8\text{ V}, V_D = 12\text{ V}$，则 $V_{GS} = 4\text{ V} - 8\text{ V} = -4\text{ V}$，由于 $V_{GS} < V_{PN}$，管子截止。

4. 场效应管电路如图题 4.4 所示。已知 $R_d = 3\text{ k}\Omega, R_g = 1\text{ M}\Omega$，当 V_{DD} 逐渐增大时，R_d 两端电压也不断增大，但当 $V_{DD} \geq 20\text{ V}$ 后，R_d 两端电压固定为 15 V，不再增大。试求该管的 V_{TN}。

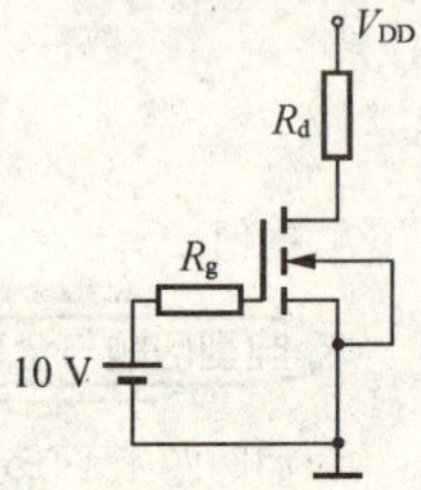

图题 4.4

【解】 图中的 FET 为增强型 NMOS 管。根据题意，若 $V_{DD} < 20\text{ V}$，FET 工作在可变电阻区；若 $V_{DD} \geq 20\text{ V}$，则 FET 进入饱和区。因此当 $V_{DD} = 20\text{ V}$ 时，FET 正好处于可变电阻区与饱和区的临界点，此时 $V_{DS} = 20\text{ V} - 15\text{ V} = 5\text{ V}$，即 $V_{GS} - V_{TN} = 5\text{ V}$，而 $V_{GS} = 10\text{ V}$，故有 $V_{TN} = V_{GS} - 5\text{ V} = 10\text{ V} - 5\text{ V} = 5\text{ V}$。

5. 判断图题 4.5 所示 FET 放大电路能否进行正常放大，并说明理由。

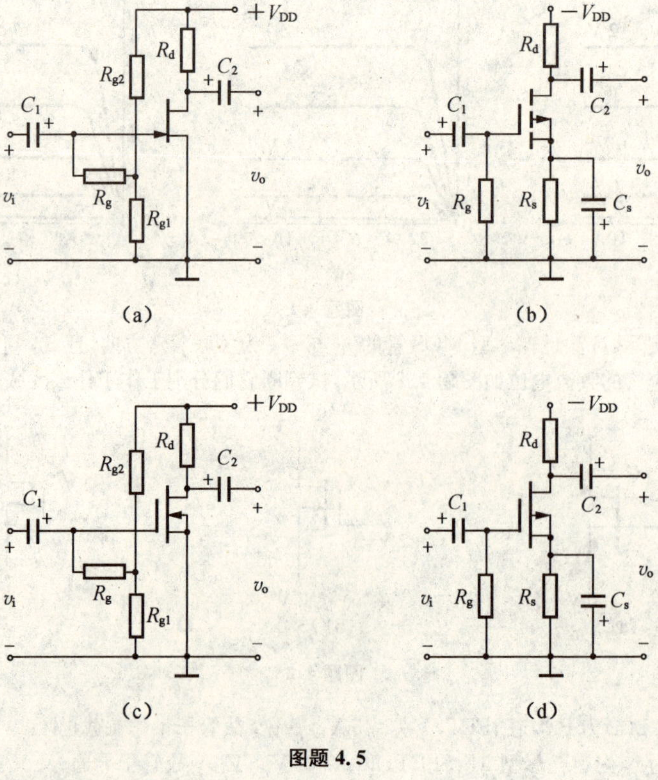

图题 4.5

【解】　图题 4.5a 不能正常放大，因为 V_{GS} 零偏。

图题 4.5b 不能正常放大，因为电路中的 FET 是 P 沟道增强型 MOSFET，而其电路形式为自给偏压式，栅源电压 V_{GS} 为正。

图题 4.5c 可以正常放大。

图题 4.5d 可以正常放大。

6. 自给偏压电路及其输出特性曲线如图题 4.6a、图题 4.6b 所示。(1) 试用图解法确定静态工作点 Q，求出 I_{CQ}、I_{DQ}、V_{DSQ} 值；(2) 求最大不失真电压幅值。

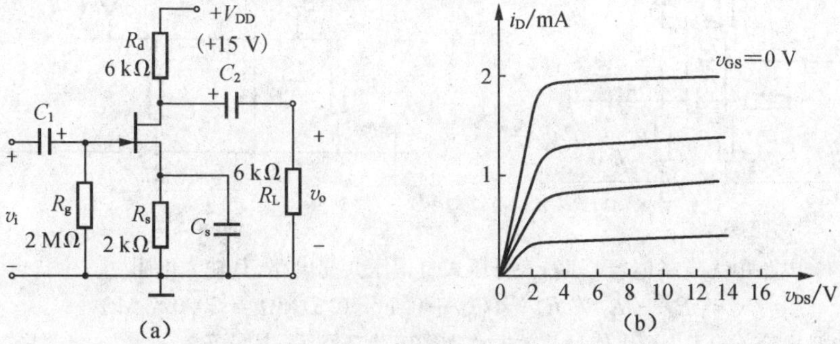

图题 4.6

【解】　(1) 由图题 4.6a 可知，直流负载线方程为 $V_{DS}=V_{DD}-I_D(R_d+R_s)$。令 $I_D=0$，则 $V_{DS}=V_{DD}=15$ V，得点 $A(15\text{ V},0)$；令 $V_{DS}=0$，则 $I_D=1.875$ mA，得点 $B(0,1.875\text{ mA})$，连接 A、B 两点画出直流负载线 AB，如图解 4.6 所示。

在输出特性曲线的恒流区作一条垂直于横轴的垂线，将垂线与各条输出特性曲线交点的 i_D 与 v_{GS} 值对应画在 i_D-v_{GS} 坐标上，连接各点便得到转移特性曲线。由图题 4.5a 直流通路可知，$V_{GS}=-I_DR_s$，即 $V_{GS}=-2I_D$，令 $I_D=0$，则 $V_{GS}=0$ V，得点 $O(0,0)$；令 $I_D=1.5$ mA，则 $V_{GS}=-3$ V，得点 $M(-3\text{ V},1.5\text{ mA})$，直线 OM 与转移特性曲线的交点即为转移特性曲线上的静态工作点 Q，可读得 $V_{GSQ}=-1.75$ V，$I_D=0.86$ mA。

通过转移特性曲线上的 Q 点作水平虚线，该虚线与输出特性曲线上直流负载线 AB 的交点即为输出特性曲线上的静态工作点 Q，可读得 $V_{DSQ}=8$ V，$I_D=0.86$ mA。

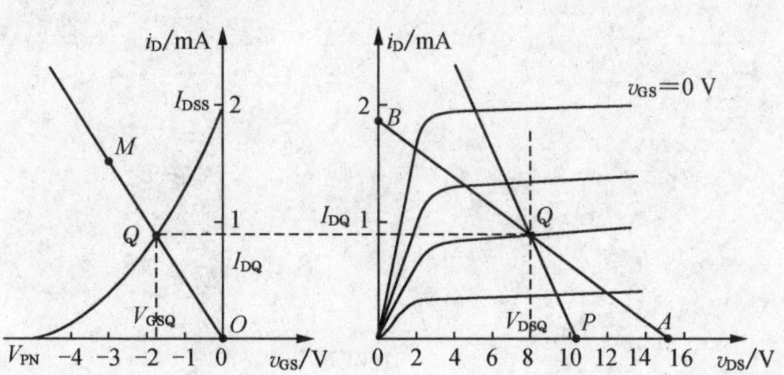

图解 4.6

(2) 由图解 4.6 可知，输出电压受截止失真限制，其最大幅值为

$$V_{omax}=I_{DQ}(R_d\,/\!/\,R_L)=0.86\text{ mA}\times(6\,/\!/\,6)\text{k}\Omega=2.58\text{ V}$$

有效值为

$$V_{om} = \frac{V_{omax}}{\sqrt{2}} = \frac{2.58\ \text{V}}{\sqrt{2}} \approx 1.82\ \text{V}$$

7. FET 自举电路如图题 4.7 所示。已知 $V_{DD} = 20\ \text{V}$，$R_g = 20\ \text{M}\Omega$，$R_{g1} = 100\ \text{k}\Omega$，$R_{g2} = 300\ \text{k}\Omega$，$R_s = 20\ \text{k}\Omega$，场效应管的 $g_m = 1\ \text{mS}$。试求(1) 无自举电容 C 时，电路的输入电阻 R_i；(2) 有自举电容 C 时，电路的输入电阻 R_i。

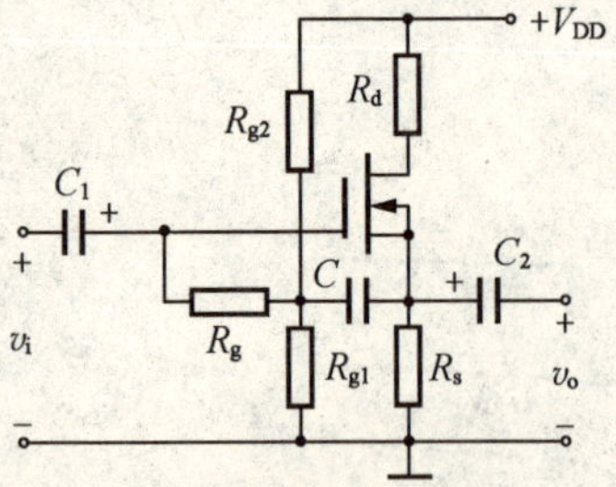

图题 4.7

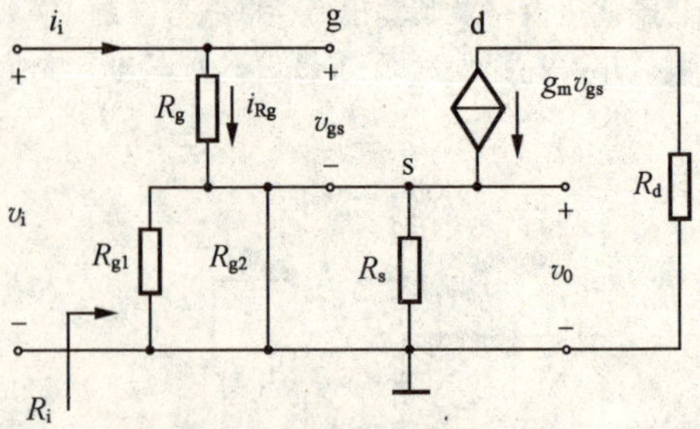

图解 4.7

【解】 (1) 电路中无自举电容 C 时，为分压式自偏压共漏电路，其输入电阻

$$R_i = R_g + R_{g1} \mathbin{/\mkern-6mu/} R_{g2} = (20 + 0.1 \mathbin{/\mkern-6mu/} 0.3)\text{M}\Omega = 20.075\ \text{M}\Omega$$

(2) 有自举电容 C 作用时，小信号等效电路如图解 4.7 所示，由图可知

$$v_i = v_{gs} + v_o = v_{gs} + (i_{Rg} + g_m v_{gs})(R_{g1} \mathbin{/\mkern-6mu/} R_{g2} \mathbin{/\mkern-6mu/} R_s)$$

式中 $i_i = i_{Rg} = v_{gs}/R_g$，故输入电阻

$$\begin{aligned} R_i = \frac{v_i}{i_i} &= \frac{v_{gs} + (i_{Rg} + g_m v_{gs})(R_{g1} \mathbin{/\mkern-6mu/} R_{g2} \mathbin{/\mkern-6mu/} R_s)}{i_{Rg}} \\ &= \frac{v_{gs} + (v_{gs}/R_g + g_m v_{gs})(R_{g1} \mathbin{/\mkern-6mu/} R_{g2} \mathbin{/\mkern-6mu/} R_s)}{v_{gs}/R_g} \\ &= R_g(1 + g_m(R_{g1} \mathbin{/\mkern-6mu/} R_{g2} \mathbin{/\mkern-6mu/} R_s)) + (R_{g1} \mathbin{/\mkern-6mu/} R_{g2} \mathbin{/\mkern-6mu/} R_s) \end{aligned}$$

将 $R_g = 20\ \text{M}\Omega$、$R_{g1} = 100\ \text{k}\Omega$、$R_{g2} = 300\ \text{k}\Omega$、$R_s = 20\ \text{k}\Omega$、$g_m = 1\ \text{mS}$ 代入上式，可求得 $R_i \approx 335.8\ \text{M}\Omega$。

第5章　双极结型三极管(BJT)及其放大电路

内容与要求

一、了解 BJT 的工作原理、电流分配关系、$V-I$ 特性曲线、主要参数。

二、掌握 BJT 放大电路的组成、工作原理、静态和动态的分析与计算。

三、掌握多级放大电路的分析计算。

知识点归纳

一、BJT 的电流分配与放大作用

1. *结构和放大条件*

双极结型三极管(BJT)是由两个 PN 结组成的三端有源器件,分 NPN 和 PNP 两种类型。BJT 的结构特点是:发射区高掺杂,基区很薄,集电结面积大。实现放大的外部条件是:发射结正偏、集电结反偏。故放大状态下 NPN 管的三个极电位大小关系为 $V_C>V_B>V_E$,PNP 管则为 $V_E>V_B>V_C$。

2. *电流放大与分配原理*

在放大条件下,BJT 发射区中的多数载流子因发射结正偏而大量扩散到基区,形成发射极电流 I_E;其中仅有很小一部分与基区的多数载流子复合,形成基极电流 I_B;绝大部分则在反偏集电结的作用下漂移到集电区,被集电区收集,形成集电极电流 I_C;在基区每复合掉一个载流子,就有 β 个载流子被集电区收集。因此,各极电流之间的主要关系为 $I_C\approx\beta I_B$, $I_E=I_B+I_C\approx(1+\beta)I_B$ 。由电流分配关系可见,小的基极电流 I_B可以控制大的集电极电流 I_C,所以常将 BJT 称为电流控制器件。但根据电流放大原理,I_E实质上是受正向发射结电压 v_{BE}控制的,因此 I_B和 I_C也是受正向发射结电压 v_{BE}控制的。利用这一特性,可以把微弱的电信号加以放大。

3. *共射极伏安特性曲线和主要参数*

BJT 的 $V-I$ 特性曲线是指其各极间电压与电流之间的关系曲线。设 NPN 型硅 BJT 共射极连接时,输入电压为 v_{BE},输入电流为 i_B,输出电压为 v_{CE},输出电流为 i_C,如图 5.1a 所示。输入特性曲线描述了当输出电压 v_{CE}为某一数值(即以 v_{CE}为参变量)时,输入电流 i_B与输入电压 v_{BE}之间的函数关系,即

$$i_B=f(v_{BE})\big|_{v_{CE}=\text{常数}}$$

如图 5.1b 所示。对于小功率的 BJT,可以用 $v_{CE}>1$ V 的任何一条输入特性曲线代表其他各条输入特性曲线。输出特性曲线描述了当输入电流 i_B为某一数值(即以 i_B为参变量)时,输出电流 i_C与输出电压 v_{CE}之间的函数关系,即

$$i_C=f(v_{CE})\big|_{i_B=\text{常数}}$$

如图 5.1c 所示。输出特性为一族曲线,可分为三个工作区域:放大区、饱和区和截止区。

BJT 的主要参数有电流放大系数 β 和穿透电流 I_{CEO} 。其中

$$\beta=\frac{\Delta i_C}{\Delta i_B}\bigg|_{v_{CE}=\text{常量}}$$

$$I_{CEO}=(1+\beta)I_{CBO}$$

在一定范围内,β 可视为常数,I_{CEO} 则越小越好。极限参数有最大集电极电流 I_{CM} 、最大管压降 $V_{(BR)CEO}$ 和最大集电极功耗 P_{CM} 。此外,特征频率 f_T 是使$|\dot{\beta}|$下降为 1 时的信号频率;且共基极电流放大倍数 α 和电流放大系数 β 之间的关系为

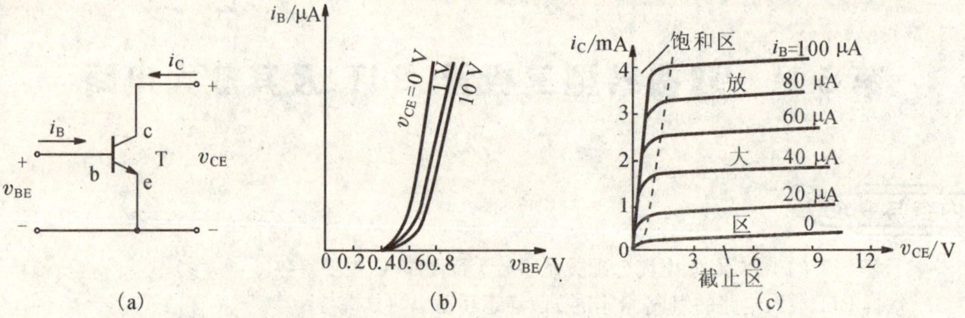

图 5.1　NPN 型硅 BJT 的共射极连接及其特性曲线

(a) 共射极连接　(b) 输入特性曲线　(c) 输出特性曲线

$$\alpha = \frac{\beta}{1+\beta}$$

4. BJT 工作区域的判断方法

以 NPN 型 BJT 为例。

步骤 1：判断管子是否导通。由图 5.1b 的输入特性可见，当 V_{BE} 大于发射结导通电压时，管子导通；当 V_{BE} 小于发射结导通电压时，管子截止。

步骤 2：若管子导通，再进一步判断其究竟工作在放大区还是饱和区。此时有两种方法可供选择。

(1) 根据 V_{CE} 和 V_{BE} 的大小进行判断。由图 5.1c 的输出特性可见，$V_{CE}=V_{BE}$（即 $V_C=V_B$，集电结零偏）是饱和区和放大区的分界点，称为临界饱和。因此，当 $V_{CE}>V_{BE}$（即 $V_C>V_B$，集电结反偏）时，管子工作在放大区；当 $V_{CE}<V_{BE}$（即 $V_C<V_B$，集电结正偏）时，管子工作在饱和区。

(2) 根据 I_B 和 I_{BS} 的大小进行判断。临界饱和时的集电极电流称为临界饱和集电极电流 I_{CS}，与之相应的基极电流称为临界饱和基极电流 I_{BS}。因此，若实际基极电流 $I_B<I_{BS}$，说明 I_C 尚未达到 I_{CS}，还有随 I_B 的增加而增加的潜力，故管子工作在放大区；若 $I_B>I_{BS}$，说明 I_C 已趋于恒流，不能再随 I_B 的增加而增加，故管子工作在饱和区。

二、BJT 放大电路的基本分析方法

1. 图解法

以图 5.2a 所示的由 NPN 型 BJT 组成的阻容耦合共发射极放大电路为例。

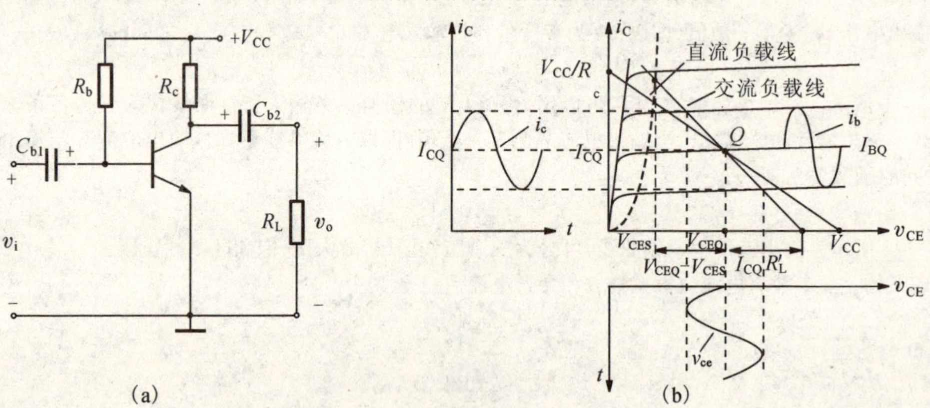

图 5.2　阻容耦合共射极基本放大电路的图解分析

(a) 电路　(b) 输出特性的图解分析

(1) 直流负载线的作图

直流负载线为 $V_{CE}=V_{CC}-R_cI_C$。在图 5.2b 所示为输出特性曲线的横轴上取(V_{CC},0)点,纵轴上取(0,V_{CC}/R_c)点,连接两点即可画出直流负载线,(如虚线所示)斜率为 $-1/R_c$。它和 $i_B=I_{BQ}$ 那条曲线的交点就是静态工作点 $Q(V_{CEQ},I_{CQ})$。

(2) 交流负载线的作图

交流负载线为 $v_{CE}=V'_{CC}-i_CR'_L$,其中 $V'_{CC}=V_{CEQ}+I_{CQ}R'_L$,$R'_L=R_c\ /\!/\ R_L$。在横轴上取($V_{CEQ}+I_{CQ}R'_L$,0)点,连接该点和 Q 点,即可画出交流负载线(如实线所示),斜率为 $-1/R'_L$。

(3) 失真情况分析以及最大不失真输出电压的求解

通过比较"$V_{CEQ}-V_{CES}$"和"$I_{CQ}R'_L$"这两段线段的数值大小,进行失真情况分析。若前者较小,说明当输入信号增大时电路将首先出现饱和失真,且最大不失真输出电压为($V_{CEQ}-V_{CES}$);若后者较小,说明当输入信号增大时电路将首先出现截止失真,且最大不失真输出电压为 $I_{CQ}R'_L$。当静态工作点设置在交流负载线中点且信号不是太大时,可获得最大不失真输出电压幅值。

2. 小信号模型分析法

(1) 基本思想

当放大电路的输入信号幅值较小,工作点只在静态工作点附近产生微小的变化时,可用小信号线性等效模型取代具有非线性特性的 BJT,从而使整个放大电路线性化。这样,就可以用处理线性电路的方法分析处理放大电路了。

(2) BJT 的低频小信号模型

BJT 的低频小信号模型如图 5.3 所示。无论是哪一种管型,也无论共发射极、共集电极或共基极接法,BJT 的 b—e 间均等效为动态电阻 r_{be},c—e 间均等效为电流控制电流源 $i_c=\beta i_b$,而 e 极是这两个等效元器件的连接点。其中

$$r_{be}=r_{bb'}+(1+\beta)\frac{26\ \text{mV}}{I_{EQ}}$$

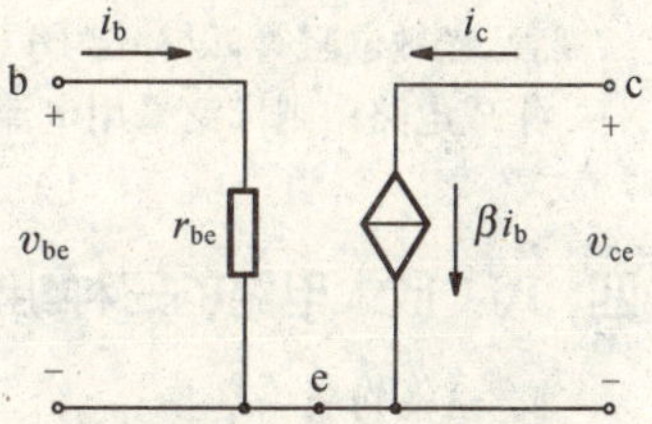

图 5.3　BJT 的低频小信号模型

(3) 小信号等效电路

正确画出放大电路的小信号等效电路是求解电路各项动态参数的关键。画小信号等效电路时,首先要画出电路的交流通路,再用 BJT 的低频小信号模型取代其中的 BJT,便可得到整个放大电路的小信号等效电路。

(4) 求解电压增益(源电压增益)、输入电阻、输出电阻

根据小信号等效电路,写出输入电压 v_i(信号源电压 v_s)和输出电压 v_o 的表达式,再根据电压增益 A_v(源电压增益 A_{vs})的定义,利用 $i_c=\beta i_b$ 描述出 v_o 与 v_i(v_s)的关系,得出 A_v(A_{vs})的值;最后根据输入电阻 R_i 和输出电阻 R_o 的物理意义,得出结论。求解 R_o 时,往往令信号源短路(保留内阻)、负载开路,然后通过在输出端外加测试电压的方法进行分析计算。

三、BJT 放大电路的直流偏置及静态工作点的稳定

放大电路的 Q 点不仅要设置得合理,还要能够保持稳定。常见的 BJT 直流偏置电路如图 5.4 所示。

图 a 为固定偏置电路,结构简单但静态工作点的稳定性差。例如当温度变化时,由于 I_{BQ} 几乎固定,而 β、I_{CBO} 和 I_{CEO} 等参数均随温度的变化而变化,温度的影响最终将体现在 I_{CQ} 的变化上,就可能引起失真。

图 b 为电流负反馈型偏置电路。当 I_C 变化时,通过发射极电阻 R_e 的直流负反馈作用,令 I_B 向相反方向变化,由此抵消 I_C 的变化,从而使得 I_{CQ} 能够基本保持稳定。

图 c 为基极分压式射极偏置电路。它是图 b 的改进电路,通过增加一个电阻 R_{b1},将基极电位固定,

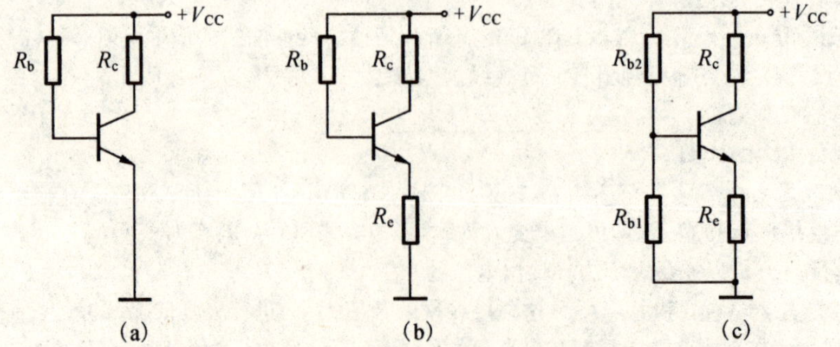

图 5.4　常见的 BJT 直流偏置电路

(a) 固定偏置　(b) 电流负反馈型偏置　(c) 基极分压式射极偏置

即

$$V_{BQ} \approx \frac{R_{b1}}{R_{b1}+R_{b2}} V_{CC}$$

这样，由 I_C 变化引起的 V_E 变化就是 V_{BE} 的变化，从而增强了 V_{BE} 对 I_C 的调节作用，有利于 Q 点的进一步稳定。

稳定 Q 点除采用直流负反馈的方法外，还可以采用温度补偿的方法，即利用对温度敏感的器件如二极管、光敏电阻等，以补偿 BJT 参数随温度的变化。

集成电路中则广泛采用电流源电路直接为各级提供合适的直流偏置电流，有关电流源问题详见第 7 章。

四、BJT 放大电路的三种组态

1. 组态判别

BJT 放大电路有共基极、共发射极和共集电极三种连接方式(组态)，如图 5.5 所示。最简单的判别方法是观察 BJT 的哪个极交流接“地”；若三个极都不接“地”，则要根据放大电路的交流通路，观察信号的传递方式，即看输入信号从哪个极输入以及输出信号从哪个极输出来判断。但无论哪种组态，由于输入信号必须有效作用于 BJT 的 b—e 回路，因此不可能从集电极输入。

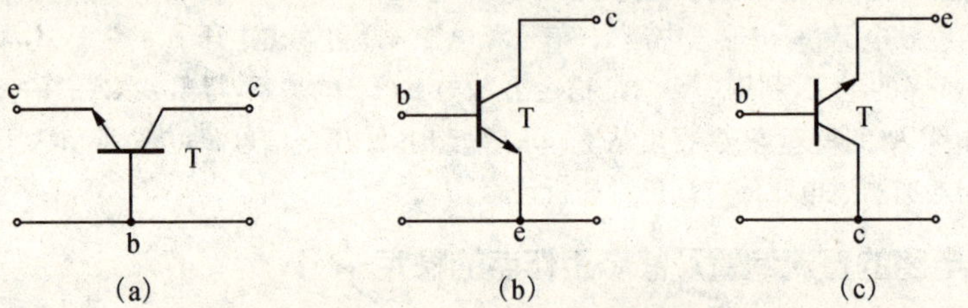

图 5.5　BJT 的三种连接方式

(a) 共基极　(b) 共发射极　(c) 共集电极

2. 性能比较

共发射极电路既能放大电流又能放大电压，输入电阻居中，输出电阻较大，频带较窄，常作为低频电压放大电路的单元电路。共集电极电路只能放大电流不能放大电压，具有电压跟随的特点，输入电阻大、输出电阻小，常作为多级放大电路的输入级和输出级，或者起隔离作用的缓冲级。共基极放大电路只能放大电压不能放大电流，具有电流跟随的特点，输入电阻小，输出电阻较大，高频特性好，常作为宽频带放大电路。

五、FET和BJT及其基本放大电路性能的比较

1. FET和BJT重要特性的比较

(1) FET中只有多子参与导电，故称单极型器件；BJT中多子和少子同时参与导电，故称双极型器件。由于少子的浓度易受温度影响，因此FET比BJT的温度稳定性好、噪声低。

(2) FET属电压控制器件，放大电路只要求建立合适的栅源偏置电压，不要求偏置电流，由于FET的栅极电流近似为零，故输入电阻很高，高输入电阻是FET的突出优点；而BJT属电流控制器件，放大电路要求建立合适的偏置电流，因此BJT导通时总存在一定的基极电流，导致输入电阻较低。

(3) 有些FET的源极和漏极可以互换，BJT的发射极和集电极一般不允许互换。

(4) FET和BJT都可以用于放大或作为可控开关，但FET还可以作为压控电阻使用，管型种类又多，因此组成电路时比BJT更灵活；并且FET便于集成、功耗低、工作电源电压范围宽，故在大规模和超大规模集成电路中的应用极为广泛。

2. FET和BJT放大电路性能的比较

FET三种组态的性能特点分别与BJT放大电路的共发射极、共集电极和共基极相对应，但具体指标应具体分析。例如共源极放大电路的输入电阻就大于任何接法的BJT放大电路，但在R_c与R_d相等的情况下，其电压放大能力则远不如共发射极放大电路；而共漏极放大电路的输出电阻虽然比共源极放大电路小得多，却又比共集电极放大电路大得多。

应当指出，按三端有源器件三个电极的不同连接方式，FET和BJT两种器件可以组成六种组态，即共源极(CS)、共漏极(CD)、共栅极(CG)、共发射极(CE)、共集电极(CC)和共基极(CB)电路；但依据输出量与输入量之间的大小与相位关系特征，以上六种组态又可归纳为三种通用的组态，即反相电压放大器(含CS、CE)、电压跟随器(含CD、CC)和电流跟随器(含CG、CB)。其中，反相电压放大器的电压增益高，输入电阻和输入电容均较大，适用于多级放大电路的中间级；电压跟随器的输入电阻高、输出电阻低，可作阻抗变换，用于输入级、输出级或缓冲级；而电流跟随器的输入电阻和输入电容小，适用于高频、宽带电路。在电子电路设计中，首先应根据技术要求选择组态，然后进一步确定器件，最后设计电路。

3. 复合管的组成原则

(1) 构成复合管后，每只管子的各个极电流仍能按照原来的方向流通，且具有电流放大作用，为此必须将第一只管子的集电极(或发射极)电流作为第二只管子的基极电流。

(2) 复合管的管型与第一只管子的类型相同。

习题全解

5.1 双极结型三极管(BJT)及其放大电路

5.1.1 测得某放大电路中BJT的三个电极A、B、C的对地电位分别为$V_A=-9$ V，$V_B=-6$ V，$V_C=-6.2$ V，试分析A、B、C中哪个是基极b、发射极e、集电极c，并说明此BJT是NPN管还是PNP管。

【分析】 根据题意，该管工作在放大状态，因此判断方法如下：无论NPN管或PNP管，均为基极电位居中；剩下两极中若有一极和基极之间的电位差的绝对值约为0.7 V(硅管)或0.2 V(锗管)，则该极为发射极；剩下一极为集电极，若该极电位最高，说明为NPN管，最低，则为PNP管。

【解】 根据上述判断方法可知，电极C为基极，电极B为发射极，电极A为集电极，且该管为PNP型锗管。

5.1.2 某放大电路中BJT三个电极A、B、C的电流如图题5.1.2所示，用万用表直流电流档测得$I_A=-2$ mA，$I_B=-0.04$ mA，$I_C=+2.04$ mA，试分析A、B、C中哪个是基极b、发射极e、集电极c，并说明此管是NPN还是PNP管，它的$\bar{\beta}$等于多少？

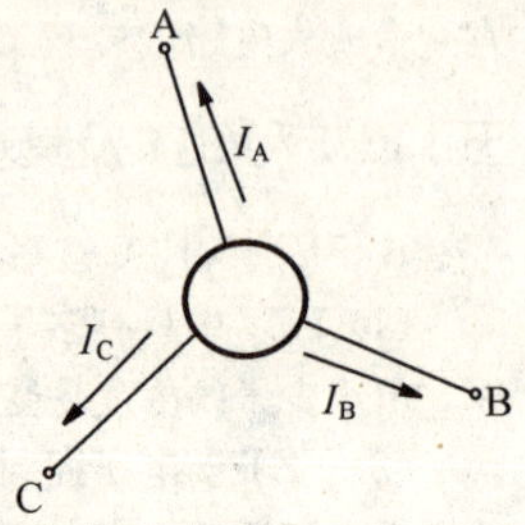

图题 5.1.2

【解】 根据三个极电流的大小关系可知，B是基极，C是发射极，A是集电极；I_A、I_B为负值，说明其实际流向与图示参考方向相反，即 I_A、I_B实为流入，I_C为流出，又C为发射极，故该管为NPN管，且

$$\bar{\beta}=\frac{2\ \text{mA}}{0.04\ \text{mA}}=50$$

5.1.3 某BJT的极限参数 $I_{CM}=100$ mA，$P_{CM}=150$ mW，$V_{(BR)CEO}=30$ V，若它的工作电压 $V_{CE}=10$ V，则工作电流 I_C 不得超过多大？若工作电流 $I_C=1$ mA，则工作电压的极限值应为多少？

【解】 对于确定型号的BJT，最大集电极功耗 $P_{CM}=i_C v_{CE}$ 是一个确定值。当 $V_{CE}=10$ V时，有

$$I_C=\frac{P_{CM}}{V_{CE}}=\frac{150\ \text{mW}}{10\ \text{V}}=15\ \text{mA}$$

由于 $I_C<I_{CM}$，故工作电流不超过15 mA即可。

同理，当 $I_C=1$ mA时，有

$$V_{CE}=\frac{P_{CM}}{I_C}=\frac{150\ \text{mW}}{1\ \text{mA}}=150\ \text{V}$$

由于 $V_{CE}>V_{(BR)CEO}$，故工作电压的极限值应为30 V。

5.1.4 设某BJT处于放大状态。(1) 若基极电流 $i_B=6\ \mu$A，集电极电流 $i_C=510\ \mu$A，试求 β、α 及 i_E；(2) 如果 $i_B=50\ \mu$A，$i_C=2.65$ mA，试求 β、α 及 i_E。

【解】 (1) 根据题意，有

$$\beta=\frac{i_C}{i_B}=\frac{510\ \mu\text{A}}{6\ \mu\text{A}}=85$$

$$\alpha=\frac{\beta}{1+\beta}=\frac{85}{1+85}\approx 0.988$$

$$i_E=i_B+i_C=(6+510)\ \mu\text{A}=516\ \mu\text{A}$$

(2) 根据题意，有

$$\beta=\frac{i_C}{i_B}=\frac{2.65\ \text{mA}}{50\ \mu\text{A}}=53$$

$$\alpha=\frac{\beta}{1+\beta}=\frac{53}{1+53}\approx 0.981$$

$$i_E=i_B+i_C=(2.65+0.05)\text{mA}=2.7\ \text{mA}$$

5.2 基本共射极放大电路

5.2.1 试分析图题5.2.1所示各电路对正弦交流信号有无放大作用，并简述理由（设各电容的容抗可忽略）。

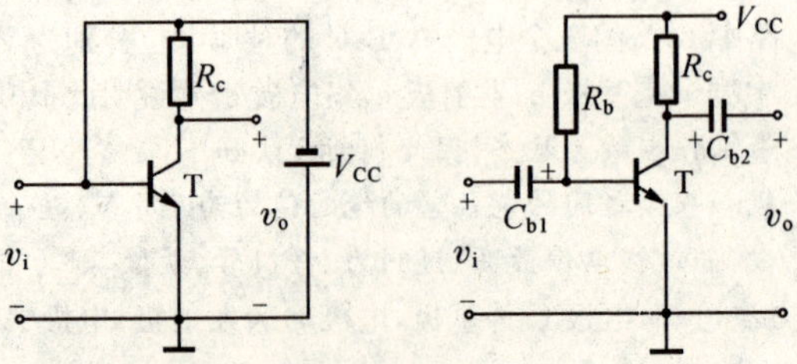

(a) (b)

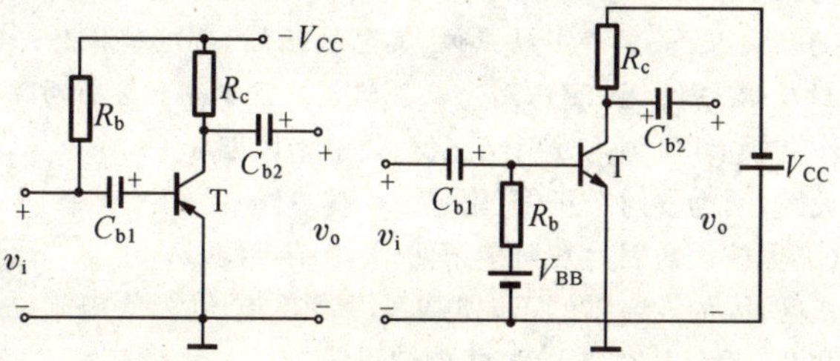

图题 5.2.1

【分析】 本题判断依据是放大电路的组成原则。解答此类题目时，应能根据放大管的类型迅速判断设置Q点需加的直流电源以及电路的交、直流通路。

【解】 (a) 无放大作用。当 $v_i=0$(输入端短路)时，分析直流通路可知，T 的发射结零偏，故截止，且直流电源 V_{CC}反接，同时还令发射结反偏电压过高，易击穿。

(b) 有放大作用。电路偏置正常，且交流信号能够传输。

(c) 无放大作用。当 $v_i=0$(输入端短路)时，分析直流通路可知，输入回路断路，T 的发射结无正常偏置，故截止。

(d) 无放大作用。当 $v_i=0$(输入端短路)时，分析直流通路可知，直流电源 V_{CC}反接。

5.2.2 电路如图题 5.2.2 所示，设 BJT 的 $\beta=80$，$V_{BE}=0.6$ V，I_{CEO}、V_{CES}可忽略不计，试分析当开关 S 分别接通 A、B、C 三位置时，BJT 各工作在其输出特性曲线的哪个区域，并求出相应的集电极电流 I_C。

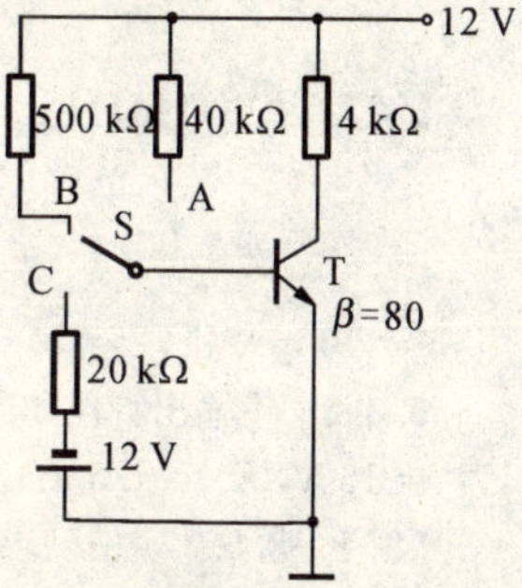

图题 5.2.2

【分析】 本题应分别判断三种情况下 BJT 的工作区域，这里通过比较 I_B 和 I_{BS} 的大小进行判断。

【解】 (1) S 接通 A 时，实际基极电流为

$$I_B=\frac{12-0.6}{40}\text{ mA}=0.285\text{ mA}$$

而临界饱和基极电流为

$$I_{BS}=\frac{12/4}{80}\text{ mA}=0.0375\text{ mA}$$

由于 $I_B>I_{BS}$，说明 T 工作在饱和区，且

$$I_C\approx\frac{12}{4}\text{ mA}=3\text{ mA}$$

(2) S 接通 B 时，实际基极电流为

$$I_B=\frac{12-0.6}{500}\text{ mA}=0.0228\text{ mA}$$

由于 $I_B<I_{BS}$，说明 T 工作在放大区，则

$$I_C\approx\beta I_B=80\times0.0228\text{ mA}=1.824\text{ mA}$$

(3) S 接通 C 时，由于发射结反偏，故 T 工作在截止区，$I_C\approx0$。

5.2.3 测量某硅 BJT 各电极对地的电压值如下，试判别管子工作在什么区域。

(1) $V_C=6$ V　　$V_B=0.7$ V　　$V_E=0$ V

(2) $V_C=6$ V　　$V_B=2$ V　　$V_E=1.3$ V

(3) $V_C=6$ V　　$V_B=6$ V　　$V_E=5.4$ V

(4) $V_C=6$ V　　$V_B=4$ V　　$V_E=3.6$ V

(5) $V_C=3.6$ V　　$V_B=4$ V　　$V_E=3.4$ V

【分析】 BJT内有两个PN结，共有四种可能的工作状态，这与每个PN结的偏置极性有关。若发射结正偏、集电结反偏，为放大状态；若发射结正偏、集电结正偏，为饱和状态；若发射结反偏、集电结反偏，为截止状态；若发射结反偏、集电结正偏，则为倒置状态。设本题的分析对象是NPN管。

【解】 (1) 管子工作在放大区，因为发射结正偏、集电结反偏。

(2) 管子工作在放大区，因为发射结正偏、集电结反编。

(3) 管子临界饱和(临界放大)，因为发射结正偏、集电结零偏。

(4) 管子工作在截止区，因为发射结的正偏电压小于死区电压，且集电结反偏。

(5) 管子工作在饱和区，因为发射结正偏、集电结正偏。

5.3 BJT放大电路的分析方法

5.3.1 BJT的输出特性如图题5.3.1所示。求该器件的β值；当$i_C = 10$ mA和$i_C = 20$ mA时，BJT的饱和压降V_{CES}为多少？

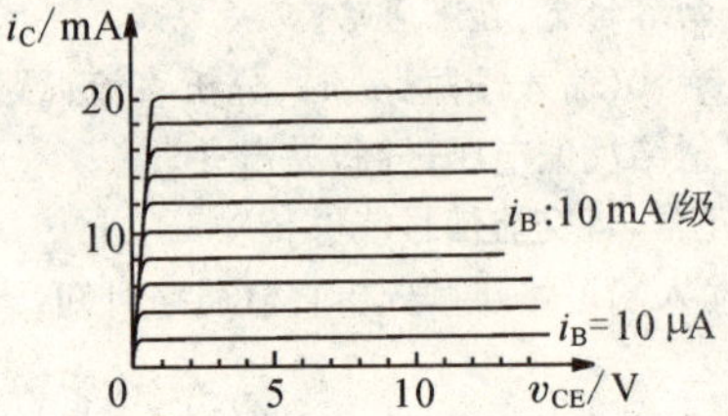

图题5.3.1

【解】 由图可见，当Δi_B为10 μA时，Δi_C为2 mA，故

$$\beta = \left.\frac{\Delta i_C}{\Delta i_B}\right|_{v_{CE}=\text{常数}} = \frac{2}{0.01} = 200$$

当$i_C = 10$ mA和$i_C = 20$ mA时，V_{CES}分别约为0.3 V和0.8 V。

5.3.2 设输出特性如图题5.3.1所示的BJT接入图题5.3.2所示的电路，图中$V_{CC} = 15$ V，$R_c = 1.5$ kΩ，$i_B = 20$ μA，求该器件的Q点。

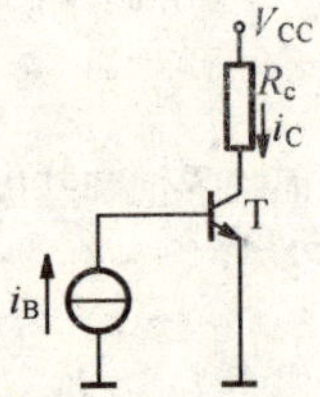

图题5.3.2

【解】 题5.3.1中已求得β=200，根据题意，Q点为

$$I_{BQ} = 20\ \mu\text{A}$$
$$I_{CQ} = \beta I_{BQ} = 200 \times 0.02\ \text{mA} = 4\ \text{mA}$$
$$V_{CEQ} = V_{CC} - R_c I_{CQ} = (15 - 1.5 \times 4)\ \text{V} = 9\ \text{V}$$

5.3.3 若将图题5.3.1所示输出特性的BJT接成图题5.3.2的电路，并设$V_{CC} = 12$ V，$R_c = 1$ kΩ，在基极电路中用$V_{BB} = 2.2$ V和$R_b = 50$ kΩ串联以代替电流源i_B。求该电路中的I_{BQ}、I_{CQ}和V_{CEQ}的值，设$V_{BEQ} = 0.7$ V。

【解】 题5.3.1中已求得β=200，根据题意，Q点为

$$I_{BQ} = \frac{V_{BB} - V_{BEQ}}{R_b} = \frac{2.2 - 0.7}{50}\ \text{mA} = 0.03\ \text{mA}$$
$$I_{CQ} = \beta I_{BQ} = 200 \times 0.03\ \text{mA} = 6\ \text{mA}$$
$$V_{CEQ} = V_{CC} - R_c I_{CQ} = (12 - 1 \times 6)\ \text{V} = 6\ \text{V}$$

5.3.4 设输出特性如图题5.3.1所示的BJT连接成图题5.3.2所示的电路，在基极用$V_{BB} = 3.2$ V与电阻$R_b = 20$ kΩ串联以代替电流源i_B，并设$V_{CC} = 6$ V，$R_c = 200$ Ω，求电路中的I_{BQ}、I_{CQ}和V_{CEQ}的值，设$V_{BEQ} = 0.7$ V。

【解】 题5.3.1中已求得β=200，根据题意，Q点为

$$I_{BQ}=\frac{V_{BB}-V_{BEQ}}{R_b}=\frac{3.2-0.7}{20}\ \text{mA}=0.125\ \text{mA}$$

$$I_{CQ}=\beta I_{BQ}=200\times0.125\ \text{mA}=25\ \text{mA}$$

$$V_{CEQ}=V_{CC}-R_cI_{CQ}=(6-200\times0.025)\ \text{V}=1\ \text{V}$$

5.3.5　电路如图题 5.3.5a 所示，该电路的交、直流负载线绘于图题 5.3.5b 中，试求：(1) 电源电压 V_{CC}，静态电流 I_{BQ}、I_{CQ} 和管压降 V_{CEQ} 的值；(2) 电阻 R_b、R_c 的值；(3) 输出电压的最大不失真幅度；(4) 要使该电路能不失真地放大，基极正弦电流的最大幅值是多少？

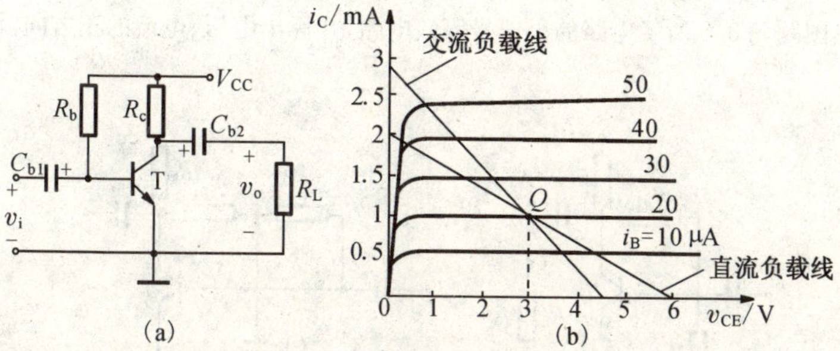

图题 5.3.5

【分析】　根据阻容耦合共射放大电路的图解法分析要点进行分析和计算。

【解】　(1) 由图可知，直流负载线和横轴交于(6 V,0)点，∴$V_{CC}=6$ V。又由于交、直流负载线相交于 Q 点，故 $I_{BQ}=20\ \mu$A，$I_{CQ}=1$ mA，$V_{CEQ}=3$ V。

(2)

$$\because I_{BQ}=\frac{V_{CC}-V_{BEQ}}{R_b}\approx\frac{V_{CC}}{R_b}$$

$$\therefore R_b\approx\frac{V_{CC}}{I_{BQ}}=\frac{6\ \text{V}}{0.02\ \text{mA}}=300\ \text{k}\Omega$$

又直流负载线和纵轴交于(0,2 mA)点，而 2 mA=V_{CC}/R_c. 故

$$R_c=\frac{6}{2}\ \text{k}\Omega=3\ \text{k}\Omega$$

(3) 交流负载线和横轴交于(4.5 V,0)点，故取“3－0.8＝2.2 V”和“4.5－3＝1.5 V”两段线段中的数值较小者，得到输出电压的最大不失真幅度约为 1.5 V。

(4) 由以上分析可知，随着输入电压 v_i 的增大，电路将首先出现截止失真。因此，当 $I_{BQ}=20\ \mu$A 时，要使 T 不进入截止区，则基极正弦电流的最大峰值应为 20 μA。

5.3.6　设 PNP 型硅 BJT 的电路如图题 5.3.6 所示。问 v_B 在什么变化范围内，使 T 工作在放大区？令 $\beta=100$。

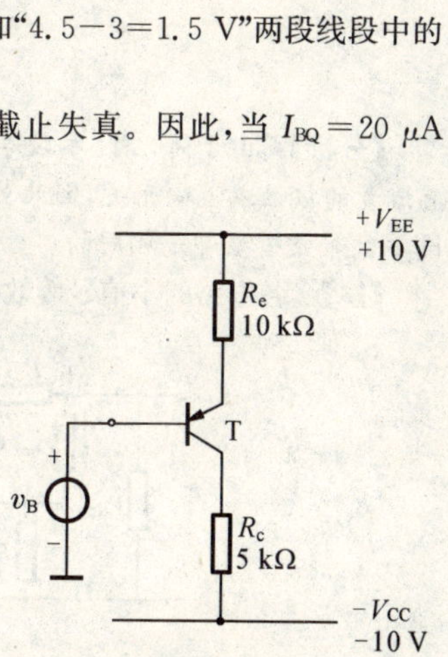

图题 5.3.6

【分析】　本题采用 PNP 管，求解过程中应注意 PNP 管的各直流量的极性或流向均与 NPN 管相反。

【解】　对于 PNP 型硅 BJT，为保证其不进入饱和区，应有

$$v_{EC}\geqslant1\ \text{V}$$

即

$$V_{EE}-(-V_{CC})-i_C(R_e+R_c)\geqslant1\ \text{V}$$

$$\therefore i_C\leqslant\frac{V_{EE}-(-V_{CC})-1}{R_e+R_c}=\frac{10-(-10)-1}{10+5}\ \text{mA}\approx1.27\ \text{mA}$$

为保证 BJT 不进入截止区，应有

$$v_{EB}=v_E-v_B=0.7\ \text{V}$$

即 $v_B = v_E - 0.7\text{V} = V_{EE} - i_C R_e - 0.7\text{V}$

$$\because i_C \leqslant 1.27\ \text{mA}, \therefore v_B \geqslant (10 - 1.27 \times 10 - 0.7)\ \text{V} = -3.4\ \text{V}。$$

5.3.7 在图题 5.3.6 中，试重新选取 R_e 和 R_c 的值，以便当 $v_B = 1$ V 时，集电极对地电压 $v_C = 0$ V。

【解】

$$\because i_E \approx i_C$$

$$\therefore \frac{V_{EE} - v_E}{R_e} \approx \frac{v_C - (-V_{CC})}{R_c}$$

根据题意，当 $v_B = 1$ V 时，$v_C = 0$ V，即 $v_E = v_B + 0.7$ V $= 1.7$ V，代入上式可得，$R_e \approx 0.83R_c$。若选取 $R_c = 5.1$ kΩ，则 $R_e \approx 4.2$ kΩ。

5.3.8 画出图题 5.3.8 所示电路的小信号等效电路，并标出电压、电流的正方向，设电路中各电容容抗均可忽略。

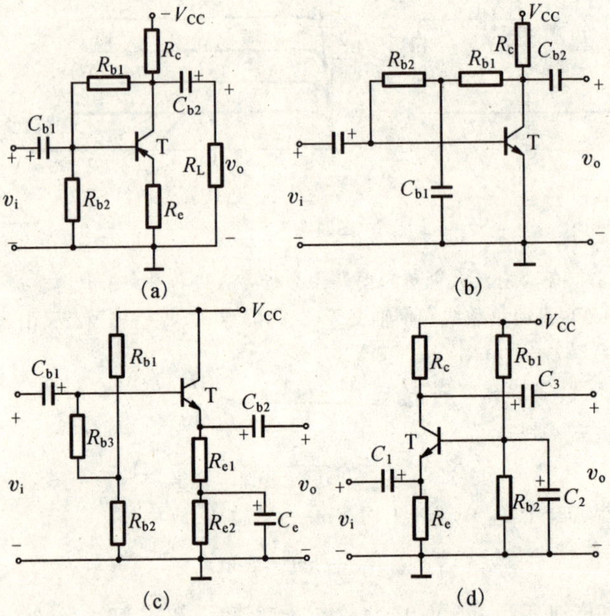

图题 5.3.8

【分析】 由于简化 H 参数等效模型是用来描述叠加在直流量上之的交流量之间的依存关系的，与直流量的极性或流向无关，因此虽然 PNP 管和 NPN 管的各直流量的极性或流向相反，但它们的简化 H 参数等效模型却是相同的。

【解】 各电路的小信号等效电路如图解 5.3.8 所示。

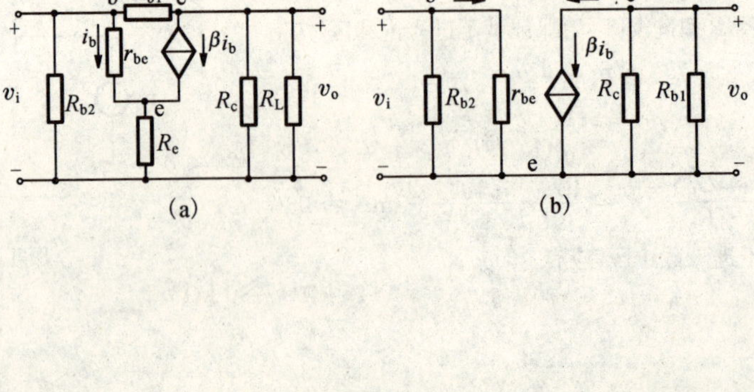

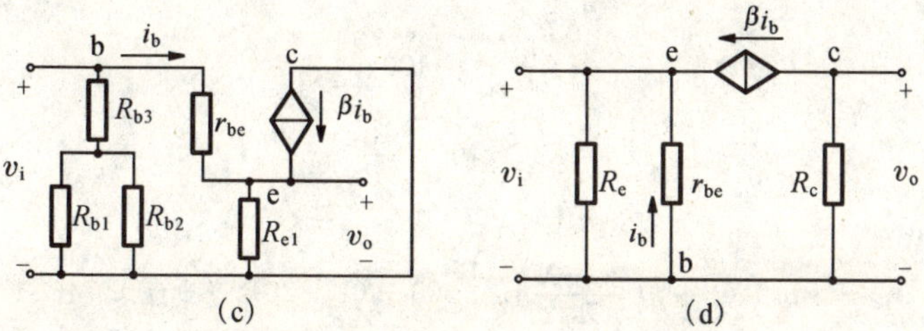

图解 5.3.8

5.3.9 单管放大电路如图题 5.3.9 所示,已知 BJT 的电流放大系数 $\beta=50$。(1) 估算 Q 点;(2) 画出简化 H 参数小信号等效电路;(3) 估算 BJT 的输入电阻 r_{be};(4) 如输出端接入 4 kΩ 的电阻负载,计算 $A_v = v_o/v_i$ 及 $A_{vs} = v_o/v_s$ 。

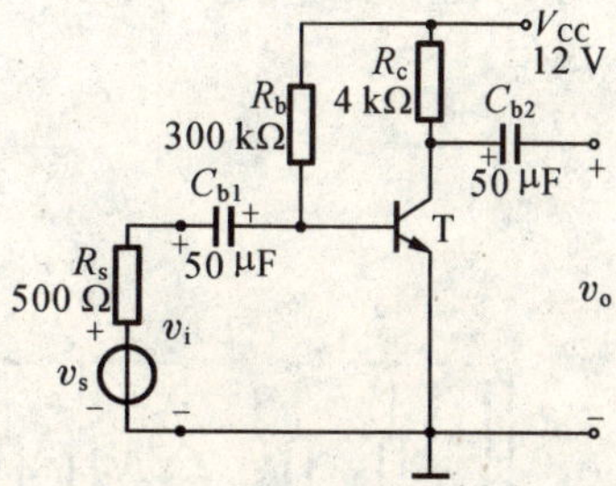

图题 5.3.9

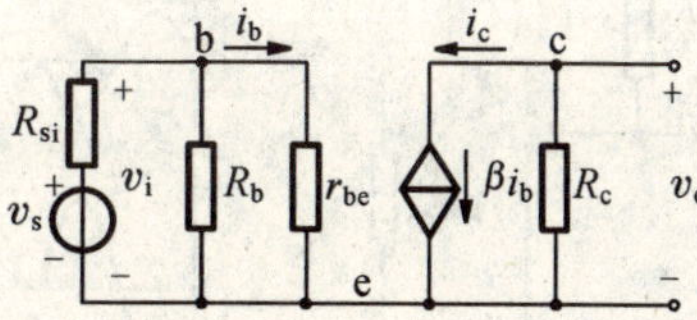

图解 5.3.9

【解】 (1) 根据直流通路,估算 Q 点为

$$I_{BQ} = \frac{V_{CC} - V_{BEQ}}{R_b} \approx \frac{V_{CC}}{R_b} = \frac{12}{300}\ \text{mA} = 0.04\ \text{mA}$$

$$I_{CQ} = \beta I_{BQ} = 50 \times 0.04\ \text{mA} = 2\ \text{mA}$$

$$V_{CEQ} = V_{CC} - R_c I_{CQ} = (12 - 4 \times 2)\ \text{V} = 4\ \text{V}$$

(2) 简化 H 参数小信号等效电路如图解 5.3.9 所示。

(3) BJT 的输入电阻

$$r_{be} = r_{bb'} + (1+\beta)\frac{26\ \text{mV}}{I_{EQ}} \approx \left[200 + (1+50)\frac{26}{2}\right]\ \Omega = 863\ \Omega$$

(4) 如输出端接入 4 kΩ 的电阻负载,则

$$A_v = \frac{v_o}{v_i} = -\beta\frac{R_c /\!/ R_L}{r_{be}} = -50 \times \frac{4 /\!/ 4}{0.863} \approx -116$$

又由于 $R_i = R_b /\!/ r_{be} = 300\ \text{k}\Omega /\!/ 0.863\ \text{k}\Omega \approx 0.863\ \text{k}\Omega$, 故

$$A_{vs} = \frac{v_o}{v_s} = \frac{v_o}{v_i} \cdot \frac{v_i}{v_s} = \frac{R_i}{R_i + R_s}A_v = -\frac{0.863}{0.863 + 0.5} \times 116 \approx -73$$

5.3.10 放大电路如图题 5.3.5a 所示,已知 $V_{CC} = 12$ V, BJT 的 $\beta=20$。若要求 $A_v \geqslant 100$, $I_{CQ} = 1$ mA, 试确定 R_b 、R_c 的值,并计算 V_{CEQ} 。设 $R_L = \infty$ 。

【解】 由于 $I_{CQ} = 1$ mA, 故

$$I_{BQ} = \frac{I_{CQ}}{\beta} = \frac{1\ \text{mA}}{20} = 0.05\ \text{mA}$$

$$\therefore R_b \approx \frac{V_{CC}}{I_{BQ}} = \frac{12}{0.05}\ \text{k}\Omega = 240\ \text{k}\Omega$$

又据已知条件，有

$$\beta\frac{R_c}{r_{be}}\geqslant 100$$

即

$$R_c\geqslant 100\times\frac{r_{be}}{\beta}$$

而

$$r_{be}=r_{bb'}+(1+\beta)\frac{26\text{ mV}}{I_{EQ}}\approx\left[200+(1+20)\frac{26}{1}\right]\Omega\approx 746\ \Omega$$

$$\therefore R_c\geqslant 100\times\frac{0.746}{20}\text{ k}\Omega=3.73\text{ k}\Omega$$

$$\therefore V_{CEQ}=V_{CC}-R_cI_{CQ}\leqslant(12-3.73\times 1)\text{ V}=8.27\text{ V}$$

5.3.11 电路如图题 5.3.11a 所示，已知 BJT 的 $\beta=100$，$V_{BEQ}=-0.7$ V。(1) 试估算该电路的 Q 点；(2) 画出简化的 H 参数小信号等效电路；(3) 求该电路的电压增益 A_v、输入电阻 R_i、输出电阻 R_o；(4) 若 v_o 中的交流成分出现图题 5.3.11b 所示的失真现象，问是截止失真还是饱和失真？为消除此失真，应调整电路中的哪个元件？如何调整？

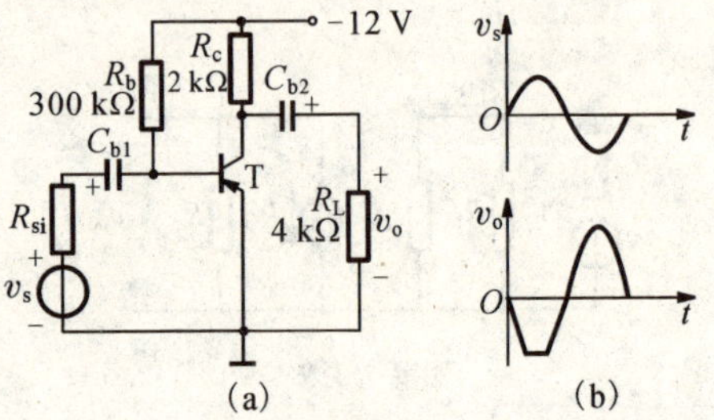

图题 5.3.11

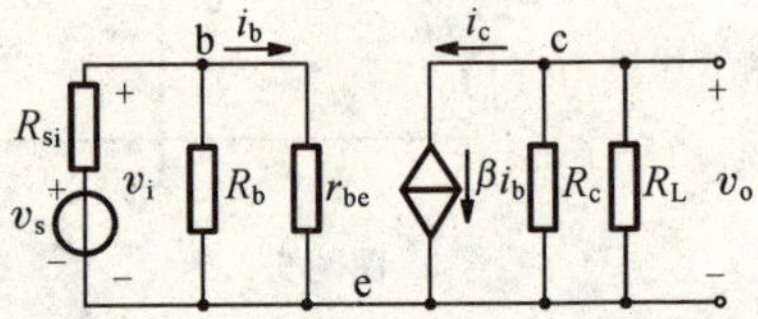

图解 5.3.11

【分析】 求解时应注意，同种连接方式(组态)的放大电路在输出波形相同时，会因所采用放大管的类型不同而导致失真性质不同。

【解】 (1) 根据直流通路，估算电路的 Q 点为

$$I_{BQ}\approx\frac{V_{CC}}{R_b}=\frac{12}{300}\text{ mA}=0.04\text{ mA}$$

$$I_{CQ}=\beta I_{BQ}=100\times 0.04\text{ mA}=4\text{ mA}$$

$$V_{CEQ}=V_{CC}-R_cI_{CQ}=[-12-2\times(-4)]\text{ V}=-4\text{ V}$$

(2) 简化的 H 参数小信号等效电路如图解 5.3.11 所示。

(3) $$\because r_{be}=r_{bb'}+(1+\beta)\frac{26\text{ mV}}{I_{EQ}}\approx\left[200+(1+100)\times\frac{26}{4}\right]\Omega\approx 857\ \Omega$$

故可求得

$$A_v=-\beta\frac{R_c\,/\!/\,R_L}{r_{be}}=-100\times\frac{2\,/\!/\,4}{0.857}\approx-155.6$$

$$R_i=R_b\,/\!/\,r_{be}=(300\,/\!/\,0.857)\text{ k}\Omega\approx 0.857\text{ k}\Omega$$

$$R_o=R_c=2\text{ k}\Omega$$

(4) 对于 PNP 管而言，图题 5.3.11b 所示的失真现象为截止失真，这是由于 Q 点位置接近截止区而造成的，为消除此失真，应减小 R_b 或者增大 R_c。

5.3.12 设图题 5.3.12 所示电路可静态工作点合适，电容 C_1、C_2、C_3 对交流信号可视为短路。(1) 写出静态电流 I_{CQ} 及电压 V_{CEQ} 的表达式；(2) 写出电压增益 A_v、输入电阻 R_i 和输出电阻 R_o 的表达式；(3) 若将电容 C_3 开路，对电路将会产生什么影响？

【解】 (1) 根据直流通路，当 $V_{CC} \gg V_{BEQ}$ 时，有

$$I_{CQ} = \beta I_{BQ} \approx \beta \frac{V_{CC}}{R_1}$$

$$V_{CEQ} = V_{CC} - (R_2 + R_3) I_{CQ}$$

(2) 根据简化 H 参数小信号等效电路，有

$$A_v = -\beta \frac{R_2 /\!/ R_L}{r_{be}}$$

$$R_i = R_1 /\!/ r_{be}$$

$$R_o = R_2$$

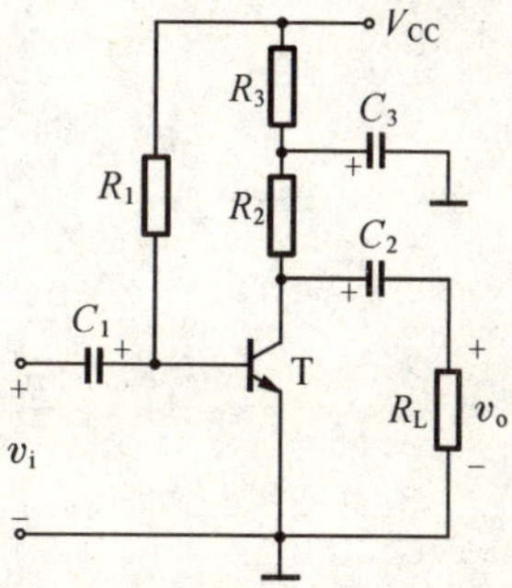

图题 5.3.12

(3) 若将电容 C_3 开路，则小信号等效电路中的集电极电阻将由 R_2 变为 $(R_2 + R_3)$，使得 A_v 增大，R_o 增大，即

$$A_v = -\beta \frac{(R_2 + R_3) /\!/ R_L}{r_{be}}$$

$$R_o = R_2 + R_3$$

5.4　BJT 放大电路静态工作点的稳定问题

5.4.1　电路如图题 5.4.1 所示，如 $R_b = 750\ \text{k}\Omega$，$R_c = 6.8\ \text{k}\Omega$，采用 3DG6 型 BJT：(1) 当 T=25 ℃时，$\beta = 60$，$V_{BE} = 0.7$ V，求 Q 点；(2) 如 β 随温度的变化为 0.5%/ ℃，而 V_{BE} 随温度的变化为 −2 mV/℃，当温度升高至 75 ℃时，估算 Q 点的变化情况；(3) 如温度维持在 25 ℃不变，只是换一个 $\beta = 115$ 的管子，Q 点如何变化？此时放大电路的工作状态是否正常？

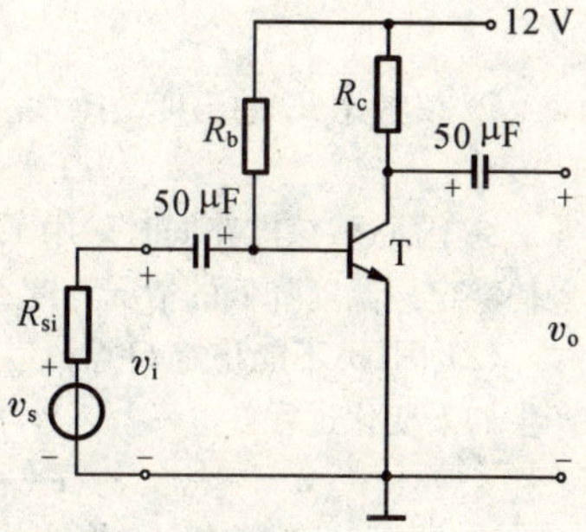

图题 5.4.1

【解】 (1) 当 T=25 ℃时，根据直流通路，得到 Q 点为

$$I_{BQ} \approx \frac{V_{CC} - V_{BE}}{R_b} = \frac{12 - 0.7}{750}\ \text{mA} = 0.015\ \text{mA}$$

$$I_{CQ} = \beta I_{BQ} = 60 \times 0.015\ \text{mA} = 0.9\ \text{mA}$$

$$V_{CEQ} = V_{CC} - R_c I_{CQ} = (12 - 6.8 \times 0.9)\ \text{V} = 5.88\ \text{V}$$

(2) 当 T 升高至 75 ℃时，根据题意，β 变为

$$\beta = 60 \times [1 + (75℃ - 25℃) \times 0.5\%/℃] = 75$$

V_{BE} 变为

$$V_{BE} = 0.7 - (75℃ - 25℃) \times 0.002/℃ = 0.6\ \text{V}$$

故 Q 点变为

$$\begin{cases} I_{BQ} \approx \dfrac{V_{CC} - V_{BE}}{R_b} = \dfrac{12 - 0.6}{750}\ \text{mA} = 0.015\ 2\ \text{mA} \\ I_{CQ} = \beta I_{BQ} = 75 \times 0.015\ 2\ \text{mA} = 1.14\ \text{mA} \\ V_{CEQ} = V_{CC} - R_c I_{CQ} = (12 - 6.8 \times 1.14)\ \text{V} \approx 4.25\ \text{V} \end{cases}$$

(3) 如 T 维持在 25 ℃不变，只是换一个 $\beta = 115$ 的管子，则 Q 点为

$$\begin{cases} I_{BQ} \approx \dfrac{V_{CC} - V_{BE}}{R_b} = \dfrac{12 - 0.7}{750}\ \text{mA} = 0.015\ \text{mA} \\ I_{CQ} = \beta I_{BQ} = 115 \times 0.015\ \text{mA} = 1.725\ \text{mA} \\ V_{CEQ} = V_{CC} - R_c I_{CQ} = (12 - 6.8 \times 1.725)\ \text{V} \approx 0.27\ \text{V} \end{cases}$$

可知 $V_{CEQ} < V_{BEQ}$，管子进入饱和区，导致放大电路的工作状态不正常。

5.4.2　如图题 5.4.2 所示的偏置电路中，热敏电阻 R_t 具有负温度系数，问能否起到稳定工作点的作用？

【解】 (1) 图(a)能够稳定 Q 点。由于电路中含有两种类型的对温度敏感的器件(BJT 和 R_t)，为

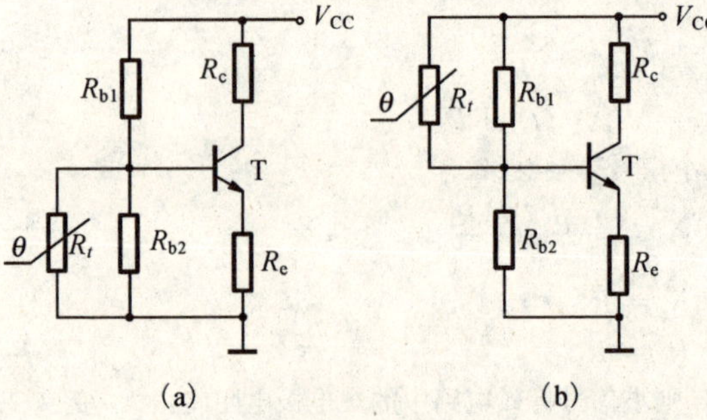

图题 5.4.2

便于分析，现将它们分开考虑。

① 仅考虑 BJT 的温度敏感性。以温度升高为例，此时电路将产生如下自我调节过程：

$$T\uparrow\rightarrow I_{CQ}\uparrow\rightarrow I_{EQ}\uparrow\rightarrow V_{EQ}\uparrow\rightarrow V_{BEQ}\downarrow\rightarrow I_{BQ}\downarrow\rightarrow I_{CQ}\downarrow$$

② 仅考虑 R_t 的温度敏感性。仍以温度升高为例，此时电路将产生如下变化过程：

$$T\uparrow\rightarrow R_t\downarrow\rightarrow V_{BQ}\downarrow\rightarrow V_{BEQ}\downarrow\rightarrow I_{BQ}\downarrow\rightarrow I_{CQ}\downarrow$$

综上所述，该电路同时采用了直流负反馈和温度补偿两种稳定 Q 点的措施，使得温度升高时 Q 点操持稳定。温度降低的情况与此类似，分析从略。

(2) 图(b)不能稳定 Q 点。以温度升高为例，当温度升高时，若仅考虑 R_t 的温度敏感性，则电路将产生如下变化过程：

$$T\uparrow\rightarrow R_t\downarrow\rightarrow V_{BQ}\uparrow\rightarrow V_{BEQ}\uparrow\rightarrow I_{BQ}\uparrow\rightarrow I_{CQ}\uparrow$$

可见恰与此时希望 I_{CQ} 能够减小的要求相反。

5.4.3 射极偏置电路如图题 5.4.3 所示，已知 $\beta=60$。(1) 用估算法求 Q 点；(2) 求输入电阻 r_{be}；(3) 用小信号模型分析法求电压增益 A_v；(4) 电路其他参数不变，如果要使 $V_{CEQ}=4$ V，问上偏流电阻 R_{b1} 为多大？

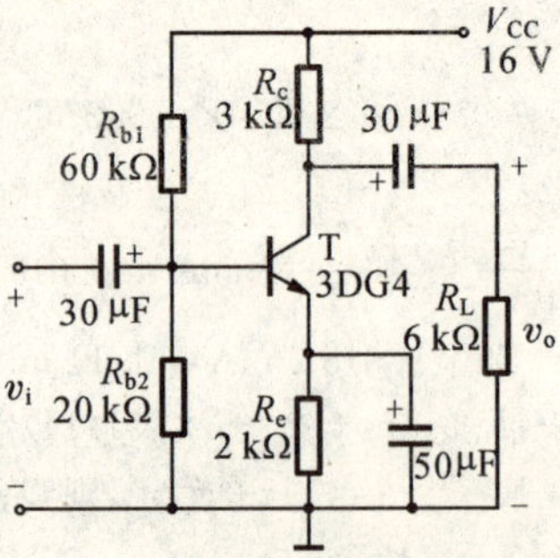

图题 5.4.3

【解】 (1) 根据直流通路，由于

$$V_B\approx\frac{R_{b2}}{R_{b1}+R_{b2}}\cdot V_{CC}=\frac{20}{60+20}\times16\ \text{V}=4\ \text{V}$$

故 Q 点为

$$I_{CQ} \approx I_{EQ} = \frac{V_B - V_{BEQ}}{R_e} = \frac{4-0.7}{2}\ \text{mA} = 1.65\ \text{mA}$$

$$I_{BQ} = \frac{I_{EQ}}{1+\beta} = \frac{1.65}{1+60}\ \text{mA} \approx 0.028\ \text{mA}$$

$$V_{CEQ} \approx V_{CC} - I_{CQ}(R_c + R_e) = [16 - 1.65 \times (3+2)]\ \text{V} = 7.75\ \text{V}$$

(2) $r_{be} = r_{bb'} + (1+\beta)\dfrac{26\ \text{mV}}{I_{EQ}} \approx \left[200 + (1+60) \times \dfrac{26}{1.65}\right]\ \Omega \approx 1\ 161\ \Omega \approx 1.16\ \text{k}\Omega$

(3) 根据小信号等效电路，有

$$A_v = -\beta\frac{R_c /\!/ R_L}{r_{be}} = -60 \times \frac{3 /\!/ 6}{1.16} = -103$$

(4) 当 $V_{CEQ} = 4$ V 时，有

$$I_{CQ} \approx \frac{V_{CC} - V_{CEQ}}{R_c + R_e} = \frac{16-4}{3+2}\ \text{mA} = 2.4\ \text{mA}$$

而

$$V_B \approx \frac{R_{b2}}{R_{b1} + R_{b2}} \cdot V_{CC} \approx I_{CQ}R_e + V_{BEQ}$$

即

$$\frac{20}{R_{b1} + 20} \times 16 \approx 2.4 \times 2 + 0.7$$

$$\therefore R_{b1} \approx 38.1\ \text{k}\Omega$$

5.4.4 在图题 5.4.4 所示的放大电路中，设信号源内阻 $R_{si} = 600\ \Omega$，BJT 的 $\beta = 50$。(1) 画出该电路的小信号等效电路；(2) 求该电路的输入电阻 R_i 和输出电阻 R_o；(3) 当 $v_s = 15$ mV 时，求输出电压 v_o。

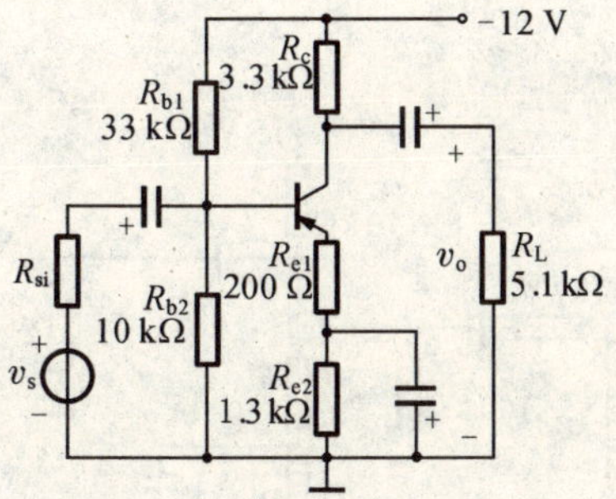

图题 5.4.4

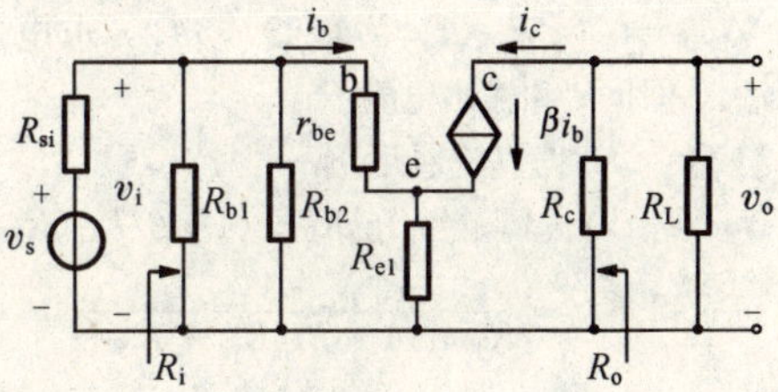

图解 5.4.4

【解】 (1) 小信号等效电路如图解 5.4.4 所示。

(2) 根据直流通路，设 $|V_{BEQ}| = 0.2$ V，则

$$V_{BQ} \approx \frac{R_{b2}}{R_{b1} + R_{b2}} \times (-12\ \text{V}) = \frac{10}{33+10} \times (-12\ \text{V}) = -2.8\ \text{V}$$

$$\therefore I_{EQ} = \frac{-V_{EBQ} - V_{BQ}}{R_{e1} + R_{e2}} = \frac{-0.2 + 2.8}{0.2 + 1.3}\ \text{mA} \approx 1.73\ \text{mA}$$

$$\therefore r_{be} = r_{bb'} + (1+\beta)\frac{26\ \text{mV}}{I_{EQ}} \approx \left[200 + (1+50) \times \frac{26}{1.73}\right]\ \Omega = 966\ \Omega$$

再据小信号等效电路，有

$$R_i = R_{b1} /\!/ R_{b2} /\!/ [r_{be} + (1+\beta)R_{e1}] \approx \{33 /\!/ 10 /\!/ [0.97 + (1+50) \times 0.2]\}\ \text{k}\Omega \approx 4.6\ \text{k}\Omega$$

$$R_o = R_c = 3.3\ \text{k}\Omega$$

(3) $A_{vs} = \dfrac{v_o}{v_s} = \dfrac{v_o}{v_i} \cdot \dfrac{v_i}{v_s} = -\beta\dfrac{R_c /\!/ R_L}{r_{be} + (1+\beta)R_{e1}} \times \dfrac{R_i}{R_i + R_s}$

$$\approx -50 \times \frac{3.3 \mathbin{/\!/} 5.1}{0.97+(1+50)\times 0.2} \times \frac{4.6}{4.6+0.6} \approx -7.9$$

当 $v_s = 15$ mV 时，输出电压 $v_o = A_{vs} \cdot v_s = -7.9 \times 15$ mV $= -118.5$ mV

5.4.5 在图题 5.4.5 所示的电路中，v_s 为正弦波信号，$R_{si} = 500\ \Omega$，BJT 的 $\beta = 100$，C_{b1} 和 C_{b2} 的容抗可忽略。(1) 为使发射极电流 I_{EQ} 约为 1 mA，求 R_e 的值；(2) 如需建立集电极电压 V_{CQ} 为 +5 V，求 R_c 的值；(3) $R_L = 5$ kΩ，求 A_{vs} 。

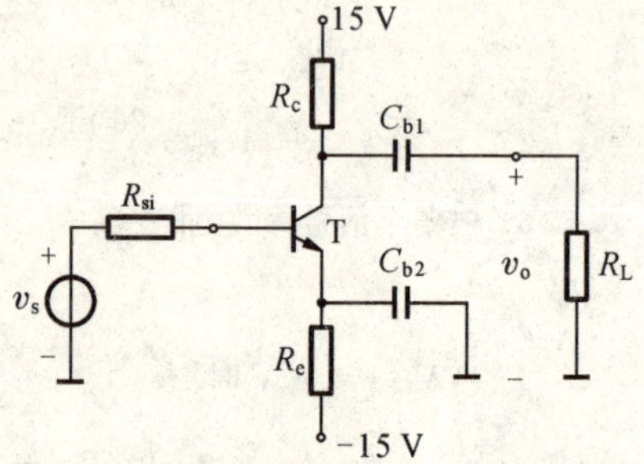

图题 5.4.5

【解】 (1) 当 $v_s = 0$ 时，据直流通路，$I_{BQ} = \frac{I_{EQ}}{1+\beta} = \frac{1\ \text{mA}}{1+100} \approx 0.01$ mA 。设 I_{BQ} 可忽略不计，$V_{BEQ} = 0.7$ V，则 $V_{EQ} = V_{BQ} - V_{BEQ} \approx 0 - 0.7\ \text{V} = -0.7$ V，故有

$$R_e = \frac{V_{EQ} - (-15\ \text{V})}{I_{EQ}} = \frac{-0.7+15}{1}\ \text{k}\Omega = 14.3\ \text{k}\Omega$$

(2) 当 $V_{CQ} = +5$ V 时，据直流通路，有

$$R_c = \frac{15\ \text{V} - V_{CQ}}{I_{CQ}} \approx \frac{15\ \text{V} - V_{CQ}}{I_{EQ}} = \frac{15-5}{1}\ \text{k}\Omega = 10\ \text{k}\Omega$$

(3) 当 $R_L = 5$ kΩ 时，据小信号等效电路，有

$$A_{vs} = \frac{v_o}{v_s} = \frac{v_o}{v_i} \cdot \frac{v_i}{v_s} = -\beta \frac{R_c \mathbin{/\!/} R_L}{r_{be}} \times \frac{r_{be}}{r_{be}+R_{si}} = -\beta \frac{R_c \mathbin{/\!/} R_L}{r_{be}+R_{si}}$$

而

$$r_{be} = r_{bb'} + (1+\beta)\frac{26\ \text{mV}}{I_{EQ}} \approx \left[200 + (1+100) \times \frac{26}{1}\right]\Omega \approx 2\,830\ \Omega$$

$$\therefore A_{vs} = -100 \times \frac{10 \mathbin{/\!/} 5}{2.83+0.5} \approx -100$$

5.4.6 电路如图题 5.4.6 所示，设 BJT 的 $\beta = 100$，$V_{BEQ} = 0.7$ V。(1) 估算 Q 点；(2) 求电压增益 A_v、输入电阻 R_i 和输出电阻 R_o。

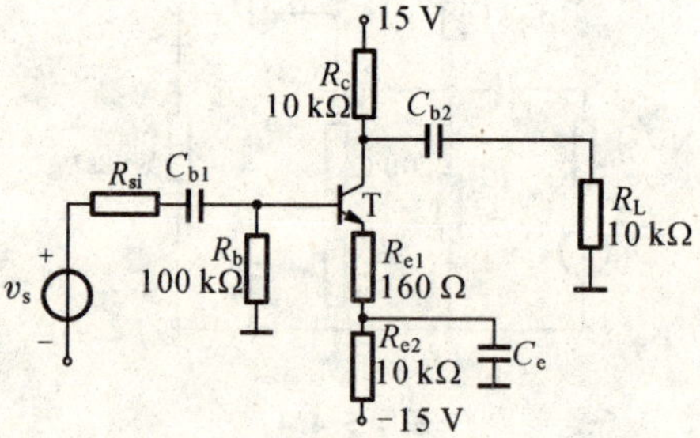

图题 5.4.6

【解】 (1) 据直流通路，有

$$0-(-15)-V_{BEQ} = I_{BQ}R_b + (1+\beta)I_{BQ}(R_{e1}+R_{e2})$$

$$\text{可求得 } I_{BQ} = \frac{15\ \text{V} - V_{BEQ}}{R_b + (1+\beta)(R_{e1}+R_{e2})}$$

$$= \frac{15-0.7}{100+(1+100)(0.16+10)}\ \text{mA}$$

$$\approx 0.012\,7\ \text{mA}$$

$$I_{CQ} = \beta I_{BQ} = 100 \times 0.012\,7\ \text{mA} = 1.27\ \text{mA}$$

$$V_{CEQ} \approx 15-(-15)-I_{CQ}(R_c+R_{e1}+R_{e2}) = [30-1.27\times(10+0.16+10)]\ \text{V} \approx 4.4\ \text{V}$$

(2) 据小信号等效电路，有

$$A_v = -\beta \frac{R_c \mathbin{/\!/} R_L}{r_{be}+(1+\beta)R_{e1}}$$

而

$$r_{be} = r_{bb'} + (1+\beta)\frac{26\ \text{mV}}{I_{EQ}} \approx \left[200 + (1+100)\times\frac{26}{1.27}\right]\Omega \approx 2\,268\ \Omega$$

$$\therefore A_v \approx -100 \times \frac{10 \mathbin{/\!/} 10}{2.27+(1+100)\times 0.16} \approx -27.1$$

$$R_i = R_b \mathbin{/\!/} [r_{be}+(1+\beta)R_{e1}] \approx 100 \mathbin{/\!/} [2.27+(1+100)\times 0.16]\ \text{k}\Omega \approx 15.56\ \text{k}\Omega$$

$$R_o = R_c = 10\ \text{k}\Omega$$

5.4.7　电路如图题 5.4.7 所示，设 BJT 的 $\beta = 100$，$V_{BE} = 0.7\ V$。试求 I_{BQ}、I_{CQ}、I_{Rc}、I_L 及 V_{CEQ}。

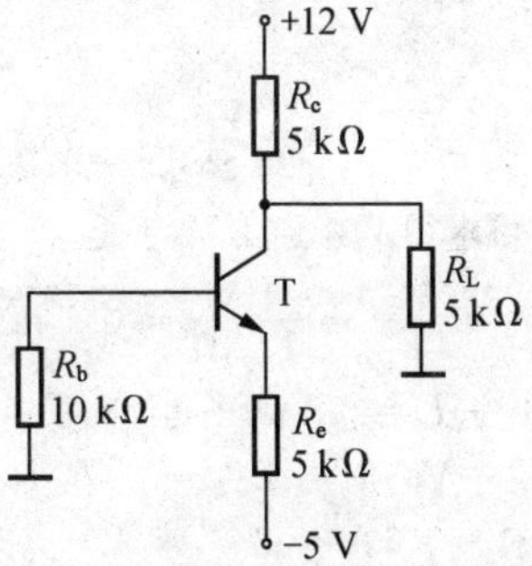

图题 5.4.7

【解】　据直流通路的输入回路，有

$$I_{BQ}R_b + V_{BEQ} + (1+\beta)I_{BQ}R_e = 5\ V$$

将 $V_{BE} = 0.7\ V$、$\beta = 100$、$R_b = 10\ k\Omega$、$R_e = 5\ k\Omega$ 代入上式，可求得 $I_{BQ} \approx 8.35\ \mu A$，故

$$I_{CQ} = \beta I_{BQ} = 100 \times 8.35\ \mu A = 0.84\ mA$$

由于

$$I_{CQ} = I_{Rc} - I_L = 0.84\ mA$$

即

$$\frac{12\ V - V_{CQ}}{R_c} - \frac{V_{CQ}}{R_L} = 0.84\ mA$$

将 $R_c = 5\ k\Omega$、$R_L = 5\ k\Omega$ 代入上式，可求得 $V_{CQ} = 3.9\ V$，于是

$$I_L = \frac{V_{CQ}}{R_L} = \frac{3.9\ V}{5\ k\Omega} = 0.78\ mA$$

$$I_{Rc} = I_{CQ} + I_L = 0.84\ mA + 0.78\ mA = 1.62\ mA$$

$$V_{CEQ} = V_{CQ} - V_{EQ} = V_{CQ} - I_{CQ}R_e + 5\ V = 3.9\ V - 0.84\ mA \times 5\ k\Omega + 5\ V = 4.7\ V$$

5.4.8　设图题 5.4.8 所示电路中的 $V_{CC} = V_{EE} = 12\ V$，电流源的 $I_O = 1\ mA$，BJT 的 $\beta = 100$，$V_{BEQ} = 0.6\ V$，电阻 $R_b = 110\ k\Omega$，$R_c = R_L = 10\ k\Omega$，C_{b1} 和 C_e 的容抗可以忽略不计。(1) 求 I_{BQ}、I_{CQ}、负载电流 I_L、I_{Rc} 及 V_{CEQ}；(2) 画出该电路的小信号等效电路；(3) 求电压增益 A_v、输入电阻 R_i 和输出电阻 R_o。

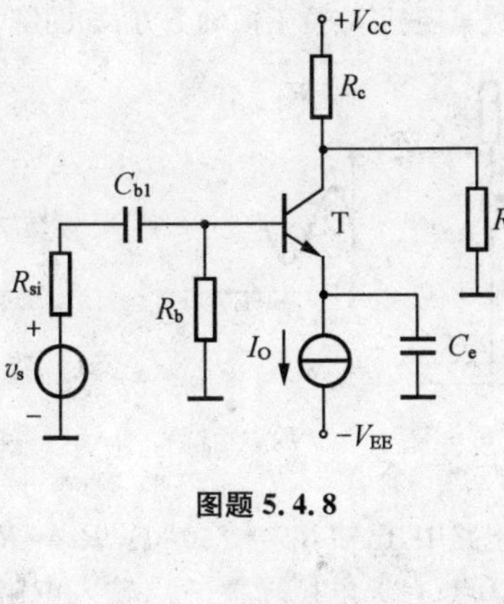

图题 5.4.8

【解】　据直流通路，有

$$I_{BQ} = \frac{I_O}{1+\beta} = \frac{1\ mA}{1+100} \approx 0.01\ mA$$

由于

$$I_{CQ}=I_{Rc}-I_L\approx 1\ \text{mA}$$

即

$$\frac{12\ \text{V}-V_{CQ}}{R_c}-\frac{V_{CQ}}{R_L}\approx 1\ \text{mA}$$

将 $R_c=R_L=10\ \text{k}\Omega$ 代入上式，可求得 $V_{CQ}=1\ \text{V}$，于是

$$I_L=\frac{V_{CQ}}{R_L}=\frac{1\ \text{V}}{10\ \text{k}\Omega}=0.1\ \text{mA}$$

$$I_{Rc}=I_{CQ}+I_L=1\ \text{mA}+0.1\ \text{mA}=1.1\ \text{mA}$$

$$\begin{aligned}V_{CEQ}&=V_{CQ}-V_{EQ}=V_{CQ}-(V_{BQ}-V_{BEQ})=V_{CQ}-(-I_{BQ}R_b-V_{BEQ})=V_{CQ}+I_{BQ}R_b+V_{BEQ}\\&=1\ \text{V}+0.01\ \text{mA}\times 110\ \text{k}\Omega+0.6\ \text{V}=2.7\ \text{V}\end{aligned}$$

(2) 小信号等效电路如图解 5.4.8 所示。

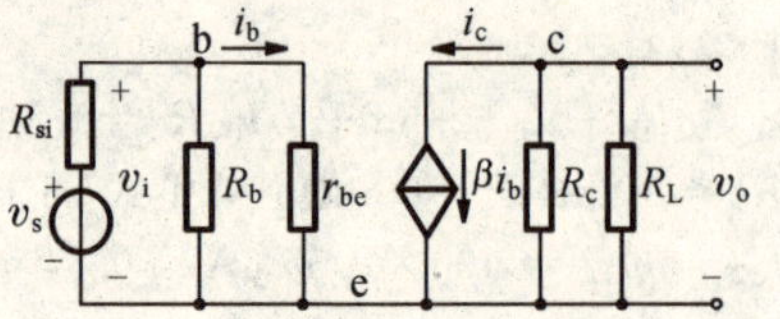

图解 5.4.8

(3) BJT 的输入电阻

$$r_{be}=r_{bb'}+(1+\beta)\frac{26\ \text{mV}}{I_{EQ}}\approx 200\ \Omega+(1+100)\times\frac{26\ \text{mV}}{1\ \text{mA}}\approx 2.83\ \text{k}\Omega$$

所以

$$A_v=-\beta\frac{R_c\ /\!/\ R_L}{r_{be}}\approx -100\times\frac{(10\ /\!/\ 10)\text{k}\Omega}{2.83\ \text{k}\Omega}\approx -176.7$$

$$R_i=R_b\ /\!/\ r_{be}\approx 110\ \text{k}\Omega\ /\!/\ 2.83\ \text{k}\Omega\approx 2.76\ \text{k}\Omega$$

$$R_o=R_c=10\ \text{k}\Omega$$

5.5　共集电极放大电路和共基极放大电路

5.5.1　图题 5.5.1 所示电路属于何种组态？其输出电压 v_o 的波形是否正确？若有错，请改正。

【解】　由于 BJT 的集电极交流接地，故为共集电极组态，输出电压 v_o 与输入电压 v_i 同相。但本题采用 PNP 管，电源电压极性为负，故 v_o 波形应位于横轴下方，如图解 5.5.1 所示。

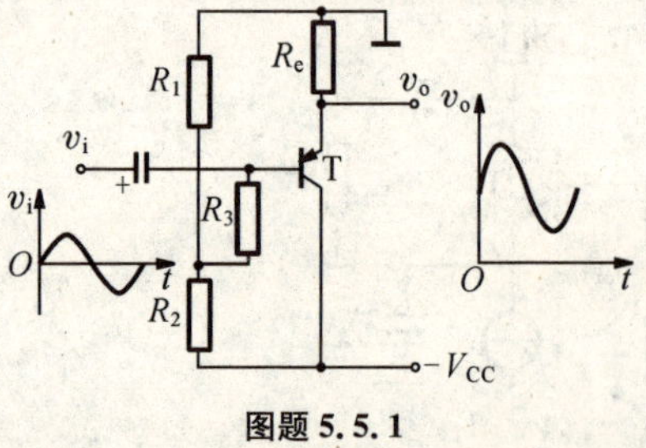

图题 5.5.1

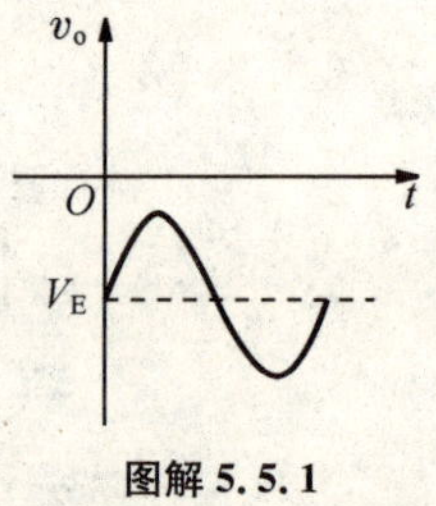

图解 5.5.1

5.5.2　在图题 5.5.2 所示的电路中，已知 $R_b=260\ \text{k}\Omega$，$R_e=R_L=5.1\ \text{k}\Omega$，$R_{si}=500\ \Omega$，$V_{EE}=12\ \text{V}$，$\beta=50$，试求：(1) 电路的 Q 点；(2) 电压增益 A_v、输入电阻 R_i 及输出电阻 R_o；(3) 若 $v_s=200\ \text{mV}$，求 v_o。

【解】　(1) 据直流通路，有

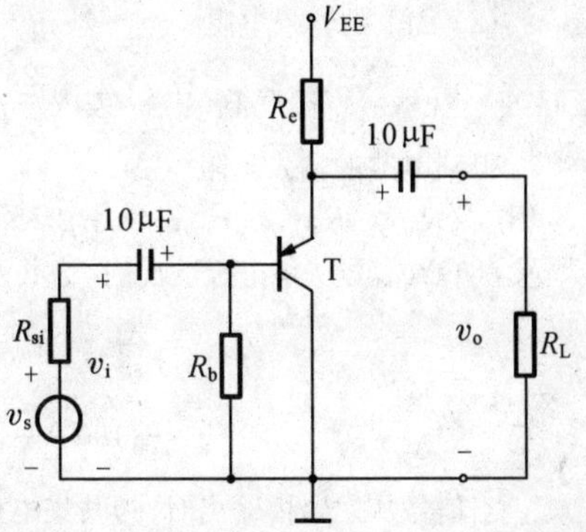

图题 5.5.2

$$V_{EE} \approx I_{BQ}R_b + (1+\beta)I_{BQ}R_e$$

故 $I_{BQ} \approx \frac{V_{EE}}{R_b+(1+\beta)R_e} = \frac{12}{260+(1+50)\times 5.1}$ mA

≈ 0.023 mA

$I_{CQ} = \beta I_{BQ} = 50\times 0.023\text{ mA} = 1.15\text{ mA}$

$V_{CEQ} \approx -(V_{EE} - I_{CQ}R_e) = -(12-1.15\times 5.1)$ V

≈ -6.14 V

(2) 据小信号等效电路,有

$$A_v = \frac{(1+\beta)(R_e /\!/ R_L)}{r_{be}+(1+\beta)(R_e /\!/ R_L)}$$

而

$$r_{be} = r_{bb'} + (1+\beta)\frac{26\text{ mV}}{I_{EQ}} \approx \left[200+(1+50)\times\frac{26}{1.15}\right]$$

$\Omega \approx 1\,353\ \Omega$

故
$$A_v \approx \frac{(1+50)(5.1 /\!/ 5.1)}{1.35+(1+50)(5.1 /\!/ 5.1)} \approx 0.99$$

$$R_i = R_b /\!/ [r_{be}+(1+\beta)(R_e /\!/ R_L)] \approx 260\text{ k}\Omega /\!/ [1.35+(1+50)(5.1 /\!/ 5.1)]\text{ k}\Omega \approx 87.3\text{ k}\Omega$$

$$R_o = R_e /\!/ \frac{R_s /\!/ R_b + r_{be}}{1+\beta} = \left(5.1 /\!/ \frac{0.5 /\!/ 260+1.35}{1+50}\right)\text{ k}\Omega \approx 0.036\text{ k}\Omega = 36\ \Omega$$

(3) 当 $v_s = 200$ mV 时,由于

$$A_{vs} = \frac{v_o}{v_s} = \frac{v_o}{v_i}\cdot\frac{v_i}{v_s} = A_v \times \frac{R_i}{R_i+R_s} \approx 0.99\times\frac{87.3}{87.3+0.5} \approx 0.984$$

$$\therefore v_o = A_{vs}\cdot v_s = 0.984\times 200\text{ mV} \approx 197\text{ mV}$$

5.5.3 电路如图题 5.5.3 所示,设 $\beta = 100$, $R_{si} = 2\text{ k}\Omega$,试求:(1) Q 点;(2) 输入电阻 R_i;(3) 电压增益 $A_{vs1} = v_{o1}/v_s$ 和 $A_{vs2} = v_{o2}/v_s$;(4)输出电阻 R_{o1} 和 R_{o2}。

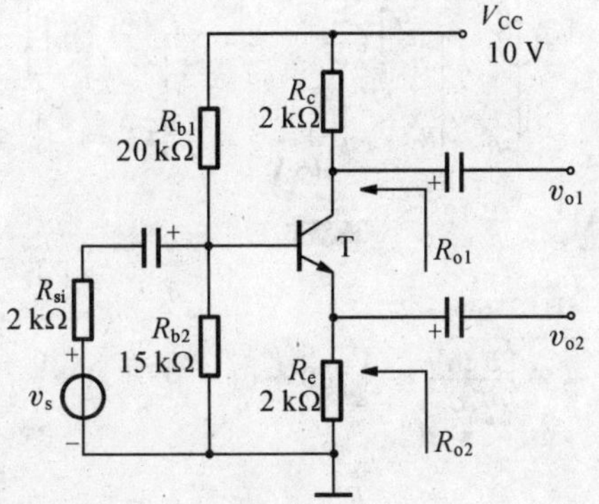

图题 5.5.3

【解】 (1) 据直流通路,有

$$V_{BQ} \approx \frac{R_{b2}}{R_{b1}+R_{b2}}\times V_{CC} = \frac{15}{20+15}\times 10\text{ V} \approx 4.3\text{ V}$$

$$I_{CQ} \approx I_{EQ} = \frac{V_{BQ}-V_{BEQ}}{R_e} = \frac{4.3-0.7}{2}\text{ mA} = 1.8\text{ mA}$$

$$V_{CEQ} \approx V_{CC} - I_{CQ}(R_c+R_e) = [10-1.8\times(2+2)]\text{ V} \approx 2.8\text{ V}$$

$$I_{BQ} = \frac{I_{CQ}}{\beta} \approx \frac{1.8}{100}\text{ mA} = 0.018\text{ mA}$$

(2) BJT 的输入电阻

$$r_{be}=r_{bb'}+(1+\beta)\frac{26\ \text{mV}}{I_{EQ}}\approx 200\Omega+(1+100)\times\frac{26\ \text{mV}}{1.8\ \text{mA}}\approx 1\,659\Omega$$

得到电路的输入电阻

$$R_i=R_{b1}\,/\!/\,R_{b2}\,/\!/\,[r_{be}+(1+\beta)R_e]\approx 20\ \text{k}\Omega\,/\!/\,15\ \text{k}\Omega\,/\!/\,(1.66+(1+100)\times 2)\text{k}\Omega\approx 8.2\ \text{k}\Omega$$

(3) 当信号从集电极输出时，为共发射极组态，故有

$$A_{vs1}=\frac{v_{o1}}{v_s}=A_{v1}\cdot\frac{R_i}{R_i+R_{si}}=-\beta\frac{R_c}{r_{be}+(1+\beta)R_e}\cdot\frac{R_i}{R_i+R_{si}}$$

$$=-100\times\frac{2\ \text{k}\Omega}{1.66\ \text{k}\Omega+(1+100)\times 2\ \text{k}\Omega}\times\frac{8.2\ \text{k}\Omega}{8.2\ \text{k}\Omega+2\ \text{k}\Omega}\approx -0.79$$

当信号从发射极输出时，为共集电极组态，故有

$$A_{vs2}=\frac{v_{o2}}{v_s}=A_{v2}\cdot\frac{R_i}{R_i+R_{si}}=\frac{(1+\beta)R_e}{r_{be}+(1+\beta)R_e}\cdot\frac{R_i}{R_i+R_{si}}$$

$$=\frac{(1+100)\times 2\ \text{k}\Omega}{1.66\ \text{k}\Omega+(1+100)\times 2\ \text{k}\Omega}\times\frac{8.2\ \text{k}\Omega}{8.2\ \text{k}\Omega+2\ \text{k}\Omega}\approx 0.8$$

(4) 共发射极和共集电极组态的输出电阻分别为

$$R_{o1}=R_c=2\ \text{k}\Omega$$

$$R_{o2}=R_e\,/\!/\,\frac{R_s\,/\!/\,R_{b1}\,/\!/\,R_{b2}+r_{be}}{1+\beta}=\left(2\,/\!/\,\frac{2\,/\!/\,20\,/\!/\,15+1.66}{1+100}\right)\text{k}\Omega\approx 0.031\ \text{k}\Omega=31\ \Omega$$

5.5.4　共基极电路如图题 5.5.4 所示。射极电路里接入一恒流源，设 $\beta=100$，$R_{si}=0$，$R_L=\infty$。试确定电路的电压增益 A_v、输入电阻 R_i 和输出电阻 R_o。

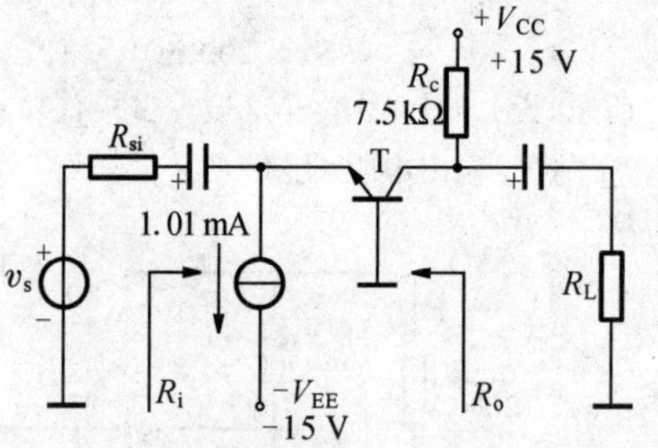

图题 5.5.4

【解】　据直流通路，$I_{EQ}=1.01$ mA，故

$$r_{be}=r_{bb'}+(1+\beta)\frac{26\ \text{mV}}{I_{EQ}}\approx\left[200+(1+100)\times\frac{26}{1.01}\right]\Omega\approx 2\,800\ \Omega$$

再据小信号等效电路，有

$$A_v=\beta\frac{R_c\,/\!/\,R_L}{r_{be}}=100\times\frac{7.5}{2.8}\approx 268$$

$$R_i=\frac{r_{be}}{1+\beta}=\frac{2.8\ \text{k}\Omega}{1+100}\approx 0.028\ \text{k}\Omega=28\ \Omega$$

$$R_o=R_c=7.5\ \text{k}\Omega$$

5.5.5　电路如图题 5.5.5a 所示。BJT 的电流放大系数为 β，输入电阻为 r_{be}，略去了偏置电路。试求下列三种情况下的电压增益 A_v、输入电阻 R_i 及输出电阻 R_o：(1) $v_{s2}=0$，从集电极输出；(2) $v_{s1}=0$，从集电极输出；(3) $v_{s2}=0$，从发射极输出。并指出上述(1)、(2)两种情况的相位关系能否用图题 5.5.5b 来表示？符号"＋"表示同相输入端，即 v_c 和 v_e 同相，而符号"－"表示反相输入端，即 v_c 和 v_b 反相。

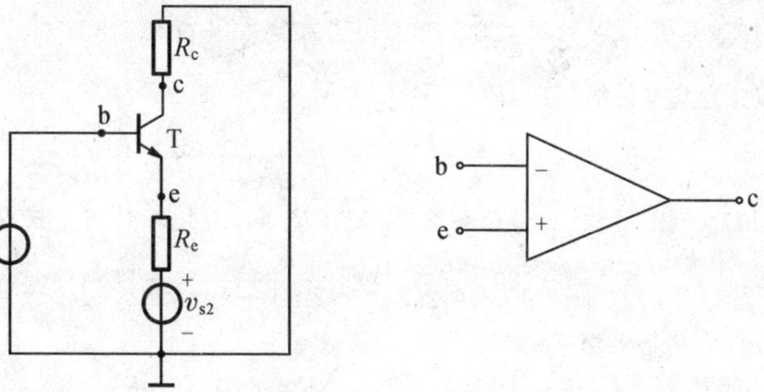

（a）　　（b）

图题 5.5.5

【解】 (1) $v_{s2}=0$，从集电极输出，为共发射极组态，v_c 和 v_b 反相，能用图(b)来表示（v_{s1} 加于“−”端）。据小信号等效电路，有

$$A_v=-\frac{\beta R_c}{r_{be}+(1+\beta)R_e}$$

$$R_i=r_{be}+(1+\beta)R_e$$

$$R_o=R_c$$

(2) $v_{s1}=0$，从集电极输出，为共基极组态，v_c 和 v_e 同相，能用图(b)来表示（v_{s2} 加于“+”端）。据小信号等效电路，有

$$A_v=\frac{\beta R_c}{r_{be}+(1+\beta)R_e}$$

$$R_i=R_e\ /\!/\ \frac{r_{be}}{1+\beta}$$

$$R_o=R_c$$

(3) $v_{s2}=0$，从发射极输出，为共集电极组态，v_e 和 v_b 同相。据小信号等效电路，有

$$A_v=\frac{(1+\beta)R_e}{r_{be}+(1+\beta)R_e}$$

$$R_i=r_{be}+(1+\beta)R_e$$

$$R_o=R_e\ /\!/\ \frac{r_{be}}{1+\beta}$$

5.5.6　电路如图题 5.5.6 所示，设 BJT 的 $\beta=100$，$V_{PEQ}=0.7\ \text{V}$。(1) 求各电极的静态电压 V_{BQ}、V_{EQ} 及 V_{CQ}；(2) 求 r_{be} 的值；(3) 若 Z 端接地，X 端接信号源且 $R_{si}=10\ \text{k}\Omega$，Y 端接一 10 kΩ 的负载电阻，求 $A_{vs}(v_y/v_s)$；(4) 若 X 端接地，Z 端接一 $R_{si}=200\ \Omega$ 的信号电压 v_s，Y 端接一 10 kΩ 的负载电阻，求 $A_{vs}(v_y/v_s)$；(5) 若 Y 端接地，X 端接一内阻 R_{si} 为 100 Ω 的信号电压 v_s，Z 端接一负载电阻 1 kΩ，求 $A_{vs}(v_z/v_s)$。电路中容抗可忽略。

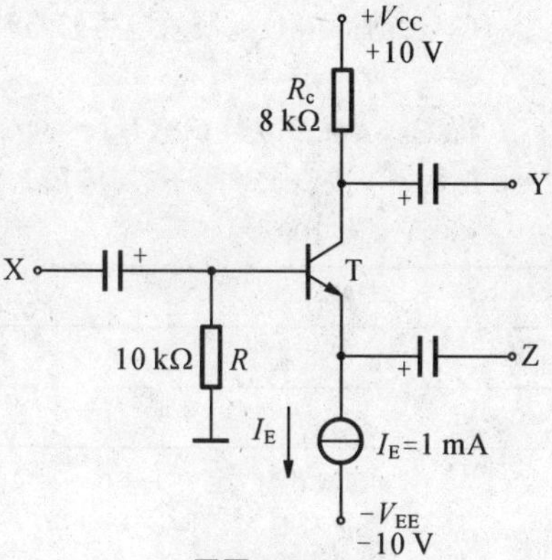

图题 5.5.6

【解】 (1) 根据直流通路，$I_{EQ}=1\ \text{mA}$，故 $I_{BQ}=\frac{I_{EQ}}{1+\beta}=\frac{1\ \text{mA}}{1+100}\approx 0.01\ \text{mA}$，则

$$V_{BQ}=-I_{BQ}\times 10\ \text{k}\Omega=-0.1\ \text{V}$$

$$V_{EQ}=V_{BQ}-V_{BEQ}=(-0.1-0.7)\ \text{V}=-0.8\ \text{V}$$

$$V_{CQ}=V_{CC}-R_cI_{CQ}\approx(10-8\times 1)\ \text{V}=2\ \text{V}$$

(2) $r_{be} = r_{bb'} + (1+\beta)\dfrac{26\text{mV}}{I_{EQ}} \approx \left[200 + (1+100)\times\dfrac{26}{1}\right]\ \Omega \approx 2\ 826\ \Omega$

(3) 若 Z 端接地，为共发射极组态，故

$$A_{vs} = \frac{v_y}{v_s} = \frac{v_y}{v_i}\cdot\frac{v_i}{v_s} = -\beta\frac{R_c /\!/ R_L}{r_{be}}\cdot\frac{R_i}{R_i + R_s}$$

而 $R_i = (r_{be} /\!/ 10)\text{k}\Omega = (2.83 /\!/ 10)\text{k}\Omega \approx 2.21\ \text{k}\Omega$，$R_{si} = 10\ \text{k}\Omega$，代入上式有

$$A_{vs} = -100\times\frac{8 /\!/ 10}{2.83}\times\frac{2.21}{2.21+10} \approx -28.4$$

(4) 若 X 端接地，为共基极组态，故

$$A_{vs} = \frac{v_y}{v_s} = \frac{v_y}{v_i}\cdot\frac{v_i}{v_s} = \beta\frac{R_c /\!/ R_L}{r_{be}}\cdot\frac{R_i}{R_i + R_s}$$

而 $R_i = \dfrac{r_{be}}{1+\beta} \approx \dfrac{2.83}{1+100} \approx 0.028\ \text{k}\Omega$，$R_{si} = 0.2\ \text{k}\Omega$，代入上式有

$$A_{vs} = 100\times\frac{8 /\!/ 10}{2.83}\times\frac{0.028}{0.028+0.2} \approx 19.3$$

(5) 若 Y 端接地，为共集电极组态，故

$$A_{vs} = \frac{v_z}{v_s} = \frac{v_z}{v_i}\cdot\frac{v_i}{v_s} = \frac{(1+\beta)R_L}{r_{be} + (1+\beta)R_L}\cdot\frac{R_i}{R_i + R_s}$$

而 $R_i = 10\ \text{k}\Omega /\!/ [r_{be} + (1+\beta)R_L] = \{10 /\!/ [2.83 + (1+100)\times 1]\}\text{k}\Omega \approx 9.12\ \text{k}\Omega$，$R_{si} = 0.1\ \text{k}\Omega$，代入上式有

$$A_{vs} = \frac{(1+100)\times 1}{2.83 + (1+100)\times 1}\times\frac{9.12}{9.12+0.1} \approx 0.96$$

5.6 FET 和 BJT 及其基本放大电路性能的比较

5.6.1 求解下列问题：(1) 已知一 NMOS 管的 $W/L = 10$，$I_{DQ} = 1\ \text{mA}$，$V_{TN} = 0.5\ \text{V}$，$\mu_n C_{ox} = 387\ \mu\text{A/V}^2$，沟道长度调制效应可忽略。试求 V_{GSQ} 的值。(2) 已知一 BJT 管的 $I_{EQ} = 0.1\ \text{mA}$，$I_{ES} = 6\times 10^{-15}\ \text{mA}$，基区宽度调制效应可忽略。试求 V_{BEQ} 的值。

【解】 (1) 当沟道长度调制效应可忽略时，有

$$i_D = \frac{\mu_n C_{ox}}{2}\cdot\frac{W}{L}(v_{GS} - V_{TN})^2$$

将 $\mu_n C_{ox} = 387\ \mu\text{A/V}^2$、$W/L = 10$、$I_{DQ} = 1\ \text{mA}$、$V_{TN} = 0.5\ \text{V}$ 代入上式，可求得 $V_{GSQ} \approx 0.73\ \text{V}$。

(2) 当基区宽度调制效应可忽略时，有

$$i_E = I_{ES}e^{u_{BE}/26\ \text{mV}}$$

将 $I_{ES} = 6\times 10^{-15}\ \text{mA}$、$I_{EQ} = 0.1\ \text{mA}$ 代入上式，可求得 $V_{BEQ} \approx 0.79\ \text{V}$。

5.6.2 按要求填写下表。已知 NMOS 管的 $W/L = 40$，$\mu_n C_{ox} = 200\ \mu\text{A/V}^2$，$V_A = 10\ \text{V}$；BJT 管的 $\beta = 100$，$V_A = 100\ \text{V}$。

器件	NMOS		BJT	
偏置电流	$I_{DQ} = 0.1\ \text{mA}$	$I_{DQ} = 1\ \text{mA}$	$I_{CQ} = 0.1\ \text{mA}$	$I_{CQ} = 1\ \text{mA}$
g_m/mS				
共源或共射连接时的输入电阻				
输出电阻				

【解】 计算结果如表解 5.6.2 所示。

表解 5.6.2

器件	NMOS		BJT	
偏置电流	$I_{DQ}=0.1\ mA$	$I_{DQ}=1\ mA$	$I_{CQ}=0.1\ mA$	$I_{CQ}=1\ mA$
g_m	1.27 mS	4 mS	3.85 mS	38.46 mS
共源或共射连接时的输入电阻	$r_{gs}=\infty$	$r_{gs}=\infty$	$r_{be}\approx\beta/g_m\approx 26.46\ k\Omega$	$r_{be}\approx 2.83\ k\Omega$
输出电阻	$r_{ds}=100\ k\Omega$	$r_{ds}=10\ k\Omega$	$r_{ce}\approx 1\,000\ k\Omega$	$r_{ce}\approx 100\ k\Omega$

5.6.3　设图题5.6.3所示各电路均设置了合适的静态工作点。已知BJT的$\beta=50$，$r_{be}=1.53\ k\Omega$，MOS管的$g_m=1\ mS$。试回答下列问题：(1) 三电路中输入电阻最高的是哪个电路？最低的是哪个电路？(2) 输出电阻最低的是哪个电路？(3) 电压增益最大的是哪个电路？最小的是哪个电路？(4) 输出电压与输入电压相位相反的是哪个电路？

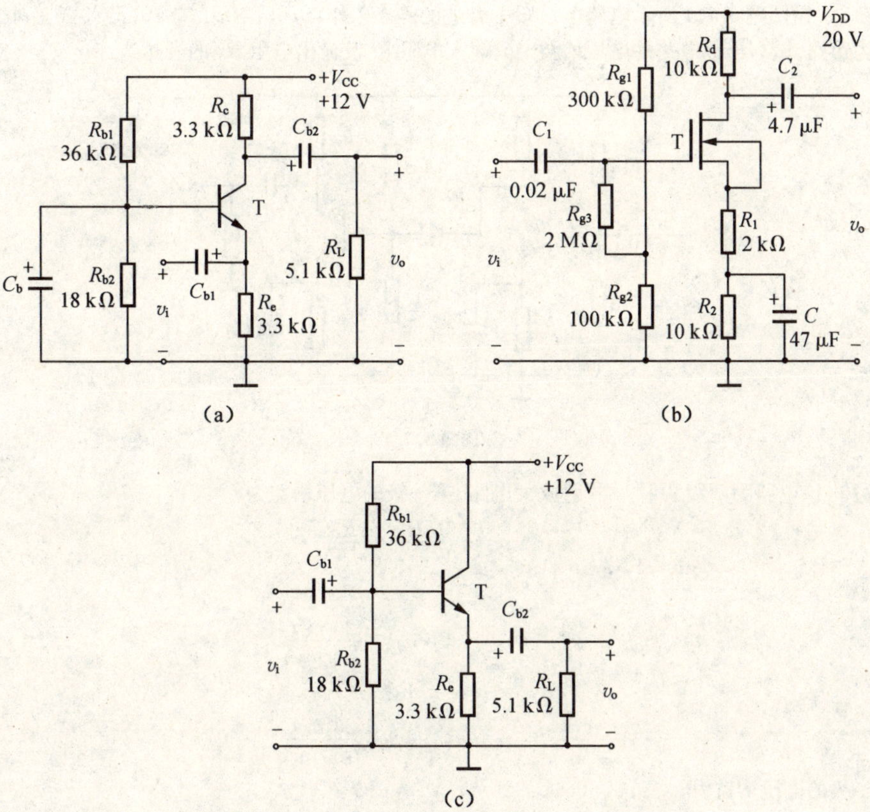

图题 5.6.3

【分析】　由图可知，图题5.6.3a是共基极放大电路，图题5.6.3b是共源极放大电路，图题5.6.3c是共集电极放大电路。因此可根据这三种组态的性能特点进行定性分析，再通过定量计算进行验证。

【解】　(1) 输入电阻最高的是图题5.6.3b，最低的是5.6.3a。三个电路的输入电阻依次为

$$R_{i1}=R_e\,/\!/\,\frac{r_{be}}{1+\beta}\approx 30\ \Omega$$

$$R_{i2}=R_{g3}+R_{g1}\,/\!/\,R_{g2}=2\,075\ k\Omega$$

$$R_{i3}=R_{b1}\ /\!/\ R_{b2}\ /\!/\ [r_{be}+(1+\beta)(R_e\ /\!/\ R_L)]\approx 10.8\ \mathrm{k\Omega}$$

(2) 输出电阻最低的是图题 5.6.3c。三个电路的输出电阻依次为

$$R_{o1}=R_c=3.3\ \mathrm{k\Omega}$$

$$R_{o2}=R_d=10\ \mathrm{k\Omega}$$

$$R_{o3}=R_e\ /\!/\ \frac{r_{be}}{1+\beta}\approx 30\ \Omega$$

(3) 电压增益最大的是图题 5.6.3a，最小的是图题 5.6.3c。三个电路的电压增益分别为

$$A_{v1}=\beta\frac{R_c\ /\!/\ R_L}{r_{be}}\approx 65$$

$$A_{v2}=-g_mR_d\approx -10$$

$$A_{v3}\approx 1$$

(4) 输出电压与输入电压相位相反的是图题 5.6.3b。

5.7 多级放大电路

5.7.1 设图题 5.7.1 所示电路已设置了合适的静态工作点，电容 C_{b1}、C_{b2}、C_{b3}、C_{e1}、C_{e2} 对交流信号均可视为短路。试写出该电路的电压增益 A_v、输入电阻 R_i 及输出电阻 R_o 的表达式。

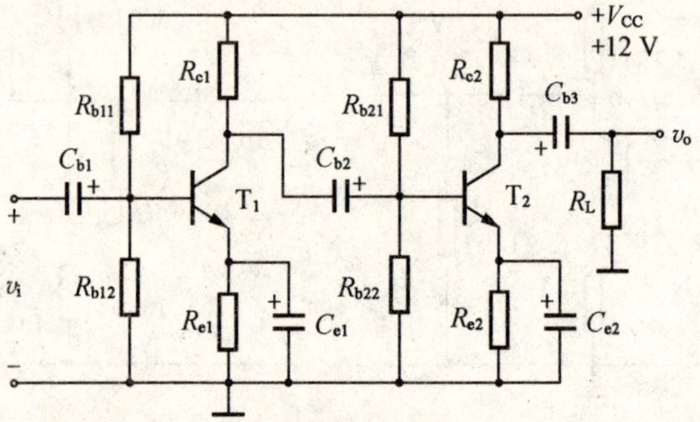

图题 5.7.1

【解】 该电路为两级共射－共射放大电路。第一级的电压增益为

$$A_{v1}=-\beta_1\frac{R_{c1}\ /\!/\ R_{i2}}{r_{be1}}$$

其中

$$r_{be1}=r_{bb'}+(1+\beta_1)\frac{26\ \mathrm{mV}}{I_{EQ1}\ \mathrm{mA}}$$

$$R_{i2}=R_{b21}\ /\!/\ R_{b22}\ /\!/\ r_{be2}$$

$$r_{be2}=r_{bb'}+(1+\beta_2)\frac{26\ \mathrm{mV}}{I_{EQ2}\ \mathrm{mA}}$$

第二级的电压增益为

$$A_{v2}=-\beta_2\frac{R_{c2}\ /\!/\ R_L}{r_{be2}}$$

故有

$$A_v=A_{v1}\cdot A_{v2}$$

$$R_i=R_{i1}=R_{b11}\ /\!/\ R_{b12}\ /\!/\ r_{be1}$$

$$R_o=R_{o2}=R_{c2}$$

5.7.2 电路如图题 5.7.2 所示。设两管的 $\beta=100$，$V_{BEQ}=0.7$ V，试求：(1) I_{CQ1}、V_{CEQ1}、I_{CQ2}、V_{CEQ2}；(2) T_1、T_2 各组成何种组态？(3) A_{v1}、A_{v2}、A_v、R_i 和 R_o。

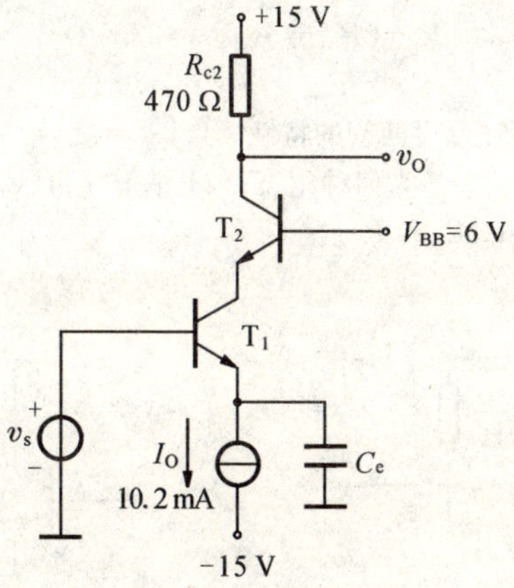

图题 5.7.2

【分析】　图题 5.7.2 为共射－共基电路。第一级电压增益 A_{v1} 与本级负载即第二级的输入电阻有关，且 $R_{i2}=r_{be2}/(1+\beta_2)$。

【解】 (1) 据直流通路，有

$$I_{CQ1}\approx I_{CQ2}\approx I_{EQ1}=10.2\ \text{mA}$$

而

$$V_{CQ1}=V_{BB}-V_{BEQ2}=(6-0.7)\text{V}=5.3\ \text{V}$$
$$V_{EQ1}=V_{BQ1}-V_{BEQ1}=(0-0.7)\text{V}=-0.7\ \text{V}$$

可求得

$$V_{CEQ1}=V_{CQ1}-V_{EQ1}=[5.3-(-0.7)]\text{V}=6\ \text{V}$$

又

$$V_{CQ2}=15-R_{c2}I_{CQ}=(15-0.47\times10.2)\text{V}\approx10.2\ \text{V}$$
$$V_{EQ2}=V_{BB}-V_{BEQ2}=(6-0.7)\text{V}=5.3\ \text{V}$$

所以

$$V_{CEQ2}=V_{CQ2}-V_{EQ2}\approx(10.2-5.3)\text{V}=4.9\ \text{V}$$

(2) T_1 组成共射极电路，T_2 组成共基极电路。

(3) 第一级的电压增益为

$$A_{v1}=-\beta_1\frac{R_{i2}}{r_{be1}}$$

而

$$r_{be1}=r_{be2}=r_{bb'}+(1+\beta)\frac{26\ \text{mV}}{I_{EQ}}\approx200\ \Omega+(1+100)\times\frac{26\ \text{mV}}{10.2\ \text{mA}}\approx457.5\ \Omega$$

$$R_{i2}=\frac{r_{be2}}{1+\beta_2}=\frac{457.5\ \Omega}{1+100}\approx4.53\ \Omega$$

可求得

$$A_{v1}=-100\times\frac{4.53\ \Omega}{457.5\ \Omega}\approx-1$$

第二级的电压增益为

$$A_{v2}=\beta_2\frac{R_{c2}}{r_{be2}}=100\times\frac{470\ \Omega}{457.5\ \Omega}\approx102.7$$

故有

$$A_v = A_{v1} \cdot A_{v2} \approx -102.7$$

$$R_i = R_{i1} = r_{be1} \approx 457.5\ \Omega$$

$$R_o = R_{o2} = R_{c2} = 470\ \Omega$$

5.7.3 电路如图题 5.7.3 所示。设两管的特性一致，$\beta_1 = \beta_2 = 50$，$V_{BEQ1} = V_{BEQ2} = 0.7$ V。(1) 试画出该电路的交流通路，说明 T_1、T_2 各为何种组态；(2) 估算 I_{CQ1}、V_{CEQ1}、I_{CQ2}、V_{CEQ2}（提示：因 $V_{BEQ1} = V_{BEQ2}$，故有 $I_{BQ1} = I_{BQ2}$）；(3) 求 A_v、R_i 和 R_o。

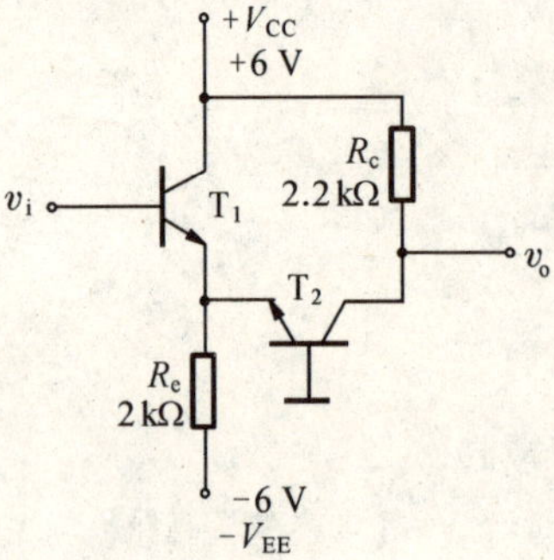

图题 5.7.3

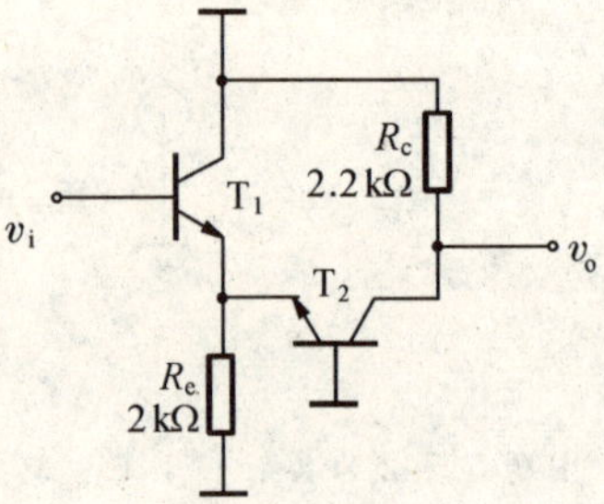

图解 5.7.3

【分析】 图题 5.7.3 为共集－共基电路。需要注意的是，第一级电压增益 A_{v1} 的大小与本级负载即第二级的输入电阻有关，由于 $R_{i2} = r_{be2}/(1+\beta_2)$，其值很小，故 A_{v1} 不能近似为 1，而应根据已知条件进行实际计算。

【解】 (1) 交流通路如图解 5.7.3 所示。其中 T_1 的集电极交流接地，故为共集电极组态；T_2 的基极接地，故为共基极组态。

(2) 静态($v_i = 0$)时，设 $V_{BEQ1} = V_{BEQ2} = V_{BEQ}$，则 $V_{EQ1} = V_{EQ2} = V_{EQ} = 0 - V_{BEQ} = -0.7$ V，又因 $V_{BEQ1} = V_{BEQ2}$，故 $I_{BQ1} = I_{BQ2}$，可求得

$$I_{CQ1} = I_{CQ2} = \frac{1}{2} \times \frac{V_{EQ} - (-V_{EE})}{R_e} = \frac{1}{2} \times \frac{-0.7\ \text{V} + 6\ \text{V}}{2\ \text{k}\Omega} \approx 1.33\ \text{mA}$$

$$V_{CEQ1} = V_{CQ1} - V_{EQ1} = 6\ \text{V} - (-0.7)\text{V} = 6.7\ \text{V}$$

$$V_{CEQ2} = V_{CC} - I_{CQ2}R_c - V_{EQ2} = 6\ \text{V} - 1.33\ \text{mA} \times 2.2\ \text{k}\Omega - (-0.7)\text{V} \approx 3.8\ \text{V}$$

(3) 第一级的电压增益为

$$A_{v1} = \frac{(1+\beta_1)(R_e /\!/ R_{i2})}{r_{be1} + (1+\beta_1)(R_e /\!/ R_{i2})}$$

而

$$R_{i2} = \frac{r_{be2}}{1+\beta_2}$$

故

$$A_{v1} \approx \frac{(1+\beta_1)\dfrac{r_{be2}}{1+\beta_2}}{r_{be1} + (1+\beta_1)\dfrac{r_{be2}}{1+\beta_2}} = \frac{r_{be2}}{r_{be1} + r_{be2}} = 0.5$$

第二级的电压增益为

$$A_{v2} = \beta_2 \frac{R_c}{r_{be2}}$$

而

$$r_{be2} = r_{bb'} + (1+\beta_2)\frac{26\ \text{mV}}{I_{EQ2}} \approx 200\ \Omega + (1+50) \times \frac{26\ \text{mV}}{1.33\ \text{mA}} \approx 1\,197\ \Omega$$

可求得

$$A_{v2} \approx 50 \times \frac{2.2\ \text{k}\Omega}{1.2\ \text{k}\Omega} \approx 91.7$$

故有

$$A_v = A_{v1} \cdot A_{v2} \approx 0.5 \times 91.7 \approx 45.9$$

$$R_i = R_{i1} = r_{be1} + (1+\beta_1)(R_e \parallel R_{i2}) \approx r_{be1} + r_{be2} = 2r_{be} \approx 2 \times 1.2\ \text{k}\Omega = 2.4\ \text{k}\Omega$$

$$R_o = R_{o2} = R_c = 2.2\ \text{k}\Omega$$

5.7.4　电路如图题5.7.4所示。设两管的$\beta = 100$，$V_{BEQ} = 0.7$ V。(1) 估算两管的Q点(设$I_{BQ2} \ll I_{CQ1}$)；(2) 求A_v、R_i和R_o。

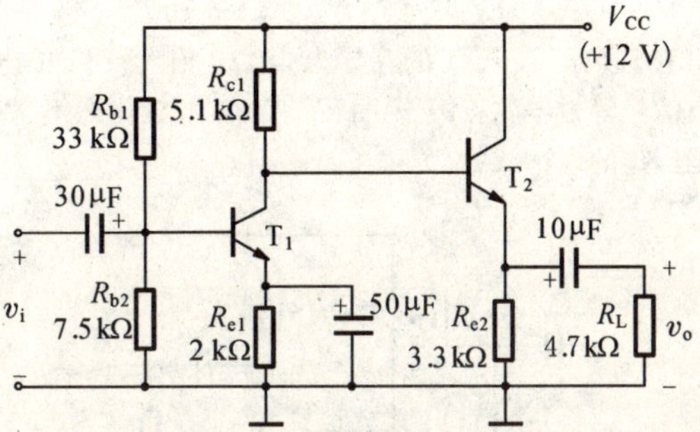

图题 5.7.4

【分析】　图题5.7.4为共射—共集电路。第一级电压增益A_{v1}与本级负载即第二级的输入电阻有关，且$R_{i2} = r_{be2} + (1+\beta_2)(R_{e2} \parallel R_L)$；第二级输出电阻$R_{o2}$又与本级信号源内阻，即第一级的输出电阻$R_{c1}$有关。

【解】　(1) 据直流通路，有

$$V_{BQ1} \approx \frac{R_{b2}}{R_{b1}+R_{b2}} V_{CC} = \frac{7.5\ \text{k}\Omega}{33\ \text{k}\Omega + 7.5\ \text{k}\Omega} \times 12\ \text{V} \approx 2.22\ \text{V}$$

由于$I_{BQ2} \ll I_{CQ1}$，故T_2的静态基极电流可忽略不计，得T_1的Q点为

$$I_{CQ1} \approx I_{EQ1} = \frac{V_{BQ1} - V_{BEQ1}}{R_{e1}} = \frac{2.22\ \text{V} - 0.7\ \text{V}}{2\ \text{k}\Omega} = 0.76\ \text{mA}$$

$$I_{BQ1} = \frac{I_{CQ1}}{\beta_1} \approx \frac{0.76\ \text{mA}}{100} \approx 0.0076\ \text{mA}$$

$$V_{CEQ1} \approx V_{CC} - I_{CQ}(R_{c1} + R_{e1}) = 12\ \text{V} - 0.76\ \text{mA} \times (5.1+2)\text{k}\Omega \approx 6.6\ \text{V}$$

由于

$$V_{EQ2} = V_{CQ1} - V_{BEQ2} = V_{CC} - I_{CQ1}R_{c1} - V_{BEQ2} = 12\ \text{V} - 0.76\ \text{mA} \times 5.1\ \text{k}\Omega - 0.7\ \text{V} \approx 7.4\ \text{V}$$

故T_2的Q点为

$$I_{CQ2} \approx I_{EQ2} = \frac{V_{EQ2}}{R_{e2}} \approx \frac{7.4\ \text{V}}{3.3\ \text{k}\Omega} \approx 2.24\ \text{mA}$$

$$I_{BQ2} = \frac{I_{CQ2}}{\beta_2} \approx \frac{2.24\ \text{mA}}{100} \approx 0.0224\ \text{mA}$$

$$V_{CEQ2} = V_{CC} - I_{EQ2}R_{e2} = 12\ \text{V} - 2.24\ \text{mA} \times 3.3\ \text{k}\Omega \approx 4.6\ \text{V}$$

(2) 第二级为共集电极组态，故$A_{v2} \approx 1$，则

$$A_v = A_{v1} \cdot A_{v2} \approx A_{v1} = -\beta_1 \frac{R_{c1} \parallel R_{i2}}{r_{be1}}$$

而

$$r_{be1} = r_{bb'} + (1+\beta_1)\frac{26\ \text{mV}}{I_{EQ1}} \approx 200\ \Omega + (1+100) \times \frac{26\ \text{mV}}{0.76\ \text{mA}} \approx 3\,655\ \Omega$$

$$r_{be2} = r_{bb'} + (1+\beta_2)\frac{26\text{ mV}}{I_{EQ2}} \approx 200\ \Omega + (1+100)\times\frac{26\text{ mV}}{2.24\text{ mA}} \approx 1\ 372\ \Omega$$

可求得

$$R_{i2} = r_{be2} + (1+\beta_2)(R_{e2} /\!/ R_L) \approx 1.4\text{ k}\Omega + (1+100)\times(3.3 /\!/ 4.7)\text{k}\Omega \approx 197\text{ k}\Omega$$

故有

$$A_v = -100\times\frac{5.1\text{ k}\Omega /\!/ 197\text{ k}\Omega}{3.66\text{ k}\Omega} \approx -136$$

$$R_i = R_{i1} = R_{b1} /\!/ R_{b2} /\!/ r_{be1} \approx (33 /\!/ 7.5 /\!/ 3.66)\text{k}\Omega \approx 1.8\text{ k}\Omega$$

$$R_o = R_{o2} = R_{e2} /\!/ \frac{R_{c1}+r_{be2}}{1+\beta_2} \approx 3.3\text{ k}\Omega /\!/ \frac{(5.1+1.4)\text{k}\Omega}{1+100} \approx 0.061\text{ k}\Omega = 61\ \Omega$$

5.7.5 电路如图题 5.7.5 所示。设 FET 的互导为 g_m，r_{ds} 很大；BJT 的电流放大系数为 β，输入电阻为 r_{be}。(1) 画出该电路的小信号等效电路；(2) 说明 T_1、T_2 各组成什么组态；(3) 求该电路的电压增益 A_v、输入电阻 R_i 及输出电阻 R_o 的表达式。

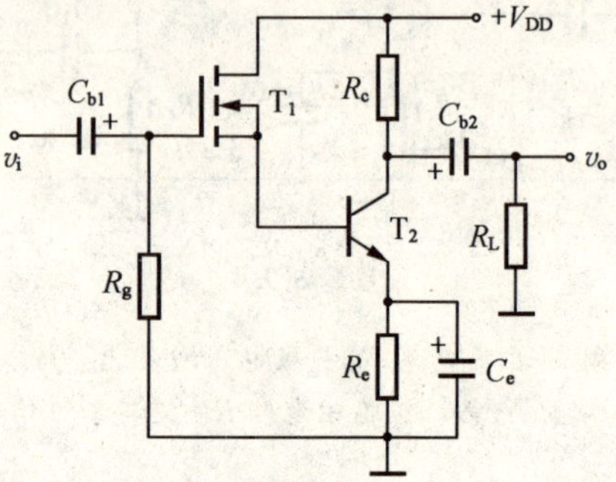

图题 5.7.5

【解】 (1) 小信号等效电路如图解 5.7.5 所示。

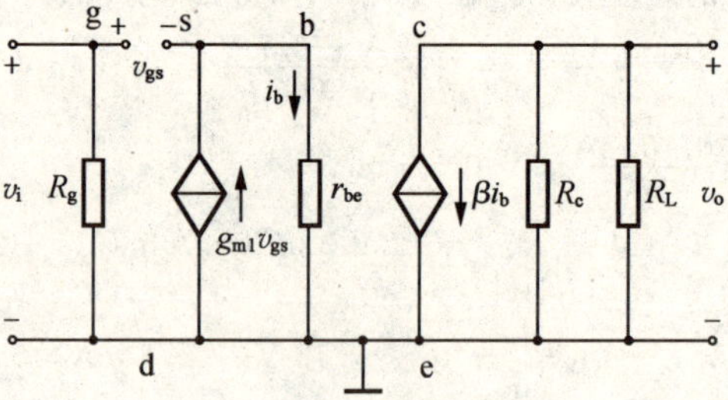

图解 5.7.5

(2) T_1 组成共漏组态，T_2 组成共射组态。

(3) 第一级的电压增益为

$$A_{v1} = \frac{g_m r_{be}}{1+g_m r_{be}}$$

第二级的电压增益为

$$A_{v2} = -\beta\frac{R_c /\!/ R_L}{r_{be}}$$

故有

$$A_v = A_{v1}\cdot A_{v2}$$

$$R_i = R_{i1} = R_g$$

$$R_o = R_c$$

5.7.6　电路如图题 5.7.6 所示，其中 $V_{DD} = +5\ V$，$R_{si} = 100\ k\Omega$，$R_{g1} = R_{g2} = 10\ M\Omega$，$R_s = 6.8\ k\Omega$，$R_c = 3\ k\Omega$，$R_L = 1\ k\Omega$，BJT 的 $V_{BE} = 0.7\ V$，$\beta = 200$，MOS 管的 $V_{TN} = 1\ V$，$K_n = 1\ mA/V^2$。对交流信号，电容 C_{b1}、C_{b2}、C_{b3} 均可视为短路。(1) 分别求解两管的静态电流，即 T_1 管的 I_{DQ}、T_2 管的 I_{CQ}；(2) 画出该电路的交流通路；(3) 求该电路的电压增益 A_v、输入电阻 R_i 和输出电阻 R_o。

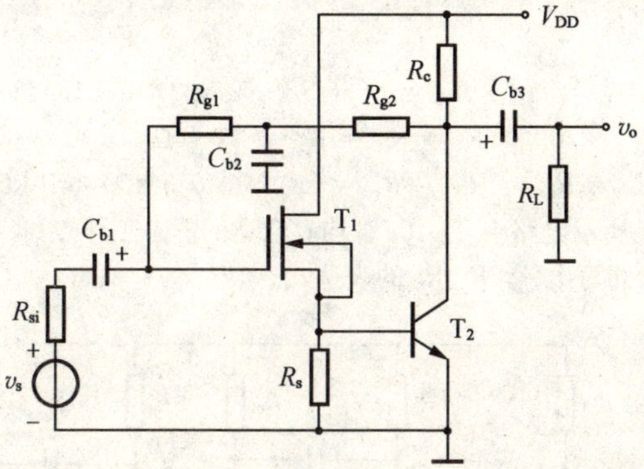

图题 5.7.6

【解】　(1) 根据题意，T_1 管的 I_{DQ} 为

$$I_{DQ} = \frac{V_{BEQ}}{R_s} = \frac{0.7\ V}{6.8\ k\Omega} \approx 103\ \mu A$$

由于

$$I_{DQ} = K_n\ (V_{GSQ} - V_{TN})^2$$

将 $I_{DQ} \approx 103\ \mu A$、$K_n = 1\ mA/V^2$、$V_{TN} = 1\ V$ 代入上式，可求得 $V_{GSQ} \approx 1.32\ V$，故

$$V_{GQ} = V_{GSQ} + V_{SQ} = V_{GSQ} + V_{BEQ} \approx 1.32\ V + 0.7\ V = 2.02\ V$$

则 T_2 管的 I_{CQ} 为

$$I_{CQ} = \frac{V_{DD} - V_{CQ}}{R_c} = \frac{V_{DD} - V_{GQ}}{R_c} = \frac{5\ V - 2.02\ V}{3\ k\Omega} \approx 1\ mA$$

(2) 交流通路如图解 5.7.6 所示。

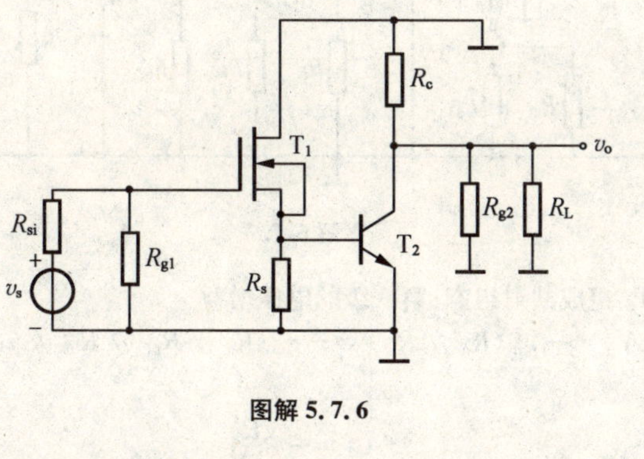

图解 5.7.6

(3) T_1 组成共漏组态，T_2 组成共射组态。其中 T_1 管的 g_m 为

$$g_m = 2K_n(V_{GSQ} - V_{TN}) = 2 \times 1 \times (1.32 - 1)mS = 0.64\ mS$$

T_2 管的 r_{be} 为

$$r_{be}=r_{bb'}+(1+\beta)\frac{26\ \text{mV}}{I_{EQ}}\approx 200\ \Omega+(1+200)\times\frac{26\ \text{mV}}{1\ \text{mA}}\approx 5.43\ \text{K}\Omega$$

则第一级的电压增益

$$A_{v1}=\frac{g_m(R_s\ /\!/\ r_{be})}{1+g_m(R_s\ /\!/\ r_{be})}=\frac{0.64\ \text{mS}\times(6.8\ /\!/\ 5.43)\text{k}\Omega}{1+0.64\ \text{mS}\times(6.8\ /\!/\ 5.43)\text{k}\Omega}\approx 0.66$$

第二级的电压增益

$$A_{v2}=-\beta\frac{R_c\ /\!/\ R_L}{r_{be}}=-200\times\frac{(3\ /\!/\ 1)\text{k}\Omega}{5.43\ \text{k}\Omega}\approx-27.62$$

故有

$$A_v=A_{v1}\cdot A_{v2}=0.66\times(-27.62)\approx-18.23$$

$$R_i=R_{i1}=R_{g1}=10\ \text{M}\Omega$$

$$R_o=R_{o2}=R_{g2}\ /\!/\ R_c=(10\ \text{M}\Omega\ /\!/\ 3\ \text{k}\Omega)\approx 3\ \text{k}\Omega$$

5.7.7 设图题 5.7.7 所示电路中 T_1、T_2 管均有合适的静态工作点。各电容对交流均可视为短路。试画出该电路的交流通路，并写出 A_v、R_i、R_o 的表达式。

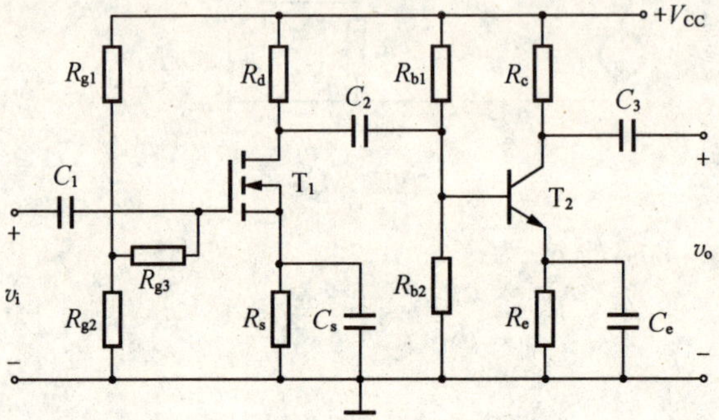

图题 5.7.7

【解】 交流通路如图解 5.7.7 所示。

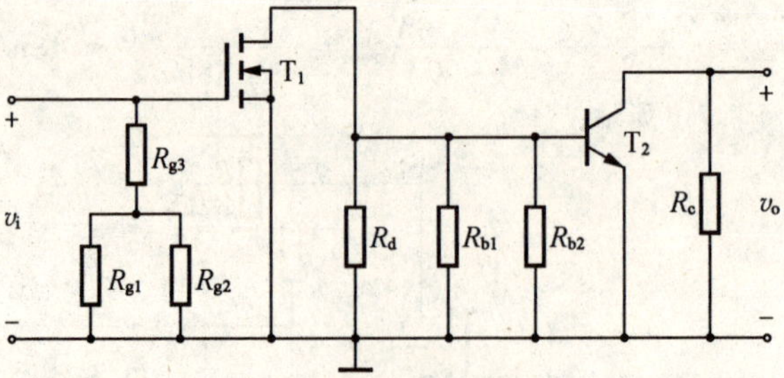

图解 5.7.7

T_1 组成共源组态，T_2 组成共射组态。第一级的电压增益

$$A_{v1}=-g_m(R_d\ /\!/\ R_{i2})=-g_m(R_d\ /\!/\ R_{b1}\ /\!/\ R_{b2}\ /\!/\ r_{be})$$

第二级的电压增益

$$A_{v2}=-\beta\frac{R_c}{r_{be}}$$

故有

$$A_v=A_{v1}\cdot A_{v2}$$

$$R_i = R_{i1} = R_{g3} + R_{g1} \mathbin{/\!/} R_{g2}$$
$$R_o = R_{o2} = R_c$$

5.7.8　设图题 5.7.8 所示电路处于正常放大状态，试说明 T_1、T_2 管各构成何种组态，并写出该电路 A_v、R_i、R_o 的表达式。

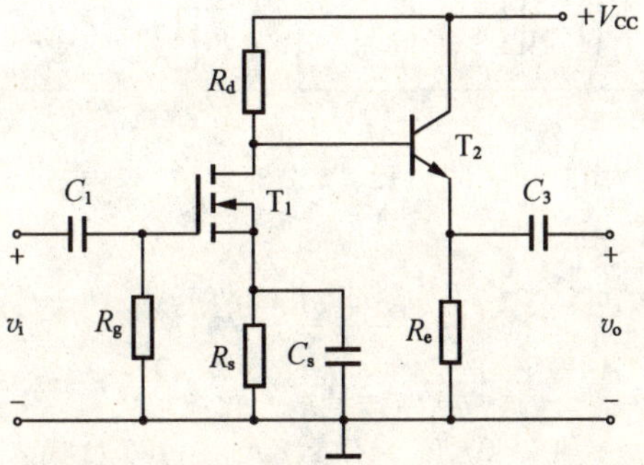

图题 5.7.8

【解】　T_1 组成共源组态，T_2 组成共集组态。

第一级的电压增益

$$A_{v1} = -g_m(R_d \mathbin{/\!/} R_{i2}) = -g_m\{R_d \mathbin{/\!/} [r_{be} + (1+\beta)R_e]\}$$

第二级的电压增益

$$A_{v2} = \frac{(1+\beta)R_e}{r_{be} + (1+\beta)R_e}$$

故有

$$A_v = A_{v1} \cdot A_{v2}$$
$$R_i = R_{i1} = R_g$$
$$R_o = R_{o2} = R_e \mathbin{/\!/} \frac{R_d + r_{be}}{1+\beta}$$

5.7.9　电路参数如图题 5.7.9 所示。设 FET 的参数为 $g_m = 0.8\ \text{mS}$，$r_{ds} = 200\ \text{k}\Omega$；$T_2$ 的 $\beta = 40$，$r_{be} = 1\ \text{k}\Omega$。试求该放大电路的电压增益 A_v 和输入电阻 R_i。

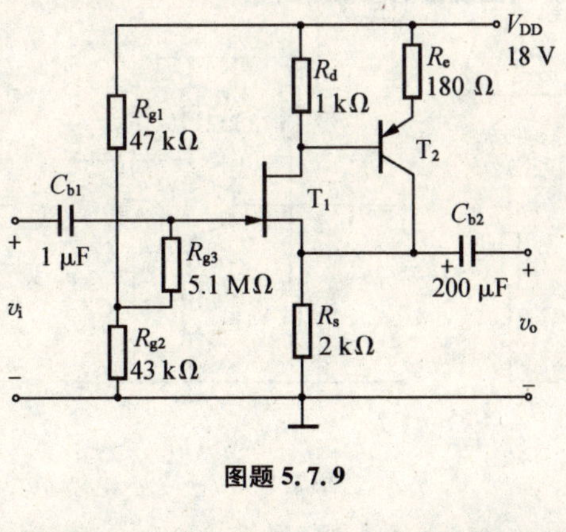

图题 5.7.9

【分析】　该电路的输出端接 T_1 管的源极，即引入了交流负反馈，可根据负反馈原理进行近似估算(具体方法参见第 8 章)。这里则通过小信号等效电路，利用电路分析的方法进行相对详细的计算。

【解】　由于 $r_{ds} = 200\ \text{k}\Omega \gg R_d = 1\ \text{k}\Omega$，故 r_{ds} 可忽略，得到小信号等效电路如图解 5.7.9 所示。

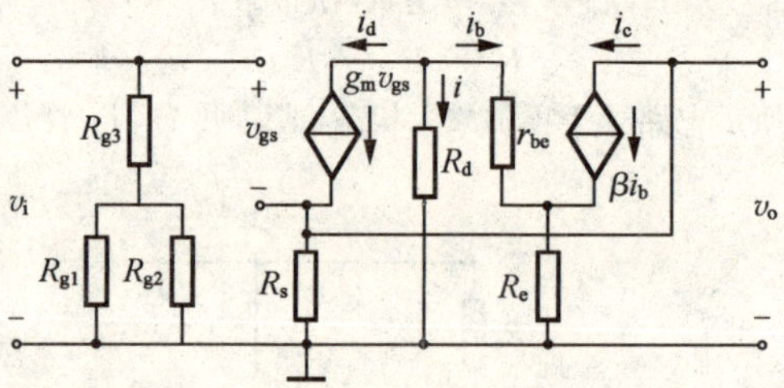

图解 5.7.9

由图解 5.7.9 电路可知

$$\begin{cases} i = \dfrac{r_{be} + (1+\beta)R_e}{R_d} i_b \\ i + i_b = -g_m v_{gs} \end{cases}$$

将 $g_m = 0.8$ mS、$\beta = 40$、$r_{be} = 1$ kΩ、$R_d = 1$ kΩ、$R_e = 180$ Ω 代入上述联立方程组，可求得 $i_b = -0.085 v_{gs}$。

又输出电压为

$$v_o = (g_m v_{gs} - \beta i_b) \cdot R_s$$

将 $g_m = 0.8$ mS、$\beta = 40$、$i_b = -0.085 v_{gs}$、$R_s = 2$ kΩ 代入，可求得 $v_o \approx 8.4 v_{gs}$。

而输入电压为

$$v_i = v_{gs} + v_o \approx 9.4 v_{gs}$$

故

$$A_v = \frac{v_o}{v_i} \approx \frac{8.4 v_{gs}}{9.4 v_{gs}} \approx 0.89$$

电路的输入电阻

$$R_i = R_{g3} + R_{g1} /\!/ R_{g2} \approx R_{g3} = 5.1\ \text{M}\Omega$$

典型习题与全真考题详解

1. 已知如图题 5.1 所示三个放大电路的晶体管参数完全相同，静态电流 I_{CQ} 也相同。则电压放大倍数最大的是________图，I_{CQ} 的温度稳定性最好的是________图。

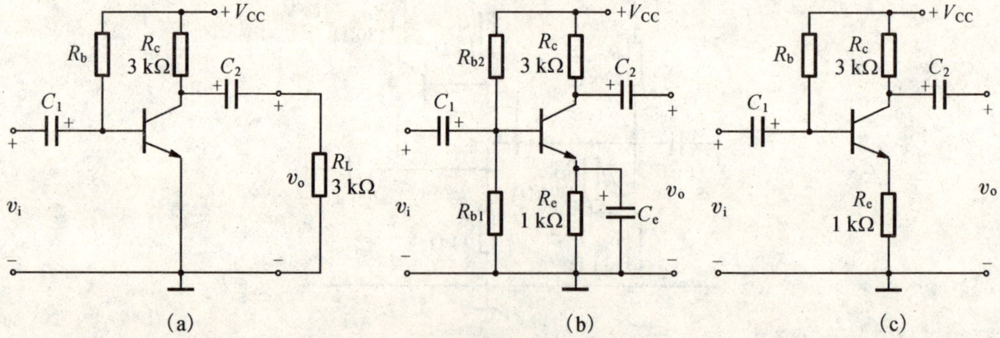

图题 5.1

【解】 (b),(b)

2. (北京科技大学 2011 年硕士研究生入学考试试题)微变等效电路法适用于放大电路的____________。

A. 动态分析　　B. 静态分析　　C. 静态和动态分析

【解】 A

3. 试判断如图题 5.3 所示的各电路中,不能构成复合管的是________图。

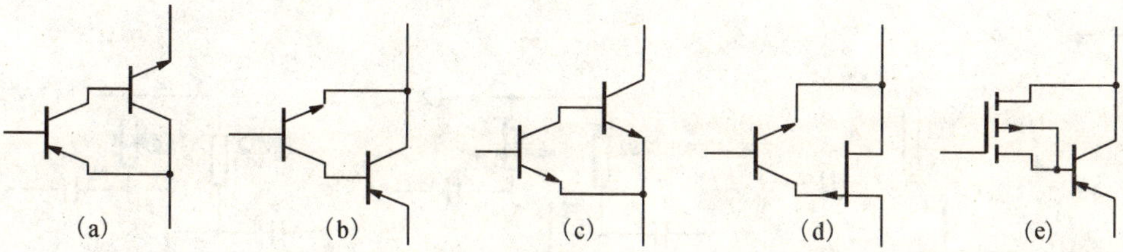

图题 5.3

【解】 (c)、(d)。提示:由于栅极电流为零,故 FET 只能作为复合管中的第一只管子。

4. (北京科技大学 2009 年硕士研究生入学考试试题)在图题 5.4 所示的放大电路中,把一个直流电压表接在集电极和发射极之间,当 $v_s=0$ 时,电压表的读数为 V_{CEQ}。在输入信号为 1 kHz 的正弦电压时,比较下面三种情况下电压表的读数 V_{CE} 和 V_{CEQ} 之间的大小关系(大于,小于,等于)。

(1) 输出电压不失真时,则 V_{CE}________V_{CEQ};

(2) 输出电压出现饱和失真时,则 V_{CE}________V_{CEQ};

(3) 输出电压出现截止失真时,则 V_{CE}________V_{CEQ}。

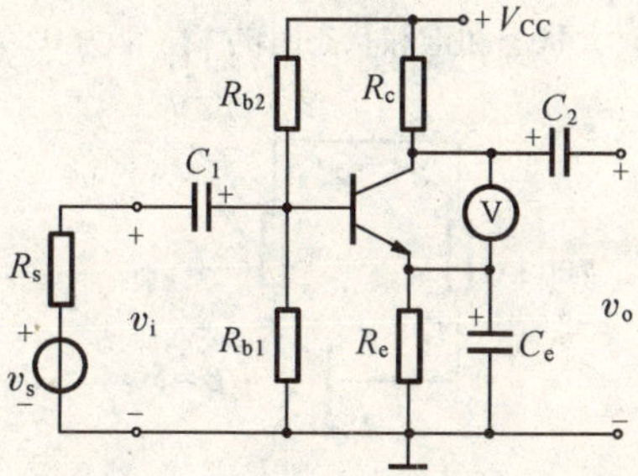

图题 5.4

【解】 等于;大于;小于。将瞬时电压 v_{CE} 按傅立叶级数展开时,若 v_o 不失真,则该傅立叶级数的第一项(直流分量)恰为 V_{CEQ};若 v_o 饱和失真(对于 NPN 型管,v_{CE} 表现为波形底部削波),则第一项(直流分量)大于 V_{CEQ};若 v_o 截止失真(对于 NPN 型管,v_{CE} 表现为波形顶部削波),则第一项(直流分量)小于 V_{CEQ}。

5. 如图题 5.5 所示的各电路中,能够放大正弦交流信号的是________图。

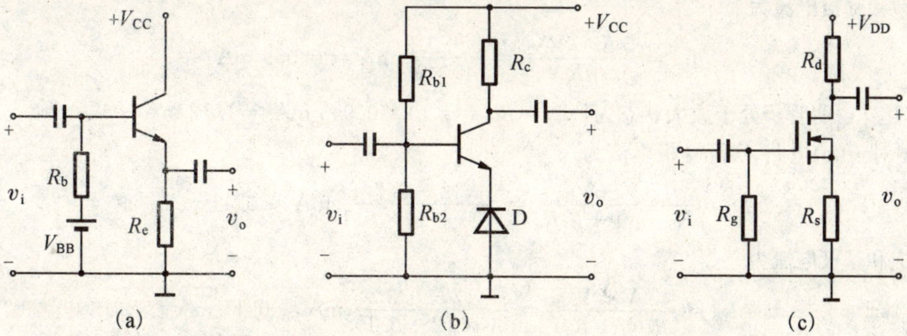

图题 5.5

【解】 (a)。提示:图题 5.5b 中二极管 D 反偏,故三极管截止;图题 5.5c 的自给偏压方式不适合增强型 MOS 管。

6. 比较如图题 5.6 所示的几个放大电路,输入电阻最大的是________图,输入电阻最小的是________图。

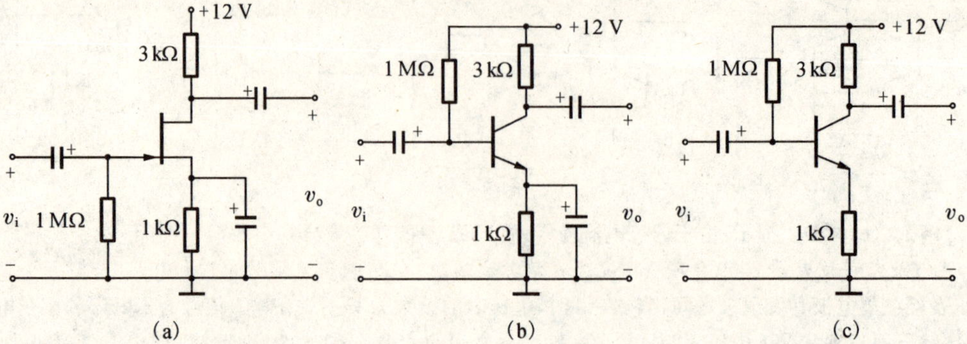

图题 5.6

【解】 (a),(b)。提示:FET 放大电路的输入电阻大于任何接法的 BJT 放大电路。

7. NPN 型 BJT 接成如图题 5.7 所示的三种电路,试分析各电路中的 BJT 处于何种工作状态,并求出管子的集电极电流。设管子处于放大状态和饱和状态时的 V_{BE} 都为 0.7 V,饱和管压降 $V_{CES}=0.3$ V。

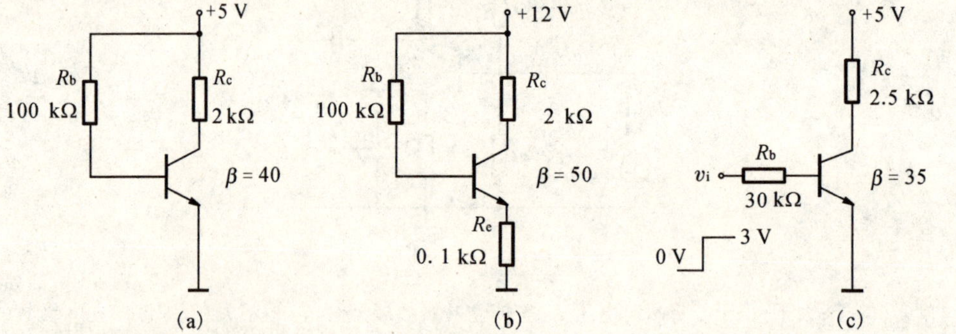

图题 5.7

【解】 (1) 对于(a)电路,实际基极电流为

$$I_B=\frac{5\ \text{V}-V_{BE}}{R_b}=\frac{5-0.7}{100}\ \text{mA}=0.043\ \text{mA}$$

而临界饱和基极电流为

$$I_{BS}=\frac{5\ \text{V}-V_{CES}}{\beta R_c}=\frac{5-0.3}{40\times 2}\ \text{mA}=0.059\ \text{mA}$$

$\therefore I_B<I_{BS}$,说明管子处于放大状态,且 $I_C=\beta I_B=40\times 0.043\ \text{mA}=1.72\ \text{mA}$。

(2) 对于(b)电路,实际基极电流为

$$I_B=\frac{12\ \text{V}-V_{BE}}{R_b+(1+\beta)R_e}=\frac{12-0.7}{100+50\times 0.1}\ \text{mA}\approx 0.11\ \text{mA}$$

而临界饱和基极电流为

$$I_{BS}\approx\frac{12\ \text{V}-V_{CES}}{\beta(R_c+R_e)}=\frac{12-0.3}{50\times(2+0.1)}\ \text{mA}\approx 0.11\ \text{mA}$$

$\therefore I_B\approx I_{BS}$,说明管子处于临界饱和状态,且 $I_C=\beta I_{BS}=50\times 0.11=5.5$ mA

(3) 对于(c)电路，分 $v_i=0$ 和 $v_i=3\text{ V}$ 两种情况。

① 当 $v_i=0$ 时，由于发射结零偏，故管子截止，$\therefore I_C\approx 0$。

② 当 $v_i=3\text{ V}$ 时，实际基极电流为

$$I_B=\frac{v_i-V_{BE}}{R_b}=\frac{3-0.7}{30}\text{ mA}\approx 0.077\text{ mA}$$

而临界饱和基极电流为

$$I_{BS}=\frac{5\text{ V}-V_{CES}}{\beta R_c}=\frac{5-0.3}{35\times 2.5}\text{ mA}\approx 0.054\text{ mA}$$

$\therefore I_B>I_{BS}$，说明管子处于饱和状态，且

$$I_C\approx I_{CS}=\frac{5\text{ V}-V_{CES}}{R_c}=\frac{5-0.3}{2.5}\text{ mA}=1.88\text{ mA}$$

8.（电子科技大学2007年硕士研究生入学考试试题）放大电路如图题5.8所示，已知 $\beta=300$，$r_{bb'}\approx 0$，$V_{CES}\approx 0$，$V_{BE}=0.7\text{ V}$，$r_{ce}=\infty$，$\beta R_E\gg R_{b1}\mathbin{/\!/}R_{b2}$，$V_{CC}=V_{EE}$，要求交、直流负载线如图所示。

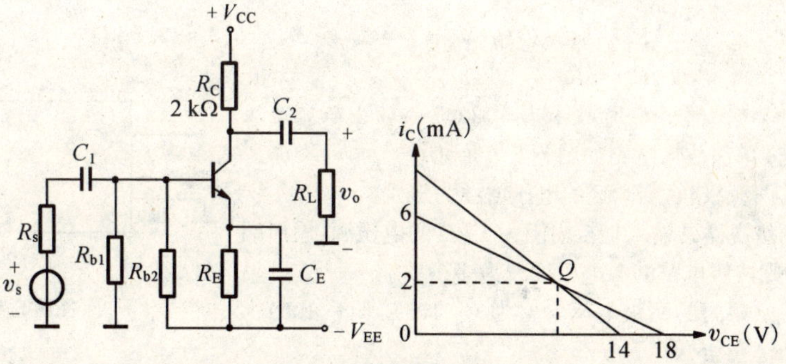

图题 5.8

(1) 确定 V_{CC}、R_{b1}、R_{b2}、R_E、R_L 的值。

(2) 试确定该放大器的动态范围 $v_{o(P-P)}$。若输入信号 $v_s=V_{sm}\sin\omega t\text{(mV)}$ 的幅度增大，将会首先出现何种类型的削波失真？若要减小失真，增大动态范围，则应如何调节电路元件值？

(3) 试求中频段的 R_i、A_v、R_o。

【解】 (1) 直流负载线为 $V_{CE}=V_{CC}+V_{EE}-I_C(R_C+R_E)$。由图可知，该直流负载线和横轴交于(18 V,0)点，故

$$V_{CC}=V_{EE}=\frac{18}{2}\text{ V}=9\text{ V}$$

和纵轴则交于(0,6 mA)点，故

$$R_C+R_E=\frac{18}{6}\text{ k}\Omega=3\text{ k}\Omega$$

$$\therefore R_E=1\text{ k}\Omega$$

而 Q 点横坐标为 $V_{CEQ}=(18-2\times 3)\text{ V}=12\text{ V}$，据交流负载线有

$$I_{CQ}(R_C\mathbin{/\!/}R_L)=(14-12)\text{ V}=2\text{ V}$$

$$\therefore R_C\mathbin{/\!/}R_L=1\text{ k}\Omega$$

$$\therefore R_L=2\text{ k}\Omega$$

Q 点纵坐标为 $I_{CQ}=2\text{ mA}$，即

$$I_{CQ}\approx\frac{\frac{R_{b2}}{R_{b1}+R_{b2}}V_{EE}-V_{BE}}{R_E}=2\text{ mA}$$

$$\therefore \frac{R_{b1}}{R_{b2}} = \frac{6.3}{2.7}$$

取 $R_{b1} = 63\ \text{k}\Omega, R_{b2} = 27\ \text{k}\Omega$ 。

(2)

$$\because V_{CEQ} - V_{CES} \approx 12\ \text{V}$$
$$I_{CQ}(R_C \mathbin{/\!/} R_L) = 2\ \text{V}$$
$$\therefore v_{o(P-P)} = 2\ \text{V}$$

且当输入信号幅度增大时，首先会出现截止失真。若要减小此失真，增大动态范围，则应减小 R_{b1} 、增大 R_{b2}，或增大 R_C 。

(3)

$$\because r_{be} = r_{bb'} + (1+\beta)\frac{26\ \text{mV}}{I_{EQ}} \approx (1+300)\frac{26}{2}\ \Omega \approx 3\ 913\ \Omega$$

$$\therefore \begin{cases} A_v = -\beta\dfrac{R_C \mathbin{/\!/} R_L}{r_{be}} \approx -300\times\dfrac{1}{3.9} \approx -76.9 \\ R_i = R_{b1} \mathbin{/\!/} R_{b2} \mathbin{/\!/} r_{be} = 63 \mathbin{/\!/} 27 \mathbin{/\!/} 3.9 \approx 3.2\ \text{k}\Omega \\ R_o = R_C = 2\ \text{k}\Omega \end{cases}$$

9. (中国科学院—中国科学技术大学 2005 年硕士研究生入学考试试题)已知单级放大电路如图题 5.9 所示。

(1) 若将其两级级联，则两级的电压增益为多少？

(2) 若在两级电路的输入端接内阻为 2 kΩ 的电压源，输出端接 10 kΩ 负载，则两级电路的源电压增益为多少？

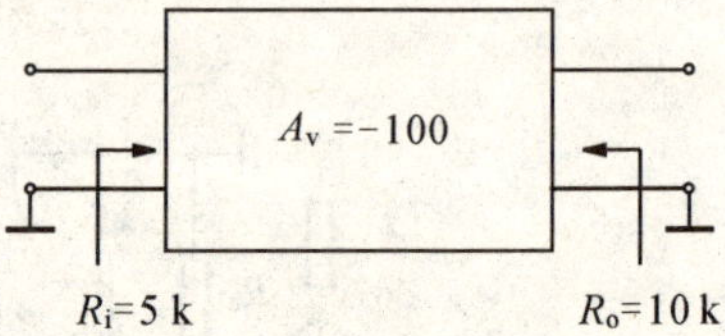

图题 5.9

【解】 (1) 空载时的两级电压增益为 $(-100)\times(-100)\times\dfrac{5}{10+5}\approx 3\ 333.3$ 。

(2) 输入端接内阻为 2 kΩ 的电压源，输出端接 10 kΩ 负载后的源电压增益为 $(-100)\times(-100)\times\dfrac{5}{2+5}\times\dfrac{5}{10+5}\times\dfrac{10}{10+10}\approx 1\ 190.5$ 。

10. (南京理工大学2010年硕士学位研究生入学考试试题)电路如图题5.10所示，设静态工作点合适，且场效应管 T_1 的 g_m、三极管 T_2 的 β、r_{be} 均为已知，试写出电压放大倍数 A_v、输入电阻 R_i 和输出电阻 R_o 的表达式。

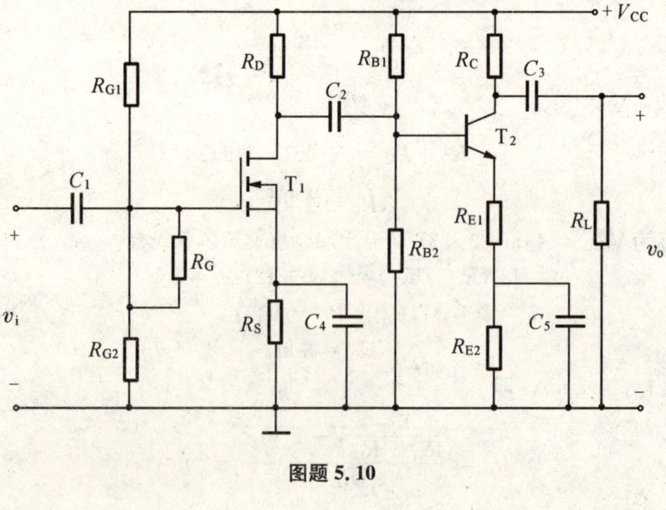

图题 5.10

【解】 图题5.10为共源－共射两级放大电路。小信号等效电路从略。各项动态参数分别为

$$A_v = A_{v1} \cdot A_{v2} = g_m\{R_D // [R_{B1} // R_{B2} // (r_{be} + (1+\beta)R_{E1})]\} \cdot \beta \frac{(R_C // R_L)}{r_{be} + (1+\beta)R_{E1}}$$

$$R_i = R_G + R_{G1} // R_{G2}$$

$$R_o = R_C$$

11. (电子科技大学2008年硕士学位研究生入学考试试题)图题5.11所示JFET－BJT复合管放大电路中，设JFET的g_m和BJT的β、r_{be}以及所有电阻阻值均为已知，图中所有电容均可视为交流短路。

(1) 画出该电路的微变等效电路；

(2) 求电压增益A_v(表达式)及输出电阻R_o(表达式)。

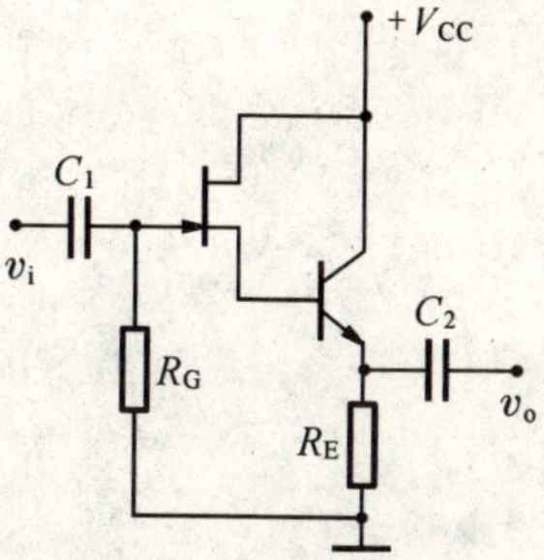

图题5.11

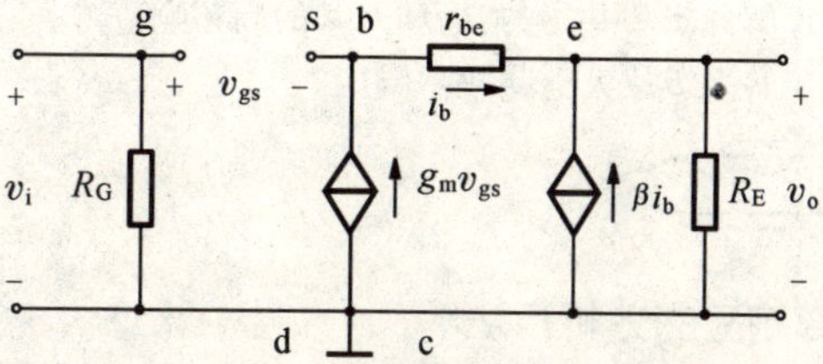

图解5.11

【解】 (1) 微变等效电路如图解5.11所示。

(2) 电压增益

$$A_v = \frac{v_o}{v_i} = \frac{(1+\beta) i_b R_E}{v_{gs} + i_b r_{be} + (1+\beta) i_b R_E}$$

$$= \frac{(1+\beta) g_m v_{gs} R_E}{v_{gs} + g_m v_{gs} r_{be} + (1+\beta) g_m v_{gs} R_E}$$

$$= \frac{(1+\beta) g_m R_E}{1 + g_m r_{be} + (1+\beta) g_m R_E}$$

输出电阻

$$R_o = R_E // \frac{r_{be} + \dfrac{1}{g_m}}{1+\beta}$$

第6章 频率响应

内容与要求

一、了解RC电路的频率响应，

二、掌握频率响应的波特图分析方法。

三、掌握MOS管和三极管的高频小信号模型。

四、掌握共源和共射放大电路的低频响应和高频响应

五、理解共漏和共集、共栅和共基的高频响应。

六、了解多级放大电路频率响应。

知识点归纳

一、频率响应的分析方法

1. 频率响应的基本概念

在放大电路中，输入信号通常不是单一频率的正弦波，而是含有许多频率成分的信号。当输入信号的频率过高或过低时，由于放大电路中耦合电容、旁路电容及三极管极间电容的存在，放大电路的放大倍数会变小，同时产生超前或滞后的相移，这说明放大倍数是信号频率的函数，这种函数关系称为频率特性或频率响应。放大倍数的幅值与频率之间的函数关系称为幅频特性；放大倍数的相位与频率之间的关系称为相频特性。在低频段，放大倍数的幅值下降到中频时的70.7%所对应的信号频率称为下限截止频率，简称下限频率；在高频段，放大倍数的幅值下降到中频时的70.7%所对应的信号频率称为上限截止频率，简称上限频率。

为分析放大电路的频率响应，通常将输入信号的频率范围分为中频、低频和高频三个频段。在信号的中频区，耦合电容和旁路电容的容抗很小，可以视为短路；而极间电容及分布电容的容抗很大，可以视为开路；因此中频电压放大倍数的大小和相移均与频率无关。在信号的低频区，耦合电容和旁路电容的容抗随信号频率的减小而增大，导致放大倍数减小，因此不能视为短路；而极间电容由于其容值较小，仍视为开路。在信号的高频区，极间电容的容抗随着信号频率的增大而减小，导致放大倍数减小，因此不能再视为开路；而耦合电容和旁路电容由于其容值较大，在信号频率较高时容抗较小，所以仍视为短路。

2. 波特图及单时间常数 RC 电路的频率响应

(1) 波特图。

由于放大电路的输入信号频率范围很宽，可从几赫兹到几十吉赫兹，放大倍数可从几倍到上百万倍，为了在同一坐标系中表示如此宽的变化范围，通常采用基于对数坐标的频率特性曲线作图法，称为波特图法。波特图有对数幅频特性和对数相频特性两种，它们的横轴均采用对数刻度 $\lg f$，幅频特性的纵轴采用 $20\lg|\dot{A}_v|$ 表示，单位是分贝（dB）；相频特性的纵轴仍采用 φ 表示，这种表示方法不但扩大了信号的表示范围，而且将增益表达式从乘除运算变成了加减运算。

(2) RC 低通电路和高通电路的频率响应

由一个电阻和一个电容构成的简单的 RC 低通电路和高通电路如图6.1所示。

由图6.1(a)可得 RC 低通电路的对数幅频特性和相频特性表达式如下：

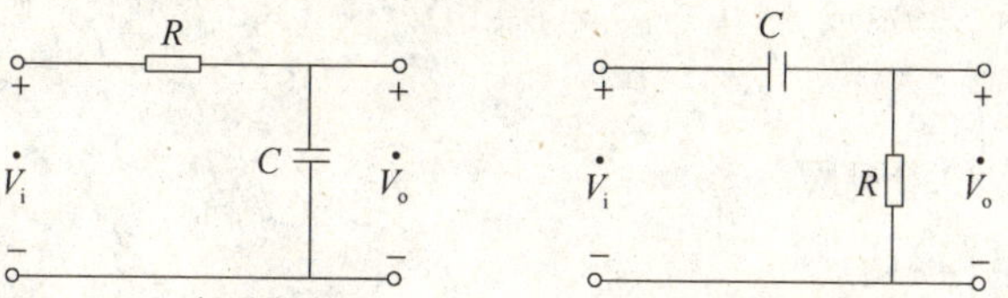

(a) RC低通电路　　(b) RC高通电路

图 6.1　RC低通电路和高通电路

$$\begin{cases} 20\lg|\dot{A}_v| = -20\lg\sqrt{1+\left(\dfrac{f}{f_H}\right)^2} \\ \varphi = -\arctan\dfrac{f}{f_H} \end{cases}$$

由图 6.1(b)可得 RC 高通电路的对数幅频特性和相频特性表达式如下：

$$\begin{cases} 20\lg|\dot{A}_v| = -20\lg\sqrt{1+\left(\dfrac{f_L}{f}\right)^2} \\ \varphi = \arctan\dfrac{f_L}{f} \end{cases}$$

为简化分析，对频率特性的分析常采用近似波特图法进行，即将波特图折线化。如图 6.2(a)，对于一阶 RC 低通电路，其对数幅频特性曲线，以截止频率 f_H 为拐点，取 $f \gg f_H$，令 $f=10f_H$ 得一条斜率为 −20 dB / 十倍频的直线；取 $f \ll f_H$，令 $f=0.1f_H$ 得出$20\lg|\dot{A}_v|\approx 0$ 的一条水平线，因此其幅频特性曲线可以用两段折线近似，其中一条为水平线，另一条是斜率为 −20 dB/十倍频的直线。对数相频特性曲线以 $0.1f_H$ 和 $10f_H$ 为两个拐点，当 $f=f_H$ 时，相移 φ 正好是 −45°。当 $f \ll f_H$ 时，令 $f=0.1f_H$ 得相移 $\varphi=0$，当 $f \gg f_H$，令 $f=10f_H$ 得相移 φ 为 −90°，因此其相频特性可以用三段直线近似，其中一条是通过点(f_H，−45°)且斜率为(−45°/十倍频)的直线，另两条分别是 $\varphi=0$ 和 $\varphi=-90°$的水平线。

对于一阶 RC 高通电路，分析方法相同。如图 6.2(b)，其对数幅频特性曲线，以截止频率 f_L 为拐点，取 $f \gg f_L$ 和 $f \ll f_L$，即取 $f=10f_L$ 和 $f=0.1f_L$ 得出两段近似直线，其中一条为水平线，另一条是斜率为 +20 dB / 十倍频的直线；对数相频特性曲线以 $0.1f_L$ 和 $10f_L$ 为两个拐点，当 $f=f_L$ 时，相移 φ 正好是 +45°。当 $f \ll f_L$ 时，令 $f=0.1f_L$ 得相移 $\varphi=+90°$，当 $f \gg f_L$，令 $f=10f_L$ 得相移 φ 为 0，因此同样用三段直线近似，其中一条是通过点(f_L，+45°)，且斜率为(+45°/十倍频)的直线，另两条是 $\varphi=90°$和 $\varphi=0$ 的水平线。

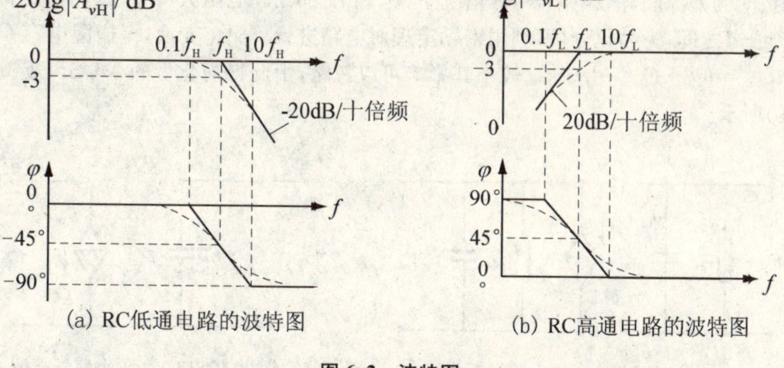

(a) RC低通电路的波特图　　(b) RC高通电路的波特图

图 6.2　波特图

需要指出的是在对数幅频特性中，当 $f=f_L$(或 $f=f_H$)时，近似波特图误差最大(近似为 3 dB)；在对数相频特性中，当 $f=0.1f_L$（或 $f=0.1f_H$）及 $f=10f_L$（或 $f=10f_H$）时，近似波特图误差最大（近似为 5.71°）。

二、单级放大电路的频率响应

1. 单级放大电路的低频响应

影响放大电路低频特性的主要因素是耦合电容和旁路电容。因为在低频段，半导体三极管或场效应管的极间电容的容抗非常大，可以视为开路。具体步骤为：

(1) 画出放大电路的低频小信号等效电路，图中应含有耦合电容和旁路电容，三极管或场效应管的极间电容视为开路；

(2) 将电路中的直流电压源短路（电流源则是开路），再将有源器件（三极管或场效应管）用它们的中频等效模型代替，得到放大电路在低频段的等效电路。

(3) 求耦合电容（或旁路电容）C 两端的等效电阻 R，得到时间常数 τ，于是

$$f_L=\frac{1}{2\pi\tau}=\frac{1}{2\pi RC}$$

式中 $\tau=RC$ 是耦合（或旁路电容）C 所在回路的时间常数。

(4) 列出低频段的源电压放大倍数表达式。由于放大电路中不止一个耦合电容（或旁路电容），因此单管放大电路在低频段的源电压放大倍数为

$$\dot{A}_{vSL}=\dot{A}_{vSM}\cdot\frac{1}{(1+f_{L1}/jf)\cdot(1+f_{L2}/jf)\cdots(1+f_{Ln}/jf)}$$

(5) 求下限截止频率 f_L。当放大电路中出现两个或两个以上的 f_L 时，若相差 10 倍以上，则取值最大的那个作为该电路源电压增益的下限截止频率 f_L。若相差较小，则利用下式计算下限截止频率

$$f_L\approx\sqrt{f_{L1}^2+f_{L2}^2+\cdots+f_{Ln}^2}$$

为减小误差，修正后的公式为：

$$f_L\approx1.1\sqrt{f_{L1}^2+f_{L2}^2+\cdots+f_{Ln}^2}$$

2. 单级放大电路的高频响应

影响放大电路高频特性的主要因素是半导体器件的极间电容和电路的分布电容（后者在频率不太高时通常忽略）。而在高频段，耦合电容（或旁路电容）的容抗非常小，可以视为短路。

(1) MOS 管和 BJT 的高频小信号模型

要分析放大电路的高频响应，首先要得到 MOS 场效应管或 BJT 三极管的高频小信号模型。MOS 管的高频小信号模型如图 6.3(a)所示。图中 C_{gs} 是栅源电容、C_{gd} 是栅漏电容、C_{ds} 是漏源电容。r_{gs} 为栅源间等效电阻、r_{ds} 为漏源间等效电阻，一般情况下，r_{gs} 和 r_{ds} 都比外电阻大得多，因而可近似为开路。由于 C_{gd} 跨接于 g－d 之间，为简化分析，利用密勒定理对电路进行单向化变换，得栅漏电容 $C_{gs}'=C_{gs}+(1+|A_v|)C_{gd}$，$C_{ds}'=C_{ds}+C_{gd}$。由于 C_{ds} 较小其影响可以忽略，由此得简化后的 MOSFET 高频小信号模型如图 6.3(b)所示。

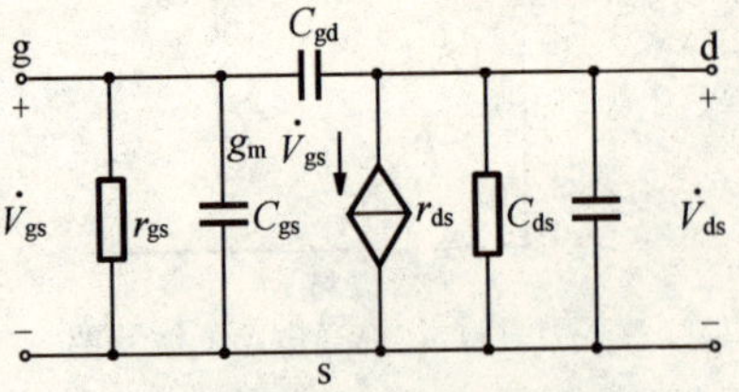

(a) MOSFET高频小信号模型

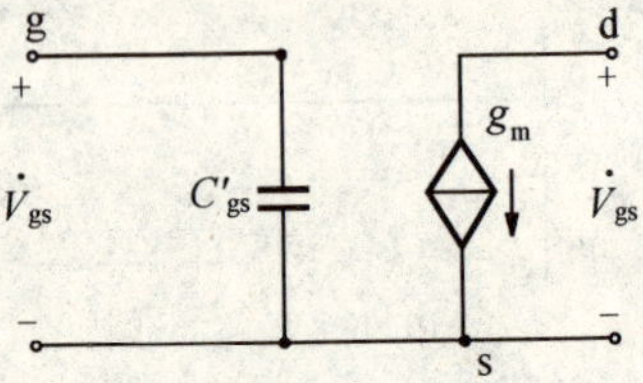

(b) 简化的MOSFET高频小信号模型

图 6.3 *MOSFET* 的高频等效模型

BJT 三极管的高频小信号模型也称混合 π 等效模型如图 6.4(a)所示，图中 g_m 为低频跨导，$C_{b'e}$ 是发射结结电容，$C_{b'c}$ 是集电结结电容，$r_{b'e}$ 为发射结结电阻，$r_{b'c}$ 为集电结结电阻，r_{ce} 为集电极和发射极之间的等效电阻。为简化分析，由于 $r_{b'c}$ 和 r_{ce} 其值较大，通常视为开路，利用密勒定理将跨接在基极和集电极之间的 $C_{b'c}$ 分别折算到输入和输入回路，得到简化的三极管高频小信号电路如图 6.4(b)所示，其中 $C_{M1}=(1+|\dot{A}_v|)C_{b'c}$，$C_{M2}\approx C_{b'c}$

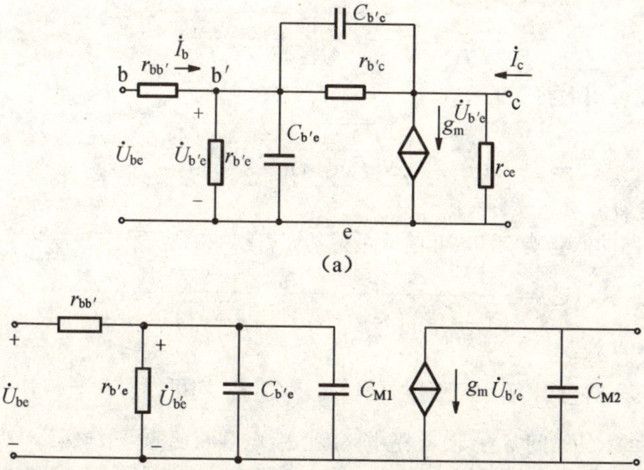

(a)

(b)

图 6.4

从三极管的混合 π 等效模型可以看出，三极管的电流放大倍数 β 和 α 是频率 f 的函数，根据电流放大倍数的定义，经过推导可得

$$\beta=\frac{\beta_0}{1+j2\pi f\cdot r_{b'e}(C_{b'e}+C_{M1})}$$

式中 β_0 是 β 在中频段的数值(常数)。当 β 的数值下降到 β_0 的 70.7%时所对应的频率，称为共射极截止频率，记为 f_β。

$$f_\beta=\frac{1}{2\pi\tau}=\frac{1}{2\pi\ r_{b'e}(C_{b'e}+C_{M1})}$$

当 β 的数值下降到 1(即 0 dB)时所对应的频率，称为特征频率，记为 f_T。可以推得：

$$f_T\approx\beta_0 f_\beta$$

当共基电流放大倍数 α 的数值下降到 α_0 的 70.7%时所对应的频率，称为共基截止频率，记为 f_α。可以推得：$f_\alpha=(1+\beta_0)f_\beta\approx f_T$

(2) 单级放大电路高频响应分析方法

分析步骤：

① 首先画出放大电路的高频小信号等效电路。

② 求高频段的转折频率 f_{H1}、f_{H2}、…、f_{Hn}。

分别求出各极间电容两端的等效电阻，由此得出多个时间常数 τ，由 $f_H=\frac{1}{2\pi\tau}=\frac{1}{2\pi RC}$，即可得到相应的转折频率 f_{H1}、f_{H2}、…、f_{Hn}；

③ 求高频段频率响应表达式。

根据高频段频率响应的通用表达式，如下式所示，即可求得其高频响应。

$$\dot{A}_{usH}=\dot{A}_{usm}\cdot\frac{1}{(1+jf/f_{H1})(1+jf/f_{H2})\cdots(1+jf/f_{Hn})}$$

④ 画出幅频特性和相频特性波特图。

由$\dot{A}_{usH}$表达式得出其幅频响应和相频响应表达式，并据此画出相应的波特图。

⑤ 确定放大电路的上限截止频率。

当放大电路中出现两个或两个以上的 f_H 时，若相差 10 倍以上，则取值最小的那个作为该电路源电压增益的上限截止频率 f_H。若相差较小，则利用下式计算上限截止频率：

$$\frac{1}{f_H}\approx\sqrt{\frac{1}{f_{H1}^2}+\frac{1}{f_{H2}^2}+\cdots+\frac{1}{f_{Hn}^2}}$$

同样，为减小误差可用下面修正公式：

$$\frac{1}{f_H}\approx 1.1\sqrt{\frac{1}{f_{H1}^2}+\frac{1}{f_{H2}^2}+\cdots+\frac{1}{f_{Hn}^2}}$$

3. 单级放大电路的全频段频率响应

综合单级放大电路的低频响应和高频响应可得其完整频域响应表达式：

$$\dot{A}_{us}(j\omega)=\frac{A_{usm}}{\left(1+\frac{f_{L1}}{jf}\right)\left(1+\frac{f_{L2}}{jf}\right)\cdots\left(1+\frac{jf}{f_{H1}}\right)\left(1+\frac{jf}{f_{H2}}\right)\cdots}$$

由以上分析可知，上式可以表示任何频段的增益。f_L，f_H 均可以写为$\frac{1}{2\pi\tau}$，其中 τ 分别为耦合电容或极间电容所在回路的 RC 时间常数，而 R 是电路除源后电容两端的等效电阻。在高、中、低频区，不同频率对不同电容的影响不同。低频区主要考虑耦合电容或旁路电容的影响，忽略极间电容对电路的影响。高频区主要考虑极间电容影响，忽略耦合电容和旁路电容对电路的影响。

4. 放大电路中各种组态高频频率特性比较

由三极管组成的共射放大电路和场效应管组成的共源放大电路，由于集电结电容和栅漏电容都是跨接在输入输出回路之间，利用密勒定理等效变换后，其等效到输入回路的电容容值增大，因此使上限截止频率减小。共基放大电路和共栅放大电路由于不存在密勒电容效应，因此其上限截止较高，在三种组态里频带最宽。共集放大电路（或共漏放大电路），虽存在密勒电容效应，但由于其电压跟随作用，因此其上限截止频率也远大于共射（或共源）。

5. 多级放大电路的频率响应

由于多级放大电路是多个单级放大电路的级联，因此其高频等效电路中就有多个等效极间电容，即有多个低通电路，整个电路的上限频率一定小于其中任何一级的上限截止频率。若级联方式是阻容耦合，则有多个耦合电容（或旁路电容），其低频等效电路中就有多个高通电路，整个电路的下限截止频率一定大于其中任何一级的下限截止频率。

设一个 n 级放大电路的电压放大倍数分别为$\dot{A}_{v1}$、$\dot{A}_{v2}$、…、$\dot{A}_{vn}$，则该电路总的电压放大倍数为：

$$\dot{A}_v=\prod_{k=1}^{n}\dot{A}_{vk}$$

其对数幅频特性和对数相频特性为：

$$\begin{cases}20\lg|\dot{A}_v|=\sum\limits_{k=1}^{n}20\lg|\dot{A}_{vk}|\\ \varphi=\sum\limits_{k=1}^{n}\varphi_k\end{cases}$$

由此得出，多级放大电路的波特图（不论是对数幅频特性还是相频特性）是各级放大电路波特图的叠加。多级放大电路的通频带一定比它的任何一级都窄，级数越多，则 f_L 越高而 f_H 越低，通频带越窄。若某级的上限截止频率（下限截止频率）远低于（高于）其他各级的上限截止频率（下限截止频率），则该频率可视为整个电路的 f_H（f_L）。

习题全解

6.1 放大电路的频率响应

6.1.1 某放大电路中$\dot{A}_v$的对数幅频特性如图题6.1.1所示。(1) 试求该电路的中频电压增益$|\dot{A}_{vM}|$、上限频率f_H、下限频率f_L；(2) 当输入信号的频率$f=f_L$或$f=f_H$时，该电路实际的电压增益是多少分贝？

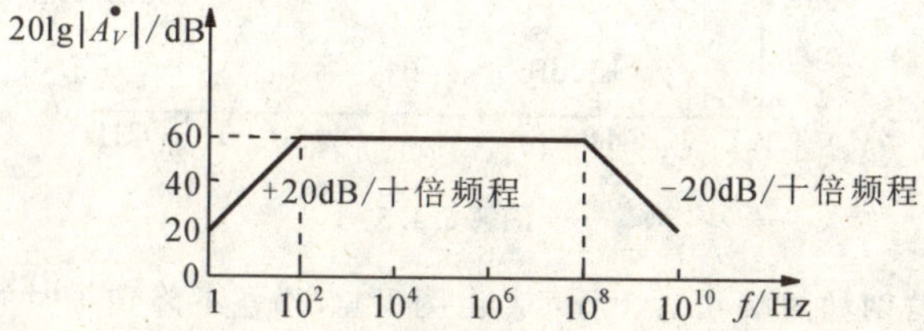

图题 6.1.1

【解】 (1) 由图可知，中频电压增益$20\lg|\dot{A}_{vM}|$为60 dB，即$|\dot{A}_{vM}|=1\ 000$，$f_H=10^8$ Hz，$f_L=10^2$ Hz。

(2) 在$f=f_L$或$f=f_H$处，放大电路的增益将比通带增益下降3 dB，即此时的实际电压增益为57 dB。

6.1.2 已知某放大电路电压增益的频率特性表达式为

$$\dot{A}_v=\frac{100\mathrm{j}\,\dfrac{f}{10}}{\left(1+\mathrm{j}\,\dfrac{f}{10}\right)\left(1+\mathrm{j}\,\dfrac{f}{10^5}\right)}\text{(式中 }f\text{ 的单位为 Hz)}$$

试求该电路的上、下限频率，中频电压增益的分贝数，输出电压与输入电压在中频区的相位差。

【分析】 放大电路全频段的电压增益通式为

$$\dot{A}_v=\frac{\dot{A}_{vM}}{\left(1-\mathrm{j}\,\dfrac{f_L}{f}\right)\left(1+\mathrm{j}\,\dfrac{f}{f_H}\right)}=\frac{\dot{A}_{vM}\left(\mathrm{j}\,\dfrac{f}{f_L}\right)}{\left(1+\mathrm{j}\,\dfrac{f}{f_L}\right)\left(1+\mathrm{j}\,\dfrac{f}{f_H}\right)}$$

将已知条件与上述通式进行对照，即可求解。

【解】 根据题意，该电路的上限频率$f_H=10^5$ Hz，下限频率$f_L=10$ Hz，中频电压增益$\dot{A}_{vM}=100$，所以$20\lg|\dot{A}_{vM}|=40$ dB，且输出电压与输入电压在中频区的相位差为0°。

6.1.3 一放大电路的增益表达式为

$$\dot{A}_v=10\,\frac{\mathrm{j}2\pi f}{\mathrm{j}2\pi f+2\pi\times 10}\cdot\frac{1}{1+\dfrac{\mathrm{j}2\pi f}{2\pi\times 10^6}}$$

试绘出它的幅频响应波特图，并求出中频增益、下限频率f_L和上限频率f_H及增益下降到1时的频率。

【分析】 基于对数坐标的频率响应特性曲线的作图称为波特图。为简单起见，常将波特图的曲线折线化，这与实际的频率响应曲线存在一定误差，但作为一种近似方法，在工程上是允许的。

【解】

$$\dot{A}_v=10\,\frac{\mathrm{j}2\pi f}{\mathrm{j}2\pi f+2\pi\times 10}\cdot\frac{1}{1+\dfrac{\mathrm{j}2\pi f}{2\pi\times 10^6}}$$

$$=\frac{10}{1+\frac{10}{\mathrm{j}f}}\cdot\frac{1}{1+\mathrm{j}\frac{f}{10^6}}=\frac{10}{1-\mathrm{j}\frac{10}{f}}\cdot\frac{1}{1+\mathrm{j}\frac{f}{10^6}}$$

故中频增益$|\dot{A}_{vM}|=10$,即$20\lg|\dot{A}_{vM}|=20$ dB,下限频率$f_L=10$ Hz,上限频率$f_H=10^6$ Hz。

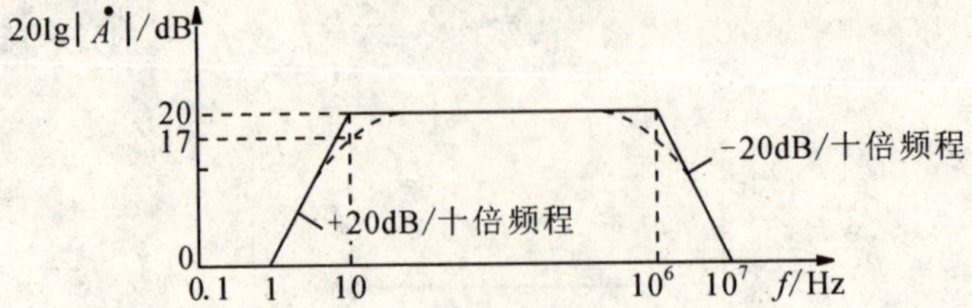

图解 6.1.3

绘出幅频响应波特图如图解 6.1.3 所示。由图可见,增益下降到 1 时的频率分别为 1 Hz 和 10^7 Hz。

6.2 单时间常数 *RC* 电路的频率响应

6.2.1 电路如图题 6.2.1 所示,设其中$R_1=1$ kΩ,$R_2=10$ kΩ,$C=1$ μF。试求该电路:(1) 是高通还是低通电路?(2) 电压增益的表达式及它的最大值;(3) 转折频率的大小。

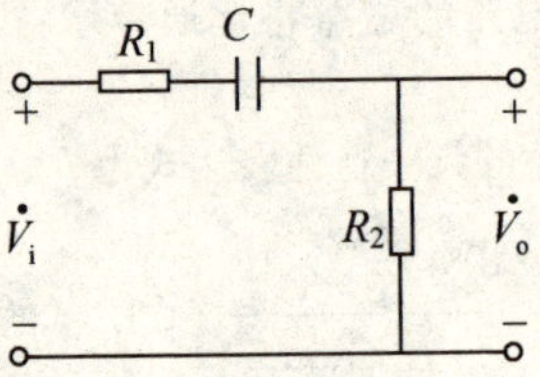

图题 6.2.1

【分析】 由于电容$C=1$ μF,当频率较低时,容抗较大,可视为开路;当频率$f=\infty$时,容抗为零。

【解】 (1) 该电路是高通电路;

(2) 电压增益

$$\dot{A}_v=\frac{\dot{V}_o}{\dot{V}_i}=\frac{R_2}{R_1+R_2+\frac{1}{\mathrm{j}\omega C}}=\frac{R_2}{R_1+R_2}\cdot\frac{1}{1+\frac{1}{\mathrm{j}\omega(R_1+R_2)C}}$$

$$=\frac{R_2}{R_1+R_2}\cdot\frac{1}{1+\frac{f_L}{\mathrm{j}f}}$$

电压增益的最大值为$A_{vM}=\frac{R_2}{R_1+R_2}=\frac{10}{1+10}\approx0.909$

(3) 由图可求得电容 C 两端的等效电阻$R=R_1+R_2=11$ kΩ,所以转折频率

$$f_L=\frac{1}{2\pi(R_1+R_2)C}=\frac{1}{2\times3.14\times(1+10)\times10^3\times1\times10^{-6}}\approx14.5\text{ Hz}$$

6.2.2 设图题 6.2.1 所示电路中的$R_1=R_2=4$ kΩ,转折频率$f_L=20$ Hz,试求电容 C 的值。

【解】 由题目所给定条件可得:

$$f_L=\frac{1}{2\pi(R_1+R_2)C}=\frac{1}{2\times3.14\times(4+4)\times10^3C}=20\text{ Hz}$$

可得:$C=\frac{1}{2\pi(R_1+R_2)f_L}=\frac{1}{2\times3.14\times(4+4)\times10^3\times20}\approx0.995$ μF

6.2.3 电路如图题6.2.3所示，设其中$R_1=1\ \text{k}\Omega$，$R_2=10\ \text{k}\Omega$，$C=3\ \text{pF}$。试求该电路：(1) 是高通还是低通电路？(2) 电压增益的表达式及它的最大值；(3) 转折频率的大小。

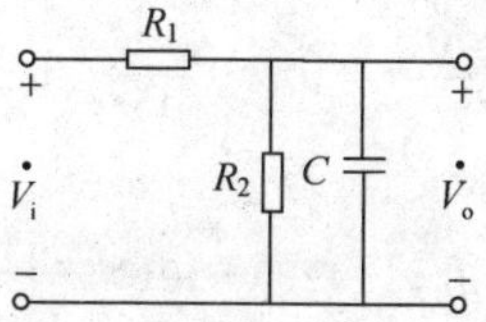

图题6.2.3

【分析】 由于电容$C=3$ pF，当频率较低时，容抗较大，可视为开路；当频率$f=\infty$时，容抗为零

【解】 (1) 由于电容C并在输出端，可见该电路是低通电路。

(2) 电压增益

$$\dot{A}_v=\frac{\dot{V}_o}{\dot{V}_i}=\frac{R_2 /\!/ \frac{1}{j\omega C}}{R_1+\left(R_2 /\!/ \frac{1}{j\omega C}\right)}=\frac{R_2}{R_1+R_2}\cdot\frac{1}{1+j\omega(R_1 /\!/ R_2)C}$$

$$=\frac{R_2}{R_1+R_2}\cdot\frac{1}{1+j\frac{f}{f_H}}$$

电压增益的最大值为$A_{vM}=\frac{R_2}{R_1+R_2}=\frac{10}{1+10}\approx 0.909$

(3) 由图可求得电容C两端的等效电阻$R=R_1 /\!/ R_2=\frac{10}{11}$ kΩ，所以转折频率

$$f_H=\frac{1}{2\pi(R_1 /\!/ R_2)C}=\frac{1}{2\times 3.14\times(10/11)\times 10^3\times 3\times 10^{-12}}\approx 58.39\ \text{MHz}$$

6.2.4 设图题6.2.3所示电路中的$R_1=R_2=10\ \text{k}\Omega$，转折频率$f_H=500$ kHz，试求电容C的值。

【解】 由题目所给定条件可得：

$$f_H=\frac{1}{2\pi(R_1 /\!/ R_2)C}=\frac{1}{2\times 3.14\times 5\times 10^3 C}=500\ \text{kHz}$$

可得：$C=\frac{1}{2\pi(R_1 /\!/ R_2)f_H}=\frac{1}{2\times 3.14\times 5\times 10^3\times 500\times 10^3}\ \text{F}\approx 63.69\ \text{pF}$

6.3 共源和共射放大电路的低频响应

6.3.1 试求图题6.3.1所示电路的中频源电压增益$\dot{A}_{vSM}$和源电压增益的下限频率f_L。已知$V_{CC}=3$ V，$R_{si}=0.1\ \text{k}\Omega$，$R_b=153\ \text{k}\Omega$，$R_c=1\ \text{k}\Omega$，$R_L=5\ \text{k}\Omega$，$C_{b1}=1\mu F$，$C_{b2}=1.5\ \mu\text{F}$。BJT的$\beta=100$，$V_{BE}=0.7$ V。

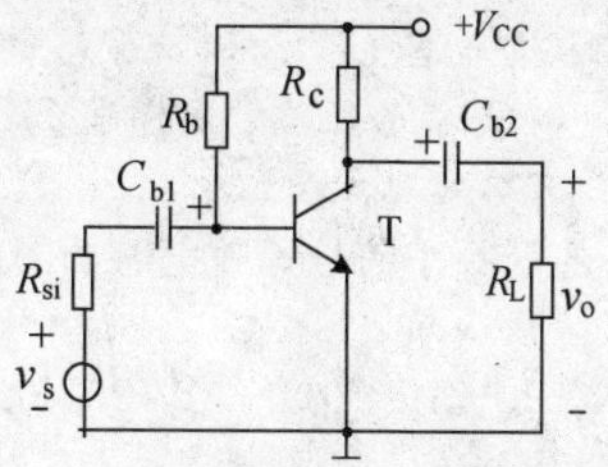

图题6.3.1

【分析】 求解中频源电压增益时耦合电容C_{b1}，C_{b2}视为短路，极间电容视为开路。求解下限截止频率，利用时间常数法，即将电容两端断开，求电路除源后电容两端的等效电阻R，得到时间常数$\tau=RC$，

转折频率 $f_L=\dfrac{1}{2\pi\tau}$。

【解】 (1) 由图题 6.3.1 的直流通路可求得静态电流 I_{CQ}

$$I_{CQ}=\beta\frac{V_{CC}-V_{BE}}{R_b}=100\times\frac{3-0.7}{153}\ \text{mA}\approx1.5\ \text{mA}$$

因 $I_{EQ}\approx I_{CQ}$,则

$$r_{be}=r_{bb'}+(1+\beta)\frac{V_T}{I_{EQ}}=200+101\times\frac{26\ \text{mV}}{1.5\ \text{mA}}\approx1.95\ \text{k}\Omega$$

$$\dot{A}_{vsm}=\frac{\dot{V}_o}{\dot{V}_s}=\frac{\dot{V}_o}{\dot{V}_i}\cdot\frac{\dot{V}_i}{\dot{V}_s}=-\frac{R_b/\!/r_{be}}{R_{si}+R_b/\!/r_{be}}\cdot\frac{\beta(R_c/\!/R_L)}{r_{be}}$$

$$=-\frac{153/\!/1.95}{0.1+153/\!/1.95}\times\frac{100\times(1/\!/5)}{1.95}\approx-41.15$$

(2) 求下限频率。首先画出图题 6.3.1 的低频小信号电路如图解 6.3.1 所示。根据图解 6.3.1,利用时间常数法,求得电容 C_{b1} 两端的等效电阻:

$$R'=R_{si}+R_b/\!/r_{be}=0.1+153/\!/1.95\approx2.025\ \text{k}\Omega,$$

电容 C_{b2} 两端的等效电阻:

$$R''=R_c+R_L=1+5=6\ \text{k}\Omega$$

则转折频率

$$f_{L1}=\frac{1}{2\pi R'C_{b1}}=\frac{1}{2\times3.14\times2.205\times10^3\times1\times10^{-6}}\approx72.22\ \text{Hz}$$

$$f_{L2}=\frac{1}{2\pi R''C_{b2}}=\frac{1}{2\times3.14\times6\times10^3\times1.5\times10^{-6}}\approx17.69\ \text{Hz}$$

则下限频率 $f_L=\sqrt{f_{L1}^2+f_{L2}^2}=\sqrt{72.22^2+17.69^2}\approx74.35\ \text{Hz}$

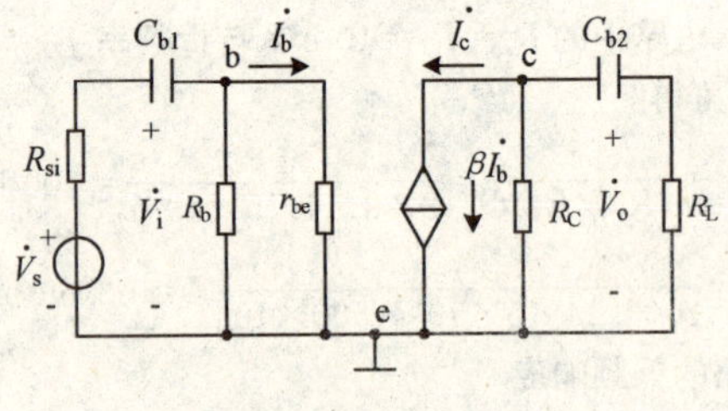

图解 6.3.1

6.3.2 电路如图题 6.3.2 所示,已知 BJT 的 $\beta=50$,$r_{be}=0.72\ \text{k}\Omega$。(1) 试估算该电路源电压增益的下限频率;(2) $|\dot{V}_{im}|=10\ \text{mV}$,且 $f=f_L$,求 $\dot{V}_{om}$,$\dot{V}_o$ 与 $\dot{V}_i$ 的相位差是多少?

【分析】 影响下限频率的电容有耦合电容 C_1,C_2 以及旁路电容 C_e。利用时间常数法求解即可。注意在求解 C_1 两端的等效电阻时,C_2 和 C_e 视为短路。同样求 C_2 和 C_e 的两端等效电阻时,其他耦合电容和旁路电容短路处理,极间电容视开路处理。

【解】 (1) 首先画出图题 6.3.2 的低频小信号等效电路如图解 6.3.2 所示。然后分别求出电容 C_1、C_2、C_e 两端的等效电阻 R'、R''、R'''。

$$R'=R_{si}+R_{b1}/\!/R_{b2}/\!/r_{be}=0.1+91/\!/27/\!/0.72\approx0.8\ \text{k}\Omega$$

$$R''=R_c+R_L=2.5+5.1=7.6\ \text{k}\Omega$$

$$R'''=R_e/\!/\frac{R_{si}/\!/R_{b1}/\!/R_{b2}+r_{be}}{1+\beta}=1/\!/\frac{0.1/\!/91/\!/27+0.72}{1+50}\approx0.0158\ \text{k}\Omega$$

$$f_{L1}=\frac{1}{2\pi R'C_1}=\frac{1}{2\times3.14\times0.8\times10^3\times1\times10^{-6}}\approx199\ \text{Hz}$$

$$f_{L2}=\frac{1}{2\pi R''C_2}=\frac{1}{2\times3.14\times7.6\times10^3\times1\times10^{-6}}\approx20.95\ \text{Hz}$$

$$f_{L3}=\frac{1}{2\pi R'''C_e}=\frac{1}{2\times3.14\times0.0158\times10^3\times50\times10^{-6}}\approx201.56\ \text{Hz}$$

则下限频率 $f_L=\sqrt{f_{L1}^2+f_{L2}^2+f_{L3}^2}=\sqrt{199^2+20.95^2+201.56^2}\approx283.73\ \text{Hz}$

(2) $\dot{A}_{vM}=-\frac{\beta(R_c /\!/ R_L)}{r_{be}}=-\frac{50\times(2.5/\!/5.1)}{0.72}\approx-115.7$

当 $f=f_L$ 时，$\dot{A}_v=0.707\dot{A}_{vM}\approx-81.8$

$$V_{om}=|\dot{A}_v|V_{im}\approx818\ \text{mV}$$

v_o 与 v_i 之间的相位差是$-135°$。

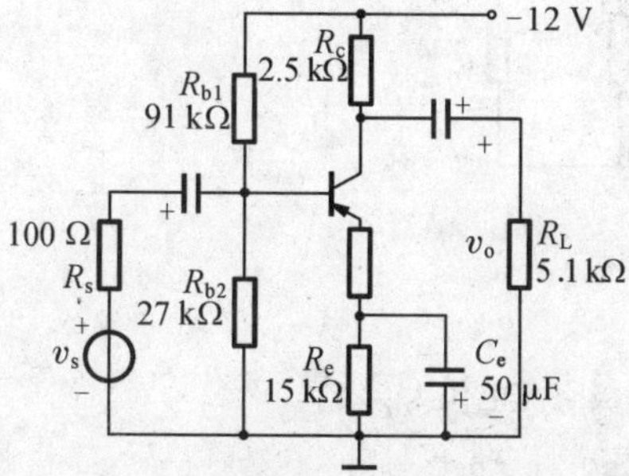

图题 6.3.2

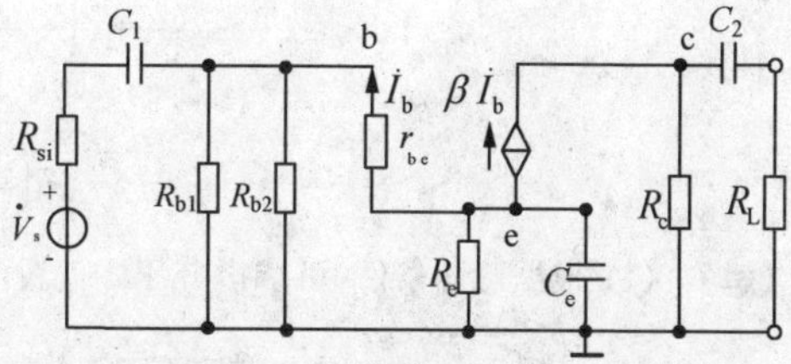

图解 6.3.2

6.3.3　设图题 6.3.3 所示放大电路中的 $R_{si}=5\ \text{k}\Omega$，$R_{b1}=240\ \text{k}\Omega$，$R_{b2}=160\ \text{k}\Omega$，$R_e=3.9\ \text{k}\Omega$，$R_c=4.7\ \text{k}\Omega$，$R_L=5.1\ \text{k}\Omega$，$C_{b1}=C_{b2}=1\ \mu\text{F}$，$C_e=10\ \mu\text{F}$，$V_{CC}=5\ \text{V}$，BJT 的 $\beta=120$。试求该电路源电压增益的下限频率 f_L。

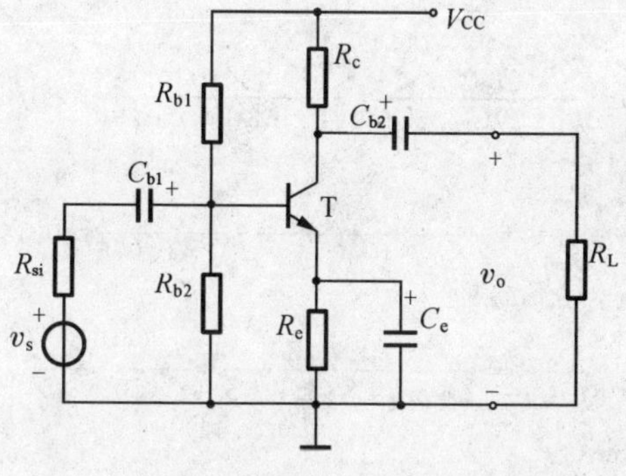

图题 6.3.3

【分析】　低频小信号等效电路如图解 6.3.3(a)所示。由于 $R_e\gg1/\omega C_e$，$R_b=R_{b1}/\!/R_{b2}\gg r_{be}$，故 R_e、R_b 可视为开路，如图解 6.3.3(b)所示。为便于分析，还需将位于发射极回路的 C_e 折算至基极回路。由于流过 C_e 的电流为 $(1+\beta)\dot{I}_b$，因此 C_e 折算至基极回路时相应的容抗应增大 $(1+\beta)$ 倍，即电容减小 $(1+\beta)$ 倍，所以 $C_e'=C_e/(1+\beta)$。设输入回路的总电容为 C_1'，则有

$$\frac{1}{C_1'}=\frac{1}{C_{b1}}+\frac{1}{C_e'}=\frac{1}{C_{b1}}+\frac{1+\beta}{C_e}$$

$$C_1'=\frac{C_{b1}C_e}{(1+\beta)C_{b1}+C_e}$$

如图解 6.3.3(c)所示。

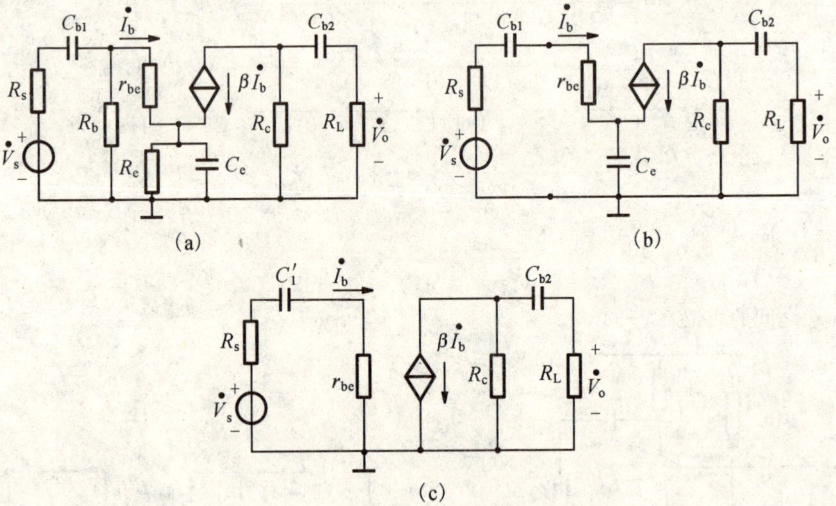

图解 6.3.3

【解】 (1) 根据已知条件,可求得分压式偏置电路的基极直流电位为:

$$V_{BQ}=\frac{R_{b2}}{R_{b1}+R_{b2}}V_{CC}=\frac{160}{240+160}\times5=2\ \text{V}$$

发射极静态电流为 $I_{EQ}=\dfrac{V_{BQ}-U_{BEQ}}{Re}=\dfrac{2-0.7}{3.9}\approx0.33\ \text{mA}$

则动态电阻 $r_{be}=r_{bb'}+(1+\beta)\dfrac{26\ \text{mV}}{I_{EQ}(\text{mA})}=200+(1+120)\dfrac{26}{0.33}\approx9.73\ \text{k}\Omega$

可求得 $C_1{}'$为

$$C_1{}'=\frac{C_{b1}C_e}{(1+\beta)C_{b1}+C_e}=\frac{1\times10}{(1+120)\times1+10}\approx0.076\ \mu\text{F}$$

故由 $C_1{}'$决定的下限频率为

$$f_{L1}=\frac{1}{2\pi(R_{si}+r_{be})C_{b1}{}'}=\frac{1}{2\times3.14\times(5+9.73)\times0.076}\approx0.142\ \text{kHz}=142\ \text{Hz}$$

由 C_{b2}决定的下限频率为

$$f_{L2}=\frac{1}{2\pi(R_c+R_L)C_{b2}}=\frac{1}{2\times3.14\times(4.7+5.1)\times10^3\times1\times10^{-6}}\approx16.3\ \text{Hz}$$

$\because f_{L1}\gg f_{L2}$

$\therefore f_L\approx f_{L1}=142\ \text{Hz}$

6.4 共源和共射放大电路的高频响应

6.4.1 已知某 N 沟道 MOS 管的 $K_n=0.25\ \text{mA/V}^2$, $V_{TN}=1\ \text{V}$, $\lambda=0$, $C_{gd}=0.04\ \text{pF}$, $C_{gs}=0.2\ \text{pF}$。设其偏置电流 $V_{GSQ}=3\ \text{V}$,试求其单位增益带宽 f_T。

【解】 根据已知条件,可求得互导 g_m

$$g_m=2K_n(V_{GS}-V_{TN})=2\times0.25\times(3-1)=1\ \text{mS}$$

该 MOS 管的单位增益带宽为:

$$f_T=\frac{g_m}{2\pi(C_{gs}+C_{gd})}=\frac{1\times10^{-3}}{2\times3.14\times(0.2+0.04)\times10^{-12}}\ \text{Hz}\approx663.5\ \text{MHz}$$

6.4.2 已知某 N 沟道 MOS 管的 $K_n=0.2\ \text{mA/V}^2$, $V_{TN}=1\ \text{V}$, $\lambda=0$, $C_{gd}=0.02\ \text{pF}$, $C_{gs}=0.25\ \text{pF}$。设其偏置电流 $I_{DQ}=0.4\ \text{mA}$,试求其单位增益带宽 f_T。

【解】 根据已知条件，由于 $I_{DQ}=K_n(V_{GS}-V_{TN})^2=0.2\times(V_{GS}-V_{TN})^2=0.4$

得 $V_{GS}-V_{TN}=\sqrt{2}$

$$g_m=2K_n(V_{GS}-V_{TN})=2\times0.2\times\sqrt{2}\approx0.566\ \text{mS}$$

该MOS管的增益带宽为：

$$f_T=\frac{g_m}{2\pi(C_{gs}+C_{gd})}=\frac{0.566\times10^{-3}}{2\times3.14\times(0.25+0.02)\times10^{-12}}\ \text{Hz}\approx333.6\ \text{MHz}$$

6.4.3 在一个共源放大电路中，已知栅极和漏极间的中频电压增益 $A'_v=-g_mR'_L=-27$，MOS管的 $C_{gs}=0.3\ \text{pF}$，$C_{gd}=0.1\ \text{pF}$。(1) 试求该电路输入回路的总电容；(2) 若要求源电压增益的上限频率 $f_H>10\ \text{MHz}$，试求信号源内阻 R_{si} 的取值范围。设该电路的输入电阻($\approx R_g$)很大，其影响可以忽略。

【分析】 输入回路的总电容应是栅源之间的电容 C_{gs} 与栅漏之间的电容 C_{gd} 利用密勒定理等效变换到输入回路后的和。同样可利用时间常数法求源电压增益的上限频率。

【解】 (1) 输入回路的总电容为

$$C=C_{gs}+(1+g_mR'_L)C_{gd}=0.3+(1+27)\times0.1=3.1\ \text{pF}$$

(2) 利用时间常数法，由已知条件，忽略电阻 R_g 的影响后，源电压增益的上限频率为

$$f_H=\frac{1}{2\pi R_{si}C}=\frac{1}{2\times3.14\times3.1\times10^{-12}R_{si}}>10\times10^6$$

得 $R_{si}<5.1\ \text{k}\Omega$

6.4.4 电路如图题6.4.4所示，其中 $+V_{DD}=5\ \text{V}$，$R_{si}=1\ \text{k}\Omega$，$R_{g1}=15\ \text{k}\Omega$，$R_{g2}=10\ \text{k}\Omega$，$R_d=4\ \text{k}\Omega$，$g_m=0.8\ \text{mS}$，$\lambda=0$，$C_{gs}=1\ \text{pF}$，$C_{gd}=0.5\ \text{pF}$。试估算源电压增益的上限频率 f_H 和中频源电压增益 $\dot{A}_{vSM}$。

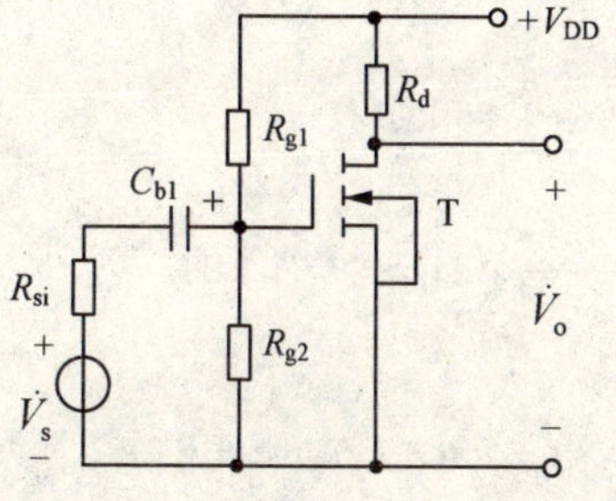

图题 6.4.4

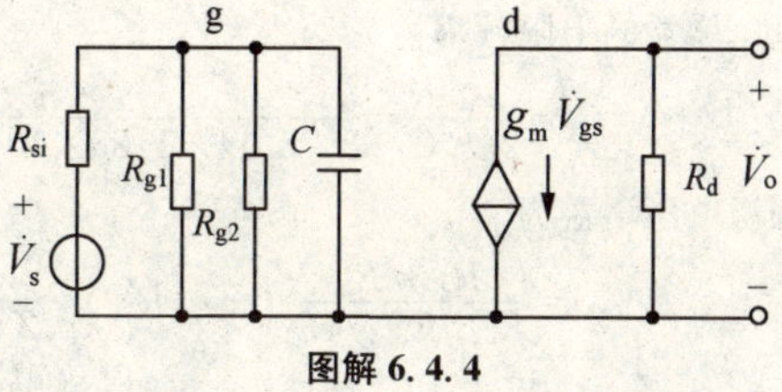

图解 6.4.4

【分析】 影响上限频率的电容是场效应管的极间电容。即 C_{gs} 和 C_{gd}，利用密勒定理将 C_{gd} 等效变换到输入回路的 $C'_{gs}=(1+g_mR_d)C_{gd}$，变换到输出回路的 $C''_{gs}\approx C_{gd}$，所以上限频率主要取决于输入回路的电容。

【解】 图题6.4.4的高频等效电路如图解6.4.4所示。此时，耦合电容 C_{b1} 视为短路，输入回路的总电容为

$$C=C_{gs}+(1+g_mR'_L)C_{gd}=1+(1+0.8\times4)\times0.5=3.1\ \text{pF}$$

电容 C 两端的除源等效电阻为

$$R'=R_{g1}/\!/R_{g2}/\!/R_{si}=15/\!/10/\!/1\approx0.857\ \text{k}\Omega$$

源电压增益的上限频率为

$$f_H=\frac{1}{2\pi R'C}=\frac{1}{2\times3.14\times0.857\times10^3\times3.1\times10^{-12}}\ \text{Hz}\approx59.94\ \text{MHz}$$

中频源电压增益为

$$\dot{A}_{vSM}=\frac{R_{g1}/\!/R_{g2}}{R_g+R_{g1}/\!/R_{g2}}(-g_mR_d)=\frac{15/\!/10}{1+15/\!/10}\times(-0.8\times4)\approx-2.74$$

6.4.5 电路如图题 6.4.5 所示，其中 $+V_{DD}=5\ \text{V}$，$R_{si}=2\ \text{k}\Omega$，$R_{g1}=60\ \text{k}\Omega$，$R_{g2}=40\ \text{k}\Omega$，$R_d=R_L=5.1\ \text{k}\Omega$，MOS 管参数为 $K_n=0.8\ \text{mA/V}^2$，$V_{TN}=1\ \text{V}$，$\lambda=0$，$C_{gs}=1\ \text{pF}$，$C_{gd}=0.4\ \text{pF}$。试求该电路的中频源电压增益 $\dot{A}_{vSM}$ 和源电压增益的上限频率 f_H。

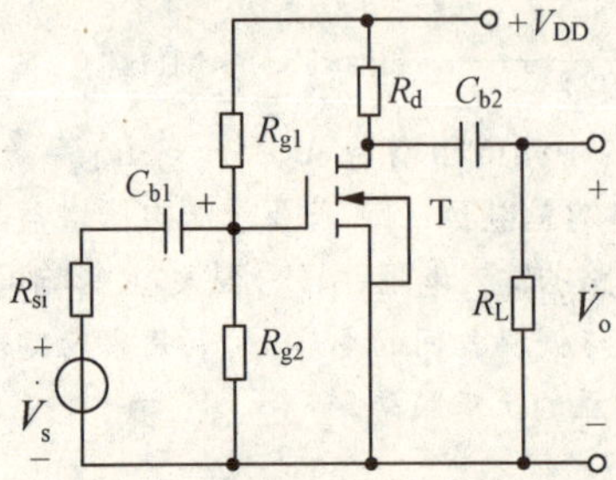

图题 6.4.5

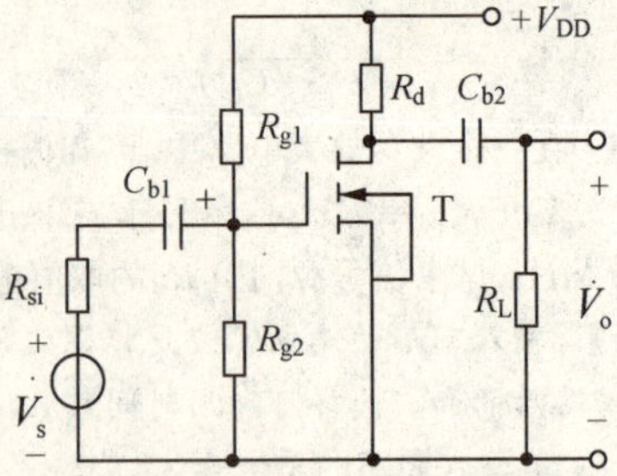

图解 6.4.5

【解】 图题 6.4.5 的高频等效电路如图解 6.4.5 所示。此时，耦合电容 C_{b1} 和 C_{b2} 视为短路。图题 6.4.5 的偏置电压为

$$V_{GSQ}=\frac{R_{g2}}{R_{g1}+R_{g2}}V_{DD}=\frac{40}{60+40}\times 5=2\ \text{V}$$

$$g_m=2K_n(V_{GS}-V_{TN})=2\times 0.8\times(2-1)=1.6\ \text{mS}$$

$$R'_L=R_d /\!/ R_L=5.1 /\!/ 5.1=2.55\ \text{k}\Omega$$

输入回路的总电容为

$$C=C_{gs}+(1+g_mR'_L)C_{gd}=1+(1+1.6\times 2.55)\times 0.4\approx 3.03\ \text{pF}$$

电容 C 两端的除源等效电阻为

$$R'=R_{g1} /\!/ R_{g2} /\!/ R_{si}=60 /\!/ 40 /\!/ 2\approx 1.85\ \text{k}\Omega$$

源电压增益的上限频率为

$$f_H=\frac{1}{2\pi R'C}=\frac{1}{2\times 3.14\times 1.85\times 10^3\times 3.03\times 10^{-12}}\ \text{Hz}\approx 28.41\ \text{MHz}$$

中频源电压增益为

$$\dot{A}_{vSM}=\frac{R_{g1} /\!/ R_{g2}}{R_g+R_{g1} /\!/ R_{g2}}(-g_mR'_L)=\frac{60 /\!/ 40}{2+60 /\!/ 40}\times(-1.6\times 2.55)\approx -3.77$$

6.4.6 一高频 BJT，在 $I_{CQ}=1.5\ \text{mA}$ 时，测出其低频 H 参数为：$r_{be}=1.1\ \text{k}\Omega$，$\beta_0=50$，特征频率 $f_T=100\ \text{MHz}$，$C_{b'c}=3\ \text{pF}$，试求混合 Π 型参数 g_m、$r_{b'e}$、$r_{bb'}$、$C_{b'e}$ 和 f_β。

【解】 根据已知条件，可求得混合 Π 型参数 g_m、$r_{b'e}$、$r_{bb'}$、$C_{b'e}$ 分别为

$$g_m=\frac{I_{EQ}}{26\ \text{mV}}\approx\frac{1.5\ \text{mA}}{26\ \text{mV}}\approx 57.69\ \text{mS}$$

$$r_{b'e}=(1+\beta_0)\frac{26\ \text{mV}}{I_{EQ}}\approx(1+50)\times\frac{26}{1.5}\approx 884\ \Omega$$

$$r_{bb'}=r_{be}-r_{b'e}=1.1-0.884=0.216\ \text{k}\Omega=216\ \Omega$$

$$C_{b'e}\approx\frac{g_m}{2\pi f_T}\approx\frac{57.69\times 10^{-3}}{2\times 3.14\times 100\times 10^6}\approx 92\ \text{pF}$$

$$f_\beta=\frac{f_T}{\beta}=2\ \text{MHz}$$

6.4.7 电路如图题 6.3.2 所示，BJT 的 $\beta=40$，$C_{b'c}=3\ \text{pF}$，$C_{b'e}=100\ \text{pF}$，$r_{bb'}=100\ \Omega$，$r_{b'e}=418\ \text{k}\Omega$。(1) 画出高频小信号等效电路，求上限频率 f_H；(2) 如 R_L 提高 10 倍，问中频电压增益、上限频率及增益－带宽积各变化多少倍？

【分析】 根据题意，$R_{b1}/\!/R_{b2}=91/\!/27\approx20.8\ \text{k}\Omega$，$R_s=100\Omega$，$R_{b1}/\!/R_{b2}\gg R_s$，故可忽略 R_{b1}、R_{b2} 的影响，得到高频小信号等效电路如图解 6.4.7(a)所示，经密勒等效变换后如图解 6.4.7(b)所示，其中 $C=C_{b'e}+(1+g_mR'_L)C_{b'c}$。

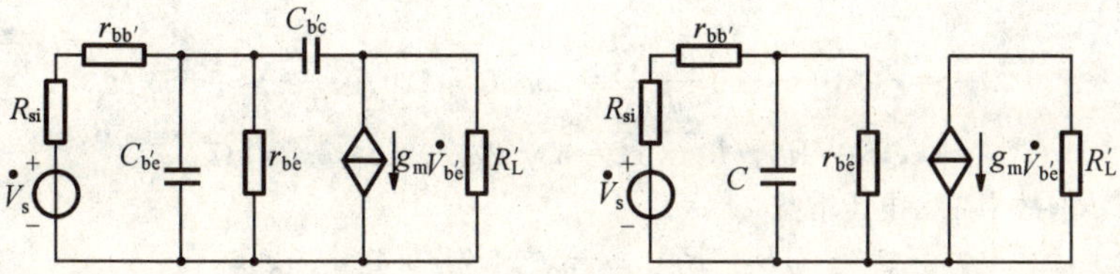

(a) (b)

图解 6.4.7

【解】 (1) 上限频率

$$f_H=\frac{1}{2\pi RC}$$

由于

$$g_m=\frac{\beta}{r_{b'e}}=\frac{40}{0.418}\approx96\ \text{mS}$$

$$\therefore C=C_{b'e}+(1+g_mR'_L)C_{b'c}=100+(1+96\times(2.5/\!/5.1))\times3\approx586.8\ \text{pF}$$

而

$$R=(R_{si}+r_{bb'})/\!/r_{b'e}=(100+100)/\!/4\,187=135.3\ \Omega$$

$$\therefore f_H=\frac{1}{2\times3.14\times135.3\times586.8\times10^{-12}}\approx2.01\ \text{MHz}$$

(2) 由图解 6.4.7(b)可知，在中频电压信号 $\dot{V}_s$ 作用下，等效电容 C 可视为开路，故中频电压增益为

$$|\dot{A}_{vSM}|=\left|\frac{\dot{V}_o}{\dot{V}_s}\right|=\left|\frac{\dot{V}_o}{\dot{V}_{b'e}}\cdot\frac{\dot{V}_{b'e}}{\dot{V}_s}\right|=g_mR'_L\cdot\frac{r_{b'e}}{R_{si}+r_{bb'}+r_{b'e}}=96\times(2.5/\!/5.1)\cdot\frac{418}{100+100+418}\approx109.1$$

增益-带宽积为

$$|\dot{A}_{vSM}f_H|\approx109.1\times2.01\times10^6\approx219.3\ \text{MHz}$$

如 R_L 提高 10 倍，即 $R'_L=2.5/\!/51\approx2.38\ \text{k}\Omega$，则中频电压增益变为

$$|\dot{A}'_{vSM}|=g_mR'_L\cdot\frac{r_{b'e}}{R_{si}+r_{bb'}+r_{b'e}}\approx154.5$$

等效电容 C 变为

$$C'=C_{b'e}+(1+g_mR'_L)C_{b'c}=100+(1+96\times2.38)\times3\approx788.4\ \text{pF}$$

故上限频率变为

$$f'_H=\frac{1}{2\pi RC'}=\frac{1}{2\times3.14\times135.3\times788.4\times10^{-12}}\approx1.49\ \text{MHz}$$

增益-带宽积变为

$$|\dot{A}'_{vSM}f'_H|\approx230.2\ \text{MHz}$$

综上所述，中频电压增益变化 $|\dot{A}'_{vSM}|/|\dot{A}_{vSM}|\approx1.42$ 倍，上限频率变化 $f'_H/f_H\approx0.74$ 倍，增益-带宽积变化 $|\dot{A}'_{vSM}f'_H|/|\dot{A}_{vSM}f_H|\approx1.05$ 倍。

6.4.8 在图题 6.3.3 所示电路中设信号源内阻 $R_{si}=5\ \text{k}\Omega$，$R_{b1}=33\ \text{k}\Omega$，$R_{b2}=22\ \text{k}\Omega$，$R_e=3.9\ \text{k}\Omega$，$R_c=4.7\ \text{k}\Omega$，$R_L=5.1\ \text{k}\Omega$，$C_e=50\ \mu\text{F}$，$V_{CC}=5\ \text{V}$，$I_{EQ}\approx0.33\ \text{mA}$，$\beta_0=120$，$r_{ce}=300\ \text{k}\Omega$，$r'_{bb}=50\Omega$，$f_T=$

700 MHz 及 $C_{b'c}=1$ pF。求(1) 中频区电压增益 $\dot{A}_{vM}$ 及源电压增益 $\dot{A}_{vSM}$；(2) 源电压增益的上限频率 f_H。

【分析】 由题得，$R_{b1}//R_{b2}=33//22\approx13.2$ kΩ，而 $R_{si}=5$ kΩ，故 R_{b1}、R_{b2} 的影响不可忽略。

【解】 (1)

$$\because r_{be}=r'_{bb}+(1+\beta_0)\frac{26\ \text{mV}}{I_{EQ}}\approx50+(1+120)\times\frac{26}{0.33}\approx9\ 583\ \Omega$$

$$\therefore R_i=R_{b1}//R_{b2}//r_{be}=33//22//9.58\approx5.55\ \text{k}\Omega$$

由于 $r_{ce}\gg R_L$，故中频区电压增益

$$\dot{A}_{vM}=\beta_0\frac{R_c//R_L}{r_{be}}=-120\times\frac{4.7//5.1}{9.58}\approx-30.64$$

中频源电压增益

$$\dot{A}_{vSM}=\dot{A}_{vM}\cdot\frac{R_i}{R_{si}+R_i}\approx-16.12$$

(2) 高频小信号等效电路可参考图解 6.4.7，此处从略。上限频率

$$f_H=\frac{1}{2\pi RC}$$

由于

$$g_m=\frac{I_{EQ}}{26\ \text{mV}}\approx\frac{0.33}{26}\approx12.69\ \text{mS}$$

$$\therefore C_{b'e}\approx\frac{g_m}{2\pi f_T}\approx\frac{12.69\times10^{-3}}{2\times3.14\times700\times10^6}\approx2.89\ \text{pF}$$

$$\therefore C=C_{b'e}+(1+g_mR'_L)C_{b'c}=2.89+(1+12.69\times(4.7//5.1))\times1\approx34.98\ \text{pF}$$

又由于

$$r_{b'e}=\frac{\beta_0}{g_m}=\frac{120}{12.69}\approx9.46\ \text{k}\Omega$$

$$\therefore R=(R_{si}//R_{b1}//R_{b2}+r_{bb'})//r_{b'e}=(5//33//22+0.05)//9.46\approx2.65\ \text{k}\Omega$$

$$\therefore f_H=\frac{1}{2\times3.14\times2.65\times10^3\times34.98\times10^{-12}}\approx1.72\ \text{MHz}$$

6.5 共栅和共基、共漏和共集放大电路的高频响应

6.5.1 图题 6.5.1 所示电路中，$R_{si}=10$ kΩ，$R_g=100$ kΩ，$I=1$ mA，$R_d=4$ kΩ，$R_L=2$ kΩ。MOS 管的 $V_{TN}=1$ V，$K_n=1$ mA/V²，$\lambda=0$，$C_{gs}=5$ pF，$C_{gd}=0.4$ pF。试求该电路的中频源电压增益 $\dot{A}_{vSM}$ 和源电压增益的上限频率 f_H。

【分析】 该电路为共栅放大电路，其高频等效电路如图解 6.5.1 所示。在输入与输出回路之间无跨接电容。

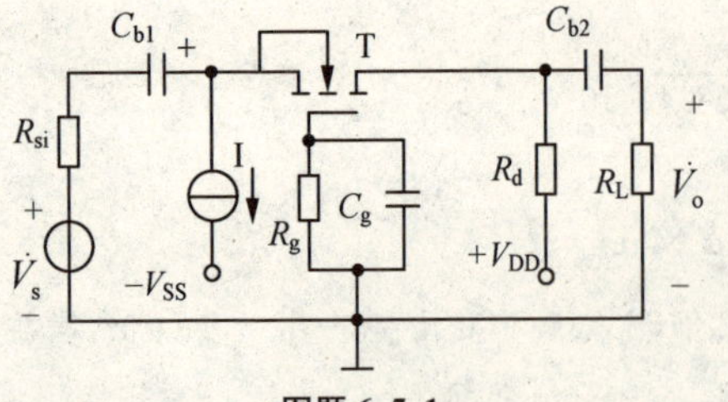

图题 6.5.1

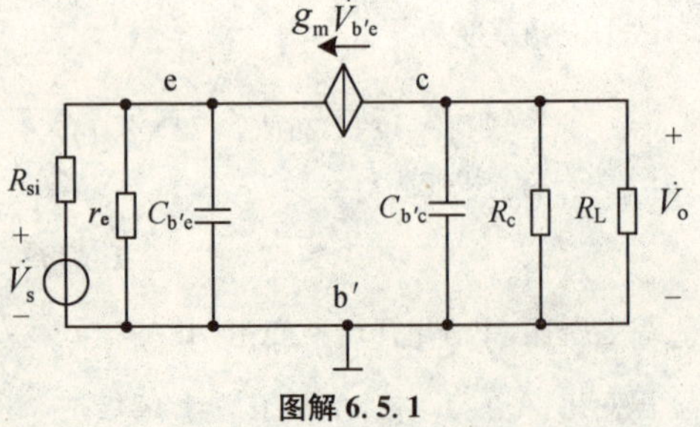

图解 6.5.1

【解】 根据已知条件，有

$$I_{DQ}=I=K_n\ (V_{GS}-V_{TN})^2=1\times(V_{GS}-V_{TN})^2=1\ \text{mA}$$

得　$V_{GS}-V_{TN}=1, g_m=2K_n(V_{GS}-V_{TN})=2\times1\times1=2\ \text{mS}$

由图题 6.5.1 可得中频源电压增益

$$\dot{A}_{vSM}=\frac{g_m(R_d /\!/ R_L)}{1+g_mR_{si}}=\frac{2\times(4/\!/2)}{1+2\times10}\approx0.127$$

由图解 6.5.1 可知影响其上限频率特性的电容分别是 C_{gs} 和 C_{ds}，利用时间常数法可得

$$f_{H1}=\frac{1}{2\pi\dfrac{R_{si}}{1+g_mR_{si}}C_{gs}}=\frac{1}{2\times3.14\times\dfrac{10}{1+2\times10}\times5\times10^{-12}}\ \text{Hz}\approx66\ 878.98\ \text{MHz}$$

$$f_{H2}=\frac{1}{2\pi(R_d/\!/R_L)C_{gd}}=\frac{1}{2\times3.14\times(4/\!/2)\times10^3\times0.4\times10^{-12}}\ \text{Hz}\approx298.57\ \text{MHz}$$

由于 $f_{H1}\gg f_{H2}$，所以源电压增益的上限频率 $f_H=f_{H2}\approx298.57\ \text{MHz}$。

6.5.2　共基电路的交流通路如图题 6.5.2 所示，其中 $R_{si}=1\ \text{k}\Omega, R_c=2\ \text{k}\Omega, R_L=2.5\ \text{k}\Omega$，BJT 的 $\beta_0=80, r_{ce}=100\ \text{k}\Omega, r_{bb'}=50\Omega, r_e=26\ \Omega, f_T=300\ \text{MHz}$ 及 $C_{b'c}=4\ \text{pF}$。试求该电路源电压增益的上限频率 f_H。

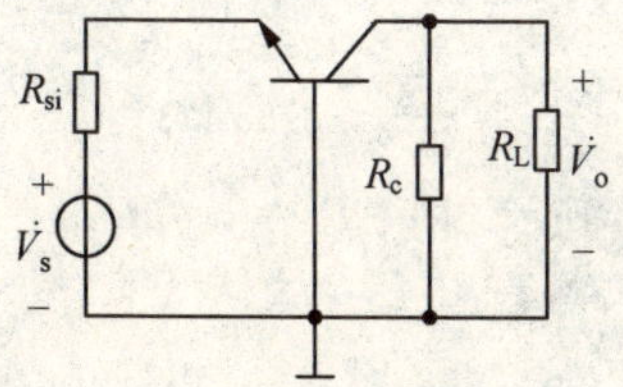

图题 6.5.2

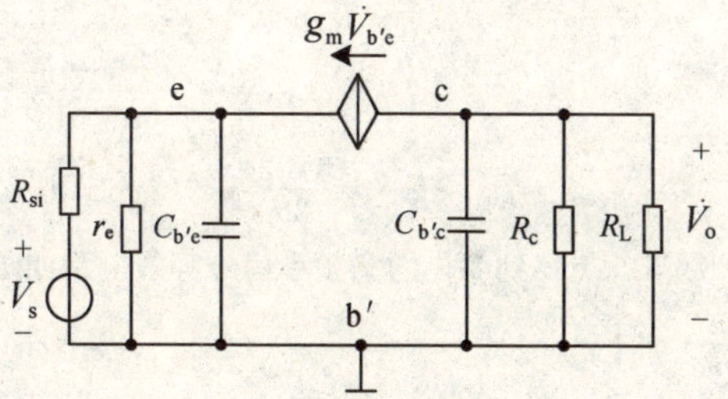

图解 6.5.2

【分析】　共基极放大电路在输入与输出回路之间无跨接电容。其高频小信号等效电路如图解 6.5.2 所示。

【解】　根据已知条件，有

$$C_{b'e}\approx\frac{g_m}{2\pi f_T}\approx\frac{1}{2\pi r_e f_T}=\frac{1}{2\times3.14\times26\times300\times10^6}\ \text{F}\approx20.41\ \text{pF}$$

由图解 6.5.2，利用时间常数法，可得

$$f_{H1}=\frac{1}{2\pi\left(\dfrac{r_e/\!/R_{si}}{1+\beta_0}\right)C_{b'e}}=\frac{1}{2\times3.14\times\left(\dfrac{26/\!/1\ 000}{1+80}\right)\times20.4\times10^{-12}}\ \text{Hz}\approx24.93\times10^9\ \text{MHz}$$

$$f_{H2}=\frac{1}{2\pi(R_c/\!/R_L)C_{b'c}}=\frac{1}{2\times3.14\times(2/\!/2.5)\times10^3\times4\times10^{-12}}\ \text{Hz}\approx35.86\ \text{MHz}$$

由于 $f_{H1}\gg f_{H2}$，所以源电压增益的上限频率 $f_H=f_{H2}\approx35.86\ \text{MHz}$。

6.6　扩展放大电路通频带的方法

6.6.1　已知图题 6.6.1 所示电路中的 $+V_{CC}=10\ \text{V}, -V_{EE}=-10\ \text{V}, R_{si}=0.1\ \text{k}\Omega, R_1=28.3\ \text{k}\Omega, R_2=20.5\ \text{k}\Omega, R_3=42.5\ \text{k}\Omega, R_e=5.4\ \text{k}\Omega, R_c=5\ \text{k}\Omega, R_L=10\ \text{k}\Omega$，BJT 的 $\beta=150, V_{BE}=0.7\ \text{V}, r_{bb'}=30\ \Omega, C_{b'e}=35\ \text{pF}, C_{b'c}=4\ \text{pF}$。试求该电路中频源电压增益和上限频率。

【分析】　该电路 T_1 组成共射放大电路，T_2 管组成共基放大电路。简化的高频小信号等效电路如图解 6.6.2 所示。

【解】　根据已知条件

$$V_{BQ1}=\frac{R_1}{R_1+R_2+R_3}(V_{CC}+V_{EE})$$
$$=\frac{28.3}{28.3+20.5+42.5}(10+10)\approx6.2\ \text{V}$$

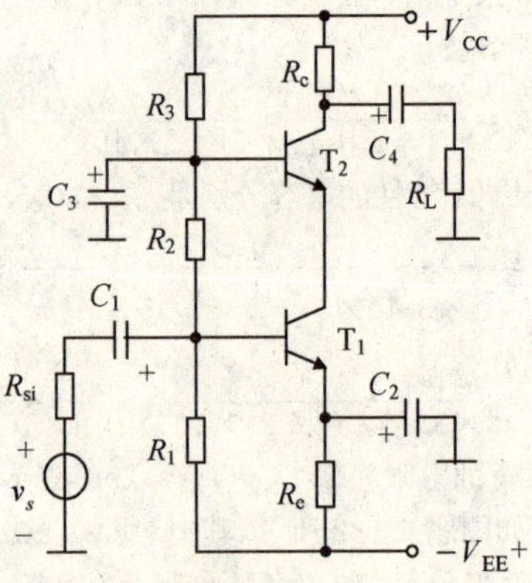

图题 6.6.1

得

$$I_{EQ1}=I_{EQ2}=\frac{V_{BQ1}-V_{BE1}}{R_{e1}}=\frac{6.2-0.7}{5.4}\approx 1.02\text{ mA}$$

$$g_{m1}=g_{m2}\approx\frac{I_{EQ1}}{V_T}=\frac{1.02}{26}\approx 39.2\text{ mS},\text{则 } r_{b'e1}=r_{b'e2}\approx\frac{\beta}{g_{m1}}=\frac{150}{39.2}\approx 3.83\text{ k}\Omega$$

由图题 6.6.1 得到简化的高频小信号等效电路如图解 6.6.1 所示。图中 $R_b=R_1/\!/R_2$，$r_{e2}=r_{b'e2}/(1+\beta)=\dfrac{1}{gm_2}$

$R_L{}'=R_C/\!/R_L$，$C_1=C_{b'e_1}+(1+g_{m1}r_{e2})C_{b'e_1}=C_{b'e_1}+2C_{b'C_1}$，$C_2=C_{b'C_1}+C_{b'e_2}$

$$A_{om}=-g_mR_L{}'\cdot\frac{\beta}{1+\beta}\cdot\frac{r_{b'e2}}{r_{be1}}\cdot\frac{R_b/\!/r_{be1}}{R_{si}+R_b/\!/r_{be1}}\approx -126$$

$$f_{H1}=\frac{1}{2\pi C_1[(R_{si}/\!/R_b+r_{bb'1})/\!/r_{b'e1}]}\approx 38.3\text{ MHz}$$

$$f_{H2}=\frac{1}{2\pi C_2r_{e2}}=\frac{g_{m2}}{2\pi(C_{b'c1}+C_{b'e2})\cdot r_{e2}}\approx 6\,246\text{ MHz}$$

$$f_{H3}=\frac{1}{2\pi(R_{c2}/\!/R_L)C_{b'c2}}\approx 11.94\text{ MHz}$$

因 $f_{H2}\gg f_{H1}$，$f_{H2}\gg f_{H3}$，$f_{H1}>f_{H3}$，所以设电路的上限频率为

$$f_H\approx\frac{1}{1.1\sqrt{\dfrac{1}{(f_{H1})^2}+\dfrac{1}{(f_{H3})^2}}}\approx 10.37\text{ MHz}$$

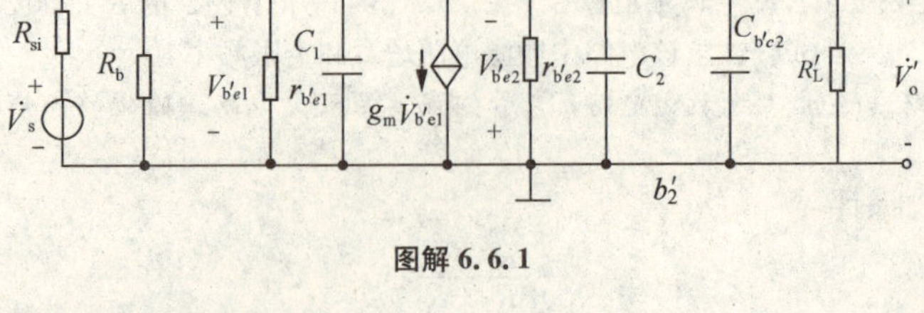

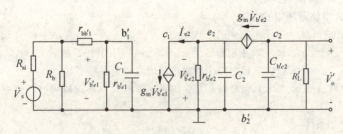

图解 6.6.1

6.8 单级放大电路的瞬态响应

6.8.1 若将一宽度为 1 μs 的理想脉冲信号加到一单级共射放大电路(假设只有一个时间常数)的

输入端，画出下列三种情况下的输出波形。设 V_m 为输出电压最大值。(1) 频带为 80 MHz；(2) 频带为 10 MHz；(3) 频带为 1 MHz。(假设 $f_L=0$)

【解】 对于单级共射放大电路(假设只有一个时间常数)，输出电压和输入电压反相，故在上升阶段输出电压 v_o 随时间变化的关系为

$$v_o=-V_m(1-e^{-t/RC})$$

且输出电压 v_o 的上升时间

$$t_r=\frac{0.35}{f_H}$$

由于 $f_L=0$，故当频带分别为 80 MHz、10 MHz 和 1 MHz 时，相应的 f_H 分别为 $f_{H1}=80$ MHz、$f_{H2}=10$ MHz、$f_{H3}=1$ MHz，故 $t_{r1}\approx0.0044\ \mu s$、$t_{r2}=0.035\ \mu s$、$t_{r3}=0.35\ \mu s$。

三种情况下的输出电压波形如下表所示。

6.8.2 电路如图题 6.8.2 所示。(1) 当输入方波电流的频率为 200 Hz 时，计算输出电压的平顶降落；(2) 当平顶降落小于 2%时，输入方波的最低频率为多少？

f_H/MHz	80	10	1
$t_r/\mu s$	0.004 4	0.035	0.35
输出电压波形	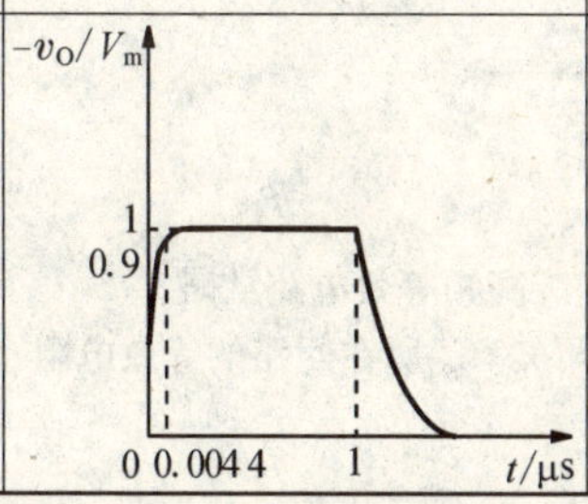	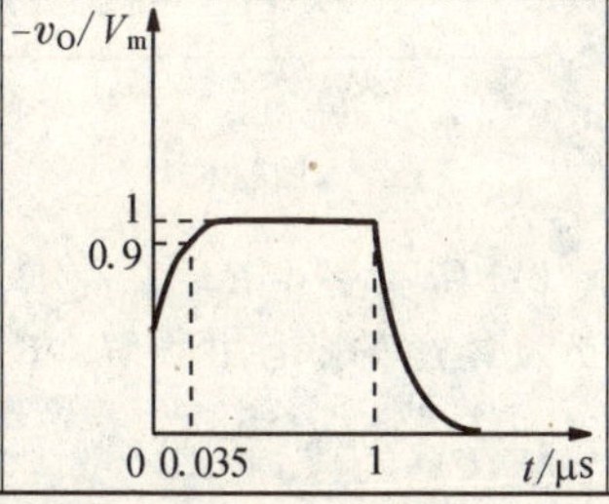	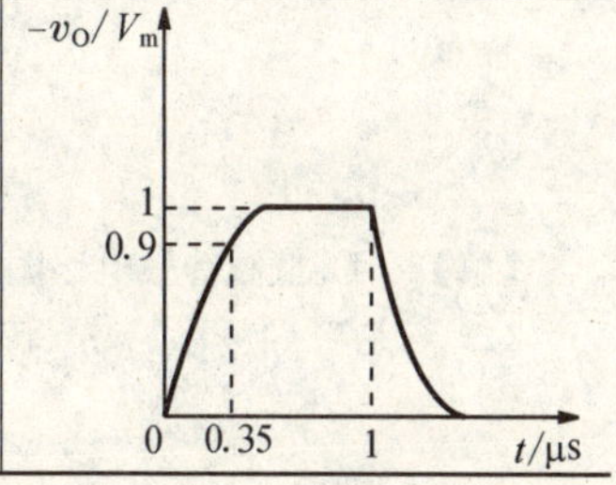

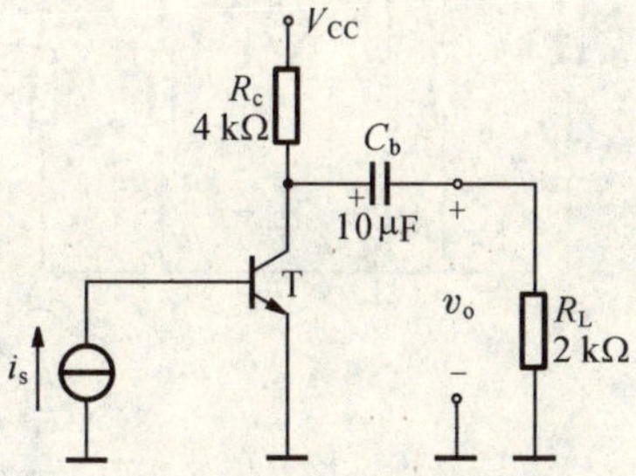

图题 6.8.2

【解】 (1) 输出电压的平顶降落为

$$\delta=\frac{\pi f_L}{f}$$

其中

$$f_L=\frac{1}{2\pi(R_c+R_L)C_b}=\frac{1}{2\times3.14\times(4+2)\times10}\approx0.00265\ \text{kHz}=2.65\ \text{Hz}$$

$$\therefore\delta=\frac{3.14\times2.65}{200}\approx4.16\%$$

(2) 当平顶降落小于 2%时，输入方波的最低频率为

$$f_{min}=\frac{\pi f_L}{\delta_{max}}=\frac{3.14\times2.65}{2\%}\approx416\ \text{Hz}$$

典型习题与全真考题详解

1. (电子科技大学 2007 年硕士学位研究生入学考试试题)单级阻容耦合放大电路如图题 6.1 所示。已知 BJT 的 $r_{ce}=\infty$。

(1) 画出该放大电路的低频等效电路和高频等效电路。

(2) 略去 C_1 和 C_2 对下转折频率 f_L 的影响,试写出该放大电路下转折频率 f_L 的近似表达式。

(3) 若减小电容 C_e 的容量,试问该放大电路的中频电压增益、下转折频率 f_L、上转折频率 f_H 如何变化?

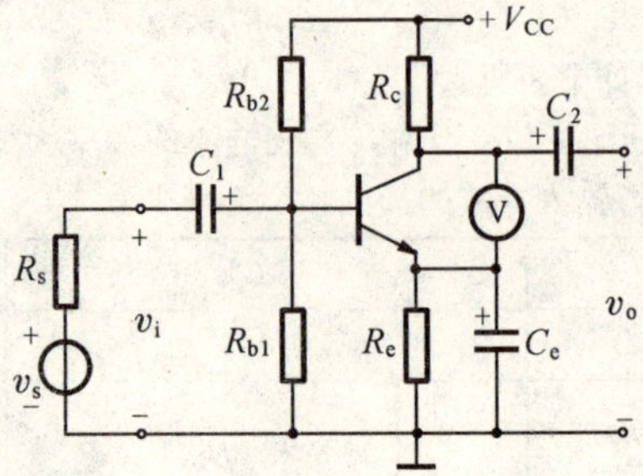

图题 6.1

【解】 (1) 低频等效电路图解 6.1 所示,图中 $R_b=R_{b1}/\!/R_{b2}$。高频等效电路从略。

(2) 若忽略 C_1 和 C_2 对下转折频率 f_L 的影响,由图解 4.8 可知,C_e 所在回路的等效电阻

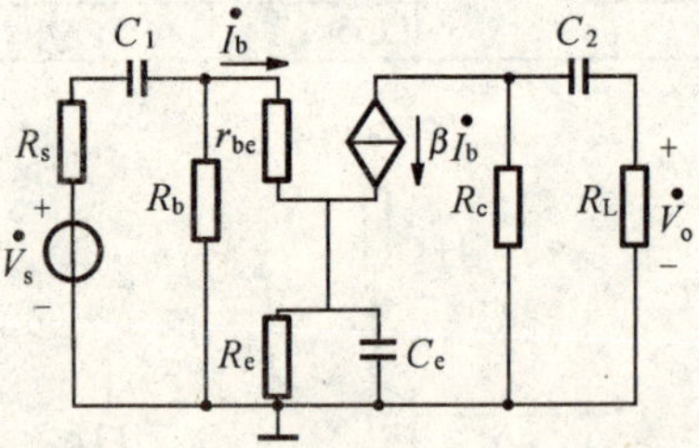

图解 6.1

$$R=R_e+\frac{R_s/\!/R_b+r_{be}}{1+\beta}$$

则由 C_e 决定的下转折频率

$$f_L=\frac{1}{2\pi RC_e}=\frac{1}{2\pi\left(R_e+\dfrac{R_s/\!/R_b+r_{be}}{1+\beta}\right)C_e}$$

(3) 中频区和高频区的 C_e 均可视为短路,故当 C_e 减小时,中频电压增益和上转折频率 f_H 不变,而由上式可知,下转折频率 f_L 增大。可见为改善电路的低频特性,C_e 的容量应远大于其他电容。

2. 两级放大电路如题 6.2(a)图所示。已知 $R_s=2\ \text{k}\Omega$,$R_g=500\ \text{k}\Omega$,$R_{g1}=90\ \text{k}\Omega$,$R_{g2}=60\ \text{k}\Omega$,$R_{s1}=0.5\ \text{k}\Omega$,$R_d=6\ \text{k}\Omega$,$R_e=3\ \text{k}\Omega$,$R_L=4\ \text{k}\Omega$,$C_1=C_2=5\ \mu\text{F}$;$V_1$ 的 $g_m=10\ \text{mS}$,V_2 的 $\beta_0=100$,$r_{be}=2\ \text{k}\Omega$,试估算电路的下限频率 f_L。

【解】 电路中有两个影响低频特性的耦合电容,输入耦合电容 C_1 所在回路的低频等效电路如图题 6.2(b)图所示。由 C_1 确定的下限频率为

$$f_{L1}=\frac{1}{2\pi(R_s+R_g+R_{g1}/\!/R_{g2})C_1}\approx\frac{1}{6.28\times(2+500+90/\!/60)\times10^3\times5\times10^{-6}}\approx0.06\ \text{Hz}$$

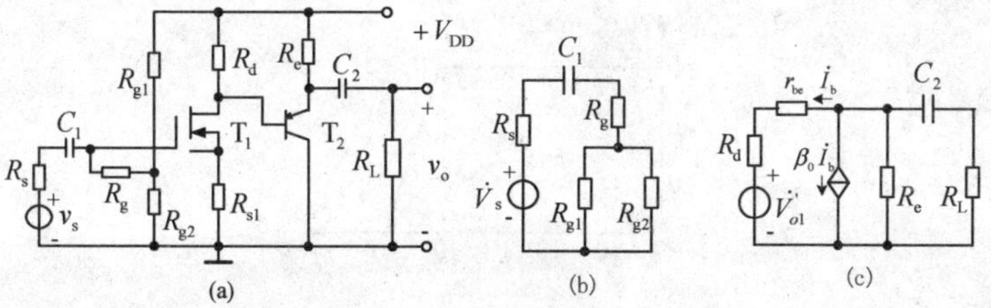

图题 6.2

电容 C_2 所在回路的低频等效电路如图例 4.2(c)所示，由 C_2 确定的下限频率为

$$f_{L2}=\frac{1}{2\pi\left(R_e /\!/ \dfrac{r_{be}+R_d}{1+\beta_0}+R_L\right)C_2}=\frac{1}{6.28\times\left(3 /\!/ \dfrac{2+6}{1+100}+4\right)\times10^3\times5\times10^{-6}}\approx7.81\ \text{Hz}$$

因为 $f_{L2}\gg f_{L1}$，所以放大电路的下限频率为

$$f_L\approx f_{L2}=7.81\ \text{Hz}$$

3. (北京科技大学 2012 年硕士学位研究生入学考试试题)假设某单管共射放大电路的对数幅频特性如题图 6.3(a)所示。(1) 求出该放大电路的中频电压放大倍数 $\dot{A}_{vm}$，下限频率 f_L 和上限频率 f_H；(2) 说明该放大电路的耦合方式；(3) 画出相应的对数相频特性。

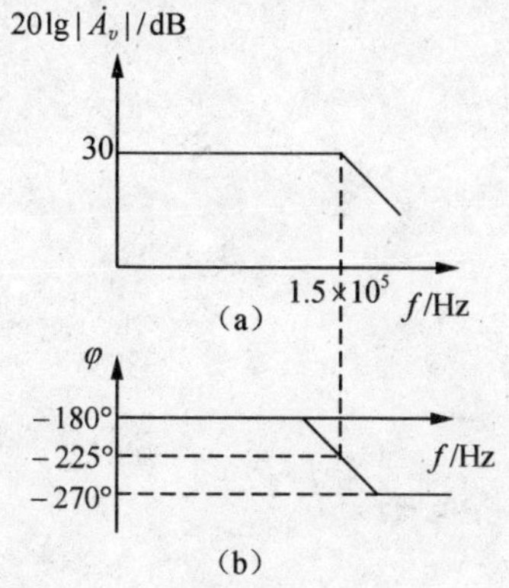

图题 6.3

【解】 (1) 由图可得　$20\lg|\dot{A}_{vm}|=30\ \text{dB}$

故该电路的中频电压放大倍数 $\dot{A}_{vm}=1\ 000$

$$f_L=0\ \text{Hz}$$

$$f_H=1.5\times10^5\ \text{Hz}$$

(2) 由于下限频率为 0，说明该放大电路的耦合方式是直接耦合。

(3) 相应的对数相频特性如图题 6.3(b)所示。

4. 已知某电路的幅频特性如图题 6.4 所示，试问：(1) 该电路的耦合方式；(2) 该电路由几级放大电路组成；(3) 当 $f=10^4$ Hz 时，附加相移为多少？当 $f=10^5$ Hz 时，附加相移又为多少？(4) 设各级电路均为共射阻态，试写出电路的增益表达式，并估算电路的上限频率 f_H。

【解】 (1) 该电路采用的是直接耦合方式(因为 $f_L=0$)；

(2) 因为幅频特性波特图在高频段的斜率为 −60 dB/十倍频，所以该电路由三级基本放大电路组成；

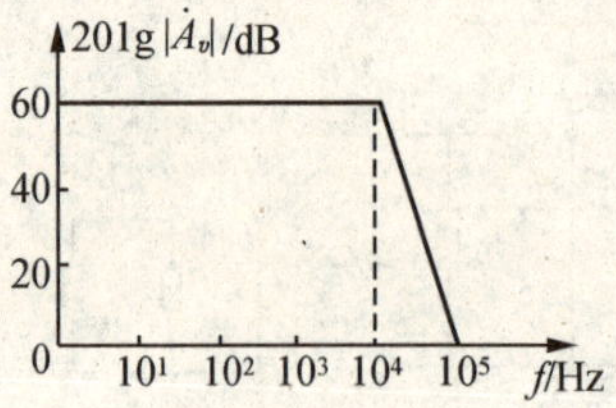

图题 6.4

(3) 因为三级基本电路的上限频率相等且都为10^4 Hz，所以当 $f=10^4$ Hz 时，附加相移为$-45°\times3=-135°$；当 $f=10^5$ Hz 时，附加相移约为$-90°\times3=-270°$。

(4) 当每级电路都为共射组态时，$\dot{A}_{vm}$的相位为 180°，故$\dot{A}_{vm}=-10^{60/20}=-1\ 000$

因此：$\dot{A}_v=\dfrac{\dot{A}_{vm}}{\left(1+\dfrac{\mathrm{j}f}{f_{H1}}\right)^3}=\dfrac{-1\ 000}{\left(1+\dfrac{\mathrm{j}f}{10^4}\right)^3}$

整个电路放大电路的上限频率为：$f_H\approx\dfrac{f_{H1}}{\sqrt{3}}=5.72$ kHz

第 7 章　模拟集成电路

内容与要求

一、了解 FET 或 BJT 常用电流源的电路结构、工作原理和应用。

二、掌握由 FET 或 BJT 组成的差分式放大电路的结构特点、工作原理、零点漂移的抑制和主要性能指标的计算。

三、了解集成运放的内部组成、主要参数的含义，能够根据电路要求正确选择运放。

四、了解变跨导式模拟乘法器的基本应用。

知识点归纳

一、电流源电路

电流源电路是模拟集成电路的基本单元电路，除能为电路提供稳定的直流偏置外，还可作为放大电路的有源负载以获得高增益。以下是集成运放中的常用电流源电路。

1. BJT 电流源

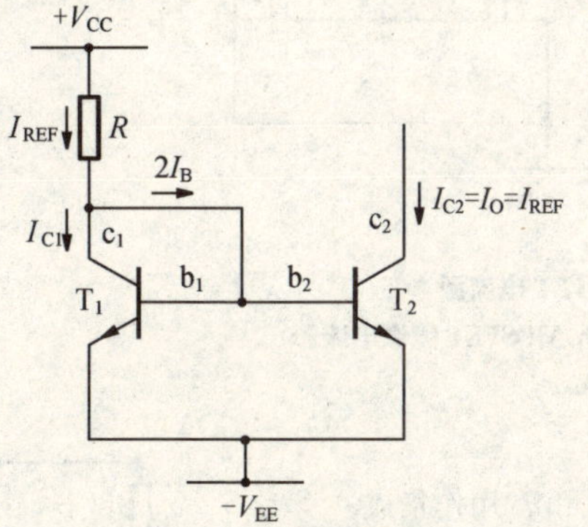

图 7.1　镜像电流源

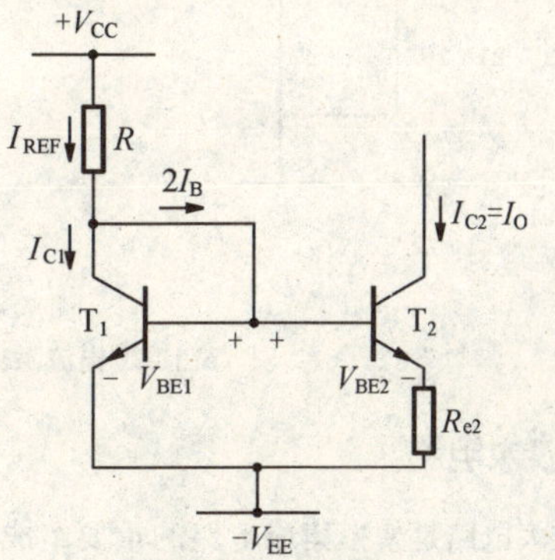

图 7.2　微电流源

(1) 镜像电流源

如图 7.1 所示。设 T_1、T_2 理想对称，则当 $\beta \gg 2$ 时，输出电流 I_{C2} 和基准电流 I_{REF} 之间近似为镜像关系，即

$$I_{C2} \approx I_{REF} = \frac{V_{CC} + V_{EE} - V_{BE}}{R} \approx \frac{V_{CC} + V_{EE}}{R}$$

由于 T_1 对 T_2 具有温度补偿作用，且 R 为负反馈电阻，所以 I_{C2} 的温度稳定性较好。

(2) 微电流源

如图 7.2 所示。在镜像电流源的 T_2 发射极加一只电阻 R_{e2} 就构成微电流源，该电流源利用 T_1、T_2 之间的发射结电压之差 ΔV_{BE} 来控制输出电流 I_{C2}。由于 ΔV_{BE} 很小，故在 R_{e2} 取值不大的情况下就可获得微小的输出电流，即

$$I_{C2} \approx \frac{\Delta V_{BE}}{R_{e2}}$$

与图 7.1 相比，图 7.2 由于新增了负反馈电阻 R_{e2}，故 I_{C2} 的温度稳定性更好。

(3) 多路电流源

如图 7.3 所示。利用一个基准电流可获得多个输出电流，设基准电流为 I_{REF}，则各输出电流分别是

$$I_{C1}\approx\frac{R_{e0}}{R_{e1}}\cdot I_{REF}\quad I_{C2}\approx\frac{R_{e0}}{R_{e2}}\cdot I_{REF}\quad I_{C3}\approx\frac{R_{e0}}{R_{e3}}\cdot I_{REF}$$

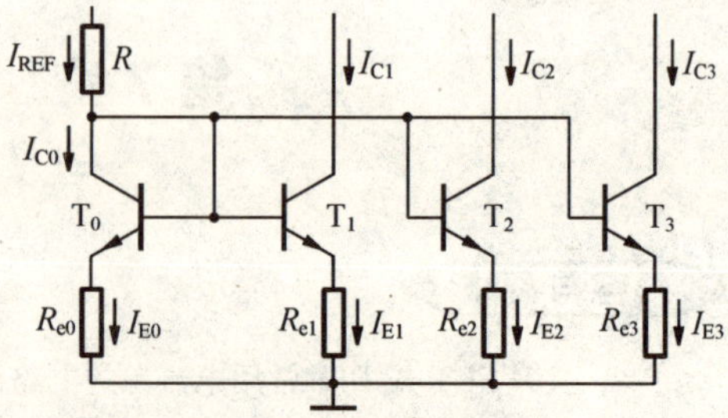

图 7.3　多路电流源

2. FET 电流源

用 FET 代替 BJT，可构成与上述各种 BJT 电流源类似的 FET 电流源。图 7.4 为 FET 电流源举例，图(a)将 JFET 的栅极与源极直接相连，便可构成简单的电流源，由其转移特性曲线可知，输出电流 i_D 为恒流；图(b)中 T_1、T_2 是 NMOS 对管，设 T_1、T_2 理想对称，则当 T_1、T_2 均工作在恒流区且宽长比相同时，输出电流

$$I_{D2}=I_{REF}=\frac{V_{CC}+V_{SS}-V_{GS}}{R}$$

维持了严格的镜像关系。

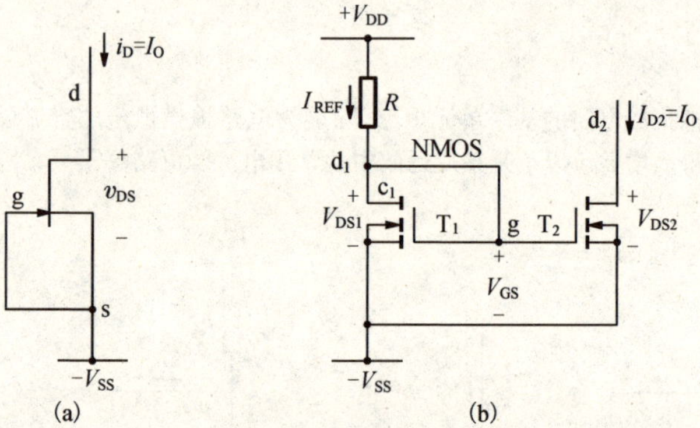

图 7.4　FET 电流源

(a)JFET 电流源　(b)MOSFET 镜像电流源

二、差分放大电路

差分放大电路是模拟集成电路的重要组成单元，常用作集成放大电路的输入级。按输入和输出方式不同，差分放大电路可分为双端输入－双端输出、双端输入－单端输出、单端输入－双端输出、单端输入－单端输出等四种形式。

1. 基本 BJT 差分放大电路

如图 7.5 所示。

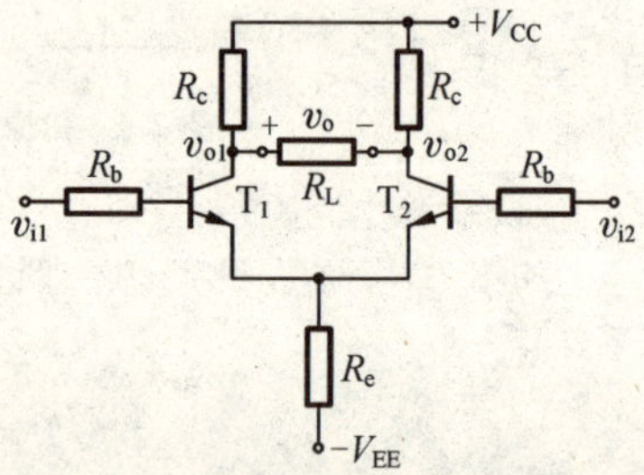

图 7.5　基本 BJT 差分放大电路

(1) 当两输入端上为任意信号 v_{i1}、v_{i2} 时，有

$$\begin{cases}v_{id}=v_{i1}-v_{i2}\\ v_{ic}=\dfrac{v_{i1}+v_{i2}}{2}\end{cases}$$

其中 v_{id} 称为差模电压，是需要被放大的信号；v_{ic} 称为共模电压，常用来模拟外界环境(例如温度)或干扰对电路的影响，因此对共模电压不但不需放大，反而应当加以抑制。

(2) 在差模输入条件下，$v_{i1}=+\frac{v_{id}}{2}$、$v_{i2}=-\frac{v_{id}}{2}$，则流过 R_e 的总电流不变，R_e 相当于交流短路，且 v_{o1}

$=-v_{o2}$，$\frac{R_L}{2}$处为虚地点。因此双端输出时，有

$$A_{vd}=\frac{v_o}{v_{id}}=\frac{v_{o1}-v_{o2}}{v_{i1}-v_{i2}}=\frac{2v_{o1}}{2v_{i1}}=\frac{v_{o1}}{v_{i1}}=\frac{-2v_{o2}}{-2v_{i2}}=\frac{v_{o2}}{v_{i2}}=-\beta\frac{R_c/\!/\frac{R_L}{2}}{R_b+r_{be}}$$

说明双端输出时的差模电压放大倍数只相当于单管共射，差模输出电阻 $R_{od}=2R_c$。

单端输出时，有

$$A_{vd1}=\frac{v_{o1}}{v_{id}}=\frac{v_{o1}}{v_{i1}-v_{i2}}=\frac{1}{2}\cdot\frac{v_{o1}}{v_{i1}}=-\frac{1}{2}\cdot\beta\frac{R_c/\!/\frac{R_L}{2}}{R_b+r_{be}}$$

$$A_{vd2}=\frac{v_{o2}}{v_{id}}=\frac{v_{o2}}{v_{i1}-v_{i2}}=-\frac{1}{2}\cdot\frac{v_{o2}}{v_{i2}}=\frac{1}{2}\cdot\beta\frac{R_c/\!/\frac{R_L}{2}}{R_b+r_{be}}$$

说明单端输出时的差模电压放大倍数再降为双端输出的一半，且极性与信号取出的位置有关，差模输出电阻 $R_{od1}=R_{od2}=R_c$。

(3) 在共模输入条件下，$v_{i1}=v_{i2}=v_{ic}$，流过 R_e 的总电流为 $2i_{e1}(2i_{e2})$，射极电阻 R_e 折合到每管射极回路上的电阻值为 $2R_e$。因此双端输出时，有

$$A_{vc}=\frac{v_o}{v_{ic}}=\frac{v_{o1}-v_{o2}}{v_{ic}}=0$$

单端输出时，有

$$A_{vc1}=A_{vc2}=-\beta\frac{R_c/\!/\frac{R_L}{2}}{R_b+r_{be}+2(1+\beta)R_e}\approx-\frac{R_c/\!/\frac{R_L}{2}}{2R_e}$$

(4) 共模抑制比 $K_{CMR}=\left|\frac{A_{vd}}{A_{vc}}\right|$ 能够综合衡量差分放大电路对差模信号的放大能力和对共模信号的抑制能力，K_{CMR}越大越好。对于任意信号 v_{i1}、v_{i2}，若差分放大电路的共模抑制比 K_{CMR}足够高，则其中的 v_{ic}将基本被抑制掉，而 v_{id}得到放大。

(5) 单端输入是任意信号输入的一种特例。以 $v_{i1}=v_i$、$v_{i2}=0$ 为例，有

$$\begin{cases}v_{id}=v_{i1}-v_{i2}=v_i\\ v_{ic}=\frac{v_{i1}+v_{i2}}{2}=\frac{v_i}{2}\end{cases}$$

可见，差分放大电路的主要性能指标只与输出方式有关，而与输入方式无关，即输出方式相同，则性能指标相同。因此，以上结论均适于单端输入。无论双端输入或单端输入，差模输入电阻均为 $R_{id}=2(R_b+r_{be})$，共模输入电阻均为 $R_{ic}=\frac{1}{2}[R_b+r_{be}+2(1+\beta)R_e]$。

2. 带电流源的BJT差分放大电路

为了提高电路对共模信号的抑制能力，必须选用阻值大的"R_e"，因此常用电流源代替 R_e，如图7.6所示。图中的电流源可以是镜像电流源、微电流源等。基本BJT差分放大电路的分析结论均适用于图7.6，只需将"R_e"改为"r_o"即可，r_o为电流源的动态输出电阻。

此外，电流源还为 T_1、T_2提供静态偏置电流，即

$$I_{C1}=I_{C2}=\frac{1}{2}I_O$$

其恒流特性的好坏亦取决于 r_o，r_o越大，恒流特性越好。

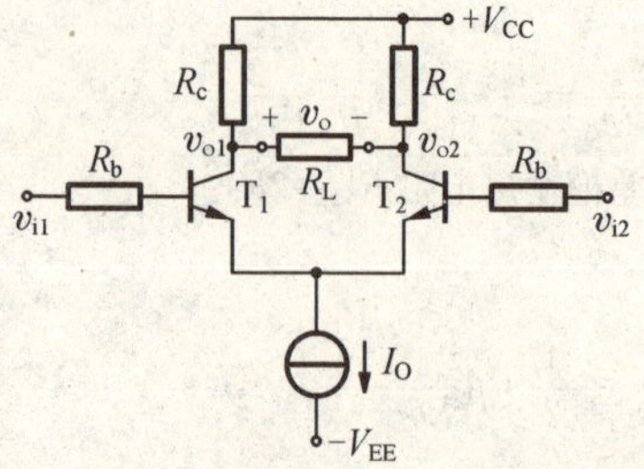

图 7.6　带电流源的 BJT 差分放大电路

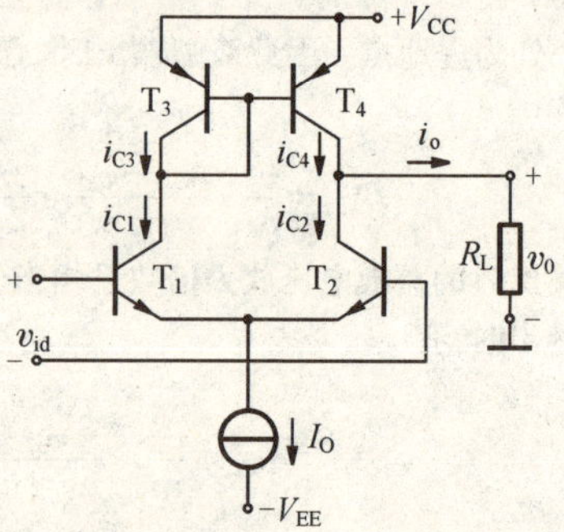

图 7.7　带有源负载的 BJT 差分放大电路

3. 带有源负载的 BJT 差分放大电路

如图 7.7 所示。T_3、T_4 构成镜像电流源，作为 T_1、T_2 的有源负载，可使单端输出时的差模电压增益接近于双端输出时的情况，即相当于单管共射。这是由于在差模输入条件下

$$v_{i1}=+\frac{v_{id}}{2},\ v_{i2}=-\frac{v_{id}}{2}$$

负载电流

$$i_o=i_{c4}-i_{c2}=i_{c1}-(-i_{c1})=2i_{c1}$$

$$\therefore A_{vd2}=\frac{v_o}{v_{id}}=\frac{i_o(r_{ce1}/\!/r_{ce2}/\!/R_L)}{2i_{b1}r_{be1}}=\frac{2i_{c1}(r_{ce1}/\!/r_{ce2}/\!/R_L)}{2i_{b1}r_{be1}}=\beta_1\frac{r_{ce2}/\!/r_{ce4}/\!/R_L}{r_{be1}}$$

式中 r_{ce2}、r_{ce4} 分别表示 T_2、T_4 的 c－e 间动态等效电阻。需要注意的是，由于两者为同一数量级，所以若加以考虑，则不能忽略其中的任何一个。

4. FET 差分放大电路

BJT 差分放大电路的差模输入电阻 R_{id} 较低，因此在高输入阻抗的模拟集成电路中常采用输入电流极小的 FET 差分放大电路。FET 差分放大电路与 BJT 差分放大电路的结构、工作原理和分析方法基本相同，只是需要采用 FET 的小信号等效电路来分析计算而已，此处不再赘述。

三、集成运放的主要参数及选择

集成运放的主要参数见表 7.1。

表 7.1　集成运放的主要参数

性能指标	物理意义	理想值
开环差模电压放大倍数 A_{vo}	$20\lg\lvert A_{vo}\rvert=20\lg\left\lvert\frac{v_o}{(v_p-v_n)}\right\rvert$	∞
差模输入电阻 r_{id}	$r_{id}=\frac{v_p-v_n}{i_p}$	∞
输入失调电压 V_{IO}	使输出电压为零时在输入端所加的补偿电压	0
输入失调电压温漂 $\frac{\Delta V_{IO}}{\Delta T}$	V_{IO} 的温度系数	0
输入失调电流 I_{IO}	两输入端静态电流之差 $\lvert I_{BP}-I_{BN}\rvert$	0
输入失调电流温漂 $\frac{\Delta I_{IO}}{\Delta T}$	I_{IO} 的温度系数	0
输入偏置电流 I_{IB}	两输入端静态电流的平均值 $\frac{I_{BP}+I_{BN}}{2}$	0
最大共模输入电压 V_{icmax}	输入的共模信号大于此值时，电路不能正常放大差模信号	

续　表

性能指标	物理意义	理想值
最大差模输入电压 V_{idmax}	输入的差模信号大于此值时,输入级的放大管将损坏	
单位增益带宽 f_T	使 $\|A_{vo}\|$ 下降到 1(0 dB)时的信号频率	∞
-3 dB 带宽 f_H	使 $\|A_{vo}\|$ 下降 3 dB 时对应的信号上限频率	∞
转换速率 S_R	$\left.\dfrac{dv_o(t)}{dt}\right\|_{max}$	∞
全功率带宽 BW_P	$BW_P=f_{max}=\dfrac{S_R}{2\pi V_{om}}$	∞

选择集成运放时,应综合考虑精度和速度两方面的要求。与精度有关的性能指标主要包括差模开环电压放大倍数、共模抑制比、输入电阻、失调参数等;与速度有关的性能指标主要包括-3 dB 带宽频率和转换速率等。集成运放除通用型外,还有某些方面性能特别优异的特殊芯片,但在无特殊要求时,应首选价格低廉的通用型运放。除通用型运放和特殊型运放外,还有为完成某种特定功能而生产的运放,例如仪用放大器、电荷放大器、隔离放大器等。

四、变跨导式模拟乘法器

1. 模拟乘法器的种类

乘法器是实现两个模拟量相乘的非线性电子器件。输入信号 v_X、v_Y 的极性有四种可能的组合,在 v_X-v_Y 坐标平面上分为四个区域(象限)。按照允许输入信号的极性,模拟乘法器有单象限、两象限和四象限之分。

单象限乘法器:v_X、v_Y 极性相同,只能在 v_X-v_Y 坐标平面的一个象限中变化;

两象限乘法器:v_X、v_Y 中的一个极性固定,另一个可正可负,可以在 v_X-v_Y 坐标平面的两个象限中变化。

四象限乘法器:v_X、v_Y 都没有极性限制,可以在整个 v_X-v_Y 坐标平面中变化。

2. 模拟乘法器的应用

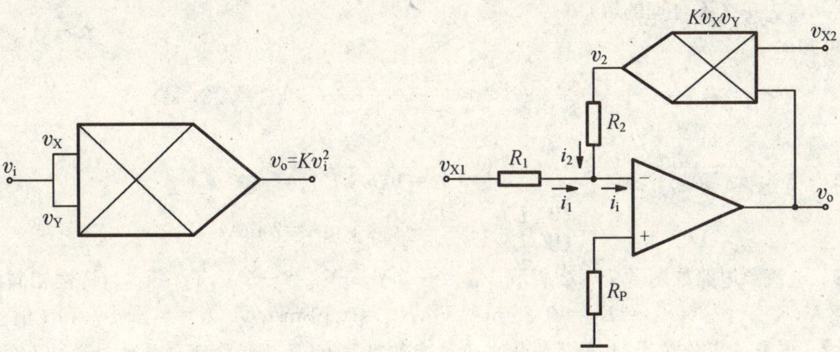

(a)　　　　(b)

图 7.8　模拟乘法器的基本应用举例

(a) 平方运算电路　　(b) 除法运算电路

利用集成模拟乘法器和集成运放相结合,通过各种不同的外接电路,可组成各种运算电路,还可组成各种函数发生器、调制解调和锁相环电路等。图 7.8 为模拟乘法器基本应用举例,图(a)为平方运算电路,即

$$v_o=Kv_i^2$$

图(b)为除法运算电路，即

$$v_o = -\frac{R_2}{KR_1} \cdot \frac{v_{X1}}{v_{X2}}$$

应当指出，集成运放在组成运算电路时的基本特点是引入深度电压负反馈，而对于一个确定的除法运算电路，选定模拟乘法器后，其 K 的极性即被确定，因此若输入信号的极性发生变化，则电路的接法应遵循引入负反馈的原则产生相应变化。例如在图 7.8b 中，当 v_{X2} 极性不同时，集成运放两个输入端的接法也将不同，否则电路会引入正反馈。该图具有普遍适用意义，即某种运算电路若置于反馈通路中，则可实现其逆运算，这种方法在由模拟乘法器组成的开方运算电路中也常应用。

习题全解

7.1 模拟集成电路中的直流偏置技术

7.1.1 电路如图题 7.1.1 所示，$I_{REF}=I_1=1$ mA，NMOS 管的参数为 $V_{TN}=1$ V，$K_n=50\ \mu$A/V^2，$\lambda_n=0$。PMOS 管的参数为 $V_{TP}=-1$ V，$K_p=25\ \mu$A/V^2，$\lambda_p=0$。设全部管子均运行于饱和区，试求 R、I_3 和 I_4 的值。各管的 W/L 值见图示。

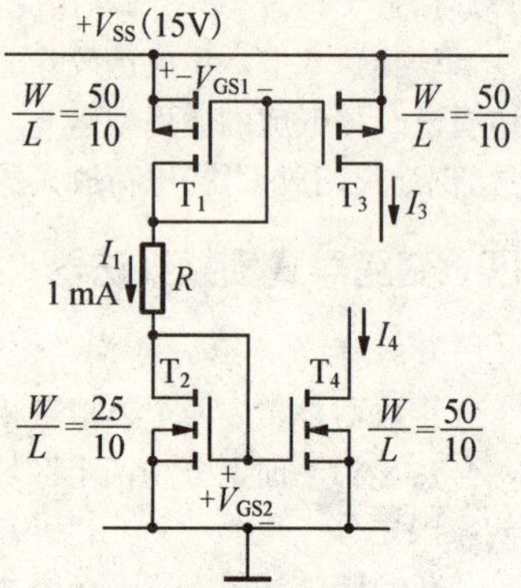

图题 7.1.1

【分析】 图题 7.1.1 为组合电流源，通过一个基准电流 I_1 可获得多个电流源。其中 T_3、T_1 宽长比相同，故 I_3 与 I_1 成镜像关系；T_4、T_2 宽长比不同，故 I_4 与 I_2 成比例关系。

【解】 对于 T_1，在饱和区内有

$$I_1 = K_p\ (V_{GS1}-V_{TP})^2$$

将 $K_p=25\ \mu$A/V^2、$V_{TP}=-1$ V、$I_1=1$ mA 代入，可解得 $V_{GS1}=-7.32$ V(P 沟道增强型 MOS 管的 V_{GS}应为负值，可据此舍去一个不合理的解)。

对于 T_2，在饱和区内有

$$I_2 = K_n\ (V_{GS2}-V_{TN})^2$$

将 $K_n=50\ \mu$A/V^2、$V_{TN}=1$ V、$I_2=1$mA 代入，可解得 $V_{GS2}=5.47$ V(N 沟道增强型 MOS 管的 V_{GS}应为正值，可据此舍去一个不合理的解)。

由图可知

$$R=\frac{V_{SS}+V_{GS1}-V_{GS2}}{I_1}=\frac{15-7.32-5.47}{1}\ \text{k}\Omega=2.21\ \text{k}\Omega$$

故有

$$I_3 = I_1 = 1\ \text{mA}$$

$$I_4=\frac{(W/L)_4}{(W/L)_2}I_2=\frac{50/10}{25/10}\times 1\ \text{mA}=2\ \text{mA}$$

7.1.2 电流源电路如图题 7.1.2 所示，$V_{DD}=+5$ V，$-V_{SS}=-5$ V，$T_1\sim T_5$ 为特性相同的 NMOS 管，$V_{TN}=2$ V，$K_{n2}=K_{n3}=K_{n4}=K_{n5}=0.25$ mA/V^2，$K_{n1}=0.10$ mA/V^2，$\lambda_n=0$，求 I_{REF}和 I 值。

【分析】 图题 7.1.2 以 T_1 代替了镜像电流源中的电阻 R(其工作原理可参见习题 4.6.3)，且各管特性相同，故有 $I_{D3}=I_{D4}=I_{D5}=I_{D2}=I_{D1}=I_{REF}$。

【解】 由图可知，$I_{D1}\approx I_{D2}$，则

$$K_{n1}(V_{GS1}-V_T)^2 \approx K_{n2}(V_{GS2}-V_T)^2$$

且

$$V_{GS2}=V_{DD}-(-V_{SS})-V_{GS1}$$

将已知条件 $K_{n1}=0.10$ mA/V^2、$K_{n2}=0.25$ mA/V^2、$V_T=2$ V、$V_{DD}=5$ V，$-V_{SS}=-5$ V 代入以上两式，可解得 $V_{GS1}=5.676$ V，$V_{GS2}=4.324$ V，得

$I_{REF}=I_{D1}=K_{n1}(V_{GS1}-V_T)^2=[0.10\times(5.676-2)^2]$ mA=1.35 mA

$I=I_{D3}+I_{D4}+I_{D5}=3I_{REF}=3\times1.35$ mA=4.05 mA

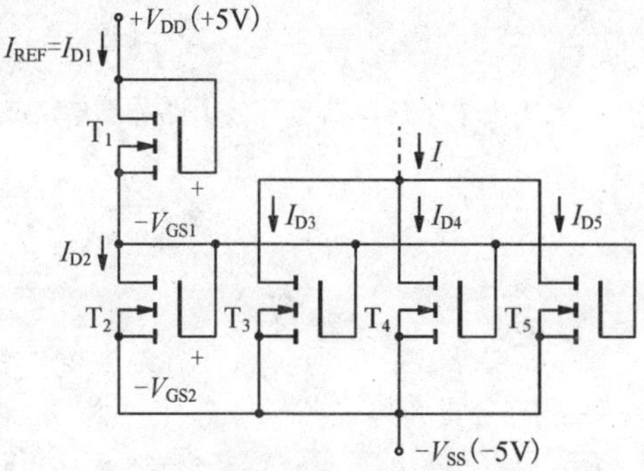

图题 7.1.2

7.1.3 串级电流源电路如图题 7.1.3 所示，电路中 $-V_{SS}$ 端接地，NMOS 管都工作在饱和放大区，其 $V_{TN}=0.6$ V，$K_n'=\mu C_{ox}=160\ \mu A/V^2$，$1/\lambda_n=10$ V，$L=1\ \mu m$，$W_1=W_3=4\ \mu m$，$W_2=W_4=40\ \mu m$，电路中 $I_{REF}=20\ \mu A$。(1) 求输出电流 I_O，T_2 和 T_4 的 V_{GS2}、V_{GS4} 和保证电路工作的最小输出电压 V_{Omin}，设 $V_{D2}=0$ V；(2) 求 g_{m2}、g_{m4} 和 r_{o2}、r_{o4} 的值以及电路的输出电阻 R_o。

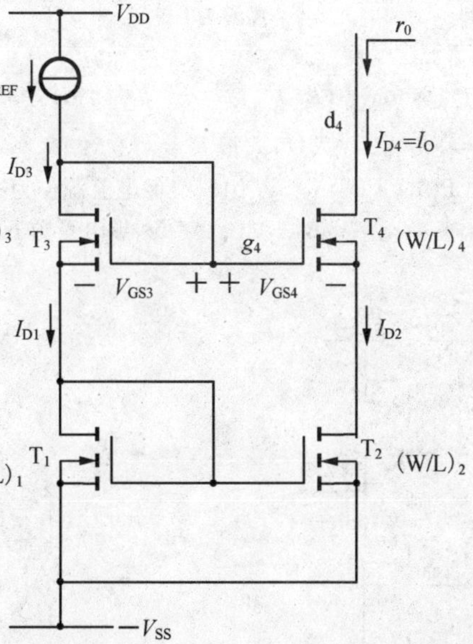

图题 7.1.3

【解】 (1) 输出电流

$$I_O=I_{D4}=I_{D2}=\frac{(W/L)_2}{(W/L)_1}I_{D1}=\frac{(W/L)_2}{(W/L)_1}I_{REF}=\frac{40/1}{4/1}\times20\ \mu A=200\ \mu A$$

由于

$$I_D=\frac{1}{2}K_n'\left(\frac{W}{L}\right)(V_{GS}-V_{TN})^2$$

将 $I_{D1}=20\ \mu A$、$K_n'=160\ \mu A/V^2$、$(W/L)_1=4$、$V_{TN}=0.6$ V 代入上式，可求得 $V_{GS1}=0.85$ V。

将 $I_{D4}=200\ \mu A$、$K_n'=160\ \mu A/V^2$、$(W/L)_4=40$、$V_{TN}=0.6$ V 代入上式，可求得 $V_{GS4}=V_{GS2}=0.85$ V。

根据题意，$-V_{SS}$ 端接地，则保证电路工作的最小输出电压

$$V_{omin}=V_{DS4min}+V_{S4}=(V_{GS4}-V_{TN})+(V_{G4}-V_{GS4})=V_{G4}-V_{TN}=V_{GS3}+V_{GS1}-V_{TN}$$

因为 $I_{D3}=I_{D1}$，$(W/L)_3=(W/L)_1$，故 $V_{GS3}=V_{GS1}=0.85$ V，且 $V_{TN}=0.6$ V，代入上式可求得 $V_{Omin}=1.1$ V。

(2) $g_{m2}=g_{m4}=2I_{D2}/(V_{GS2}-V_{TN})=\dfrac{2\times200\ \mu A}{(0.85-0.6)V}=1.6$ mS

$$r_{o2}=r_{o4}=\frac{1}{\lambda_n I_{D2}}=\frac{10\ \text{V}}{200\ \mu\text{A}}=50\ \text{k}\Omega$$

求输出电阻的小信号等效电路如图解 7.1.3 所示，故

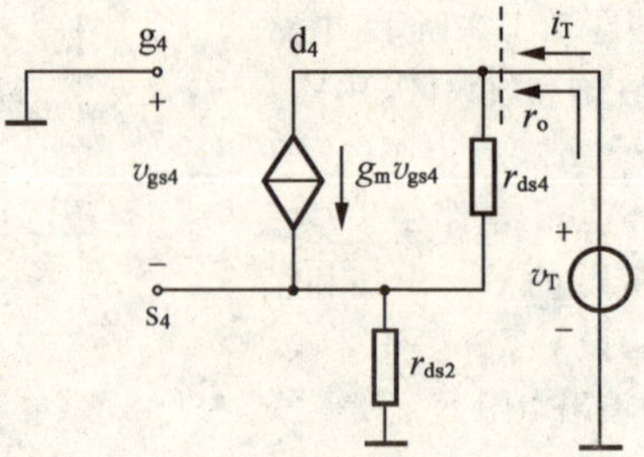

图解 7.1.3

$$R_o=\frac{v_T}{i_T}=r_{ds4}+r_{ds2}(1+g_{m4}r_{ds4})=r_{o4}+r_{o2}(1+g_{m4}r_{o4})$$

将 $r_{o2}=r_{o4}=50\ \text{k}\Omega$、$g_{m4}=1.6\ \text{mS}$ 代入，可求得 $R_o=4.1\ \text{M}\Omega$。

7.1.4 图题 7.1.4 是由 PMOSFET T_2、T_3 组成镜像电流源作为有源负载，NMOSFET T_1 构成共源放大电路。$V_{DD}=10\ \text{V}$，当 $r_{ds1}=r_{ds2}=2\ \text{M}\Omega$，$V_{TN1}=1\ \text{V}$，导电系数 $K_n=100\ \mu\text{A/V}^2$，$I_{REF}=100\ \mu\text{A}$，求 A_v。

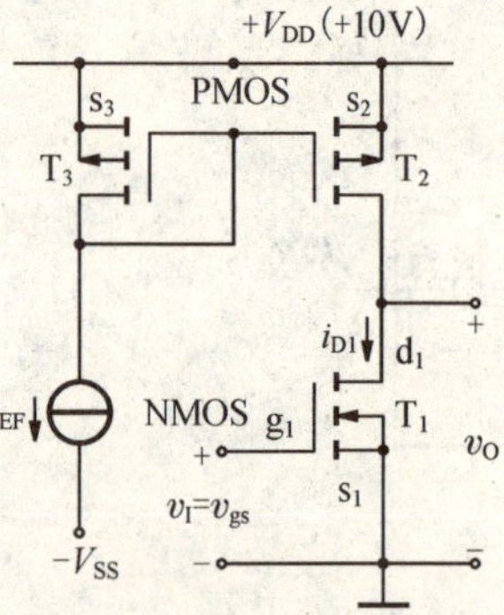

图题 7.1.4

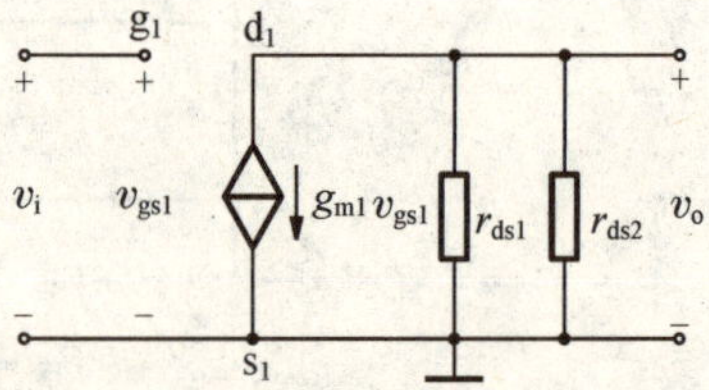

图解 7.1.4

【分析】 T_2、T_3 构成镜像电流源，既为放大管 T_1 提供偏置，又是其有源负载，小信号等效电路如图解 7.1.4 所示。由于 r_{ds1}、r_{ds2} 分别表示 T_1、T_2 的动态输出电阻，两者为相同数量级，故应一并予以考虑。

【解】 据图解 7.1.4，有

$$A_v=\frac{v_o}{v_i}=-\frac{g_{m1}v_{gs1}(r_{ds1}/\!/r_{ds2})}{v_{gs1}}=-g_{m1}(r_{ds1}/\!/r_{ds2})$$

其中

$$g_{m1}=2K_n(V_{GS1}-V_{TN1})=2K_n\sqrt{\frac{i_{D1}}{K}}=2\sqrt{K_n i_{D1}}=2\sqrt{K_n I_{REF}}=2\sqrt{100\times100}\ \mu\text{S}=200\ \mu\text{S}$$

故有

$$A_v=-200\times(2/\!/2)=-200$$

7.1.5 电路如图题 7.1.5 所示，用镜像电流源（T_1、T_2）对射极跟随器进行偏置，同时也作为 T_3 的有源负载 r_o，设 $\beta\gg1$，求电流 I_O 的值。若用 R_{e3} 代替恒流源的 r_o（分立元件电路），同时作为 T_3 的负载，在保证 I_O 相同时，求 R_{e3} 的值。假设 $r_{ce2}=100\ \text{k}\Omega$，试比较两种电路的差别。设 $V_{CC}=-V_{EE}=10\ \text{V}$，$V_{BE}$

$=0.6\ \text{V}$。

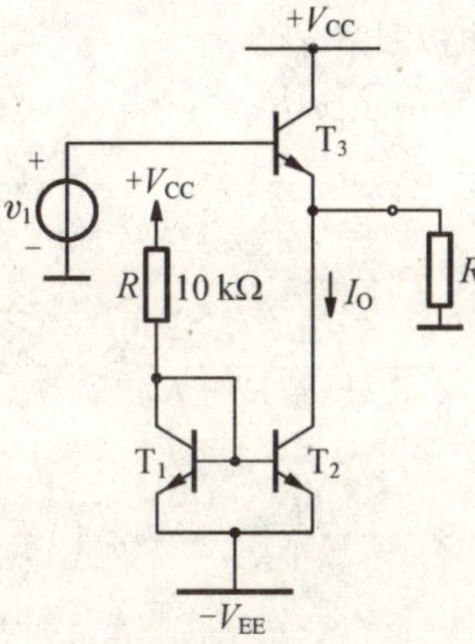

图题 7.1.5

【分析】 T_3 构成射极跟随器，而 T_1、T_2 构成的镜像电流源取代了 T_3 的发射极电阻 R_{e3}，即 $R_{e3}=r_{ce2}$；由于 r_{ce3} 与 r_{ce2} 为同一数量级，故应一并予以考虑。

【解】 由图可知

$$I_O \approx \frac{V_{CC}+V_{EE}-V_{BE}}{R}=\frac{20\ \text{V}-0.6\ \text{V}}{10\ \text{k}\Omega}\approx 1.94\ \text{mA}$$

若用 R_{e3} 代替恒流源的 r_o，在 I_O 相同时，由于 $R_{e3}I_O \approx V_{EE}$，故

$$R_{e3}\approx\frac{V_{EE}}{I_O}=\frac{10\ \text{V}}{1.94\ \text{mA}}\approx 5.2\ \text{k}\Omega$$

输入电阻

$$R_i=r_{be3}+(1+\beta)(r_{ce2}\,/\!/\,r_{ce3}\,/\!/\,R_L)$$

输出电阻

$$R_o=r_{ce2}\,/\!/\,r_{ce3}\,/\!/\,\frac{r_{be3}}{1+\beta}\approx\frac{r_{be3}}{1+\beta}$$

与用 R_{e3} 代替的分立元件电路相比，图题 7.1.5 的输入电阻更大，输出电阻更小，且输出电流 I_O 具有恒流特性。

7.1.6 电路如图题 7.1.6 所示，设 T_1、T_2 的特性完全相同，且 $r_{ce}\gg R_{e2}$，$r_e\approx\frac{V_T}{I_E}\ll R$，求电流源的输出电阻。

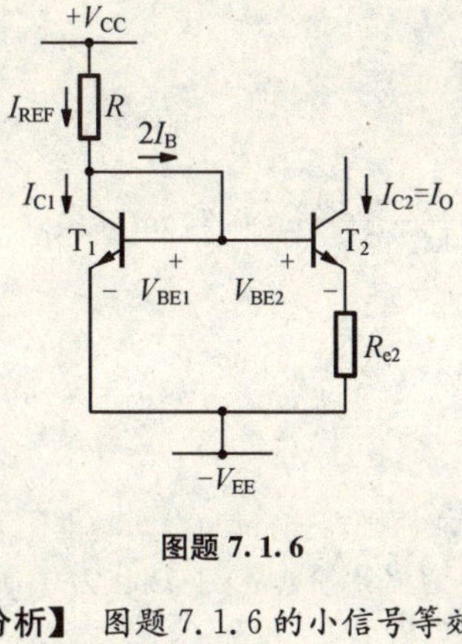

图题 7.1.6

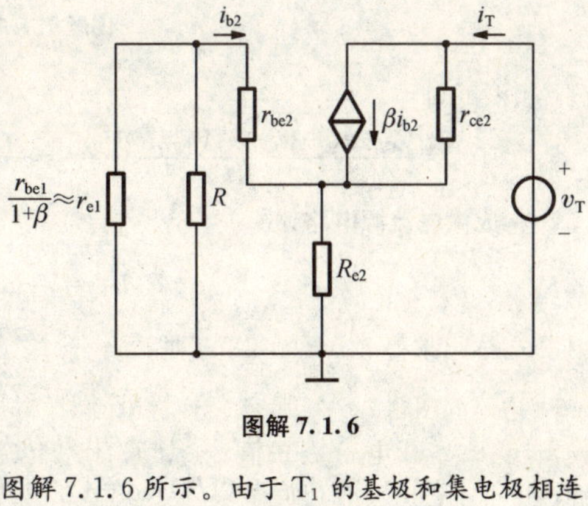

图解 7.1.6

【分析】 图题 7.1.6 的小信号等效电路如图解 7.1.6 所示。由于 T_1 的基极和集电极相连，故和电

阻 R 并联的等效电阻为 $r_{e1}=\frac{r_{be1}}{1+\beta}$。本题采用外加测试电压 v_T 的方法求解输出电阻 r_o，即 $r_o=\frac{v_T}{i_T}$。

【解】 据图解 7.1.6，列 T_2 的集电极回路方程，有

$$v_T=(i_T-\beta_2 i_{b2})r_{ce2}+(i_{b2}+i_T)R_{e2}=i_T r_{ce2}+i_T R_{e2}-\beta_2 i_{b2} r_{ce2}+i_{b2}R_{e2}$$

由于 $r_{ce2}\gg R_{e2}$，故

$$v_T\approx i_T r_{ce2}-\beta_2 i_{b2} r_{ce2}$$

再据 T_2 的基极回路方程，得

$$i_{b2}=-\frac{i_T R_{e2}}{r_{be2}+(r_{e1}/\!/R)+R_{e2}}\approx-\frac{i_T R_{e2}}{r_{be2}+R_{e2}}$$

故

$$v_T\approx i_T r_{ce2}+\beta_2 r_{ce2}\frac{i_T R_{e2}}{r_{be2}+R_{e2}}=i_T r_{ce2}\left(1+\frac{\beta_2 R_{e2}}{r_{be2}+R_{e2}}\right)$$

则输出电阻

$$r_o=\frac{v_T}{i_T}=r_{ce2}(1+\frac{\beta_2 R_{e2}}{r_{be2}+R_{e2}})\approx(1+\beta_2)r_{ce2}$$

7.1.7 多路电流源电路如图题 7.1.7 所示（LM741 的偏置电路），电路中有几组电流源或电流阱，求电路中各支路电流 I_{REF}、I_{C10}、I_{E9}、I_{C12} 和 $I_{C13B}[=(3/4)I_{C12}]$、$I_{C13A}[=(1/4)I_{C12}]$。假设 BJT 的 $|V_{BE}|=0.6$ V，$\beta=\infty$，各管结面积相同。

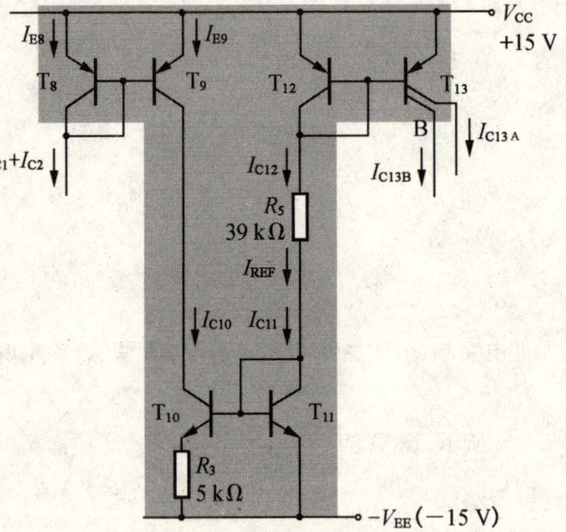

图题 7.1.7

【解】 由图可知

$$I_{REF}=\frac{V_{CC}-(-V_{EE})-V_{BE12}-V_{BE11}}{R_5}=\frac{(15+15-0.6-0.6)\text{V}}{39\ \text{k}\Omega}\approx 0.74\ \text{mA}$$

T_{10}、T_{11} 构成微电流源电路，故

$$R_3 I_{C10}=V_T\ln\frac{I_{REF}}{I_{C10}}$$

利用累试法，可求得 $I_{C10}\approx 19\ \mu\text{A}$，于是

$$I_{C12}\approx I_{REF}\approx 740\ \mu\text{A}$$

$$I_{C13B}=(3/4)I_{C12}=(3/4)\times 740\ \mu\text{A}=555\ \mu\text{A}$$

$$I_{C13A}=(1/4)I_{C12}=(1/4)\times 740\ \mu\text{A}=185\ \mu\text{A}$$

7.2　差分式放大电路

7.2.1　电路结构如图题 7.2.1 所示，设 $V_{DD}=-|V_{SS}|=1.5\ V$，$R_d=2.5\ k\Omega$，T_1、T_2 管的 $K_n'\left(\frac{W}{L}\right)=4\ mA/V^2$，$\lambda_{n1}=0.001\ V^{-1}$，$V_{TN}=0.5\ V$，$T_3$ 管的 $\lambda_{n3}=0.002\ V^{-1}$，$I_O=I_{REF}=0.4\ mA$。(1) 当$v_{i1}=v_{i2}=0$时，求 I_{D1}、I_{D2}、V_S、V_{D1}和 V_{D2}的值；(2) 当 $v_{i1}=v_{i2}=v_{ic}=0.2\ V$时，求 i_{D1}、i_{D2}、v_S、v_{D1}和 v_{DS1}的值；(3) 求电路中双端输出电压增益 A_{vd}和单端输出时的 A_{vd1}、A_{vc1}、K_{CMR}的值。

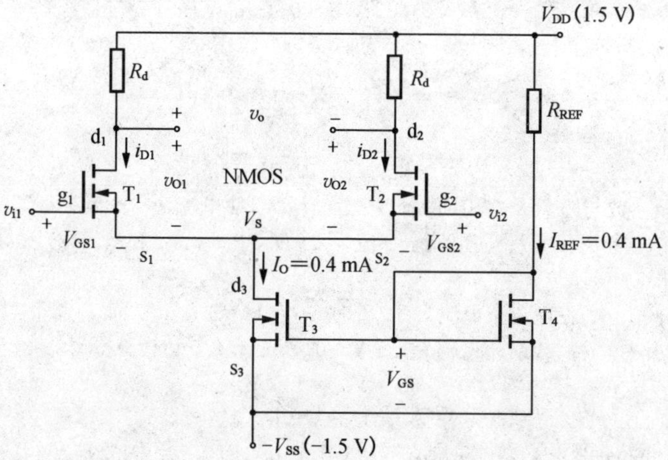

图题 7.2.1

【解】　(1) 当 $v_{i1}=v_{i2}=0$ 时，由图可知

$$I_{D1}=I_{D2}=\frac{I_O}{2}=\frac{0.4\ mA}{2}=0.2\ mA$$

由于

$$I_{D1}=\frac{1}{2}K_n'\left(\frac{W}{L}\right)_1(V_{GS1}-V_{TN})^2$$

将 $I_{D1}=0.2\ mA$、$K_n'\left(\frac{W}{L}\right)=4\ mA/V^2$、$V_{TN}=0.5\ V$ 代入上式，可求得 $V_{GS1}=0.816\ V$。故

$$V_S=V_{G1}-V_{GS1}=0\ V-0.816\ V=-0.816\ V$$

$$V_{D1}=V_{D2}=V_{DD}-\frac{I_O}{2}R_d=1.5\ V-0.2\ mA\times 2.5\ k\Omega=1\ V$$

(2) 当 $v_{i1}=v_{i2}=v_{ic}=0.2\ V$时，有

$$i_{D1}=i_{D2}=\frac{I_O}{2}=\frac{0.4\ mA}{2}=0.2\ mA$$

$$v_{D1}=v_{D2}=V_{DD}-\frac{I_O}{2}R_d=1.5\ V-0.2\ mA\times 2.5\ k\Omega=1\ V$$

$$v_S=v_{G1}-v_{GS1}=0.2\ V-0.816\ V=-0.616\ V$$

$$v_{DS1}=v_{D1}-v_S=1\ V-(-0.616\ V)=1.616\ V$$

(3) 双端输出时，电压增益为

$$A_v=-g_mR_d$$

其中

$$g_m=2K_n(V_{GS1}-V_{TN})=2\times 2\times(0.816-0.5)mS=1.264\ mS$$

故

$$A_v=-1.264\ mS\times 2.5\ k\Omega=-3.16$$

单端输出时，则有

$$A_{vd1}=-\frac{1}{2}g_mR_d=-\frac{1}{2}\times 3.16=-1.58$$

$$A_{vc1}=-\frac{R_d}{2r_{ds3}}$$

而

$$r_{ds3}=\frac{1}{\lambda_{n3}I_O}=\frac{1}{0.002\ \text{V}^{-1}\times 0.4\ \text{mA}}=1.25\ \text{M}\Omega$$

故

$$A_{vc1}=-\frac{2.5\ \text{k}\Omega}{2\times 1.25\ \text{M}\Omega}=-0.001$$

$$K_{CMR}=\left|\frac{A_{vd1}}{A_{vc1}}\right|=\frac{1.58}{0.001}=1\ 580$$

7.2.2 电路及参数与题7.2.1相同。(1) 当 v_{id} 增大，使电流 I_O 全部流入 T_1 管时，T_2 截止，求 v_{D1}、v_{D2} 和 v_{od} 值，当 v_{id} 减小，T_1 截止使电流全部流入 T_2 时，求 v_{D1}、v_{D2} 和 v_{od}；(2) 确定差模输入电压和差模输出电压范围。

【解】 (1) 当 v_{id} 增大，使电流全部流入 T_1 管时，$i_{D1}=I_O=0.4$ mA，而 T_2 截止，故有

$$v_{D1}=V_{DD}-I_OR_d=1.5\ \text{V}-0.4\ \text{mA}\times 2.5\ \text{k}\Omega=0.5\ \text{V}$$

$$v_{D2}=V_{DD}=1.5\ \text{V}$$

$$v_{od}=v_{D1}-v_{D2}=0.5\ \text{V}-1.5\ \text{V}=-1\ \text{V}$$

当 v_{id} 减小，使电流全部流入 T_2 管时，$i_{D2}=I_O=0.4$ mA，而 T_1 截止，故有

$$v_{D2}=V_{DD}-I_OR_d=1.5\ \text{V}-0.4\ \text{mA}\times 2.5\ \text{k}\Omega=0.5\ \text{V}$$

$$v_{D1}=V_{DD}=1.5\ \text{V}$$

$$v_{od}=v_{D1}-v_{D2}=1.5\ \text{V}-0.5\ \text{V}=1\ \text{V}$$

(2) 当 T_1 导通而 T_2 截止时，有

$$V_{idmax}=v_{GS1}-v_{GS2}=V_{TN}+\sqrt{\frac{I_O}{K_n}}-V_{TN}=\sqrt{\frac{2I_O}{K_n'\left(\frac{W}{L}\right)}}=\sqrt{\frac{2\times 0.4\ \text{mA}}{4\ \text{mA/V}^2}}=0.447\ \text{V}$$

同理，当 T_2 导通而 T_1 截止时

$$V_{idmin}=v_{GS1}-v_{GS2}=V_{TN}-\left(V_{TN}+\sqrt{\frac{I_O}{K_n}}\right)=-\sqrt{\frac{2I_O}{K_n'\left(\frac{W}{L}\right)}}=-\sqrt{\frac{2\times 0.4\ \text{mA}}{4\ \text{mA/V}^2}}=-0.447\ \text{V}$$

综上所述，当 $-0.447\ \text{V}\leqslant v_{id}\leqslant 0.447\ \text{V}$ 时，差模输出电压在 1 V～−1 V 范围内变化。

7.2.3 电路如图题7.2.3所示的源极耦合差分式放大电路中，$+V_{DD}=+5$ V，$-V_{SS}=-5$ V，$I_O=0.2$ mA，电流源输出电阻 $r_o=100$ kΩ(图中未画出)，$R_{d1}=R_{d2}=R_d=10$ kΩ，FET 的 $K_n'\left(\frac{W}{L}\right)=3\ \text{mA/V}^2$，且 $r_o\gg r_{ds}$，计算时电路中 r_{ds} ($r_{ds}\gg R_d$) 可忽略，求单端输出时的 A_{vd2}、A_{vc2} 和 K_{CMR}。

【解】 根据题意，有

$$I_D=\frac{I_O}{2}=K_n\ (V_{GS}-V_{TN})^2$$

将 $K_n'\left(\frac{W}{L}\right)=3\ \text{mA/V}^2$、$I_O=0.2$ mA 代入，可求得 $V_{GS}-V_{TN}\approx 0.26$ V，故有

$$g_m=2K_n(V_{GS}-V_{TN})=K_n'\left(\frac{W}{L}\right)(V_{GS}-V_{TN})=3\ \text{mA/V}^2\times 0.26\ \text{mV}=0.78\ \text{mS}$$

则单端输出时的 A_{vd2}、A_{vc2} 和 K_{CMR} 分别为

$$A_{vd2}=\frac{1}{2}g_mR_d=\frac{1}{2}\times 0.78\ \text{mS}\times 10\ \text{k}\Omega\approx 3.9$$

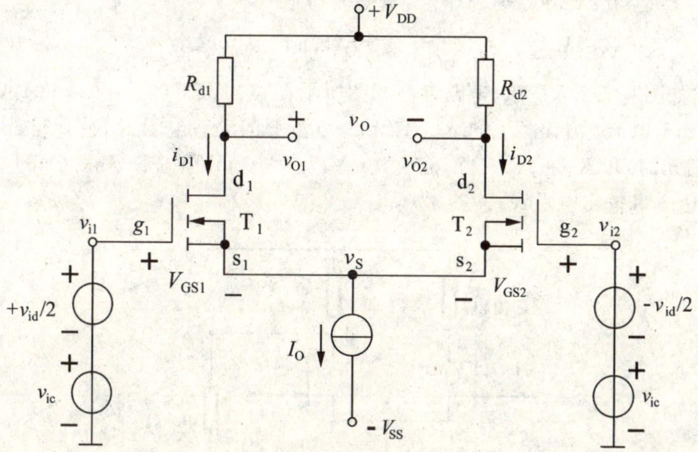

图题 7.2.3

$$A_{vc2}=-\frac{R_d}{2r_o}=-\frac{10\ \text{k}\Omega}{2\times 100\ \text{k}\Omega}=-0.05$$

$$K_{CMR}=\left|\frac{A_{vd2}}{A_{vc2}}\right|=\frac{3.9}{0.05}=78$$

7.2.4　电路如图题 7.2.4 所示，输入信号电压 $v_{i1}=-v_{i2}=\frac{v_{id}}{2}$，已知电路中 $T_1\sim T_4$ 参数已知：$g_{m1}=g_{m2}$，$g_{m3}=g_{m4}$，$r_{ds1}=r_{ds2}$，$r_{ds3}=r_{ds4}$，证明电路的电压增益为

$$A_{vd}=\frac{v_{o1}-v_{o2}}{v_{id}}=-(g_{m1}+g_{m3})(r_{ds1}/\!/r_{ds3})$$

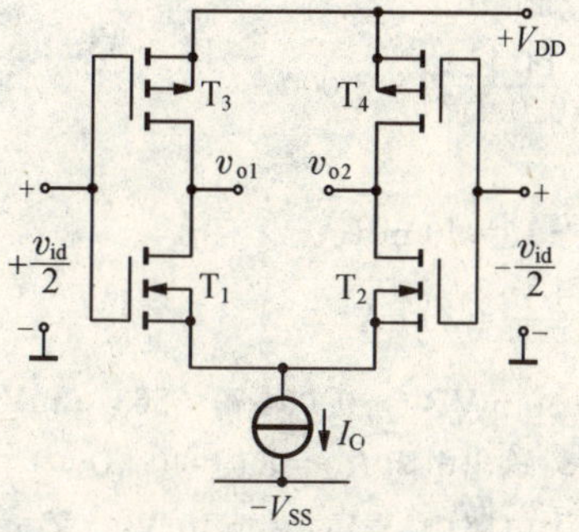

图题 7.2.4

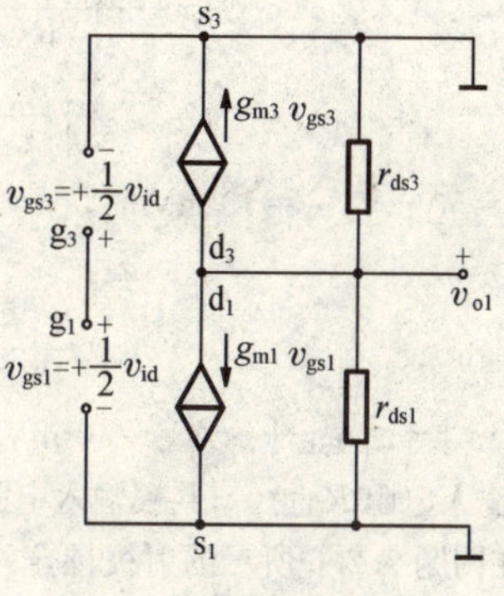

图解 7.2.4

【分析】　T_1、T_3 均构成共源放大电路，且栅极相连作为输入，漏极相连作为输出；T_2、T_4 同理。现以 T_1、T_3 构成的左半边电路的小信号等效电路为例进行分析，如图解 7.2.4 所示。

【解】　由图解 7.2.4 可知

$$v_{o1}=-(g_{m1}v_{gs1}+g_{m3}v_{gs3})(r_{ds1}/\!/r_{ds3})=-\frac{v_{id}}{2}(g_{m1}+g_{m3})(r_{ds1}/\!/r_{ds3})$$

同理可得

$$v_{o2}=-(g_{m2}v_{gs2}+g_{m4}v_{gs4})(r_{ds2}/\!/r_{ds4})=\frac{v_{id}}{2}(g_{m2}+g_{m4})(r_{ds2}/\!/r_{ds4})$$

由于 $g_{m1}=g_{m2}$、$g_{m3}=g_{m4}$、$r_{ds1}=r_{ds2}$、$r_{ds3}=r_{ds4}$，故

$$v_o = v_{o1} - v_{o2} = -v_{id}(g_{m1} + g_{m3})(r_{ds1} /\!/ r_{ds3})$$

$$A_{vd} = \frac{v_o}{v_{id}} = \frac{v_{o1} - v_{o2}}{v_{id}} = -(g_{m1} + g_{m3})(r_{ds1} /\!/ r_{ds3})$$

7.2.5 电路如图题 7.2.5 所示，电路参数如图所示，已知 JFET 的 $I_{DSS} = 4$ mA，$V_{PN} = -2$ V，T_1、T_2 的 $g_m = 1.41$ mS，电流源电路 T_3 的 $g_{m3} = 2$ mS，电流源的动态电阻 $R_{AB} = 2\ 110$ kΩ。(1) 求电路 A_{vd2}、A_{vc2}(从 d_2 输出时)和 K_{CMR2}；(2) 当 $v_{i1} = 50$ mV，$v_{i2} = 10$ mV 时，求 $v_{o2} = ?$ (3) 求差模输入电阻 R_{id}、共模输入电阻 R_{ic} 和输出电阻 R_{o2}。

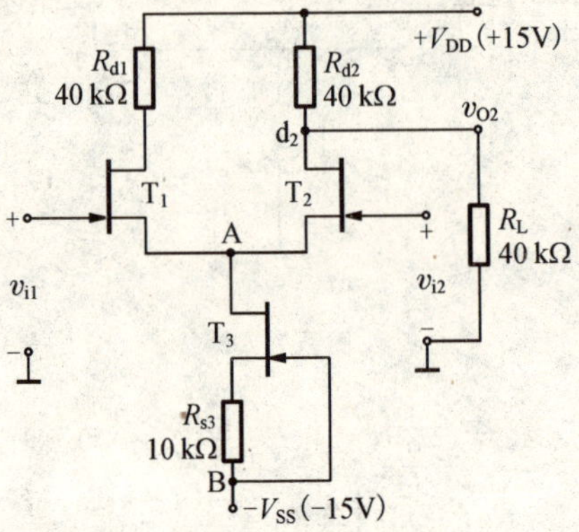

图题 7.2.5

【分析】 T_3、R_{s3} 构成电流源电路，其工作原理可参见习题 4.8.9，此处从略。

【解】 (1) 当信号从 d_2 输出时，有

$$A_{vd2} = \frac{1}{2} g_{m2}(R_{d2} /\!/ R_L) = \frac{1}{2} \times 1.41 \times (40 /\!/ 40) = 14.1$$

$$A_{vc2} \approx -\frac{R_{d2} /\!/ R_L}{2R_{AB}} = -\frac{40 /\!/ 40}{2 \times 2\ 110} = -0.004\ 7$$

$$K_{CMR2} = \left| \frac{A_{vd2}}{A_{vc2}} \right| = \left| \frac{14.1}{-0.004\ 7} \right| = 3\ 000$$

(2) 当 $v_{i1} = 50$ mV，$v_{i2} = 10$ mV 时，有

$$v_{id} = v_{i1} - v_{i2} = 50 - 10 = 40 \text{ mV}$$

$$v_{ic} = \frac{v_{i1} + v_{i2}}{2} = \frac{50 + 10}{2} = 30 \text{ mV}$$

$$v_{O2} = v_{id} A_{vd2} + v_{ic} A_{vc2} = 40 \text{ mV} \times 14.1 + 30 \text{ mV} \times (-0.004\ 7) \approx 563.9 \text{ mV}$$

(3) 差模输入电阻 $R_{id} = \infty$；共模输入电阻 $R_{ic} = \infty$；输出电阻 $R_{o2} = R_{d2} = 40$ kΩ

7.2.6 在图题 7.2.6 所示的射极耦合差分式放大电路中，$+V_{CC} = +10$ V，$-V_{EE} = -10$ V，$I_O = 1$ mA，$r_o = 25$ kΩ(电路中未画出)，$R_{c1} = R_{c2} = 10$ kΩ，BJT 的 $\beta = 200$，$V_{BE} = 0.7$ V。(1) 当 $v_{i1} = v_{i2} = 0$ 时，求 I_C、V_{CE1} 和 V_{CE2}；(2) 当 $v_{i1} = -v_{i2} = +\frac{v_{id}}{2}$ 时，求双端输出时的 A_{vd} 和单端输出的 A_{vd1}、A_{vc1} 和 K_{CMR1} 的值。

【分析】 图题 7.2.6 以电流源代替了发射极耦合电阻 R_e，即 $R_e = r_o$(r_o 为电流源的动态输出电阻)。注意所求各项动态指标均只与输出方式有关。

【解】 (1) 当 $v_{i1} = v_{i1} = 0$ 时，有

$$I_{C1} = I_{C2} = \frac{1}{2} I_O = 0.5 \text{ mA}$$

$$V_{CE1} = V_{CE2} = V_{C1} - V_E = V_{CC} - I_{C1} R_{c1} - (0 - V_{BE}) = (10 - 0.5 \times 10 + 0.7) \text{ V} = 5.7 \text{ V}$$

(2) 当 $v_{i1}=-v_{i2}=+\frac{v_{id}}{2}$ 时，若为双端输出，则

$$A_{vd}=-\beta\frac{R_{c1}}{r_{be1}}$$

其中

$$r_{be1}=r_{be2}=r_{bb'}+(1+\beta)\frac{26\text{ mV}}{I_{EQ}}$$

$$\approx 200\Omega+(1+200)\frac{26\text{ mV}}{0.5\text{ mA}}\approx 10.7\text{ k}\Omega$$

故有

$$A_{vd}\approx -200\times\frac{10\text{ k}\Omega}{10.7\text{ k}\Omega}\approx -186.9$$

若为单端输出，则

$$A_{vd1}=-\frac{1}{2}\times 186.9=-93.45$$

$$A_{vc1}\approx -\frac{R_{c1}}{2r_o}=-\frac{10\text{ k}\Omega}{2\times 25\text{ k}\Omega}=-0.2$$

$$K_{CMR1}=\left|\frac{A_{vd1}}{A_{vc1}}\right|=\frac{93.45}{0.2}=467.25$$

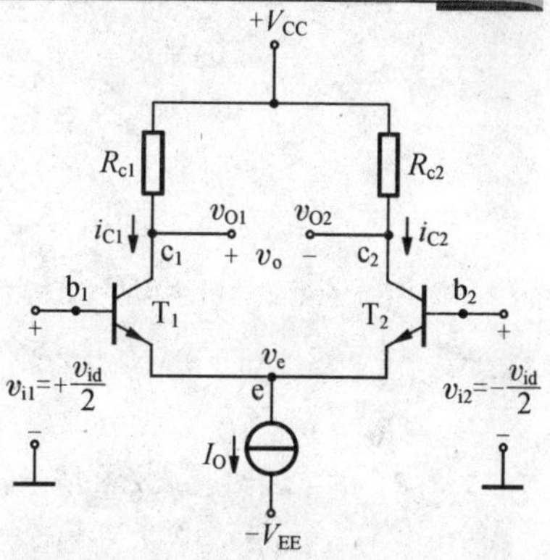

图题 7.2.6

7.2.7 电路如图题 7.2.7 所示，$R_{e1}=R_{e2}=100\ \Omega$，BJT 的 $\beta=100$，$V_{BE}=0.6$ V，电流源动态输出电阻 $r_o=100$ kΩ。(1) 当 $v_{i1}=0.01$ V、$v_{i2}=-0.01$ V 时，求输出电压 $v_o=v_{o1}-v_{o2}$ 的值；(2) 当 c_1、c_2 间接入负载电阻 $R_L=5.6$ kΩ 时，求 v'_o 的值；(3) 单端输出且 $R_L=\infty$ 时，$v_{o2}=$？求 A_{vd2}、A_{vc2} 和 K_{CMR2} 的值；(4) 电路的差模输入电阻 R_{id}、共模输入电阻 R_{ic} 和不接 R_L 时，单端输出的输出电阻 R_{o2}。

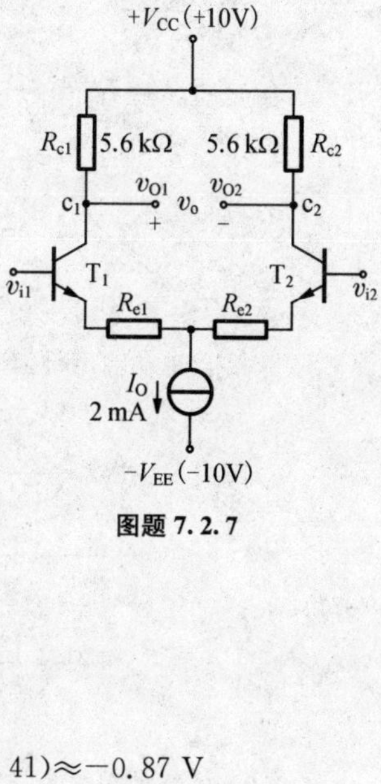

图题 7.2.7

【解】 (1) 由于

$$I_{C1}=I_{C2}=\frac{1}{2}I_O=1\text{ mA}$$

$$\therefore r_{be1}=r_{be2}=r_{bb'}+(1+\beta)\frac{26\text{mV}}{I_{EQ}}$$

$$\approx\left[200+(1+100)\frac{26}{1}\right]\Omega=2\,826\ \Omega$$

$$\therefore A_{vd}=-\beta\frac{R_{c1}}{r_{be1}+(1+\beta)R_{e1}}$$

$$\approx -100\times\frac{5.6}{2.8+(1+100)\times 0.1}=-43.41$$

当 $v_{i1}=+0.01$ V、$v_{i2}=-0.01$ V 时，有

$$v_o=v_{o1}-v_{o2}=(v_{i1}-v_{i2})A_{vd}=[0.01-(-0.01)]\text{ V}\times(-43.41)\approx -0.87\text{ V}$$

(2) 当 c_1、c_2 间接入负载电阻 R_L 时，则 $\frac{R_L}{2}$ 处为虚地点，故

$$A'_{vd}=-\beta\frac{R_{c1}/\!/\frac{R_L}{2}}{r_{be1}+(1+\beta)R_{e1}}\approx -100\times\frac{5.6/\!/\frac{5.6}{2}}{2.8+(1+100)\times 0.1}\approx -14.5$$

$$\therefore v'_o=(v_{i1}-v_{i2})A'_{vd}=[0.01-(-0.01)]\text{ V}\times(-14.5)=-0.29\text{ V}$$

(3) 单端输出且空载时，则

$$A_{vd2}=\frac{1}{2}\times 43.41\approx 21.7$$

$$v_{o2}=(v_{i1}-v_{i2})A_{vd2}=[0.01-(-0.01)]\ \text{V}\times 21.7\approx 0.43\ \text{V}$$

$$A_{vc2}\approx-\frac{R_{c2}}{2r_o}=-\frac{5.6}{2\times 100}=-0.028$$

$$K_{CMR2}=\left|\frac{A_{vd2}}{A_{vc2}}\right|=\left|\frac{21.7}{-0.028}\right|=775$$

(4) $R_{id}=2[r_{be1}+(1+\beta)R_{e1}]\approx 2\times[2.8+(1+100)\times 0.1]\ \text{k}\Omega=25.8\ \text{k}\Omega$

$$R_{ic}=\frac{1}{2}[r_{be1}+(1+\beta)(R_{e1}+2r_o)]=\frac{1}{2}[2.8+(1+100)(0.1+2\times 100)]\ \text{k}\Omega\approx 10.1\ \text{M}\Omega$$

$R_{o2}=R_{c2}=5.6\ \text{k}\Omega$

7.2.8 电路如图题 7.2.8 所示，设 BJT 的 $\beta_1=\beta_2=30$，$\beta_3=\beta_4=100$，$V_{BE1}=V_{BE2}=0.6\ \text{V}$，$V_{BE3}=V_{BE4}=0.7\ \text{V}$。试计算双端输入、单端输出时的 R_{id}、A_{vd1}、A_{vc1} 及 K_{CMR1} 的值。

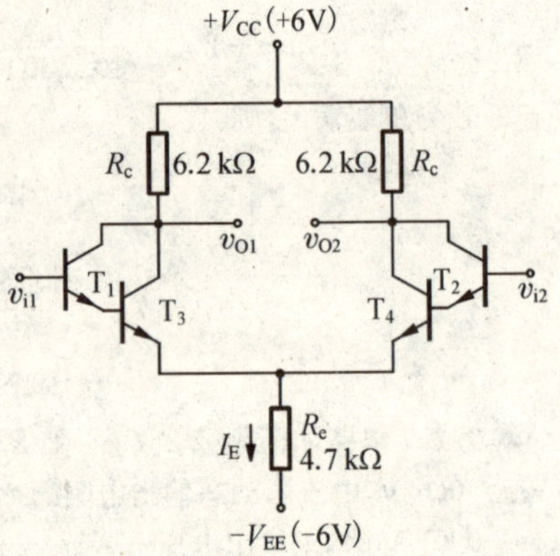

图题 7.2.8

【分析】 T_1、T_3 和 T_2、T_4 分别构成复合管作为差分放大电路的放大管，故其电流放大系数为 $\beta_1\beta_3$（$\beta_2\beta_4$）。求解各项动态指标时，要特别注意发射极回路电阻和基极回路电阻之间的等效折算。

【解】 $I_{E3}=I_{E4}=\dfrac{1}{2}\times\dfrac{-V_{BE1}-V_{BE3}-(-V_{EE})}{R_e}=\dfrac{1}{2}\times\dfrac{-0.6\ \text{V}-0.7\ \text{V}+6\ \text{V}}{4.7\ \text{k}\Omega}=0.5\ \text{mA}$

$$I_{E1}=I_{E2}=I_{B3}=\frac{I_{E3}}{\beta_3}=\frac{0.5\ \text{mA}}{100}=0.005\ \text{mA}$$

因此

$$r_{be1}=r_{be2}=r_{bb'}+(1+\beta_1)\frac{26\ \text{mV}}{I_{E1}}\approx 200\Omega+(1+30)\frac{26\ \text{mV}}{0.005\ \text{mA}}=161.4\ \text{k}\Omega$$

$$r_{be3}=r_{be4}=r_{bb'}+(1+\beta_3)\frac{26\ \text{mV}}{I_{E3}}\approx 200\Omega+(1+100)\frac{26\ \text{mV}}{0.5\ \text{mA}}\approx 5.45\ \text{k}\Omega$$

双端输入、单端输出时，有

$$R_{id}=2[r_{be1}+(1+\beta_1)r_{be3}]\approx 2\times[161.4\ \text{k}\Omega+(1+30)\times 5.45\ \text{k}\Omega]=660.7\ \text{k}\Omega$$

$$A_{vd1}=-\frac{1}{2}\times\frac{\beta_1\beta_3R_c}{r_{be1}+(1+\beta_1)r_{be3}}\approx-\frac{1}{2}\times\frac{30\times 100\times 6.2\ \text{k}\Omega}{161.4\ \text{k}\Omega+(1+30)\times 5.45\ \text{k}\Omega}\approx-28$$

$$A_{vc1}=-\frac{\beta_1\beta_3R_c}{r_{be1}+(1+\beta_1)[r_{be3}+2(1+\beta_3)R_e]}$$

$$=-\frac{30\times 100\times 6.2\ \text{k}\Omega}{161.4\ \text{k}\Omega+(1+30)\times[5.45\ \text{k}\Omega+2\times(1+100)\times 4.7\ \text{k}\Omega]}\approx-0.63$$

$$K_{CMR1}=\left|\frac{A_{vd1}}{A_{vc1}}\right|=\frac{28}{0.63}=44.4$$

7.2.9 电路如图题 7.2.9 所示，已知 BJT 的 $\beta_1=\beta_2=\beta_3=50$，$r_{ce}=200\ \text{k}\Omega$，$V_{BE}=0.7\ \text{V}$，试求单端输出的差模电压增益 A_{vd2}、共模抑制比 K_{CMR2}、差模输入电阻 R_{id} 和输出电阻 R_o。

提示：(1) T_3、R_1、R_2 和 R_{e3} 构成 BJT 电流源；

(2) AB 两端的交流电阻

$r_{AB}=r_{ce3}\left(1+\dfrac{\beta R_{e3}}{r_{be3}+R_1/\!/R_2+R_{e3}}\right)$。

【分析】 R_1、R_2、R_{e3} 以及 T_3 构成静态工作点稳定电路，即 BJT 电流源。该电流源为 T_1、T_2 提供静态偏置电流，设其动态输出电阻为 r_{AB}，推导过程可参考习题 7.1.6，此处不再赘述。

【解】 R_2 的端电压为

$$V_{R2} \approx \frac{R_2}{R_1+R_b}V_{EE} = \frac{3\ \mathrm{k\Omega}}{5.6\ \mathrm{k\Omega}+3\ \mathrm{k\Omega}} \times 9\ \mathrm{V} \approx 3.1\ \mathrm{V}$$

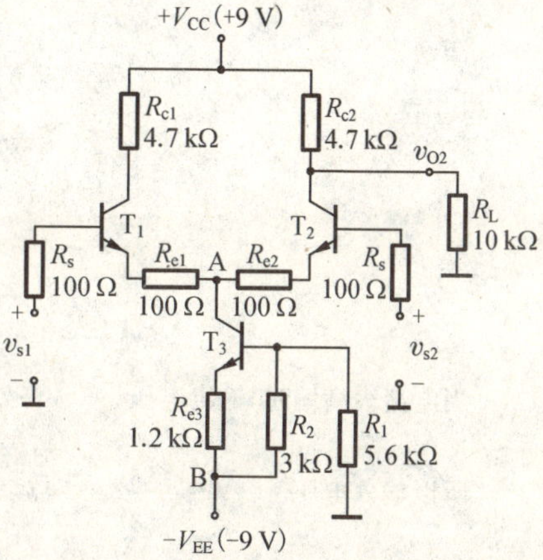

图题 7.2.9

故

$$I_{E1} = I_{E2} = \frac{1}{2}I_{E3} = \frac{1}{2} \times \frac{V_{R2}-V_{BE3}}{R_{e3}}$$

$$= \frac{1}{2} \times \frac{3.1\ \mathrm{V}-0.7\ \mathrm{V}}{1.2\ \mathrm{k\Omega}} = 1\ \mathrm{mA}$$

$$r_{be1} = r_{be2} = r_{bb'} + (1+\beta_1)\frac{26\ \mathrm{mV}}{I_{E1}}$$

$$\approx 200\Omega + (1+50)\frac{26\ \mathrm{mV}}{1\ \mathrm{mA}} \approx 1.53\ \mathrm{k\Omega}$$

$$r_{be3} = r_{bb'} + (1+\beta_3)\frac{26\ \mathrm{mV}}{I_{E3}} \approx 200\Omega + (1+50)\frac{26\ \mathrm{mV}}{2\ \mathrm{mA}}$$

$$\approx 0.86\ \mathrm{k\Omega}$$

由图可知，单端输出时

$R_{id} = 2[R_s + r_{be1} + (1+\beta_1)R_{e1}] \approx 2 \times [0.1 + 1.53 + (1+50) \times 0.1]\ \mathrm{k\Omega} \approx 13.5\ \mathrm{k\Omega}$

$$R_{o2} = R_{c2} = 4.7\ \mathrm{k\Omega}$$

$$A_{vd2} = \frac{1}{2}\beta_2 \frac{R_{c2} /\!/ R_L}{R_s + r_{be2} + (1+\beta_2)R_{e2}} \approx \frac{1}{2} \times 50 \times \frac{(4.7 /\!/ 10)\mathrm{k\Omega}}{0.1\ \mathrm{k\Omega} + 1.53\ \mathrm{k\Omega} + (1+50) \times 0.1\ \mathrm{k\Omega}} \approx 12$$

$$A_{vc2} \approx -\frac{R_{c2} /\!/ R_L}{2r_{AB}} = -\frac{(4.7 /\!/ 10)\mathrm{k\Omega}}{2 \times 3\,200\ \mathrm{k\Omega}} = -0.000\,5$$

其中

$$r_{AB} = r_{ce3}\left(1 + \frac{\beta_3 R_{e3}}{r_{be3} + R_1 /\!/ R_2 + R_{e3}}\right) = 200 \times \left(1 + \frac{50 \times 1.2}{0.86 + 5.6 /\!/ 3 + 1.2}\right)\mathrm{k\Omega} \approx 3\,200\ \mathrm{k\Omega}$$

所以

$$A_{vc2} = -\frac{(4.7 /\!/ 10)\mathrm{k\Omega}}{2 \times 3\,200\ \mathrm{k\Omega}} = -0.000\,5$$

$$K_{CMR2} = \left|\frac{A_{vd2}}{A_{vc2}}\right| = \frac{12}{0.000\,5} = 24\,000$$

7.2.10　在图题 7.2.10 所示电路中，电流表的满偏电流 I_M 为 100 μA，电表支路的电阻 R_m 为 2 kΩ，两管的 $\beta=50$，$V_{BE}=0.7$ V，$r_{bb'}=300$ Ω，试计算：(1) 当 $v_{s1}=v_{s2}=0$ 时，每管的 I_C、I_B、V_{CE} 各为多少？(2) 为使电流表指针满偏，需加多大的输入电压？

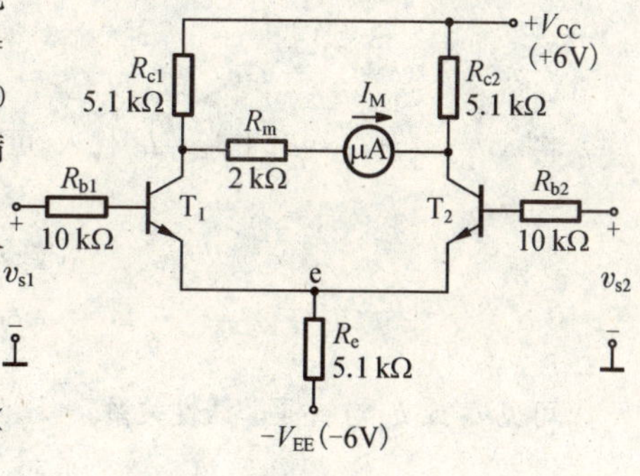

图题 7.2.10

【分析】　图题 7.2.10 为双端输入—双端输出的差分放大电路，R_m 为负载电阻，R_m 的端电压即为输出电压 v_o。

【解】　(1) 当 $v_{s1}=v_{s2}=0$ 时，有

$I_{C1} = I_{C2} = \frac{1}{2} \times \frac{-V_{BE1}-(-V_{EE})}{R_e} = \frac{1}{2} \times \frac{-0.7\ \mathrm{V}-(-6\ \mathrm{V})}{5.1\ \mathrm{k\Omega}} \approx 0.52\ \mathrm{mA}$

$$I_{B1} = I_{B2} = \frac{I_{C1}}{\beta} = \frac{520\ \mu\mathrm{A}}{50} \approx 10\ \mu\mathrm{A}$$

$$V_{CE1} = V_{CE2} = V_{C1} - V_E = V_{CC} - I_{C1}R_{c1} - (-V_{BE1}) = (6 - 0.52 \times 5.1 + 0.7)\mathrm{V} = 4\mathrm{V}$$

(2) 在差模输入条件下，$\frac{R_m}{2}$ 处为虚地点，则

$$A_{vd}=-\beta_1\frac{R_{c1}\ /\!/\ \dfrac{R_m}{2}}{R_{b1}+r_{be1}}$$

其中

$$r_{be1}=r_{be2}=r_{bb'}+(1+\beta_1)\frac{26\ \mathrm{mV}}{I_{E1}}\approx 300\Omega+(1+50)\times\frac{26\ \mathrm{mV}}{0.52\ \mathrm{mA}}\approx 2.85\ \mathrm{k\Omega}$$

故

$$A_{vd}\approx -50\times\frac{\left(5.1\ /\!/\ \dfrac{2}{2}\right)\mathrm{k\Omega}}{10\ \mathrm{k\Omega}+2.85\ \mathrm{k\Omega}}\approx -3.25$$

当电流表满偏时，输出电压

$$v_o=-R_m I_M=-2\ \mathrm{k\Omega}\times 0.1\ \mathrm{mA}=-0.2\ \mathrm{V}$$

所以输入电压

$$v_{id}=\frac{v_o}{A_{vd}}=\frac{-0.2\ \mathrm{V}}{-3.25}\approx 0.062\ \mathrm{V}$$

即 $v_{s1}=+0.031\ V$，$v_{s2}=-0.031\ \mathrm{V}$。

7.3 差分式放大电路的传输特性

7.3.1 差分式放大电路的传输特性是非线性的，试以电路的结构来证明 $i_{D1}(i_{C1})$，$i_{D2}(i_{C2})$与 v_{id} 的关系式是非线性的。

【解】 MOSFET 差分式放大电路的传输特性如图解 7.3.1a 所示。由于

$$i_{D1}=K_n\ (v_{GS1}-V_{TN})^2$$

$$i_{D2}=K_n\ (v_{GS2}-V_{TN})^2$$

将 $v_{id}=v_{GS1}-v_{GS2}$，$i_{D1}+i_{D2}=I_O$ 代入，可得

$$\frac{i_{D1}}{I_O}=\frac{1}{2}-\sqrt{\frac{K_n}{2I_O}}(v_{id})\sqrt{1-\left(\frac{K_n}{2I_O}\right)v_{id}^2}$$

$$\frac{i_{D2}}{I_O}=\frac{1}{2}+\sqrt{\frac{K_n}{2I_O}}(v_{id})\sqrt{1-\left(\frac{K_n}{2I_O}\right)v_{id}^2}$$

可见 i_{D1} 或 i_{D2} 与 v_{id} 是非线性关系。

BJT 差分式放大电路的传输特性如图解 7.3.1b 所示。由于

$$i_{C1}\approx I_S e^{\frac{v_{BE1}}{V_T}}$$

$$i_{C2}\approx I_S e^{\frac{v_{BE2}}{V_T}}$$

将 $v_{id}=v_{BE1}-v_{BE2}$，$i_{C1}+i_{C2}=I_O$ 代入，可得

$$\frac{i_{C1}}{I_O}=\frac{1}{1+e^{-\frac{v_{id}}{V_T}}}$$

$$\frac{i_{C2}}{I_O}=\frac{1}{1+e^{\frac{v_{id}}{V_T}}}$$

可见 i_{C1} 或 i_{C2} 与 v_{id} 是非线性关系。

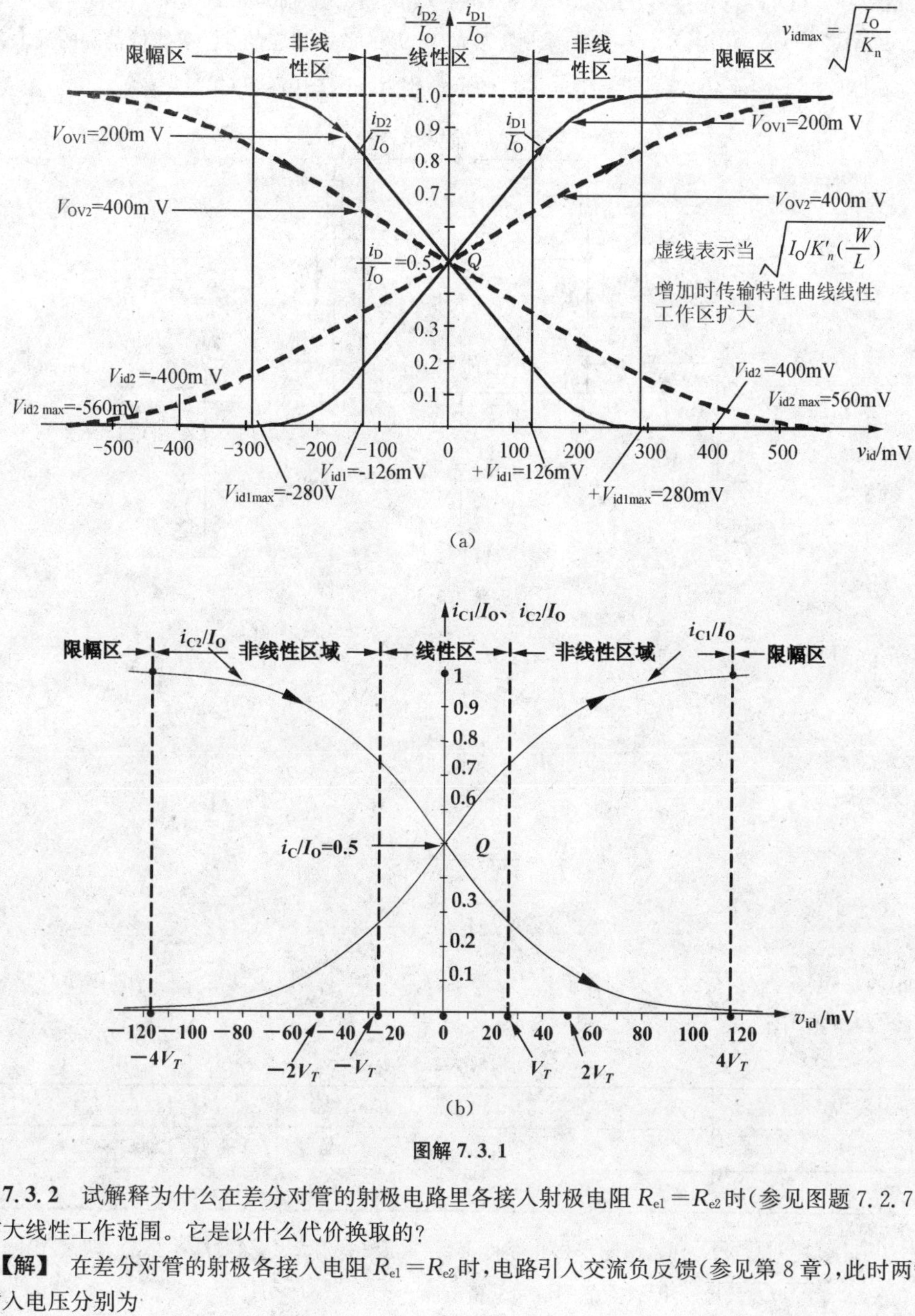

图解 7.3.1

7.3.2 试解释为什么在差分对管的射极电路里各接入射极电阻 $R_{e1}=R_{e2}$ 时(参见图题 7.2.7),可以扩大线性工作范围。它是以什么代价换取的?

【解】 在差分对管的射极各接入电阻 $R_{e1}=R_{e2}$ 时,电路引入交流负反馈(参见第 8 章),此时两管的净输入电压分别为

$$v_{be1}=v_{i1}-v_{R_{e1}}$$

$$v_{be2}=v_{i2}-v_{R_{e2}}$$

即交流负反馈的引入使得放大电路的净输入电压减小,从而导致 v_{o1}、v_{o2} 减小,上述做法是以牺牲电路的电压增益为代价来换取其传输特性线性范围的扩大的。

7.3.3 MOS 差分放大电路如图题 7.3.3 所示,T_1、T_2 偏置电流 $I_{D1}=I_{D2}=0.4\ mA/2$,$K'_n=\mu_n C_{ox}$

$=0.2\ \text{mA/V}^2$。(1) $V_{GS}-V_{TN}=\sqrt{I_O/\mu_n C_{ox}(W/L)}=\sqrt{I_O/(2K_n)}$分别为 0.2 V,0.3 V 和 0.4 V,试对不同的$\sqrt{I_O/(2K_n)}$值,当 I_O,K'_n 不变时,求所需要的 W/L 的值及相应的 g_m,求线性范围的最大差模电压$|v_{idm}|$;(2) 当$\sqrt{I_O/2K_n}=0.2$ V 增至 0.4 V 时,其中 K_n 不变,I_O 应增至多少?

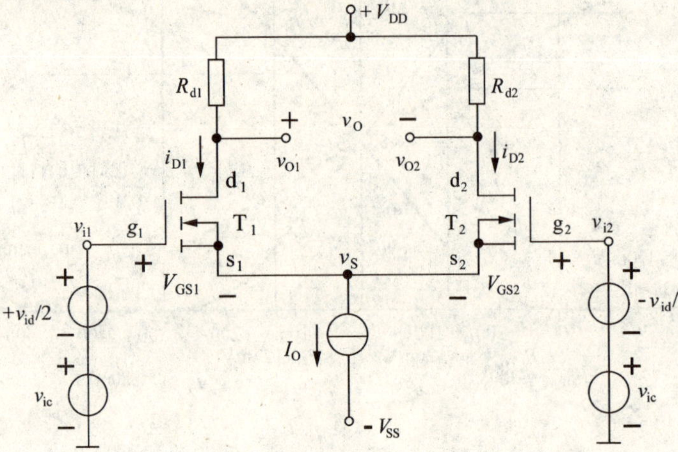

图题 7.3.3

【解】 (1) 据

$$i_{D1}=i_{D2}=\frac{I_O}{2}=K_n\ (V_{GS}-V_{TN})^2$$

$$K_n=\frac{1}{2}K'_n\left(\frac{W}{L}\right)$$

得

$$\frac{W}{L}=\frac{I_O}{K'_n\ (V_{GS}-V_{TN})^2}$$

$$g_m=\sqrt{2I_D K'_n\left(\frac{W}{L}\right)}$$

将 $V_{GS}-V_{TN}=\sqrt{I_O/(2K_n)}$分别等于 0.2 V、0.3 V、0.4 V 代入以上两式,可求出(W/L)和 g_m值,如表解 7.3.3 所示。

表解 7.3.3

$V_{GS}-V_{TN}$(V)	0.2	0.3	0.4	0.4	g_m(mA/V)	2	1.33	1	4
I_O(mA)	0.4	0.4	0.4	1.6	v_{idm}(mA)	126	1.90	253	253
W/L	50	22.2	12.5	50					

当$|v_{id}|\ll 2\sqrt{I_O/(2K_n)}$时,电路工作在线性区,一般取$|v_{id}|\leqslant 2\sqrt{0.1I_O/(2K_n)}$,即 v_{id}线性区范围为 $0\sim\pm 2\sqrt{0.1I_O/(2K_n)}$,即线性范围最大差模电压

$$V_{idm}=2\sqrt{0.1I_O/(2K_n)}=2\sqrt{0.1I_O/[K'_n(W/L)]}$$

求出 v_{idm}如表解 7.3.3 所示。

(2) 当$\sqrt{I_O/2K_n}$由 0.2 V 增至 0.4 V 时,若 K_n 不变,则 I_O 应增为原来的 4 倍,即 $I_O=0.4\ \text{mA}\times 4=1.6\ \text{mA}$。

7.3.4 图题 7.3.3 所示电路,$R_d=5\ \text{k}\Omega$,$V_{DD}=5$ V,$-V_{SS}=-5$ V,$I_O=400\ \mu$A,$V_{TN}=0.5$ V,$W=$

20 μm，$L=0.5\ \mu$m，$K'_n=\mu_n C_{ox}=200\ \mu\text{A/V}^2$，求 MOSFET 的 V_{GS}、g_m 和线性区的 v_{idm1} 值，以及 v_{idm} 加倍时 K'_n、W/L 不变的 I_O 值或 K'_n、I_O 不变时的 W/L 值，以及对应的输出电压 v_{od} 范围。

【解】 由于

$$I_D=\frac{I_O}{2}=\frac{K'_n}{2}\left(\frac{W}{L}\right)(V_{GS}-V_{TN})^2$$

$$g_m=\sqrt{2I_DK'_n\left(\frac{W}{L}\right)}$$

$$V_{idm}=2\sqrt{0.1I_O/\left[K'_n\left(\frac{W}{L}\right)\right]}$$

将 $I_O=400\ \mu$A、$K'_n=200\ \mu\text{A/V}^2$、$W=20\ \mu$m、$L=0.5\ \mu$m、$V_{TN}=0.5$ V 代入，可求得 $V_{GS}=0.723$ V，$g_m=1.789$ mS，$V_{idm1}\approx0.14$ V。

当 $V_{idm2}=2V_{idm1}=2\sqrt{0.1I_O/(2K_n)}\approx0.28$ V 时，有

$$V_{GS}-V_{TN}=\sqrt{I_O/(2K_n)}=0.28\ \text{V}/(2\sqrt{0.1})\approx0.44\ \text{V}$$

若 K'_n、W/L 不变，则

$$I_{O2}=2I_{D2}=K'_n\left(\frac{W}{L}\right)(V_{GS}-V_{TN})^2=200\times\left(\frac{20}{0.5}\right)\times(0.44)^2\ \mu\text{A}\approx1.55\ \text{mA}$$

$$g_{m2}=\sqrt{I_{O2}K'_n\left(\frac{W}{L}\right)}=\sqrt{1.55\times0.2\times\left(\frac{20}{0.5}\right)}\ \text{mS}\approx3.5\ \text{mS}$$

$V_{odm2}=-g_{m2}R_dV_{idm2}\approx-3.5\ \text{mS}\times5\ \text{k}\Omega\times0.28\ \text{V}=-4.9$ V（v_{od2} 范围为 -4.9 V～$+4.9$ V）

若 K'_n、I_O 不变，则

$$\frac{W}{L}=\frac{I_O}{K'_n(V_{GS}-V_{TN})^2}=\frac{400\ \mu\text{A}}{200\ \mu\text{A/V}^2\times0.44\ \text{V}\times0.44\ \text{V}}\approx10.3$$

$$g_{m3}=\sqrt{I_OK'_n\left(\frac{W}{L}\right)}\approx\sqrt{0.4\times0.2\times10}\ \text{mS}\approx0.89\ \text{mS}$$

$V_{odm3}=-g_{m3}R_dV_{idm2}\approx-0.89\ \text{mS}\times5\ \text{k}\Omega\times0.28\ \text{V}\approx-1.25$ V（v_{od2} 范围为 -1.25 V～$+1.25$ V）

7.3.5 在图题 7.3.5 中设 $V_{CC}=15$ V，$-V_{EE}=-15$ V，$R_{c1}=R_{c2}=9.1$ kΩ，$I_O=1$ mA，电流源动态电阻 $r_o=\infty$，BJT 的 $V_{BE}=0.7$ V，$V_{CES}=0.1$ V，当 $v_{id}>4\ V_T$ 和 $v_{id}<-4\ V_T$，T_1 和 T_2 工作在限幅区时，输出电压 v_{O1} 和 v_{O2} 的幅值范围和 $v_o=v_{O1}-v_{O2}$ 的幅值。

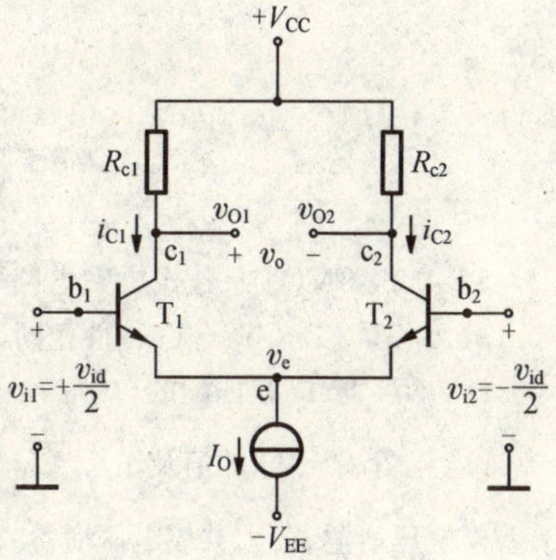

图题 7.3.5

【分析】 对于 BJT 差分放大电路，当 $v_{id}=0$ 时，有

$$I_{C1}=I_{C2}=\frac{1}{2}I_O$$

当 $v_{id}\neq0$ 时，i_{C1}、i_{C2} 产生异向变化，即一个增加，另一个相应减小；若 v_{id} 的数值足够大，则 I_O 将全部流向一个 BJT，使之趋于饱和，而另一个 BJT 趋于截止，此时差分放大电路工作在限幅区。

【解】 当 $v_{id}>4V_T$ 时，T_1 趋于饱和，T_2 趋于截止，故 I_O 全部流向 T_1。此时

$$v_{O1}=V_{CC}-I_OR_{c1}=15-1\times9.1=5.9\ \text{V}$$

$$v_{O2}=V_{CC}=15\ \text{V}$$

$$\therefore v_o=v_{O1}-v_{O2}=5.9-15=-9.1\ \text{V}$$

同理，当 $v_{id}<4V_T$ 时，T_1 趋于截止，T_2 趋于饱和，则

$$v_{O1}=V_{CC}=15\ \text{V}$$

$$v_{O2}=V_{CC}-I_OR_{c2}=15-1\times9.1=5.9\ \text{V}$$

$$\therefore v_o = v_{O1} - v_{O2} = 15 - 5.9 = 9.1\ \text{V}$$

综上所述，当 T_1、T_2 工作在限幅区时，输出电压 v_{O1}、v_{O2} 的幅值范围为 5.9 V～15 V，$v_o = v_{O1} - v_{O2}$ 的幅值为 9.1 V。

7.4 带有源负载的差分式放大电路

7.4.1 CMOS 源极耦合差分式放大电路如图题 7.4.1 所示，电路参数为 $+V_{DD} = 10\ \text{V}$，$-V_{SS} = -10\ \text{V}$，$I_O = 0.1\ \text{mA}$，PMOSFET T_3、T_4 的 $K_P = 100\ \mu\text{A/V}^2$，$\lambda_P = 0.015\ \text{V}^{-1}$，$V_T = -1\ \text{V}$。NMOSFET T_1、T_2 的 $K_n = 100\ \mu\text{A/V}^2$，$\lambda_n = 0.01\ \text{V}^{-1}$，$V_T = 1\ \text{V}$。$T_1$～$T_4$ 的 $g_m(=\sqrt{2KnI_0})$ 相同，确定差模电压增益 $A_{vd2} = ?$

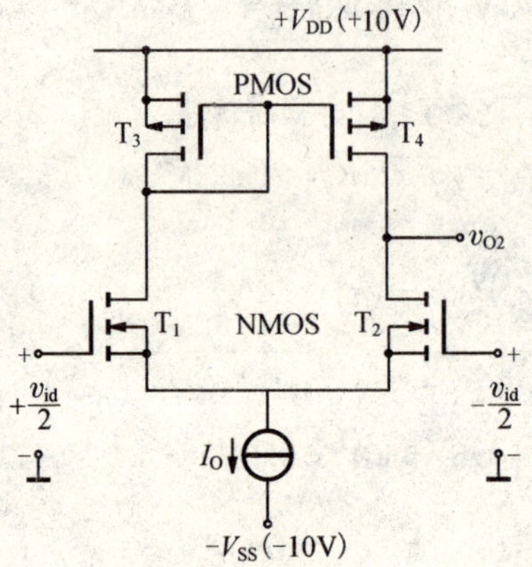

图题 7.4.1

【解】 根据题意，有

$$g_{m2} = 2\sqrt{K_n I_{D2}} = 2\sqrt{K_n \frac{I_O}{2}} = \sqrt{2K_n I_O} = \sqrt{2 \times 0.1 \times 0.1}\ \text{mS} \approx 0.14\ \text{mS}$$

$$r_{ds2} = \frac{1}{\lambda_n I_{D2}} = \frac{1}{0.01 \times 0.05}\ \text{k}\Omega = 2\ 000\ \text{k}\Omega$$

$$r_{ds4} = \frac{1}{\lambda_p I_{D4}} = \frac{1}{0.015 \times 0.05}\ \text{k}\Omega \approx 1\ 333\ \text{k}\Omega$$

$$\therefore A_{vd2} = g_{m2}(r_{ds2} /\!/ r_{ds4}) \approx 0.14 \times (2\ 000 /\!/ 1\ 333) \approx 112$$

7.4.2 CMOS 差分式放大电路如图题 7.4.2 所示，已知 $+V_{DD} = +5\ \text{V}$，$-V_{SS} = -5\ \text{V}$，$I_O = 0.1\ \text{mA}$，T_5、T_6、T_7、T_8 特性相同，$K_{n8} = K_{n5} = K_{n6} = K_{n7} = 10\ \mu\text{A/V}^2$，$V_{TN6} = V_{TN7} = 2.33\ \text{V}$，$T_1$ 与 T_2 和 T_3 与 T_4 是匹配的对管，$K_{n1} = K_{n2} = K_{p3} = K_{p4} = 45\ \mu\text{A/V}^2$，$\lambda = 0.05\ \text{V}^{-1}$。(1) 求电路的基准电流 $I_{REF} = I_O$ 的值及 $I_{D1} = I_{D2}$ 的值；(2) 当 $v_{i1} = -v_{i2} = +\frac{v_{id}}{2} = 5\mu\text{V}$ 时，求 d_2 端的输出电压 v_{o2}、差模电压增益 A_{vd2}、共模电压增益 A_{vc2} 和共模抑制比 K_{CMR2}。

【解】 (1) T_5、T_6、T_7 特性相同，由图可知，其栅－源偏置电压相同，则

$$V_{GS7} = \frac{V_{DD} - (-V_{SS})}{3} = \frac{5\ \text{V} + 5\ \text{V}}{3} \approx 3.33\ \text{V}$$

$$I_{REF} = I_O = I_{D7} = K_{n7}(V_{GS7} - V_{TN7})^2 \approx 10 \times (3.33 - 2.33)^2\ \mu\text{A} = 10\ \mu\text{A}$$

$$I_{D1} = I_{D2} = \frac{I_O}{2} = 5\ \mu\text{A}$$

(2)由于

$$g_{m2} = 2\sqrt{K_{n2} I_{D2}} = 2\sqrt{45\ \mu\text{A/V}^2 \times 5\ \mu\text{A}} = 30\ \mu\text{S}$$

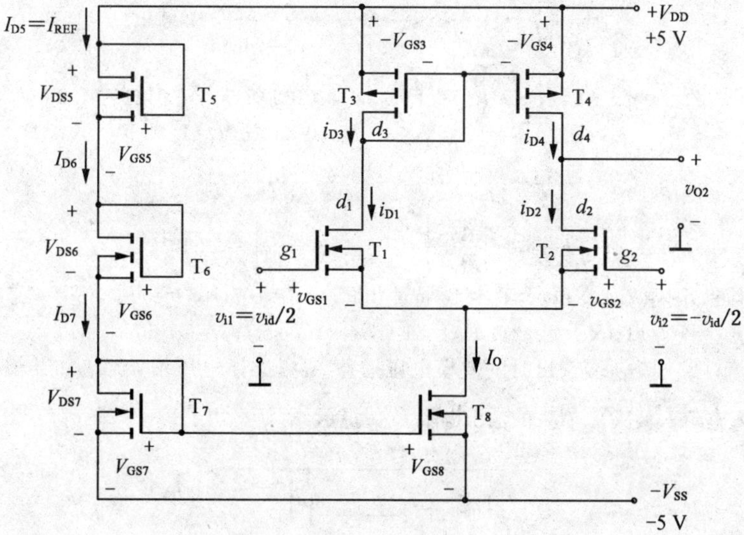

图题 7.4.2

$$r_{ds2}=r_{ds4}=\frac{1}{\lambda I_{D2}}=\frac{1}{0.05\ V^{-1}\times 5\ \mu A}=4\ M\Omega$$

$$r_{ds8}=\frac{1}{\lambda I_O}=\frac{1}{0.05\ V^{-1}\times 10\ \mu A}=2\ M\Omega$$

故

$$A_{vd2}=g_{m2}(r_{ds2}\ /\!/\ r_{ds4})=30\ \mu S\times(4\ /\!/\ 4)M\Omega=60$$

$$v_{o2}=v_{id}A_{vd2}=(v_{i1}-v_{i2})A_{vd2}=[5-(-5)]\mu V\times 60=600\mu V$$

$$A_{vc2}\approx-\frac{r_{ds2}\ /\!/\ r_{ds4}}{2r_{ds8}}=-\frac{4\ /\!/\ 4}{2\times 2}=-0.5$$

$$K_{CMR2}=\left|\frac{A_{vd2}}{A_{vc2}}\right|=\frac{60}{0.5}=120$$

7.4.3 电路如图题 7.4.3 所示，电路中 JFET T_1、T_2 的 $g_m=1.41$ mS，$\lambda_1=0.01\ V^{-1}$，BJT 的 $r_{ce}=100$ kΩ，电流源电流 $I_O=1$ mA，动态电阻 $r_o=2\ 000$ kΩ，$R_L=40$ kΩ。当 $v_{id}=40$ mV，求输出电压 v_{O2}、共模电压增益 A_{vc2} 和共模抑制比 K_{CMR2}。

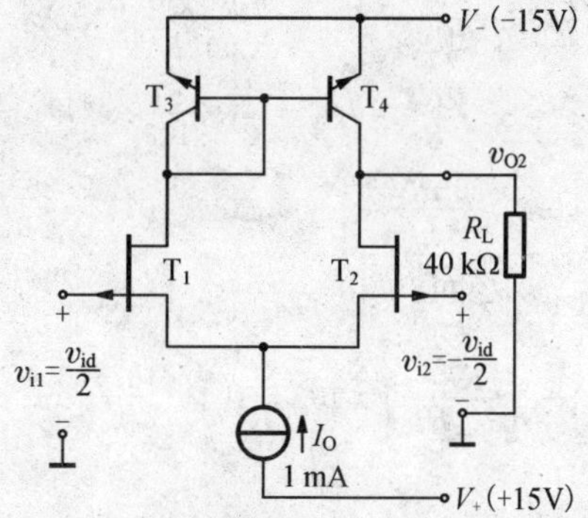

图题 7.4.3

【解】
$$r_{ds2}=\frac{1}{\lambda_1 I_{D2}}=\frac{1}{\lambda_1 \frac{I_O}{2}}=\frac{1}{0.01\ V^{-1}\times\frac{1}{2}\ mA}=200\ k\Omega$$

$$A_{vd2}=g_m(r_{ce4}/\!/r_{ds2}/\!/R_L)=1.41\ mS\times(100/\!/200/\!/40)k\Omega=35.25$$

$$v_{o2}=v_{id}A_{vd2}=40\ mV\times35.25=1\ 410\ mV=1.41\ V$$

$$A_{vc2}\approx-\frac{r_{ce4}/\!/r_{ds2}/\!/R_L}{2r_o}=-\frac{100/\!/200/\!/40}{2\times2\ 000}=-0.006\ 25$$

$$K_{CMR2}=\left|\frac{A_{vd2}}{A_{vc2}}\right|=\left|\frac{35.25}{-0.006\ 25}\right|=5\ 640$$

7.4.4 电路如图题7.4.4所示，$T_1\sim T_4$ 特性相同，设$\beta=107$，$r_{bb'}=200\ \Omega$，$V_{BE}=0.7\ V$，$r_{ce2}=r_{ce4}=167\ k\Omega$，$T_5$ 的 $r_{ce5}=100\ k\Omega$，$R_{e5}=100\ \Omega$，$R_{e6}=51\ \Omega$，$R=4.7\ k\Omega$，$V_{CC}=+6\ V$，$-V_{EE}=-6\ V$。(1) 计算电路的偏置电流；(2) 求 c_2 端输出时的差模电压增益 A_{vd2}，共模电压增益 A_{vc2} 和共模抑制比 K_{CMR}；(3) 求差模输入电阻 R_{id}，从 c_2 看入的输出电阻 R_o。提示：$R_{e5}=r_{ce5}\left(1+\frac{\beta R_{e5}}{r_{be5}+R_{e5}}\right)$

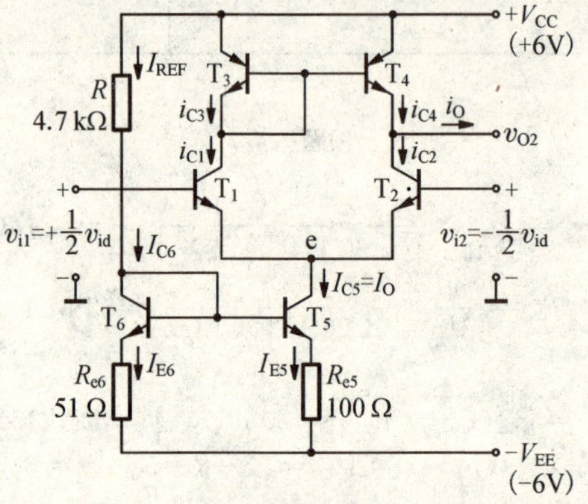

图题 7.4.4

【分析】 T_5、T_6 构成比例电流源，为 T_1、T_2提供静态偏置电流，设其动态输出电阻为 R_{o5}，推导过程可参考习题7.1.6，此处不再赘述。T_3、T_4 构成镜像电流源，作为 T_1、T_2的有源负载，可使单端输出时的差模电压放大倍数接近于双端输出时的情况，即相当于单管共射。

【解】 (1) 由图可知

$$I_{REF}=\frac{V_{CC}-(-V_{EE})-V_{BE}}{R+R_{e6}}=\frac{6+6-0.7}{4.7+0.051}\ mA\approx2.4\ mA$$

$$I_{C1}=I_{C2}=\frac{I_{C5}}{2}=\frac{1}{2}\cdot\frac{R_{e6}}{R_{e5}}\cdot I_{REF}=\frac{1}{2}\times\frac{51}{100}\times2.4\ mA=0.6\ mA$$

(2) 由于 $r_{be1}=r_{be2}=r_{bb'}+(1+\beta_1)\frac{26\ mV}{I_{E1}}\approx\left[200+(1+107)\times\frac{26}{0.6}\right]\Omega\approx4\ 880\ \Omega$

$$r_{be5}=r_{bb'}+(1+\beta_5)\frac{26mV}{I_{E5}}\approx\left[200+(1+107)\times\frac{26}{1.2}\right]\Omega\approx2\ 540\ \Omega$$

$$R_{o5}=r_{ce5}\left(1+\frac{\beta R_{e5}}{r_{be5}+R_{e5}}\right)\approx100\ k\Omega\left(1+\frac{107\times0.1}{2.5+0.1}\right)\approx512\ k\Omega$$

故有

$$A_{vd2}=\beta_2\ \frac{r_{ce2}/\!/r_{ce4}}{r_{be2}}\approx107\times\frac{167/\!/167}{4.9}\approx1\ 823$$

$$A_{vc2}\approx-\frac{r_{ce2}/\!/r_{ce4}}{2R_{o5}}=-\frac{167/\!/167}{2\times512}=-0.082$$

$$K_{CMR2}=\left|\frac{A_{vd2}}{A_{vc2}}\right|=\left|\frac{1\ 823}{-0.082}\right|\approx 22\ 232$$

(3) $R_{id}=2r_{be1}\approx 2\times 4.9\ k\Omega=9.8\ k\Omega$

$R_{o2}=r_{ce2}//r_{ce4}=167\ k\Omega//167\ k\Omega=83.5\ k\Omega$。

7.4.5 电路如图题7.4.5所示，已知FET管$V_{TN}=0.7\ V$，$V_{TP}=-0.8\ V$，$K'_n=\mu_n C_{ox}=160\ \mu A/V^2$，$K'_p=\mu_p C_{ox}=40\ \mu A/V$，厄雷(Early)电压$V_{AN}=V_{AP}=-\frac{1}{\lambda}=10\ V$，各管的几何尺寸$\left(\frac{W}{L}\right)_{1,2}=\frac{20}{0.8}$，$\left(\frac{W}{L}\right)_{3,4}=\frac{5}{0.8}$，$\left(\frac{W}{L}\right)_{7,9}=\frac{10}{0.8}$，$\left(\frac{W}{L}\right)_{5,6,8}=\frac{40}{0.8}$，基准电流$I_{REF}=90\ \mu A$，$T_5\sim T_9$的$I_D$相同。(1) 说明电路结构；(2) 计算电路的$I_D$、$|V_{GS}|$、$g_m$、$r_o(r_{ds})$和电路输出电阻$R_o$值；(3) 求电路的电压增益值$A_{vd}=\frac{v_O}{v_{id}}$；(4) 求输出电压范围。

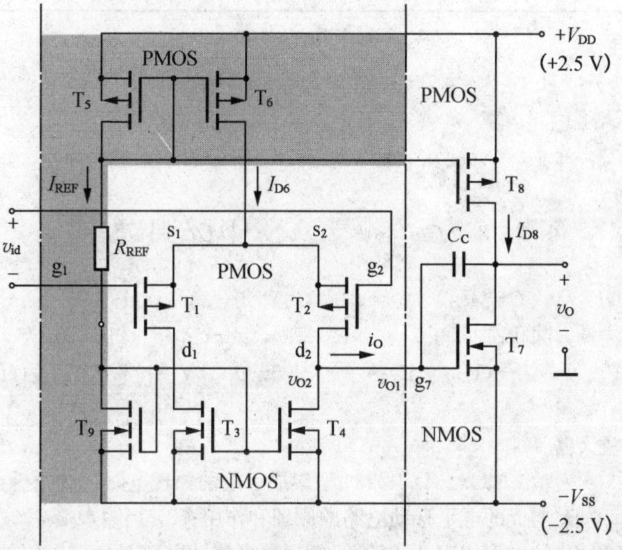

图题 7.4.5

【解】 (1) T_1、T_2组成双端输入－单端输出的差分式放大电路；T_5、T_9和R_{REF}决定电路的基准电流I_{REF}；T_5、T_6组成的镜像电流源为T_1、T_2提供偏置电流I_{D6}；T_3、T_4组成的镜像电流源则是T_1、T_2的有源负载；T_7为共源放大电路，它的有源负载管为T_8。

(2) 根据题意，$I_{REF}=90\ \mu A$，则

$$I_{D1}=I_{D2}=I_{D3}=I_{D4}=\frac{I_{REF}}{2}=\frac{90\ \mu A}{2}=45\ \mu A$$

$$I_{D5}=I_{D6}=I_{D7}=I_{D8}=I_{D9}=90\ \mu A$$

因为$I_D=\frac{1}{2}K'\left(\frac{W}{L}\right)(V_{GS}-V_T)^2$，所以

$$V_{GS}-V_T=\sqrt{\frac{2I_D}{K'\left(\frac{W}{L}\right)}}$$

$$g_m=\frac{2I_D}{|V_{GS}-V_T|}$$

$$r_{ds}=\frac{1}{\lambda I_D}$$

将各管的参数代入，可求出各管的 $V_{GS}-V_T$、V_{GS}、g_m 和 r_{ds} 值，列于表解 7.4.5 中。

表解 7.4.5

T	$T_{1,2}$PMOS	$T_{3,4}$NMOS	$T_{7,9}$NMOS	$T_{5,6,8}$PMOS	表达式
W/L	20/0.8	5/0.8	10/0.8	40/0.8	
$I_D(\mu A)$	4.5	45	90	90	
$V_{GS}-V_{TN}$(或 V_{TP})(V)	−0.3	0.3	0.3	−0.3	$\sqrt{2I_D/\mu C_{ox}(W/L)}$
V_{GS}(V)	−1.1	1	1	−1.1	$\pm\sqrt{I_D/K}+V_{TN}$(或 V_{TP})
g_m(mS)	0.3	0.3	0.6	0.6	$\dfrac{2I_D}{V_{GS}-V_{TN}(\text{或 }V_{TP})}$
r_o(kΩ)	222	222	111	111	

电路的输出电阻

$$R_o=r_{o7}/\!/r_{o8}=55.5\ \text{k}\Omega$$

(3) 第一级电压增益

$$A_{vd1}=-g_{m1}(r_{o2}/\!/r_{o4})=-0.3\times(222/\!/222)=-33.3$$

第二级电压增益

$$A_{v2}=-g_{m7}(r_{o7}/\!/r_{o8})=-0.6\times(111/\!/111)=-33.3$$

总电压增益

$$A_v=A_{vd1}\times A_{v2}=(-33.3)\times(-33.3)=1\ 109$$

(4) 当 T_8 处于临界饱和状态时，$+V_{omax}=V_{DD}-(V_{GS8}-V_{TP})=(2.5-0.3)\text{V}=2.2\ \text{V}$；当 T_7 处于临界饱和状态时，$-V_{omax}=V_{SS}-(V_{GS7}-V_{TN})=-(2.5-0.3)\text{V}=-2.2\ \text{V}$。因此，输出电压的范围为 $-2.2\ \text{V}\sim2.2\ \text{V}$。

7.5 集成运算放大器

7.5.1 图题 7.5.1 表示 CMOS-TCL2274 型集成运放的原理电路。试分析：(1) 该电路由哪几部分组成？(2) T_7、T_8 和 T_{10} 构成的电平移动电路的原理和作用；(3) 当输入端 3、2 之间接入输入信号电压 v_{id}时，电路输入级和 T_{13}的放大作用，同时说明通过电平移动电路对信号电压的放大作用，用瞬时极性法标出在信号电压作用下，图中各点电位的变化过程。

【解】 (1) 该电路由以下几部分组成：T_1、T_4 构成双端输入—单端输出差分放大电路，作为输入级，T_3、T_6 镜像电流源为输入级提供静态偏置电流，T_2、T_5 镜像电流源作为 T_1、T_4 的有源负载；T_7、T_8 和 T_{10} 构成电平移动电路；T_{13} 构成共源放大电路，作为电路的输出级，T_9、T_{12} 镜像电流源为 T_{13} 提供静态偏置电流并作为它的有源负载；T_{14}、T_{16} 以及 T_{15}、T_{17} 镜像电流源则是电路的基准电流源。

(2) T_7、T_8 和 T_{10} 构成电平移动电路。当 $v_{id}=0$ 时(静态)，由于 V_{D4} 偏低，通过 T_7、T_8 和 T_{10} 的作用，$V_{D7}(V_{G10})$、$V_{D10}(V_{G12})$依次抬高，最终使得 $V_{D12}=V_{D13}=0$。可见，电平移动电路的作用是保证集成运放在输入 $v_{id}=0$ 时，输出 $v_O=0$，同时也使输出级的动态范围扩大。

(3) 当输入信号为 v_{id}时，设 3 端在某一瞬间的瞬时极性对"地"为正，记作(＋)，则电路中各点的电压变化情况可用瞬时极性法标注如下：

$$v_{id}(3)^{(+)}\rightarrow v_{D_4}{}^{(-)}\left\langle\begin{array}{l} v_{G13}{}^{(-)}\longrightarrow v_{D13}{}^{(+)}=v_{D12}{}^{(+)}(v_O{}^{(+)}) \\ v_{D7}{}^{(+)}\rightarrow v_{G10}{}^{(+)}\rightarrow v_{D10}{}^{(-)}\rightarrow v_{G12}{}^{(-)}\rightarrow v_{D12}{}^{(+)}(v_O{}^{(+)})\end{array}\right\rangle\rightarrow v_O{}^{(+)(+)}$$

由上述分析可见，从 v_{D4} 到 v_O共有两路：一路经 T_{13}放大后至 v_O；另一路经 T_7、T_8、T_{10}电平移动电路后，再经 T_9以电流源方式驱动 T_{12}，实现共源互补输出，使 v_O又增加了一倍，即电压增益很高。同时，由于仅有两级放大电路(输入级和输出级，省去了中间电压放大级)，有利于电路的稳定和频带的扩展。

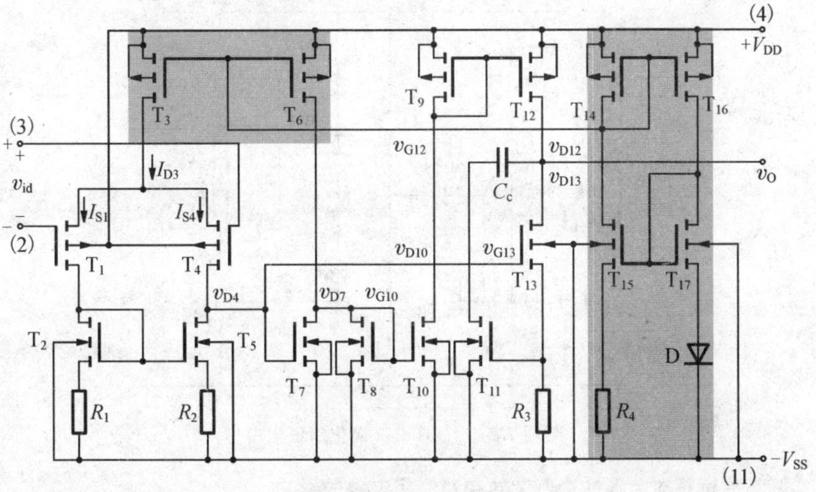

图题 7.5.1

7.5.2　图题 7.5.2 表示一 BJT 集成运放电路。(1) 试判断两管 T_1 和 T_2 的两个基极，哪个为同相端，哪个为反相端？(2) 分辨图中的 BJT 中何者为射极耦合对、射极跟随器、共射极放大器？并指明它们各自的功能。

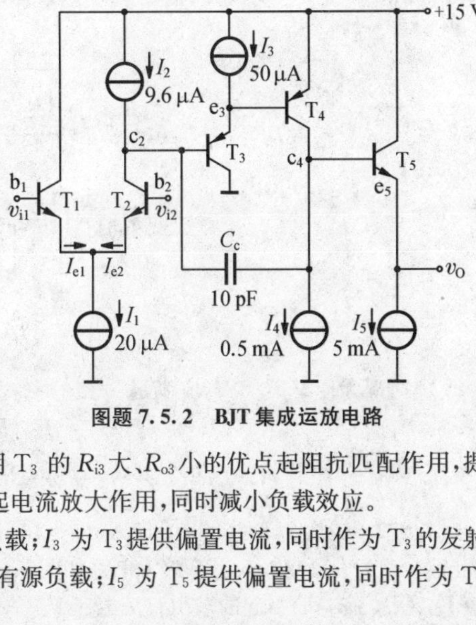

图题 7.5.2　BJT 集成运放电路

【解】　(1) 设 b_1 端的瞬时极性为正，记作(+)，则电路中各点的电压变化情况可用瞬时极性法标注如下：

$b_1(+)\to c_2(+)\to e_3(+)\to c_4(-)\to e_5(-)$(即 v_O 为−)

可见，b_1 极性与 v_O 相反，为反相端；b_2 极性与 v_O 相同，为同相端。

(2) 由图可知，T_1 与 T_2 为双入-单出射极耦合差分放大电路，它将双端输入信号转换为单端输出，同时可抑制共模信号提高抗干扰能力；T_3 是射极跟随器，利用 T_3 的 R_{i3} 大、R_{o3} 小的优点起阻抗匹配作用，提高 T_4 共射极放大器(中间级)的电压增益；T_5 共集电路起电流放大作用，同时减小负载效应。

电流源 I_1 为 T_1、T_2 提供偏置电流，I_2 是 T_2 的有源负载；I_3 为 T_3 提供偏置电流，同时作为 T_3 的发射极有源负载；I_4 为 T_4 提供偏置电流，同时是 T_4 的集电极有源负载；I_5 为 T_5 提供偏置电流，同时作为 T_5 的发射极有源负载。

7.5.3　BiJFET 型运放 LH0042 的简化原理电路如图题 7.5.3 所示，电路与 BJT741 型运放相比较，试说明电路的基本组成和工作原理。

【解】　电路基本组成和工作原理简述如下：

T_1、T_3 和 T_2、T_4 为共漏一共基放大电路，作为差分对管共同构成双端输入一单端输出的差分放大电路，使得输入级的输入电阻高、频率特性好；同时 T_5、T_6、T_7 构成的改进型镜像电流源作为输入级的有源负载，故输入级的电压增益很大。中间级为 T_{16}、T_{17} 组成的共集一共射电路，电压增益大(30pF 为补偿电容)。T_{14}、T_{20} 为互补射极输出器，T_{10}、T_{19} 用于消除交越失真；T_{15}、T_{21} 以及两个电阻 R 分别对 T_{14} 和 T_{20} 起过流保护作用。电流源 I_{O1}、I_{O2} 和 I_{O3} 为各级提供静态偏置电流，同时 I_{O2} 也是中间级的有源负载。

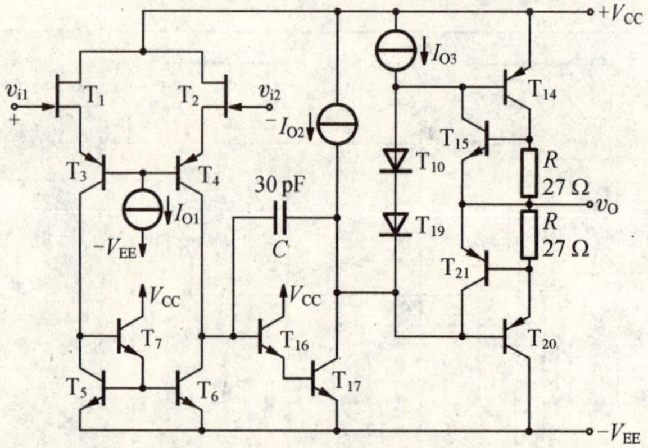

图题 7.5.3　LH0042 简化原理电路

7.6　实际集成运算放大器的主要参数和对应用电路的影响

7.6.1　输入偏置电流补偿电路如图题 7.6.1 所示。当 $I_{BN}=I_1+I_F=100$ nA，$I_{BP}=80$ nA，使输出误差电压 $V_{or}=0$ V时，求平衡电阻 R_2 的值是多少？

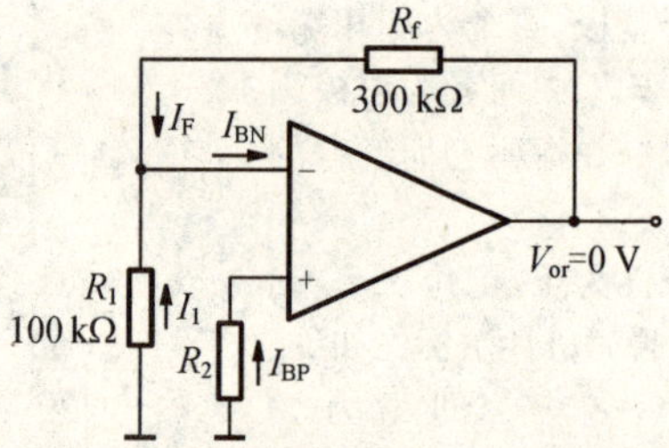

图题 7.6.1

【解】　为使 $V_{or}=0$ V，应满足

$$I_{BN}(R_1/\!/R_f)=I_{BP}R_2$$

$$\therefore R_2=\frac{I_{BN}}{I_{BP}}\cdot(R_1/\!/R_f)=\frac{100}{80}(100/\!/300)\ \text{k}\Omega=93.75\ \text{k}\Omega$$

7.6.2　运放 741 的 $I_{IO}=20$ nA，$I_{IB}=100$ nA，$V_{IO}=5$ mV，当 I_{IO}、I_{IB}和 V_{IO}为不同取值时，试回答下列问题：(1) 设反相输入运算放大电路如图题 7.6.2a 所示（未加输入信号 v_I），若 $V_{IO}=0$，求由于偏置电流 $I_{IB}=I_{BN}=I_{BP}$而引起的输出直流电压 V_O；(2) 怎样消除偏置电流 I_{IB}的影响，如图题 7.6.2b 所示，电阻 R_2 应如何选择以使 $V_O=0$；(3) 在(2)问的改进电路图题 7.6.2b 中，若 $I_{BP}-I_{BN}=I_{IO}\neq0$，试计算 V_O 的值；(4) 若 $I_{IO}=0$，则由 V_{IO}引起的 $V_O=$？(5) 若 $I_{IO}\neq0$ 及 $V_{IO}\neq0$，求 V_O。

【分析】　对于基本的反相输入运算放大电路，由输入失调电压 V_{IO}、输入偏置电流 I_{IB}、输入失调电流 I_{IO}所引起的输出误差电压

$$V_O=\left(1+\frac{R_f}{R_1}\right)\left[V_{IO}+I_{IB}(R_1/\!/R_f-R_2)+\frac{1}{2}I_{IO}(R_1/\!/R_f+R_2)\right]$$

本题可利用该式分别计算不同情况下的 V_O。

【解】　(1) 由于 $I_{IB}=I_{BP}=I_{BN}$，$V_{IO}=0$，$I_{IO}=0$，$R_2=0$，故

$$V_O=\left(1+\frac{R_f}{R_1}\right)I_{IB}(R_1/\!/R_f)=R_fI_{IB}=(1\times100)\ \text{mV}=100\ \text{mV}$$

(2) 当 $R_2=R_1/\!/R_f=100\ \text{k}\Omega/\!/1\ \text{M}\Omega\approx91\ \text{k}\Omega$ 时，即可消除 I_{IB}的影响，且由于 $I_{BP}=I_{BN}$，故 $V_{IO}=0$，

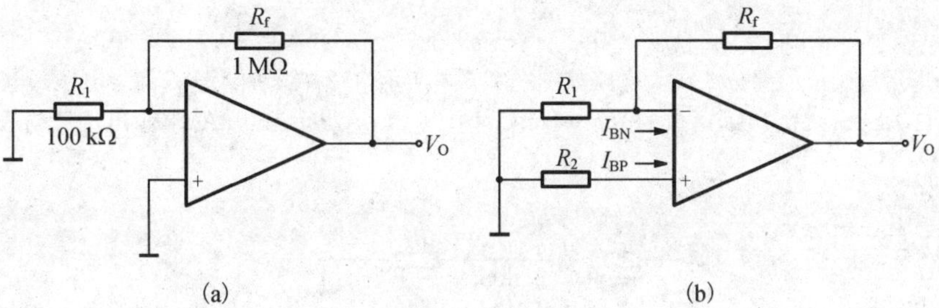

图题 7.6.2

(a) 反相运算放大电路　(b) 平衡电阻的接入情况

$\therefore V_O=0$。

(3) 由于 $I_{IO}\neq 0, V_{IO}=0, R_2=R_1 /\!/ R_f$，故

$$V_O=\left(1+\frac{R_f}{R_1}\right)\cdot\frac{1}{2}I_{IO}(R_1/\!/R_f+R_2)=\left(1+\frac{R_f}{R_1}\right)I_{IO}(R_1/\!/R_f)=I_{IO}R_f=(20\times 1)\ \text{mV}=20\ \text{mV}$$

(4) 由于 $I_{IO}=0, V_{IO}\neq 0, R_2=R_1 /\!/ R_f$，故

$$V_O=\left(1+\frac{R_f}{R_1}\right)V_{IO}=\left(1+\frac{1\,000}{100}\right)\times(\pm 5)\ \text{mV}=\pm 55\ \text{mV}$$

(5) 由于 $I_{IO}\neq 0, V_{IO}\neq 0, R_2=R_1 /\!/ R_f$，故

$$\begin{aligned}V_O&=\left(1+\frac{R_f}{R_1}\right)\left[V_{IO}+\frac{1}{2}I_{IO}(R_1/\!/R_f+R_2)\right]\\&=\left(1+\frac{R_f}{R_1}\right)\left[V_{IO}+I_{IO}(R_1/\!/R_f)\right]\\&=\left(1+\frac{R_f}{R_1}\right)V_{IO}+R_fI_{IO}\\&=(\pm 55+20)\text{mV}\end{aligned}$$

7.6.3　I_{IO} 和 I_{IB} 的补偿电路如图题 7.6.3 所示，当运放的 $I_{BN}=90$ nA，$I_{BP}=70$ nA 时，在运放同相端接入一电阻 $R_5=9$ kΩ，当 $v_I=0$ 时，要使输出误差电压为零，补偿电路应提供多大的补偿电流 I_C？

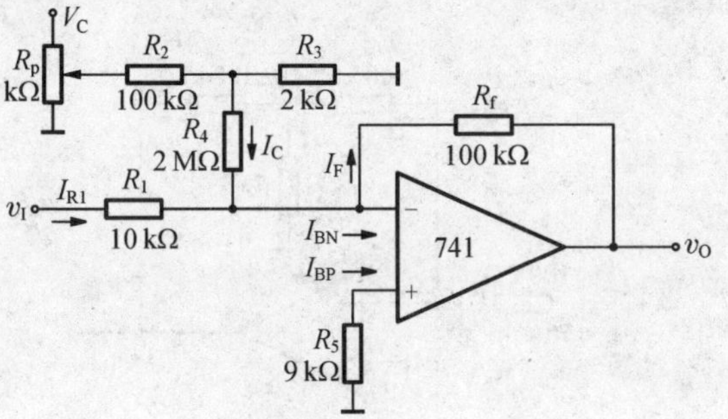

图题 7.6.3

【解】　假设各电流参考方向如图所示。为使 $v_I=0$ 时 $v_O=0$，有

$$I_F=\frac{V_N}{R_f}=\frac{V_P}{R_f}=-\frac{R_5I_{BP}}{R_f}=-\frac{9\ \text{k}\Omega\times 70\ \text{nA}}{100\ \text{k}\Omega}=-6.3\ \text{nA}$$

$$I_{R1}=\frac{0-V_N}{R_1}=-\frac{V_P}{R_1}=\frac{R_5I_{BP}}{R_1}=\frac{9\ \text{k}\Omega\times 70\ \text{nA}}{10\ \text{k}\Omega}=63\ \text{nA}$$

在运放反相端，据 KCL 有

$$I_{R1}+I_C=I_F+I_{BN}$$

即

$$I_C = I_F + I_{BN} - I_{R1} = (-6.3 + 90 - 63)\text{nA} = 20.7\ \text{nA}$$

7.6.4 运放组成的差分式放大电路如图题 7.6.4 所示(1、2 端未加入输入信号电压),电路中 $R_1 = R_2 = 100\ \text{k}\Omega$,$R_3 = R_4 = 1\ \text{M}\Omega$,运放的 $V_{IO} = 4\ \text{mV}$,$I_{IB} = 0.3\ \mu\text{A}$,$I_{IO} = 50\ \text{nA}$,求输出端总的最大误差电压 V_{or}。

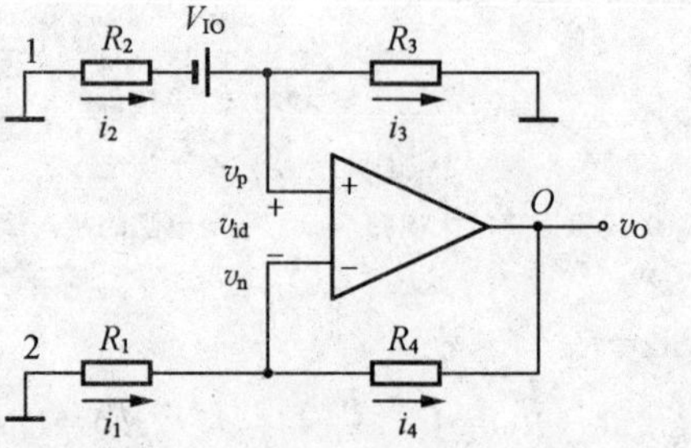

图题 7.6.4

【解】 由输入失调电压 V_{IO} 所引起的输出误差电压

$$V_{or1} = \left(1 + \frac{R_4}{R_1}\right)V_{IO} = \left(1 + \frac{1\ 000\ \text{k}\Omega}{100\ \text{k}\Omega}\right) \times 4\ \text{mV} = 44\ \text{mV}$$

根据题意,$R_2 /\!/ R_3 = R_1 /\!/ R_4 = 100\ \text{k}\Omega /\!/ 1\ \text{M}\Omega \approx 91\ \text{k}\Omega$,故可消除输入偏置电流 I_{IB} 的影响;则仅由输入失调电流 I_{IO} 所引起的输出误差电压

$$V_{or2} = \left(1 + \frac{R_4}{R_1}\right) \times \frac{1}{2} I_{IO}(R_1 /\!/ R_4 + R_2 /\!/ R_3) \approx \left(1 + \frac{1\ 000\ \text{k}\Omega}{100\ \text{k}\Omega}\right) \times \frac{1}{2} \times 50\ \text{nA} \times 2 \times 91\ \text{k}\Omega \approx 50\ \text{mV}$$

总的输出误差电压

$$V_{or} = V_{or1} + V_{or2} = 44\ \text{mV} + 50\ \text{mV} = 94\ \text{mV}$$

7.6.5 电路如图题 7.6.5 所示,未加入输入信号电压 v_i,运算放大器输入失调电压 $V_{IO} = \pm 4\ \text{mV}$,求:(1) 输出误差电压 V_{or1};(2) 当 1 端和输入电阻 R_1 间加入耦合电容 C 时,输出误差电压 V_{or2};(3) R_4 串联一电容 C 到地时的误差电压 V_{or3}。

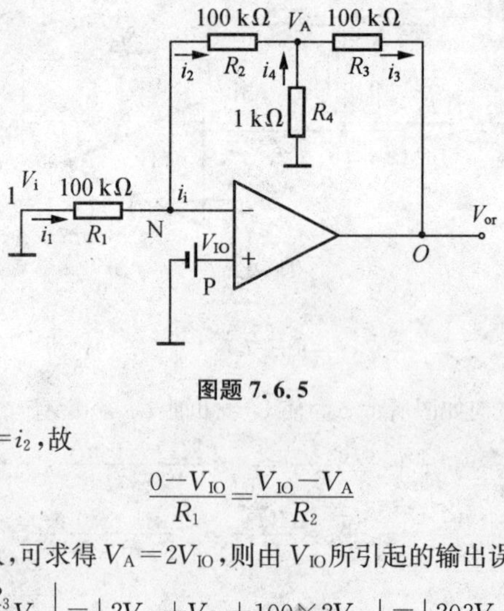

图题 7.6.5

【解】 (1) 由图可知,$i_1 = i_2$,故

$$\frac{0 - V_{IO}}{R_1} = \frac{V_{IO} - V_A}{R_2}$$

将 $R_1 = R_2 = 100\ \text{k}\Omega$ 代入,可求得 $V_A = 2V_{IO}$,则由 V_{IO} 所引起的输出误差电压

$$|V_{or1}| = \left|V_A + \frac{R_3}{R_1}V_{IO} + \frac{R_3}{R_4}V_A\right| = |2V_{IO} + V_{IO} + 100 \times 2V_{IO}| = |203V_{IO}| = 203 \times 4\ \text{mV} = 812\ \text{mV}$$

(2) 当1端和R_1之间加入耦合电容C_1时，如图解7.6.5a所示，C_1相当于开路，则$V_A=V_{IO}$，由V_{IO}所引起的输出误差电压

$$|V_{or2}|=\left|V_A+\frac{R_3}{R_4}V_A\right|=|V_{IO}+100V_{IO}|=|101V_{IO}|=101\times4\ \text{mV}=404\ \text{mV}$$

(3) R_4串接一个电容C_2到地时，如图解7.6.5b所示，C_2相当于开路，则由V_{IO}所引起的输出误差电压

$$|V_{or3}|=\left|\left(1+\frac{R_2+R_3}{R_1}\right)V_{IO}\right|=\left(1+\frac{100\ \text{k}\Omega+100\ \text{k}\Omega}{100\ \text{k}\Omega}\right)\times4\ \text{mV}=12\ \text{mV}$$

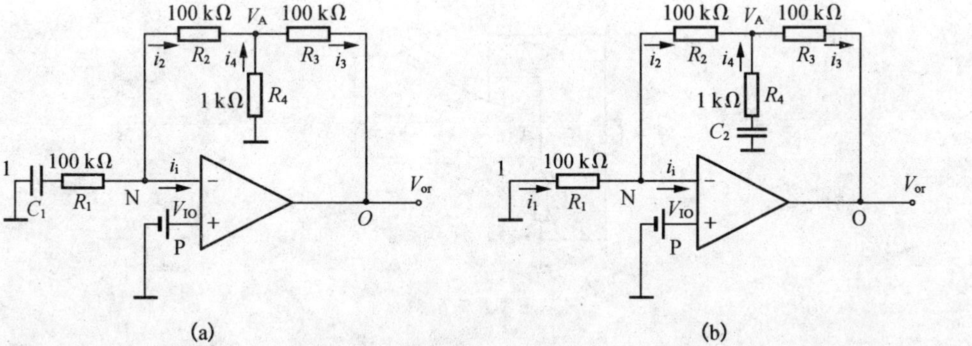

图解7.6.5

7.6.6　电路如图题7.6.6所示，当温度$T=25$ ℃时，运放失调电压$V_{IO}=5$ mV，输入失调电压温漂$\Delta V_{IO}/\Delta T=5\ \mu\text{V}/℃$。(1) 当$R_f/R_1=1\ 000$时，求$T=125$ ℃时，输出误差电压$V_{or}=$？(2) 若采取调零措施消除了V_{IO}引起的V_{or}，求由$\Delta V_{IO}/\Delta T$引起的$V_{or}=$？(3) 如$R_f/R_1=100$，允许$V_{or}=540$ mV时的温度不能超过多少？

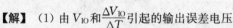

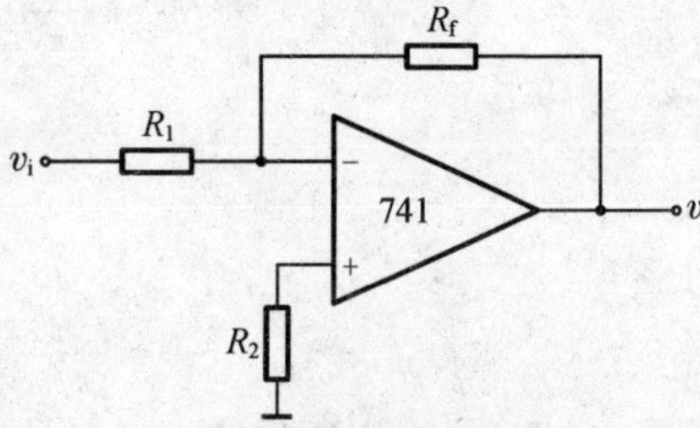

图题7.6.6

【解】　(1) 由V_{IO}和$\frac{\Delta V_{IO}}{\Delta T}$引起的输出误差电压

$$V_{or}=\left(1+\frac{R_f}{R_1}\right)\left[V_{IO}+\frac{\Delta V_{IO}}{\Delta T}(T_2-T_1)\right]$$
$$=(1+1\ 000)\times[5+5\times10^{-3}\times(125-25)]\text{mV}\approx5\ 506\ \text{mV}$$

(2) 仅由$\frac{\Delta V_{IO}}{\Delta T}$引起的输出误差电压

$$V_{or}=\left(1+\frac{R_f}{R_1}\right)\left[\frac{\Delta V_{IO}}{\Delta T}(T_2-T_1)\right]=(1+1\ 000)\times[5\times10^{-3}\times(125-25)]\text{mV}\approx500\ \text{mV}$$

(3) 由于

$$V_{or}=\left(1+\frac{R_f}{R_1}\right)\left[V_{IO}+\frac{\Delta V_{IO}}{\Delta T}(T_2-T_1)\right]$$
$$540=(1+100)[5+5\times10^{-3}(T_2-T_1)]$$
$$T_2-T_1\approx69.3℃$$
$$T_2=69.3℃+25℃=94.3℃$$

7.6.7　运放的单位增益带宽$f_T=1$ MHz，转换速率$S_R=1\ \text{V}/\mu\text{s}$，当运放接成反相放大电路的闭环增益$A_{vd}=-10$，确定小信号开环带宽$f_H$；当输出电压不失真幅度$V_{om}=10$ V时，求全功率带宽BW_P。

【解】　由于$f_T=f_HA_{vd}$，故有

$$f_H=\frac{f_T}{|A_{vd}|}=\frac{1}{10}=0.1\ \text{MHz}=100\ \text{kHz}$$

$$BW_P = f_{max} = \frac{S_R}{2\pi V_{om}} = \frac{1}{2\times3.14\times10}\text{ MHz} = 0.0159\text{ MHz} = 15.9\text{ kHz}$$

7.6.8 同相放大电路如图题 7.6.8 所示，它的闭环增益 $A_v = 10$，运放的单位增益带宽 $BW_G(f_T) = 2$ MHz，$S_R = 1$ V/μS，$V_{omax} = 10$ V。(1) 输入信号的幅度 $V_{im} = 0.5$ V 的正弦波，求输出电压不失真最大频率 f_{max}；(2) 当输入信号的频率 $f_o = 20$ kHz 时，求不失真的输入电压的幅度 V_{im}；(3) 当 $V_{im} = 50$ mV时，由 S_R、f_T 确定可用的信号频率范围为多少？(4) 当输入信号频率 $f_o = 5$ kHz 时，输入电压的范围为多少？$V_{omax} = 10$ V 时的最高频率 f_{max} 为多少？(注：此例说明运放的 f_T、S_R 和 V_{omax} 对同相放大电路输入电压和频率范围的限制)。

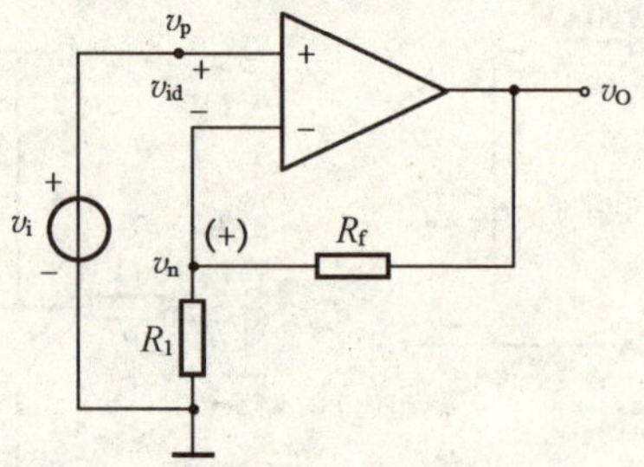

图题 7.6.8

【解】 (1) 当 $v_i = 0.5\sin\omega t$ V 时，$V_{om} = A_v V_{im} = 10\times0.5\text{ V} = 5\text{ V}$，故

$$f_{max} = \frac{S_R}{2\pi V_{om}} = \frac{1\text{ V}/\mu\text{S}}{2\times3.14\times5\text{ V}} = 31.8\text{ kHz}$$

(2) 由于

$$V_{om} = \frac{S_R}{2\pi f_o}$$

故

$$V_{im} = \frac{V_{om}}{A_v} = \frac{S_R}{2\pi f_o A_v} = \frac{1\text{ V}/\mu\text{S}}{2\times3.14\times20\text{ kHz}\times10} = 0.796\text{ V}$$

(3) 当 $V_{im} = 50$ mV 时，$V_{om} = A_v V_{im} = 10\times50\text{ mV} = 500\text{ mV}$，故有

$$f_{max1} = \frac{S_R}{2\pi V_{om}} = \frac{1\text{ V}/\mu\text{S}}{2\times3.14\times500\text{ mV}} = 318.3\text{ kHz}$$

$$f_{max1} = \frac{f_T}{A_v} = \frac{2\text{ MHz}}{10} = 200\text{ kHz}$$

综上所述，当 $V_{im} = 50$ mV 时，根据运放 S_R、f_T 两项指标的要求，确定可用的信号频率范围为 200 kHz。

(4) 当 $f_o = 5$ kHz 时，有

$$V_{im} = \frac{S_R}{2\pi f_o A_v} = \frac{1\text{ V}/\mu\text{S}}{2\times3.14\times5\text{ kHz}\times10} = 3.18\text{ V}$$

而此时相应的输出电压 $V'_{omax} = V_{im}A_v = 3.18\text{ V}\times10 = 31.8\text{ V}$，已超出运放允许的 $V_{omax} = 10$ V，故输入电压应为

$$V_{im} \leqslant \frac{V_{omax}}{A_v} = \frac{10\text{ V}}{10} = 1\text{ V}$$

当 $V_{omax} = 10$ V 时的最高频率

$$f_{max} = \frac{S_R}{2\pi V_{omax}} = \frac{1\text{ V}/\mu\text{S}}{2\times3.14\times10\text{ V}} = 15.9\text{ kHz}$$

7.7 变跨导式模拟乘法器

7.7.1　有效值检测电路如图题7.7.1所示，若R_2为∞，试证明

$$v_O=\sqrt{\frac{1}{T}\int_0^T v_i^2\,dt}$$

式中

$$T=\frac{CR_1R_3K_2}{R_4K_1}$$

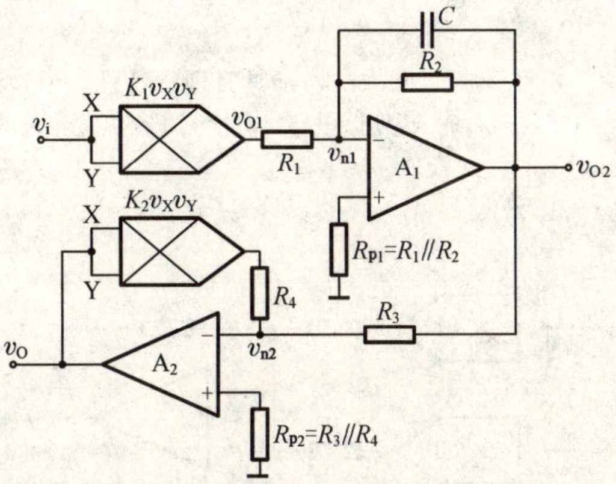

图题7.7.1

【解】　A_1反相端为虚地点，据KCL有

$$\frac{K_1v_i^2}{R_1}=-C\frac{dv_{O2}}{dt}$$

A_2反相端亦为虚地点，据KCL有

$$\frac{K_2v_O^2}{R_4}=-\frac{v_{O2}}{R_3}$$

联立以上两个方程可解得

$$v_i^2=\frac{CR_1}{K_1}\cdot\frac{K_2R_3}{R_4}\cdot\frac{dv_O^2}{dt}$$

若令$T=\dfrac{CR_1K_2R_3}{K_1R_4}$，则

$$v_O=\sqrt{\frac{1}{T}\int_0^T v_i^2\,dt}$$

7.7.2　电路如图题7.7.2所示，试求输出电压v_O的表达式。

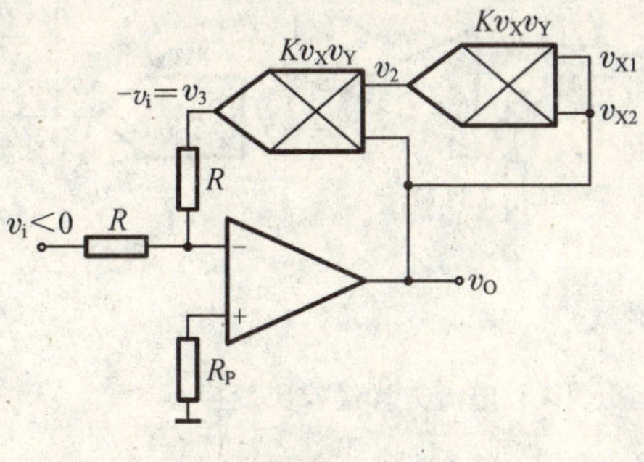

图题7.7.2

【解】　由图可知

$$v_3 = K v_2 v_O = K(K v_O^2) v_O = K^2 v_O^3$$

运放反相端为虚地点，据 KCL 有

$$\frac{-v_i}{R} = \frac{v_3}{R}$$

将 v_3 表达式代入，得

$$v_O = \sqrt[3]{\frac{-v_i}{K^2}}$$

7.7.3 电路如图题 7.7.3 所示，运放和乘法器都具有理想特性。(1) 求 v_{O1}、v_{O2} 和 v_O 的表达式；(2) 当 $v_{s1} = V_{sm}\sin\omega t$，$v_{s2} = V_{sm}\cos\omega t$ 时，说明此电路具有检测正交振荡幅值的功能(称平方律振幅检测电路)。

提示：$\sin^2\omega t + \cos^2\omega t = 1$

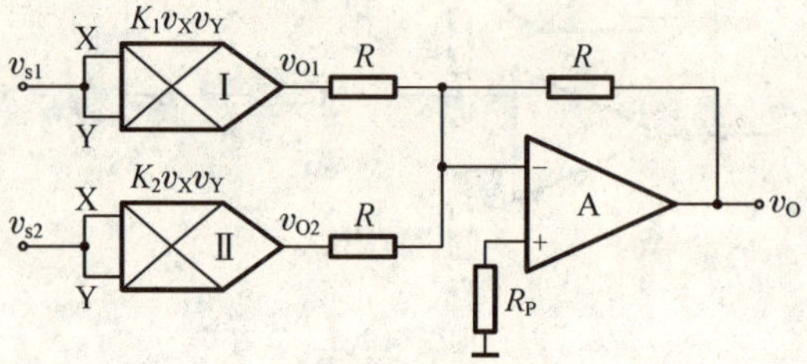

图题 7.7.3

【解】 (1) 设 $K_1 = K_2 = K$，则

$$v_{O1} = K v_{s1}^2$$
$$v_{O2} = K v_{s2}^2$$

运放 A 构成反相加法运算，故

$$v_O = -v_{O1} - v_{O2} = -K(v_{s1}^2 + v_{s2}^2)$$

(2) 当 $v_{s1} = V_{sm}\sin\omega t$，$v_{s2} = V_{sm}\cos\omega t$ 时，输出电压

$$v_O = -K(V_{sm}^2\sin^2\omega t + V_{sm}^2\cos^2\omega t) = -KV_{sm}^2$$

7.7.4 电路如图题 7.7.4 所示，设电路器件是理想的，乘法器的系数 $K = 0.1\ V^{-1}$，V_C 为直流控制电压，其值在 +5 V～+10 V 间可调，试求 $A_{vf}(s) = V_o(s)/V_s(s)$ 的表达式、截止频率及其可调范围。

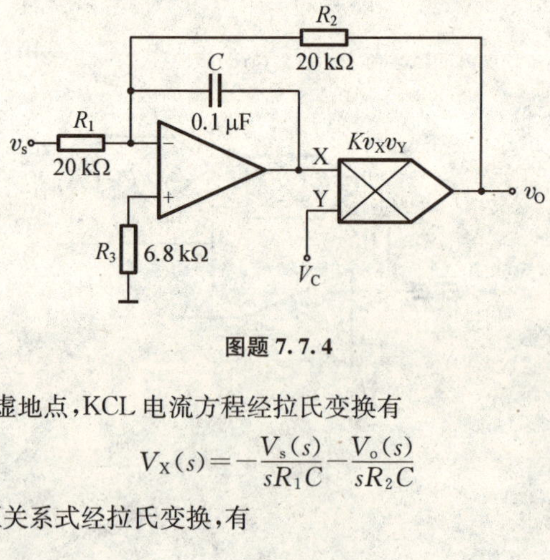

图题 7.7.4

【解】 运放反相端为虚地点，KCL 电流方程经拉氏变换有

$$V_X(s) = -\frac{V_s(s)}{sR_1C} - \frac{V_o(s)}{sR_2C}$$

v_O、v_X、v_Y 之间的电压关系式经拉氏变换，有

$$V_O(s)=KV_X(s)V_Y(s)$$
$$V_Y(s)=V_C$$

综上所述，得到传递函数

$$A_{vf}(s)=\frac{V_o(s)}{V_s(s)}=-\frac{R_2}{R_1}\cdot\frac{1}{1+\frac{sR_2C}{KV_C}}$$

将 $s=j\omega$ 代入上式，可求出电路的截止频率为

$$\omega_c=\frac{KV_C}{R_2C},f_c=\frac{KV_C}{2\pi R_2C}$$

当 V_C 在+5 V～+10 V之间可调时，f_c 的可调范围为

$$\frac{0.1\times5}{2\pi\times20\times10^3\times0.1\times10^{-6}}\ \text{Hz}\sim\frac{0.1\times10}{2\pi\times20\times10^3\times0.1\times10^{-6}}\ \text{Hz}\approx39.8\ \text{Hz}\sim79.6\ \text{Hz}$$

7.7.5 (1) 图题7.7.5a为由乘法器构成的倍频电路方框图，输入信号为 $v_s=V_s\cos\omega_s t$，图中带通滤法器只允许倍频电压通过，写出输出电压 v_{O1} 和 v_O 的表达式；(2) 图题7.7.5b中 $v_{s1}=V_{s1}\cos\omega_s t$ 和 $v_{s2}=V_{s2}\cos(\omega_s t+\varphi)$ 是两个频率相同，相位差为 φ 的高频小信号，该电路将相位差 φ 变换成电压，其低通滤波器滤除高频信号，取出与两输入信号相位差成比例的低频输出电压 v_O，试分别写出 v_{O2} 和 v_O 的表达式。

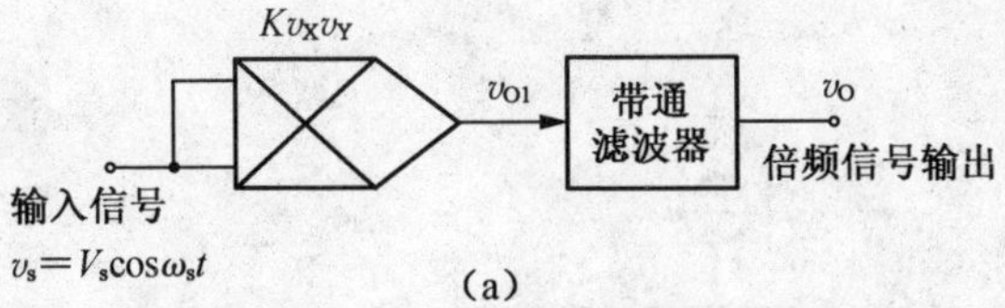

(a)

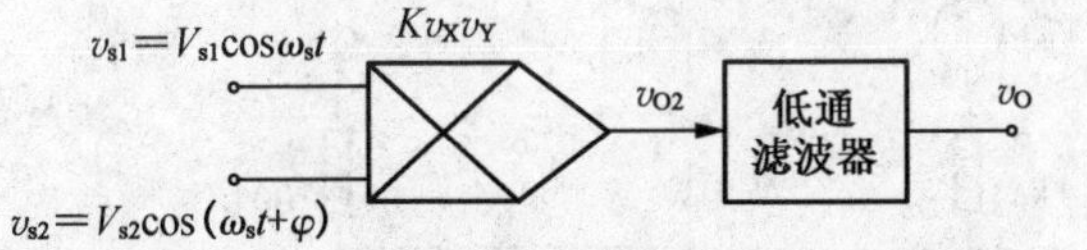

(b)

图题 7.7.5

【解】 (1) 由图题7.7.5a可知，乘法器的输出电压

$v_{O1}=KV_s^2\cos^2\omega_s t=KV_s^2\sqrt{1+\cos2\omega_s t}$

v_{O1} 经频率为 $2f_s$ 的带通滤波器，即可获得倍频信号电压

$v_O=KK_fV_s^2\cos2\omega_s t$

式中 K_f 为带通滤波器的增益。

(2) 由图题7.7.5b可知，乘法器的输出电压

$v_{O2}=K\cdot V_{s1}\cos\omega_s t\cdot V_{s2}\cos(\omega_s t+\varphi)=KV_{s1}V_{s2}[\cos\varphi+\cos(2\omega_s t+\varphi)]$

v_{O2} 经低通滤波器去除高频分量后，有

$v_O=KK_fV_{s1}V_{s2}\cos\varphi$

式中 K_f 为带通滤波器的增益。

7.8 放大电路中的噪声与干扰

7.8.1 在 $T=25$℃条件下，电阻 $R=100\ \Omega$ 和 $10\ \text{k}\Omega$ 时，分别求(1)它的热噪声电压频谱密度 $V_n/\sqrt{B}$；(2) 热噪声电流频谱密度 $I_n/\sqrt{B}$；(3) 音频范围内(20 Hz～20 kHz)噪声电压 V_n。

【解】 (1) 热噪声电压频谱密度

$$V_n/\sqrt{B}=\sqrt{4kTR}$$

当$R=100\ \Omega$时，将$k=1.38\times10^{-23}$ J/K，$T=25℃+273=298$ K代入上式，可求得$V_n/\sqrt{B}=1.28\ \text{nV}/\sqrt{\text{Hz}}$；同理，当$R=10\ \text{k}\Omega$时，可求得$V_n/\sqrt{B}=12.8\ \text{nV}/\sqrt{\text{Hz}}$。

(2) 热噪声电压频谱密度

$$I_n/\sqrt{B}=\frac{V_n/\sqrt{B}}{R}$$

当$R=100\ \Omega$时，可求得$I_n/\sqrt{B}=12.6\ \text{pA}/\sqrt{\text{Hz}}$；当$R=10\ \text{k}\Omega$时，$I_n/\sqrt{B}=1.26\ \text{pA}/\sqrt{\text{Hz}}$。

(3) 噪声电压

$$V_n=\sqrt{4kTRB}=\sqrt{4kTR(f_H-f_L)}$$

当$R=100\ \Omega$时，将$k=1.38\times10^{-23}$ J/K，$T=25℃+273=298$ K、$f_H=20$ kHz、$f_L=20$ Hz代入上式，可求得$V_n=0.178\ \mu\text{V}$；同理，当$R=10\ \text{k}\Omega$时，可求得$V_n=1.78\ \mu\text{V}$。

7.8.2 由运放741组成的同相放大电路如图题7.8.2所示，$A_v=1+\dfrac{R_f}{R_1}=10$，$R_f=100\ \text{k}\Omega$，$R_1=11.1\ \text{k}\Omega$，$R_{si}=10\ \text{k}\Omega$，741噪声电压$V_n=13\ \text{nV}/\sqrt{\text{Hz}}$，噪声电流$I_{nn}=I_{np}=2\ \text{pA}/\sqrt{\text{Hz}}$。(1) 当$V_s=0$、温度$T=25℃$，求电阻$R_{si}$、$R_1$、$R_f$的噪声电压$V_{nsi}$、$V_{n1}$、$V_{nf}$和741的输入噪声源电压；(2) 求电路总的输出噪声电压V_{on}，并讨论电阻R_1、R_f、R_{si}的噪声电压V_{n1}、V_{nf}、V_{nsi}和运放的V_n和$I_n(I_{nn}=I_{np})$对总的输出噪声电压的影响。

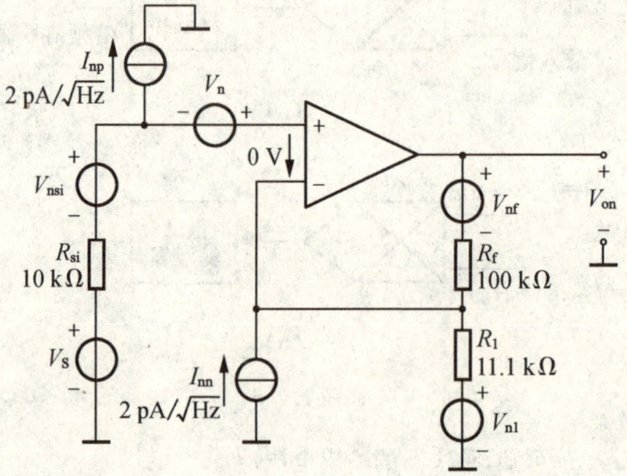

图题 7.8.2

【解】 (1) 当$T=300$ K时，电阻R(以千欧计)的热噪声电压频谱密度

$$V_n=4\sqrt{R}(\text{nV}/\sqrt{\text{Hz}})$$

将$R_{si}=10\ \text{k}\Omega$、$R_f=100\ \text{k}\Omega$、$R_1=11.1\ \text{k}\Omega$代入，可分别求得$V_{nRsi}=12.6\ \text{nV}/\sqrt{\text{Hz}}$、$V_{nRf}=40\ \text{nV}/\sqrt{\text{Hz}}$、$V_{nR1}=13.3\ \text{nV}/\sqrt{\text{Hz}}$。

由于噪声电流$I_{nn}=I_{np}=2\ \text{pA}/\sqrt{\text{Hz}}$，故$I_{np}$在同相端引入的噪声电压为$V_{Inp}=I_{np}R_{si}=20\ \text{nV}/\sqrt{\text{Hz}}$，$I_{nn}$在反相端引入的噪声电压为$V_{Inn}=I_{nn}(R_1/\!/R_f)=20\ \text{nV}/\sqrt{\text{Hz}}$。

(2) 741运放的输出噪声电压

$$V_{Ovn}=V_nA_v=13\ \text{nV}/\sqrt{\text{Hz}}\times10=130\ \text{nV}/\sqrt{\text{Hz}}$$

$$V_{OInp}=V_{Inp}A_v=20\ \text{nV}/\sqrt{\text{Hz}}\times10=200\ \text{nV}/\sqrt{\text{Hz}}$$

$$V_{OInn}=V_{Inn}A_v=20\ \text{nV}/\sqrt{\text{Hz}}\times10=200\ \text{nV}/\sqrt{\text{Hz}}$$

电阻的输出噪声电压

$$V_{ORsi}=V_{nRsi}A_v=12.6\ \text{nV}/\sqrt{\text{Hz}}\times 10=126\ \text{nV}/\sqrt{\text{Hz}}$$

$$V_{ORf}=V_{nRf}=40\ \text{nV}/\sqrt{\text{Hz}}$$

$$V_{OR1}=\frac{R_f}{R_1}V_{nR1}=\frac{100\ \text{k}\Omega}{11.1\ \text{k}\Omega}\times 13.3\ \text{nV}/\sqrt{\text{Hz}}=120\ \text{nV}/\sqrt{\text{Hz}}$$

总的输出噪声电压

$$\begin{aligned}V_{On}&=\sqrt{(V_{Ovn})^2+(V_{OInp})^2+(V_{OInp})^2+(V_{ORsi})^2+(V_{ORf})^2+(V_{OR1})^2}\\&=\sqrt{(130)^2+(200)^2+(200)^2+(126)^2+(40)^2+(120)^2}\ \text{nV}/\sqrt{\text{Hz}}\\&=359\ \text{nV}/\sqrt{\text{Hz}}\end{aligned}$$

由以上分析可见，选用低阻值电阻、低噪声电压和低噪声电流的运放可有效降低电路噪声。当信号源内阻 R_{si} 较高时，电流噪声起主要作用；而当信号源内阻 R_{si} 较低时，电压噪声起主要作用。

典型习题与全真考题详解

1. （武汉纺织大学2011年硕士研究生入学考试试题）集成运放的输入失调电压 V_{IO} 是指________。

A. 两个输入端电压之差

B. 输入端都为零时的输出电压

C. 输出端为零时输入端的等效补偿电压

【解】 C

2. （深圳大学2010年硕士研究生入学考试试题）理想集成运放的电压的放大倍数 A_{vd}＝（　　），输入阻抗 R_{id}＝（　　），输出阻抗 R_o＝（　　），共模抑制比 K_{CMR}＝（　　）。

【解】 ∞，∞，0，∞

3. （武汉纺织大学2011年硕士研究生入学考试试题）当把同一个正弦信号加在一个双端输入双端输出差分放大电路的两个输入端与地之间，而有较大的输出电压，说明该差分放大电路________。

A. 放大差模信号的能力强　　B. 共模抑制比高　　C. 抑制温漂能力差

【解】 C。提示：对共模信号有较大的输出电压，说明该电路抑制共模信号的能力较差，一定程度上也反映出其抑制温漂的能力较差。

4. 根据下列要求，将应优先考虑使用的集成运放填入空内。已知现有集成运放的类型是：①通用型、②高阻型、③高速型、④低功耗型、⑤高压型、⑥大功率型、⑦高精度型。

(1) 作低频放大器，应选用________。

(2) 作宽频带放大器，应选用________。

(3) 作幅值为1 μV以下微弱信号的测量放大器，应选用________。

(4) 作内阻为100 kΩ信号源的放大器，应选用________。

(5) 负载需5 A电流驱动的放大器，应选用________。

(6) 要求输出电压幅值为±80 V的放大器，应选用________。

(7) 宇航仪器中所用的放大器，应选用________。

【解】 (1)①　提示：通用型运放的高频特性较差，适用于低频放大。

(2) ③　提示：高速型运放的单位增益带宽和转换速率高。

(3) ⑦　提示：高精度型运放的失调参数比通用型运放小两个数量级，共模抑制比高。

(4) ②　提示：高阻型运放的输入电阻可达 $10^9\ \Omega$ 以上，使高内阻信号源的电压信号能够有效传递到输入端。

(5) ⑥　提示：大功率型运放能够输出大电流（如几安），适用于需大电流驱动的负载。

(6) ⑤ 提示:高压型运放能够输出高电压(如上百伏),适用于需高电压驱动的负载。

(7) ④ 提示:低功耗型运放的工作电源低,静态功耗低(微瓦级至毫瓦级)。

5. 具有多路输出的恒流源如图题 7.5 所示。已知三极管的特性完全相同,$\beta=50$,$V_{BE}=0.7\ \text{V}$,$I_{C1}=I_{C2}=0.5\ \text{mA}$;$R_1=1\ \text{k}\Omega$,$R_3=2\ \text{k}\Omega$,$R_4=50\ \text{k}\Omega$,试确定 R、R_2 和 I_{C3} 的数值。

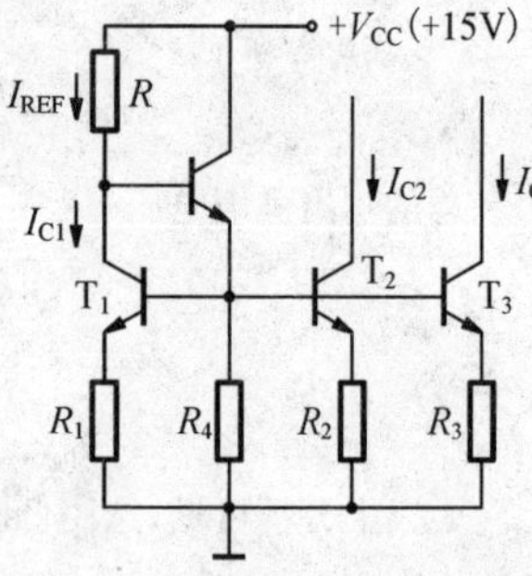

图题 7.5

【解】 由图可知,$I_{REF}\approx\dfrac{V_{CC}-2V_{BE}}{R+R_1}\approx I_{C1}$

即 $R=\dfrac{V_{CC}-2V_{BE}}{I_{C1}}-R_1=\left(\dfrac{15-2\times0.7}{0.5}-1\right)\ \text{k}\Omega=26.2\ \text{k}\Omega$

又由于

$$I_{C2}\approx\frac{R_1}{R_2}I_{REF}$$

故有

$$R_2\approx\frac{R_1}{I_{C2}}I_{REF}\approx R_1=1\ \text{k}\Omega$$

$$I_{C3}\approx\frac{R_1}{R_3}I_{REF}=\frac{1}{2}\times0.5\ \text{mA}=0.25\ \text{mA}$$

6. 差分放大电路如图题 7.6 所示,已知 $\beta_1=\beta_2=50$,$\beta_3=80$,$r_{bb'}=100\ \Omega$,$V_{BE1}=V_{BE2}=0.7\ \text{V}$,$V_{BE3}=-0.2\ \text{V}$,静态时输出端的电压为零。

(1) 估算各管的静态集电极电流;

(2) 估算电阻 R_e 的大小;

(3) 当 $v_i=5\text{mV}$ 时,估算输出电压 $v_o=?$

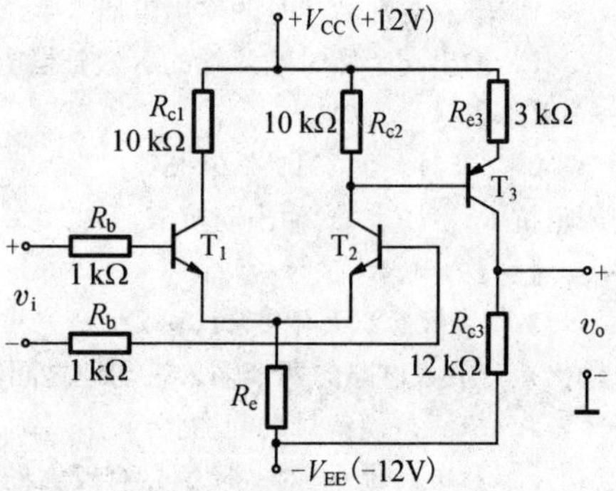

图题 7.6

【解】 (1) 静态时 $v_o=0$,故

$$I_{CQ3}=\frac{0-(-V_{EE})}{R_{c3}}=\frac{12}{12}\ \text{mA}=1\ \text{mA}$$

故有

$$I_{CQ1}=I_{CQ2}\approx\frac{I_{CQ3}R_{e3}+V_{EB3}}{R_{c2}}\approx\frac{1\times3+0.2}{10}\ \text{mA}=0.32\ \text{mA}$$

(2) 由于

$$I_{CQ1}=I_{CQ2}\approx\frac{V_{EE}-V_{BE1}}{2R_e}$$

$$\therefore R_e\approx\frac{V_{EE}-V_{BE1}}{2I_{CQ1}}=\frac{12-0.7}{2\times0.32}\ \text{k}\Omega\approx17.7\ \text{k}\Omega$$

(3) 第一级的差模输入电压为 v_i,且信号从 T_2 集电极输出,则

$$A_{vd2}=\frac{1}{2}\cdot\beta_2\frac{R_{c2}/\!/R_{i2}}{R_b+r_{be2}}$$

式中 $r_{be2}=r_{bb'}+\beta_2\dfrac{26\ \text{mV}}{I_{CQ2}}\approx\left(100+50\times\dfrac{26}{0.32}\right)\ \Omega=4\ 162.5\Omega$,$R_{i2}=r_{be3}+(1+\beta_3)R_{e3}\approx2.2\ \text{k}\Omega+81\times3\ \text{k}\Omega=245.2\ \text{k}\Omega$

故

$$\therefore A_{vd2}\approx\frac{1}{2}\times50\times\frac{10/\!/245.2}{1+4.2}\approx48.1$$

当 $v_i=5\text{mV}$ 时,输出电压近似为

$$v_o\approx v_iA_{vd2}\left[-\beta_3\frac{R_{c3}}{r_{be3}+(1+\beta_3)R_{e3}}\right]$$

由于

$$r_{be3}=r_{bb'}+\beta_3\frac{26\ \text{mV}}{I_{CQ3}}\approx\left(100+80\times\frac{26}{1}\right)\ \Omega=2\ 180\ \Omega$$

故 $v_o\approx5\ \text{mV}\times48.1\times\left(-80\times\dfrac{12}{245.2}\right)\approx-938\ \text{mV}$

7. 差分放大电路如图题 7.7 所示，已知 $I=2$ mA，$V_{CC}=10$ V，$R_c=5$ kΩ，$\beta_1=\beta_2=50$，$r_{bb'}=0$。若 $v_{i1}=20$ mV，$v_{i2}=10$ mV，则电路的瞬时输出电压 $v_O=$？

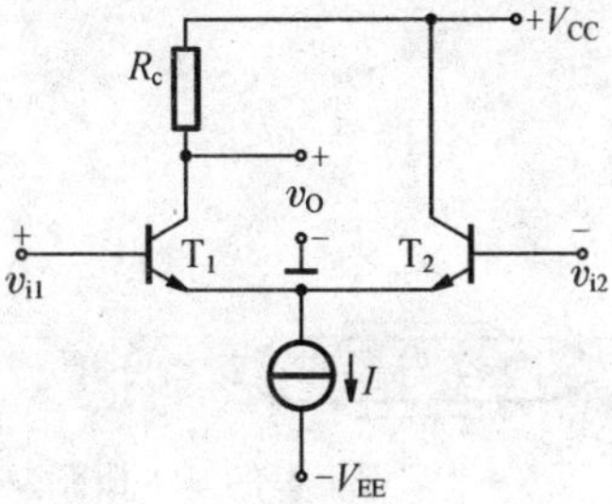

图题 7.7

【解】 由图可知 $I_{CQ1}=I_{CQ2}\approx\dfrac{I}{2}=1$ mA，故有

$$r_{be1}=r_{be2}=r_{bb'}+\beta_1\frac{26\ \text{mV}}{I_{CQ1}}=\left(50\times\frac{26}{1}\right)\ \Omega=1\ 300\ \Omega$$

当 $v_{i1}=20$ mV，$v_{i2}=10$ mV 时，有

$$v_{id}=v_{i1}-v_{i2}=(20-10)\ \text{mV}=10\ \text{mV}$$

$$v_{ic}=\frac{v_{i1}+v_{i2}}{2}=\frac{20+10}{2}\ \text{mV}=15\ \text{mV}$$

则电路的瞬时输出电压

$$\begin{aligned}v_O&=V_{CQ1}+v_{id}A_{vd1}+v_{ic}A_{vc1}\\&\approx(V_{CC}-I_{CQ1}R_c)+v_{id}\left(-\frac{1}{2}\times\frac{\beta_1 R_c}{r_{be1}}\right)\\&=(10-1\times5)\ \text{V}+0.01\ \text{V}\times\left(-\frac{1}{2}\times\frac{50\times5}{1.3}\right)\\&\approx4.04\ \text{V}\end{aligned}$$

第 8 章　反馈放大电路

内容与要求

一、掌握反馈的基本概念及反馈的判别方法。

二、理解负反馈放大电路的四种组态及增益的一般表达式。

三、理解负反馈对放大电路性能的影响。

四、掌握深度负反馈条件下增益的近似估算。

五、理解负反馈放大电路稳定性判断方法和自激振荡的消除方法。

知识点归纳

一、反馈的基本概念与分类

1. 反馈及反馈放大电路的基本组成

反馈：将电路中的一部分输出信号返回到输入端，从而加强或削弱输入信号。反馈是放大电路等许多电路里非常重要的组成部分。带有反馈的放大电路的基本框图如图 8.1 所示。

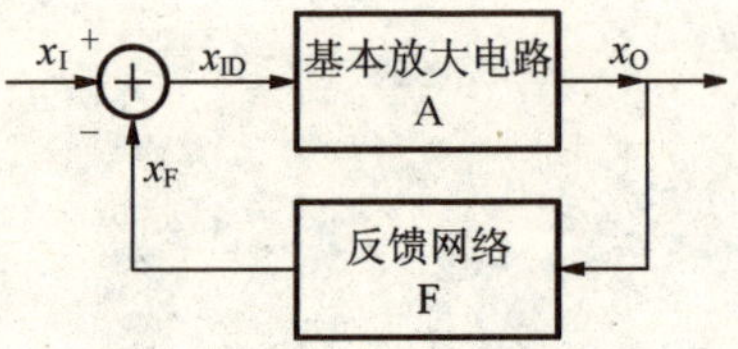

图 8.1　反馈放大电路的组成框图

反馈放大电路的基本组成：主要由基本放大电路和反馈网络两部分组成。反馈网络可以是电阻、电容，也可以是多种器件的组合电路。

2. 反馈分类及判断

(1) 直流反馈和交流反馈

①直流反馈：反馈信号中仅有直流分量，影响放大电路的直流性能，如静态工作点。

②交流反馈：反馈信号中仅有交流分量，影响放大电路的交流性能，即动态指标，如增益、输入电阻、输出电阻等。

③判断方法：在交流通路、直流通路中分别判断是否存在反馈。

反馈网络可能同时引入交、直流反馈。

(2) 正反馈和负反馈

①正反馈：使净输入信号 x_{id} 增大的反馈，放大电路中，正反馈可能会使电路不稳定。

②负反馈：使净输入信号 x_{id} 减小的反馈，负反馈可以改善放大电路的许多性能。

③常用判断方法：瞬时极性法。首先，假设输入信号的瞬时极性；然后，根据中频段各级电路输入、输出电压的相位关系逐级推出其他相关各点的瞬时极性；最后，判断反馈到输入端的信号使净输入信号 x_{id} 增强还是减弱，增强为正反馈，减弱为负反馈。

注意，某些放大电路中可能同时引入正、负两种反馈，且目的一致。比如电路引入电压串联负反馈以提高输入电阻，同时又引入自举电路抬高输入端的动态电位，也使输入电阻提高。自举电路是一种典型的适当的正反馈，能改善电路性能。当然放大电路中引入的正反馈不能太强，否则容易产生自激振荡。

(3) 串联反馈和并联反馈

串/并联反馈由反馈信号 x_f 与输入信号 x_i 在输入端的比较方式决定。

①串联连接：在输入端，反馈信号以电压的形式存在，并与输入信号进行电压比较。

负反馈时，$v_{id}=v_i-v_f$。

②并联反馈：在输入端，反馈信号以电流的形式存在，并与输入信号进行电流比较。

负反馈时，$i_{id}=i_i-i_f$。

③常用判断方法：在输入端，输入信号和反馈信号分别加在两个不同输入端的，是串联反馈；加在同一个输入端的，是并联反馈。

(4) 电压反馈和电流反馈

电压/电流反馈根据反馈信号 x_f 在输出端的取样对象决定。

①电压反馈：反馈信号取自输出电压（与输出电压成正比），能稳定输出电压。

②电流反馈：反馈信号取自输出电流（与输出电流成正比），能稳定输出电流。

③常用判断方法：负载短路法。假设 $v_o=0$ 或 $R_L=0$，若反馈信号 x_f 也为零，则说明反馈信号与输出电压成正比，为电压反馈；反之，若反馈信号依然存在，为电流反馈。

二、负反馈放大电路的四种组态及其增益表达式

负反馈放大电路有四种基本组态：电压串联负反馈、电压并联负反馈、电流串联负反馈、电流并联负反馈。四种组态负反馈放大电路的比较如表 8.1。注意：反馈组态不同，增益、反馈系数的表达式和量纲也不同。

表 8.1 四种组态负反馈放大电路的比较

反馈组态	x_i、x_{id}、x_f	x_o	开环增益 $A=x_o/x_{id}$	反馈系数 $F=x_f/x_o$	闭环增益 $A_f=x_o/x_{id}$	功能 输入电阻 R_{if} 输出电阻 R_{of}
电压串联	v_i、v_{id}、v_f	v_o	开环电压 放大倍数 $A_v=\frac{v_o}{v_{id}}$	电压反馈系数 $F_v=\frac{v_f}{v_o}$	闭环电压 放大倍数 $A_{vf}=\frac{v_o}{v_i}$	电压放大 稳定 A_{vf} $R_{if}=(1+A_vF_v)R_i$ $R_{of}=\frac{R_o}{(1+A_vF_v)}$
电压并联	i_i、i_{id}、i_f	v_o	开环互阻 放大倍数 $A_r=\frac{v_o}{i_{id}}$	互导反馈系数 $F_g=\frac{i_f}{v_o}$	闭环互阻 放大倍数 $A_{rf}=\frac{v_o}{i_i}$	电流控制电压 稳定 A_{rf} $R_{if}=\frac{R_i}{(1+A_rF_g)}$ $R_{of}=\frac{R_o}{(1+A_rF_g)}$
电流串联	v_i、v_{id}、v_f	i_o	开环互导 放大倍数 $A_g=\frac{i_o}{v_{id}}$	互阻反馈系数 $F_r=\frac{v_f}{i_o}$	闭环互导 放大倍数 $A_{gf}=\frac{i_o}{v_i}$	电压控制电流 稳定 A_{gf} $R_{if}=(1+A_gF_r)R_i$ $R_{of}=(1+A_gF_r)R_o$
电流并联	i_i、i_{id}、i_f	i_o	开环电流 放大倍数 $A_i=\frac{i_o}{i_{id}}$	电流反馈系数 $F_i=\frac{i_f}{i_o}$	闭环电流 放大倍数 $A_{if}=\frac{i_o}{i_i}$	电流放大 稳定 A_{if} $R_{if}=\frac{R_i}{(1+A_iF_i)}$ $R_{of}=(1+A_iF_i)R_o$

由于直流负反馈仅影响静态工作点，所以一般仅讨论交流负反馈的组态。交流负反馈的组态不同，对于电路交流特性的影响也不同。

负反馈将反馈量送至输入端的比较环节，削弱输入信号，进而控制了与反馈量成正比的输出物理量。所以，根据负反馈的定义，电压并联负反馈的反馈量为电流，与输出电压成正比，为电流－电压转换电路；电流串联负反馈反馈量为电压，与输出电流成正比，为电压－电流转换电路。

三、负反馈对放大电路性能的影响

1. 提高增益的稳定性

(1) 深度负反馈时的闭环增益取决于性能稳定的反馈网络

闭环增益 $A=\dfrac{x_o}{x_i}=\dfrac{A}{1+AF}$,其中 AF 称为环路增益,$1+AF$ 称为反馈深度,是衡量反馈程度的重要指标。

当 $|1+\dot{A}\dot{F}|\gg1$ 时,称为深度负反馈,大多数负反馈放大电路特别是集成运放负反馈放大电路均满足此条件,此时 $\dot{A}_f\approx\dfrac{1}{\dot{F}}$,闭环增益取决于一般由 R、C 组成的反馈网络,性能稳定,增益几乎与放大电路无关。

(2) 稳定性的衡量

$\dfrac{dA}{A}$为放大电路开环放大倍数的相对变化量,加入负反馈后,闭环放大倍数的相对变化量为 $\dfrac{dA_f}{A_f}=\dfrac{1}{1+AF}\cdot\dfrac{dA}{A}$。反馈越深,$1+AF$ 越大,则$\dfrac{dA_f}{A_f}$越小,闭环增益越稳定。

2. 减小非线性失真

负反馈可以减小反馈环内的非线性失真,比如电路内部器件的非线性所引起的失真。但如果输入信号本身是失真的,即使引入负反馈也无济于事。

3. 抑制反馈环内噪声

负反馈放大电路引入的干扰分为环内噪声和环外噪声,分别图 8.2(a)、(b)。

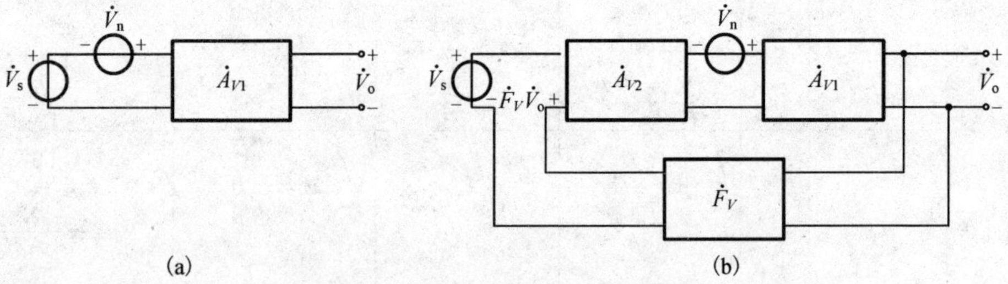

图 8.2 负反馈抵制环内噪声的原理框图

(a) 信噪比低的开环放大电路框图 (b) 能提高信噪比的闭环放大电路框图

环外噪声:在输入端伴随输入信号一起加入的噪声。

环内噪声:由于负反馈形成闭环,从环内基本放大电路引入的干扰。

(1) 负反馈对于环外噪声没有任何抑制作用,即负反馈放大电路对环外噪声 $\dot{V}_n$ 与信号 $\dot{V}_s$ 的增益相同,不能提高输出端的信噪比,$\dfrac{S}{N}=\dfrac{|\dot{V}_s|}{|\dot{V}_n|}$。

(2) 负反馈对于环内噪声有抑制作用,能提高输出端的信噪比,$\dfrac{S}{N}=\dfrac{|\dot{V}_s|}{|\dot{V}_n|}|\dot{A}_{V2}|$。

也可以认为,干扰从放大电路的输入级混入比从后级混入影响更为严重。

4. 影响放大电路的输入、输出电阻

(1) 串/并联负反馈影响输入电阻

串联负反馈提高输入电阻,$R_{if}=(1+AF)R_i$;

并联负反馈降低输入电阻，$R_{if}=\frac{R_i}{1+AF}$。

(2) 电压/电流负反馈影响输出电阻

电压负反馈稳定输出电压，降低输出电阻，$R_{of}=\frac{R_o}{1+AF}$；

电流负反馈稳定输出电流，提高输出电阻，$R_{of}=(1+AF)R_o$。

5. 展宽通频带到基本放大电路的 $1+AF$ 倍

引入负反馈后，放大电路的上限频率增加到开环时的$(1+AF)$倍，下限频率减小到开环时的$\frac{1}{1+AF}$倍。由带宽 $BW=f_{Hf}-f_{Lf}\approx f_{Hf}$，引入负反馈之后，虽然增益减小，但通频带展宽到基本放大电路的 $1+AF$ 倍。

增益－带宽积 $A_f\cdot f_{Hf}=\frac{A}{1+AF}\times[(1+AF)]f_H=A\cdot f_H$。即放大电路的增益－带宽积为常量。对于给定放大电路，可以降低带宽以提高增益，也可以牺牲增益来增加带宽。

注意，反馈组态不同，放大倍数 A_f 的物理意义不同，通频带展宽的意义也不同。比如，对于电压串联负反馈，A_{vf}的通频带是 A_v 的 $1+A_vF_v$ 倍；而对于电流并联负反馈，A_{if}的通频带是 A_i 的 $1+A_iF_i$ 倍。

四、深度负反馈条件下的近似计算

1. 利用增益的近似表达式计算闭环增益

由于$(1+AF)\gg 1$，$A_f\approx\frac{1}{F}$。只要求出 F，就可计算出 $A_f\approx\frac{1}{F}$。

估算时应注意，闭环增益 A_f 和闭环电压增益 A_{vf}是不同的概念。$A_{vf}=\frac{v_o}{v_i}$，而闭环增益 A_f 和反馈系数 F 的表达式需要根据反馈组态来确定，比如在电流串联负反馈中，闭环增益 A_f 为 $A_{gf}=\frac{i_o}{v_i}$，反馈系数 F 为 $F_r=\frac{v_f}{i_o}$。任何深度负反馈组态中，闭环增益 $A_f\approx\frac{1}{F}$总是成立的，但根据定义，只有电压串联负反馈中，才有 $A_f=A_{vf}$。

2. 深度负反馈条件下的“两虚”概念

(1) 深度负反馈的实质

反馈信号 x_f 和输入信号 x_i 近似相等，$x_i\approx x_f$，净输入信号 $x_{id}=x_i-x_f\approx 0$。

(2) 由深度负反馈的实质引出的“两虚”

若引入串联负反馈，由 $v_{id}\approx 0$(虚短)，有 $i_{id}\approx 0$(虚断)；

若引入并联负反馈，由 $i_{id}\approx 0$(虚短)，有 $v_{id}\approx 0$(虚断)。

注意，深度负反馈条件下，不仅运放电路存在“两虚”，三极管放大电路等分立元件电路同样存在“两虚”。在深度负反馈条件下近似计算闭环增益 A_f 或闭环电压增益 A_{vf}时，要充分利用电路的“两虚”。

五、负反馈放大电路设计

反馈组态对放大电路性能的影响不同，应根据实际需要引入合适的负反馈，步骤如下：

1. 选定反馈类型

(1) 确定串/并联负反馈。

信号源为恒压源(或小内阻电压源)：需大输入电阻以获得大输入电压，采用串联负反馈；

信号源为恒流源(或大内阻电压源)：需小输入电阻以获得大输入电流，采用并联负反馈。

(2) 确定电压/电流负反馈。

要求输出电压稳定，采用电压负反馈；要求输出电流稳定，采用电流负反馈。

2. 根据深度负反馈时 $F\approx\frac{1}{A_f}$ 确定反馈系数

3. 选择反馈网络中的电阻阻值

反馈网络对放大电路的输入/输出电压是有影响的,即对输入端和输出端有负载效应。

串/并联负反馈,对输入端具有负载效应;电压/电流负反馈,对输出端具有负载效应。选择反馈网络中的电阻阻值时,要尽量减小负载效应。

六、负反馈放大电路的稳定性

1. 自激振荡产生的原因

(1) 自激振荡:输入信号为零,但放大电路输出端出现具有一定频率和幅值的输出信号。自激振荡会导致电路不能稳定工作,失去放大功能。

(2) 自激振荡的原因: 反馈过深(见下文负反馈放大电路稳定性分析)。反馈中,$\dot{A}\dot{F}$ 产生相移,相移导致 $\dot{X}_f$ 与 $\dot{X}_i$ 由同相变为反相,负反馈变成正反馈。自激振荡框图如图 8.3 所示。

放大电路的低频段:由于耦合电容和旁路电容,$\dot{A}\dot{F}$ 产生超前相移。

放大电路的高频段:由于半导体器件的极间电容,$\dot{A}\dot{F}$ 产生滞后相移。

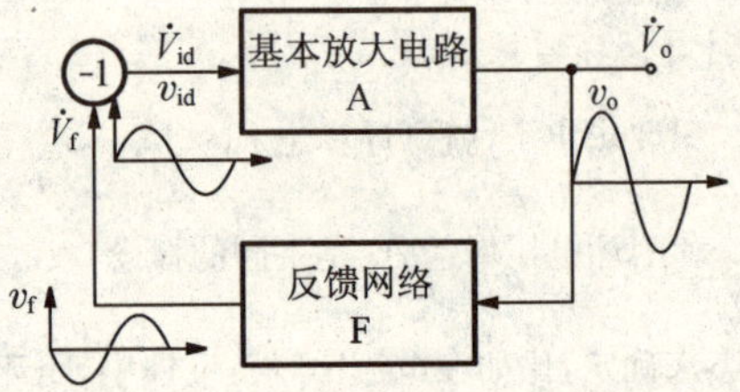

图 8.3 负反馈放大电路的自激振荡现象

2. 自激振荡产生的条件

(1) 振荡条件

$\dot{A}\dot{F}=-1$,包括幅值条件和相位条件 $\begin{cases}|\dot{A}\dot{F}|=1\\ \varphi_a+\varphi_f=(2n+1)\pi \qquad (n=1,2,\cdots)\end{cases}$

(2) 起振条件

$|\dot{A}\dot{F}|>1$,这是由于 $|\dot{X}_o|$ 需要有一个从小到大的过程。

3. 负反馈放大电路稳定性分析

(1) 负反馈放大电路远离自激振荡的程度用稳定裕度来表示。

增益裕度 $G_m=20\lg|\dot{A}\dot{F}|_{f=f_{180}}$ (dB)

相位裕度 $\varphi_m=180°-|\varphi_a+\varphi_f|_{f=f_0}$

对于稳定的放大电路,应有 $G_m<0$,且 $|G_m|$ 越大,或 φ_m 越大,电路越稳定。一般认为 $G_m\leqslant-10$ dB或 $\varphi_m\geqslant45°$,电路就具有足够的稳定裕度。稳定裕度示意图如图 8.4 所示。

(2) 负反馈越深,电路越容易自激。

设一放大电路的反馈网络由纯电阻构成,$\varphi_f=0°$,反馈系数 $\dot{F}$ 为一常数。$|\dot{A}\dot{F}|=|\dot{A}|F$,自激振荡的幅值条件$20\lg|\dot{A}\dot{F}|=0$可写成 $20\lg|\dot{A}|-20\lg1/F=0$,即 $\dot{A}$ 幅频特性与反馈线($20\lg1/F$ 的水平线)的交点必满足 $20\lg|\dot{A}\dot{F}|=0$,即必满足自激幅值条件 $|\dot{A}\dot{F}|=1$。

由 $\varphi_m=180°-|\varphi_a+\varphi_f|_{f=f_0}=180°-|\varphi_a|_{f=f_0}$，从图 8.5 可看出，引入的反馈越深，即反馈系数越大，则反馈线下移，相位裕度就越小，增益裕度也越小，电路越容易产生自激，因此对反馈的深度需加以限制。

(3) 多级放大电路的稳定性比较。

若放大电路为直接耦合，纯电阻负反馈网络，附加相移仅产生于放大电路。由于半导体器件的极间电容，$\dot{A}\dot{F}$ 产生滞后相移，电路高频振荡。

①单级负反馈放大电路：不可能产生自激振荡。

原因：最大附加相移为 $-90°$，不满足相位条件。

②两级负反馈放大电路：不可能产生自激振荡。

原因：最大附加相移虽为 $-180°$，但此时 $f_0=\infty$，且对应 $|\dot{A}|=0$，不满足幅值条件。

③三级负反馈放大电路：可能产生自激振荡。

原因：最大附加相移为 $-270°$，可能存在 f_0 满足幅值条件。

④四、五级负反馈放大电路：更容易产生自激振荡。

所以反馈放大电路以三级常见。此外，放大电路中耦合电容、旁路电容越多，越易引起低频振荡。

4. 频率补偿

减小反馈系数以防止自激振荡与改善放大电路性能是一对矛盾。解决此矛盾的常用方法是频率补偿法，即在反馈环路内增加电抗性元件，从而改变环路增益 $\dot{A}\dot{F}$ 的频率特性，破坏自激振荡的条件。常见有主极点补偿和米勒补偿。

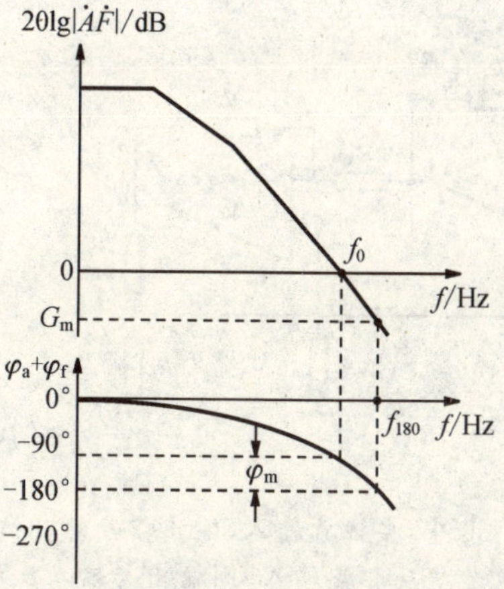

图 8.4　负反馈放大电路环路增益 $\dot{A}\dot{F}$ 的波特图

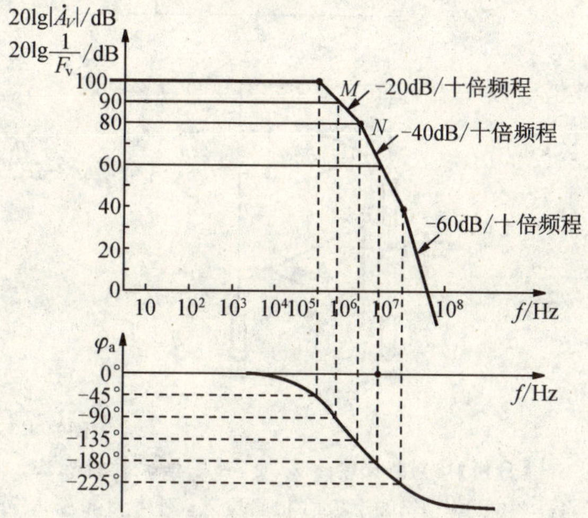

图 8.5　反馈放大电路稳定性分析

习题全解

8.1　反馈的基本概念与分类

8.1.1　在图题 8.1.1 所示的各电路中，哪些元件组成了级间反馈通路？它们所引入的反馈是正反馈还是负反馈？是直流反馈还是交流反馈（设各电路中电容的容抗对交流信号均可忽略）？

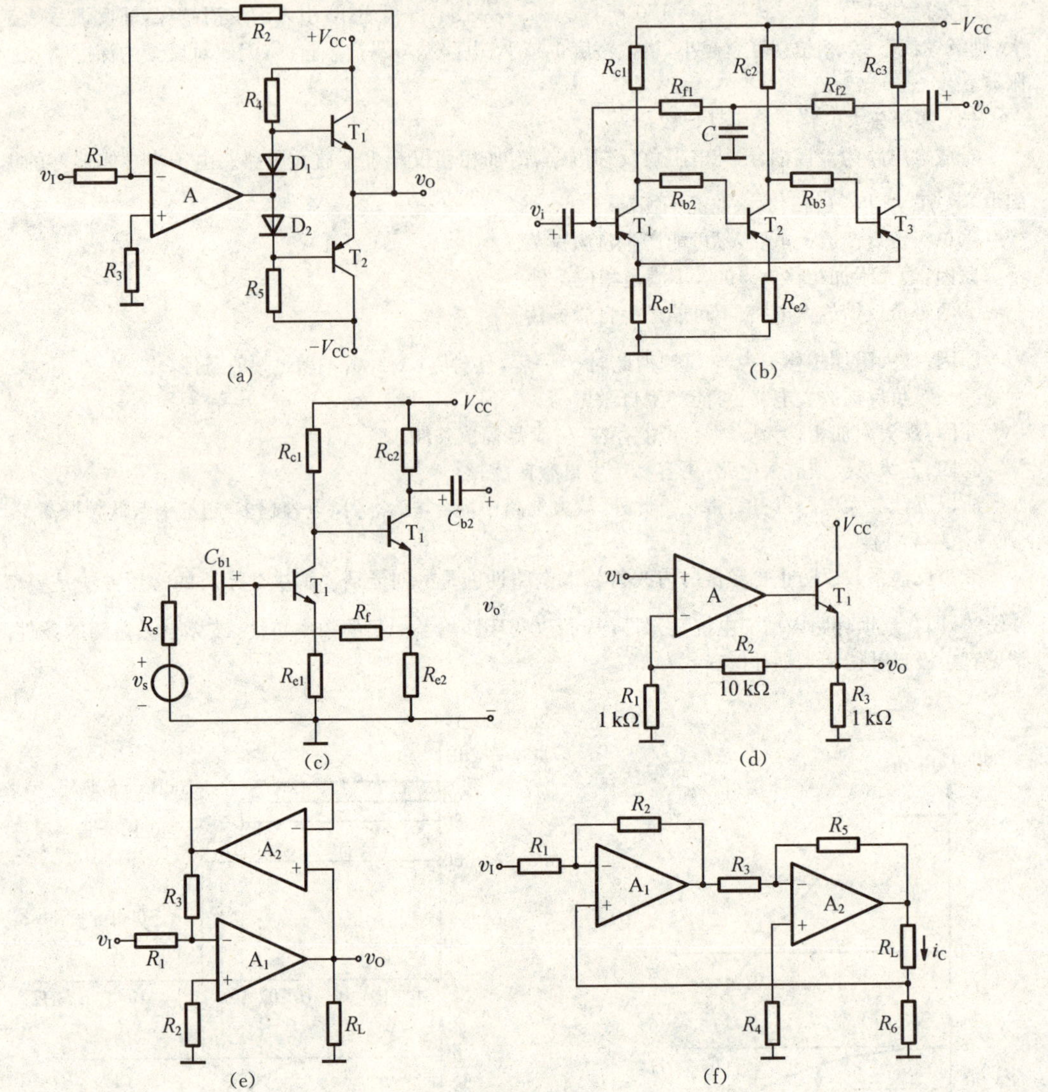

图题 8.1.1

【分析】 判断反馈的正、负，可根据瞬时极性法。在应用过程中，要注意输入、输出信号的相位关系。(1) 运放：若信号从同相端输入，则输出与输入同相；若信号从反相端输入，则输出与输入反相。(2) 三极管：若信号从基极输入、集电极输出，根据共射放大电路，输出与输入反相；若信号从基极输入、发射极输出，根据射级输出器，则输出与输入同相。

【解】 (a) R_2 构成级间交、直流反馈通路，引入负反馈。

根据瞬时极性法，设 v_I 瞬时极性为(+)，加入运放 A 的反相输入端，则运放 A 的输出为(−)，即三极管 T_1 的基极电位为(−)，其发射级电位也为(−)，因此，R_2 反馈通路上的电流流向从(+)流向(−)，即反馈电流使得净输入电流减小，是负反馈，

(b) R_{e1} 引入级间交、直流负反馈，R_{f1}、R_{f2} 引入级间直流负反馈。

交流通路中电容 C 视作交流短路，则 R_{f2}、R_{f2} 均有一端接地，另一端分别与本级相连，不构成级间交流反馈，因此 R_{f2}、R_{f2} 只构成级间直流反馈。

根据瞬时极性法，设 v_i 瞬时极性为(+)，从 T_1 的基极加入，则 T_1 的集电极与 T_2 的基极均为(−)，

T_2的集电极与T_3的基极均为(+)，T_3的发射极为(+)，即R_{e1}的引入抬高了T_1发射极的电位，减小了T_1的净输入电压，为负反馈；而T_3的集电极为(−)，即R_{f1}、R_{f2}直流反馈支路上的电流使T_1净输入电流减小，也为负反馈。

(c) R_f、R_{e2}构成级间交、直流反馈通路，引入负反馈。

根据瞬时极性法，设v_s瞬时极性为(+)，从T_1的基极加入，则T_2的基极为(−)，T_2的发射极也为(−)，则根据R_f上的反馈电流流向判断，反馈电流使净输入电流减小，是负反馈。

(d) R_2、R_1构成级间交、直流反馈通路，引入负反馈。

根据瞬时极性法，设v_I瞬时极性为(+)，从运放的同相输入端加入，则T的基极为(+)，发射极也为(+)，反馈支路的引入抬高了运放反相输入端的电位，使净输入电压减小，是负反馈。

(e) A_2、R_3构成级间交、直流反馈通路，引入负反馈。

根据瞬时极性法，设v_I瞬时极性为(+)，从运放A_1的反相输入端加入，A_1的输出端为(−)，此输出信号又加入电压跟随器A_2，则A_2的输出端也为(−)，由此可判断R_3反馈支路上的电流使A_1净输入电流减小，是负反馈。

(f) R_6构成级间交、直流反馈通路，引入负反馈。

根据瞬时极性法，设v_I瞬时极性为(+)，从运放A_1的反相输入端加入，A_1的输出端为(−)，则A_2的输出端为(+)，则电阻R_6抬高了A_1的同相输入端电位，使净输入电压减小，是负反馈。

8.1.2　试判断图题 8.1.1 所示各电路中级间交流反馈的组态。

【分析】 判断是电压反馈还是电流反馈，可采用负载短路法：将负载短路(未接负载时输出对地短路)，若反馈量为零，则是电压反馈；若反馈量仍然存在，是电流反馈。

运放电路反馈类型的常用判别方法：(1) 反馈电路直接从运放输出端引出的，是电压反馈；从负载电阻R_L的靠近“地”端引出的，是电流反馈。(2) 输入信号和反馈信号分别加在两个输入端(同相和反相)上的，是串联反馈；加在同一个输入端(同相或反相)上的，是并联反馈。

【解】 (a) R_2引入电压并联负反馈。根据图题 8.1.1(a)的分析，在输入端，R_2引入反馈电流，减小了净输入电流，是并联负反馈；又$i_f \approx \frac{-v_o}{R_2}$，是电压反馈。

(b) R_{e1}引入电流串联负反馈。根据图题 8.1.1(b)的分析，在输入端，R_{e1}引入反馈电压，减小了输入端的净输入电压，是串联负反馈；又根据负载短路法，将输出端直接接地，反馈电压依然存在，是电流反馈。

(c) R_f、R_{e2}引入电流并联负反馈。根据图题 8.1.1(c)的分析，在输入端，R_f、R_{e2}引入反馈电流，使净输入电流减小，是并联负反馈；又根据负载短路法，将输出端直接接地，反馈电流依然存在，所以是电流反馈。

(d) R_2、R_1引入电压串联负反馈。根据图题 8.1.1(d)的分析，在输入端，R_2、R_1引入反馈电压，使得净输入电压减小，是串联负反馈；又根据负载短路法，将输出端直接接地，反馈电压消失，所以是电压反馈。

(e) A_2、R_3引入电压并联负反馈。根据图题 8.1.1(e)的分析，在输入端，R_3和A_2引入反馈电流，使净输入电流减小，是并联负反馈；又根据负载短路法，将输出端直接接地，则电压跟随器A_2的输出电压为零，由于虚地，A_1的反相输入端电位也为零，则R_3上的反馈电流消失，所以是电压反馈。

也可根据运放电路的常用判别方法：由于反馈电路直接从运放输出端引出，是电压反馈；输入信号和反馈信号加在同一个输入端，是并联反馈。

(f) R_6引入电流串联负反馈。根据图题 8.1.1(f)的分析，在输入端，R_6引入反馈电压，使得净输入电压减小，是串联负反馈；又根据负载短路法，将负载电阻R_L短路，反馈电压依然存在，所以是电流反馈。

也可根据运放电路的常用判别方法：由于反馈从负载电阻R_L的靠近“地”端引出，是电流反馈；输入信号和反馈信号分别加在两个输入端上，是串联反馈。

8.1.3 在图题 8.1.3 所示的两电路中，从反馈的效果来考虑，对信号源内阻 R_{si} 的大小有何要求？

【分析】 对于串联反馈，信号源为恒压源反馈效果好；对于并联反馈，信号源为恒流源反馈效果好。这是由于串联反馈时，$v_{id}=v_i-v_f$，若输入信号源为 v_s，信号源内阻为 $R_{si}=0$，则反馈量 v_f 的变化将会全部反映在净输入电压 v_{id} 上，反馈效果显著；并联反馈时同理。

【解】 (a) 输入信号和反馈信号分别加在运放两个输入端上，是串联负反馈。从反馈的效果来考虑，信号源内阻 R_{si} 越小越好。

(b) 输入信号和反馈信号分别加在运放的同一个输入端上，是并联负反馈。从反馈的效果来考虑，信号源内阻 R_{si} 越大越好。

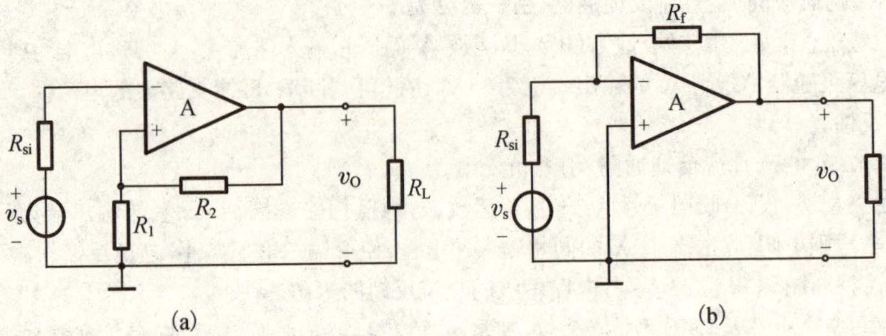

图题 8.1.3

8.1.4 试判断图题 8.1.4 所示电路中引入了何种类型的反馈。

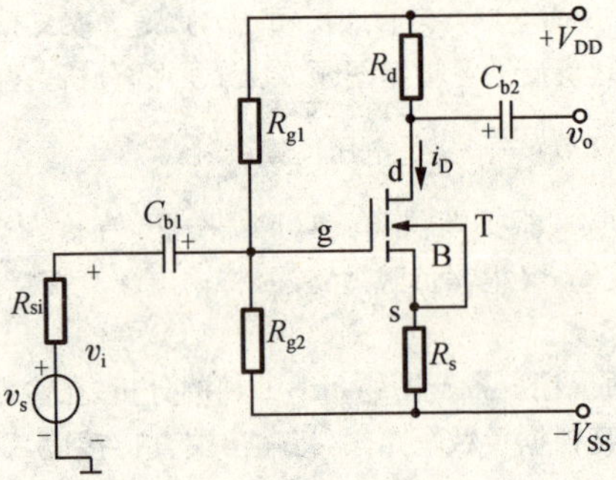

图题 8.1.4

【分析】 在交流通路中，用瞬时极性法判断是正反馈还是负反馈。判断是电压反馈还是电流反馈，可采用负载短路法：将负载短路（未接负载时输出对地短路），若反馈量为零，则是电压反馈；若反馈量仍然存在，是电流反馈。

分立元件组成的放大电路反馈类型的常用判别方法：1. 反馈电路从输出端引出的，是电流反馈；反馈电路从和输出端不同的端口引出的，是电压反馈；2. 输入信号和反馈信号分别加在两个输入端（同相和反相）上的，是串联反馈；加在同一个输入端（同相或反相）上的，是并联反馈。

【解】 交流反馈是电流串联负反馈。

8.1.5 试指出图题 8.1.5(a)、(b)所示电路能否实现规定的功能，若不能，应如何改正？

【分析】 由单个集成运放组成的电路，一般情况下，若反馈信号引到运放的反相输入端则为负反馈，引到同相输入端则为正反馈。电压并联负反馈电路实现流控压源，电流串联负反馈电路实现压控流源。

【解】 (a)引入正反馈，不能实现要求。应将运放的同相端和反相端互换。

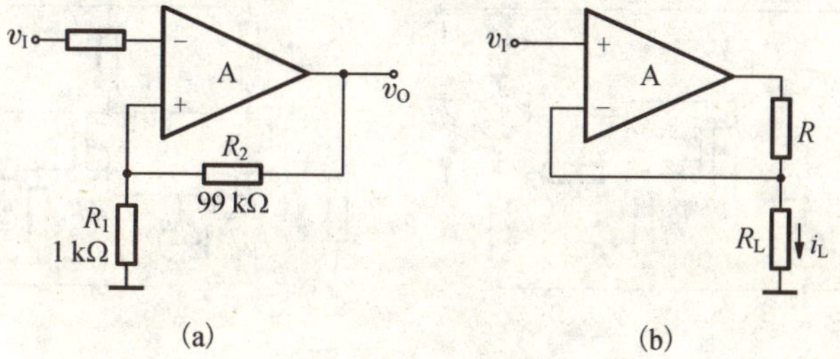

图题 8.1.5

(a) $A_{vf}=100$ 的直流放大电路　(b) $i_L=v_I/R$ 的压控电流源

(b)引入电压串联负反馈，电路不能实现规定功能。应将 R 与 R_L 互换，则电路改为引入电流串联负反馈，实现压控流源的功能。

8.1.6　由集成运放 A 及 BJT T_1、T_2 组成的放大电路如图题 8.1.6 所示，试分别按下列要求将信号源 v_s、电阻 R_f 正确接入该电路。(1) 引入电压串联负反馈；(2) 引入电压并联负反馈；(3) 引入电流串联负反馈；(4) 引入电流并联负反馈。

【分析】　本题可根据反馈类型的判断技巧倒推，以确定输出和输入端的连线。

【解】　(1) 引入电压串联负反馈

由电压反馈，反馈支路输出端应从 v_O 端直接引出，则 h 接 i；由串联反馈，v_s 与反馈支路应分别接在运放的不同输入端，再由负反馈，则 a 接 c，b 接 d，j 接 f。

(2) 引入电压并联负反馈

由电压反馈，反馈支路应从 v_O 端直接引出，则 h 接 i；由并联反馈，v_s 与反馈支路应接在运放的同一输入端，再由负反馈，则 a 接 d，b 接 c，j 接 f。

(3) 引入电流串联负反馈

由电流反馈，反馈支路不应从 v_O 端直接引出，则 g 接 i；由串联反馈，v_s 与反馈支路应分别接在运放的不同输入端，再由负反馈，则 a 接 d，b 接 c，j 接 e。

(4) 引入电流并联负反馈

由电流反馈，反馈支路不应从 v_O 端直接引出，则 g 接 i；由并联反馈，v_s 与反馈支路应接在运放的同一输入端，再由负反馈，则 a 接 c，b 接 d，j 接 e。

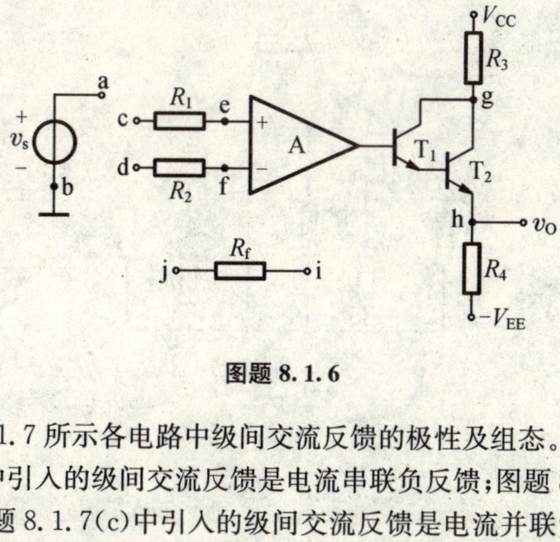

图题 8.1.6

8.1.7　试判断图题 8.1.7 所示各电路中级间交流反馈的极性及组态。

【解】　图题 8.1.7(a)中引入的级间交流反馈是电流串联负反馈；图题 8.1.7(b)中引入的级间交流反馈是电压串联负反馈；图题 8.1.7(c)中引入的级间交流反馈是电流并联负反馈；图题 8.1.7(d)中引入的级间交流反馈是电压并联负反馈。

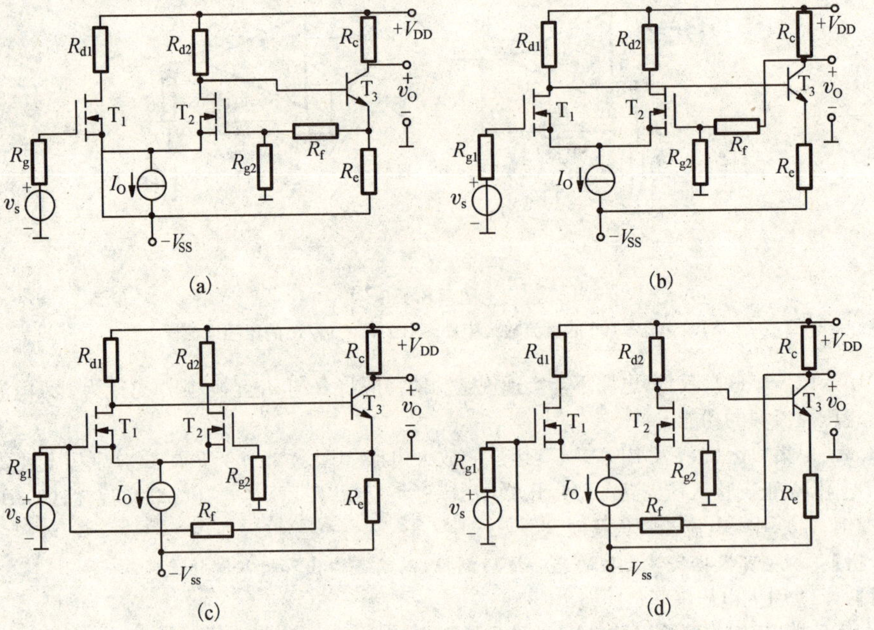

图题 8.1.7

8.1.8　图题 8.1.8a、b 分别是两个 MOS 管放大电路的交流通路，试分析两电路中各能引入下列反馈中的哪几种，并将反馈电阻 R_f 正确接入两电路的输入和输出回路中：(1) 电压串联负反馈；(2) 电压并联负反馈；(3) 电流并联负反馈；(4) 电流串联负反馈。

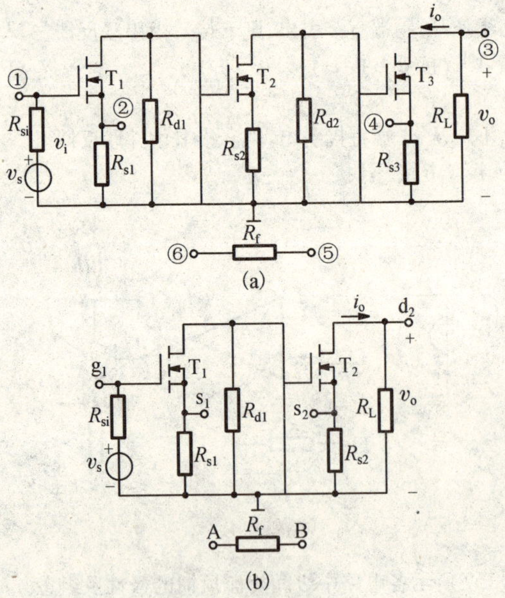

图题 8.1.8

【解】　(1) 要想在图题 8.1.8a 所示电路中引入电压串联反馈，则必须将其中的③端与⑤端、②端与⑥

端连接，但用瞬时极性法判断便知，此反馈是正反馈，故只能在图题 8.1.8b 所示电路中实现引入电压串联负反馈的要求，将其中的 d_2—B、A—s_1 连接即可；

(2) 在图题 8.1.8a 所示电路中，将③—⑤、⑥—①连接可引入电压并联负反馈。但在图题 8.1.8b 所示电路中连接 d_2—B、A—g_1 时，引入的则是电压并联正反馈；

(3) 在图题 8.1.8b 所示电路中，将 s_2－B、A－g_1 连接可引入电流并联负反馈。但在图题 8.1.8a 所示电路中连接④—⑤、⑥—①时，引入的则是电流并联正反馈；

(4) 在图题 8.1.8a 所示电路中，将④—⑤、⑥—②连接可引入电流串联负反馈。但在图题 8.1.8b 所示电路中连接 s_2—B、A—s_1 时，引入的则是电流串联正反馈。

8.2　负反馈放大电路增益的一般表达式

8.2.1　某反馈放大电路的方框图如图题 8.2.1 所示。已知其开环电压增益 $A_v=2\ 000$，反馈系数 $F_v=0.049\ 5$。若输出电压 $v_o=2$ V，求输入电压 v_i、反馈电压 v_f 及净输入电压 v_{id}的值。

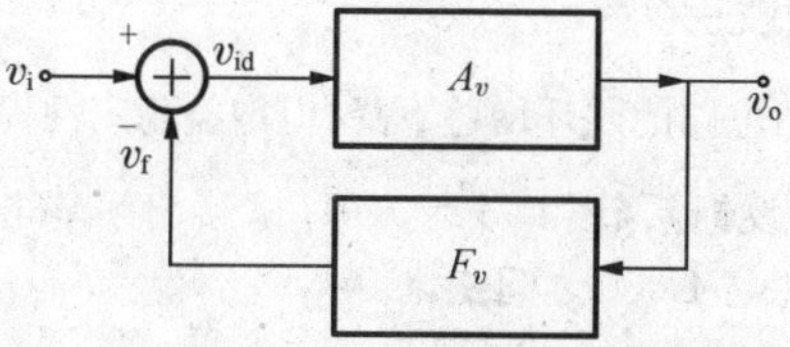

图题 8.2.1

【解】　闭环电压增益　$A_{vf}=\dfrac{v_o}{v_i}=\dfrac{A_v}{1+A_vF_v}=\dfrac{2\ 000}{1+2\ 000\times0.049\ 5}=20$

$v_i=\dfrac{v_o}{A_{vf}}=\dfrac{2\text{ V}}{20}=0.1\text{ V}$　　　$v_f=F_vv_o=0.049\ 5\times2\text{ V}=0.099\text{ V}$

$v_{id}=\dfrac{v_o}{A_v}=\dfrac{2\text{ V}}{2\ 000}=0.001\text{ V}$

8.2.2　某反馈放大电路的方框图如图题 8.2.2 所示，试推导其闭环增益 x_o/x_i 的值。

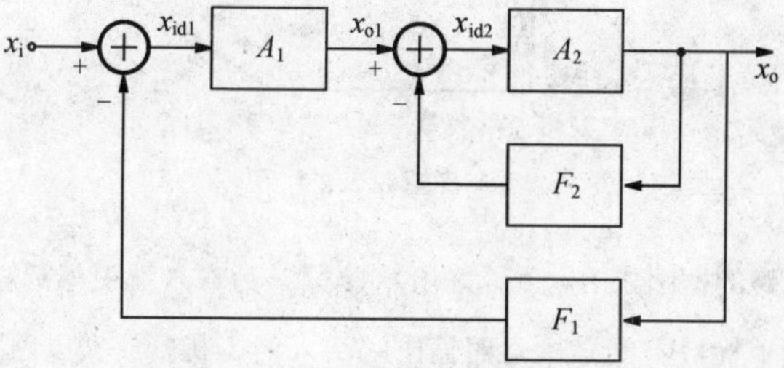

图题 8.2.2

【解】　根据定义，$A_f=\dfrac{x_o}{x_i}=\dfrac{A}{1+AF}$，　其中 A 为整个放大电路的开环增益，F 为整个放大电路的反馈系数。

整个放大电路的反馈系数　$F=F_1$

整个放大电路的开环增益　$A=\dfrac{x_o}{x_{id1}}=A_1\cdot\dfrac{x_o}{x_{o1}}=A_1\cdot\dfrac{A_2}{1+A_2F_2}$

将 A、F 带入 A_f，整理得 $A_f=\dfrac{x_o}{x_i}=\dfrac{A_1A_2}{1+A_1A_2F_1+A_2F_2}$

8.2.3　由运放组成的同相放大电路中，运放的 $A_{vo}=10^6$，$R_f=47\text{ k}\Omega$，$R_1=5.1\text{ k}\Omega$，求反馈系数 F_v 和闭环电压增益 A_{vf}。

【解】 同相放大电路为电压串联负反馈，反馈网络由电阻 R_f 和 R_1 组成。

根据定义，反馈系数 $F_v=\frac{v_f}{v_o}=\frac{R_1}{R_1+R_f}=\frac{5.1}{47+5.1}\approx 0.098$

闭环电压增益 $A_{vf}=\frac{v_o}{v_i}=\frac{A_{vo}}{1+A_{vo}F_v}=\frac{10^6}{1+10^6\times 0.098}\approx 10.2$

8.3 负反馈对放大电路性能的影响

8.3.1 一放大电路的开环电压增益为 $A_{vo}=10^4$，当它接成负反馈放大电路时，其闭环电压增益为 $A_{vf}=50$，若 A_{vo} 变化 10%，问 A_{vf} 变化多少？

【解】 $\frac{dA_{vf}}{A_{vf}}=\frac{1}{1+A_{vo}F_v}\frac{dA_{vo}}{A_{vo}}$ 其中 $\frac{dA_{vo}}{A_{vo}}=10\%$

由 $A_{vf}=\frac{A_{vo}}{1+A_{vo}F_v}$，得 $1+A_{vo}F_v=\frac{A_{vo}}{A_{vf}}=\frac{10^4}{50}=200$

所以 $\frac{dA_{vf}}{A_{vf}}=\frac{1}{200}\times 10\%=0.05\%$

可见，引入负反馈之后，虽然电路的闭环增益下降，但增益稳定性提高。

8.3.2 负反馈放大电路的反馈系数 $|\dot{F}_V|=0.01$，试绘出闭环电压增益 $|\dot{A}_{Vf}|$ 与开环电压增益 A_{VO} 之间的关系曲线，设 A_{VO} 在 1 与 1 000 之间变化。

【解】 根据 $|A_{vf}|=\frac{A_{VO}}{1+A_{VO}|F_v|}$，得

$$\frac{1}{|A_{vf}|}=\frac{1}{A_{VO}}+|F_v|=\frac{1}{A_{VO}}+0.01$$

可先令 $X=\frac{1}{|A_{vf}|}$，作图得 $X\sim A_{VO}$ 的曲线，再作出 $|A_{vf}|\sim A_{VO}$ 的曲线如图解 8.3.2 所示。

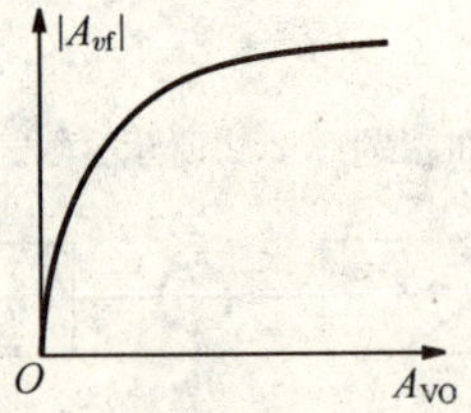

图解 8.3.2

8.3.3 反馈放大电路的框图如图题 8.3.3 所示，设 $\dot{V}_1$ 为输入端引入的噪声，$\dot{V}_2$ 为基本放大电路内引入的干扰（例如电源干扰），$\dot{V}_3$ 为放大电路输出端引入的干扰。放大电路的开环电压增益为 $\dot{A}_V=\dot{A}_{V1}\dot{A}_{V2}$。证明 $\dot{V}_o=\frac{\dot{A}_V[(\dot{V}_i+\dot{V}_1)-\dot{V}_2/\dot{A}_{V1}-\dot{V}_3-\dot{V}_3\dot{A}_V]}{1+\dot{A}_V\dot{F}_V}$，并说明负反馈抑制干扰的能力。

【分析】 放大电路引入负反馈形成闭环后，电路引入的干扰可分为环内噪声和环外噪声。在输入端加入的噪声称为环外噪声，后面每一级基本放大电路引入的干扰称为环内噪声。负反馈对环内、环外噪声的抑制作用不同。

【解】 输出端 $\dot{V}_o=\dot{A}_{V2}\dot{V}_{i2}-\dot{V}_3$

其中 $\dot{V}_{i2}=\dot{A}_{V1}\dot{V}_{i1}-\dot{V}_2$，而 $\dot{V}_{i1}=\dot{V}_i+\dot{V}_1-\dot{F}_V\dot{V}_o$

则 $\dot{V}_o=\dot{A}_{V2}\dot{V}_{i2}-\dot{V}_3=\dot{A}_{V1}\dot{A}_{V2}(\dot{V}_i+\dot{V}_1-\dot{F}_V\dot{V}_o)-\dot{A}_{V2}\dot{V}_2-\dot{V}_3$

又 $\dot{A}_V=\dot{A}_{V1}\dot{A}_{V2}$

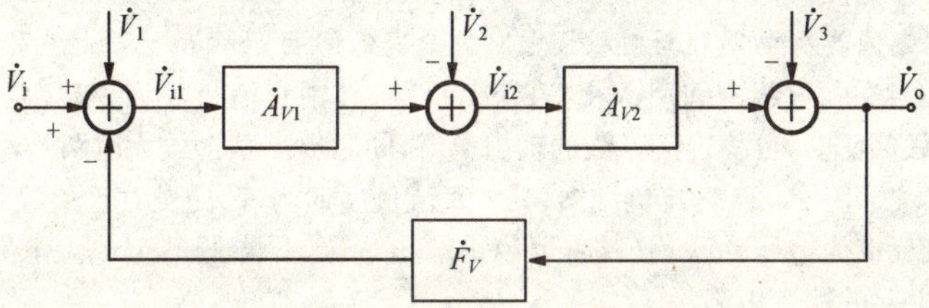

图题 8.3.3

整理可得　$\dot{V}_o=\dfrac{\dot{A}_V[(\dot{V}_i+\dot{V}_1)-\dot{V}_2/\dot{A}_{V1}-\dot{V}_3/\dot{A}_V]}{1+\dot{A}_V\dot{F}_V}$

由输出电压 $\dot{V}_o$ 的公式可见，噪声 $\dot{V}_1$ 与信号 $\dot{V}_i$ 的增益一样，即负反馈对于环外噪声没有抑制作用；噪声 $\dot{V}_2$ 的增益大小为 $\left|\dfrac{\dot{A}_{V2}}{(1+\dot{A}_V\dot{F}_V)}\right|$，噪声 $\dot{V}_3$ 的增益大小为 $\left|\dfrac{1}{1+\dot{A}_V\dot{F}_V}\right|$，而如果没有负反馈，$\dot{V}_2$ 的增益将为 $|\dot{A}_{V2}|$，噪声 $\dot{V}_3$ 的增益大小为 1，所以负反馈对于环内噪声有抑制作用。也可以认为，干扰从放大电路的输入级混入比从后级混入影响更为严重。

8.3.4　图题 8.1.1 所示各电路中，哪些电路能稳定输出电压？哪些电路能稳定输出电流？哪些电路能提高输入电阻？哪些电路能降低输出电阻？

【分析】　电压负反馈能稳定输出电压，同时减小输出电阻；电流负反馈能稳定输出电流，同时增大输出电阻；串联负反馈能提高输入电阻，并联负反馈能减小输入电阻。

【解】　能稳定输出电压的有：a，d，e

能稳定输出电流的有：b，c，f

能提高输入电阻的有：b，d，f

能降低输出电阻的有：a，d，e

8.3.5　电路如图题 8.3.5 所示。(1) 分别说明由 R_{f1}、R_{f2} 引入的两路反馈的类型及各自的主要作用；(2) 指出两路反馈在影响该放大电路性能方面可能出现的矛盾是什么？(3) 为了消除上述可能出现的矛盾，有人提出将 R_{f2} 断开，此办法是否可行？为什么？你认为怎样才能消除这个矛盾？

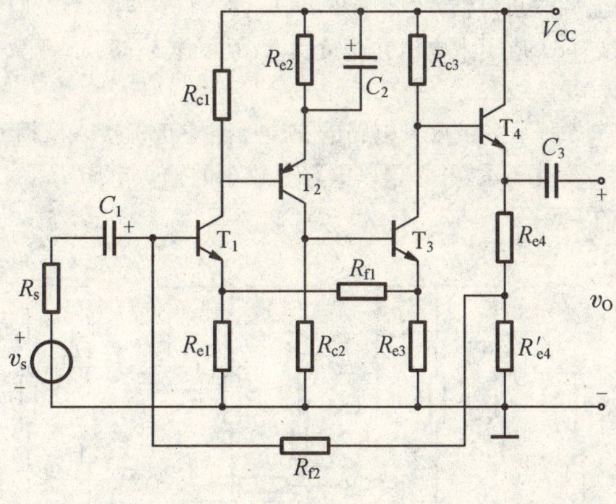

图题 8.3.5

【分析】　电压负反馈能稳定输出电压，同时减小输出电阻；电流负反馈能稳定输出电流，同时增大输出电阻；串联负反馈能提高输入电阻，并联负反馈能减小输入电阻。先判断 $R_{f1}R_{f2}$ 反馈电阻引入什么类型的反馈，再根据不同类型电路判断对放大电路性能有何影响。

【解】 (1) R_{f1} 在第一、三级之间引入交、直流负反馈，其中直流负反馈稳定前三级的静态工作点，交流反馈为电流串联负反馈，可稳定第三级的输出电流，同时提高整个放大电路的输入电阻；

R_{f2} 在第一、四级之间引入交、直流负反馈，其中直流负反馈为 T_1 提供直流偏置，并起稳定各级静态工作点的作用，交流反馈为电压并联负反馈，可稳定输出电压，并降低整个放大电路的输出电阻，同时也降低了整个放大电路的输入电阻。

(2) R_{f1} 提高整个放大电路的输入电阻，而 R_{f2} 降低整个放大电路的输入电阻，产生矛盾。

(3) 如将 R_{f2} 断开，T_1 将失去直流偏置，电路不能正常工作，因此 R_{f2} 不能断开。为保证整个放大电路的输入电阻的提高，只需去掉 R_{f2} 引入的交流负反馈，可在 R'_{e4} 两端并联一个足够大的电容。由于 T_4 是射级输出器，输出电压稳定，输出电阻低，此举对于电路性能的影响不大。

8.3.6 在图题 8.3.6 所示电路中，按下列要求分别接成所需的两级反馈放大电路：(1) 具有低输入电阻和稳定的输出电流；(2) 具有高输入电阻和低输出电阻；(3) 具有低输入电阻和稳定的输出电压；(4) 具有高输入电阻和高输出电阻。

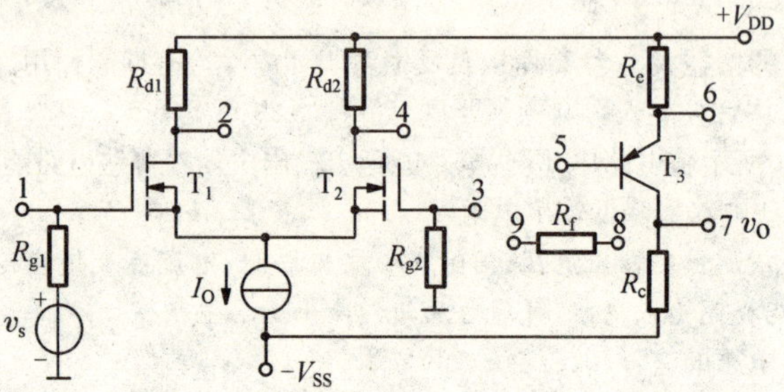

图题 8.3.6

【分析】 判断反馈时，注意差分放大电路的输入、输出相位关系，若信号从三极管 T_1 的基极输入、T_1 的集电极输出，则输出与输入反相；若信号从 T_1 的基极输入，从 T_2 管的集电极输出，则输出与输入同相。

深度负反馈时，不仅集成运放电路有“两虚”，差分放大电路依然有“两虚”概念。栅极电流 $i_{g1}=i_{g2}=0$（虚断），$v_{g1}=v_{g2}$（虚短）。

【解】 (1) 应引入电流并联负反馈，故需作 2—5、6—8、9—1 连接；(2) 应引入电压串联负反馈，故需作 2—5、7—8、9—3 连线；(3) 应引入电压并联负反馈，故需作 4—5、7—8、9—1 连线；(4) 应引入电流串联负反馈，4—5、6—8、9—3 连线。

8.3.7 试在图题 8.3.7 所示多级放大电路的交流通路中正确接入反馈元件 R_f，以分别实现下列要求：(1) 当负载变化时，v_O 变化不大，并希望该电路有较小的输入电阻 R_{if}；(2) 当电路参数变化时，i_n 变化不大，并希望有较大的 R_{if}。

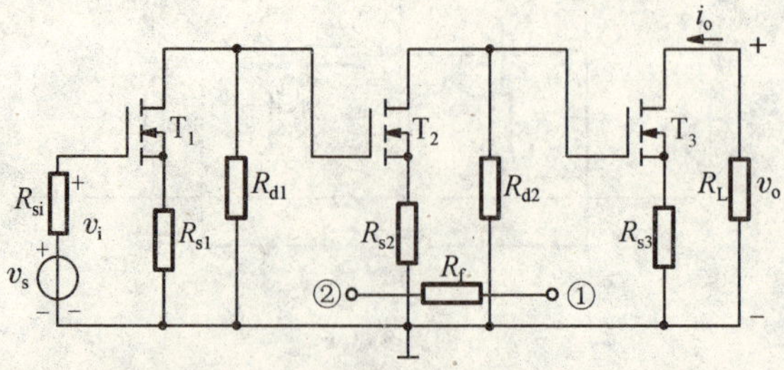

图题 8.3.7

【解】 (1) 为满足 v_O 基本稳定且 R_{if} 要小的要求，应引入电压并联负反馈。为此，应将 R_f 上的①端接于 T_3 管的漏极，②端接于 T_1 管的栅极；(2) 为满足 i_o 基本稳定且 R_{if} 要大的要求，应引入电流串联负反馈。为此，应将 R_f 上的①端接于 T_3 管的源极，②端接于 T_1 管的源极。

8.3.8 设某运算放大器的增益-带宽积为 4×10^5 Hz，若将它组成一同相放大电路时，其闭环增益为 50，问它的闭环带宽为多少？

【解】 闭环带宽 $BW=\dfrac{增益\text{-}带宽积}{A_f}=\dfrac{4\times10^5\ \text{Hz}}{50}=8\ 000\ \text{Hz}=8\ \text{kHz}$

8.3.9 一运放的开环增益为 10^6，其最低的转折频率为 5 Hz，若将该运放组成一同相放大电路，并使它的增益为 100，问此时的带宽和增益-带宽积各为多少？

【解】 因开环与闭环时的增益-带宽积近似相等，故增益-带宽积为

$$A\cdot BW\approx A\cdot f_H=5\times10^6\ \text{Hz}$$

闭环时的带宽为

$$BW\approx f_{Hf}=\frac{A\cdot f_H}{A_f}=\frac{5\times10^6\ \text{Hz}}{100}=5\times10^4\ \text{Hz}=50\ \text{kHz}$$

8.3.10 设某直接耦合放大电路的开环增益为 $\dot{A}=\dfrac{300}{1+j\omega/(2\pi\times10^4)}$，若在该电路中引入反馈系数 $F=0.3$ 的电压串联负反馈，试问引入该反馈后电路的中频增益是多大？带宽是多少？

【解】 由开环增益的表达式可知，该电路开环时的中频增益为

$$A_M=300$$

开环时的上限频率为

$$f_H=10^4\ \text{Hz}$$

引入反馈系数 $F=0.3$ 的负反馈后，闭环中频增益为

$$A_{Mf}=\frac{A_M}{1+A_MF}=\frac{300}{1+300\times0.3}\approx3.3$$

闭环上限频率即带宽为

$$f_{HF}=(1+A_MF)f_H=(1+300\times0.3)\times10^4\ \text{Hz}=910\ \text{kHz}$$

8.4 深度负反馈条件下的近似计算

8.4.1 电路如图题 8.4.1 所示，试近似计算它的闭环电压增益，并定性分析它的输入电阻和输出电阻。

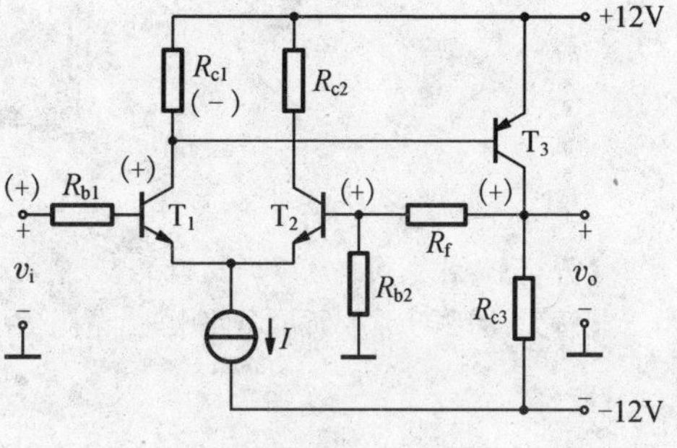

图题 8.4.1

【分析】 引入负反馈后，差分电路的净输入电压 v_{id} 是指两个三极管基极之间的电压，由深度串联负反馈，有 $v_{id}\approx0$，即两个三极管的基极电位相等，虚短。净输入电流 i_{id} 指两管基极电流，由 $v_{id}\approx0$，有 $i_{id}\approx0$，虚断。本题 v_i 通过 R_{b1} 加到 T_1 管基极，反馈电压 v_f 指 T_2 管基极的对地电压，即电阻 R_{b2} 上的电压。

【解】 对交流而言，引入深度电压串联负反馈时，有 $v_{id}=v_i-v_f\approx0$，则 $v_i\approx v_f$；又 $i_{id}\approx0$，R_f 与 R_{b2} 近似串联，则闭环电压增益

$$A_{vf}=\frac{v_o}{v_i}\approx\frac{v_o}{v_f}\approx\frac{v_o}{\dfrac{R_{b2}}{R_f+R_{b2}}v_o}=1+\frac{R_f}{R_{b2}}$$

电路引入电压串联负反馈，降低了输出电阻 R_{of}，同时提高了输入电阻 R_{if}。

8.4.2 电路如图 8.1.1a、b、c、d 所示，试在深度负反馈的条件下，近似计算它们的闭环增益和闭环电压增益。

【分析】 在深度负反馈条件下，可用虚短和虚断的概念求解闭环增益和闭环电压增益。

【解】 (a) R_2 引入电压并联负反馈，根据虚短和虚断，有 $v_n\approx v_p$，$i_1\approx i_f$，

闭环互阻增益　$A_{rf}=\frac{v_o}{i_1}\approx-\frac{i_f R_2}{i_f}=-R_2$

闭环电压增益　$A_{vf}=\frac{v_o}{v_i}\approx-\frac{i_f R_2}{i_1 R_1}=-\frac{i_f R_2}{i_f R_1}=-\frac{R_2}{R_1}$

(b) R_{e1}引入电流串联负反馈，根据虚短和虚断，有 $v_i\approx v_f$，$i_{b1}\approx 0$，

闭环互导增益　$A_{gf}=\frac{i_o}{v_i}\approx\frac{i_o}{v_f}=\frac{i_o}{i_o R_{e1}}=\frac{1}{R_{e1}}$

闭环电压增益　$A_{vf}=\frac{v_o}{v_i}\approx\frac{v_o}{v_f}=-\frac{i_o(R_{c3}/\!/R_{f2})}{i_o R_{e1}}=-\frac{R_{c3}/\!/R_{f2}}{R_{e1}}$

(c) R_f、R_{e2}引入电流并联负反馈，根据虚短和虚断，有 $i_i\approx i_f$，$i_{b1}\approx 0$，

闭环电流增益　$A_{if}=\frac{i_o}{i_1}\approx\frac{i_o}{i_f}=\frac{i_o}{\frac{R_{e2}}{R_{e2}+R_f}i_o}=\frac{R_{e2}+R_f}{R_{e2}}$

闭环源电压增益　$A_{vsf}=\frac{v_o}{v_s}\approx\frac{i_o R_{c2}}{\frac{R_{e2}}{R_{e2}+R_f}i_o R_s}=\frac{R_{c2}(R_{e2}+R_f)}{R_s R_{e2}}$

(d) R_2、R_1 引入电压串联负反馈，根据虚短和虚断，$v_i\approx v_f$，且 $v_f=\frac{R_1}{R_1+R_2}v_o$

闭环电压增益　$A_{vf}=\frac{v_o}{v_i}\approx\frac{v_o}{v_f}=1+\frac{R_2}{R_1}$

8.4.3　电路如图题 8.4.3 所示，试在深度负反馈的条件下，近似计算它的闭环电压增益。

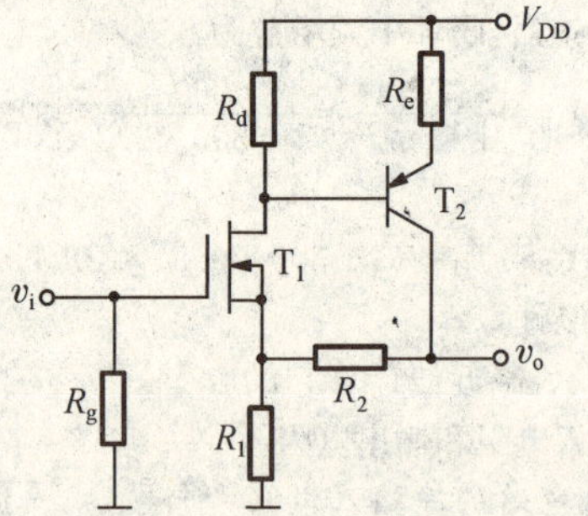

图题 8.4.3

【分析】　首先判断电路的反馈类型，确定输入和输出电量，根据输入、输出电量计算闭环增益。

【解】　图题 8.4.3 所示电路中，由电阻 R_1 和 R_2 引入电压串联负反馈。根据“虚短、虚断”概念，有

$$v_i\approx v_f=\frac{R_1}{R_1+R_2}v_o$$

而闭环电压增益为 $A_{v1}=\frac{v_o}{v_i}\approx 1+\frac{R_2}{R_1}$

8.4.4　设图题 8.4.4 所示电路中运放的开环增益 A_{vo}很大。(1) 指出所引反馈的类型；(2) 写出输出电流 i_o 的表达式；(3) 说明该电路的功能。

【解】　(1) R_2、R_3引入电流并联负反馈。根据瞬时极性法，设 v_i 瞬时极性为(+)，从运放 A 的反相端输入，则运放 A 的输出为(−)，即三极管 T_1的基极电位为(−)，其发射级电位也为(−)，因此，R_2 反馈通路上的电流使得净输入电流减小，是并联负反馈。又根据负载短路法，将 R_L短路，反馈电流依然存在，是电流反馈。

(2) 由反相输入端“虚地”，R_2与 R_3为近似并联关系，则 $i_f=\frac{R_3}{R_2+R_3}i_o$

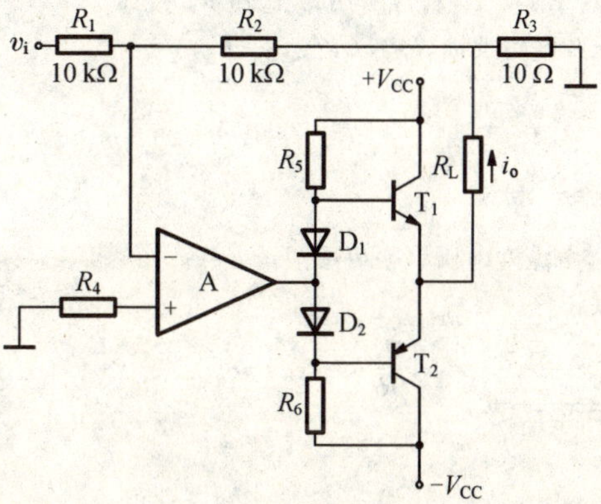

图题 8.4.4

又由虚断有　$i_f=-i_i=-\dfrac{v_i}{R_1}$，所以 $i_o=-\dfrac{R_2+R_3}{R_1R_3}v_i$

带入 $R_1=R_2=10\ \text{k}\Omega, R_3=10\ \Omega$，　得 $i_o\approx-\dfrac{v_i}{10\ \Omega}$

(3) 由 i_o 的表达式，该电路功能为压控电流源。

8.4.5　电路如图题 8.4.5 所示。(1) 指出由 R_f 引入的是什么类型的反馈；(2) 若要求既提高该电路的输入电阻，又降低输出电阻，图中的连线应作哪些变动？(3) 连线变动前后的电压增益 A_{vf} 是否相同？估算其数值。

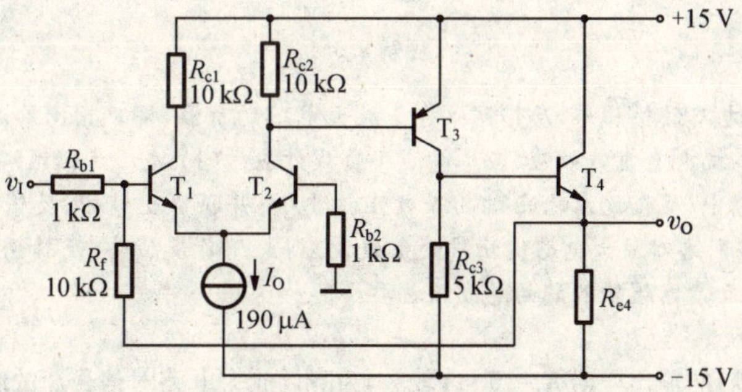

图题 8.4.5

【分析】　判断反馈时，注意差分放大电路的输入、输出相位关系，若信号从三极管 T_1 的基极输入、T_1 的集电极输出，则输出与输入反相；若信号从 T_1 的基极输入，从 T_2 管的集电极输出，则输出与输入同相。

深度负反馈时，不仅集成运放电路有“两虚”，差分放大电路依然有“两虚”概念。如题图电压并联负反馈，由深度并联负反馈，基极电流 $i_{id}=0$（虚断），则根据三极管输入特性，$v_{be}\approx0$，又对差模交流信号 $v_e\approx0$，所以 $v_b=v_{be}-v_e\approx0$，反馈节点虚地，同时也说明两管基极之间的电压 $v_{id}\approx0$（虚短）。

【解】　(1) R_f 引入电压并联负反馈。

(2) 据要求，需引入电压串联负反馈。由电压反馈，在输出端，R_f 的接线不变。由串联负反馈，在输入端可按以下两种方案接线。

方案一：将 R_f 改接在 T_2 的基极，但作瞬时极性分析后，为正反馈，则再将 T_3 的基极改接在 T_1 的集电极。

方案二：将 T_2 的基极通过 R_{b2} 接 v_I，将 T_1 的基极通过 R_{b1} 接地。

(3) 改接前，由深度电压并联负反馈，$i_{id1}\approx 0$，有 $i_{R_{b1}}+i_f\approx 0$

又由 $v_{b1}\approx 0$，得 $\frac{v_I}{R_{b1}}+\frac{v_O}{R_f}\approx 0$

所以 $A_{vf}=\frac{v_O}{v_I}=-\frac{R_f}{R_{b1}}=-10$

改接后(以方案一为例)，由深度电压串联负反馈，$v_{id}=v_I-v_f\approx 0$，有 $v_I\approx v_f$

又由虚断，R_f 与 R_{b2} 近似串联，

所以 $A_{vf}=\frac{v_O}{v_I}\approx\frac{v_O}{v_f}=\frac{v_O}{\frac{R_{b2}}{R_f+R_{b2}}v_o}=1+\frac{R_f}{R_{b2}}=11$。

改接前后 A_{vf} 不同。

8.5 负反馈放大电路设计

8.5.1 设计一个反馈放大电路，用以放大麦克风的输出信号。已知麦克风的输出信号是 10 mV，输出电阻 $R_{si}=5\ \text{k}\Omega$。该放大电路的 $v_o=0.5\ \text{V}$，$R_L=75\ \Omega$。所用集成运算放大器的输入电阻，$R_i=200\ \text{k}\Omega$，输出电阻 $R_o=100\ \Omega$，低频电压增益 $A_{vo}=10^5$。

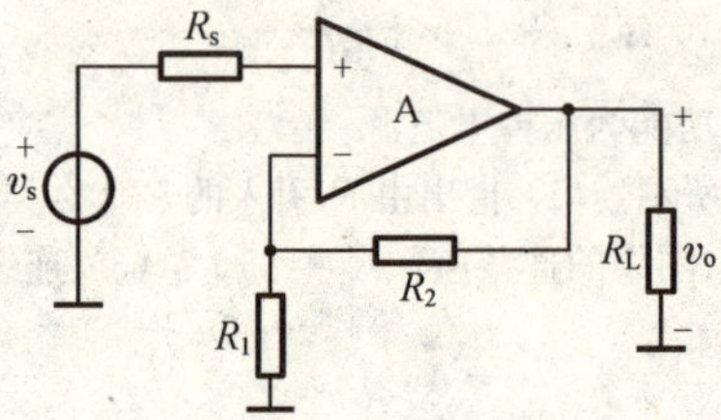

图解 8.5.1

【分析】 在放大电路的输出端，反馈网络也是放大电路的负载，即反馈网络对输出端有负载效应；同理，反馈网络对输入端也有负载效应，应尽量减小负载效应。(1) 减小反馈网络对放大电路输入端的负载效应：串联负反馈中，反馈网络输出端的等效阻抗要小；并联负反馈中，反馈网络输出端的等效阻抗要大；(2) 减小反馈网络对放大电路输出端的负载效应：电压负反馈中，反馈网络输入端的等效阻抗要大；电流负反馈中，反馈网络输入端的等效阻抗要小。

【解】 (1) 确定反馈类型

由于信号源(话筒)的输出电阻 $R_s=5\ \text{k}\Omega$ 较大，为降低放大电路对信号源的影响，放大电路的输入电阻必须很大；由于负载电阻 $R_L=75\ \Omega$ 很小，为降低输出端的负载效应，要求放大电路的输出电阻很小。因此，选择电压串联负反馈，如图解 8.5.1 所示。

闭环电压增益 $A_{vf}=\frac{v_o}{v_s}=\frac{0.5\ \text{V}}{10\ \text{mV}}=50$

由深度负反馈 $A_{vf}=\frac{1}{F_v}$，则 $F_v=\frac{1}{A_{vf}}=\frac{1}{50}=0.02$

则闭环输入电阻 $R_{if}=(1+A_{vo}F_v)R_i=(1+10^5\times 0.02)\times 10\ \text{k}\Omega\approx 20\ \text{M}\Omega$

闭环输出电阻 $R_{of}=\frac{R_o}{1+A_{vo}F_v}=\frac{100\ \Omega}{1+10^5\times 0.02}\approx 0.05\ \Omega$

(2) 确定 R_1 和 R_2

根据虚短和虚断，$A_{vf}=1+\frac{R_2}{R_1}=50$，所以 $\frac{R_2}{R_1}=49$。

如图解 8.5.1，为减小反馈网络对放大电路输出端的负载效应，由电压负反馈，要求反馈网络输入端的等效阻抗 R_1+R_2 远大于 R_o；同时，为减小反馈网络对放大电路输入端的负载效应，由串联负反馈，

要求反馈网络输出端的等效阻抗 $R_1 /\!/ R_2$ 远小于 R_i。因此可选择 $R_1=1\ \text{k}\Omega, R_2=49\ \text{k}\Omega$。

8.5.2　试设计一个 $A_{if}=10$ 的负反馈放大电路，用于驱动 $R_L=50\ \Omega$ 的负载。它由一个内阻 $R_s=10\ \text{k}\Omega$ 的电流源提供输入信号。所用运算放大器的参数同题 8.5.1。

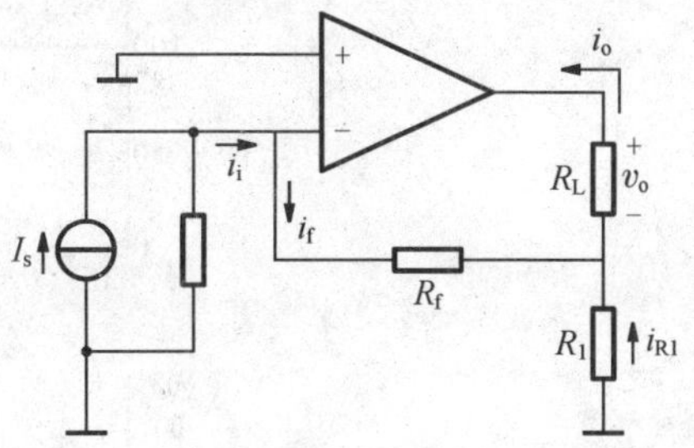

图解 8.5.2

【解】（1）确定反馈类型

由于信号源是 $R_s=10\ \text{k}\Omega$ 的电流源，为降低放大电路对信号源的影响，放大电路的输入电阻必须很小；同时，为满足 $A_{if}=i_o/i_i=10$，应选择电流并联负反馈，如图解 8.5.2 所示。

（2）确定 R_1 和 R_f

根据虚短和虚断，$i_i \approx i_f \approx \dfrac{R_1}{R_1+R_f} i_o$，　又 $A_{if}=\dfrac{i_o}{i_i}=10$

得　$\dfrac{R_f}{R_1}=9$

根据电流并联负反馈，为减小反馈网络对放大电路输出端的负载效应，要求反馈网络的输入阻抗 $R_1 /\!/ R_f$ 要小，即 R_1 要小，但又不能太小使电路电流过大，因此可选择 $R_1=1\ \text{k}\Omega, R_f=9\ \text{k}\Omega$。

8.6　负反馈放大电路的稳定性

8.6.1　设某集成运放的开环频率响应的表达式为

$$\dot{A}_V=\frac{10^5}{\left(1+\text{j}\dfrac{f}{f_{H1}}\right)\left(1+\text{j}\dfrac{f}{f_{H2}}\right)\left(1+\text{j}\dfrac{f}{f_{H3}}\right)}$$，其中 $f_{H1}=1\ \text{MHz}, f_{H2}=10\ \text{MHz}, f_{H3}=50\ \text{MHz}$。

（1）画出它的波特图；（2）若利用该运放组成一电阻性负反馈放大电路，并要求有45°的相位裕度，问此时放大电路的最大环路增益为多少？（3）若用该运放组成一电压跟随器，能否稳定地工作？

【分析】　负反馈放大电路能否稳定工作，可根据环路增益环 $|\dot{A}\dot{F}|=1$ 时，相位裕度 $\varphi_m=180°-|\varphi_a+\varphi_f|_{f=f_0}$ 的大小来判断，一般要求 $\varphi_m \geqslant 45°$。当反馈网络由纯电阻构成，反馈系数 $\dot{F}$ 为一常数，则 $|\dot{A}\dot{F}|=|\dot{A}|F$，$20\lg|\dot{A}\dot{F}|=0$ 可写成 $20\lg|\dot{A}|-20\lg 1/F=0$ 的形式，即 $\dot{A}$ 的幅频特性与反馈线（$20\lg 1/F$ 的水平线）的交点必满足 $20\lg|\dot{A}\dot{F}|=0$ 或者说必满足自激幅值条件 $|\dot{A}\dot{F}|=1$。对于同一个基本放大电路，引入的反馈越深，即反馈系数越大，相位裕度就越小，电路越容易产生自激，因此对反馈的深度需加以限制。

【解】（1）画出波特图

由 $20\lg|\dot{A}_V|=20\times5-20\lg\sqrt{1+\left(\dfrac{f}{f_{H1}}\right)^2}-20\lg\sqrt{1+\left(\dfrac{f}{f_{H2}}\right)^2}-20\lg\sqrt{1+\left(\dfrac{f}{f_{H3}}\right)^2}$

及 $\Delta\varphi_a=-\arctan\dfrac{f}{f_{H1}}-\arctan\dfrac{f}{f_{H2}}-\arctan\dfrac{f}{f_{H3}}$

画出波特图如图解 8.6.1 所示。

（2）最大环路增益 $20\lg|\dot{A}_{VM}F_v|=20\lg|\dot{A}_{VM}|-20\lg\dfrac{1}{F_v}$

由图解 8.6.1 可知，式中最大开环增益 $20\lg|\dot{A}_{VM}|=100\ \text{dB}$；又由环路增益 $|\dot{A}_V F_v|=1$，当相位裕度 $\varphi_m=45°$ 时，$20\lg\dfrac{1}{F_v}=20\lg|\dot{A}_V|\approx 82\ \text{dB}$。带入最大环路增益得

$$20\lg|\dot{A}_{vM}F_v|=20\lg|\dot{A}_{vM}|-20\lg\frac{1}{F_v}=100\ \text{dB}-82\ \text{dB}=18\ \text{dB}$$

（3）若将该运放组成电压跟随器，则反馈增益 $F_v=1, \varphi_f=0°$。$\varphi_m \geqslant 45°$ 时电路要稳定工作，则要求 $20\lg|\dot{A}_V|=20\lg\dfrac{1}{F_v}=0\ \text{dB}$，而由图知 $20\lg|\dot{A}_{VM}|=100\ \text{dB}$，因此电路不能稳定工作。

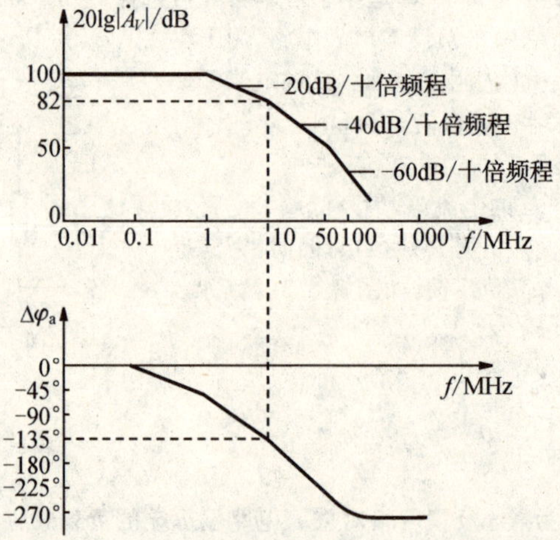

图解 8.6.1

8.6.2 设某运放开环频率响应如图题 8.6.2 所示。若将它接成一电压串联负反馈电路，其反馈系数 $F_v=R_1/(R_1+R_2)$。为保证该电路具有45°的相位裕度，试问 F_v 的变化范围为多少？环路增益的范围为多少？

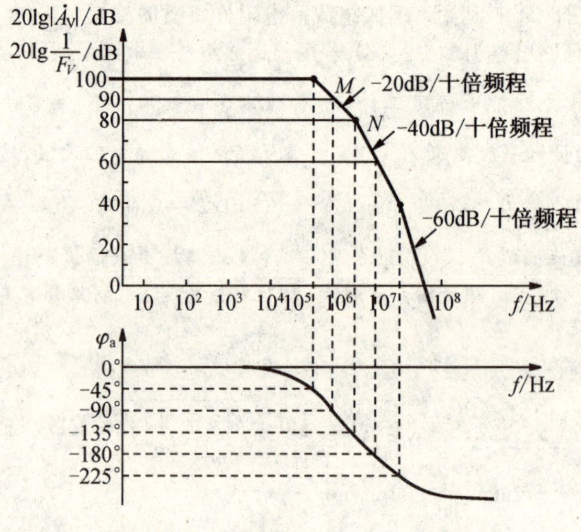

图题 8.6.2

【分析】 反馈网络由纯电阻构成，见题 8.6.1 分析。

【解】 当 $\varphi_m=45°$时，由图题 8.6.2，$20\lg\dfrac{1}{F_v}=20\lg|\dot{A}_V|=80$ dB

$20\lg\dfrac{1}{F_v}$在 80 dB～100 dB 范围内变化电路都是稳定的，即 F_v 的变化范围为 10^{-4}～10^{-5}。

最大环路增益 $20\lg|\dot{A}_{VM}\dot{F}|=20\lg|\dot{A}_{VM}|-20\lg\dfrac{1}{F}=100\text{ dB}-80\text{ dB}=20\text{ dB}$。

8.6.3 负反馈放大电路与题 8.6.2 相同，若补偿后的运放开环频率响应如图题 8.6.3 所示。为保证该电路稳定地工作，$|F_v|$ 的变化范围和相应的环路增益 $|\dot{A}_VF_v|$ 为多少？并选择一合适的 $|F_v|$ 值。

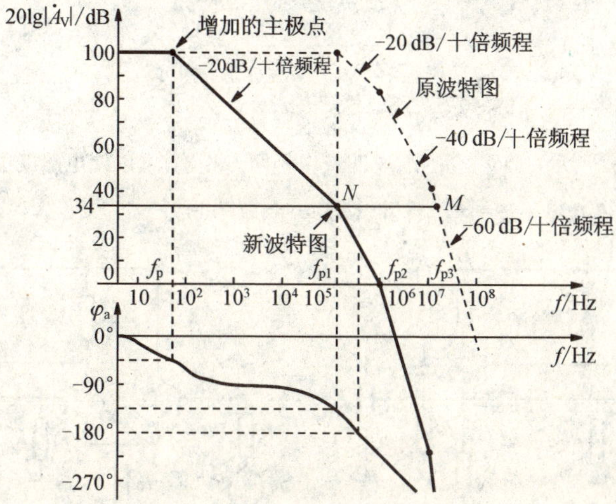

图题 8.6.3

【解】 由图题 8.6.3 可知，当电路稳定且 $\varphi_m \geqslant 45°$ 时，$20\lg\frac{1}{F_v} \geqslant 34$ dB，所以 $20\lg\frac{1}{F_v}$ 的变化范围为 34 dB～100 dB，即 F_v 的变化范围为 0.000 01～0.02。

最大环路增益 $20\lg|\dot{A}_V\dot{F}| = 20\lg|\dot{A}_V| - 20\lg\frac{1}{F} = 100 - 34 = 66$ dB，

即 $|\dot{A}_V F_v| \approx 1\ 995.3$。

典型习题与全真考题详解

1. (华中科技大学 2007 年硕士研究生入学考试试题)填空题。

________反馈能使输入电阻提高，_________反馈能使输出电压稳定。

【解】 串联　电压

2. 估算图题 8.2 所示电路在深度负反馈条件下的电压放大倍数。

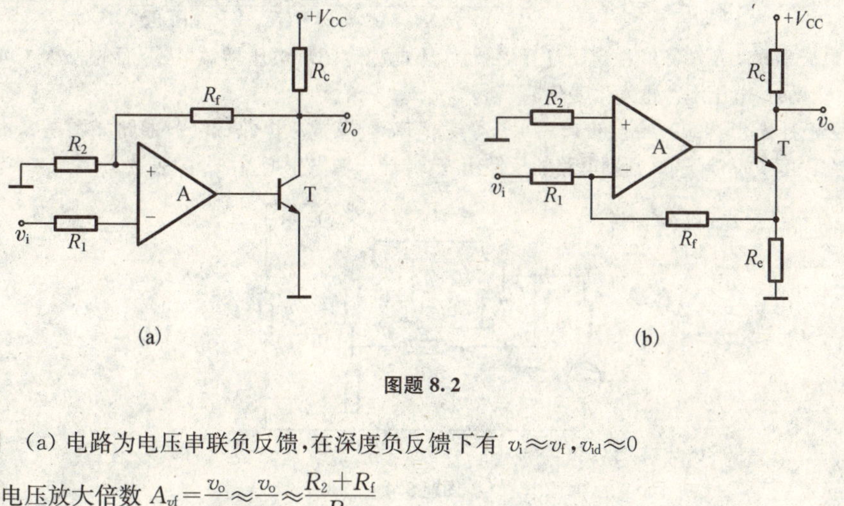

图题 8.2

【解】 (a) 电路为电压串联负反馈，在深度负反馈下有 $v_i \approx v_f$，$v_{id} \approx 0$

闭环电压放大倍数 $A_{vf} = \frac{v_o}{v_i} \approx \frac{v_o}{v_f} \approx \frac{R_2 + R_f}{R_2}$

(b) 电路为电流并联负反馈，在深度负反馈下有 $i_i \approx i_f$，$i_{id} \approx 0$

闭环电流放大倍数 $A_{if} = \dfrac{i_o}{i_i} \approx \dfrac{i_o}{i_f} = -\dfrac{R_e + R_f}{R_e}$

闭环电压放大倍数 $A_{vf} = \dfrac{v_o}{v_i} = \dfrac{-i_o R_c}{i_i R_1} \approx \dfrac{(R_e + R_f)R_c}{R_e R_1}$

3. 电路如图题 8.3 所示，试问 J、K、M、N 四点中哪两点相连，可以使电路既能稳定输出电流，又能提高输入电阻，并写出在深度负反馈条件下的$\dot{A}_{vf}$表达式。

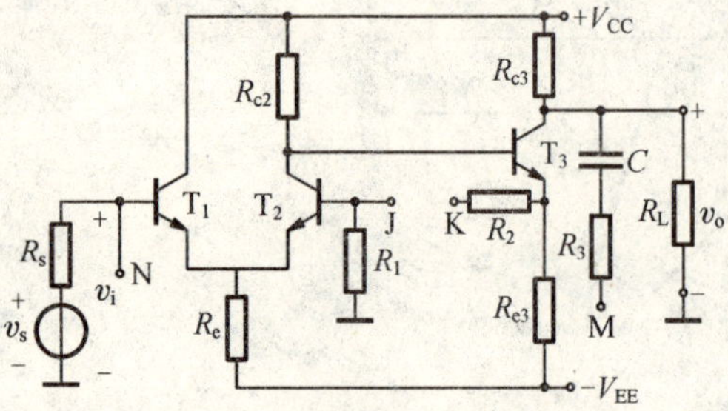

图题 8.3

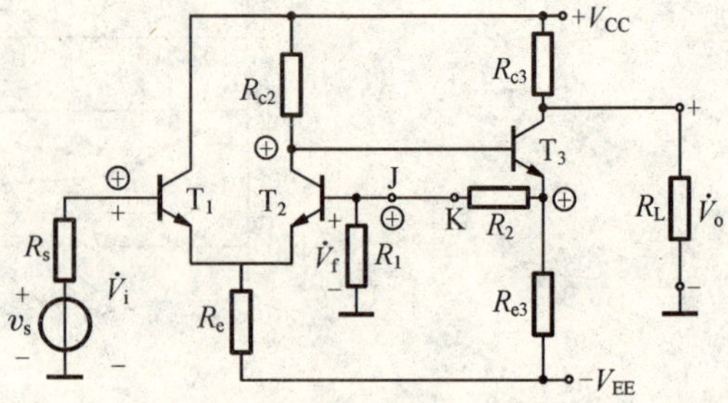

图解 8.3

【解】 要使电路既能稳定输出电流，又能提高输入电阻，应在电路中引入电流串联负反馈，因此应将 J、K 两点相连，如图解 8.3 所示。

由于是串联负反馈，因此在深度负反馈条件下有$\dot{V}_i \approx \dot{V}_f$， $\dot{V}_{id} \approx 0$。

互阻反馈系数 $\dot{F}_r = \dfrac{\dot{V}_f}{\dot{I}_{c3}} \approx \dfrac{\dot{V}_f}{\dot{I}_{e3}} = \dfrac{R_{e3}}{R_1 + R_2 + R_{e3}} \dot{I}_{e3} \times R_1 \times \dfrac{1}{\dot{I}_{e3}} = \dfrac{R_{e3} R_1}{R_1 + R_2 + R_{e3}}$

闭环互导增益 $\dot{A}_{gf} = \dfrac{\dot{I}_{c3}}{\dot{V}_i} \approx \dfrac{\dot{I}_{e3}}{\dot{V}_f} = \dfrac{1}{\dot{F}_r} = \dfrac{R_1 + R_2 + R_{e3}}{R_{e3} R_1}$

闭环电压增益 $\dot{A}_{vf} = \dfrac{\dot{V}_o}{\dot{V}_i} = \dfrac{\dot{V}_o}{\dot{I}_{c3}} \cdot \dfrac{\dot{I}_{c3}}{\dot{V}_i} = \dfrac{\dot{V}_o}{\dot{I}_{c3}} \cdot \dot{A}_{gf}$

$$= -(R_{c3} /\!/ R_L) \cdot \frac{R_1 + R_2 + R_{e3}}{R_{e3} R_1} = -\frac{R_{c3} R_L (R_1 + R_2 + R_{e3})}{(R_{c3} + R_L) R_{e3} R_1}$$

注意电流串联负反馈只能稳定闭环互导增益，不能稳定闭环电压增益，从上面的表达式可以看出，当负载 R_L变化时，电压增益也发生变化。

4. (电子科技大学 2007 年硕士研究生入学考试试题)某放大电路的交流通路如图题 8.4 所示，设电路工作在深度负反馈下，试判别电路的反馈组态，并导出源电压增益 A_{vsf} 的表达式。

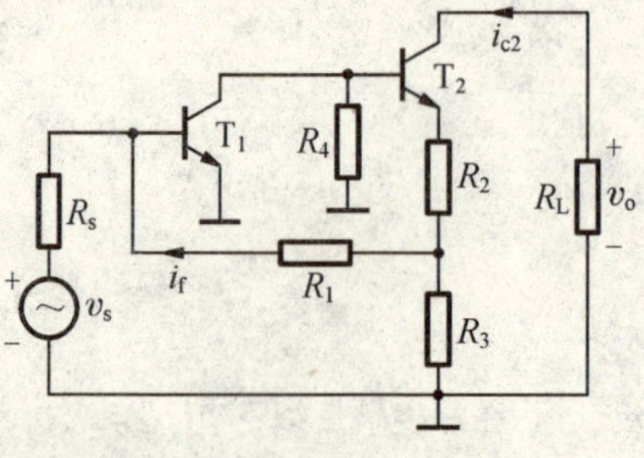

图题 8.4

【解】 R_1引入电流并联负反馈。

由 $i_{id}\approx 0$,得 $i_i\approx -i_f$

又 $i_i=\dfrac{v_s}{R_s}$,

$i_f=\dfrac{R_3}{R_1+R_3}i_{e2}\approx\dfrac{R_3}{R_1+R_3}\times\left(-\dfrac{v_o}{R_L}\right)$

得$\dfrac{v_s}{R_s}=\dfrac{R_3}{R_1+R_3}\cdot\dfrac{v_o}{R_L}$

所以 $A_{vsf}=\dfrac{v_o}{v_s}=\left(1+\dfrac{R_1}{R_3}\right)\dfrac{R_L}{R_s}$

5. (东南大学 2006 年硕士研究生入学考试试题)试用深度负反馈放大器分析法求图题 8.5 所示的具有 T 型反馈网络的运算放大器的增益表达式(先判断反馈类型)。

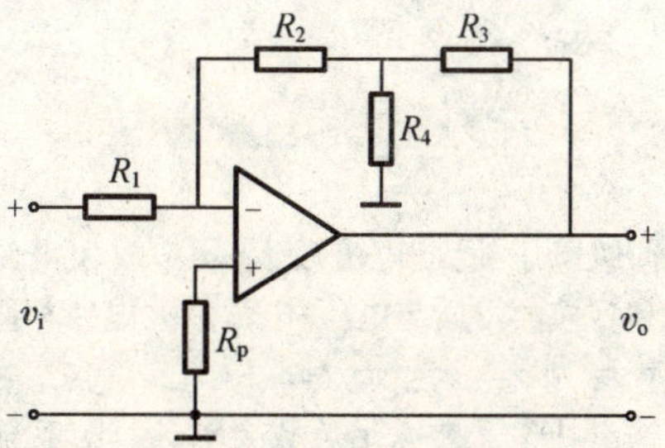

图题 8.5

【解】 电路引入电压并联负反馈。

由虚断,$i_{id}\approx 0$,$i_i\approx i_f$,电阻 R_2上的电流即为反馈电流 i_f。

由虚短,R_2与 R_4为并联关系,则 $i_f=-\dfrac{v_o}{R_3+\dfrac{R_2R_4}{R_2+R_4}}\times\dfrac{R_4}{R_2+R_4}$

互导反馈系数 $F=\dfrac{i_f}{v_o}=-\dfrac{1}{R_3+\dfrac{R_2R_4}{R_2+R_4}}\times\dfrac{R_4}{R_2+R_4}=-\dfrac{R_4}{R_3(R_2+R_4)+R_2R_4}$

电路增益　$A_f=\dfrac{v_o}{i_i}\approx\dfrac{1}{F}=-\dfrac{R_3(R_2+R_4)+R_2R_4}{R_4}$

第 9 章 功率放大电路

内容与要求

一、掌握甲乙类互补对称功率放大电路的组成、工作原理以及输出功率、管耗、效率等相关计算。

二、掌握功放管的选择。

三、了解集成功放的特点及应用。

知识点归纳

一、功率放大电路概述

1. 功率放大电路是大信号放大电路

由于位于电路的末级，经过前级电压放大、电流放大，功率放大电路的输入已成为大信号，可理解为大信号放大电路，其能量控制和转换的本质与电压/电流放大电路相同。

2. 功率放大电路的输出功率大

由于要直接带动负载工作，输出功率需要满足负载要求，因此，其输出电压和电流都要足够大，而不是单纯追求输出高电压或输出大电流。

3. 功率放大电路的转换效率要高

功率放大电路输出的大功率来自于直流电源的功率转换，当电源电压一定时，就需要减小管耗，把电源供给的功率大部分转化为放大电路的输出功率。

静态电流是造成管耗的主要因素，因此，由于静态工作点 Q 较高造成管耗大、效率低，使得普通电压/电流放大电路不适合做功率放大电路。普通电压/电流放大电路的晶体管在整个信号周期都导通，导通角 $\theta=2\pi$，称为甲类工作状态，在理想情况下，甲类放大电路的最高效率只能达到 50%。

4. 非线性失真要小

由于输入为大信号，功放电路的器件往往工作在接近极限状态下，输出功率越大，非线性失真越严重，因此输出功率和非线性失真成为一对主要矛盾。

5. 功率器件的散热要好

这是由于功放管工作在接近极限的状态下，电压、电流大，集电结的管耗也大，使结温和管壳温度升高，因此散热是一个重要的问题。

二、乙类双电源互补对称功率放大电路

所谓互补是指功率放大电路中不同类型的互补对称三极管交替工作，且均组成射极输出的形式。乙类双电源互补对称功率放大电路如图 9.1(a)所示。

1. 电路特点

双电源供电，T_1、T_2 分别为 NPN 型和 PNP 型对称 BJT，电路可以看成是两个射极输出器的组合。信号对地输入，输出直接接负载，负载另一端接地。

2. 静态特点

静态时两管不导通，$v_O=0$ V。

3. 动态特点

T_1、T_2 轮流导通，组成推挽式电路，由于两管分别工作半个周期，导通角 $\theta=\pi$，属于乙类工作状态。

4. 电路缺点

当输入信号 v_i 低于功率管的门槛电压时，T_1、T_2 都截止，负载上无电流，输出出现一段死区，即存在交越失真，如图 9.1(b)所示。

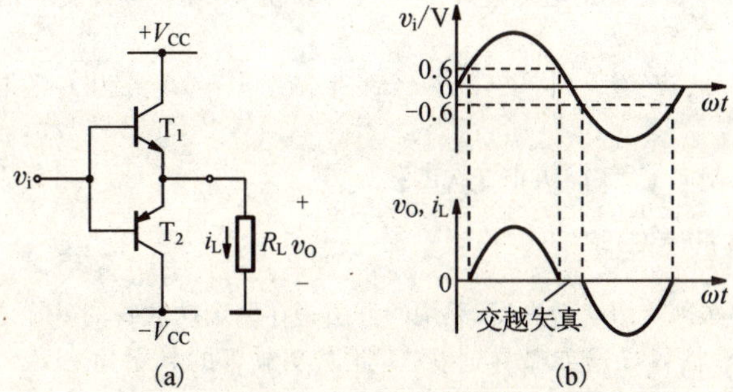

图 9.1　工作在乙类的双电源互补对称电路

(a) 电路　　(b) 交越失真的波形

5. 有关计算

(1) 最大输出电压

当输入电压 v_i 足够大时，$V_{om}=V_{CC}-|V_{CES}|\approx V_{CC}$

(2) 输出功率

$$P_o=V_oI_o=\frac{V_{om}}{\sqrt{2}}\cdot\frac{V_{om}}{\sqrt{2}R_L}=\frac{1}{2}\cdot\frac{V_{om}^2}{R_L}$$

输入电压足够大且不产生饱和失真时，负载上获得的最大功率为

$$P_{om}=\frac{1}{2}\cdot\frac{V_{om}^2}{R_L}\approx\frac{V_{CC}^2}{2R_L}$$

(3) 管耗

电源提供的功率除了转换成输出功率 P_o 外，主要消耗在晶体管上。

两管管耗　$P_T=P_{T1}+P_{T2}=\frac{2}{R_L}\left(\frac{V_{CC}V_{om}}{\pi}-\frac{V_{om}^2}{4}\right)$

当输出电压的幅值 $V_{om}\approx0.6V_{CC}$ 时，每管最大管耗 $P_{T1m}=\frac{V_{CC}^2}{\pi^2R_L}=\frac{2}{\pi^2}P_{om}\approx0.2P_{om}$

(4) 直流电源提供的功率

直流电源提供的功率 P_V 包括输出功率 P_o 和管耗 P_T 两部分。

$$P_V=P_o+P_T=\frac{2}{\pi}\cdot\frac{V_{CC}V_{om}}{R_L}$$

当输入电压 v_i 足够大，$V_{om}\approx V_{CC}$ 时，直流电源提供的最大功率为

$$P_{Vm}=\frac{2}{\pi}\cdot\frac{V_{CC}^2}{R_L}$$

(5) 转换效率 η

一般情况下，$\eta=\frac{P_o}{P_V}=\frac{\pi}{4}\cdot\frac{V_{om}}{V_{CC}}$

当输入电压 v_i 足够大，$V_{om}\approx V_{CC}$ 时，$\eta=\frac{P_{om}}{P_V}=\frac{\pi}{4}\approx78.5\%$

(甲类放大电路的最高效率只能达到 50%。)

三、乙类互补对称电路功率三极管的选择

1. 功率管的选择

要求根据晶体管所承受的最大管压降、集电极最大电流和最大功耗来选择晶体管。应使极限参数

$$V_{(BR)CEO}>2V_{CC},I_{CM}>\frac{V_{CC}}{R_L},P_{CM}>0.2P_{om}\mid_{V_{CES}=0}$$

2. 功放管的二次击穿

一次击穿：晶体管 C－E 之间的电压过大，将产生一次击穿，现象为 I_C突然增大。I_B越大，击穿电压 $V_{(BR)CEO}$越低。

二次击穿：一次击穿后，I_C增大到一定大小，会发生二次击穿，现象为 I_C猛增，管压降却减小，性能下降，可能永久损坏。

防止一次击穿并限制电流，就能防止二次击穿。

四、甲乙类互补对称放大电路

互补功率放大电路必须克服交越失真，采用的方法是在两个功放管的基极之间产生一个合适的偏压，使它们在静态时处于临界导通或微导通状态，此时功放管的导通角 $\pi<\theta<2\pi$，属于甲乙类工作状态。

1. 甲乙类双电源互补对称功率放大电路(OCL 电路，即无输出电容的功率放大电路)

(1) 电路特点：双电源供电，信号对地输入，输出直接接负载，负载另一端接地，功放管的基极之间存在偏置电路，以产生偏压。电路如图 9.2 所示。

(2) 如何克服交越失真：图 9.2(a)中，二极管 D_1、D_2的正向压降作为 T_1、T_2的基极偏置电压，使得静态 $v_i=0$ 时，两管均微导通，动态时克服交越失真，但偏置电压不好调整。图 9.2(b)中，V_{CE4}作为 T_1、T_2的基极偏置电压，其大小可通过调节 R_1/R_2 来改变。

(3) 静态特点：两只功率管微导通，$V_{EQ}=0$，$v_O=0$ V。

(4) 动态特点：两只功率管在信号的正、负半周交替工作、轮流导通，输出完整电压波形。两个直流电源交替供电，电路为射极输出形式，$v_O\approx v_i$。

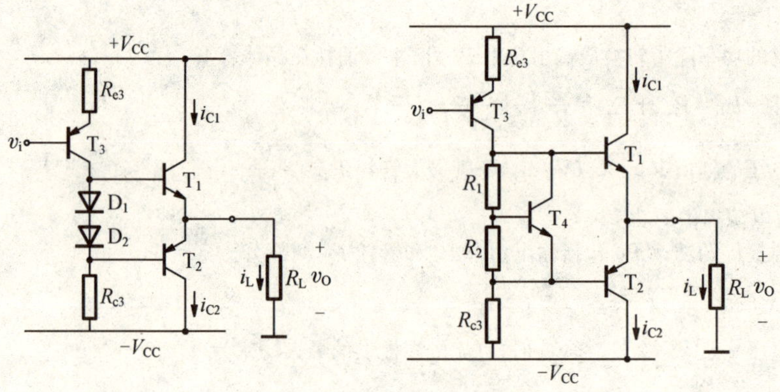

(a) (b)

图 9.2 甲乙类 OCL 电路

(a) 利用二极管的正向导通电压降进行偏置 (b) 利用 V_{BE}扩大电路进行偏置

2. 甲乙类单电源互补对称功率放大电路(OTL 电路，即无输出变压器的功率放大电路)

(1) 电路特点：单电源供电，信号对地输入，输出通过大电容耦合接负载，负载另一端接地，功放管的基极之间存在偏置电路，以产生偏压。电路如图 9.3 所示。

(2) 静态特点：$V_{EQ}=\frac{V_{CC}}{2}$，$v_O=0$ V。

(3) 动态特点：两只功率管在信号的正、负半周交替工作、轮流导通，输出完整电压波形；由于发射极电位为$\frac{V_{CC}}{2}$，所以每个三极管的工作电压为$\frac{V_{CC}}{2}$；u_I 负半周时，电容充当电源；电路为射极输出形式，$v_o \approx v_i$。

(4) 有关计算

由于每个功率管的工作电压是$\frac{V_{CC}}{2}$。所以只需对 OCL 电路中的公式加以修正，将 V_{CC}修改为$\frac{V_{CC}}{2}$，即为 OTL 电路的对应公式。

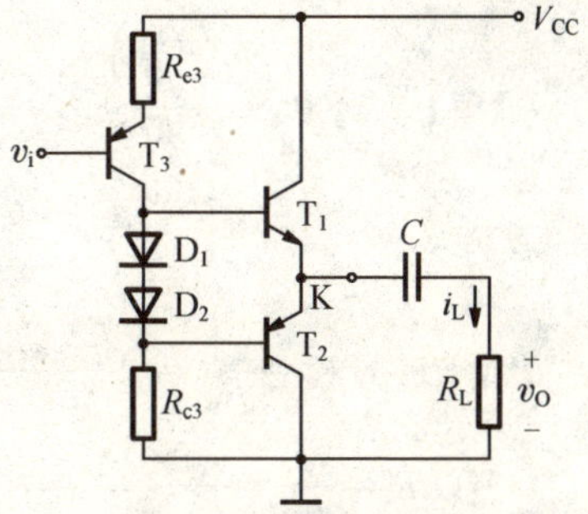

图 9.3　甲乙类 OTL 电路

五、集成功率放大器

1. 功率器件的散热问题

管耗直接表现在管子的结温升高，当结温升高到一定程度，会使管子损坏。因此输出功率受管耗的限制，进而与管子散热有密切的关系，通常要给功率 BJT 装上散热片。

2. 功率 VMOSFET 和 DMOSFET

与 BJT 相比，VMOSFET 和 DMOSFET 的优点如下：

(1) 输入电阻极高，驱动电流极小，功率增益高。

(2) 由于漏源电阻温度系数为正，温度上升时，电流受限，VMOS 不可能产生热击穿及二次击穿。

(3) 大功率 VMOS 管可用于高频电路。

(4) 导通电阻 $R_{DS(on)}$ 小。

但功率 MOS 管高耐压与低导通电阻之间存在矛盾。

3. 集成功放与分立器件功放的比较。

(1) 集成功放的性能特点：与分立器件构成的功率放大器相比，体积小、重量轻、成本低、外接元件少、调试简单、使用方便，且温度稳定性好，功耗低，电源利用率高，失真小，具有过流保护、过热保护、过压保护及自启动、消噪等功能。

(2) 集成功放的结构特点：总体上分为前置放大级(输入级)，中间放大级，互补或准互补输出级，过流、过压、过热保护电路等。其内部电路为直接耦合多级放大器。

习题全解

9.1　功率放大电路的一般问题

9.1.1　在甲类、乙类和甲乙类放大电路中，放大管的导通角分别等于多少？它们中哪一类放大电路效率最高？

【解】　甲类放大电路中，放大器件在整个周期内都导通，导通角 $\theta=2\pi$；乙类放大电路中，放大器件在半个周期内导通，导通角 $\theta=\pi$；甲乙类放大电路中，导通角 $\pi<\theta<2\pi$。

乙类放大电路的效率最高，在双电源互补对称电路中，理想情况下最高效率可达 78.5%。而甲类放大电路的效率最高只有 50%。

9.3　乙类双电源互补对称功率放大电路

9.3.1　在图题 9.3.1 所示电路中，设 BJT 的 $\beta=100$，$V_{BE}=0.7$ V，$V_{CES}=0.5$ V，$I_{CEO}=0$，电容 C 对交流可视为短路。输入信号 v_i 为正弦波。(1) 计算电路可能达到的最大不失真输出功率 P_{om}；(2) 此时 R_b 应调节到什么数值？(3) 此时电路的效率 $\eta=$？试与工作在乙类的互补对称电路比较。

【分析】　本题电路为共射放大电路，由于晶体管在信号整个周期内都导通，属于甲类工作状态。根据第四章基本放大电路的图解法分析，输出电压的最大值 $V_{om}=\frac{1}{2}(V_{CC}-V_{CES})$。

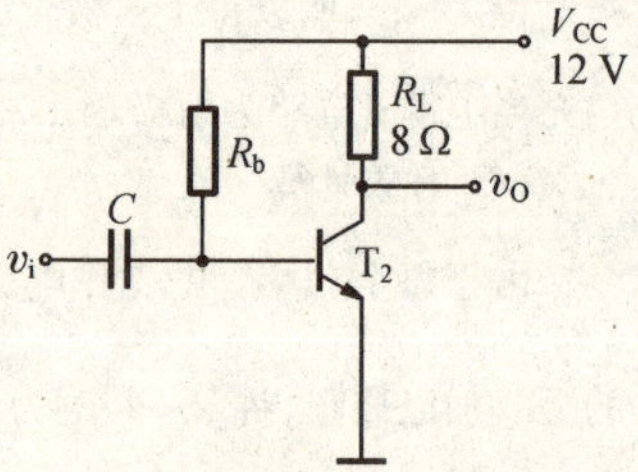

图题 9.3.1

【解】 (1) $P_{om}=\frac{\left(\frac{V_{om}}{\sqrt{2}}\right)^2}{R_L}=\frac{\left[\frac{1}{2\sqrt{2}}(V_{CC}-V_{CES})\right]^2}{R_L}$

$=\frac{\left[\frac{1}{2\sqrt{2}}(12-0.5)\right]^2}{8}\text{W}\approx 2.07\text{W}$

(2) $I_{CQ}=I_{cm}=\frac{V_{om}}{R_L}=\frac{V_{CC}-V_{CES}}{2R_L}=\frac{12-0.5}{2\times 8}\text{ A}\approx 0.72\text{ A}$

所以 $R_b=\frac{V_{R_b}}{I_{BQ}}=\frac{V_{CC}-V_{BE}}{\frac{I_{CQ}}{\beta}}=\frac{12-0.7}{\frac{0.72}{100}}\ \Omega\approx 1570\ \Omega$

(3) $\eta=\frac{P_{om}}{P_V}=\frac{P_{om}}{V_{CC}I_{CQ}}=\frac{2.07}{12\times 0.72}\approx 24\%$

可见,甲类电路的效率远低于乙类电路。

9.3.2 一双电源互补对称电路如图题 9.3.2 所示,设已知 $V_{CC}=12$ V,$R_L=16\ \Omega$,v_i 为正弦波。求:(1) 在 BJT 的饱和压降 V_{CES} 可以忽略不计的条件下,负载上可能得到的最大输出功率 P_{om};(2) 每个管子允许的管耗 P_{CM} 至少应为多少?(3) 每个管子的耐压 $|V_{(BR)CEO}|$ 应大于多少?

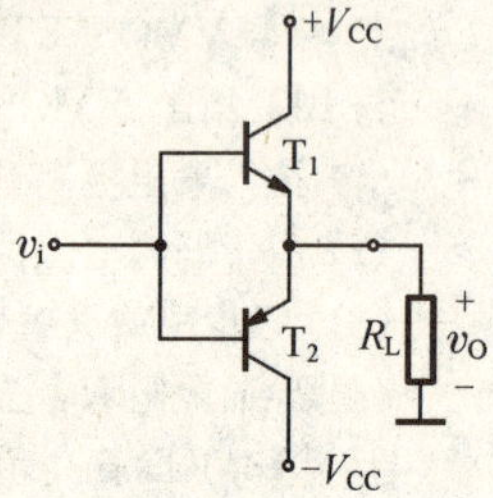

图题 9.3.2

【分析】 电路为乙类双电源互补对称功率放大电路,即 OCL 电路,最大输出功率 $P_{om}=\frac{V_{om}^2}{2R_L}\approx\frac{V_{CC}^2}{2R_L}$,最大允许管耗 $P_{CM}\geqslant 0.2P_{om}$。忽略饱和管压降 V_{CES} 不计,当输出最大功率 P_{om} 时,晶体管上的管压降达到 $2V_{CC}$。

【解】 (1) 最大输出功率 $P_{om}=\frac{V_{CC}^2}{2R_L}=\frac{12^2}{2\times 16}\text{ W}=4.5\text{ W}$

(2) 每管允许的管耗 $P_{CM}\geqslant 0.2P_{om}=0.2\times 4.5\text{ W}=0.9\text{ W}$

(3) 每管的耐压 $|V_{(BR)CEO}|\geqslant 2V_{CC}=2\times 12\text{ V}=24\text{ V}$

9.3.3 在图题 9.3.2 所示电路中,设 v_i 为正弦波,$R_L=8\ \Omega$,要求最大输出功率 $P_{om}=9$ W。试求在 BJT 和饱和压降 V_{CES} 可以忽略不计的条件下,求:(1) 正、负电源 V_{CC} 的最小值;(2) 根据所求 V_{CC} 最小值,计算相应的 I_{CM}、$|V_{(BR)CEO}|$ 的最小值;(3) 输出功率最大($P_{om}=9$ W)时,电源供给的功率 P_V;(4) 每个管子允许的管耗 P_{CM} 的最小值;(5) 当输出功率最大($P_{om}=9$ W)时的输入电压有效值。

【解】 (1) 由最大输出功率 $P_{om}=\frac{V_{om}^2}{2R_L}\leqslant\frac{V_{CC}^2}{2R_L}$,可得

$$V_{CC}\geqslant\sqrt{2R_LP_{om}}=\sqrt{2\times 8\times 9}=12\text{ V},\text{所以 } V_{CCmin}=12\text{ V}$$

(2) 当 $v_O=V_{om}$ 时,集电极电流 $I_C=I_{CM}$,则

$$I_{CM}=\frac{V_{om}}{R_L}\approx\frac{V_{CC}}{R_L}\geqslant\frac{V_{CCmin}}{R_L}=\frac{12\text{ V}}{8\ \Omega}=1.5\text{A}$$

$$|V_{(BR)CEO}|\geqslant 2V_{CC}=2\times 12\text{ V}=24\text{ V}$$

(3) 输出功率最大时,电源输出的功率

$$P_{Vm}=\frac{2V_{CC}^2}{\pi R_L}=\frac{2\times 12^2}{\pi\times 8}\text{ W}\approx 11.46\text{ W}$$

(4) 每管允许的管耗

$$P_{CM}\geqslant 0.2P_{om}=0.2\times 9\text{ W}=1.8\text{ W}$$

(5) 互补对称功放电路无电压放大功能,$v_i\approx v_o$,则

输出功率最大时的输入电压有效值 $V_i\approx V_o\approx\frac{V_{CC}}{\sqrt{2}}=\frac{12}{\sqrt{2}}\text{ V}\approx 8.49\text{ V}$

9.3.4 设电路如图题 9.3.2 所示,管子在输入信号 v_i 作用下,在一周期内 T_1 和 T_2 轮流导电约

180°，电源电压 $V_{CC}=20$ V，负载 $R_L=8\ \Omega$，试计算：

(1) 在输入信号 $V_i=10$ V(有效值)时，电路的输出功率、管耗、直流电源供给的功率和效率；

(2) 当输入信号 v_i 的幅值为 $V_{im}=V_{CC}=20$ V 时，电路的输出功率、管耗、直流电源供给的功率和效率。

【分析】 OCL 电路中 $V_{om}\approx V_{CC}$ 需要一个前提条件，即输入电压 v_i 要足够大，否则根据 $v_o\approx v_i$，$V_{om}\approx V_{im}$。(1)中，输入电压最大值约为 14 V，V_{om} 也只能达到 14 V；(2)中，输入电压最大值约为 $20\sqrt{2}$ V，由于输出电压不可能超过 V_{CC} 则 $V_{om}\approx V_{CC}=20$ V。

【解】 (1) 由于输入电压的有效值 $V_i=10$ V，则输出电压的最大值 $V_{om}\approx V_{im}=\sqrt{2}\times 10\ \text{V}=14$ V。

输出功率 $$P_o=\frac{1}{2}\cdot\frac{V_{om}{}^2}{R_L}=\frac{1}{2}\times\frac{14^2}{8}\ \text{W}=12.25\ \text{W}$$

两管管耗 $$P_T=2P_{T1}=2P_{T2}=\frac{2}{R_L}\left(\frac{V_{CC}V_{om}}{\pi}-\frac{V_{om}^2}{4}\right)=\frac{2}{8}\left(\frac{20\times 14}{\pi}-\frac{14^2}{4}\right)\ \text{W}\approx 10.04\ \text{W}$$

直流电源供给的功率 $$P_V=P_o+P_T=(12.25+10.04)\ \text{W}=22.29\ \text{W}$$

效率 $$\eta=\frac{P_o}{P_V}\times 100\%=\frac{12.25}{22.29}\times 100\%\approx 54.96\%$$

(2) 输入电压的有效值 $V_{im}=20$ V，则输出电压的最大值 $V_{om}\approx V_{CC}=20$ V。

输出功率 $$P_o=P_{om}=\frac{1}{2}\frac{V_{CC}{}^2}{R_L}=\frac{1}{2}\times\frac{20^2}{8}\ \text{W}=25\text{W}$$

两管管耗 $$P_T=2P_{T1}=2P_{T2}=\frac{2}{R_L}\left(\frac{V_{CC}V_{om}}{\pi}-\frac{V^2{}_{om}}{4}\right)$$

$$=\frac{2}{R_L}\left(\frac{V_{CC}^2}{\pi}-\frac{V_{CC}^2}{4}\right)=\frac{2}{8}\left(\frac{20^2}{\pi}-\frac{20^2}{4}\right)\ \text{W}\approx 6.85\ \text{W}$$

直流电源供给的功率 $$P_V=P_o+P_T=(25+6.85)\ \text{W}=31.85\ \text{W}$$

效率 $$\eta=\frac{P_o}{P_V}\times 100\%=\frac{25}{31.85}\times 100\%\approx 78.5\%$$

9.4 甲乙类互补对称功率放大电路

9.4.1 一单电源互补对称功放电路如图题 9.4.1 所示，设 v_i 为正弦波，$R_L=8\ \Omega$，管子的饱和压降 V_{CES} 可忽略不计。试求最大不失真输出功率 P_{om}(不考虑交越失真)为 9 W 时，电源电压 V_{CC} 至少应为多大？

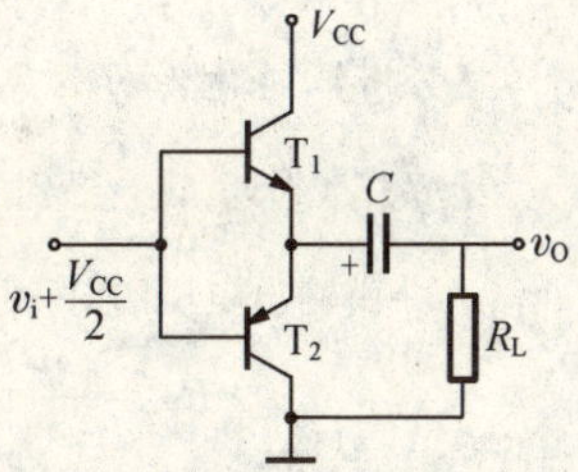

图题 9.4.1

【分析】 本题为 OTL 电路，与 OCL 电路相比，OTL 电路单电源供电，输出端通过大电容与负载耦合。由于电路对称，静态时 T_1、T_2 管压降相等，发射极电位为 $\frac{V_{CC}}{2}$，即每个管子的工作电压是 $\frac{V_{CC}}{2}$。所以只需对 OCL 电路中的公式加以修正，将 V_{CC} 修改为 $\frac{V_{CC}}{2}$，即为 OTL 电路的对应公式。

【解】 由 $V_{om}\approx\frac{1}{2}V_{CC}$，得 $P_{om}=\frac{1}{2}\frac{V_{om}^2}{R_L}\approx\frac{1}{8}\frac{V_{CC}^2}{R_L}$

所以 $V_{CC}\geqslant\sqrt{8R_LP_{om}}=\sqrt{8\times 8\times 9}\ \text{V}=24$ V

9.4.2 在图题 9.4.1 所示单电源互补对称电路中，设 $V_{CC}=12$ V，$R_L=8\ \Omega$，C 的电容量很大，v_i 为正弦波，在忽略管子饱和压降 V_{CES} 情况下，试求该电路的最大输出功率 P_{om}。

【解】 由于 $V_{om}\approx\frac{1}{2}V_{CC}$，得

$$P_{om}=\frac{1}{2}\frac{V_{om}{}^2}{R_L}\approx\frac{1}{8}\frac{V_{CC}{}^2}{R_L}=\frac{12^2}{8\times 8}\ \text{W}=2.25\text{W}$$

9.4.3 一单电源互补对称电路如图题 9.4.3 所示，设 T_1、T_2 的特性完全对称，v_i 为正弦波，$V_{CC}=12$ V，$R_L=8\ \Omega$。试回答下列问题：(1) 静态时，电容 C_2 两端电压应是多少？调整哪个电阻能满足这一

要求？(2) 动态时，若输出电压 v_O 出现交越失真，应调整哪个电阻？如何调整？(3) 若 $R_1=R_3=1.1\ k\Omega$，T_1 和 T_2 的 $\beta=40$，$|V_{BE}|=0.7\ V$，$P_{CM}=400\ mW$，假设 D_1、D_2、R_2 中任意一个开路，将会产生什么后果？

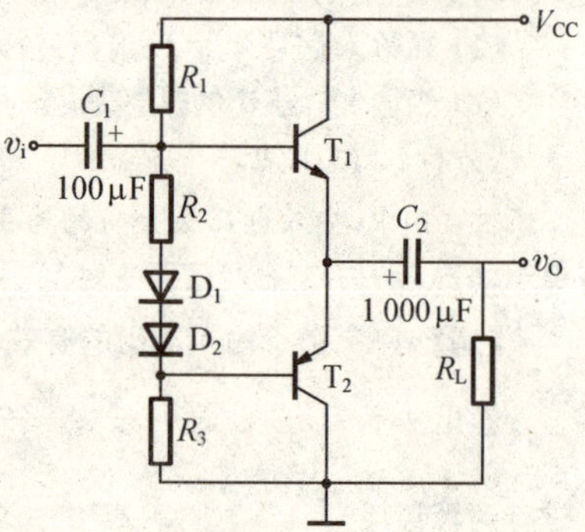

图题 9.4.3

【分析】 本题为 OTL 电路，R_2、D_1、D_2 的作用是共同提供 T_1 管和 T_2 管的静态基极偏置电压，从而消除交越失真，其中 R_2 可进一步调整偏置电压。每个管子的静态管耗 $P_{T1}=P_{T2}=I_C V_{CE}$。

【解】 (1) 由于 T_1、T_2 对称，静态时 T_1、T_2 的管压降也相等，因此发射极电位为 $\frac{V_{CC}}{2}$，即电容 C_2 两端的电压 $V_{C2}=\frac{1}{2}V_{CC}=6\ V$。调整 R_1 或 R_3 可满足这一要求。

(2) 动态时若 v_O 出现交越失真，则说明 $V_{R2}+V_{D1}+V_{D2}<|V_{BE1}|+|V_{BE2}|$，需增大电阻 R_2 的阻值。

(3) 若 D_1、D_2 或 R_2 中有一个开路，则由 KVL 有 $V_{CC}\approx I_{B1}(R_1+R_3)+2|V_{BE}|$，

得 $I_{B1}=I_{B2}\approx\frac{V_{CC}-2|V_{BE}|}{R_1+R_3}$，则 $I_{C1}=I_{C2}\approx\beta\frac{V_{CC}-2|V_{BE}|}{R_1+R_3}$

又 $V_{CE1}=V_{CE2}=\frac{1}{2}V_{CC}$

所以 $P_{T1}=P_{T2}=I_C V_{CE}\approx\beta\frac{V_{CC}-2|V_{BE}|}{R_1+R_3}\times\frac{1}{2}V_{CC}$

$$=40\times\frac{12-2\times0.7}{1\,100+1\,100}\times\frac{1}{2}\times12\ W=1\,156.4\ mW\gg P_{CM}=400\ mW$$

功放管烧毁。

9.4.4 在图题 9.4.3 所示单电源互补对称电路中，已知 $V_{CC}=35\ V$，$R_L=35\ \Omega$，流过负载电阻的电流为 $i_o=0.45\cos\omega t$(A)。求：(1) 负载上所能得到的功率 P_o；(2) 电源供给的功率 P_V。

【分析】 求电源功率 P_V 时注意，对于 OTL 电路，每个功率管的实际工作电源为 $V_{CC}/2$。

【解】 (1) 负载上得到的功率 $P_o=I_o^2R_L=\left(\frac{I_{om}}{\sqrt{2}}\right)^2R_L=\left[\left(\frac{0.45}{\sqrt{2}}\right)^2\times35\right]\ W\approx3.54\ W$

(2) 由输出电压的对称性，有

$$P_V=\frac{1}{\pi}\int_0^{\pi}\frac{V_{CC}}{2}I_{om}\sin\omega t\,d\,\omega t=\frac{V_{CC}I_{om}}{\pi}=\left(35\times\frac{0.45}{\pi}\right)\ W\approx5\ W$$

9.4.5 一双电源互补对称电路如图题 9.4.5 所示(图中未画出 T_3 的偏置电路)，设输入电压 v_i 为正弦波，电源电压 $V_{CC}=24\ V$，$R_L=16\ \Omega$，由 T_3 管组成的放大电路的电压增益 $\Delta v_{C3}/\Delta v_{B3}=-16$，射极输出器的电压增益为 1，试计算当输入电压有效值 $V_i=1\ V$ 时，电路的输出功率 P_o、电源供给的功率 P_V、两管的管耗 P_T 以及效率 η。

【分析】 前置放大管 T_3 的输出作为 OCL 电路的输入，据题意，当 T_3 管输入信号的有效值 $V_i=1\ V$时，OCL 电路的输入及输出电压有效值为 $16V_i=16\ V$。

【解】 输出功率 $P_o=\frac{V_o^2}{R_L}=\frac{(16V_i)^2}{R_L}=\frac{(16\times1)^2}{16}\ W=16\ W$

管耗 $P_T=2P_{T1}=2P_{T2}=\frac{2}{R_L}\left(\frac{V_{CC}V_{om}}{\pi}-\frac{V_{om}^2}{4}\right)$

$$=\frac{2}{16}\left[\frac{24\times16\sqrt{2}\times1}{\pi}-\frac{(16\sqrt{2}\times1)^2}{4}\right]\ W$$

$$=5.6\ W$$

直流电源供给的功率 $P_V = P_o + P_T = (5.6+16)\ W = 21.6\ W$

效率 $\eta = \frac{P_o}{P_V} \times 100\% = \frac{16}{21.6} \times 100\% \approx 74.1\%$

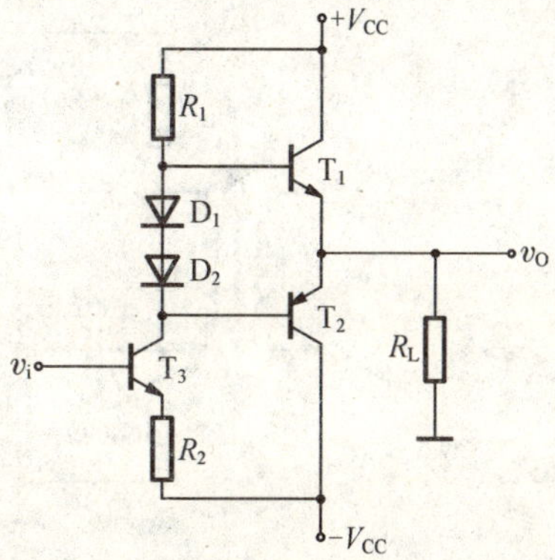

图题 9.4.5

9.4.6 某集成电路的输出级如图题 9.4.6 所示。试说明：(1) R_1、R_2 和 T_3 组成什么电路，在电路中起何作用；(2) 恒流源 I 在电路中起何作用；(3) 电路中引入了 D_1、D_2 作为过载保护，试说明其理由。

【分析】 T_1、T_2 构成前级电压放大电路，T_4、T_5、T_6 构成功率放大电路，D_1、D_2 构成过载保护，限制 T_4、T_5、T_6 的输出电流。

【解】 (1) R_1、R_2 和 T_3 组成了 V_{BE} 扩大电路，为最后一级功率放大电路提供静态偏置电压，消除交越失真。

由于流过 R_1、R_2 的电流远大于基极电流 I_{B3}，$V_{CE3} \approx V_{BE3} + \frac{V_{BE3}}{R_2} R_1 = \left(1 + \frac{R_1}{R_2}\right) V_{BE3}$，所以调节 R_1/R_2 可改变 V_{CE3}；又由

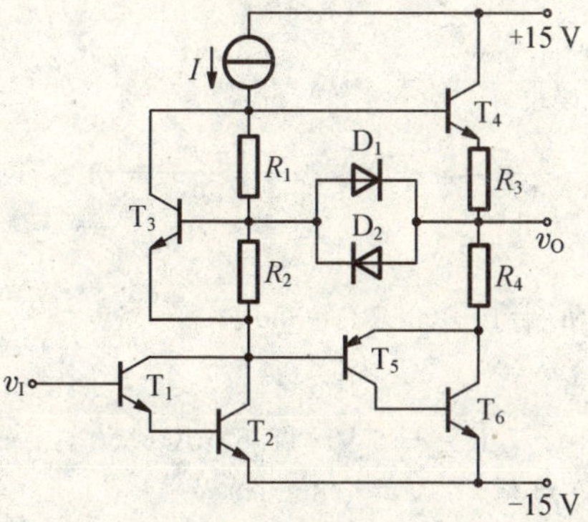

图题 9.4.6

KVL，$V_{CE3} = V_{BE4} + V_{EB5} + V_{R3} + V_{R4}$，进而可调整输出功率放大电路的偏置电压。

(2) 恒流源 I 作为 T_1、T_2 所构成的前级电压放大电路的有源负载，可以提高本级电压放大倍数。

(3) 当功率放大电路正向电流 I_{e4} 过大时，V_{R3} 增大，v_O 下降，导致 D_1 导通，则送至 T_4 的基极电流被 D_1 分流，从而限制 T_4 的输出电流；反之，当负向电流 I_{e5} 过大时，将导致 D_2 导通，则送至 T_5 的基极电流将被 D_2 分流，从而限制 T_5、T_6 的输出电流。因此 D_1、D_2 起过载保护作用。

9.4.7 现有一半导体收音机，输出级采用图题 9.4.7a 所示电路，有人说，当电源接通后，无信号输出(即喇叭不响)时，输出级 BJT 的损耗最小，你认为这种说法对不对？为什么？

【解】 本电路属于甲类功率放大器，无论有无信号输入，集电极的平均电流 I_C 基本不变，即电源供给功率 P_V 基本不变。有信号时，$P_V = P_o + P_T$；无信号时，$P_V = P'_T$，可见 $P'_T > P_T$。因此无信号输入时，管耗反而大，本题说法不正确。

9.4.8 在如图题 9.4.7a 所示电路中，试用图解法求出负载上的输出功率和效率。设输出变压器效率为 80%。三极管 T 的输出特性如图题 9.4.7b 所示。

提示：此题的等效交流负载电阻 $R'_L = \left(\frac{N_1}{N_2}\right)^2 R_L$，$N_1$、$N_2$ 分别为变压器一次、二次绕组的匝数。

【分析】 由于三极管集电极输出功率 $P_{oc} = \frac{1}{2} I_{cm} V_{cem}$，所以需通过图解法求出集电极最大输出电流 I_{cm} 和最大管压降 V_{cem}。图解法的关键是在三极管的输出特性曲线上根据两点法作出电路的交流负载线 MN，由于交流负载线过 Q 点，所以首先求出 Q 点，再求出交流负载线与横轴的交点 M(参见主教

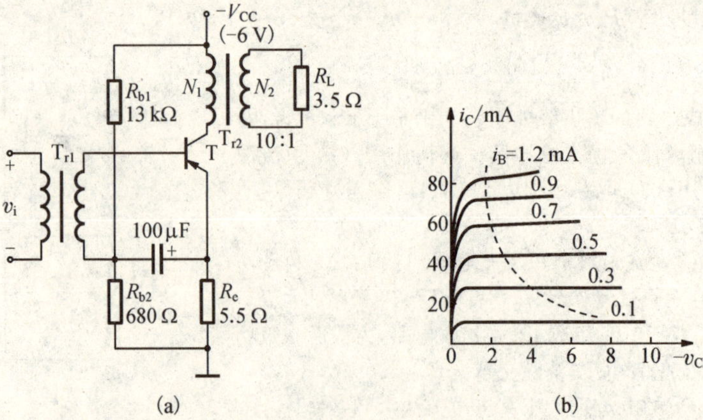

图题 9.4.7

材 P178 有关交流负载线知识)。此外变压器负载 R_L 可等效为 T 管集电极电阻 R'_L。

【解】 先求 Q 点。

$$\begin{cases} V_B=\dfrac{R_{b2}}{R_{b1}+R_{b2}}(-V_{CC})=\dfrac{0.68}{0.68+13}\times(-6)\text{V}=-0.298\text{ V} \\ I_C\approx I_E=\dfrac{0-V_E}{R_e}=\dfrac{-(V_B-V_{BE})}{R_e}=\dfrac{-[-0.298-(-0.2)]}{5.5}\text{mA}\approx 17.8\text{mA} \\ V_{CE}=-V_{CC}+I_CR_e\approx -V_{CC}=-6\text{ V} \end{cases}$$

等效交流负载 $R'_L=\left(\dfrac{N_1}{N_2}\right)^2R_L=10^2\times 3.5\ \Omega=350\ \Omega$

则交流负载线与横轴的交点

$$V_{CEM}=V_{CE}-I_CR'_L=-6\text{ V}-17.8\text{ mA}\times 350\ \Omega=-12.23\text{ V}$$

在输出特性曲线上，过 Q 点(−6 V，17.8 mA)及 M 点(−12.23 V，0 mA)作出电路的交流负载线 MN，如图解 9.4.8，由图得：

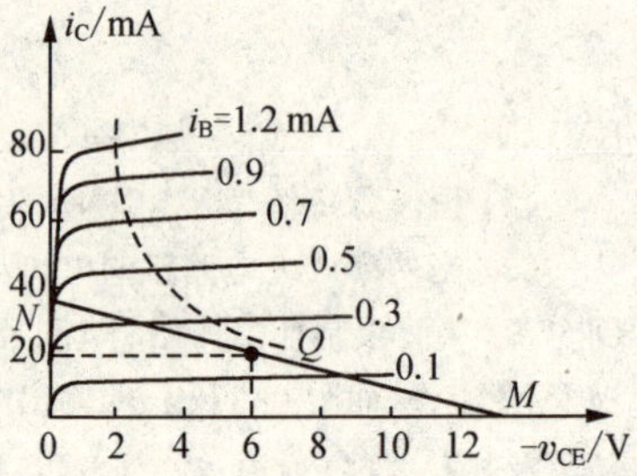

图解 9.4.8

集电极最大输出电流 $I_{cm}=\dfrac{I_{cmax}-I_{cmin}}{2}\approx I_C=17.8\text{ mA}$

最大管压降 $V_{cem}=\dfrac{V_{cmax}-V_{CES}}{2}\approx 6\text{ V}$

三极管集电极输出功率

$$P_{oc}=\frac{I_{cm}}{\sqrt{2}}\cdot\frac{V_{cem}}{\sqrt{2}}=\frac{1}{2}\times 17.8\times 10^{-3}\times 6\text{ W}\approx 53.4\text{ mW}$$

负载上的输出功率

$P_o=P_{oc}\times 80\%=53.4\text{ mW}\times 80\%\approx 42.7\text{ mW}$

又直流电源提供的功率 $P_V=I_CV_{CC}=17.8\times 6\text{ mW}\approx 106.8\text{ mW}$

效率 $\eta=\dfrac{P_o}{P_V}\times 100\%=\dfrac{42.7}{106.8}\times 100\%\approx 40\%$

9.4.9 一个简易手提式小型扩音机的输出级如图题 9.4.9 所示。(1) 试计算负载上的输出功率和扩音机效率；(2) 验算功率 BJT3AD1 的定额是否超过。

提示：(1) 电路基本上工作在乙类，T_{r2} 内阻可忽略，输出变压器效率为 0.8。管子 3AD1 的 $|V_{(BR)CER}|=30$ V，$I_{CM}=1.5$ A，$P_{CM}=1$ W(加散热片 150×150×3 mm^3 时为 8 W)；(2) 此题的等效交流负载电阻 $R'_L=(N_1/N_2)^2R_L$；(3) 可参考双电源互补对称电路的有关计算公式算出 BJT 集电极输出功率，再乘以变压器效率就得负载 R_L 上的输出功率。

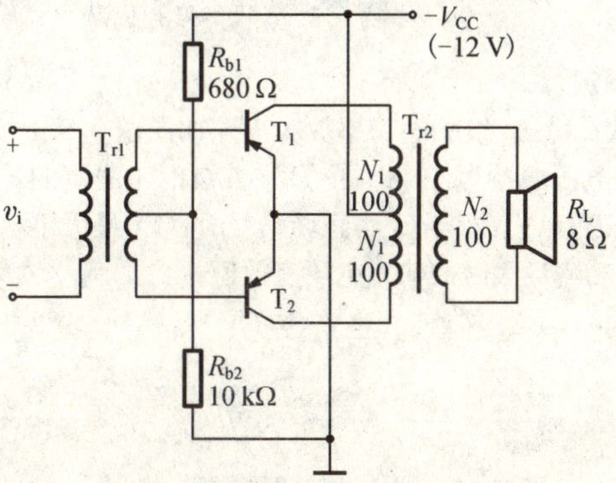

图题 9.4.9

【解】 (1) 等效交流负载 $R_L'=\left(\frac{N_1}{N_2}\right)^2 R_L=\left(\frac{100}{100}\right)^2\times 8\ \Omega=8\ \Omega$

集电极输出功率　$P_{oc}=\frac{1}{2}\cdot\frac{V_{CC}^2}{R_L'}=\frac{1}{2}\times\frac{12^2}{8}\ \text{W}=9\ \text{W}$

负载上得到的功率　$P_o=P_{oc}\eta_T=9\ \text{W}\times 0.8=7.2\ \text{W}$

电源提供的功率　$P_V=\frac{2}{\pi}\cdot\frac{V_{CC}^2}{R_L'}=\frac{2}{\pi}\times\frac{12^2}{8}\ \text{W}\approx 11.5\ \text{W}$

效率　$\eta=\frac{P_o}{P_V}\times 100\%=\frac{7.2}{11.5}\times 100\%\approx 62.6\%$

(2) 验算

最大集电极电流　$I_{cmax}=\frac{V_{CC}}{R_L'}=\frac{12}{8}\ \text{A}=1.5\ \text{A}=I_{CM}$

每管承受的最大反向压降　$|V_{cemax}|=2V_{CC}=24\ \text{V}<|V_{(BR)CER}|$

每管管耗　$P_{T1}=P_{T2}=\frac{1}{2}(P_V-P_o)=\frac{1}{2}\times(11.5-9)\ \text{W}=1.25\ \text{W}<P_{CM}$

由于极限值没有超过 3AD1 的极限参数，可以在加散热片时使用。

9.5　功率管

9.5.1　设 BJT 的结温允许的最高温度为 $T_{jmax}=150℃$。试求：

(1) 在自然空间，环境温度 $T_a=50℃$，在不加散热片时，结与空气之间的热阻 $R_T=62.5$ ℃/W，此时功率三极管能够安全耗散的最大功率 P_{CM} 是多少？

(2) 环境温度 $T_a=50℃$ 且使用散热器，已知结与外壳之间的热阻 $R_{TJ}=3.12$ ℃/W，外壳到散热器的热阻 $R_{TC}=0.5$ ℃/W，散热器到周围空气间的热阻 $R_{Tf}=4$ ℃/W，此时 BJT 能够安全耗散的最大功率 P_{CM} 是多少？

【解】 (1) 无散热器时

$$P_{CM}=(T_{jmax}-T_a)/R_{ja}$$
$$=(T_{jmax}-T_a)/R_T=\frac{150-50}{62.5}\ \text{W}=1.6\ \text{W}$$

(2) 有散热器时

总热阻近似为　$R_T=R_{ja}=R_{Tj}+R_{TC}+R_{Tf}$

$=(3.12+0.5+4)℃/\text{W}=7.62\ ℃/\text{W}$

则 BJT 能够安全耗散的最大功率

$$P_{CM}=(T_{jmax}-T_a)/R_T$$

$$=\frac{150-50}{7.62}\text{ W}\approx 13.1\text{ W}$$

9.6 集成功率放大器举例

9.6.1 一个用集成功放 LM384 组成的功率放大电路如图题 9.6.1 所示。已知电路在通带内的电压增益为 40 dB，在 $R_L=8\ \Omega$ 时不失真的最大输出电压(峰－峰值)可达 18 V。求当 v_i 为正弦信号时：(1) 最大不失真输出功率 P_{om}；(2) 输出功率最大时的输入电压有效值。

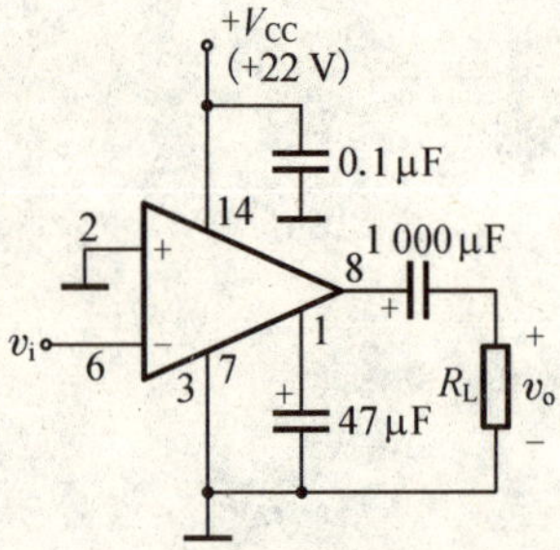

图题 9.6.1

【解】 (1) 输出电压幅值 $V_{om}=\frac{V_{OPP}}{2}=\frac{18\text{ V}}{2}=9\text{ V}$

最大不失真输出功率 $P_{om}=\frac{V_{om}^2}{2R_L}=\frac{9^2}{2\times 8}\text{ W}\approx 5.06\text{W}$

(2) 由电压增益为 40 dB，有 $20\lg|A_v|=40$ dB，即 $|A_v|=100$

则输入电压幅值 $V_{im}=\frac{V_{om}}{|A_v|}=\frac{9\text{ V}}{100}=0.09\text{ V}$

输入电压有效值 $V_i=\frac{\sqrt{2}}{2}V_{im}=\frac{\sqrt{2}}{2}\times 0.09\text{ V}\approx 64\text{ mV}$

9.6.2 2030 集成功率放大器的一种应用电路如图题 9.6.2 所示，假定其输出级 BJT 的饱和压降 V_{CES} 可以忽略不计，v_i 为正弦电压。(1) 求理想情况下最大输出功率 P_{om}；(2) 求电路输出级的效率 η。

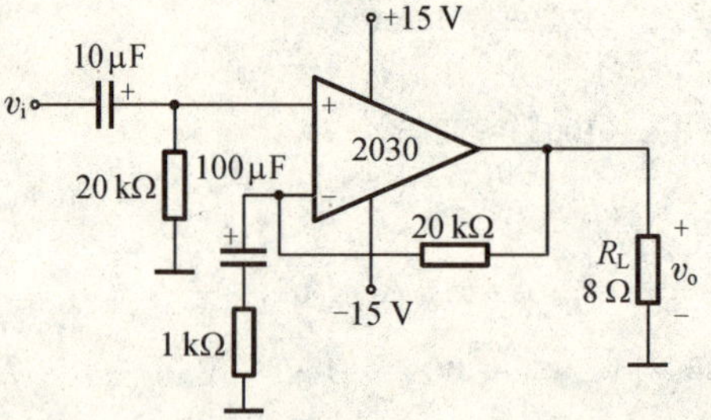

图题 9.6.2

【解】 (1) 最大输出功率 $P_{om}=\frac{1}{2}\cdot\frac{V_{CC}^2}{R_L}=\frac{1}{2}\times\frac{15^2}{8}\text{ W}\approx 14.06\text{ W}$

(2) 直流电源提供的功率 $P_V=\frac{2}{\pi}\cdot\frac{V_{CC}^2}{R_L}=\frac{2}{\pi}\times\frac{15^2}{8}\text{ W}\approx 17.9\text{ W}$

效率 $\eta=\frac{P_{om}}{P_V}\times 100\%=\frac{14.06}{17.9}\times 100\%\approx 78.5\%$

9.6.3 桥式功率放大电路如图题 9.6.3 所示。设图中参数 $R_1=R_3=10\text{ k}\Omega$，$R_2=15\text{ k}\Omega$，$R_4=25\text{ k}\Omega$ 和 $R_L=1.2\text{ k}\Omega$，v_i 为正弦波，放大器 A_1、A_2 的工作电源为±15 V，每个放大器的输出电压峰值限制在±13 V。试求：(1) A_1、A_2 的电压增益 $A_{v1}=v_{o1}/v_i=?$ $A_{v2}=v_{o2}/v_i=?$ (2) 负载 R_L 能得到的最大功率；(3) 输入电压的峰值。

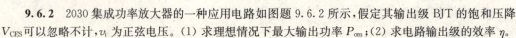

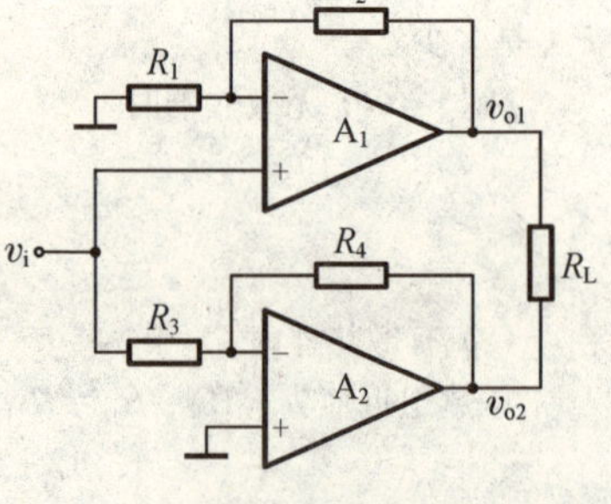

图题 9.6.3

【解】 (1) A_1 电路的电压增益

$$A_{v1}=\frac{v_{o1}}{v_i}=1+\frac{R_2}{R_1}=1+\frac{15}{10}=2.5$$

A_2 电路的电压增益

$A_{v2}=\frac{v_{o2}}{v_i}=-\frac{R_4}{R_3}=-\frac{25}{10}=-2.5$

(2) 由 $v_o=v_{o1}-v_{o2}$，负载上的输出电压幅值 $V_{om}=V_{om1}-V_{om2}=[13-(-13)]\ V=26\ V$

负载 R_L 上得到的最大功率 $P_{om}=\frac{V_{om}^2}{2R_L}=\frac{(26)^2}{2\times 1\ 200}\ W\approx 0.28W$

(3) 输入电压的峰值 $V_{im}=\frac{V_{om1}}{A_{v1}}=\frac{13\ V}{2.5}=5.2\ V$

典型习题与全真考题详解

1. 若要设计一个输出功率为 10 W 的乙类功率放大器，则应选择 P_{CM} 至少为 ________ W 的功率管两只。

【分析】 乙类功率放大器的最大管耗与最大输出功率的关系是 $P_{T1m}=\frac{1}{\pi^2}\cdot\frac{V_{CC}^2}{R_L}\approx 0.2P_{om}$，要求输出功率 10 W，则要用两个额定管耗大于 2 W 的功率管。

【解】 2

2. 对电压放大器的要求主要是________①________，讨论的主要技术指标是________②________，________③________和________④________；对功率放大器关心的主要问题是________⑤________，________⑥________和________⑦________。

【解】 ①具有不失真的信号放大作用 ②放大倍数 ③输入电阻 ④输出电阻 ⑤输出功率 ⑥效率 ⑦非线性失真

3. 运放驱动的 OCL 功放电路如图题 9.3 所示，已知 $V_{CC}=18\ V$，$R_L=16\ \Omega$，$R_1=10\ k\Omega$，$R_f=150\ k\Omega$，运放的最大输出电流为±25 mA，T_1、T_2 管的饱和压降 $V_{CES}=2\ V$。

(1) T_1、T_2 管的 β 满足什么条件时，负载 R_L 上有最大的输出电流？

(2) 为使负载 R_L 上有最大的不失真输出电压，输入信号的幅度 $V_{im}=$？

(3) 试计算运放输出幅度足够大时，负载 R_L 上的最大不失真输出功率 P_{omax} 及效率 η；

(4) 若该电路输出端出现交越失真，应怎样调整才能消除？

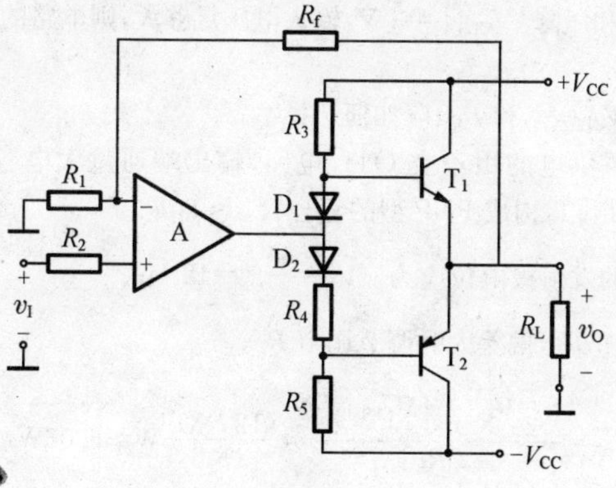

图题 9.3

【解】 (1) 可能获得的最大不失真输出电流 $I_{Lmax}=\frac{V_{CC}-|V_{CES}|}{R_L}=\frac{18-2}{16}=1\ A$

则

$$\beta\geqslant\frac{I_{Lmax}}{I_{om}}=\frac{1\ 000\ mA}{25\ mA}=40$$

(2) 负载 R_L 上能获得的最大不失真电压

$V_{om}=V_{CC}-|V_{CES}|=(18-2)V=16\ V$

由于 R_f 引入电压串联深度负反馈，因此整个电路的电压放大倍数

$$A_v \approx \frac{R_1+R_f}{R_1}=\frac{10+150}{10}=16$$

因此输入信号的幅值应为 $V_{im}=\frac{V_{om}}{A_v}=\frac{16}{16}\ \text{V}=1\ \text{V}$

(3) 最大不失真输出功率　$P_{om}=\frac{V_{om}^2}{2R_L}=\frac{16^2}{2\times16}\ \text{W}=8\ \text{W}$

效率　$\eta=\frac{\pi}{4}\cdot\frac{(V_{CC}-|V_{CES}|)}{V_{CC}}=\frac{\pi}{4}\times\frac{(18-2)}{18}\approx69.8\%$

(4) 输出电压出现交越失真是由于 T_1、T_2 管的静态工作偏置电压太低引起的，可以调整阻 R_4，使其阻值适当加大。但要注意 R_4 的阻值不能过大，否则可能使 T_1、T_2 管因过流而烧坏。

4. OTL 电路如图题 9.4 所示。

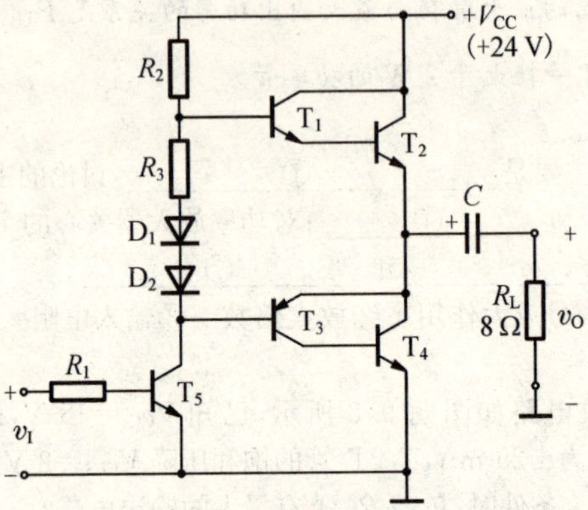

图题 9.4

(1) 为使得最大不失真输出电压幅值最大，静态时 T_2 和 T_4 管的发射极电位应为多少？若不合适，则一般应调节哪个元件的参数？

(2) 若 T_2 和 T_4 管的饱和压降 $|V_{CES}|=3$ V，输入电压足够大，则电路的最大输出功率 P_{om} 和效率 η 各为多少？

(3) T_2 和 T_4 管的 I_{CM}、$V_{(BR)CEO}$ 和 P_{CM} 应如何选择？

【分析】 本题为单电源供电的甲乙类 OTL 电路，输出端通过大电容与负载耦合。T_1、T_2 构成 NPN 型的复合管，$\beta\approx\beta_1\beta_2$，$T_3$、$T_4$ 构成 PNP 型的复合管，$\beta\approx\beta_3\beta_4$。

【解】 (1) T_2 和 T_4 管的发射极电位应为　$V_E=\frac{V_{CC}}{2}=12\ \text{V}$；

若不合适，偏差小时调节 R_3，偏差大时调节调节 R_2。

(2) 最大输出功率　$P_{om}=\frac{\left(\frac{1}{2}V_{CC}-|V_{CES}|\right)^2}{2R_L}=\frac{(12-3)^2}{2\times8}\text{W}\approx5.06\text{W}$

效率 $\eta=\frac{\pi}{4}\cdot\frac{V_{om}}{V_{CC}'}=\frac{\pi}{4}\cdot\frac{\frac{1}{2}V_{CC}-|V_{CES}|}{\frac{1}{2}V_{CC}}=\frac{\pi}{4}\cdot\frac{12-3}{12}\times100\%\approx58.9\%$

(3) T_2 和 T_4 管的 I_{CM}、$V_{(BR)CEO}$ 和 P_{CM} 的选择原则分别为

$$I_{CM}>\frac{V_{CC}/2}{R_L}=\frac{12}{8}\text{A}=1.5\text{A};$$

$$V_{(BR)CEO}>V_{CC}=24\ \text{V};$$

即　　$P_{CM} > 0.2P_{om}|_{V_{CES}=0} = 0.2\times\dfrac{\left(\dfrac{1}{2}V_{CC}\right)^2}{2R_L} = 0.2\times\dfrac{12^2}{2\times 8}\ \text{W} = 1.8\ \text{W}$。

5.（东南大学 2006 年硕士研究生入学考试试题）电路如图题 9.5 所示，忽略 VT_4、VT_5 的饱和管压降。

(1) 简述电路的工作原理；

(2) 计算最大输出功率 P_{omax}；

(3) 确定 VT_4、VT_5 管的 P_{CM}、$V_{BR(CEO)}$、I_{CM} 至少应选多少？

(4) 当 $V_i = 0.5\ \text{V}$ 有效值时，求电路的输出功率。

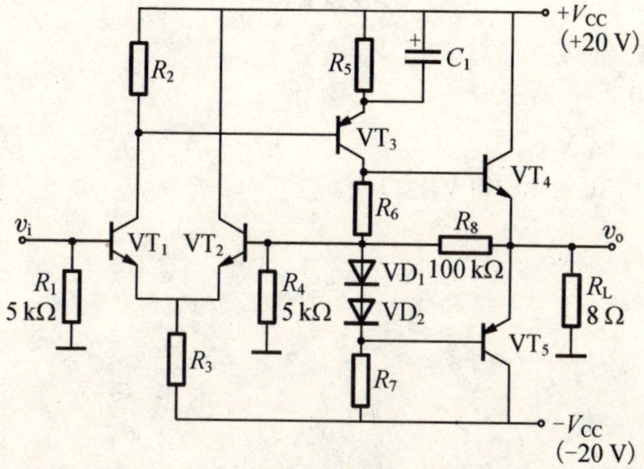

图题 9.5

【解】 (1) 工作原理：电路为差分输入、OCL 功放输出电路。第一级由 VT_1、VT_2 构成差分电路，其输出信号加入 VT_3 管构成的第二级共发射极放大电路，第三级为 VT_4、VT_5 构成的 OCL 互补对称功放电路，VD_1、VD_2 及 R_6 用来消除交越失真。R_4、R_8 构成电压串联负反馈。

(2) $P_{omax} = \dfrac{1}{2}\cdot\dfrac{V_{om}^2}{R_L} = \dfrac{1}{2}\cdot\dfrac{V_{CC}^2}{R_L} = \dfrac{1}{2}\times\dfrac{20^2}{8}\text{W} = 25\ \text{W}$

(3) $P_{CM} = 0.2P_{omax} = 0.2\times 25W = 5\ \text{W}$

$V_{BR(CEO)} = 2V_{CC} = 2\times 20\ \text{V} = 40\ \text{V}$

$I_{CM} = I_{omax} = \dfrac{V_{om}}{R_L} = \dfrac{20}{8}\text{A} = 2.5\ \text{A}$

(4) 由于电阻 R_4、R_8 引入电压串联负反馈，得

$A_f = 1 + \dfrac{R_8}{R_4} = 1 + \dfrac{100}{5} = 21$

则　　$V_o = A_f V_i = 21\times 0.5 = 10.5\ \text{V}$

所以　　$P_o = \dfrac{V_o^2}{R_L} = \dfrac{10.5^2}{8}\ \text{W} \approx 13.8\ \text{W}$

6.（哈尔滨工业大学 2007 年硕士研究生入学考试试题）电路如图题 9.6 所示，试求：

(1) 运放的输出 v_{o1} 与输入 v_i 之间的函数表达式；

(2) 设 $R_L = 8\ \Omega$，当电路的输出功率 $P_o = 1\ \text{W}$ 时，计算输出 v_o 的幅值 V_{om}，并计算此时输入 v_i 的幅值 V_{im}。

【解】 (1) 运放 A 构成同相比例运算电路

则 $v_{o1} = \left(1 + \dfrac{3R}{R}\right)v_i = 4v_i$

(2) VT_1 与 VT_2 构成乙类功放电路

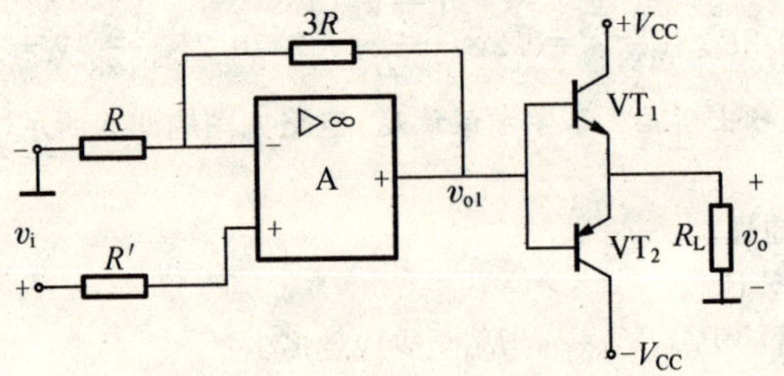

图题 9.6

由 $P_o=\frac{V_{om}^2}{2R_L}=1\ \text{W}$

代入 $R_L=8\ \Omega$，得 $V_{om}=4\ \text{V}$

又 $V_{o1m}\approx V_{om}=4\ \text{V}$，由 $v_{o1}=4v_i$，得 $V_{im}=1\ \text{V}$。

第 10 章　信号处理与信号产生电路

内容与要求

一、理解有源滤波器的工作原理、幅频特性和分析方法。

二、理解正弦波振荡电路的组成及工作原理，掌握判断 RC 正弦波振荡电路、LC 正弦波振荡电路、石英晶体正弦波振荡电路是否能够正常工作的方法。

三、掌握单门限电压比较器、迟滞比较器的分析方法和电压传输特性的求解方法。

四、掌握矩形波、三角波和锯齿波等非正弦波产生电路的工作原理、波形分析和主要参数的计算。

知识点归纳

一、有源滤波器

滤波电路是一种选频电路。它能选出有用的信号，抑制无用的信号，使一定频率范围内的信号能顺利通过，衰减很小，而在此频率范围以外的信号则不易通过，衰减很大。由电阻、电容和电感等无源元件组成的滤波电路称为无源滤波器；含有运算放大器等有源元件的滤波电路称为有源滤波器。

1. 有源滤波器的分类

根据滤波电路通带和阻带的不同，有源滤波器可分为低通、高通、带通、带阻和全通等类型，其幅频特性如图 10.1 所示。

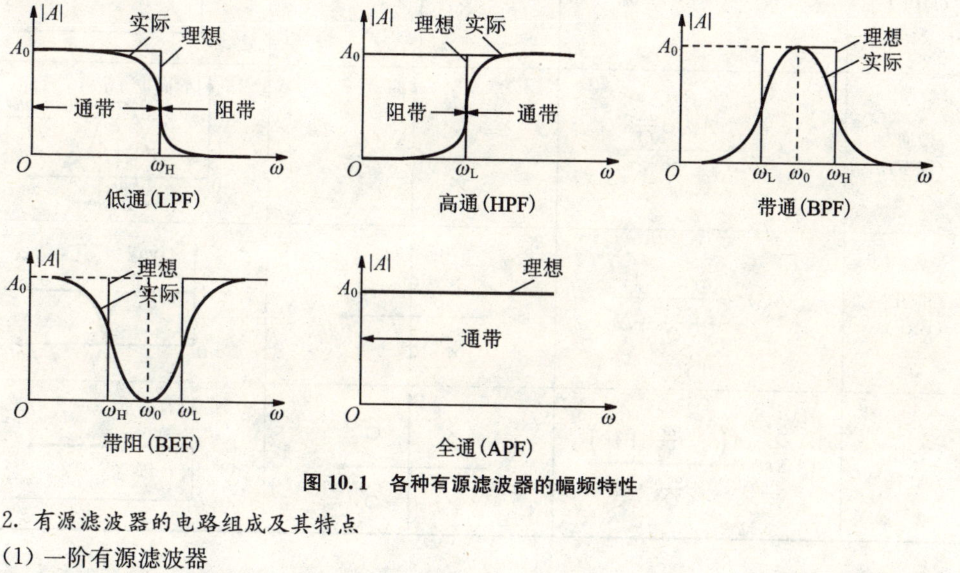

图 10.1　各种有源滤波器的幅频特性

2. 有源滤波器的电路组成及其特点

(1) 一阶有源滤波器

以带同相比例放大电路的一阶有源低通滤波器为例，如图 10.2 所示。其传递函数为 $A(s)=\dfrac{A_0}{1+\dfrac{s}{\omega_c}}$，其中同相比例放大系数 $A_0=1+\dfrac{R_f}{R_1}$，特征角频率 $\omega_c=\dfrac{1}{RC}$，幅频关系为 $|A(j\omega)|=\dfrac{A_0}{\sqrt{1+\left(\dfrac{\omega}{\omega_c}\right)^2}}$。

若将图 10.2 中的 R 和 C 交换位置，则可构成一阶高通滤波器。一阶有源滤波电路通带外衰减速

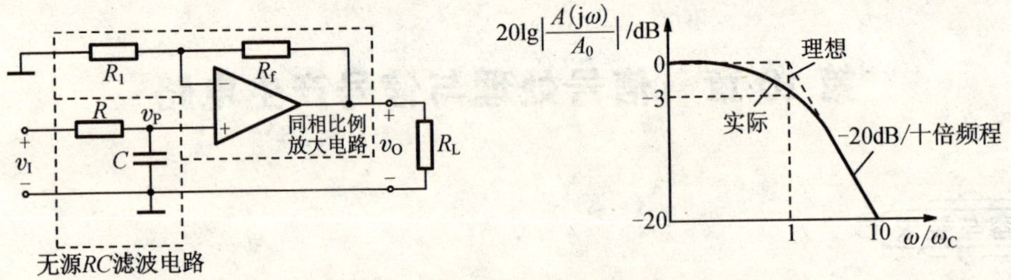

图 10.2　一阶有源滤波器及其幅频特性

率慢（−20dB/十倍频程），与理想情况相差较远，一般用在对滤波要求不高的场合。

（2）二阶有源滤波器

表 10.1 给出了二阶滤波器的标准传递函数表达式、零极点分布以及幅频特性示意图。

表 10.1　二阶滤波器的标准传递函数表达式、零极点分布以及幅频特性示意图

滤波器类型	传递函数	零极点分布	幅频特性
低通（LPF）	$A(s)=\dfrac{A(0)\omega_0^2}{s^2+\dfrac{\omega_0}{Q}s+\omega_0^2}$	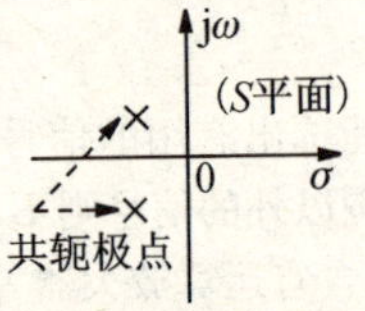	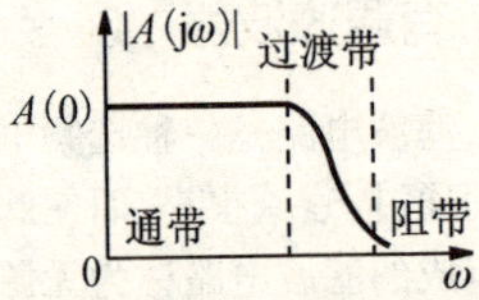
高通（HPF）	$A(s)=\dfrac{A(\infty)s^2}{s^2+\dfrac{\omega_0}{Q}s+\omega_0^2}$	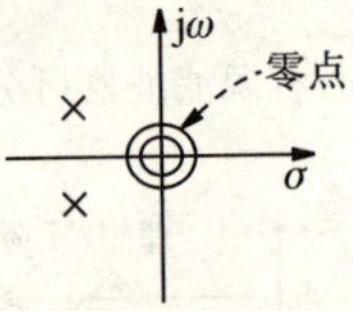	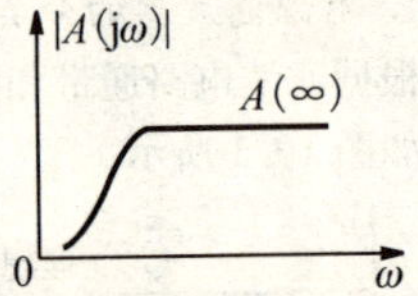
带通（BPF）	$A(s)=\dfrac{A(\omega_0)\dfrac{\omega_0}{Q}s}{s^2+\dfrac{\omega_0}{Q}s+\omega_0^2}$	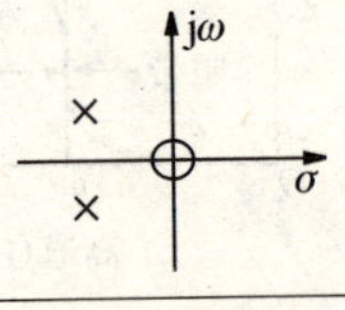	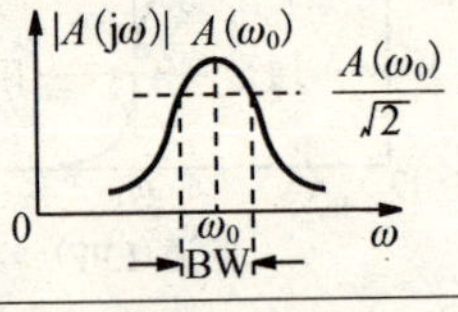
带阻（BRF）	$A(s)=\dfrac{A(s^2+\omega_0^2)}{s^2+\dfrac{\omega_0}{Q}s+\omega_0^2}$	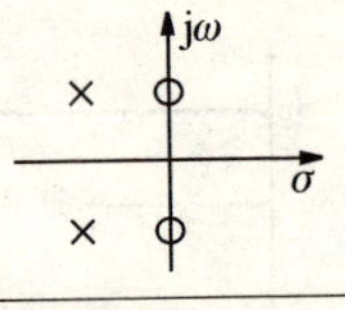	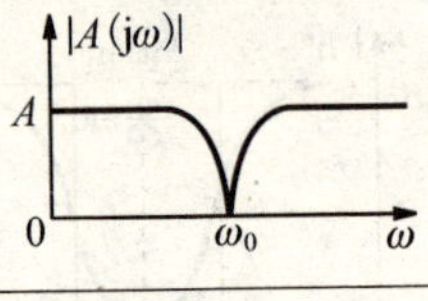
全通（APF）	$A(s)=\dfrac{A\left(s^2-\dfrac{\omega_0}{Q}s+\omega_0^2\right)}{s^2+\dfrac{\omega_0}{Q}s+\omega_0^2}$	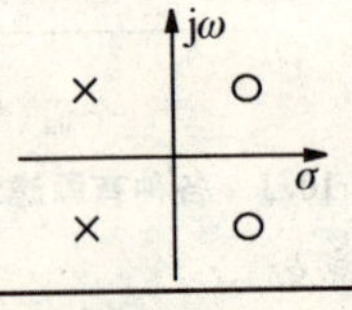	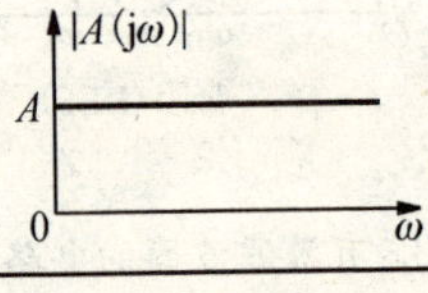

二、正弦波振荡电路

所谓振荡是指无外加信号，但能输出一定频率和幅值的信号。正弦波振荡电路中引入的是正反馈，且振荡频率可控。

1. 基本组成

正弦波振荡电路一般由放大电路、选频网络、反馈网络和稳幅电路组成。

(1) 放大电路：放大作用

(2) 正反馈网络：满足相位条件

(3) 选频网络：确定 f_0，保证电路产生正弦波振荡

(4) 非线性环节(稳幅环节)：稳幅

2. 振荡条件

起振条件：$|\dot{A}\dot{F}|>1$

平衡条件：$\dot{A}\dot{F}=1$，其中$|\dot{A}\dot{F}|=1$为幅值平衡条件，$\varphi_A+\varphi_F=2n\pi$为相位平衡条件。

3. 能否产生正弦波振荡的判断方法

(1) 检查电路是否具备正弦波振荡器的基本组成，即是否具有放大电路、选频网络、反馈网络和稳幅电路；

(2) 检查放大电路的静态工作点是否能保证放大电路正常工作；

(3) 检查是否满足相位条件，即是否存在 f_0，即是否可能振荡；

判断相位条件时采用瞬时极性法，即断开反馈，在断开处给放大电路加 $f=f_0$的信号 V_i，且规定其极性，然后根据V_i的极性，判断V_o和V_f的极性，若V_f与V_i极性相同，则电路有可能产生自激振荡；反之，则不可能产生自激振荡。

(4) 检查是否满足幅值条件，即是否一定振荡。

4. 估算振荡频率和起振条件

利用小信号等效电路写出环路增益 $T(j\omega)=A(j\omega)F(j\omega)$的表达式，分别求得环路增益的实部和虚部，令其虚部等于零，即求得电路的振荡频率(实际工程估算时，可认为振荡频率近似由选频网络决定)。

将求得的振荡频率代入 $T(j\omega)$的实部，检查 $T(\omega_0)$是否大于1，若 $T(\omega_0)\geqslant 1$，则电路产生频率为 ω_0的正弦波振荡；若 $T(\omega_0)<1$，则需要调整电路中的相关元件参数，使 $T(\omega_0)\geqslant 1$。

5. 分类

根据选频网络所用元件可分为：

(1) RC 正弦波振荡电路：1兆赫以下

(2) LC 正弦波振荡电路：几百千赫～几百兆赫

(3) 石英晶体正弦波振荡电路：振荡频率稳定

6. RC 正弦波振荡电路的结构及 f_0 的计算

RC 串并联选频网络如图10.3所示。其频率响应为

$$\dot{F}_V=\frac{1}{3+j\left(\frac{\omega}{\omega_0}-\frac{\omega_0}{\omega}\right)}$$

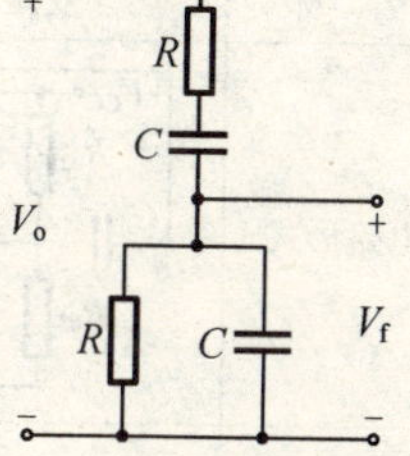

图10.3　RC 串并联选频网络

故当

$$\omega=\omega_0=\frac{1}{RC}\text{或}f=f_0=\frac{1}{2\pi RC}$$

时，幅频响应的幅值最大，即

$$F_{V\max}=\frac{1}{3}$$

而相频响应的相位角为零，即

$$\varphi_f=0$$

当 $f=f_0$时，不但 $\varphi=0$，且 F 最大，$F_{V\max}=\frac{1}{3}$。

表10.2给出了三类 RC 振荡电路的比较。

表 10.2 三类 RC 振荡电路的比较

名 称	RC 串并联网络振荡电路	移相式振荡电路	双 T 网络选频振荡电路
电路形式	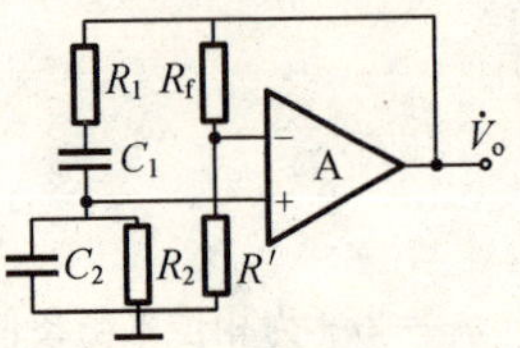	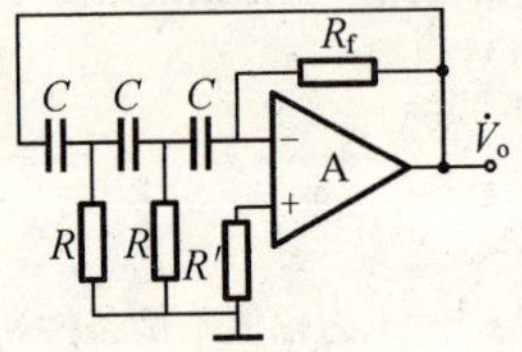	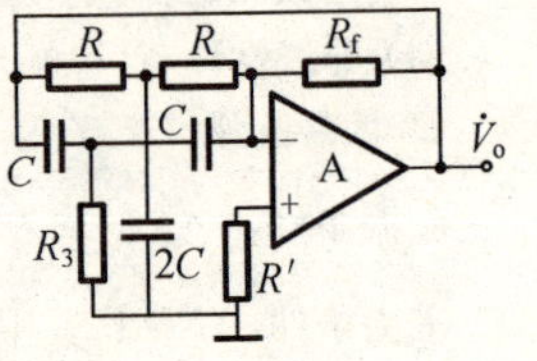
振荡频率	$f_0=\frac{1}{2\pi RC}$	$f_0=\frac{1}{2\sqrt{3}\pi RC}$	$f_0\approx\frac{1}{5RC}$
起振条件	$\lvert\dot{A}\rvert>3$	$R_f>12R$	$R_3<\frac{R}{2},\lvert\dot{A}\dot{F}\rvert>1$
电路特点及应用场合	可方便地连续调节振荡频率，便于加负反馈稳幅电路，容易得到良好的振荡波形。	电路简单，经济方便，适用于波形要求不高的轻便测试设备中。	选频特性好，适用于产生单一频率的振荡波形。

7. *LC* 正弦波振荡电路的结构及 f_0 的计算

LC 并联谐振回路如图 10.4 所示。回路的谐振频率为

$$\omega_0=\frac{1}{\sqrt{LC}}\text{或}\ f_0=\frac{1}{2\pi\sqrt{LC}}$$

发生谐振时，回路的等效阻抗为纯电阻性质，其值最大，即

$$Z_0=\frac{L}{RC}=Q\omega_0 L=\frac{Q}{\omega_0 C}$$

式中 $Q=\frac{1}{R}\cdot\sqrt{\frac{L}{C}}$，称为品质因数。

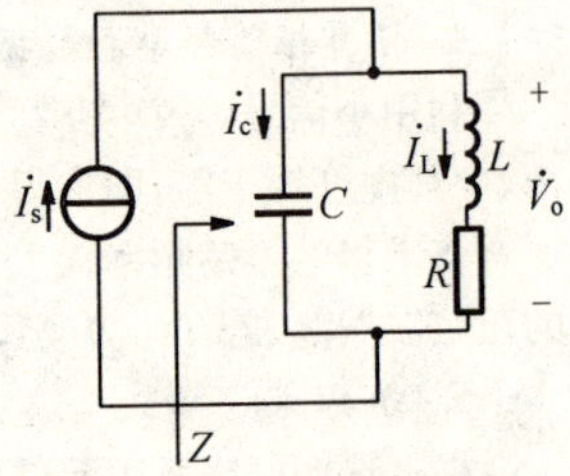

图 10.4 *LC* 并联谐振回路

表 10.3 给出了三类 *LC* 振荡电路的比较。

表 10.3 三类 LC 振荡电路的比较

名 称	变压器反馈式	电感反馈式	电容反馈式
电路形式	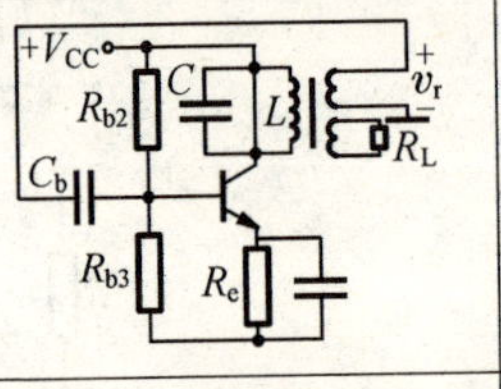	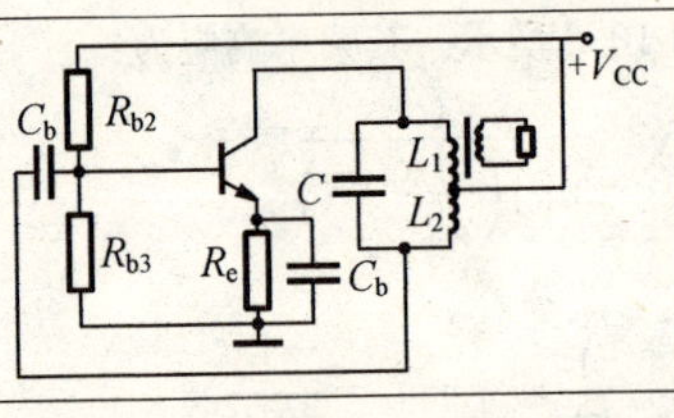	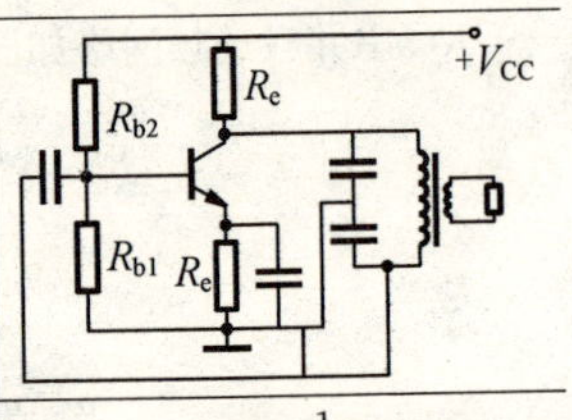
振荡频率	$f_0\approx\frac{1}{2\pi\sqrt{LC}}$	$f_0=\frac{1}{2\pi\sqrt{(L_1+L_2+2M)C}}$	$f_0=\frac{1}{2\pi\sqrt{L\frac{C_1C_2}{C_1+C_2}}}$
起振条件	$\beta>\frac{r_{be}R'C}{M}$	$\beta>\frac{L_1+M}{L_2+M}\cdot\frac{r_{b'e}}{R'}$	$\beta>\frac{C_2}{C_1}\cdot\frac{r_{b'e}}{R'}$
频率调节方法及范围	频率可调，范围较宽。	同左	频率可调，范围较小
振荡波形	一般	较差	好
频率稳定度	可达 10^{-4}	同左	可达 $10^{-4}\sim10^{-5}$
适用频率	几千赫～几十兆赫	同左	几兆赫～一百兆赫

三、电压比较器

电压比较器是对两个输入电压进行比较，并根据比较结果输出高电平或低电平。电压比较器中的集成运放工作在非线性区，处于开环状态或仅引入正反馈。

电压比较器的分析重点是画出电路的传输特性，方法为：

(1) 写出 v_P、v_N 的表达式，令 $v_P=v_N$，求解出的 v_I 即为门限电压（阈值电压）V_T；

(2) 根据输出端限幅电路决定输出的高电平 V_{OH}、低电平 V_{OL}；

(3) 根据输入电压作用于同相输入端还是反相输入端，决定输出电压的跃变方向。

1. 单限比较器

所谓单限比较器是指只有一个门限电压的比较器，当输入电压等于此门限电压时，输出端的状态就立即发生跳变。

同相输入单门限电压比较器如图 10.5(a)所示。其传输特性的三要素是：

(1) $V_T=V_{REF}$；

(2) $V_{OH}\approx+V_{CC}$，$V_{OL}\approx-V_{CC}$；

(3) $v_I>V_{REF}$ 时 $v_O=V_{OH}$；$v_I<V_{REF}$ 时 $v_O=V_{OL}$。

电压特性如图 10.5(b)所示。反之，当 v_I 从反相端输入，V_{REF} 改接到同相端时，则称为反相输入单门限电压比较器，其相应的电压特性如图 10.5(b)中虚线所示。

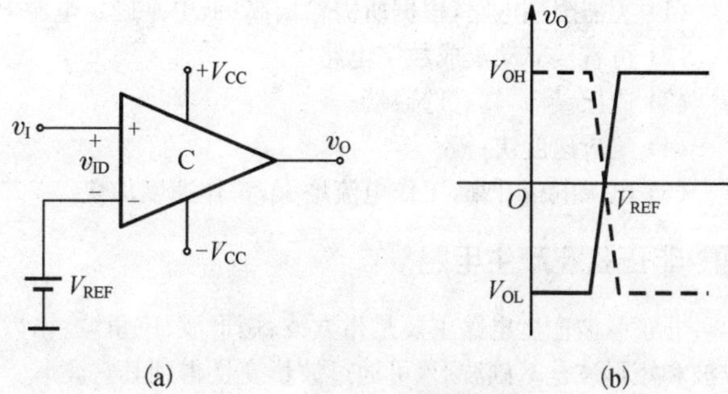

图 10.5　同相输入单门限电压比较器

(a) 电路　(b) 传输特性

单限比较器电路简单、灵敏度高，但是抗干扰能力差。如果输入信号因干扰在门限电压附近变化时，输出电压将在高、低电平之间反复地跳变，可能使输出状态产生误动作。

2. 迟滞比较器

迟滞比较器有两个门限电压且不相等，其传输特性具有迟滞回环的形状。当输入信号逐渐增大或减小时，输入电压的变化方向不同，门限电压也不同，但输入电压单调变化时，输出电压只跃变一次。

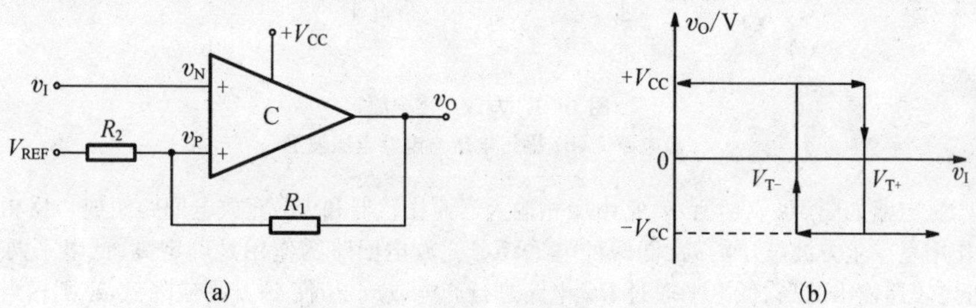

图 10.6　反相输入迟滞电压比较器

(a) 电路　(b) 传输特性

反相输入迟滞比较器如图 10.6(a)所示。其传输特性的三要素是：

(1) $v_N=v_I$，$v_P=\dfrac{R_1}{R_1+R_2}v_{REF}+\dfrac{R_2}{R_1+R_2}v_O$，令 $v_P=v_N$，则

$$V_{T+}=\frac{R_1V_{REF}}{R_1+R_2}+\frac{R_2V_{OH}}{R_1+R_2}$$

$$V_{T-}=\frac{R_1V_{REF}}{R_1+R_2}+\frac{R_2V_{OL}}{R_1+R_2}$$

(2) $V_{OH}\approx+V_{CC}$，$V_{OL}\approx-V_{CC}$；

(3) 当 v_I 沿横轴正向增大经过 V_{T+} 时，v_O 由 V_{OH} 跳变为 V_{OL}；当 v_I 沿横轴反向减小经过 V_{T-} 时，v_O 由 V_{OL} 跳变为 V_{OH}。

电压传输特性如图 10.6(b)所示。

3. 集成电压比较器

电压比较器是模拟电路与数字电路之间的过渡电路，但通用型集成运放构成的电压比较器的高、低电平与数字电路 TTL 器件的高、低电平的数值相差很大，一般需要加限幅电路才能驱动 TTL 器件，给使用带来不便，而且响应速度低。采用集成电压比较器可以克服上述缺点。

集成电压比较器的特点有：

(1) 无需限幅电路，根据所需输出高、低电平确定电源电压；

(2) 可直接驱动集成数字电路；

(3) 应用灵活，具有选通端；

(4) 响应速度快；

(5) 电源电压升高，工作电流增大，工作速度加快。

四、非正弦波产生电路

非正弦波产生电路主要是指方波、矩形波、三角波、锯齿波、尖顶波和阶梯波等电压波形产生电路。方波和矩形波是基础波形，可通过波形变换得到其它波形。

1. 方波产生电路

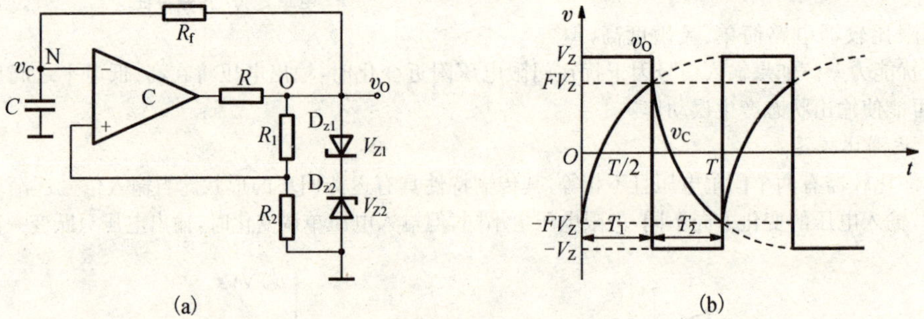

图 10.7 方波产生电路

(a)电路 (b) 输出电压与电容电压波形

方波产生电路如图 10.7(a)所示，它由反相输入迟滞比较器和 RC 充放电回路组成。反相输入迟滞比较器的作用是产生方波电压的高、低两种电平；RC 充放电回路的作用是确定高、低电平两种状态的维持时间；比较器输出的高、低电平通过 RC 电路进行充电或放电，使 v_C 升高或降低，v_C 则相当于比较器的输入电压 v_I，可控制输出端高、低电平的自动转换。v_O 与 v_C 波形如图 10.7(b)所示，图中

$$F\approx\frac{R_2}{R_1+R_2}$$

可以证明，图 10.7(a)所示电路的振荡周期为

$$T=2R_fC\ln\frac{1+F}{1-F}=2R_fC\ln\left(1+2\frac{R_2}{R_1}\right)$$

2. 矩形波—锯齿波产生电路

矩形波与方波的区别在于，方波的高电平与低电平所占时间相等，而矩形波不等。矩形波—锯齿

波产生电路如图 10.8(a)所示，它由同相输入迟滞比较器和充放电时间常数不等的积分器组成；v_{O1} 与 v_O 波形如图 10.8(b)所示。

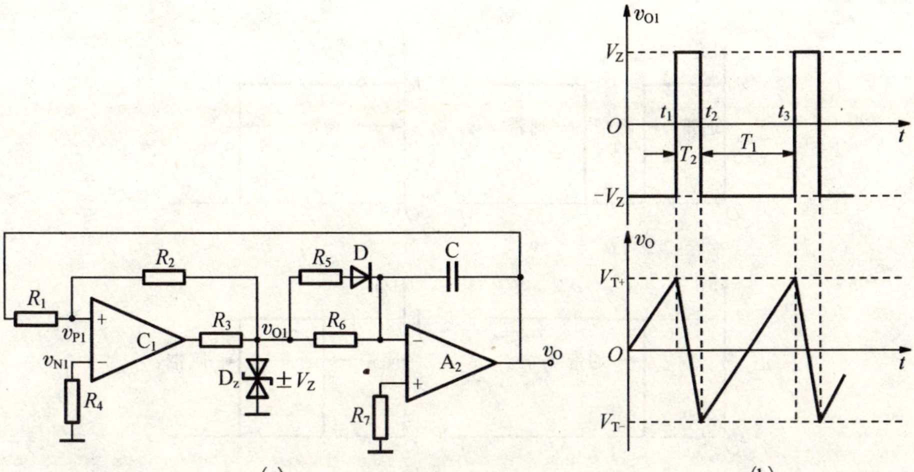

(a)　　(b)

图 10.8　矩形波—锯齿波产生电路

(a) 电路　(b) 输出电压波形

可以证明，若忽略二极管的正向导通电阻，则图 10.8(a)所示电路的振荡周期为

$$T = T_1 + T_2$$
$$= \frac{2R_1R_6C}{R_2} + \frac{2R_1(R_6 /\!/ R_5)C}{R_2}$$
$$= \frac{2R_1R_6C(R_6 + 2R_5)}{R_2(R_5 + R_6)}$$

3. 方波—三角波产生电路

图 10.8(a)所示电路中，当 R_5、D 支路断开时，电容 C 的正、反向充电时间常数相等，由 v_O 输出的锯齿波就变成三角波，该电路就变成方波－三角波发生电路。其振荡周期为

$$T = \frac{4R_1R_6C}{R_2}$$

习题全解

10.1　滤波电路的基本概念与分类

10.1.1　在下列几种情况下，应分别应用哪种类型的滤波电路（低通、高通、带通、带阻）？(1) 有用信号频率为 100 Hz；(2) 有用信号频率低于 400 Hz；(3) 希望抑制 50 Hz 交流电源的干扰；(4) 希望抑制 500 Hz 以下的信号。

【分析】　有源滤波器可分为低通、高通、带通、带阻等。低通滤波器允许低频信号通过，高通滤波器允许高频信号通过，带通滤波器允许一个频率段的信号通过，带阻滤波器阻止一个频率段的信号通过。

【解】　(1) 带通滤波器；(2) 低通滤波器；(3) 带阻滤波器；(4) 高通滤波器。

10.1.2　设运放为理想器件。在下列几种情况下，它们应分别属于哪种类型的滤波电路（低通、高通、带通、带阻）？并定性画出其幅频特性。(1)理想情况下，当 $f=0$ 和 $f=\infty$ 时的电压增益相等，且不为零；(2) 直流电压增益就是它的通带电压增益；(3) 在理想情况下，当 $f\to\infty$ 时的电压增益就是它的通带电压增益；(4) 在 $f=0$ 和 $f\to\infty$ 时，电压增益都等于零。

【分析】　电压增益随着频率的变化而变化而成了不同的滤波电路。(1) 允许低频信号和高频信号通过，在四种滤波器中只有带阻滤波器；(2) 直流电压增益就是通带电压增益说明低频信号都能通过，属于低通滤波器；(3) 频率为∞的电压增益就是通带电压增益说明高频信号都能通过，属于高通滤波器；(4) 直流电压增益和频率为∞的电压增益均为零，属于带通滤波器。

【解】

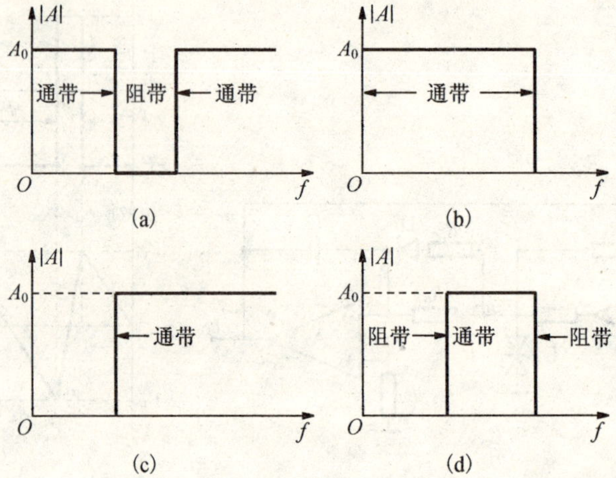

图解 10.1.2

10.2　一阶有源滤波电路

10.2.1　图题 10.2.1 所示为一个一阶低通滤波器电路，设 A 为理想运放，试推导电路的传递函数，并求出其 −3 dB 截止角频率 ω_H。

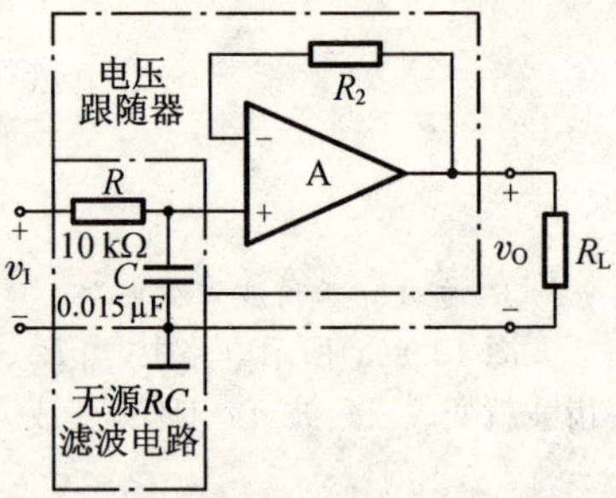

图题 10.2.1

【分析】　集成运放构成了电压跟随器，输出电压等于 V_P，电路中 RC 构成了低通滤波器，电容 C 两端的电压就是 V_P，直接用复频域的方法求出 C 两端的电压和输入电压之间的关系。将传递函数化成标准形式，很容易得到截止频率。

【解】　传递函数为

$$A(s)=\frac{V_o(s)}{V_i(s)}=\frac{\frac{1}{sC}}{R+\frac{1}{sC}}=\frac{1}{1+sRC}$$

不难看出，截止频率 ω_H 为 $\frac{1}{RC}$。

10.2.2　图题 10.2.2 所示是一阶全通滤波电路的一种形式。

(1) 试证明电路的电压增益表达式为

$$A_V(j\omega)=\frac{V_o(j\omega)}{V_i(j\omega)}=\frac{1-j\omega RC}{1+j\omega RC}$$

(2) 试求它的幅频响应和相频响应，说明当 ω 由 0→∞时，相角 φ 的变化范围。

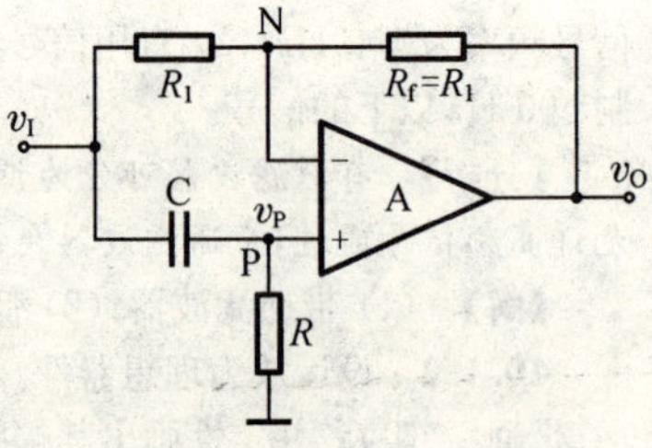

图题 10.2.2

【分析】　在电路中，集成运放引入了负反馈，采用频域分析方法，利用虚短和虚断的概念对电路进行分析。根据传递函数求解幅频特性和相频特性。

【解】　(1) 利用虚断、虚短概念列节点方程，有

$$\begin{cases}\dfrac{V_i(j\omega)-V_N(j\omega)}{R_1}=\dfrac{V_N(j\omega)-V_o(j\omega)}{R_1}\\ \dfrac{V_i(j\omega)-V_P(j\omega)}{\dfrac{1}{j\omega C}}=\dfrac{V_P(j\omega)}{R}\\ V_N(j\omega)=V_P(j\omega)\end{cases}$$

解方程组得：
$$\frac{V_i(j\omega)-V_o(j\omega)}{2}=\frac{j\omega RC}{1+j\omega RC}\cdot V_i(j\omega)$$

$$A_V(j\omega)=\frac{V_o(j\omega)}{V_i(j\omega)}=-\frac{1-j\omega RC}{1+j\omega RC}$$

(2)
$$|A_V(j\omega)|=\sqrt{\frac{1+(\omega CR)^2}{1+(\omega CR)^2}}=1$$

$$\varphi=-\pi-2\arctan(\omega RC)$$

当 ω 由 $0\to\infty$ 时，相角 φ 由 $-\pi\to-2\pi$。

10.3　高阶有源滤波电路

10.3.1　在图题 10.3.1 所示低通滤波电路中，设 $R_1=10\ \text{k}\Omega$，$R_f=5.86\ \text{k}\Omega$，$R=100\ \text{k}\Omega$，$C_1=C_2=0.1\ \mu\text{F}$，试计算截止角频率 ω_H 和通带电压增益，并画出其波特图。

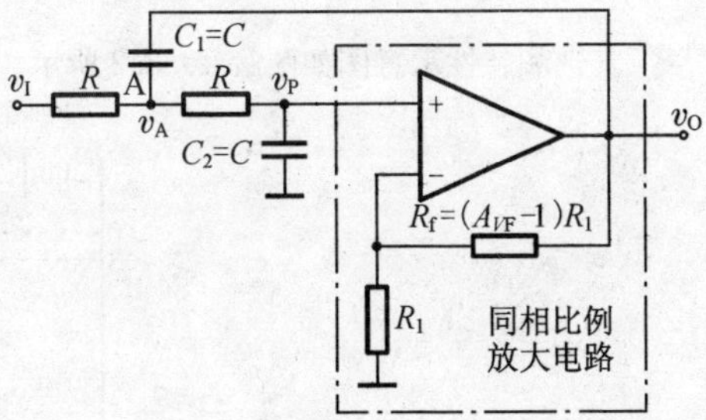

图题 10.3.1

【分析】 图示电路是二阶有源低通滤波器，其中同相比例放大电路的放大倍数为 A_{VF}，直接得到二阶有源低通滤波器的传递函数。

【解】 $A(s)=\dfrac{V_o(s)}{V_i(s)}=\dfrac{A_{VF}}{1+(3-A_{VF})sCR+(sCR)^2}$

其中 $A_0=A_{VF}$ 为通带增益，$Q=\dfrac{1}{3-A_{VF}}$ 为等效品质因数，$\omega_c=\dfrac{1}{RC}$ 为角频率。

则 $A(s)=\dfrac{A_0\omega_c^2}{s^2+\dfrac{\omega_c}{Q}s+\omega_c^2}$。

其中 $A_0=A_{VF}=1+\dfrac{R_f}{R_1}=1.586$，$20\lg A_0=4\ \text{dB}$，

$\omega_c=\dfrac{1}{RC}=100\ \text{rad/s}$，$Q=\dfrac{1}{3-A_{VF}}=\dfrac{1}{3-1.586}\approx0.707$，当 $\omega=\omega_c$ 时通带增益刚好下降了 3 dB，截止角频率为 $\omega_H=\omega_c$，其波特图如图解 10.3.1 所示。

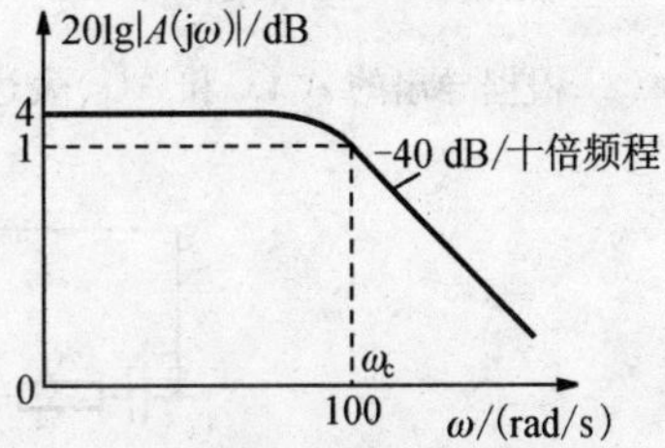

图解 10.3.1

10.3.2　在图题 10.3.2 所示带通滤波电路中，设 $R=R_2=10\ \text{k}\Omega$，$R_3=20\ \text{k}\Omega$，$R_1=38\ \text{k}\Omega$，$R_f=(A_{VF}-1)R_1=20\ \text{k}\Omega$，$C_1=C=0.01\ \mu\text{F}$，试计算中心频率 f_0 和带宽 BW，画出其选频特性。

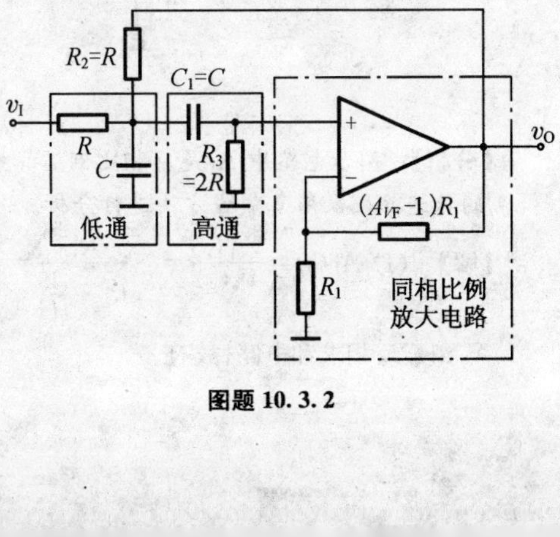

图题 10.3.2

【分析】 图示电路是二阶有源带通滤波器，其中同相比例放大电路的放大倍数为 A_{VF}，直接得到二阶有源带通滤波器的传递函数。

【解】 $A(s)=\dfrac{A_{VF}sCR}{1+(3-A_{VF})sCR+(sCR)^2}$

其中 $A_0=\frac{A_{VF}}{3-A_{VF}}$ 为通带增益，$Q=\frac{1}{3-A_{VF}}$ 为等效品质因数，$\omega_c=\frac{1}{RC}$ 为角频率。

则 $A(s)=\dfrac{A_0\frac{s}{Q\omega_0}}{1+\frac{s}{Q\omega_0}+\left(\frac{s}{\omega_0}\right)^2}$。

其中 $A_{VF}=1+\frac{R_f}{R_1}\approx1.526$，$A_0=\frac{A_{VF}}{3-A_{VF}}\approx1.035$，$\omega_c=\frac{1}{RC}=100\ \text{rad/s}$，

$$Q=\frac{1}{3-A_{VF}}=\frac{1}{3-1.526}\approx0.678。$$

由此可算出

$$BW=\frac{\omega_0}{2\pi Q}=\frac{10^4}{2\pi\times0.678}\text{Hz}\approx2\ 347\ \text{Hz}$$

和

$$f_0=\frac{\omega_0}{2\pi}\approx1\ 592\ \text{Hz}$$

其选频特性示意图如图解 10.3.2 所示。

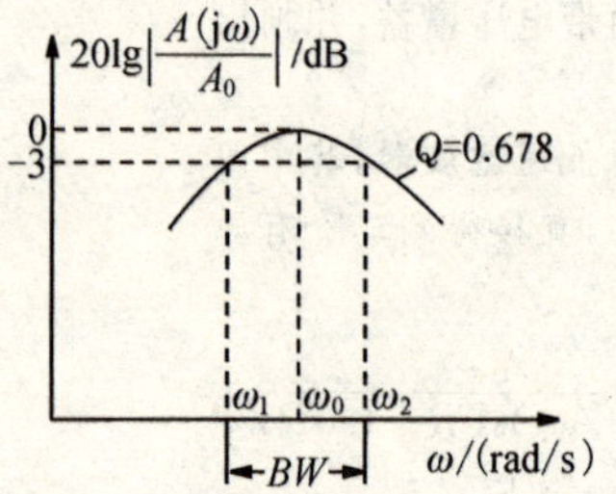

图解 10.3.2

10.3.3 电路如图题 10.3.3 所示，设 A_1、A_2 为理想运放。(1) 求 $A_1(s)=\frac{V_{o1}(s)}{V_i(s)}$ 及 $A(s)=\frac{V_o(s)}{V_i(s)}$；(2) 根据导出的 $A_1(s)$ 和 $A(s)$ 表达式，判断它们分别属于什么类型的滤波电路。

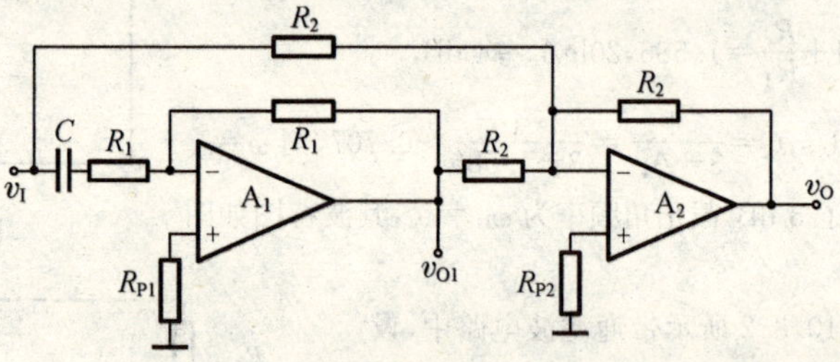

图题 10.3.3

【分析】 图示电路中 A_1 是反相比例运算电路组成的一阶有源滤波器，A_2 是反相求和电路。求 A_1 和 A 的传递函数采用复频域方法进行分析。

【解】 (1) $A_1(s)=\frac{V_{o1}(s)}{V_i(s)}=-\dfrac{R_1}{R_1+\frac{1}{sC}}=-\dfrac{sCR_1}{1+sCR_1}$

A_2 组成反相求和电路，故有

$$V_o(s)=-V_{o1}(s)-V_i(s)=-\frac{V_i(s)}{1+sCR_1}$$

$$A(s)=\frac{V_o(s)}{V_i(s)}=-\frac{1}{1+sCR_1}$$

(2) 由 $A_1(s)$和 $A(s)$可看出，A_1 组成一阶高通滤波电路，整个电路为一阶低通滤波电路。

10.3.4　设 A 为理想运放，试写出图题 10.3.4 所示电路的传递函数，指出这是一个什么类型的滤波电路。

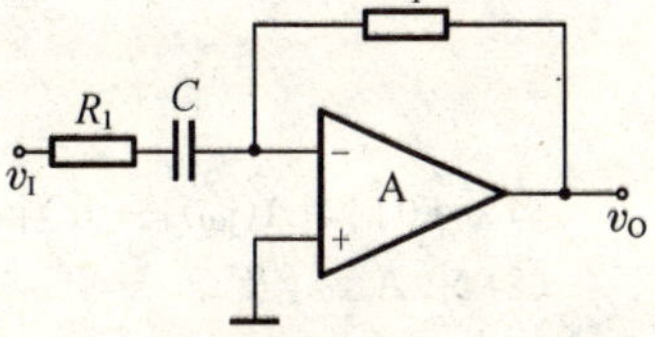

图题 10.3.4

【分析】　采用复频域方法写出传递函数，根据传递函数判断滤波器的类型。一阶有源低通滤波器的传输函数为 $A(s)=\dfrac{A_0}{1+\frac{s}{\omega_c}}$，一阶有源高通滤波器的传输函数为 $A(s)=\dfrac{A_0\frac{s}{\omega_c}}{1+\frac{s}{\omega_c}}$。

【解】

$$A(s)=\frac{V_o(s)}{V_i(s)}=-\frac{R_f}{R_1+\frac{1}{sC}}=-\frac{sCR_f}{1+sCR_1}$$

由传输函数可以看出这是一个高通滤波电路。

10.3.5　设 A 为理想运放，试写出图题 10.3.5 所示电路的传递函数，指出这是一个什么类型的滤波电路。

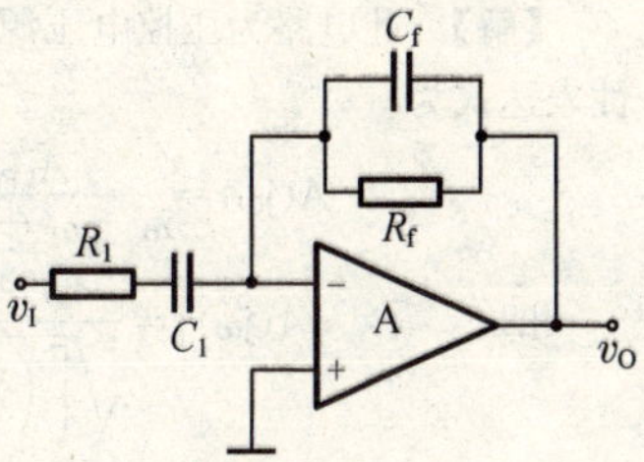

图题 10.3.5

【分析】　采用复频域方法写出传递函数，根据传递函数判断滤波器的类型。二阶有源低通滤波器的传输函数为 $A(s)=\dfrac{A_0\omega_c^2}{s^2+\frac{\omega_n}{Q}s+\omega_c^2}$，二阶有源高通滤波器的传输函数为 $A(s)=\dfrac{A_0s^2}{s^2+\frac{\omega_c}{Q}s+\omega_c^2}$，二阶有源带通滤波器的传输函数为 $A(s)=\dfrac{A_0\frac{s}{Q\omega_0}}{1+\frac{s}{Q\omega_0}+(\frac{s}{\omega_0})^2}$。

【解】

$$A(s)=\frac{V_o(s)}{V_i(s)}=\frac{-\left(R_f/\!/\frac{1}{sC_f}\right)}{R_1+\frac{1}{sC_1}}$$

$$=-\frac{sC_1R_f}{1+s(C_1R_1+C_fR_f)+s^2C_1C_fR_1R_f}$$

上式说明，这是一个带通滤波电路。

10.3.6　已知某有源滤波电路的传递函数为

$$A(s)=\frac{V_o(s)}{V_i(s)}=\frac{-s^2}{s^2+\frac{3}{R_1+C}s+\frac{1}{R_1R_2C^2}}$$

(1) 试定性分析该电路的滤波特性(低通、高通、带通或带阻)(提示：可从增益随角频率变化情况判断)；(2) 求通带增益 A_0、特性角频率 ω_c 及等效品质因数 Q。

【分析】　求出幅频特性，研究角频率从 0 变化为∞时增益的变化，从而判断出是哪种类型的滤波器。将传递函数化简成标准形式，确定通带增益，等效品质因数，角频率的数值。

【解】 (1) 令 $\omega_c=\dfrac{1}{C\sqrt{R_1R_2}}$，原式可改写为

$$A(j\omega)=\frac{-1}{1-\left(\frac{\omega_c}{\omega}\right)^2-j\frac{\omega_c}{\omega}\times3\sqrt{\frac{R_2}{R_1}}} \tag{10.3.6-1}$$

$$|A(j\omega)|=\frac{1}{\sqrt{\left(1-\frac{\omega_c^2}{\omega^2}\right)^2+9\times\frac{\omega_c^2}{\omega^2}\times\frac{R_2}{R_1}}}$$

当 $\omega\to0$ 时，$|A(j\omega)|\to0$；当 $\omega\to\infty$ 时，$|A(j\omega)|\to1$；电路属于高通滤波电路。

(2) 求 A_0、ω_c 及 Q

由式(10.3.6−1)可知，$A_0=-1$，$\omega_c=\dfrac{1}{C\sqrt{R_1R_2}}$，$Q=\dfrac{1}{3}\sqrt{\dfrac{R_1}{R_2}}$。

10.3.7 高通电路如图题 10.3.7 所示。已知 $Q=1$，试求其幅频响应的峰值，以及峰值所对应的角频率。设 $\omega_c=2\pi\times200$ rad/s。

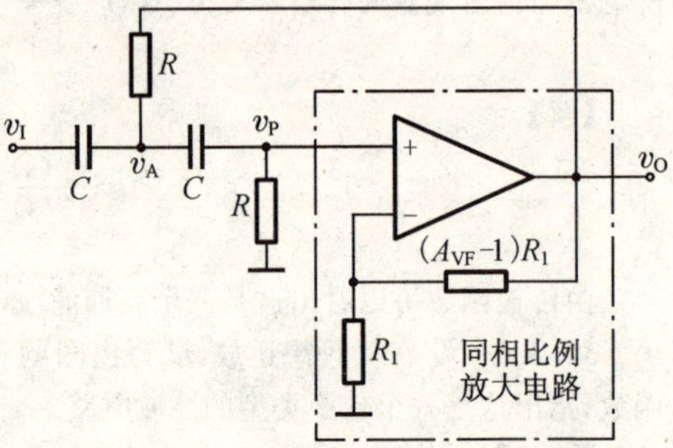

图题 10.3.7

【分析】 该电路为高通滤波电路，写出 $Q=1$ 时的传输函数表达式。求出幅频响应，其幅频响应是角频率的函数，对幅频响应进行求导，求出其最大值。

【解】 此电路为压控电压源高通滤波器，其频率特性表达式为

$$A(j\omega)=\frac{A_{VF}\omega^2}{\omega_c^2-\omega^2+j\omega_c\omega/Q}$$

即

$$|A(j\omega)|=\frac{A_{VF}}{\sqrt{\left[\left(\frac{\omega_c}{\omega}\right)^2-1\right]^2+\left(\frac{\omega_c}{\omega Q}\right)^2}}$$

求表达式分母的最小值，可求得振幅达最大值所对应的角频率 ω 值。

令 $x=\dfrac{\omega_c}{\omega}$

则 $y=(x^2-1)^2+\left(\dfrac{x}{Q}\right)^2$

求 $\dfrac{dy}{dx}=0$，得 $x=\sqrt{1-\dfrac{1}{2Q^2}}$

即 $\omega_c=\omega\sqrt{1-\dfrac{1}{2Q^2}}$

此时振幅达到的峰值为 $|A(j\omega)|_{max}=\dfrac{A_{VF}Q}{\sqrt{1-\dfrac{1}{4Q^2}}}$

当 $Q=1$，由 $Q=\dfrac{1}{3-A_{VF}}$，有 $A_{VF}=3-\dfrac{1}{Q}=2$

幅频特性的峰值为 $|A(j\omega)|_{max}=\dfrac{A_{VF}Q}{\sqrt{1-\dfrac{1}{4Q^2}}}=\dfrac{2}{\sqrt{\dfrac{3}{4}}}\approx2.309$

对应的角频率 $\omega=\dfrac{\omega_c}{\sqrt{1-\dfrac{1}{4Q^2}}}=\sqrt{\dfrac{4}{3}}\cdot\omega_c=\dfrac{4}{\sqrt{3}}\pi\times200$ rad/s

10.3.8 已知 $f_H=500$ Hz，试选择和计算图题 10.3.1 所示电路图的巴特沃思低通滤波电路的

参数。

【分析】 图题 10.3.1 所示电路中 $\omega_c=\frac{1}{RC}$，通常 C 的容量取 0.1 μF。图为二阶巴特沃斯低通滤波器，查阅主教材表 10.3.1 可知其增益为 $A_{VF}=1.586$，由此确定 R_1 和 R_F 的值。

【解】 (1) $f_H=\frac{1}{2\pi RC}=500$ Hz，通常 C 的容量取 0.1 μF，故

$$R=\frac{1}{2\pi\times 0.1\times 10^{-6}\,\text{F}\times 500\,\text{Hz}}\approx 3\,183.1\,\Omega$$

$$A_{VF}=1+\frac{R_f}{R_1}=1.586$$

根据 A_{VF} 与 R_1、R_f 的关系和集成运放两个输入端外接电阻的对称条件，有

$$\begin{cases}1+\frac{R_f}{R_1}=1.586\\ R_1 /\!/ R_f=R+R\end{cases}$$

联合求解得 $R_1=17\,230\,\Omega$，$R_f=10\,096.8\,\Omega$。

10.3.9 试画出下列传递函数的幅频响应曲线，并分别指出各传递函数表示哪一种（低通、高通）滤波电路（提示：下面各式中的 $S=s/\omega_c=j\omega/\omega_c$）。

(1) $A(S)=\frac{1}{S^2+\sqrt{2}S+1}$；

(2) $A(S)=\frac{1}{S^3+2S^2+2S+1}$；

(3) $A(S)=\frac{S^3}{S^3+2S^2+2S+1}$。

【分析】 令 $S=j\omega/\omega_c$，求出传递函数的幅频特性，根据幅频特性画出幅频响应曲线，判断属于哪种滤波电格。

【解】 (1) $A(S)=\frac{1}{S^2+\sqrt{2}S+1}$

$$A\left(\frac{j\omega}{\omega_c}\right)=\frac{1}{1-\left(\frac{\omega}{\omega_c}\right)^2+j\sqrt{2}\frac{\omega}{\omega_c}}$$

$$\left|A\left(\frac{j\omega}{\omega_c}\right)\right|=\frac{1}{\sqrt{\left[1-\left(\frac{\omega}{\omega_c}\right)^2\right]^2+2\left(\frac{\omega}{\omega_c}\right)^2}}$$

当 $\omega=0$ 时，$\left|A\left(\frac{j\omega}{\omega_c}\right)\right|=1$；

当 $\omega=\omega_c$ 时，$\left|A\left(\frac{j\omega}{\omega_c}\right)\right|=\frac{1}{\sqrt{2}}$，得幅频特性如图解 10.3.9a 所示。这是一个二阶低通滤波电路。

(2)
$$A(S)=\frac{1}{S^3+2S^2+2S+1}$$

$$A\left(\frac{j\omega}{\omega_c}\right)=\frac{1}{1-2\left(\frac{\omega}{\omega_c}\right)^2+j\left[2\frac{\omega}{\omega_c}-\left(\frac{\omega}{\omega_c}\right)^3\right]}$$

$$\left|A\left(\frac{j\omega}{\omega_c}\right)\right|=\frac{1}{\sqrt{\left[1-2\left(\frac{\omega}{\omega_c}\right)^2\right]^2+\left[2\frac{\omega}{\omega_c}-\left(\frac{\omega}{\omega_c}\right)^3\right]^2}}$$

$$=\frac{1}{\sqrt{1+\left(\frac{\omega}{\omega_c}\right)^6}}$$

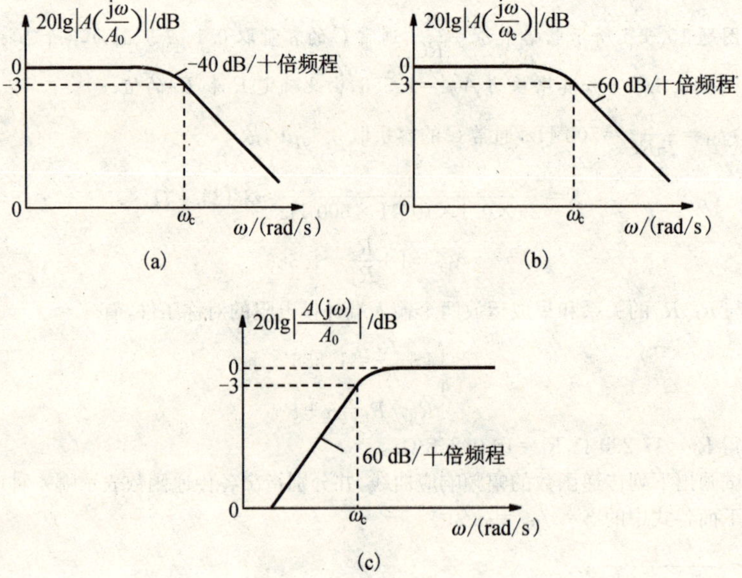

图解 10.3.9

当 $\omega=0$ 时，$\left|A\left(\frac{j\omega}{\omega_c}\right)\right|=1$；

当 $\omega=\omega_c$ 时，$\left|A\left(\frac{j\omega}{\omega_c}\right)\right|=\frac{1}{\sqrt{2}}$，得幅频特性如图解 10.3.9b 所示。这是一个三阶低通滤波电路。

(3)
$$A(S)=\frac{S^3}{S^3+2S^2+2S+1}$$

$$A\left(\frac{j\omega}{\omega_c}\right)=\frac{-j\left(\frac{\omega}{\omega_c}\right)^3}{1-2\left(\frac{\omega}{\omega_c}\right)^2+j\left[2\frac{\omega}{\omega_c}-\left(\frac{\omega}{\omega_c}\right)^3\right]}$$

$$\left|A\left(\frac{j\omega}{\omega_c}\right)\right|=\frac{\left(\frac{\omega}{\omega_c}\right)^3}{\sqrt{\left|1-2\left(\frac{\omega}{\omega_c}\right)^2\right|^2+\left|2\frac{\omega}{\omega_c}-\left(\frac{\omega}{\omega_c}\right)^3\right|^2}}$$

$$=\frac{\left(\frac{\omega}{\omega_c}\right)^3}{\sqrt{1+\left(\frac{\omega}{\omega_c}\right)^6}}$$

当 $\omega=\infty$ 时，$\left|A\left(\frac{j\omega}{\omega_c}\right)\right|=0$；

当 $\omega=\omega_c$ 时，$\left|A\left(\frac{j\omega}{\omega_c}\right)\right|=\frac{1}{\sqrt{2}}$，得幅频特性如图解 10.3.9c 所示。这是一个三阶高通滤波电路。

10.3.10 试用 CF412 设计一截止频率 $f_c=500$ Hz 的四阶巴特沃思低通滤波器。要求选择和计算全部电容的电阻参数，画出电路。

【分析】 参照主教材例 10.3.1 选择参数。

【解】 此处从略。

10.3.11 试用 CF412 设计一截止频率 $f_c=1$ kHz 的四阶巴特沃思高通滤波器。要求选择和计算全部电容和电阻参数，画出电路。

【分析】 参照主教材例 10.3.1 选择参数。

【解】 此处从略。

10.4 开关电容滤波器

10.4.1 开关电容滤波器频率响应的时间常数取决于什么？为什么时钟频率 f_{CP} 通常比滤波器的工作频率(例如截止频率 f_0)要大得多(例如 $f_{CP}/f_0>100$)？

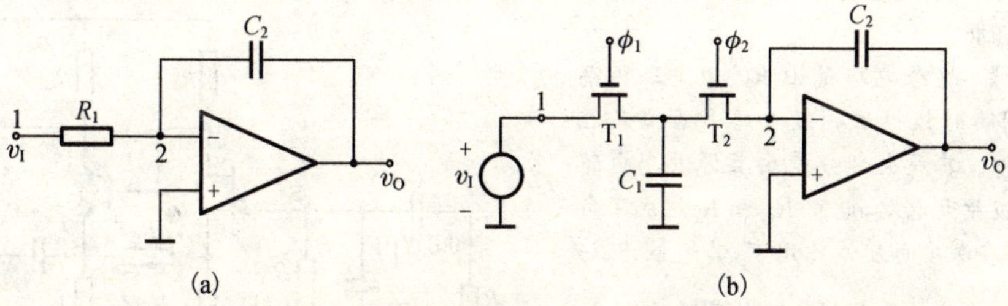

图解 10.4.1

【解】 (1) 影响开关电容滤波器频率响应的时间常数取决于时钟周期 T_c 和电容比值 C_2/C_1，而与电容的绝对值无关。

(2) 只有时钟频率 $f_{CP}\left(=\frac{1}{T_c}\right)$ 比滤波器的工作频率(例如截止频率 f_0)大得多，才可以如图解 10.4.1a、b 所示，用一个接地电容 C_1 和 MOS 三极管 T_1、T_2(用作开关)来代替输入电阻 R_1，且这时由于 $f_{CP}\gg f_0$，由 MOS 开关引起的噪声对通带内信号几乎无影响。

10.4.2 开关电容滤波器与一般 RC 有源滤波电路相比有何主要优点？

【解】 开关电容滤波器不需要模数转换器，可以对模拟量的离散值直接进行处理。与数字滤波器比较，省略了量化过程，因而具有处理速度快，整体结构简单等优点。此外，它制造简单，早已实现了单片集成化，目前性能已达到相当高水平，大有取代一般有源滤波器的趋势。

10.6 *RC* 正弦波振荡电路

10.6.1 电路如图题 10.6.1 所示，试用相位平衡条件判断哪个电路可能振荡，哪个不能，并简述理由。

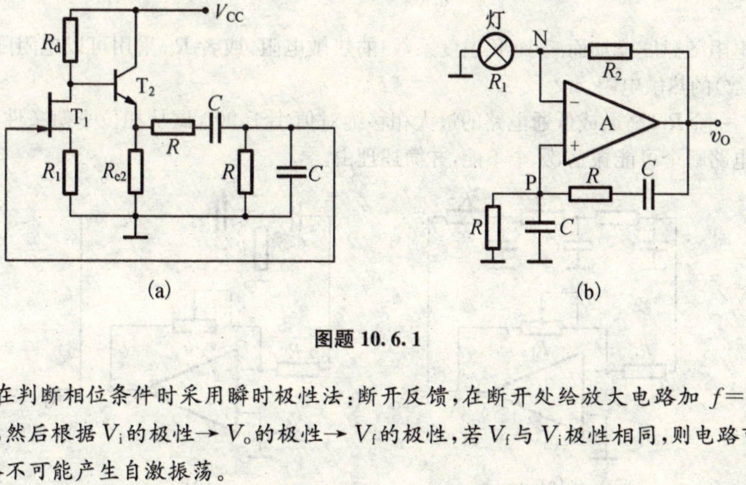

图题 10.6.1

【分析】 在判断相位条件时采用瞬时极性法：断开反馈，在断开处给放大电路加 $f=f_0$ 的信号 V_i，且规定其极性，然后根据 V_i 的极性→ V_o 的极性→ V_f 的极性，若 V_f 与 V_i 极性相同，则电路可能产生自激振荡；否则电路不可能产生自激振荡。

【解】 图题 10.6.1a 所示电路不能振荡。用瞬时(变化)极性法分析可知，从 T_1 栅极断开，加一

(+)信号,则从 T_2 射极输出为(−),即 $\varphi_a=180°$。考虑到 RC 串并联网络在 $\omega=\omega_0=1/RC$ 时,$\varphi_f=0°$,因此反馈回 T_1 栅极的信号为(−),即 $\varphi_a+\varphi_f\neq0°$或 360°,不满足相位平衡条件。

图题 10.6.1b 所示电路能振荡。当从运放同相端断开并加一(+)信号,则 v_o 为(+),即 $\varphi_a=0°$或 360°。因在 $\omega=\omega_0=1/RC$ 时,$\varphi_f=0°$,经 RC 串并联网络反馈到同相端的信号也为(+),即有 $\varphi_a+\varphi_f=0°$或 360°,满足相位平衡条件。

10.6.2 电路如图题 10.6.2 所示。(1) 试从相位平衡条件分析电路能否产生正弦波振荡;(2) 若能振荡,R_f 和 R_{e1} 的值应有何关系?振荡频率是多少?为了稳幅,电路中哪个电阻可采用热敏电阻,其温度系数如何?

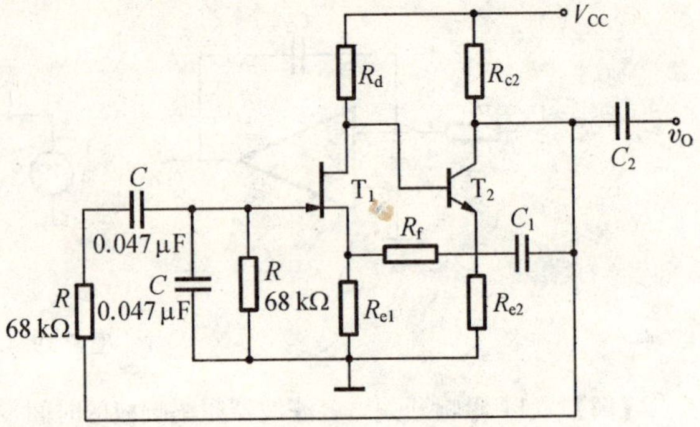

图题 10.6.2

【分析】 这个电路是由 RC 串并联振荡电路,采用瞬时极性法判断电路是否满足相位振荡条件。其放大部分是由共源共射电路组成的多级放大电路,电阻 R_{e1} 和 R_f 组成了负反馈网络,在深度负反馈作用下,其增益为 $A_V\approx1+\dfrac{R_f}{R_{e1}}$。此时若放大电路的电压增益为 $A_V>3$,则振荡电路满足起振条件,电压增益为 $A_V=3$,则振荡电路满足振幅平衡条件,电路可以输出频率为 $f_0=\dfrac{1}{2\pi RC}$的正弦波。

【解】 (1) 其放大部分是由共源共射电路组成的多级放大电路,假设输入为正,输出电压也为正,满足相位条件,可以振荡。

(2) $A_V\approx1+\dfrac{R_f}{R_{e1}}$,要满足振荡电路起振条件的话,$A_V>3$,即 $R_f>2R_{e1}$;要满足振荡电路振荡电路振幅平衡条件,$A_V=3$,$R_f=2R_{e1}$;当 $R_f>2R_{e1}$ 且接近 $2R_{e1}$,电路可以振荡,其振荡频率为 $f_0=\dfrac{1}{2\pi RC}\approx$ 49.8 Hz。

(3) 由于三极管受温度的影响,当温度变化时,其放大倍数会变化。当温度变高时,三极管组成的放大电路的放大倍数增加,要稳定输出幅度的话,就要保持整个放大电路的放大倍数 A_V 保持不变,而引入负反馈后放大倍数为 $A_V=\dfrac{A}{1+AF}=\dfrac{1}{\dfrac{1}{A}+F}$,$A$ 变大的话,F 就要变大。而 $F=\dfrac{R_{e1}}{R_{e1}+R_f}=\dfrac{1}{1+\dfrac{R_f}{R_{e1}}}$,$R_f$ 采用可以电阻随温度增加而减小(负温度系数)的热敏电阻,或者 R_{e1} 采用可以电阻随温度增加而增加(正温度系数)的热敏电阻。

10.6.3 一阶 RC 高通或低通电路的最大相移绝对值小于 90°,试从相位平衡条件出发,判断图题 10.6.3 所示电路哪个可能振荡,哪个不能,并简述理由。

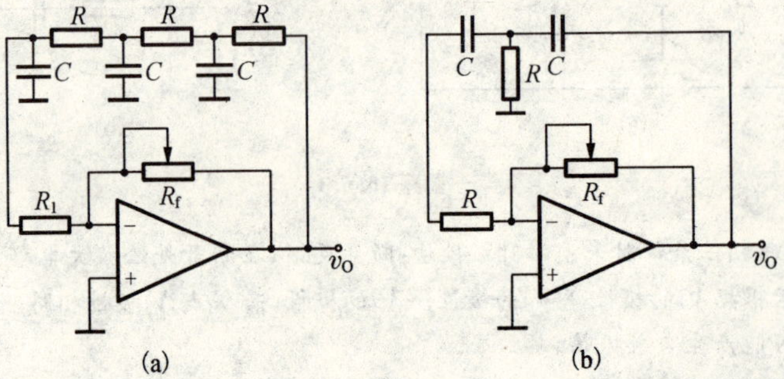

图题 10.6.3

【分析】 主要采用瞬时极性法判断电路是否满足相位振荡条件。

【解】 (1) 图(a)的中信号从反相端输入，输入和输出之间有180°的相移。而三个RC滤波器的最大相移可以接近270°，总有一个频率可以达到180°的相移，满足相位条件。所以电路可能振荡。

(2) 图(b)的中信号从反相端输入，输入和输出之间有180°的相移。而两个RC滤波器的最大相移可以接近180°，没有频率可以达到180°的相移，不满足相位条件。所以电路不可能振荡。

10.6.4 在图题10.6.4所示电路中，设运放是理想器件，运放的最大输出电压为±10 V。试问由于某种原因使R_2断开时，其输出电压的波形是什么(正弦波、近似为方波或停振)？输出波形的峰－峰值为多少？

【分析】 本题是RC串并联振荡电路，当同相放大倍数$A_V=1+\frac{R_2}{R_1}>3$时，电路能够起振，当同相放大倍数$A_V=1+\frac{R_2}{R_1}=3$时，能够输出正弦波。而当$A_V=1+\frac{R_2}{R_1}\gg 3$时，振荡不能稳定，输出近似为方波，输出的幅值为运放的最大输出电压。

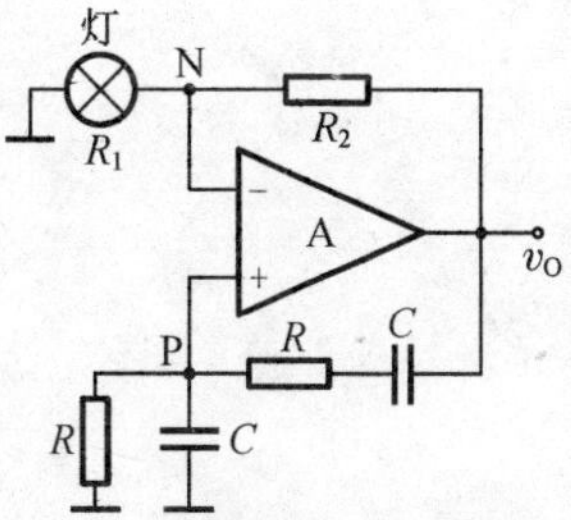

图题 10.6.4

【解】 当R_2断开时，相当于同相放大器的电压增益$A_V=1+\frac{R_2}{R_1}\to\infty$，$v_O$近似为方波，其峰－峰值为20 V。

10.6.5 正弦波振荡电路如图题10.6.5所示，已知$R_1=2\ \text{k}\Omega$，$R_2=4.5\ \text{k}\Omega$，R_p在0～5 kΩ范围内可调，设运放A是理想的，振幅稳定后二极管的动态电阻近似为$r_d=500\ \Omega$，求R_p的阻值。

【分析】 本题是RC串并联振荡电路，当同相放大倍数$A_V=1+\frac{R_p+r_d/\!/R_2}{R_1}=3$时，能够输出稳定的正弦波。

【解】

$$A_V=1+\frac{R_p+r_d/\!/R_2}{R_1}=3$$

$$\begin{aligned}R_p&=2R_1-(r_d/\!/R_2)\\&=2\times2\ \text{k}\Omega-\frac{(0.5\times4.5)\ \text{k}\Omega}{4.5+0.5}\\&=3.55\ \text{k}\Omega\end{aligned}$$

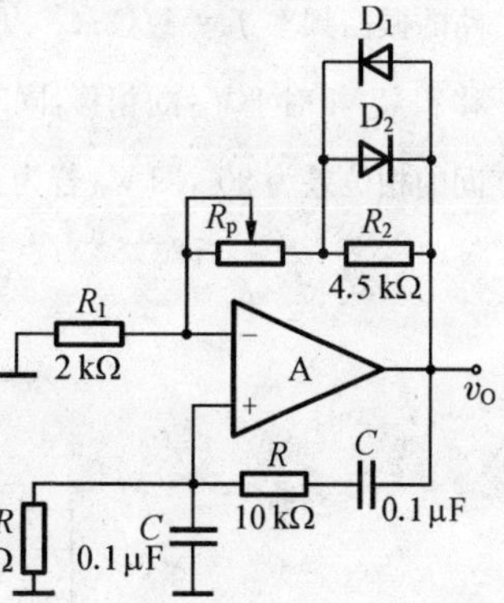

图题 10.6.5

10.6.6 设运放A是理想的，试分析图题10.6.6所示正弦波振荡电路：

(1) 为满足振荡条件，试在图中用＋、－标出运放A的同相端和反相端；

(2) 为能起振，R_p和R_2两个电阻之和应大于何值？

(3) 此电路的振荡频率$f_0=$？

(4) 试证明稳定振荡时输出电压的峰值为$V_{om}=\frac{3R_1}{2R_1-R_p}\cdot V_Z$

【分析】 RC串并联振荡电路由RC串并联电路和同相放大电路组成。此时若同相放大电路的电压增益为$A_V>3$，则振荡电路满足起振条件，电路输出频率为$f_0=\frac{1}{2\pi RC}$的正弦波，此时$V_P=V_N=\frac{V_{om}}{3}$。

【解】 (1) 运放的输入端应为上"＋"下"－"。

(2) $A_V=1+\frac{R_p+R_2}{R_1}>3$，即$R_p+R_2>2R_1=10.2\ \text{k}\Omega$

(3) $f_0=\frac{1}{2\pi RC}\approx1\,591.5\ \text{Hz}$

(4) 由于运放工作在线性，虚短和虚断成立，故

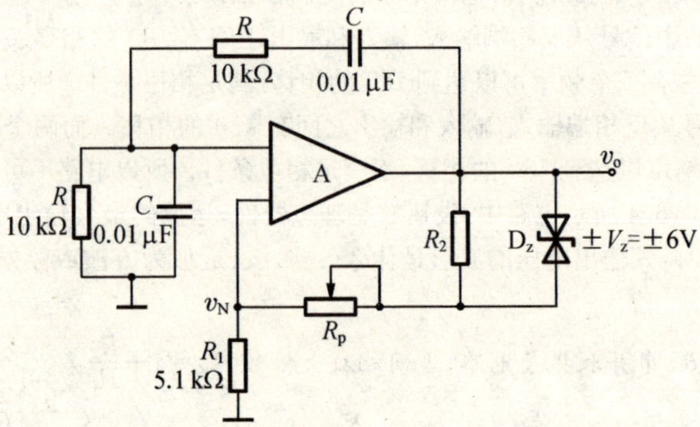

图题 10.6.6

$$V_P=V_N=\frac{V_{om}}{3}$$

$$V_{om}=V_Z+\left(1+\frac{R_p}{R_1}\right)V_N=V_Z+\left(1+\frac{R_p}{R_1}\right)\frac{V_{om}}{3}$$

$$V_{om}=\frac{3R_1}{2R_1-R_p}V_Z$$

10.6.7 由一阶全通滤波器组成的移相式正弦波发生器电路如图题 10.6.7 所示。(1) 试证明电路的振荡频率 $f_0=1/(2\pi C\sqrt{R_4R_5})$；(2) 根据全通滤波器的工作特点，可分别求出 $\dot{V}_{o1}$ 相对于 $\dot{V}_{o3}$ 的相移和 $\dot{V}_o$ 相对于 $\dot{V}_{o1}$ 的相移，同时在 $f=f_0$ 时 $\dot{V}_{o3}$ 与 $\dot{V}_o$ 之间的相位差为 $-\pi$，试证明在 $R_4=R_5$ 时，$\dot{V}_{o1}$、$\dot{V}_o$ 间的相位差为 90°，即 $\dot{V}_{o1}$ 若为正弦波，则 $\dot{V}_o$ 就为余弦波。

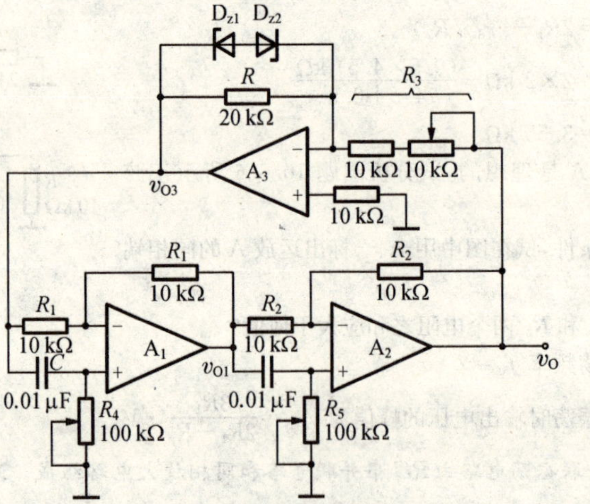

图题 10.6.7

提示：A_1、A_2 分别组成一阶全通滤波器。A_3 为反相器。对于 A_1、A_2 分别有

$$A_1(j\omega)=-\frac{1-j\omega R_4C}{1+j\omega R_4C}$$

和

$$A_2(j\omega)=-\frac{1-j\omega R_5C}{1+j\omega R_5C}$$

A_1、A_2 只要各产生 90° 相移，就可满足相位平衡条件，并产生正弦波振荡。

【分析】 A_1 和 A_2 组成的电路为一阶全通滤波电路，A_3 组成了反相运算电路。只要 A_1 和 A_2 组成的电路共产生 180° 的相移，此时的频率就是振荡频率。当 A_1 和 A_2 组成的电路完全对称时，A_1 和 A_2 各产生 90° 的相移，此时 v_{O1} 和 v_O 的相位差 90°。

【解】 (1) A_1 和 A_2 分别为一阶移相滤波器，反相器 A_3 为反馈网络。其频率特性表达式分别为

$$A_1(j\omega)=\frac{1-j\omega R_4C}{1+j\omega R_4C}$$

$$A_2(j\omega)=\frac{1-j\omega R_5C}{1+j\omega R_5C}$$

A_1、A_2 的总频率特性为

$$A(j\omega)=A_1(j\omega)A_2(j\omega)=\frac{1-\left(\frac{\omega}{\omega_0}\right)^2-j\omega C(R_4+R_5)}{1-\left(\frac{\omega}{\omega_0}\right)^2+j\omega C(R_4+R_5)}$$

当 $\omega=\omega_0$ 时，相移为 $A(j\omega)=-1$，相移为 180°，故

$$\omega_0=1/(C\sqrt{R_4R_5})$$

$$f_0=\frac{\omega_0}{2\pi}=\frac{1}{2\pi\sqrt{R_4R_5}\cdot C}$$

(2) $\dot{V}_{o1}$ 相对于 $\dot{V}_{o3}$ 的相移

$$\varphi_1=-\pi-2\arctan(R_4C\omega)$$

$\dot{V}_o$ 相对于 $\dot{V}_{o1}$ 的相移

$$\varphi_2=-\pi-2\arctan(R_5C\omega)$$

在 f_0 时，$\dot{V}_o$ 和 $\dot{V}_{o1}$ 之间的相位差

$$\begin{aligned}\Delta\varphi&=-\pi-2\arctan(R_5\omega_0C)\\&=-\pi-2\arctan R_5C\cdot\frac{1}{C\sqrt{R_4R_5}}\\&=-\pi-2\arctan\sqrt{R_5/R_4}\end{aligned}$$

$\dot{V}_o$ 和 $\dot{V}_{o1}$ 之间的相位差为 $-\pi$ 时，$\dot{V}_{o1}$ 和 $\dot{V}_o$ 之间的相应差

$$\begin{aligned}\Delta\varphi'&=2\arctan(R_4\omega_0C)=2\arctan R_4C\cdot\frac{1}{C\sqrt{R_4R_5}}\\&=2\arctan\sqrt{R_4/R_5}\end{aligned}$$

当 $R_4=R_5$ 时

$$\Delta\varphi'=2\arctan 1=90^\circ$$

即 $\dot{V}_{o1}$ 若为正弦波，则 $\dot{V}_o$ 为余弦波，构成正交正弦波发生器。

10.6.8 图题 10.6.8 所示为 RC 桥式正弦波振荡电路，已知 A 为运放 741，其最大输出电压为 ±14 V。(1) 图中用二极管 D_1，D_2 作为自动稳幅元件，试分析它的稳幅原理；(2) 设电路已产生稳幅正弦波振荡，当输出电压达到正弦波峰值时，二极管的正向压降约为 0.6 V，试粗略估算输出电压的峰值 ±14 V_{om}；(3) 试定性说明因不慎使 R_2 短路时，输出电压 v_O 的波形；(4) 试定性画出当 R_2 不慎断开时，输出电压 v_O 的波形(并标明振幅)。

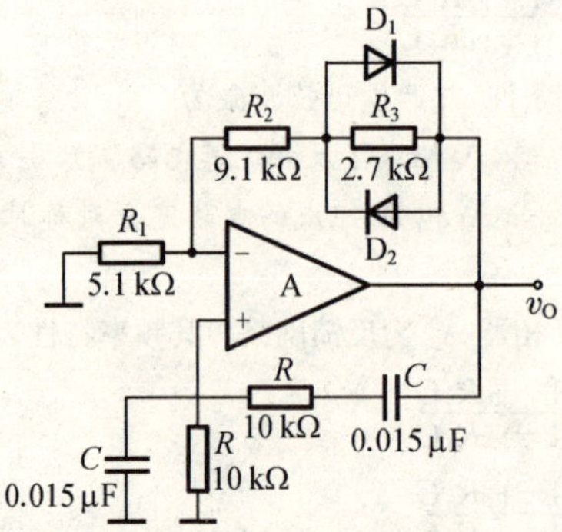

图题 10.6.8

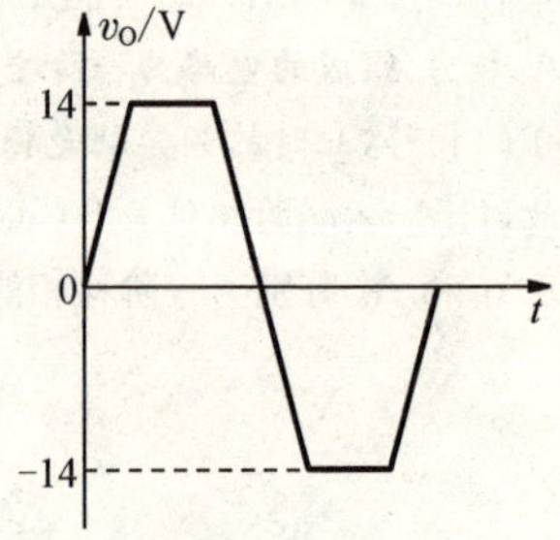

图解 10.6.8

【分析】 当输出电压小时，D_1 和 D_2 管处于截止状态，同相放大电路的放大倍数大，便于起振，当输出电压大时，D_1 和 D_2 管处于导通状态，同相放大电路的放大倍数变小，便于稳定输出电压。

【解】 (1) 稳幅原理

图中 D_1、D_2 的作用是，当 v_O 幅值很小时，二极管 D_1、D_2 接近于开路，由 D_1、D_2 和 R_3 组成的并联支路的等效电阻近似为 $R_3=2.7\ \text{k}\Omega$，$A_V=(R_2+R_3+R_1)/R_1\approx3.3>3$，有利于起振；反之，当 v_O 的幅值较大时，D_1 或 D_2 导通，由 R_3、D_1 和 D_2 组成的并联支路的等效电阻减小，A_V 随之下降，v_O 幅值趋于稳定。

(2) 由稳幅时 $A_V\approx3$，可求出对应输出正弦波 V_{om} 一点相应的 D_1、D_2 和 R_3 并联的等效电阻 $R_3'\approx 1.1\ \text{k}\Omega$。由于流过 R_3' 的电流等于流过 R_1、R_2 的电流，故有

$$\frac{0.6\ \text{V}}{1.1\ \text{k}\Omega}=\frac{V_{om}}{1.1\ \text{k}\Omega+5.1\ \text{k}\Omega+9.1\ \text{k}\Omega}$$

即

$$V_{om}=\frac{15.3\ \text{k}\Omega\times0.6\ \text{V}}{1.1\ \text{k}\Omega}\approx8.35\ \text{V}$$

(3) 当 $R_2=0$，$A_V<3$，电路停振，v_O 为一条与时间轴重合的直线。

(4) 当 $R_2\to\infty$，$A_V\to\infty$，理想情况下，v_O 为方波。

输出幅值为管子最大的输出电压，如图解 10.6.8 所示。

10.7 *LC* 正弦波振荡电路

10.7.1 电路如图题 10.7.1 所示，试用相位平衡条件判断哪个能振荡，哪个不能，说明理由。

【分析】 利用瞬时极性法进行判断。

【解】 图题 10.7.1a 所示为共射电路，设从基极断开，并加入(+)信号，则经变压器反馈回来的为(−)信号，即 $\varphi_a+\varphi_f=180^\circ$，不满足相位平衡条件，不能振荡。

图题 10.7.1b 为共基极电路，设从射极断开，并加入(+)信号，则经变压器反馈回来的信号为(+)，即 $\varphi_a+\varphi_f=360^\circ$，满足相位平衡条件，可能振荡。

图题 10.7.1c 为共基极电路，设从射极断开，并加入(+)信号，则经 L_1 反馈回来的为(−)信号，即 $\varphi_a+\varphi_f=180^\circ$，不满足相位平衡条件，不能振荡。

图题 10.7.1d 为共射电路，设基极断开，并加入(+)信号，则经变压器反馈到 L_1 的信号为(+)，即 $\varphi_a+\varphi_f=360^\circ$，满足相位平衡条件，可能振荡。

10.7.2 对图题 10.7.2 所示的各三点式振荡器的交流通路(或电路)，试用相位平衡条件判断哪个可能振荡，哪个不能，指出可能振荡的电路属于什么类型。

【分析】 利用瞬时极性法进行判断。

【解】 图题 10.7.2a 所示电路不能振荡。例如，设从反相端加入(+)信号，则由 L_1 得到的反馈信号为(−)，即 $\varphi_a+\varphi_f=180^\circ$，不满足相应平衡条件。

图题 10.7.2b 所示电路可能振荡。当石英晶体呈感性时，构成电容三点式振荡电路。例如，当从栅

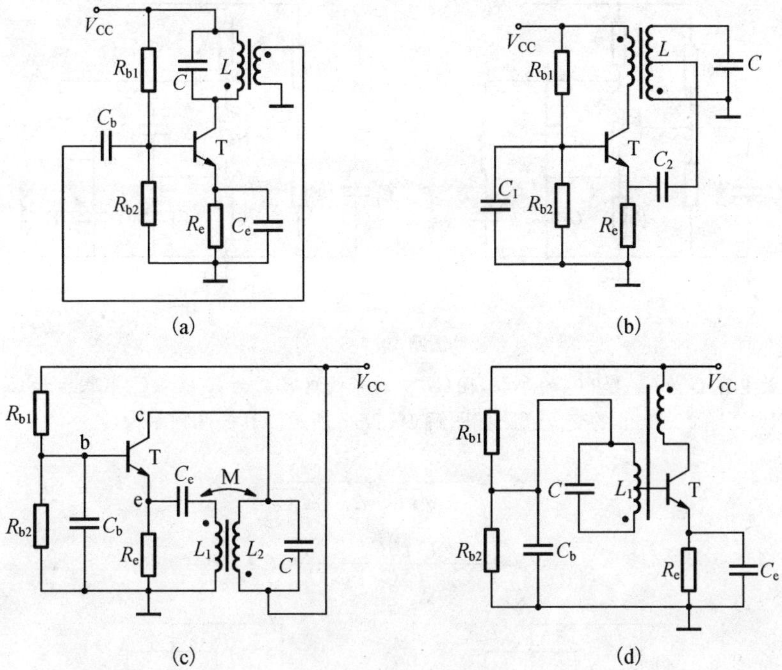

图题 10.7.1

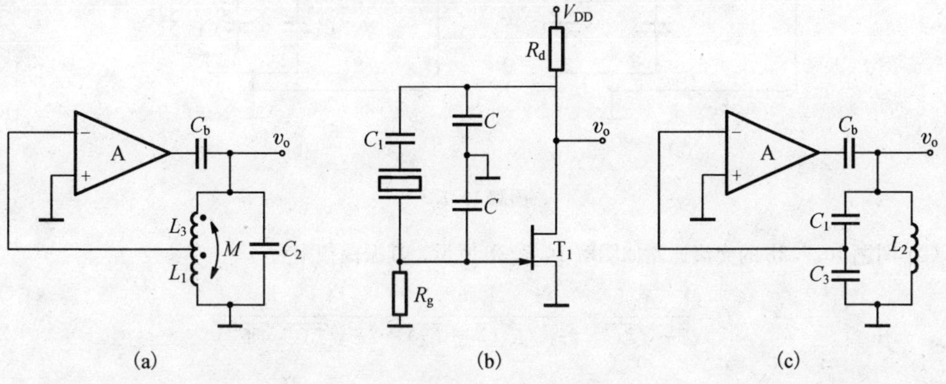

图题 10.7.2

极加入(+)信号，v_O为(－)，经与栅极相连的电容获得的反馈信号为(+)，即 $\varphi_a+\varphi_f=360°$，满足相位平衡条件。

图题 10.7.2c 所示电路不能振荡。例如，设从反相端加入(+)信号，则由 C_3 获得的反馈信号为(－)，即 $\varphi_a+\varphi_f=180°$，不满足相位平衡条件。

10.7.3　两种改进型电容三点式振荡电路如图题 10.7.3a、b 所示，试回答下列问题：

(1) 画出图 a 的交流通路，若 C_b 很大，$C_1 \gg C_3$，$C_2 \gg C_3$，求振荡频率的近似表达式；

(2) 画出图 b 的交流通路，若 C_b 很大，$C_1 \gg C_3$，$C_2 \gg C_3$，求振荡频率的近似表达式；

(3) 定性说明杂散电容对两种电路振荡频率的影响。

【分析】　*LC* 振荡电路的振荡频率用 *LC* 回路的电感 *L* 和等效电容 *C* 来进行计算，$f_0 \approx \dfrac{1}{2\pi\sqrt{LC}}$。

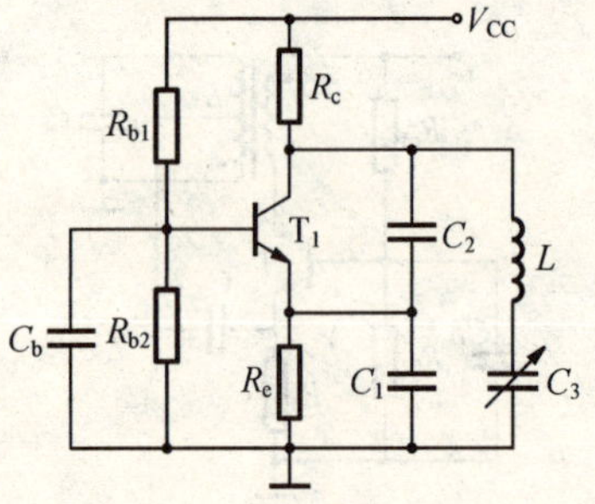

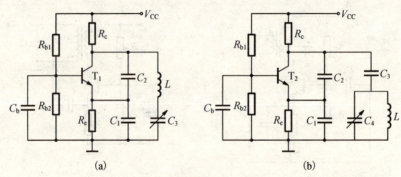

图题 10.7.3

图(a)中的等效电容 C 为 C_1、C_2、C_3 的串联，图(b)中的等效电容 C 为 C_1、C_2、C_3 串联后和 C_4 的并联。

【解】 (1) 图题 10.7.3a 的交流通路如图解 10.7.3a 所示。其振荡频率为

$$f_0=\frac{1}{2\pi\sqrt{LC}}\approx\frac{1}{2\pi\sqrt{LC_3}}$$

式中
$$C=\frac{C_1C_2C_3}{C_1C_2+C_2C_3+C_1C_3}\approx C_3$$

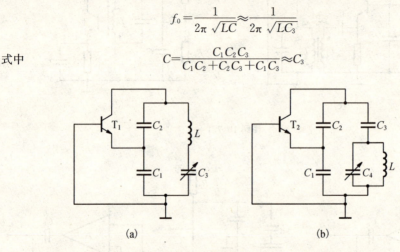

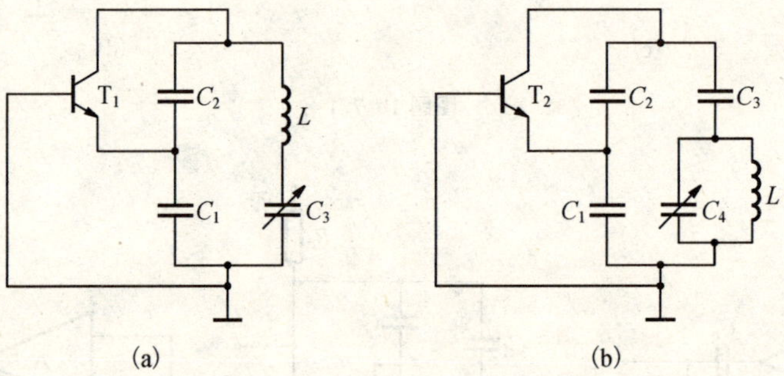

图解 10.7.3

(2) 图题 10.7.3b 的交流通路如图解 10.7.3b 所示。其振荡频率为

$$f_0=\frac{1}{2\pi\sqrt{LC}}=\frac{1}{2\pi\sqrt{L(C'_3+C_4)}}\approx\frac{1}{2\pi\sqrt{L(C_3+C_4)}}$$

式中
$$C'_3=\frac{C_1C_2C_3}{C_2C_3+C_1C_3+C_1C_2}\approx C_3$$

(3) 图题 10.7.3a、b 两电路都给定 $C_1\gg C_3$ 和 $C_2\gg C_3$ 的条件，且谐振荡频率 f_0 基本与 C_1、C_2 无关，而杂散电容，如三极管的输入、输出电容是与 C_1、C_2 并联的，故对振荡频率影响很小。

10.7.4 两种石英晶体振荡器原理电路如图 10.7.4a、b 所示。试说明它属于哪种类型的晶体振荡电路，为什么说这种电路结构有利于提高频率稳定度？

【分析】 一般 LC 选频网络的 Q 为几百，石英晶体的 Q 可达 $10^4\sim10^6$；前者 $\Delta f/f$ 为 10^{-5}，后者可达 $10^{-10}\sim10^{-11}$，频率稳定度很高。石英晶体振荡电路有两种，即并联晶体振荡电路和串联晶体振荡电路。

【解】 图题 10.7.4a 是电感三点式晶振电路。

图题 10.7.4b 是电容三点式晶振电路。

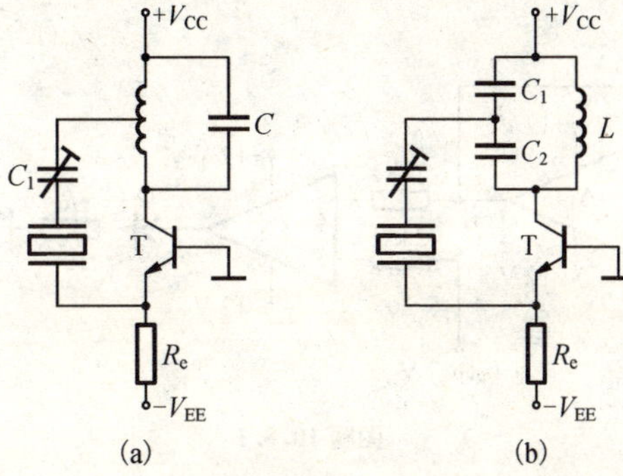

图题 10.7.4

由于石英晶体的品质因数 Q 值很高，因而这种电路的频率稳定度很高，当它工作于串联谐振方式时，振荡频率的稳定度可以更高。为了不降低品质因数 Q，外电路的串联电阻和石英晶体的阻尼电阻 R 相比，要尽可能小，图题 10.7.4a、b 两电路符合上述要求。

10.7.5　RC 文氏电桥振荡电路如图题 10.7.5 所示。(1) 试说明石英晶体的作用：在电路产生正弦波振荡时，石英晶体是在串联还是并联谐振下工作？(2) 电路中采用了什么稳幅措施，它是如何工作的？

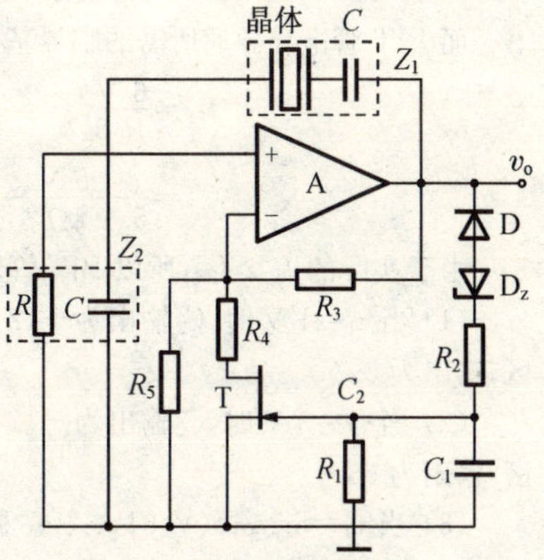

图题 10.7.5

【解】　(1)石英晶体在串联揩振下工作，呈纯阻性质，只要选择适当的 RC，满足 $f_0=1/(2\pi RC)$，就能保证振荡频率等于石英晶体的谐振频率。

(2) 电路采用了场效应管稳幅措施

负反馈回路电阻利用场效应管 T 串联电阻 R_4 与 R_5 并联构成(可减小 R_{DS} 的非线性影响)。当 v_O 增大时，R_{DS} 自动加大以增强负反馈；当 v_O 减小时，R_{DS} 自动减小以削弱负反馈，这个作用由自动稳幅电路完成。它由稳压管 D_Z、整流二极管 D、滤波电路 R_1、R_2 和 C_1 及场效应管 T 构成。

反映输出振幅大小的电压经二极管整流滤波后控制场效应管的栅极，以便调节 R_{DS} 及 $A_V=\dfrac{R_3+(R_4+R_{DS})/\!/R_5}{(R_4+R_{DS})/\!/R_5}$ 的大小。

10.7.6　试分析图题 10.7.6 所示正弦波振荡电路是否有错误，如有错误请改正。

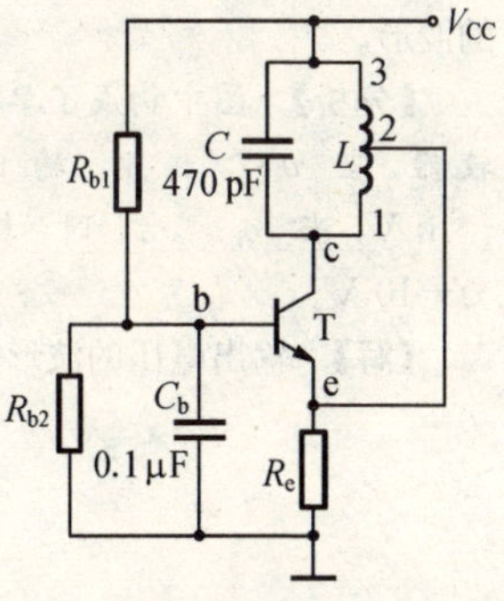

图题 10.7.6

【分析】　*在振荡电路中，需要保证放大电路能够正常放大。三极管必须设置合适的静态工作点。*

【解】　该电路中静态时，c 和 e 的电势等于 V_{CC}，发射结和集电极均反偏，三极管工作在截止区，不能正常放大信号。需要在 2 端和 e 端之间加一个隔直电容。

10.8　非正弦信号产生电路

10.8.1　电路如图题 10.8.1 所示，A_1 为理想运放，C_2 为比较器，二极管 D 也是理想器件，$R_b=51\ \text{k}\Omega$，$R_c=5.1\ \text{k}\Omega$，BJT 的 $\beta=50$，$V_{CES}\approx 0$，$I_{CEO}\approx 0$，试求：(1) 当 $v_I=1$ V 时，$v_O=$? (2) 当 $v_I=3$ V 时，$v_O=$? (3) 当 $v_I=5\sin\omega t$(V)时，试画出 v_I、v_{O2} 和 v_O 的波形。

【分析】　*A_1 构成了跟随器，C_2 是单限比较器，当 $v_I<2$ V 时，C_2 输出为 +12 V，D 导通，分析此时 T*

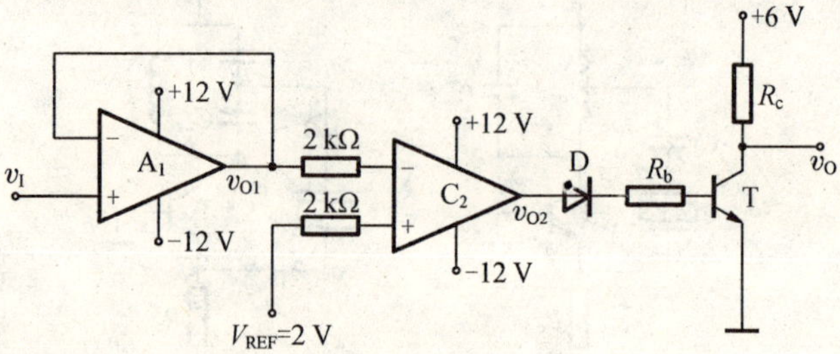

图题 10.8.1

的状态：当 T 处于饱和区时，输出为 0；当 $v_I > 2$ V 时，C_2 输出为 -12 V，D 截止，当 T 处于截止区时，输出为 6 V。

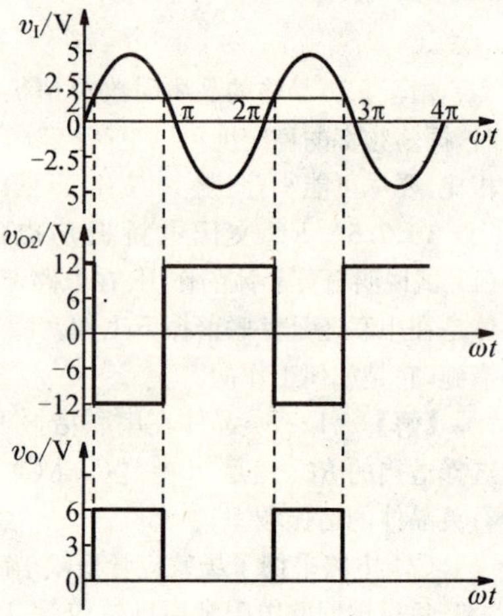

图解 10.8.1

【解】 首先判断若 D 导通时三极管的状态。

$$I_B \approx \frac{12\ \text{V}}{R_b} = \frac{12\ \text{V}}{51\ \text{k}\Omega} \approx 235.3\ \text{mA}$$

而 BJT 管饱和导通所需的临界基极电流为

$$I_{BS} = \frac{6\ \text{V}}{R_c\beta} = \frac{6\ \text{V}}{5.1\ \text{k}\Omega \times 50} \approx 23.5\ \text{mA}$$

由于实际的 $I_B \gg I_{BS}$，所以 BJT 管饱和导通，$v_O \approx 0$ V。

(1) 当 $v_I = 1$ V 时，C_2 输出为 $+12$ V，D 导通，T 工作在饱和区，输出为 0。

(2) 当 $v_I = 3$ V 时，C_2 输出为 -12 V，D 截止，T 工作在截止区，输出为 6 V。

(3) 当 $v_I = 5\sin\omega t$ (V) 时，v_I、v_{O2} 和 v_O 的波形如图解 10.8.1 所示。

10.8.2 电路如图题 10.8.2a 所示，其输入电压的波形如图题 10.8.2b 所示，已知输出电压 v_O 的最大值为 ±10 V，运放是理想的，试画出输出电压 v_O 的波形。

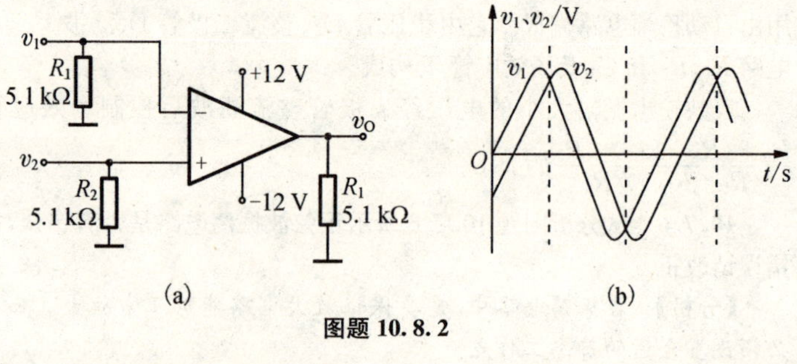

图题 10.8.2

【分析】 图中构成了单限比较器，当 $v_1 > v_2$ 时，输出为 -10 V，当 $v_1 < v_2$ 时，输出为 $+10$ V。

【解】 输出电压的波形如图解 10.8.2 所示：

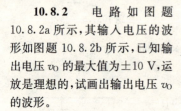

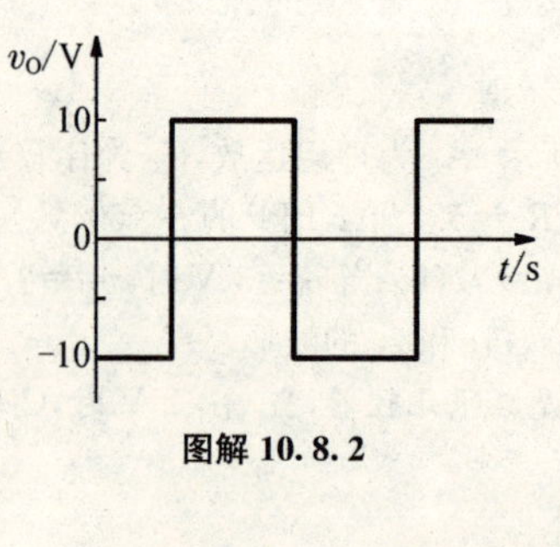

图解 10.8.2

10.8.3　一电压器比较器电路如图题 10.8.3 所示。(1) 若稳压管 D_Z 的双向限幅值为 $\pm V_Z = 6$ V，运放的开环电压增益 $A_{VO} = \infty$，试画出比较器的传输特性；(2) 若在同相输入端与地之间接上一参考电压 $V_{REF} = -5$ V，重画(1)问的内容。

【分析】　注意传输特性的三要素，即输出电压的高、低电平，门限电压和输出电压的跳变方向。

【解】　(1) 图示电路为过零比较器，输出电压为 $\pm V_Z$，输入信号从反相端输入，其电压传输特性如图解 10.8.3(a)所示。

(2) 在同相端加上一个 -5 V 的电压，为单限比较器，阈值电压 $V_T = -5$ V；当 $v_I > V_T$ 时，输出电压为 $V_{REF} + V_Z = 1$ V，当 $v_I < V_T$ 时，输出电压为 $V_{REF} - V_Z = -11$ V；输入信号从反相端输入，其电压传输特性如图解 10.8.3(b)所示。

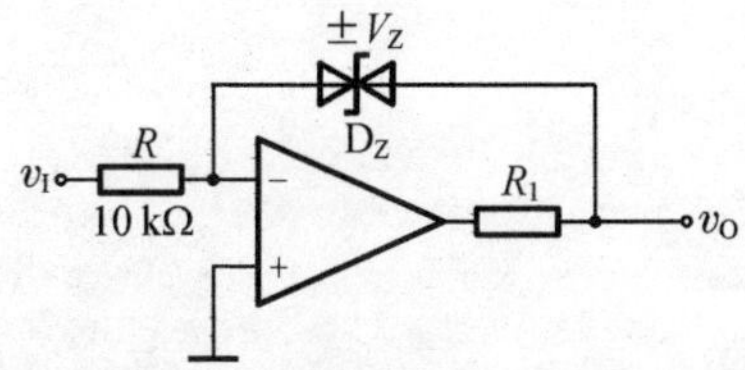

图题 10.8.3

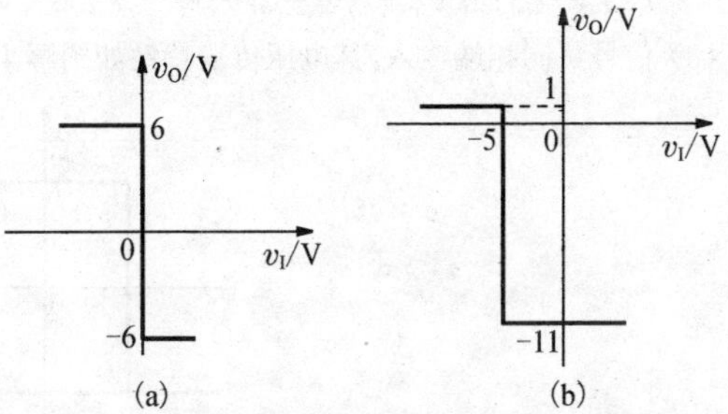

图解 10.8.3

10.8.4　一比较器电路如图题 10.8.4 所示。设运放是理想的，且 $V_{REF} = -1$ V，$V_Z = 5$ V，试求门限电压值 V_T，画出比较器的传输特性 $v_O = f(v_I)$。

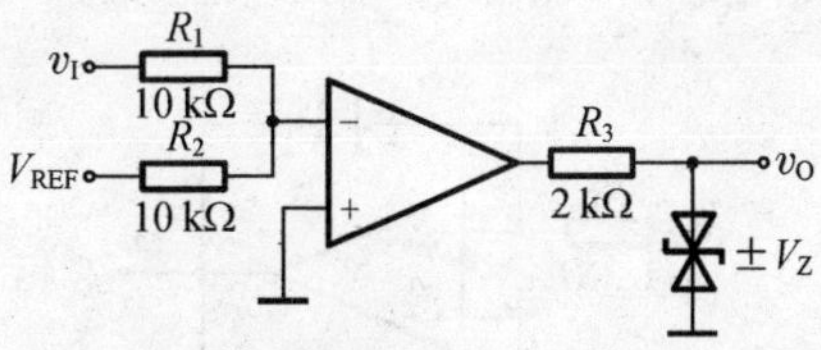

图题 10.8.4

【分析】　图为单限比较器，利用三要素法求解电压比较器的电压传输特性。

【解】　(1) 输出电压 $v_O = \pm V_Z = \pm 5$ V；

(2) 求门限电压，即

$$v_P = 0$$

$$v_N = (v_I + v_{REF})/2 = (v_I - 1)/2$$

令 $v_P = v_N$，得 $V_T = v_I = 1$ V；

(3) 信号从反相端输入，其电压传输特性如图解 10.8.4 所示。

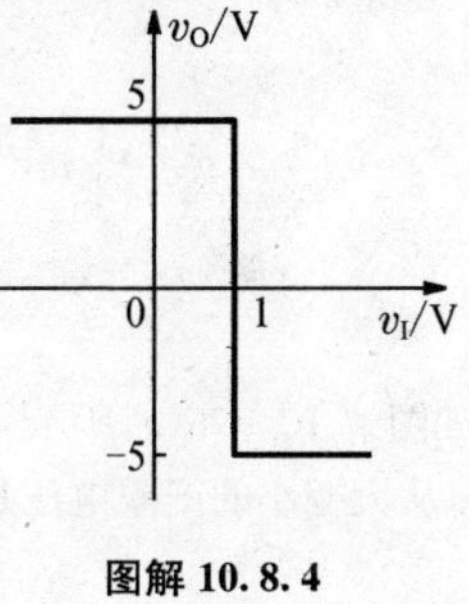

图解 10.8.4

10.8.5 设运放为理想器件，试求图题 10.8.5 所示电压比较器的门限电压，并画出它的传输特性（图中 $V_Z=9$ V）。

【分析】 图为迟滞比较器，利用三要素法求解电压比较器的传输特性。

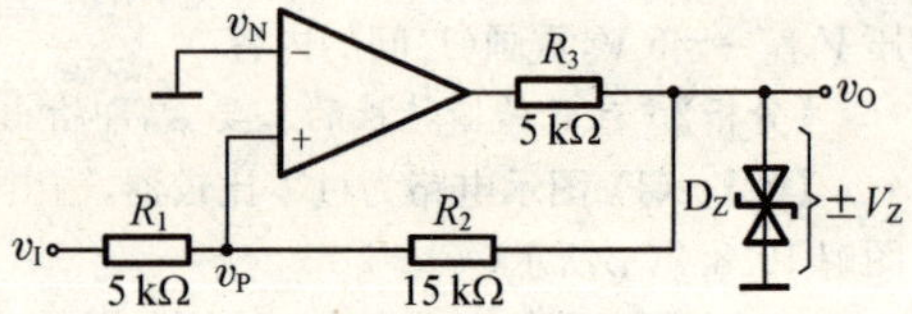

图题 10.8.5

【解】 (1) 输出电压 $v_O=\pm V_Z=\pm 9$ V；

(2) 求门限电压

$$v_P=\frac{1}{4}v_O+\frac{3}{4}v_I=\pm\frac{9}{4}+\frac{3}{4}v_I;$$

$$v_N=0$$

令 $v_P=v_N$，得 $V_T=v_I=\pm 3$ V。

(3) 信号从同相端输入，其电压传输特性如图解 10.8.5 所示。

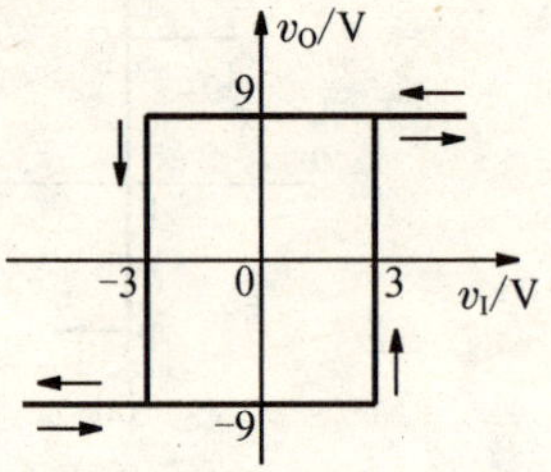

图解 10.8.5

10.8.6 电路如图题 10.8.6 所示，设稳压管 D_Z 的双向限幅值为 ±6 V。(1) 试画出该电路的传输特性；(2) 画出幅值为 6 V 正弦信号电压 v_I 所对应的输出电压波形。

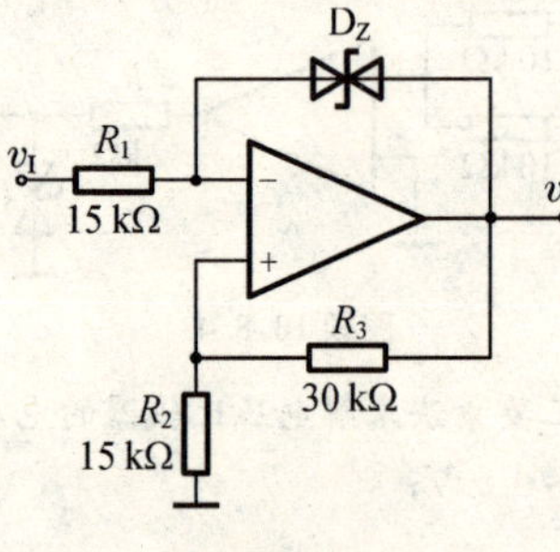

图题 10.8.6

【分析】 图为迟滞比较器，利用三要素法求解电压比较器的电压传输特性。注意计算输出电压的值。

【解】 (1) 输出电压

$$v_O=\pm V_Z+\frac{1}{3}v_O;\ v_O=\pm V_Z\times\frac{3}{2}=\pm 9\ \text{V};$$

(2) 求门限电压

$$v_P=\frac{1}{3}v_O$$

$$v_N=v_I$$

令 $v_P=v_N$，得 $V_T=v_I=\pm 3$ V。

(3) 信号从反相端输入，传输特性如图解 10.8.6(a)所示。

信号从小变大的门限电压是 +3 V，从大变小的门限电压是 −3 V，根据传输特性和输入信号，画出输出信号如图解 10.8.6(b)所示。

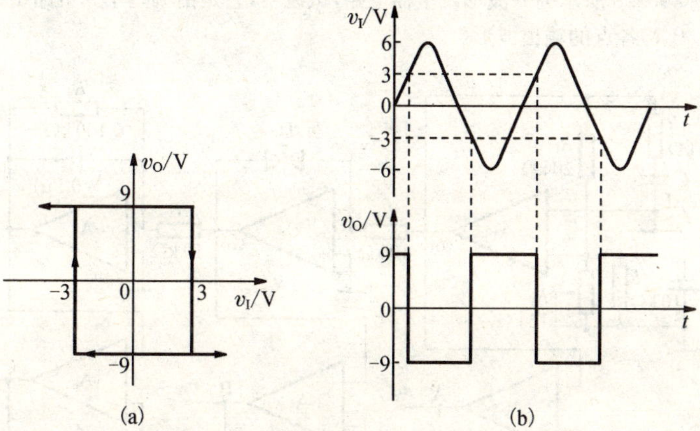

图解 10.8.6

10.8.7　图题 10.8.7 是利用两个二极管 D_1、D_2 和两个参考电压 V_A、V_B 来实现双限比较的窗孔比较电路。设电路通常有：R_2 和 R_3 均远小于 R_4 和 R_1。(1) 试证明只有当 $V_A > v_I > V_B$ 时，D_1、D_2 导通，v_O 才为负；(2) 试画出它的输入—输出传输特性。

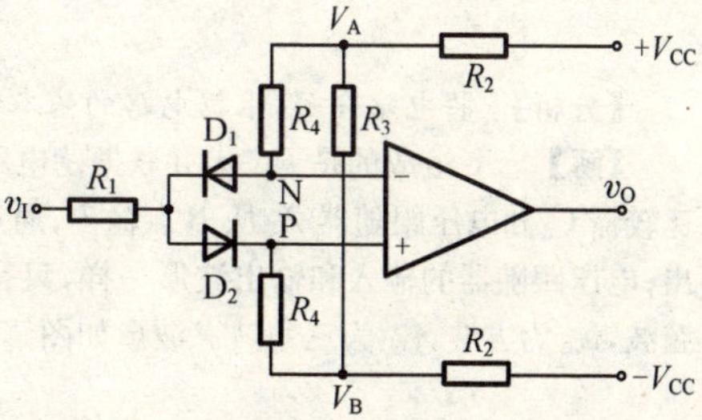

图题 10.8.7

提示：例如，假设 D_1、D_2 为理想二极管，运放也是具有理想特性的，$R_2 = R_3 = 0.1\ \text{k}\Omega$，$R_1 = 1\ \text{k}\Omega$，$R_4 = 100\ \text{k}\Omega$，$V_{CC} = 12\ \text{V}$。

【分析】　不同的 v_I 值直接决定了 D_1 和 D_2 管的状态，再分析 D_1 和 D_2 管的状态决定了输出电压 v_O 的值。利用三要素法求解窗口比较器的电压传输特性。

【解】　确定 V_A 和 V_B 的值。

当 R_2、R_3 均远小于 R_4、R_1 时

$$V_A = V_{CC} - \frac{V_{CC} - (-V_{CC})}{2R_2 + R_3} R_2 = \frac{R_3}{2R_2 + R_3} V_{CC}$$

$$V_B = V_{CC} - \frac{2(R_2 + R_3)}{2R_2 + R_3} V_{CC} = \frac{-R_3}{2R_2 + R_3} V_{CC}$$

当 $v_I > V_A$ 时，D_2 导通，D_1 截止，输入信号被引到同相端，比较器输出为 V_{OH}；

当 $v_I < V_B$ 时，D_2 截止，D_1 导通，输入信号被引到反相端，此时 v_I 为负值，比较器输出仍为 V_{OH}；

当 $V_B < v_I < V_A$ 时，D_1、D_2 都导通，此时反相端输入信号将偏正，同相端输入信号将偏负，比较器输出为 V_{OL}。

(2) 根据上述分析得到电压传输特性曲线，如图解 10.8.7 所示。

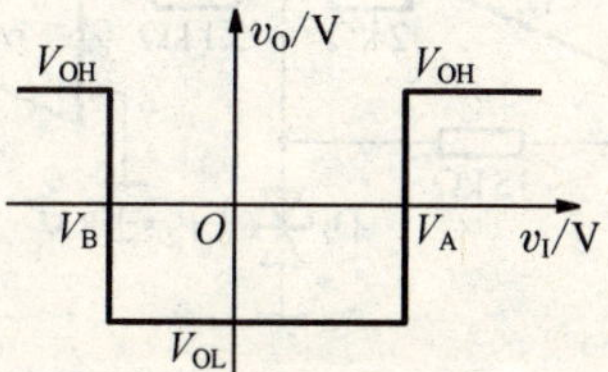

图解 10.8.7

10.8.8 图题10.8.8所示为一波形发生器电路，试说明，它是由哪些单元电路组成的，各起什么作用，并定性画出 A、B、C 各点的输出波形。

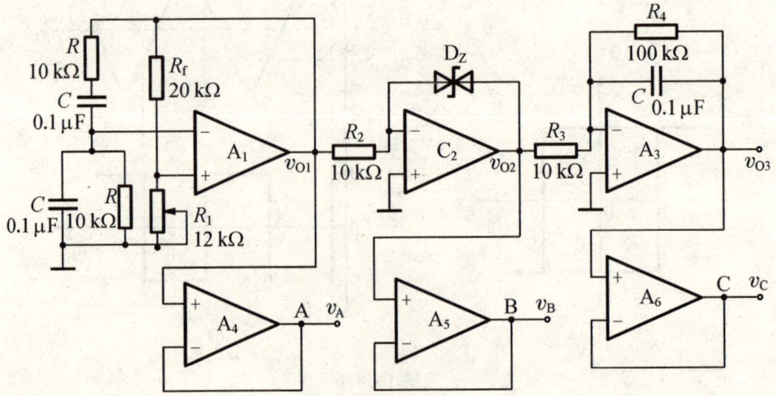

图题 10.8.8

【分析】 将电路分解，根据电路的基本组成，分析各部分功能。

【解】 A_1组成的是RC串并联振荡电路，输出正弦波。通过电压跟随器A_4从A点输出；通过过零比较器C_2和电压跟随器A_5从B点输出；通过过零比较器C_2、积分电路A_3和电压跟随器A_6从C点输出；电压跟随器的输入和输出波形一样，只是提高了带负载的能力，不会影响输出波形。其中v_{O1}为正弦波，v_{O2}为方波，v_{O3}为三角波。波形如图解10.8.8所示。

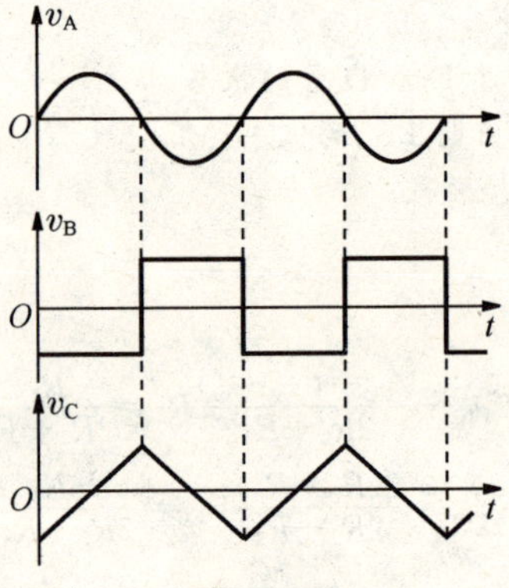

图解 10.8.8

10.8.9 图题10.8.9所示电路为方波－三角波产生电路，试求出其振荡频率，并画出v_{O1}、v_{O2}的波形。

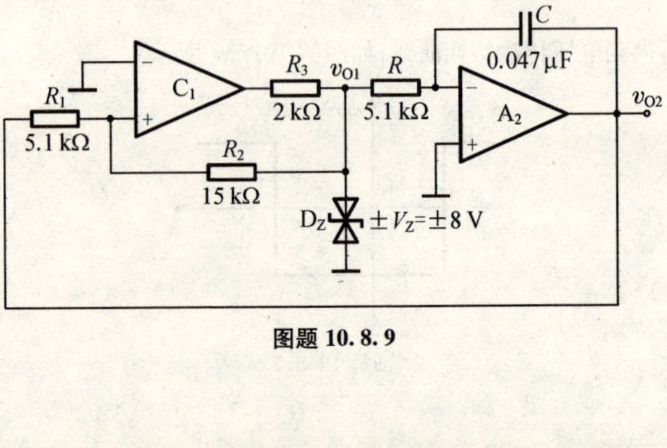

图题 10.8.9

【分析】 图中 v_{O1} 为方波，v_{O2} 为三角波，其振荡周期为 $T=\dfrac{4R_1RC}{R_2}$。迟滞比较器的输出幅度为 $\pm V_Z$，三角波的输出幅度为 $V_{T+}=\dfrac{R_1}{R_2}V_Z$，$V_{T-}=-\dfrac{R_1}{R_2}V_Z$。

【解】 振荡周期为

$$T=\frac{4R_1RC}{R_2}$$

振荡频率为

$$f=\frac{R_2}{4R_1RC}=\frac{15\times10^3}{4\times5.1\times5.1\times0.047}\approx3\ 067.6\ \text{Hz};$$

方波的输出幅度为 ±8 V。

三角波的输出幅度为

$$V_{T+}=\frac{R_1}{R_2}V_Z=\frac{5.1}{15}\times8\ \text{V}=2.72\ \text{V},V_{T-}=-\frac{R_1}{R_2}V_Z=-\frac{5.1}{15}\times8\ \text{V}=-2.72\ \text{V}$$

波形如图解 10.8.9 所示。

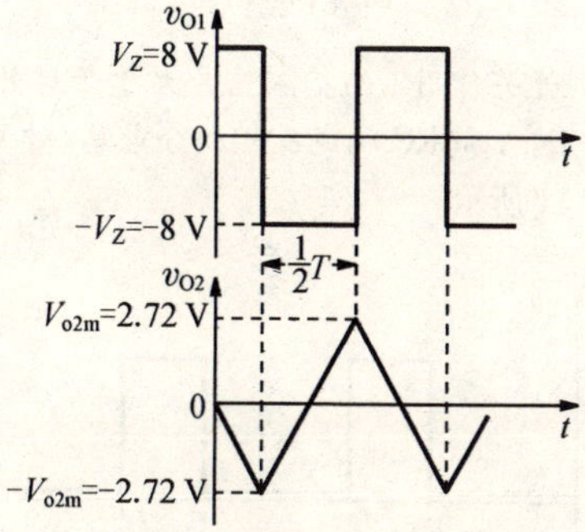

图解 10.8.9

10.8.10 电路如图题 10.8.10 所示，设 A_1、A_2 均为理想运放，C_3 为比较器，电容 C 上的初始电压 $v_C(0)=0$ V。若 v_I 为 0.11 V 的阶跃信号，求信号加上后一秒钟，v_{O1}、v_{O2}、v_{O3} 所达到的数值。

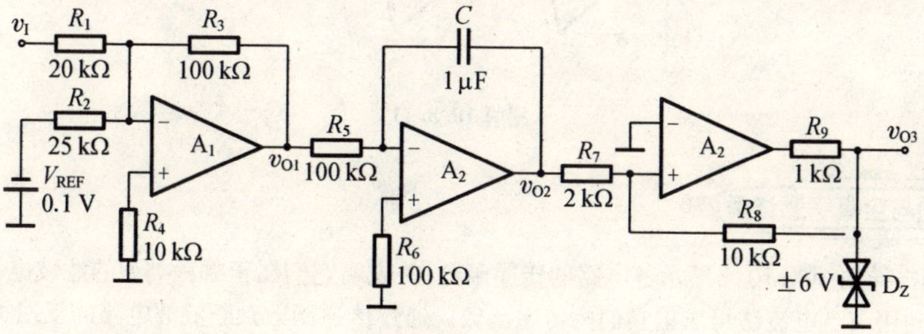

图题 10.8.10

【分析】 A_1 组成的是反相加法电路，A_2 组成的是反相积分电路，C_3 组成的是迟滞比较器，写出各部分的表达式，再分析加入信号后一秒钟的各个电压值。

【解】 $v_{O1}=-\dfrac{R_3}{R_1}v_I-\dfrac{R_3}{R_2}V_{REF}$，当 $t=1$ s 时，$v_{O1}=-0.15$ V；

$v_{O2}=-\dfrac{1}{R_5C}v_{O1}t$，当 $t=1$ s 时，$v_{O2}=1.5$ V；

C_3 为同相输入迟滞比较器，其门限电压 $V_T=\pm\frac{R_7}{R_8}V_Z=\pm\frac{2\times10^3}{10\times10^3}\times6\ \text{V}=\pm1.2\ \text{V}$。因此 $t=1$ s 时，$v_{O2}=1.5\ \text{V}>1.2\ \text{V}$，故 $v_{O3}=6$ V。

10.8.11 一他激式锯齿波发生器电路如图题 10.8.11 所示，设运放是理想的，试定性画出在图示 v_I 波形作用下输出电压 v_O 的波形。

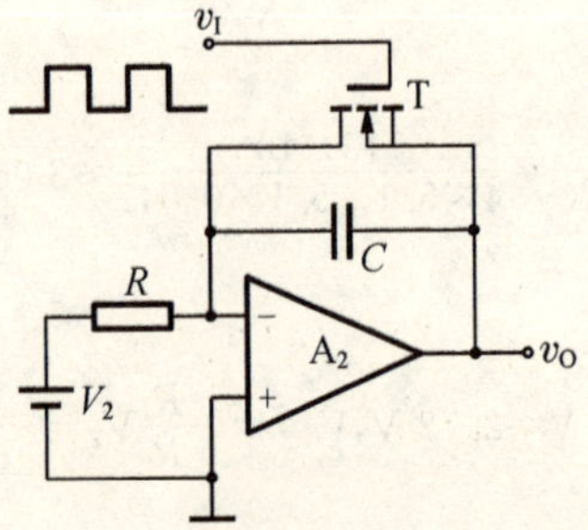

图题 10.8.11

【分析】 增强型场效应管起到开关作用。当输入信号大于开启电压时，T 导通，输出电压为 $-V_{DS}$；当输入信号小于开启电压时，T 截止，A 和 RC 构成反相积分电路，对 V_2 进行积分。

【解】 输出波形如图解 10.8.11 所示。

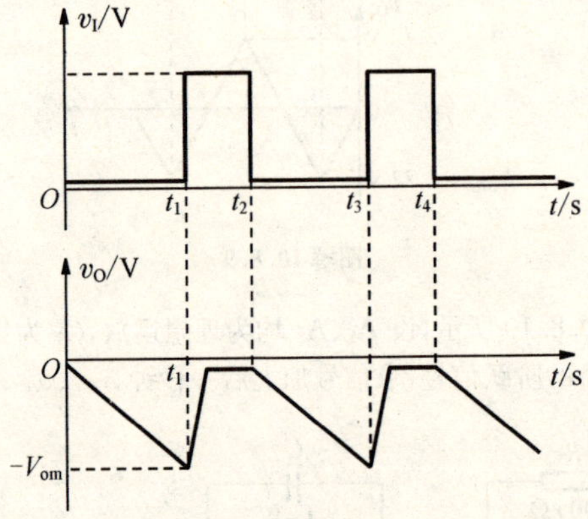

图解 10.8.11

典型习题与全真考题详解

1. 分别推导出图题 10.1 所示各电路的传递函数，并说明它们属于哪种类型的滤波电路。

【解】 利用节点电流法可求出它们的传递函数。通过传递函数判断滤波电路的反馈类型。

对图题 10.1(a)所示电路，有

$$A_v(s)=-\frac{R_2}{R_1+\frac{1}{sC}}=-\frac{sR_2C}{1+sR_1C}$$

故为高通滤波器。

对图题 10.1(b)所示电路，有

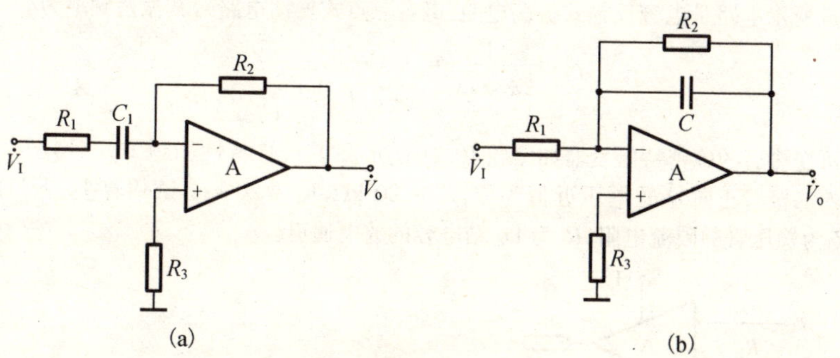

图题 10.1

$$A_v(s)=-\frac{R_2\cdot\frac{1}{sC}/\left(R_2+\frac{1}{sC}\right)}{R_1}=-\frac{R_2}{R_1}\cdot\frac{1}{1+sR_2C}$$

故为低通滤波器。

2. 图题 10.2 所示为 RC 文桥式正弦波振荡电路，已知运放 A 的最大输出电压为±15 V。(1)图中二极管 D_1、D_2 的作用是什么？试简述其原理；(2)设电路已产生稳幅正弦波振荡，当输出电压达到正弦波峰值时，二极管的正向压降约为 0.7 V，试估算输出电压的峰值；(3)若不慎将 R_2 短路，试定性说明输出电压 V_o 的波形；(4)若不慎将 R_2 开路，试说明输出电压 v_O 的波形如何？

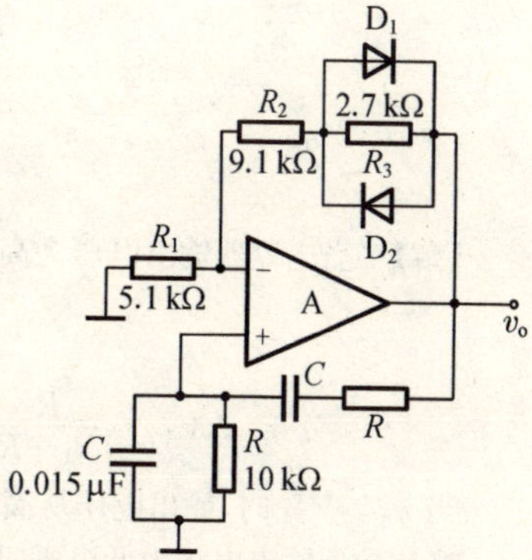

图题 10.2

【解】 (1) 二极管 D_1、D_2 起稳幅作用。当 v_O 幅值很小时，二极管 D_1、D_2 接近于截止，由 D_1、D_2、R_3 组成的并联支路的等效电阻近似为 $R_3=3\ \text{k}\Omega$，$A_v=\frac{R_1+R_2+R_3}{R_1}=\frac{18}{5}=3.6>3$，有利于起振；反之，当 v_O 幅值较大时，二极管 D_1 或 D_2 导通，由 D_1、D_2、R_3 组成的并联支路的等效电阻减小，A_v 减小，v_O 幅值趋于稳定。

(2) 估算输出电压的峰值 V_{om}。

由稳幅时 $A_v\approx3$，可求得对应输出正弦波峰值时相应的 D_1、D_2、R_3 并联的等效电阻 $R_3'\approx1.1\ \text{k}\Omega$。由于流过 R_3' 的电流等于流过 R_1、R_2 的电流，故有

$$\frac{0.6}{1.1}=\frac{V_{om}}{1.1+5.1+9.1}$$

$$\therefore V_{om}\approx8.35\ \text{V}$$

(3) 当 $R_2=0$ 时，$A_v<3$，电路停振，v_o 为一条与时间轴重合的直线。

(4) $R_2\to\infty$，$A_v\to\infty$，理想情况下，v_o 为方波。

3. (浙江师范大学 2009 年硕士研究生入学考试试题)反馈放大电路产生自激振荡的条件是什么？正弦波振荡电路一般由哪些部分组成？请问图题 10.3 所示电路是哪种类型的振荡电路？写出其振荡频率表达式。

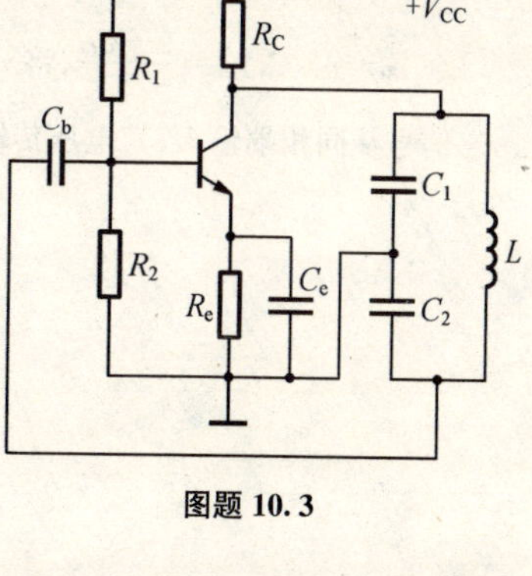

图题 10.3

【解】 反馈放大电路产生自激振荡的条件是：1)检查电路是否具备正弦波振荡器的组成部分，即是否具有放大电路、选频网络、反馈网络和稳幅电路；2)检查放大电路的静态工作点是否能保证放大电路能够正常工作；3)是否满足相位条件，即是否存在 f_0；4)是否满足幅值条件。

图题 10.3 所示电路是电容反馈式振荡电路(电容三点式振荡电路),其振荡频率为

$$f_0=\frac{1}{2\pi\sqrt{LC}}=\frac{1}{2\pi\sqrt{L\frac{C_1C_2}{C_1+C_2}}}$$

4. 具有可变滞后的施密特触发器如图题 10.4(a)所示,其传输特性如题 10.4(b)图所示。设 $V_Z=6\ \text{V}$,$V_R=2\ \text{V}$,二极管正向导通电压近似为零,$R_1=20\ \text{k}\Omega$,$R_2=20\ \text{k}\Omega$,试估算上、下门限电压 V_{T+},V_{T-}。图中 R_3 为稳压管的限流电阻,R_4 为 D_Z 结电容的放电通道。

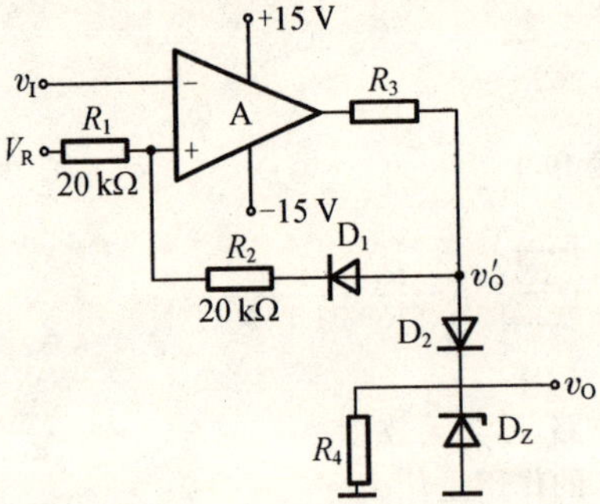

(a)

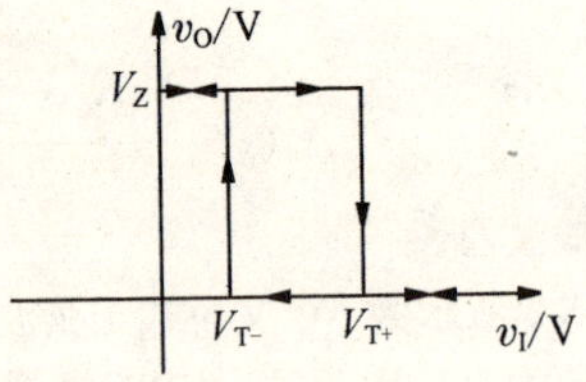

(b)

图题 10.4

【解】 当比较器输出电压为高电平时,二极管 D_1、D_2 均导通,$v_O=V_Z=6\ \text{V}$,故

$$v_P=\frac{R_2}{R_1+R_2}V_R+\frac{R_1}{R_1+R_2}V_Z\quad v_N=v_I$$

$$\therefore V_{T+}=\frac{R_2}{R_1+R_2}V_R+\frac{R_1}{R_1+R_2}V_Z=\frac{20}{20+20}\times 2+\frac{20}{20+20}\times 6=4\ \text{V}$$

当 $v_I>V_{T+}$ 时,输出电压从高电平跳变为低电平。

当比较器输出电压为低电平时,二极管 D_1、D_2 均截止,$v_O=0\ \text{V}$,故

$$V_{T-}=V_R=2\ \text{V}$$

当 $v_I<V_{T-}$ 时,输出电压从低电平跳变为高电平。

5. (浙江理工大学 2011 年硕士研究生入学考试试题)试分析图题 10.5 所示电路的电压传输特性,并画出电压传输特性曲线。

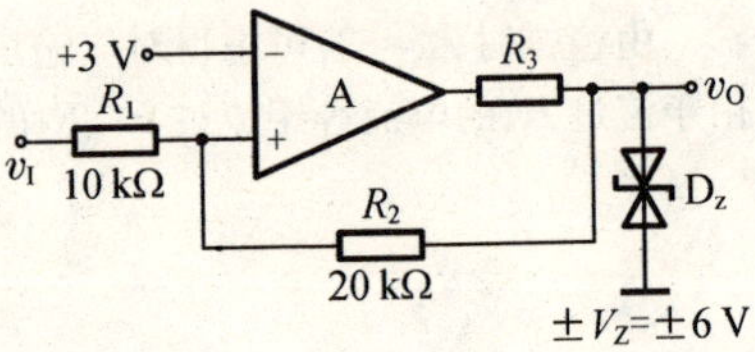

图题 10.5

【解】

$$v_P=\frac{2}{3}v_I+\frac{1}{3}v_O$$

$$v_N=3\ \text{V}$$

令 $v_P=v_N$,$\therefore V_T=\dfrac{9-v_O}{2}$,将 $v_O=\pm V_Z=\pm 6\ \text{V}$ 代入,得 $V_{T1}=1.5\ \text{V}$、$V_{T2}=7.5\ \text{V}$。

信号从同相端输入,其电压传输特性如解图题 10.5 所示。

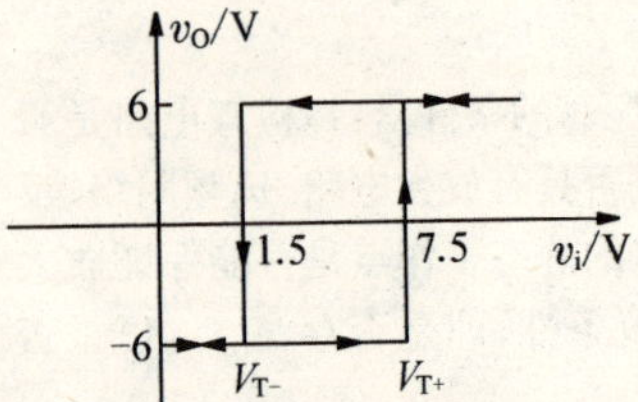

图解 10.5

6. （华南理工大学 2011 年硕士研究生入学考试试题）电路如图题 10.6 所示，设 A_1 和 A_2 为理想运放，试分析电路能否产生方波、三角波信号，若不能产生振荡，在不增加元器件的情况下画出改正后的电路。

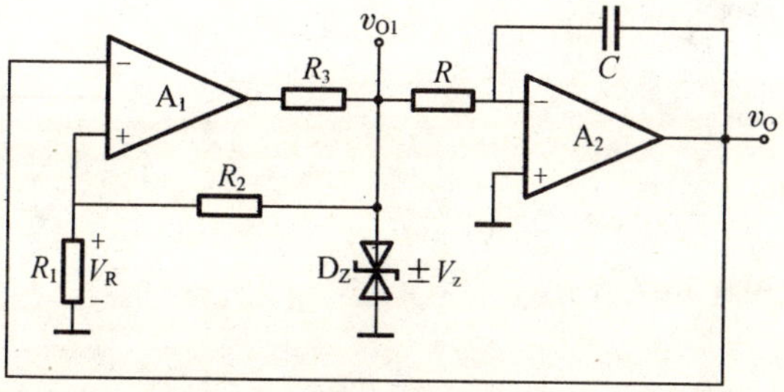

图题 10.6

【解】　假设 v_{O1} 为 V_Z，通过反相积分电路后，输出电压 v_O 为负值，对 A_1 组成的滞回比较器而言，v_N 为负值，$v_P=V_ZR_1/(R_1+R_2)$ 为正值，v_{O1} 的状态不会发生反转。电路不能产生振荡。改进电路如下：

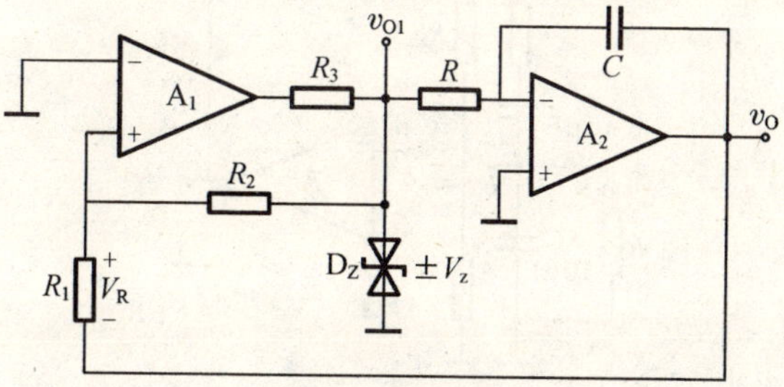

图解 10.6

假设 v_{O1} 为 V_Z，通过反相积分电路后，输出电压 v_O 为负值，对 A_1 组成的滞回比较器而言，$v_N=0$，$v_P=V_ZR_1/(R_1+R_2)+v_O R_2/(R_1+R_2)$，当 $v_P<0$ 时，v_{O1} 的状态发生反转。电路能产生振荡。

7. （北京科技大学 2010 年硕士研究生入学考试试题）在图题 10.7 所示的压控振荡器中，已知 A_1、A_2 为理想运算放大器，其输出电压的两个极限值为 ±14 V，二极管的导通压降近似为 0，v_I 是一个 0 到 −6 V 的直流输入信号。

(1) 画出 v_{O1} 和 v_{O2} 的波形图，并标出电压的上限值和下限值。

(2) 求解振荡频率 f 与输入电压 v_I 的近似关系式。

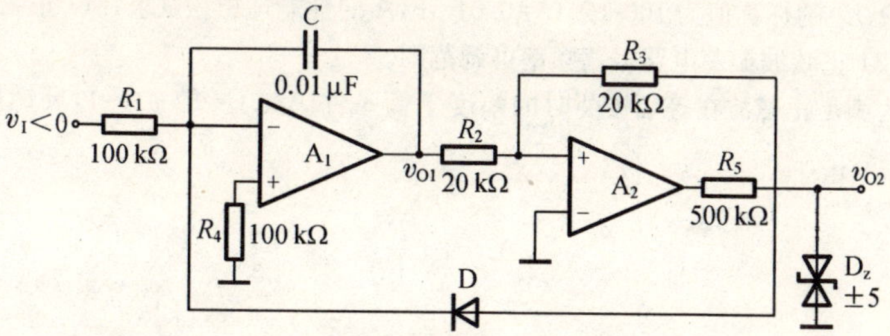

图题 10.7

【解】　(1) 输出电压 $V_{OH}=5$ V，$V_{OL}=-5$ V

求门限电压 V_{T+} 和 V_{T-}

$$v_P = v_{O1}\cdot\frac{R_3}{R_2+R_3}+V_{O2}\cdot\frac{R_2}{R_2+R_3}$$

$$=\frac{1}{2}(v_{O1}+v_{O2})$$

$$v_N = 0$$

令 $v_P = v_N$

$$V_T = v_{O1} = -v_{O2}$$

$$\therefore V_{T-}=-5\ V, V_{T+}=5\ V$$

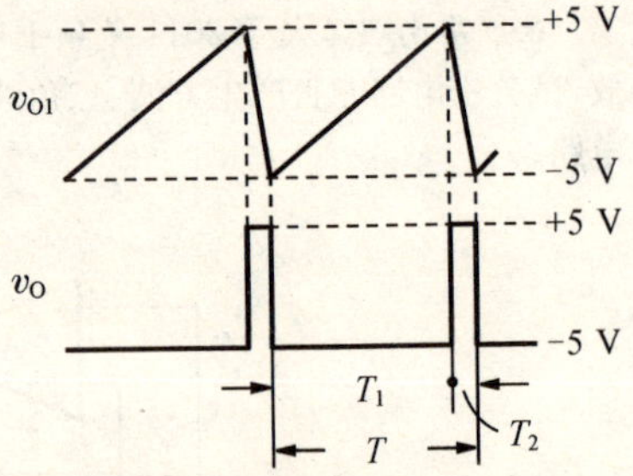

图解 10.7

v_{O1} 和 v_{O2} 的波形图如图解 10.7 所示。

(2) 振荡频率为

$$f\approx\frac{R_3}{2R_1R_2C}\cdot\frac{v_I}{V_Z}=\frac{20\times10^3}{2\times100\times20\times0.01}\times\frac{|v_I|}{5}=100|v_I|。$$

8. 图题 10.8 所示，若想产生 0.01 Hz 正弦波信号，试问：(1)电路中 a、b、N、P 四点如何连接？(2)电阻 R, R_f 应各取多少？(3)为使输出电压幅值稳定，哪个电阻应用热敏电阻，温度系数为正还是负？

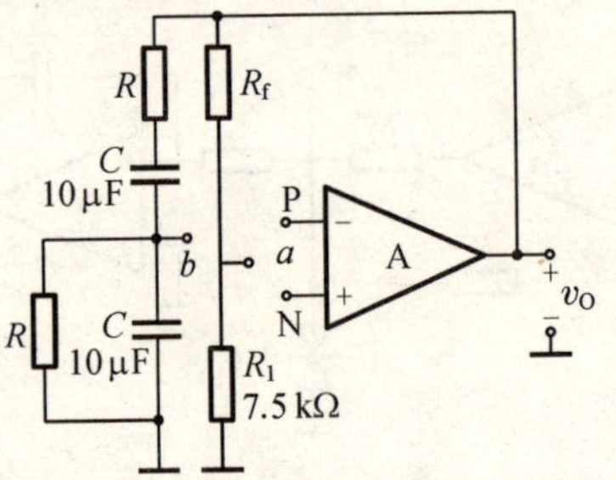

图题 10.8

【解】(1) 若想产生 0.01 Hz 正弦波信号，电路中应 b 点和 P 点相连，a 点和 N 点相连。

(2)
$$\because f_0=\frac{1}{2\pi RC}$$

$$\therefore R=\frac{1}{2\pi\times10\times10^{-6}\times0.01}\approx1.592\times10^6\ \Omega=1\ 592\ k\Omega$$

$$R_f=2R_1=2\times7.5=15\ k\Omega$$

(3) 为使输出电压幅值稳定，应采用负温度系数的热敏电阻代替 R_f。

9. 正弦波振荡电路如图题 10.9(a)所示，电路中灯泡电阻 R_t 的特性如图题 10.9(b)所示。已知 $R_1=2\ k\Omega$, $R_2=1\ k\Omega$, R_W 的标称值为 100 kΩ, $C=0.01\ \mu F$, A 的性能理想。试求：(1) 正弦波振荡电路输出电压有效值 V_o；(2) 正弦波振荡电路振荡频率可调范围。

【解】 (1) 为满足正弦波在等幅振荡时的幅度平衡条件 $A(\omega)\cdot F(\omega)=1$，反馈增益最大约等于 $\frac{1}{3}$，故 $A(\omega)=3$。又由于

$$A_v=1+\frac{R_1}{R_t}$$

$$\therefore\frac{R_1}{R_t}=2$$

$$\therefore R_t=\frac{1}{2}R_1=1\ k\Omega$$

由图(b)可知，当 $R_t=1\ k\Omega$ 时，$V_{Rt}=2\ V$，而

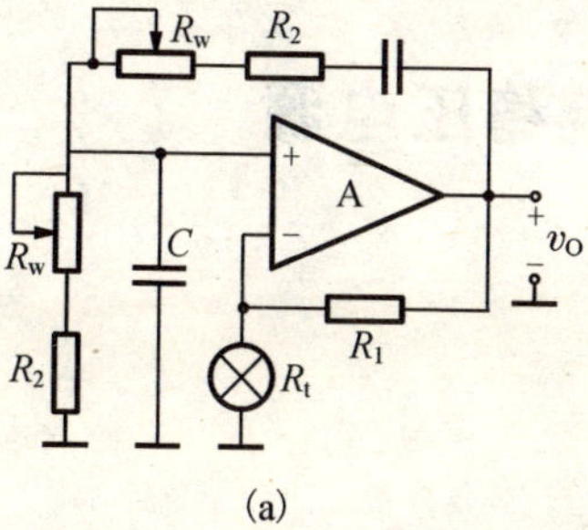

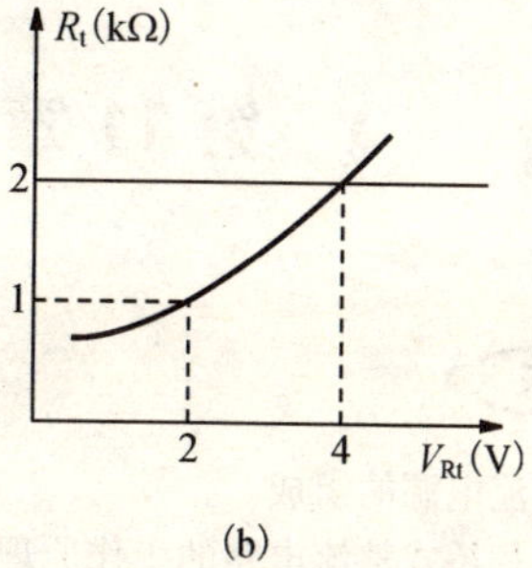

图题 10.9

$$V_{Rt}=\frac{R_t}{R_1+R_t}V_o$$

$$\therefore V_o=\left(1+\frac{R_1}{R_t}\right)V_{Rt}=\left(1+\frac{2}{1}\right)\times 2=6\ \text{V}$$

(2)

$$f_{0\min}=\frac{1}{2\pi(R_2+R_W)C}=\frac{1}{2\pi\times(1+100)\times10^3\times0.01\times10^{-6}}\approx157.7\ \text{Hz}$$

$$f_{0\max}=\frac{1}{2\pi R_2C}=\frac{1}{2\pi\times1\times10^3\times0.01\times10^{-6}}\approx1.59\times10^4\ \text{Hz}=15.9\ \text{kHz}$$

即振荡频率的可调范围为 157.7 Hz～15.9 kHz。

第 11 章　直流稳压电源

内容与要求

一、了解直流电源的组成。

二、掌握单相桥式整流电路的工作原理和分析方法。

三、理解电容滤波电路的工作原理。

四、理解串联型稳压电路的工作原理，掌握集成稳压器的应用。

五、了解开关稳压电路的工作原理。

知识点归纳

一、直流电源的组成

直流电源是能量转换电路，将 220 V、50 Hz 的交流电转换为直流电，其组成框图如图 11.1 所示。

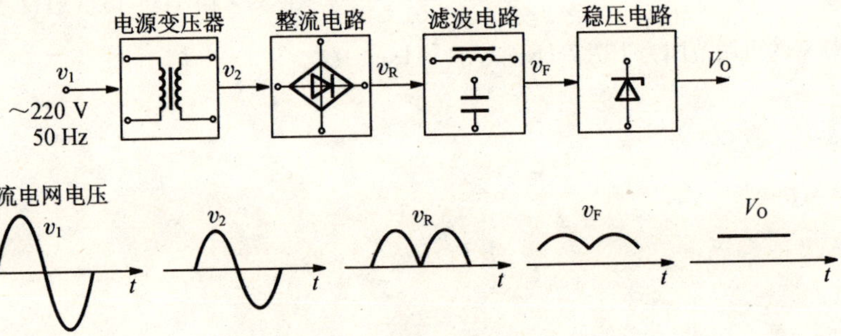

图 11.1　直流电源的组成

电源变压器的作用是将电网电压变换成合适幅值的交流电压，通常实现降压。

整流电路的作用是将交流电压变换成脉动的直流电压。

滤波电路的作用是减小电压的脉动，使输出电压平滑。

稳压电路的作用是在负载电阻变化或电网电压波动 10％时进一步消除纹波，提高电压的稳定性和带载能力。

二、单相桥式整流电路

单相桥式整流电路如图 11.2 所示。

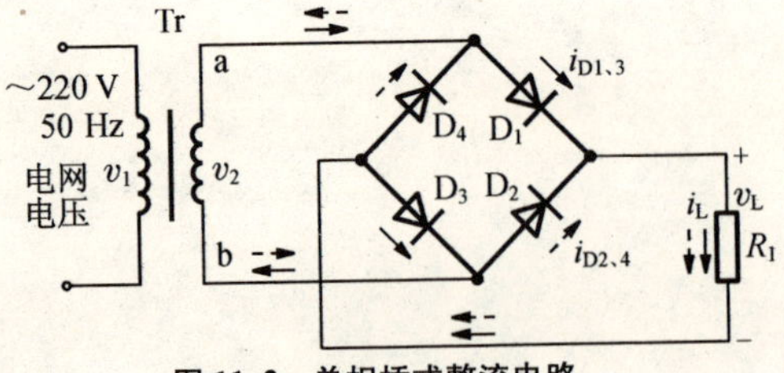

图 11.2　单相桥式整流电路

工作原理：当 $v_2>0$ 时，D_1 和 D_3 导通，D_2 和 D_4 截止，$v_O=v_2$；当 $v_2<0$ 时，D_2 和 D_4 导通，D_1 和 D_3 截止，$v_O=-v_2$。

输出电压波形如图 11.3 所示。

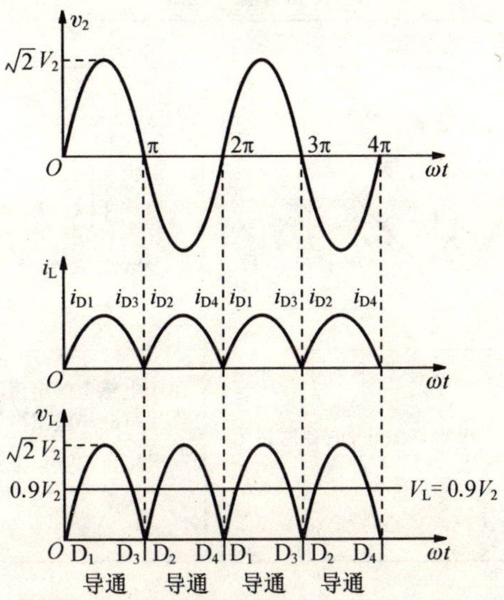

图 11.3　单相桥式整流电路输入输出电压波形图

负载上的直流电压输出电压平均值

$$V_L=\frac{1}{\pi}\int_0^{\pi}\sqrt{2}\cdot V_2\sin\omega t\cdot d\omega t\approx 0.9V_2$$

负载电流平均值：$I_L=\frac{V_L}{R_L}=\frac{0.9V_2}{R_L}$

纹波系数 $K_r=\frac{\sqrt{V_2^2-V_L^2}}{V_L}=0.483$

对整流二极管的要求：

平均整流电流 $I_{D1}=I_{D3}=I_{D2}=I_{D4}=\frac{1}{2}I_L=0.45\frac{V_2}{R_L}$

最高反向工作电压 $V_{RM}=\sqrt{2}V_2$

三、滤波电路

滤波电路按照适用场合分为：适用于小功率电源的电容滤波电路；适用于负载电流较大的电感滤波电路；适用于滤波要求较高的复式滤波电路，即 LC 滤波、RC 或 $LC\pi$ 型滤波电路。电路如图 11.4 所示。

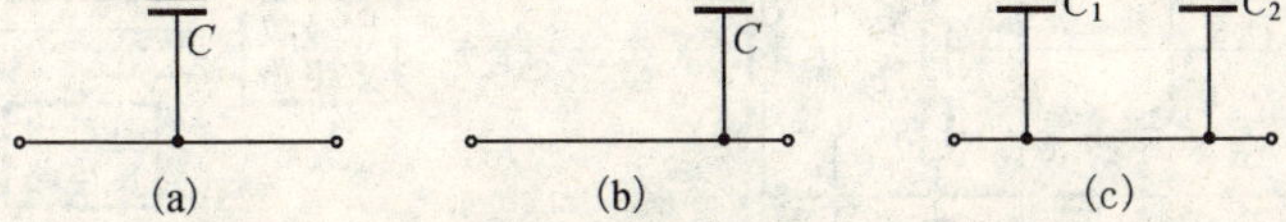

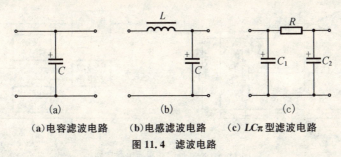

(a)电容滤波电路　(b)电感滤波电路　(c) $LC\pi$ 型滤波电路

图 11.4　滤波电路

重点掌握电容滤波电路及其工作原理，如表 11.1 所示。

表 11.1 滤波电路

名称	电容滤波电路	电感滤波电路
电容滤波电路	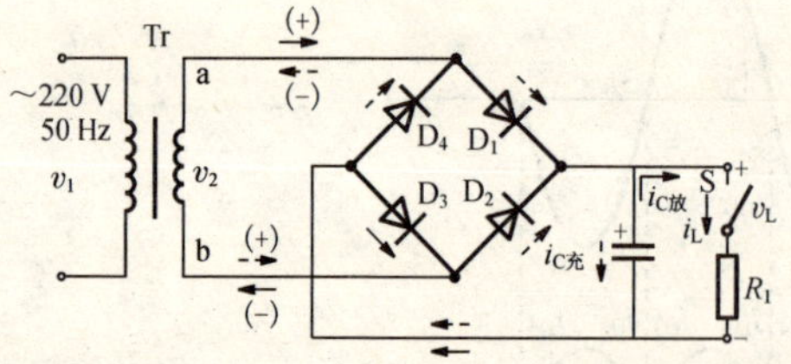	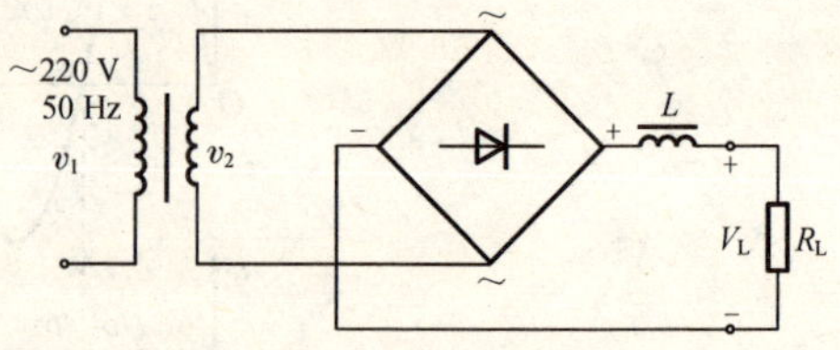
工作原理	当 $\lvert v_2 \rvert > v_C$ 时，有一对二极管导通，对电容充电，$\tau_{充电}$ 非常小。 当 $\lvert v_2 \rvert < v_C$ 时，所有二极管均截止，电容通过 R_L 放电，$\tau_{放电}=R_LC$。	由于电感上的电流不能突变，故利用电感上的储能作用可减小输出电压的纹波，从而得到比较平滑的直流。
主要参数	当 $R_LC=(3\sim5)\dfrac{T}{2}$ 时，$V_L=(1.1\sim1.2)V_2$	$V_L=0.9V_2$

四、稳定电源的质量指标

输入调整因数 $K_V=\left.\dfrac{\Delta V_O}{\Delta V_I}\right|_{\substack{\Delta I_O=0\\ \Delta T=0}}$

电压调整率 $S_V=\left.\dfrac{\Delta V_O/V_O}{\Delta V_I}\times100\%\right|_{\substack{\Delta I_O=0\\ \Delta T=0}}$

稳压系数 $\gamma=\left.\dfrac{\Delta V_O/V_O}{\Delta V_I/V_I}\right|_{\substack{\Delta I_O=0\\ \Delta T=0}}$

输出电阻 $R_o=\left.\dfrac{\Delta V_O}{\Delta I_O}\right|_{\substack{\Delta V_I=0\\ \Delta T=0}}$

温度系数 $S_T=\left.\dfrac{\Delta V_O}{\Delta T}\right|_{\substack{\Delta V_I=0\\ \Delta T=0}}$

五、串联反馈式稳压电路

1. 电路组成及工作原理

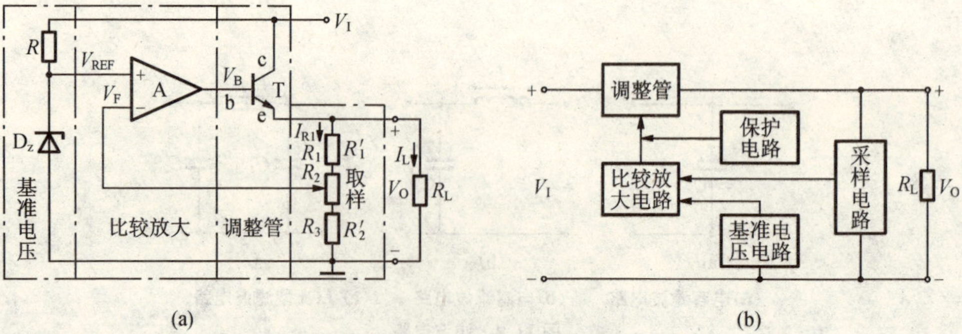

(a) (b)

图 11.5 串联反馈式稳压电源电路

(a)原理图 (b)框图

串联反馈式稳压电源电路如图 11.5(a)所示，基准电压电路由限流电阻 R 和稳压管 D_Z 组成，为电路提供一个稳定的基准电压，是 V_O 的参考电压。采样电路由电阻 R_1、R_2、R_3 组成，对输出电压采样，送到放大环节。比较放大电路由集成运放 A 组成，将采样得到的电压与基准电压比较，并将差值电压放大。调整管 T 是电路的核心，承受输出电压变化量，即管压降 V_{CE} 随 V_I 和负载产生变化，保证输出电压 V_O 基本稳定。电路由调整管、基准电压电路、输出电压采样电路和比较放大电路四个基本部分组成，实际电源中还有调整管的保护电路，如图 11.5(b)所示。

串联反馈式稳压电路的稳压过程，实质上是通过引入电压负反馈来稳定输出电压。输出电压 V_O 的调整范围

$$\frac{R_1+R_2+R_3}{R_2+R_3}\cdot V_Z \leqslant V_O \leqslant \frac{R_1+R_2+R_3}{R_3}\cdot V_Z$$

2. 调整管的选择

考虑电网电压的波动和负载电阻的变化，为使得调整管安全工作，则根据极限参数调整管选择如下：

(1) 最大集电极电流 I_{CM}

$$I_{Cmax} \approx I_{Emax} \approx I_{Lmax} < I_{CM}$$

(2) 最大管压降 $V_{(BR)CEO}$

$$V_{CEmax} = V_{Imax} - V_{Omin} < V_{(BR)CEO}$$

(3) 集电极最大耗散功率 P_{CM}

$$P_{Cmax} = I_{Cmax}V_{CEmax} \approx I_{Lmax}(V_{Imax} - V_{Omin}) < P_{CM}$$

六、三端集成稳压电路

最简单的集成稳压电源只有三个引线端：输入端、输出端和公共端。按输出电压可分为固定式和可调式。

1. 输出电压固定式的三端集成稳压电路

集成串联型稳压电路有输入端、输出端和公共端三个引脚。W7800 系列的正电压型号为 78××、负电压 型号为 79××，输出电压不能进行调节，其方框图如图 11.6 所示。

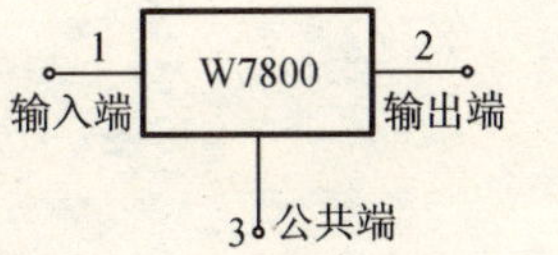

图 11.6　W7800 系列方框图

输出电压有 5 V、6 V、9 V、12 V、15 V、18 V 和 24 V 七个档次，型号后面的两个数字表示输出电压值。输出电流有 1.5 A(78××)、0.5 A(78M××)和 0.1 A(78L××)三个档次。

(1) 基本应用

将输入端接整流滤波电路的输出，将输出端接负载电阻，构成串联型稳压电路，如图 11.7 所示。其中电容 C_i 用于消除自激振荡；电容 C_o 用于消除输出电压的高频噪声；二极管 D 用于保护稳压电路。

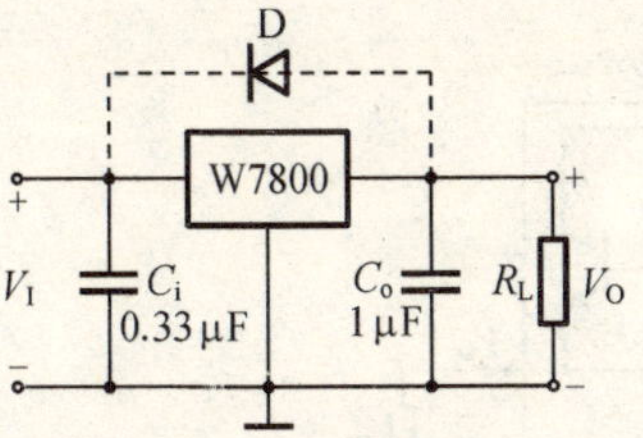

图 11.7　基本应用电路

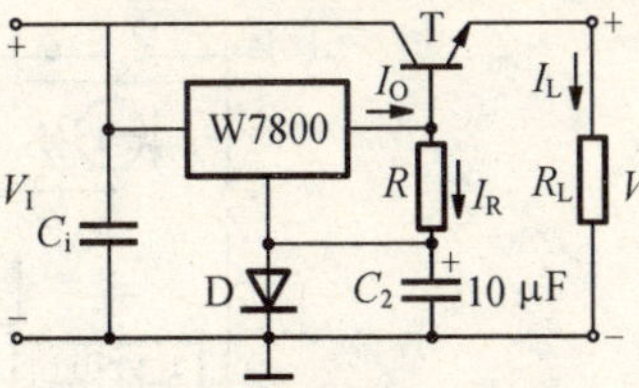

图 11.8　输出电流扩展电路

(2) 输出电流扩展电路

为使负载电流 I_L 大于三端稳压电路的输出电流 I_{Omax}，可采用射极输出器进行电流放大，如图 11.8

所示。电阻上的电流为 I_R，则 I_L 的最大值为

$$I_{Lmax}=(1+\beta)(I_{Omax}-I_R)$$

其中输出电压

$$V_O=V_O'+V_D-V_{BE}$$

V_O'是三端稳压电路的输出电压，若 $V_D=V_{BE}$，则 $V_O=V_O'$。

(3) 输出电压扩展电路

如图 11.9 所示是一种输出电压扩展电路，也是输出电压可调的稳压电路。

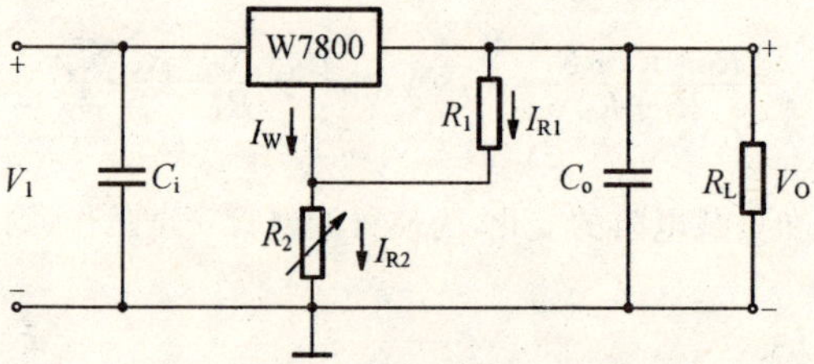

图 11.9 输出电压扩展电路

输出电压为 $V_O=\left(1+\frac{R_2}{R_1}\right)\cdot V_O'+I_W R_2$

实用电路常加电压跟随器起到隔离作用，将稳压电路和采样电路隔离，如图 11.10 所示。输出电压为：

$$\frac{R_1+R_2+R_3}{R_1+R_2}\cdot V_O'\leqslant V_O\leqslant\frac{R_1+R_2+R_3}{R_1}\cdot V_O'$$

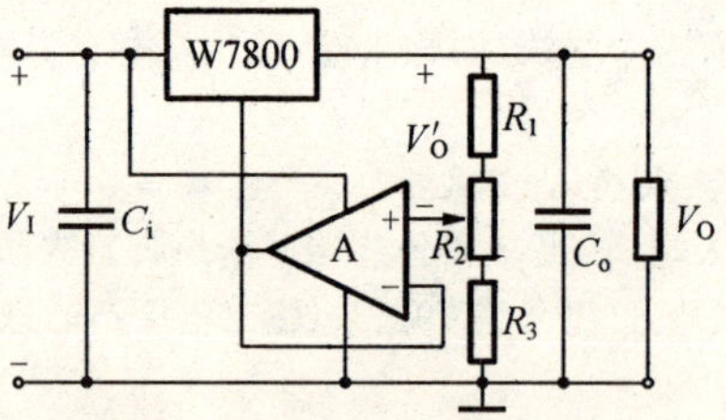

图 11.10 实用的输出电压扩展电路

2. 可调式三端集成稳压器

可调式三端集成稳压器输出为正电压的有 LM317、输出为负电压的有 LM337，如图 11.11 所示，其输出电压为：

$$V_O=V_{REF}\left(1+\frac{R_2}{R_1}\right)$$

其中 V_{REF} 为参考电平。

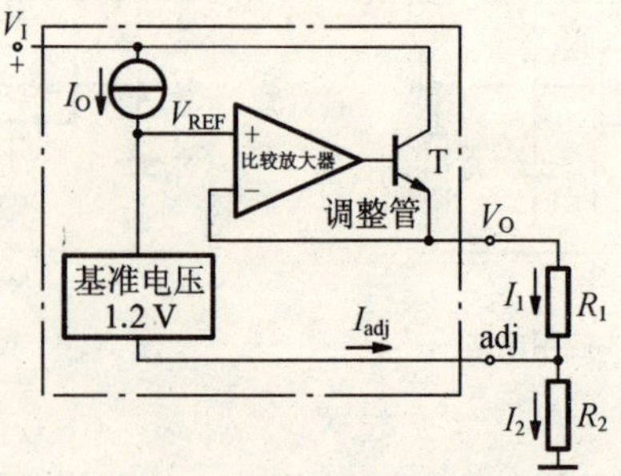

图 11.11 可调式三端集成电路

七、开关型稳压电路

串联型稳压电源由于调整管工作在线性区(即放大区),故称为线性稳压电源。其优点结构简单,调节方便,输出电压稳定性强,纹波电压小。缺点是调整管工作在线性区,属于甲类状态,因而功耗大,效率低(20%～49%)。

开关型稳压电源利用调整管工作在截止区时穿透电流很小而管耗很小;当工作在饱和区时管压降很小而管耗也很小,从而提高了效率。按照调整管和负载的连接方式分为串联开关型和并联开关型。

1. 串联开关型稳压电路

采用脉宽调制式电路构成的串联开关型稳压电路如图 11.12(a)所示,调整管的基极和发射极电压波形如图 11.12(b)所示。稳压过程如下:

①当输出电压 V_O 升高时,作用于 PWM 电路,使调整管基极电压的脉冲宽度变窄,即占空比 q 减小,从而使 V_O 降低;

②当输出电压 V_O 降低时,脉冲宽度变宽,即占空比 q 增大,从而使 V_O 增大。

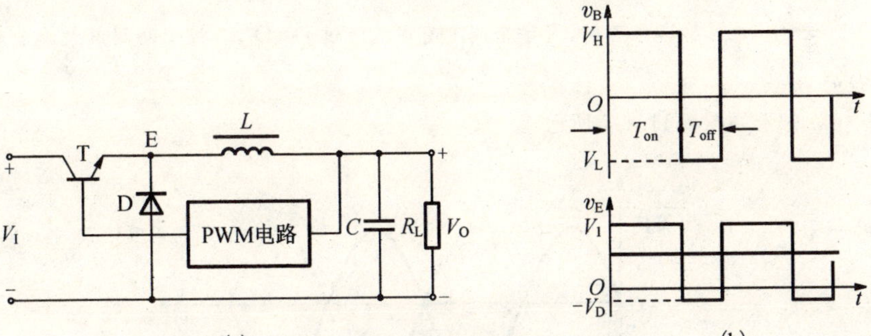

(a)　　(b)

图 11.12　串联开头型稳压电路及波形分析

(a)电路　(b)波形

2. 并联开关型稳压电路

采用脉宽调制式电路构成的并联开关型稳压电路如图 11.13(a)所示,v_B 和 u_L 波形如图 11.13(b)所示。

稳压过程:$V_O\uparrow\rightarrow T_{on}\downarrow$(频率不变)→占空比 $q\downarrow\rightarrow V_O\downarrow$

注意:①在周期不变的情况下,v_B 占空比越大,输出电压平均值越高。

②只有 L 足够大,才能升压;只有 C 足够大,输出电压交流分量才足够小。

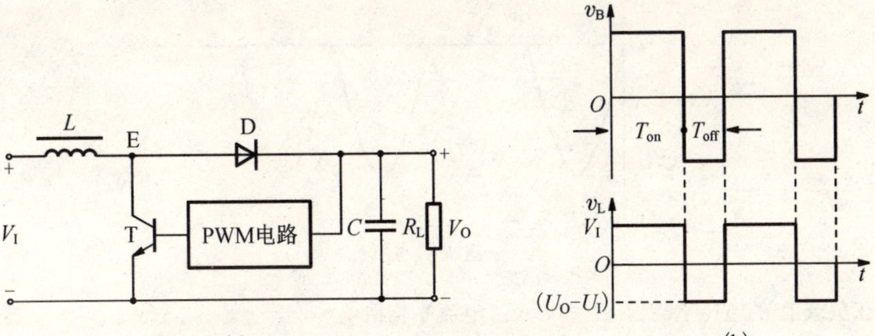

(a)　　(b)

图 11.13　并联开关型稳压电路及波形分析

(a)电路　(b)波形

习题全解

11.1 小功率整流滤波电路

11.1.1 变压器二次侧有中心抽头的全波整流电路如图题 11.1.1 所示，二次电源电压为 $v_{2a}=-v_{2b}=\sqrt{2}V_2\sin\omega t$，假定忽略二极管的正向压降和变压器内阻：(1) 试画出 v_{2a}、v_{2b}、i_{D1}、i_{D2}、i_L、v_L 及二极管承受的反向电压 v_R 的波形；(2) 已知 V_2（有效值），求 V_L、I_L（均为平均值）；(3) 计算整流二极管的平均电流 I_D、最大反向电压 V_{RM}；(4) 若已知 $V_L=30$ V，$I_L=80$ mA，试计算 V_{2a}、V_{2b} 的值，并选择整流二极管。

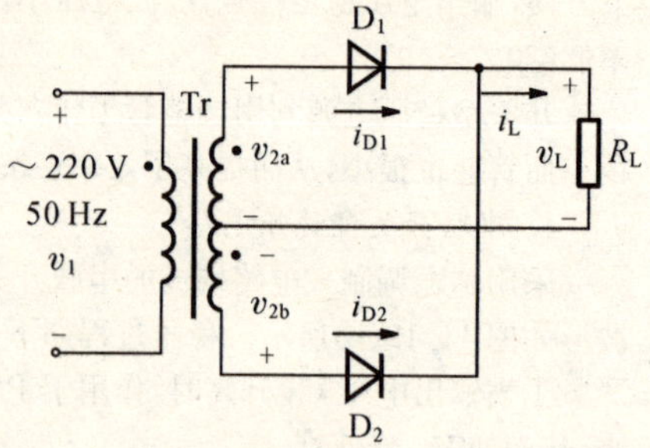

图题 11.1.1

【分析】 图 11.1.1 是全波整流电路。其输出波形和桥式整流电路一致。在负载上的电压平均值 $V_L=0.9V_2$，电流平均值 $I_L=\dfrac{0.9V_2}{R_L}$。在选择二极管时，有半个周期有电流流过 D_1、D_2，二极管两端最大承受的反向电压是电压幅值的两倍。

【解】 (1) 波形如图解 11.1.1 所示。

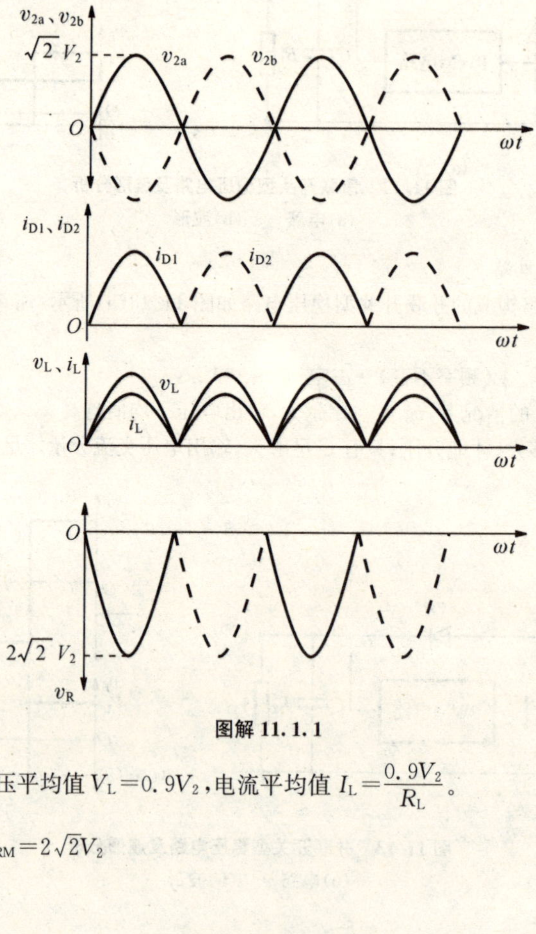

图解 11.1.1

(2) 在负载上 的电压平均值 $V_L=0.9V_2$，电流平均值 $I_L=\dfrac{0.9V_2}{R_L}$。

(3) $I_D=\dfrac{0.45V_2}{R_L}$，$V_{RM}=2\sqrt{2}V_2$

(4) 因为 $V_L=0.9V_2, V_{2a}=V_{2b}=V_2=\frac{V_L}{0.9}=\frac{30\ V}{0.9}\approx 33.3\ V$

因为 $I_L=\frac{0.9V_2}{R_L}, I_D=\frac{0.45V_2}{R_L}=\frac{I_L}{2}=40\ mA$

$V_{RM}=2\sqrt{2}V_2=2\sqrt{2}\times 33.3\ V=94.2\ V$

可以选用 2CP6A($I_D=100\ mA, V_{RM}=100\ V$)

11.1.2　电路参数如图题 11.1.2 所示，图中标出了变压器二次电压(有效值)和负载电阻值，若忽略二极管的正向压降和变压器内阻，试求：

(1) R_{L1}、R_{L2} 两端的电压 V_{L1}、V_{L2} 和电流 I_{L1}、I_{L2}(平均值)

(2) 通过整流二极管 D_1、D_2、D_3 的平均电流和二极管承受的最大反向电压。

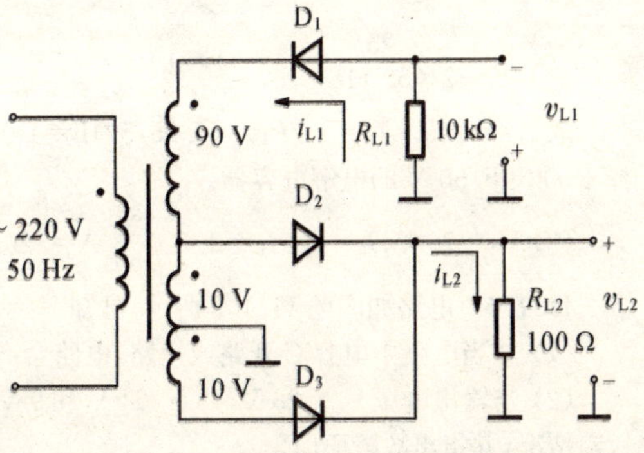

图题 11.1.2

【分析】　图题 11.1.2 中有两个输出，构成了两个整流电路。D_1 组成的为半波整流电路，D_2、D_3 组成了全波整流电路。对半波整流电路而言，在负载上 的电压平均值是全波整流电路的一半，$V_L=0.45V_2$，电流平均值 $I_L=\frac{0.45V_2}{R_L}$，在选择二极管时，在导通时就有电流流过 D_1，二极管两端最大承受的反向电压是电压幅值。全波整流电路分析参见 11.1.1。

【解】　(1) $V_{L1}=0.45V_{21}=0.45\times 100\ V=45\ V; I_{L1}=\frac{0.45V_{21}}{R_L}=\frac{0.45\times 100\ V}{10\ k\Omega}=4.5\ mA$

$V_{L2}=0.9V_{22}=0.9\times 10\ V=9\ V; I_{L1}=\frac{0.9V_{22}}{R_L}=\frac{0.9\times 10\ V}{100\ \Omega}=90\ mA$

(2) $I_{D1}=I_{L1}=4.5\ mA, V_{RM}=\sqrt{2}V_{21}=\sqrt{2}\times 100\ V=141\ V$

$I_{D2}=I_{D3}=\frac{I_{L2}}{2}=45\ mA, V_{RM}=2\sqrt{2}V_{22}=2\sqrt{2}\times 10\ V=28.2\ V$

11.1.3　桥式整流、电容滤波电路如图题 11.1.3 所示，已知交流电源电压 $V_1=220\ V$、$50\ Hz$，$R_L=50\ \Omega$，要求输出直流电压为 24 V，纹波较小。(1) 选择整流管的型号；(2) 选择滤波电容器(容量和耐压)；(3) 确定电源变压器的二次电压和电流。

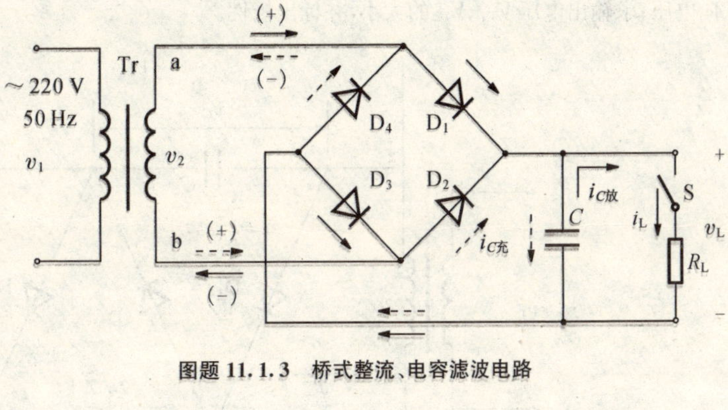

图题 11.1.3　桥式整流、电容滤波电路

【分析】　选择整流管型号需要求解流过二极管的平均电流和二极管两端最大承受的反向电压。要求输出直流电压为 24 V，电容滤波电路的时间常数约为 $R_LC=(3\sim5)\frac{T}{2}$，电容两端最大的电压值为 $\sqrt{2}V_2$，负载上的输出电压 $V_L=(1.1\sim1.2)V_2=24\ V$，纹波较小的话取 $V_L=1.2V_2$。变压器的二次电压为 V_2，电流为 $I_2=1.5\sim2.0I_L$。

【解】　(1) 流过二极管的平均电流

$$I_D=\frac{V_L}{2R_L}=\frac{24\ V}{2\times 50\ \Omega}=0.24\ A=240\ mA$$

$$V_L=1.2V_2=24\ \text{V}$$

$$V_2=20\ \text{V}$$

$$V_{RM}=\sqrt{2}V_2=\sqrt{2}\times 20\ \text{V}=28.2\ \text{V}$$

可以选用 2CP1D($I_D=500$ mA,$V_{RM}=100$ V)

(2) $\tau_d=R_LC\geqslant(3\sim5)\dfrac{T}{2}=\dfrac{3\sim5}{2f}$

$$=\frac{3\sim5}{2\times 50\ \text{Hz}}=(3\sim5)\times 0.01\ \text{s}$$

取 $\tau_d=0.05$ s,$C=T_d/R_L=(0.05/50)\text{F}=1\,000\ \mu F$。要求电容耐压$>V_{RM}=\sqrt{2}V_2=28.2$ V。故选择 1 000 μF/50 V 的电解电容器。

(3) $V_2=20$ V,$I_2=1.5I_L=1.5\times\dfrac{24}{50}$ A$=720$ mA。

11.1.4 电路如图题 11.1.3 所示,已知 $V_2=20$ V,$R_L=50\ \Omega$,$C=1\,000$ uF。

(1) 如当电路中电容 C 开路或短路,电路会产生什么后果?两种情况下 V_L 各等于多少?

(2) 当输出电压 $V_L=28$ V,18 V,24 V 和 9 V 时,试分析,哪些属于正常工作的输出电压,哪些属于故障情况,并指出故障原因。

【分析】 电容 C 开路时相当与没有对整流信号进行滤波,而电容 C 短路时相当与将变压器短路;正常工作时输出电压为 $V_L=1.2\ V_2$,整流而没有滤波时输出电压为 $V_L=0.9\ V_2$,半波整流时输出电压为 $V_L=0.45\ V_2$,负载开路时输出电压为 $V_L=1.4\ V_2$。

【解】 (1) 电容 C 开路时输出全波整流信号,$V_L=0.9\ V_2=18$ V

电容 C 短路时变压器烧坏,$V_L=0$ V;

(2) 输出电压 $V_L=28$ V 时,负载 R_L 开路;

输出电压 $V_L=18$ V 时,电容 C 开路;

输出电压 $V_L=24$ V 时,正常工作;

输出电压 $V_L=9$ V 时,整流二极管 D_1D_3 或者 D_2D_4 开路,电容开路。

11.1.5 如图题 11.1.5 所示倍压整流电路,要求标出每个电容器上的电压和二极管承受的最大反向电压;求输出电压 V_{L1}、V_{L2} 的大小,并标出极性。

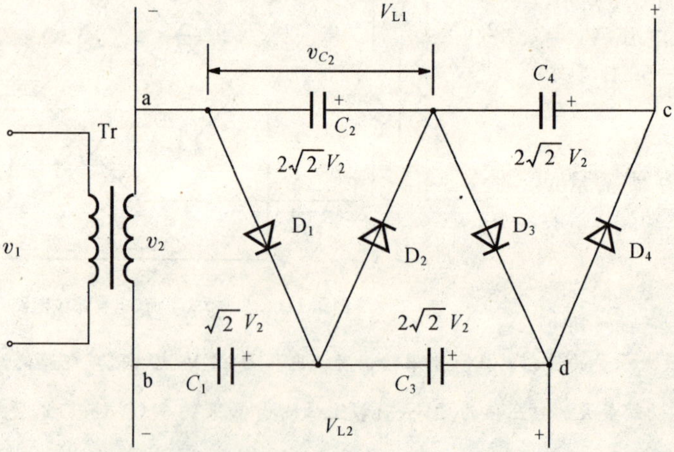

图题 11.1.5

【分析】 考虑 v_2 在正半周和负半周时每个二极管的导通状态,导通时对电容充电,电容正负端最大的压降就是电容器需要承受的最大电压，同理判断出二极管需要要承受的最大反向电压。

【解】 (1) v_2 正半周时，D_1 导通，对 C_1 充电，C_1 两端所需承受的最大电压为 $\sqrt{2}V_2$。

(2) v_2 负半周时，v_2 和 C_1 两端的电压共同作用下，D_1 截止，D_2 导通，对 C_2 充电，C_2 两端所需承受的最大电压为 $2\sqrt{2}V_2$，D_1 两端所需承受的最大反向电压为 $2\sqrt{2}V_2$。

(3) v_2 正半周时，v_2 和 C_2 两端的电压共同作用下，D_2 截止，D_3 导通，对 C_1 和 C_3 进行充电，C_1 两端所需承受的最大电压为 $\sqrt{2}V_2$，C_3 两端所需承受的最大电压为 $2\sqrt{2}V_2$，D_2 两端所需承受的最大反向电压为 $2\sqrt{2}V_2$。

(4) v_2 负半周时，v_2 和 C_1，C_3 两端的电压共同作用下，D_3 截止，D_4 导通，对 C_2 和 C_4 进行充电，C_2 两端所需承受的最大电压为 $2\sqrt{2}V_2$，C_4 两端所需承受的最大电压为 $2\sqrt{2}V_2$，D_3 两端所需承受的最大反向电压为 $2\sqrt{2}V_2$。

(5) v_2 正半周时，v_2 和 C_2 C_4 两端的电压共同作用下，D_4 截止，D_4 两端所需承受的最大反向电压为 $2\sqrt{2}V_2$。

a、c 两端电压

$$V_{L1}=V_{c2}+V_{c4}=4\sqrt{2}V_2$$

b、d 两端电压

$$V_{L2}=V_{c1}+V_{c3}=3\sqrt{2}V_2$$

极性如图题 11.1.5 所示。

11.2　线性稳压电路

11.2.1　并联稳压电路如图题 11.2.1 所示，稳压管 D_Z 的稳定电压 $V_Z=6$ V，$V_I=18$ V，$C=1\,000\mu$F，$R=1$ kΩ，$R_L=1$ kΩ。(1) 电路中稳压管接反或限流电阻 R 短路，会出现什么现象？(2) 求变压器二次电压有效值 V_2、输出电压 V_O 的值；(3) 若稳压管 D_Z 的动态电阻 $r_Z=20$ Ω，求稳压电路的内阻 R_o 及 $\Delta V_O/\Delta V_I$ 的值；(4) 将电容器 C 断开，试画出 v_I、v_o 及电阻 R 两端电压 v_R 的波形。

【分析】 图示电路是桥式整流电路、电容滤波电路和稳压管组成的直流电源电路。其中稳压管的重点是通过稳压管的电流必须工作在一定的范围内，否则不能正常稳压。V_I 是电容滤波的输出电压，也是稳压管电路的输入，其值为 $1.2V_2$。

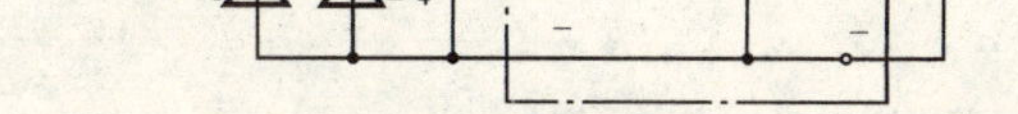

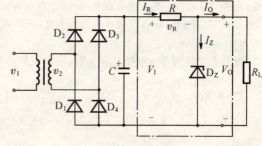

图题 11.2.1

【解】 (1) 稳压管 D_Z 接反 $V_O=0.7$ V。限流电阻 R 短路的话，稳压管会过流烧坏。

(2) $V_O=V_Z=6$ V，$V_2=V_I/1.2=15$ V。

(3) $r_Z=20$ Ω，$R=1$ kΩ，稳压电路内阻

$$R_o=r_Z/\!/R\approx r_Z=20\ \Omega$$

一般 $R_L\gg r_Z$，由 $R_L=1$ kΩ 有

$$\frac{\Delta V_O}{\Delta V_I}=\frac{r_Z/\!/R_L}{R+r_Z}\approx\frac{r_Z}{R+r_Z}=0.02$$

(4) 电容断开后，V_I 为全波整流波形，当 $V_I<6$ V 时，稳压管截止，输出电压为 V_I；当 $V_I>6$ V 时，稳压管击穿，输出电压为 6 V。波形如图解 11.2.1 所示。

11.2.2　有温度补偿的稳压管基准电压源如图题 11.2.2 所示，稳压管的稳定电压 $V_Z=6.3$ V，BJT T_1 的 $V_{BE}=0.7$ V。D_Z 具有正温度系数 +2.2 mV/℃，而 BJT T_1 的 V_{BE1} 具有负温度系数 −2 mV/℃。(1) 当输入电压 V_I 增大(或负载电阻 R_L 增大)时，说明它的稳压过程和温度补偿作用；(2) 基准电压 V_{REF}=？并标出电压极性。

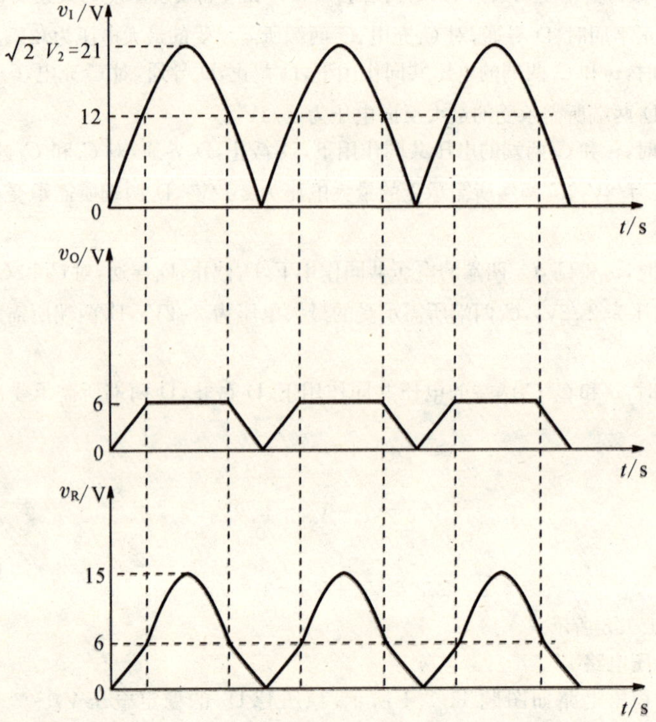

图解 11.2.1

【分析】 输出电压等于 E_1 点的电势，也可以说是 D_Z 和 V_{B2} 之和。等输入电压或者负载变化时，会引起输出电压的变化，导致 V_B 的变化，从而影响一系列的变化，分析这些变化对输出电压的影响。

【解】 (1) 等输入电压 V_I 增大时，或者负载增大时，输出电压 V_{REF} 会增加。

$V_I(R_L)\uparrow \rightarrow V_{REF}\uparrow \rightarrow V_B\uparrow \rightarrow I_{C2}\uparrow V_{CE2}\downarrow \rightarrow V_A\downarrow \rightarrow I_{B1}\downarrow \rightarrow V_{CE1}\uparrow$

$V_{REF}\downarrow \leftarrow$

输出电压 V_{REF} 为 D_Z 和 V_{B2} 之和。

温度增加时，BJT T_1 的 V_{BE1} 具有负温度系数，$V_{BE1}\downarrow$，而 D_Z 具有正温度系数 $V_Z\uparrow$，因两者温度系数大小相当，方向相反，故可互相补偿。

(2) 基准电压 $V_{REF}=V_Z+V_{BE2}=6.3\ \text{V}+0.7\ \text{V}=7\ \text{V}$，$V_{REF}$ 电压极性为正。

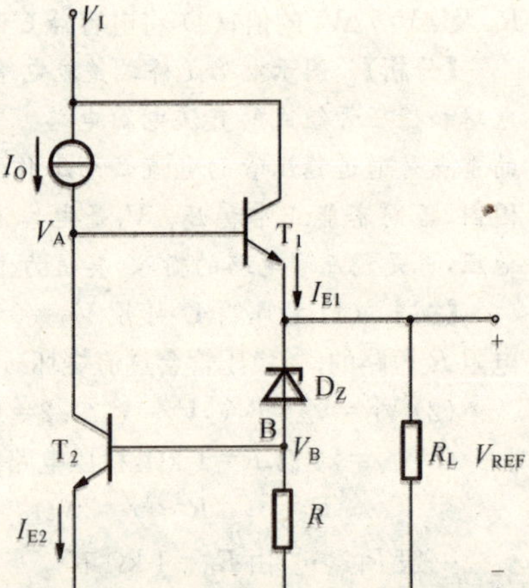

图题 11.2.2

11.2.3 直流稳压电路如图题 11.2.3 所示，已知 BJT T_1 的 $\beta_1=20$，T_2 的 $\beta_2=50$，$V_{BE}=0.7$ V。(1) 试说明电路的组成有什么特点；(2) 电路中电阻 R_3 开路或短路时会出现什么故障；(3) 电路正常工作时输出电压的调节范围；(4) 当电网电压波动 10%时，问电位器 R_P 的滑动端在什么位置时，T_1 管的 V_{CE1} 最大，其值为多少？(5) 当 $V_O=15$ V，$R_L=50\ \Omega$ 时，T_1 的功耗 $P_{C1}=$？

【分析】 这是串联型稳压电路。电路由稳压管、比较放大电路、调整管和取样电路组成。

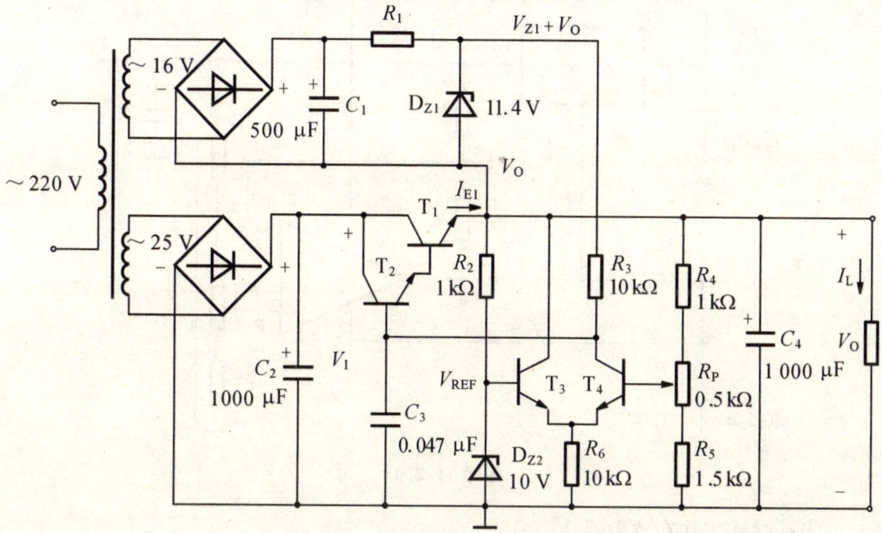

图题 11.2.3

【解】 (1) T_3、T_4管组成的差分放大电路实现比较放大电路的功能。其输出端接到调整管 T_1、T_2的基极，R_4、R_5和 R_P组成了取样电路，R_2和 D_{Z2} 构成了基准电压源。和一般的串联型稳压电路不同的是，比较放大电路采用了差分放大电路，具有较高的温度稳定性；T_4管的集电极通过 R_3 接到 $V_{Z1}+V_O$ 电压，而 T_2管的集电极直接接到 V_O电压，其目的是为了提高差分放大电路的线性工作范围。

(2) 当R_3 开路时，调整管 T_2、T_4 的基极电流 $I_{B2}=0$，$I_{B1}=0$，使 T_1、T_2 截止，输出电压 $V_O=0$；当R_3短路时，辅助电源 V_{Z1} 直接接到 T_1、T_2 的发射结上，产生过大的基极电流使调整管损坏。

(3) 输出电压的范围

$$V_{Omin}=\frac{R_5+R_P+R_4}{R_5+R_P}V_{Z2}=\frac{1.5+0.5+1}{1.5+0.5}\times 10\ V=15\ V$$

$$V_{Omax}=\frac{R_5+R_P+R_4}{R_5}V_{Z2}=\frac{1.5+0.5+1}{1.5}\times 10\ V=20\ V$$

(4) 电网电压波动 10%，输入电压也波动 10%，故

$$V_{Imax}=V_I(1+10\%)=25\times 1.2\times 1.1=33\ V$$

$$V_{CE1max}=V_{Imax}-V_{O\,min}=33\ V-15\ V=18\ V$$

(5) 当 $V_O=15$ V，$R_L=50\ \Omega$ 时，T_1 的功耗 P_{C1}

T_1 的 I_{E1} 只考虑负载电流 $I_{E1}\approx I_L=\frac{15\ V}{50\ \Omega}=300$ mA，所以

$$P_{C1}=V_{CEmax}\times I_{E1}=18\ V\times 300\ mA=5.4\ W$$

11.2.4 输出电压的扩展电路如图题 11.2.4 所示。设 $V_{32}=V_{XX}$，试证明

$$V_O=V_{XX}\left(\frac{R_3}{R_3+R_4}\right)\left(1+\frac{R_2}{R_1}\right)$$

【分析】 78LXX 输出 2、3 端的电压为 V_{XX}。运放 A 为比较放大器，其工作在放大器，可以用虚短和虚断的概念进行分析。R_1和 R_2构成了取样电路。

【解】 $V_N=\frac{R_4}{R_3+R_4}V_{XX}+V_B=\frac{R_4}{R_3+R_4}V_{XX}+(V_O-V_{XX})$

$$V_P=\frac{R_2}{R_1+R_2}V_O$$

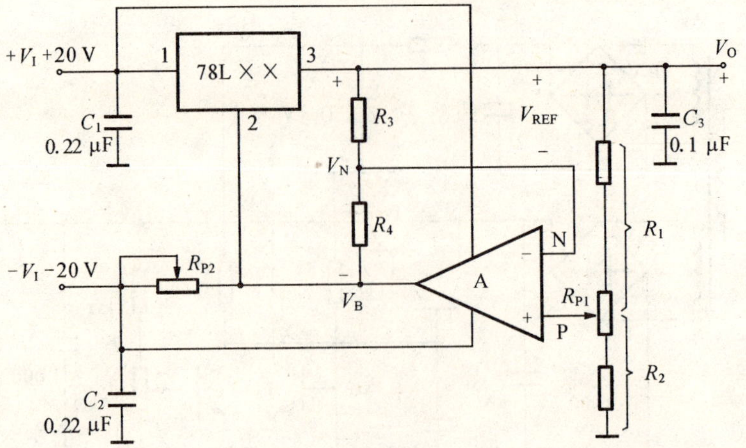

图题 11.2.4

由于运放 A 工作在放大器，$V_P=V_N$

经整理得

$$V_O=V_{XX}\left(\frac{R_3}{R_3+R_4}\right)\left(1+\frac{R_2}{R_1}\right)$$

11.2.5 图题 11.2.5 是具有跟踪特性的正、负电压输出的稳压电路、78LXX 为正电源输出电压 $+V_O$，试说明用运放 741 和功放管 T_1、T_2 使 $-V_O$ 跟踪 $+V_O$ 变化的原理（正常时 $+V_O$ 和 $-V_O$ 是绝对值相等的对称输出）。

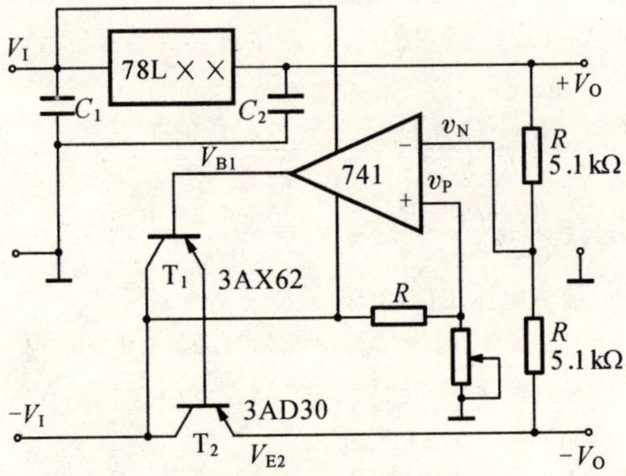

图题 11.2.5

【分析】 78LXX 输出为正电源 V_O。本题主要分析输出端 $-V_O$ 如何随着 $+V_O$ 的变化而变化。

【解】 当外部的变化使得 V_O 增加，v_N 增加，由于运放的负相电压增加，导致其输出 V_{B1} 降低，而 $-V_O=V_{B1}-2V_{BE}$ 也会下降，从而跟踪了 V_O 的变化。

11.2.6 图题 11.2.6 是由 LM317 组成输出电压可调的典型电路，当 $V_{31}=V_{REF}=1.2$ V 时，流过 R_1 的最小电流 I_{Rmin} 为(5～10)mA，调整端 1 输出的电流 $I_{adj}\ll I_{Rmin}$，$V_I-V_O=2$ V。(1) 求 R_1 的值；(2) 当 $R_1=210$ Ω，$R_2=3$ kΩ 时，求输出电压 V_O；(3) 当 $V_O=37$ V，$R_1=210$ Ω，$R_2=$？电路的最小输入电压 $V_{Imin}=$？(4) 调节 R_2 从 0 变化到 6.2 kΩ 时，输出电压的调节范围。

【分析】 本题只需要掌握 LM317 的输出为参考电平 V_{REF}，利用电路分析的方法进行分析。

【解】 (1) LM317 的输出为参考电平 V_{REF}，电流为 I_{Rmin}，则

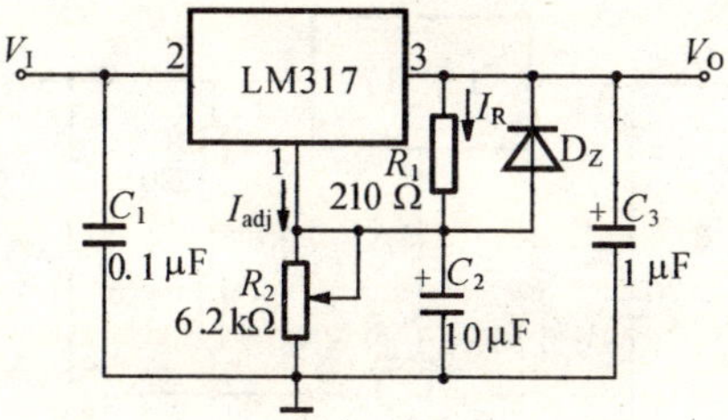

图题 11.2.6

$$R_I=\frac{V_{REF}}{I_{Rmin}}=\frac{1.2\ V}{5\times10^{-3}\ A}\sim\frac{1.2\ V}{10\times10^{-3}\ A}=(240\sim120)\ \Omega$$

(2) 由于 $I_{adj}\ll I_{Rmin}$

$$V_O=V_{REF}\left(1+\frac{R_2}{R_1}\right)=1.2\ V\times\left(1+\frac{3\times10^3}{210}\right)=18.3\ V$$

(3) $V_O=37$ V，$R_1=210\ \Omega$ 时，R_2 的值

$$37\ V=1.2\times\left(1+\frac{R_2}{210\ \Omega}\right)V$$

$$R_2=\left(\frac{37}{1.2}-1\right)\times210\ \Omega=6\ 265\ \Omega\approx6.3\ k\Omega$$

$V_I-V_O=2$ V，此时的最小输入电压为

$$V_{Imin}=V_O+2\ V=(37+2)V=39\ V$$

(4) 由于输出电压 $V_O=V_{REF}\left(1+\frac{R_2}{R_1}\right)$

R_2 从 0 至 6.2 kΩ 时，输出电压的调节范围为(1.2～36.6)V。

11.2.7 可调恒流源电路如图题 11.2.7 所示。(1) 当 $V_{31}=V_{REF}=1.2$ V，R 从 0.8～120 Ω 改变时，恒流电流 I_O 的变化范围如何？(假设 $I_{adj}\approx0$)；(2) 当 R_L 用待充电电池代替，若 50 mA 恒流充电，充电电压 $V_E=1.5$ V，求电阻 R_L＝？

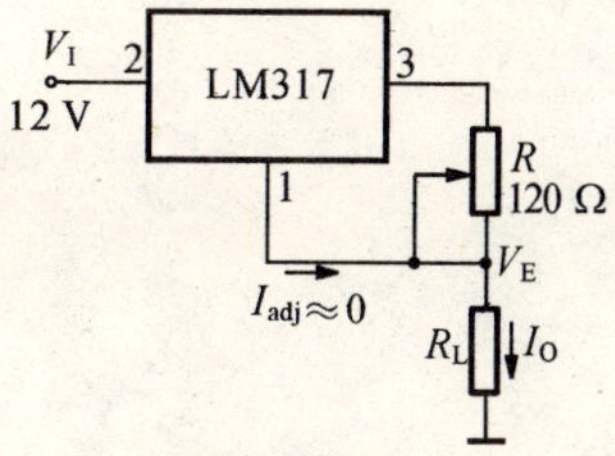

图题 11.2.7

【分析】 同题 11.2.6。

【解】 (1) 输出电流为 $I_O=V_{REF}/R$。

当 R 从 0.8～120 Ω 变化时，恒流电流 I_O

$$\frac{1.2\ V}{0.8\ \Omega}\sim\frac{1.2\ V}{120\ \Omega}$$

即在(1.5～0.01)A 变化。

(2) 当 $V_E=1.5$ V，$I_O=50$ mA 时，R_L 为

$$R_L=\frac{V_E}{I_O}=\frac{1.5V}{50\times10^{-3}\ A}=30\ \Omega$$

11.2.8 图题 11.2.8 是 6 V 限流充电器，BJT T 是限流管，$V_{BE}=0.6$ V，R_3 是限流取样电阻，最大充电电流 $I_{OM}=V_{BE}/R_3=0.6$ A，说明当 $I_O>I_{OM}$ 时如何限制充电电流。

【分析】 同题 11.2.6。

【解】 输出电压为

$$V_O=V_{REF}\left(1+\frac{R_2/\!/r_{cb}}{R_1}\right)V=1.2\times\left(1+\frac{1\ 000}{240}\right)V=6.2\ V$$

一般 $r_{cb}\gg R_2$，但当充电电流 $I_O>I_{OM}$ 时，$V_{BE}=V_{R3}>0.6$ V，使 V_{CE} 减小，BJT c～e 间电阻减小，即 r_{cb} 亦减小，使输出电压 V_O 减小，从而导致 I_O 减小，故限制了输出电流。

11.2.9 REF101KM 是输出电压 $V_o=10$ V 的高精度基准电压源的典型集成电路，它的电压调整

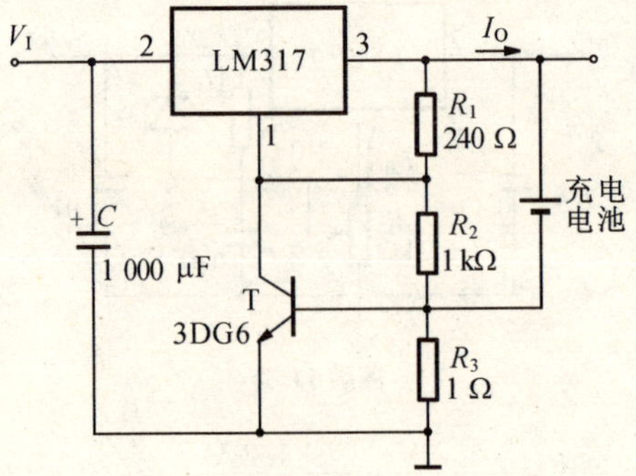

图题 11.2.8

率 $S_V=100\%\times\frac{\Delta V_o}{V_o}/\Delta V_I=0.001\%/V$，负载调整率 $S_I=(\Delta V_o/V_o)/\Delta I_o\times100\%=0.001\%/mA$，温度系数 $S_T=\frac{\Delta V_o}{V_o}/℃=ppm/℃=10^{-6}/℃$。(1) $V_I=15\sim30$ V，I_o 有 10 mA 的变化；$T=0℃\sim70℃$ 三种情况下，求输出的误差电压 ΔV_o 的变化值；(2) 若长期稳定度为 50 ppm/kh$=50\times10^{-6}$/kh，求当 $V_o=$ 10 V时，电路工作 1 000 小时后的输出电压的变化量 ΔV_o 是多少？

【分析】 参考教材式(11.2.1)、(11.2.4b)和(11.2.5b)

【解】 (1) $S_V=100\%\times\frac{\Delta V_o}{V_o}/\Delta V_I=0.001\%/V$

$$0.001\%/mV=100\%\times\frac{\Delta V_o}{10}/(30-15)$$

$$\Delta V_o=1.5\ mV$$

$$S_I=100\%\times\frac{\Delta V_o}{V_o}/\Delta I_o$$

$$S_I=0.001\%/mA=100\%\times\frac{\Delta V_o}{10\ V}/10\ mA$$

$$\Delta V_o=\pm1\ mV$$

$$S_T=\frac{\Delta V_o}{V_o\Delta T}$$

$$S_T=10^{-6}/℃$$

$$\begin{aligned}\Delta V_o&=S_T\times V_o\times\Delta T\\&=10^{-6}/℃\times10\ V\times70℃\\&=0.7\ mV\end{aligned}$$

(2) $V_o=10$ V， $t=1\ 000$ 小时

$$\Delta V_o=S_t\times V_o\times1\ 000$$

$$\Delta V_o=50\times10^{-6}/kh\times1\ 000\ h\times10\ V=0.5\ mV$$

11.3 开关式稳压电路

11.3.1 电路如图题 11.3.1 所示，开关调整管 T 的饱和压降 $V_{CES}=1$ V，穿透电流 $I_{CEO}=1$ mA，v_T 是幅度为 5 V、周期为 60μs 的三角波，它的控制电压 v_B 为矩形波，续流二极管 D 的正向电压 $V_D=0.6$ V。输入电压 $V_I=20$ V，v_E 脉冲波形的占空比 $q=0.6$，周期 $T=60$μs，输出电压 $V_O=12$ V，输出电流 $I_O=1$ A，比较器 C 的电源电压 $V_{CC}=\pm10$ V，试画出电路中，当在整个开关周期 i_L 连续情况下 v_T、v_A、v_B、v_E、i_L 和 v_O 的波形(标出电压的幅度)。

【分析】 若整个开关周期 i_L 是连续的，则波形均可以认为是理想的。

三角波发生器输出电压 v_T，从比较器输出一矩形波电压 v_B，开关调整管 T 由 v_B 控制，T 输出矩形

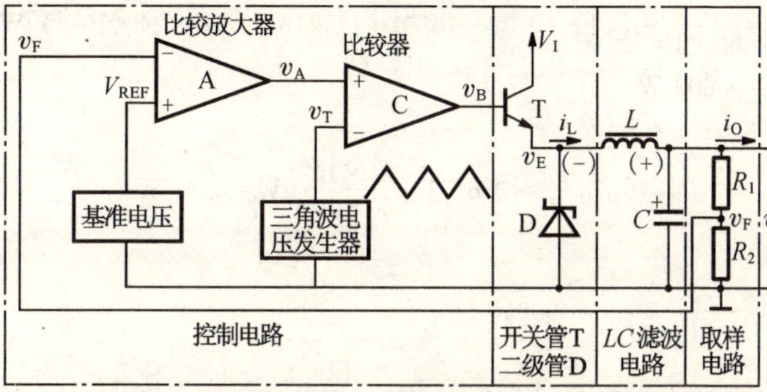

图题 11.3.1 串联型开关稳压电路原理图

波电压 v_E，再经 LC 滤波电路得 i_L（$I_L=1$ A）和输出电压 $v_O=12$ V。

【解】 波形如图解 11.3.1 所示。

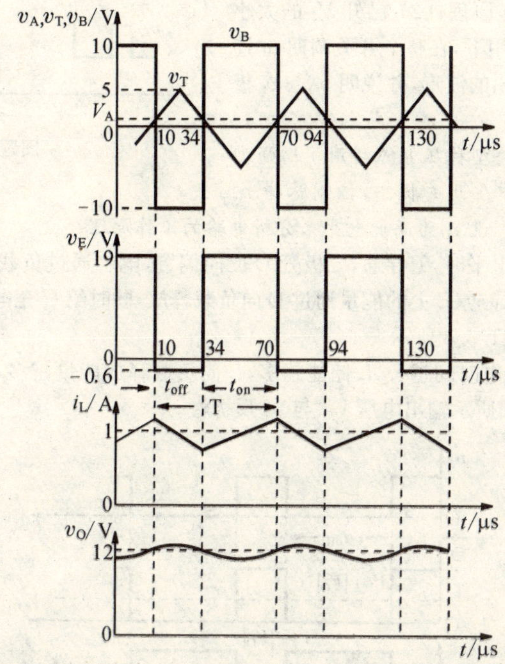

图解 11.3.1

11.3.2 电路给定条件如上题，当续流二极管反向电流很小时，试求：(1) 开关调整管 T 和续流二极管 D 的平均功耗；(2) 当电路中电感器 L 和电容器 C 足够大时，忽略 L、C 和控制电路的损耗，计算电源的效率。

【分析】 调整管和二极管的平均功耗为一个周期内导通时的功耗加上截止时的功耗的平均值；要求求效率，需要求出输出功率和电源提供的功率之比，忽略 L、C 和控制电路的损耗，这里电源提供的功率=输出功率+调整管功耗+二极管功耗。

【解】 (1) 调整管功耗为

$$P_T=\frac{1}{T}(I_O V_{CES} t_{on}+I_{CEO} V_I t_{off})$$

$$=\frac{1}{60\times10^{-6}}[(1\times1\times36\times10^{-6})+(1\times10^{-3}\times20\times24\times10^{-6})]\text{W}$$
$$=0.608\ \text{W}$$

二极管功耗为

$$P_B=V_D I_D\frac{t_{off}}{T}=0.6\times1\times\frac{24\times10^{-6}}{60\times10^{-6}}\text{W}=0.24\ \text{W}$$

(2) 电源效率为

$$\eta=\frac{P_O}{P_O+P_T+P_D}\times100\%$$
$$=\frac{V_O I_O}{V_O I_O+P_T+P_D}\times100\%=\frac{12\times1}{12\times1+0.608+0.24}\times100\%=93.4\%$$

11.3.3 反极型开头稳压电路的主回路如图题11.3.3所示，已知 $V_I=12$ V，$V_O=-15$ V，控制电压 v_G 为矩形波，电路中 L、C 为储能元件，D为续流二极管。(1) 试分析电路的工作原理；(2) 已知 V_I 的大小和 v_G 的波形，画出在 v_C 作用下，在整个开关调期 i_L 连续情况下 v_D、v_{DS}、v_L、i_L 和 v_O 的波形，并说明 v_O 与 v_I 极性相反。

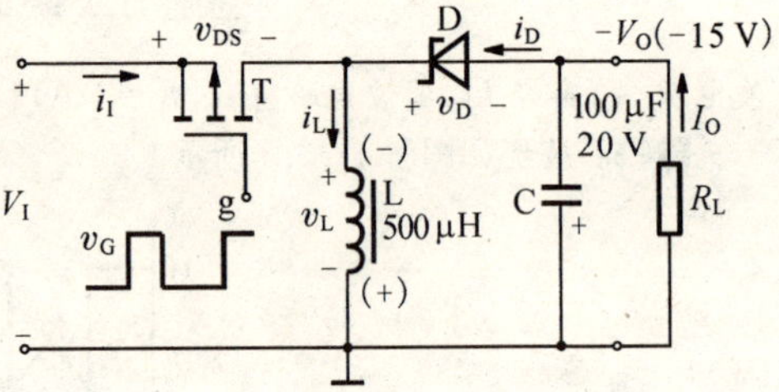

图题 11.3.3

【分析】 电路中的开关型稳压电源利用了增强型场效应管作为调整管，工作在开关状态，控制脉冲 v_G 控制开关管的导通和截止。设 v_G 为高低电平来分析电路的工作原理。

【解】 (1) 当 v_G 为高电平时，T 导通，二极管D反向偏置，电容通过负载 R_L 放电。当 v_G 为低电平时，T 截止，二极管D正向导通，L 上的能量通过D向负载释放，同时给 C 充电。

(2) 输出波形如图解11.3.3所示。

在脉冲周期中，T 的导电时间越长，L 储能越多，L 向负载释放能量越多，在一定负载电流 I_O 条件下输出电压 V_O 越高。如图所示输出电压 V_O 与 V_I 反极性。

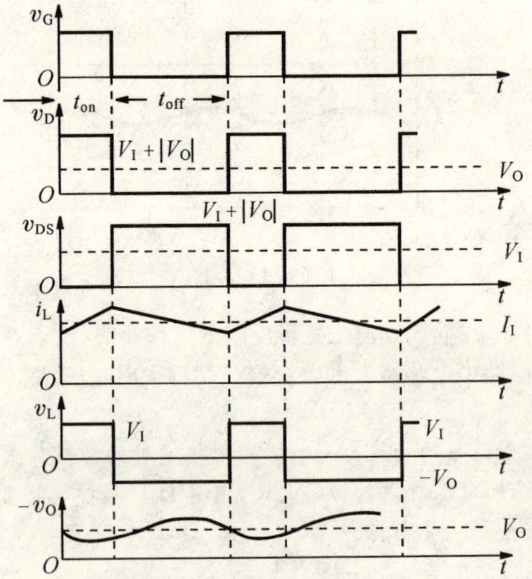

图解 11.3.3

11.3.4　图题 11.3.4 所示是利用集成的升压型 MAX633 和反极型 MAX637，外接 L、C、D 组成的由 +12 V汽车电池产生供给运放的 ±15 V电源的低功率开关电源，试分析电路的工作原理，当 MOSFET 控制电压 v_G 为矩形波时，在整个开关周期电感电流 i_L 连续情况下分别画出升压型和反极型两组开关稳压电路 v_D、v_{DS}、i_L、v_L'、v_O 和 V_O 的波形。

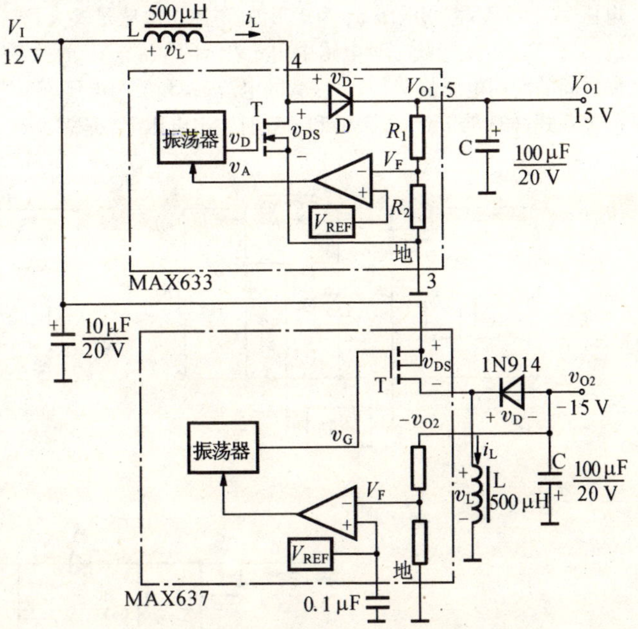

图题 11.3.4

【分析】　参考主教材中图 11.3.4(b)和习题 11.3.3 的图解。

11.3.5　电路如图题 11.3.5 所示，当电路中开关频率 $f_k = 1/T$ 和电感 L 较小时，试分析在整个开关周期 T 电感电流 i_L 有断流条件下的工作特性，当 v_G 的波形和 V_I 已知时，画出 v_G、i_L、v_S 和 v_O 的波形。

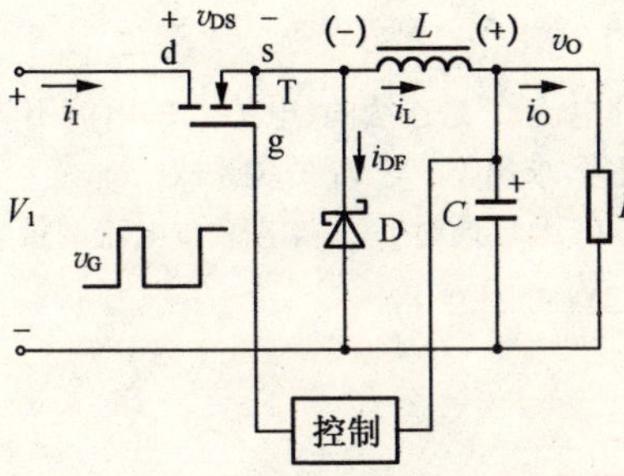

图题 11.3.5

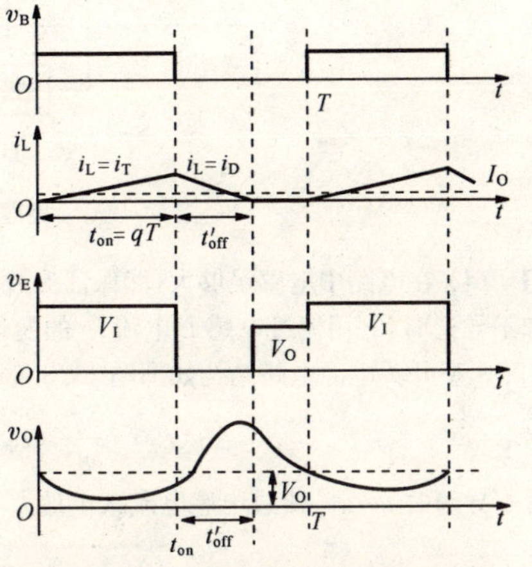

图解 11.3.5　在开关周期内电感电流 i_L 有断流条件下 v_B、i_L、v_E 和 v_O 的波形

【分析】　按照电感电流 i_L 在整个开关周期的工作状态分析。

【解】　(1) v_G 高电平，T 导通，D 截止，t_{on} 期间，电感电流从零开始线性增加，$i_T = I_L$，$v_S = V_I$，$v_O = V_I - e_L$，$t_{on} = qT$；

(2) v_G 为低电平，T 截止，D 导通，t_{off}' 期间，i_L 线性下降，T 的电流 $i_T = 0$，$i_D = i_L$，$v_S = 0$，$v_O = V_I + e_L$，$t'_{off} < (T - t_{on})$；

(3) v_G 为低电平，$i_L = 0$(断流)，T、D 截止，$T - (t_{on} + t'_{off})$ 期间，$i_T = i_D = 0$，$v_S = V_O$(平均值)，v_O 下降。

电感电流 i_L 在开头周期内有断流条件下 v_G、i_L、v_E 和 v_O 的波形如图解 11.3.5 所示。

11.3.6　降压型、升压型和反极型三种开关稳压(DC/DC)电路结构如图题 11.3.6 所示，输入直流

电压 $V_I=10$ V，控制电压 v_G 为矩形波，电路中电感足够大，流过电感的电流 i_L 是连续的，其占空比 $q=t_{on}/T$ 已知。(1) 求出三种电路中用 q 表示的 V_O 与 V_I 的关系式，求开关调整管最大的漏极电流 I_{Dmax}，漏源间的反向电压值 V_{DSR}，二极管的电流 I_{DF} 和反向电压 V_{DR} 的表达式；(2) 列表表示电路中电压、电流的关系式；(3) 当 $q=1/3,1/2$ 和 $4/5$ 时输出电压 V_O 是多少？

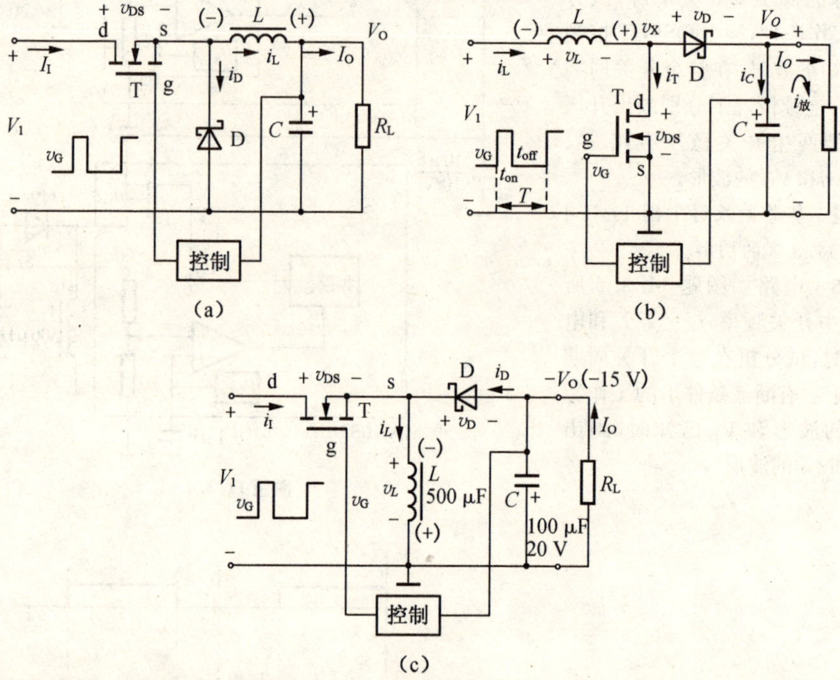

图题 11.3.6

【解】 (1) 在电路中电感足够大，能保证流过电感的电流 i_L 是连续的(电感 L 的电流不为零)故 T 管导通和不导通时，利用流过电感 L 电流 i_L 的变化量相等，求出 V_O 与 V_I 的关系式。

(a) 降压型开关电源电路结构如图题 11.3.6a 所示，在 T 导通时 $t=t_{on}$，电感 L 电流增量为

$$\Delta i_L(t_{on})=\frac{v_L}{\omega L}\times t_{on}=\frac{V_I-V_{DSS}-V_O}{\omega L}\times t_{on}$$

T 管不导通时 $t=t_{off}$，流过电感电流减小量为

$$\Delta i_L(t_{off})=\frac{(V_{DF}+V_O)}{\omega L}\times t_{off}$$

在电感电流 i_L 连续导通模式时，流过电感 L 电流 i_L 在 T 导通或不导通时的变化增量和减量相等，即

$$\Delta i_L(t_{on})=\Delta i_L(t_{off})=\Delta i_L$$

用 $t_{off}=T-t_{on}$，$q=\dfrac{t_{on}}{T}$，因 $V_{DSS}\approx 0$，$V_{DF}\approx 0$

$$\frac{V_I-V_{DSS}-V_O}{\omega L}\times t_{on}=-\frac{V_{DF}+V_O}{\omega L}\times t_{off}$$

$$V_O=qV_I$$

负载电流 $I_O=V_O/R_L$

开关管 T 的最大漏极电流 $I_{TDmax}=I_O$，漏源反向电压 $V_{DS}=V_I$，续流二极管 D 的电流 $I_{DF}=(1-q)I_O$，反向电压 $V_{DR}=V_I$，因 $q<1$，电路为降压型稳压电路 $V_O<V_I$。

(b) 升压型开关电源电路结构如图题 11.3.6b 所示，在 $t=t_{on}$ 内，电感两端电压 $V_L=V_I-V_{DSS}$，在 $t=t_{off}$ 电感两端电压 $V_L=V_I-(V_{DF}+V_O)$，利用流过电感 L 的电流 i_L 在 $t=t_{on}$ 时的电流增量 $\Delta i_L(t_{on})$ 和 $t=t_{off}$ 时的电流减量 $\Delta i_L(t_{off})$ 相等，同样 $t_{off}=T-t_{on}$，$V_{DSS}\approx 0$，$V_{DF}\approx 0$ 时

$$\frac{V_I-V_{DSS}}{\omega L}\times t_{on}=\frac{V_I-(V_{DF}+V_O)}{\omega F}\times t_{off}$$

$$V_O=+\frac{1}{1-q}(V_I-qV_{DSS})-V_{DF}$$

$$V_O=\frac{1}{1-q}V_I\text{，负载电流 } I_O=\frac{V_O}{R_L}$$

电路中 $I_{TDmax}=\left(\frac{1}{1-q}\right)I_O$，$V_{DSR}=V_O$，$I_{DF}=I_O$，$V_{DR}=V_O$。$\left(\frac{1}{1-q}\right)>1$ 电路为升压型稳压电路 $V_O>V_I$。

(c) 反极型开关电源电路结构如图题 11.3.6c 所示，在 $t=t_{on}$ 时，电感两端电压 $V_L=V_I-V_{DSS}$；$t=t_{off}$ 时，$V_L=V_O-V_{DF}$，同样在 $V_{DSS}\approx 0$，$V_{DF}\approx 0$，$t_{off}=T-t_{on}$ 可证明电流量 $\Delta i_L(t_{on})$ 和电流减量 $\Delta i_L(t_{off})$ 相等，即

$$\frac{V_I-V_{DSS}}{\omega L}\times t_{on}=\frac{V_O-V_{DF}}{\omega F}\times t_{off}$$

$$V_O=\frac{-q}{1-q}(V_I-qV_{DSS})-V_{DF}$$

$$V_O=-\frac{q}{1-q}V_I$$

由 V_O 的式中看出，当 $q>50\%$ 时，输出电压 $V_O>V_I$ 为反极性升压型开关电源；而 $q<50\%$，$V_O<V_I$ 为反极性降压型开关电源。电路中 $I_{TDmax}=[q/(1-q)]I_O$，$V_{DS}=V_I-V_O$，$I_{DF}=I_O$，$V_{DR}=V_I-V_O$。

(2) 三种电路中，电压、电流关系式如表解 11.3.6a 所示。

表解 11.3.6(a)　三种开关电源特性比较

DC/DC 开关电源	(Buck) 降压型 $V_O<V_I$	(Boost) 升压型 $V_O>V_I$	(Inverting, Buck-Boost) 反极性(降压/升压式)
电路结构	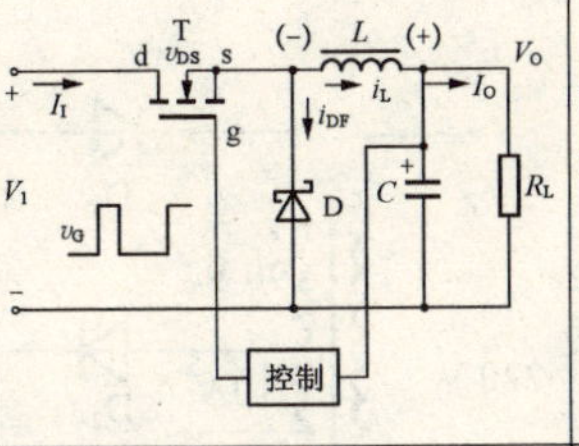	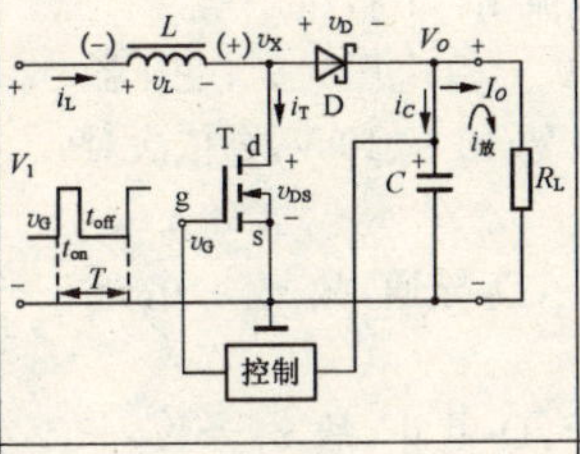	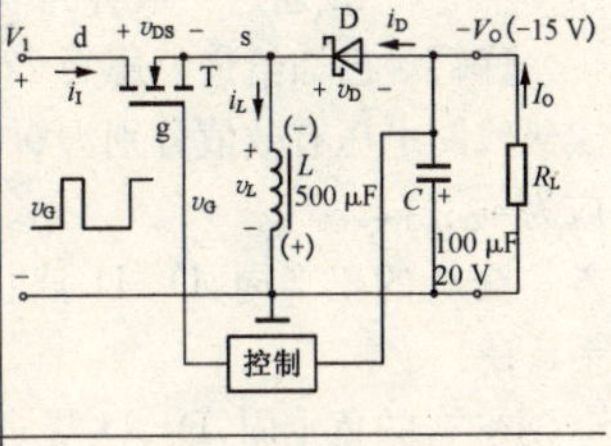
理想的传递函数 V_O/V_I	$\frac{t_{on}}{T}=q$	$\frac{T}{T-t_{on}}=\frac{1}{1-q}$	$\frac{T}{T-t_{on}}=\frac{q}{1-q}$
最大漏极电流 I_{TDmax}	$\frac{V_O}{R_L}$	$\frac{1}{1-q}I_O$	$\frac{q}{1-q}I_O$
漏源电压 V_{DS}	V_I	V_O	V_I-V_O
输出二极管上的电流 I_{DF}	$(1-q)\frac{V_O}{R_L}$	$I_O=\frac{V_O}{R_L}$	$I_O=\frac{V_O}{R_L}$
输出二极管的反向电压 V_{DR}	V_I	V_O	V_I-V_O

续表解 11.3.6(a)

DC/DC 开关电源	(Buck) 降压型 $V_O<V_I$	(Boost) 升压型 $V_O<V_I$	(Inverting，Buck-Boost) 反极性(降压/升压式)
主要特点	$V_O<V_I$	$V_O>V_I$	$q>50\%$ $\lvert V_O\rvert>\lvert V_I\rvert$ 升压 $q<50\%$ $\lvert V_O\rvert<\lvert V_I\rvert$ 降压 $q=50\%$ $\lvert V_O\rvert=\lvert V_I\rvert$ 反极
单片 DC/DC 电源的典型产品	LM2596 (HYM2596) MAX758A LM2576/2596 LM2578/2579 AP1501/1507/1509	LM2733 MAX1709 MAX770/773 UCC3800 TPS6743	ICL7660 MAX764 LTC3441 UC3572 TPS6755

(3) 当 $q=\frac{1}{3}$,1/2 和 4/5 时三种状态，三种电路的输出电压值见表解 11.3.6b 所示。

表解 11.3.6(b) $V_I=10$ V 时

$V_I=10$ V	(a) 降压型 $V_O=qV_I$	(b) 升压型 $V_O=\frac{1}{1-q}V_I$	(c) 反极型 $V_O=\frac{q}{1-q}V_I$
$q=\frac{1}{3}$	$V_O=\frac{1}{3}V_I=3.3$ V	$V_O=\frac{3}{2}V_I=15$ V	$V_O=-\frac{1}{2}V_I=-5$ V 反极降压型
$q=\frac{1}{2}$	$V_O=\frac{1}{2}V_I=5$ V	$V_O=2V_I=20$ V	$V_O=-V_I=-10$ V 反极型
$q=\frac{4}{5}$	$V_O=\frac{4}{5}V_I=8$ V	$V_O=5V_I=50$ V	$V_O=-4V_I=-40$ V 反极升压型

典型习题与全真考题详解

1 (河北大学 2008 年硕士研究生入学考试试题)判断图题 11.1 所示电路为什么电路？并求出电压 V_{L1} 和 V_{L2} 及通过二极管的电流 I_{D1},I_{D2},I_{D3}。

【解】 已知给定电压为 220 V,令电压为 v_1;变压器次级线圈电压有效值分别为 90 V、10 V、10 V,令依次对应为 v_2、v_3、v_4。

在 v_1 的正半周,D_1、D_3 截止,D_2 导通,故 $v_{o1}=0$,$v_{o2}=v_3$;

在 v_1 的负半周,D_1、D_3 导通,D_2 截止,故 $v_{o1}=v_2+v_3$,$v_{o2}=v_4$。

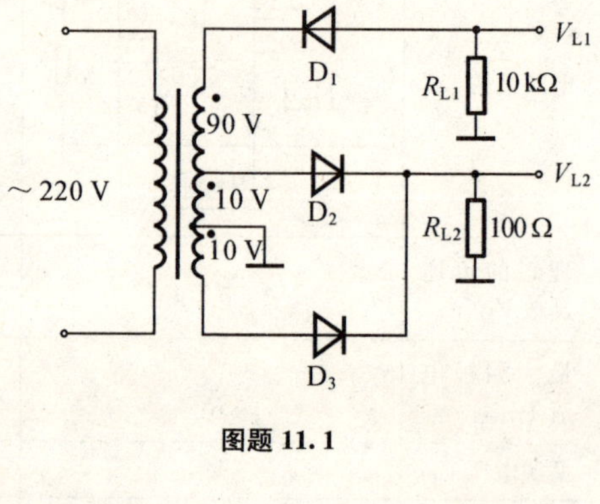

图题 11.1

由此可知,D_1 与电压 v_2、v_3 所对应的变压器线圈组成半波整流电路,整流输出的直流电压为

$V_{L1}=V_{O1}=-0.45(V_2+V_3)=-0.45\times(90+10)$ V$=-45$ V

通过二极管 D_1 的电流即为流过负载 R_{L1} 的直流电流

$$I_{D1}=I_{O1}=\frac{V_{L1}}{R_L}=\frac{45}{10}\text{ mA}=4.5\text{ mA}$$

D_2、D_3 管与电压 v_3、v_4 所对应的变压器线圈组成全波整流电路,整流输出直流电压为

$$V_{L2}=V_{O2}=0.9V_3=0.9\times10\text{ V}=9\text{ V}$$

通过二极管 V_2、V_3 的电流即为流过负载 R_{L2} 的直流电流为

$$I_{D2}=I_{D3}=I_{O2}=\frac{V_{O2}}{R_{L2}}=\frac{9}{0.1}\ \text{mA}=90\ \text{mA}$$

2　(浙江师范大学 2011 年硕士研究生入学考试试题)稳压电路如图题 11.2 所示,已知稳压二极管 D_Z 的 $V_Z=10$ V、$P_{ZM}=1$ W、$I_{Zmin}=2$ mA。当电路工作在稳压状态时,求输入电压 V_I 的允许变化范围。

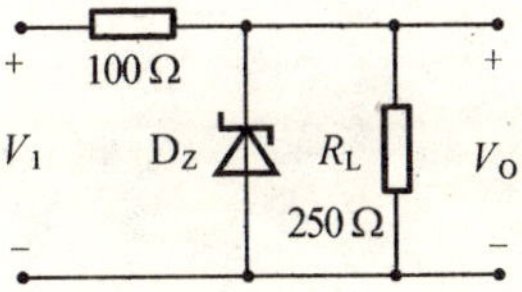

图题 11.2

【解】　稳压管的最大稳定电流

$$I_{ZM}=\frac{P_{ZM}}{V_Z}=\frac{1\ \text{W}}{10\ \text{V}}=100\ \text{mA}$$

稳压管稳定工作时负载 R_L 的电流

$$I_L=\frac{V_O}{R_L}=\frac{V_Z}{R_L}=\frac{10\ \text{V}}{250\ \Omega}=40\ \text{mA}$$

电阻 R 上的电流范围

$$I_{Rmax}=I_{ZM}+I_L=(100+40)\ \text{mA}=140\ \text{mA}$$

$$I_{Rmin}=I_{Zmin}+I_L=(2+40)\ \text{mA}=42\ \text{mA}$$

输入电压 V_I 的允许变化范围

$$V_{Imax}=I_{Rmax}R+U_Z=(140\times0.1+10)\ \text{V}=24\ \text{V}$$

$$V_{Imin}=I_{Rmin}R+U_Z=(42\times0.1+10)\ \text{V}=14.2\ \text{V}$$

所以输入电压 V_I 的允许变化范围为 14.2 V～24 V。

3　(西安交通大学 2005 年硕士研究生入学考试试题)桥式整流电容滤波电路如图题 11.3 所示,图中变压器副边电压有效值 $V_2=20$ V,$R_L=50$ V,电容 $C=2\ 000\ \mu$F。

(1) 现用直流电压表测量 R_L 两端的电压 V_O,如出现下列情况,试分析诸情况中哪些属正常工作时的输出电压,哪些属于故障情况?请指出故障所在:

① $V_O=28$ V,② $V_O=18$ V,③ $V_O=24$ V,④ $V_O=9$ V。

(2) 当电路正常工作时,如用直流电压表去测二极管 D_1 两端电压,其电压值为多少?电压表的正负极性应如何接?

【解】　(1) ①$V_O=28$ V,此电压值是 v_2 的峰值,只有在负载 R_L 未接时才可能出现该情况。

②$V_O=18$ V,此数值是 V_2 的 0.9 倍,只有在无滤波电容的全波桥式整流电路中,其输出电压才会出现此电压值。所以,是属于电路中的电容开路的故障情况。

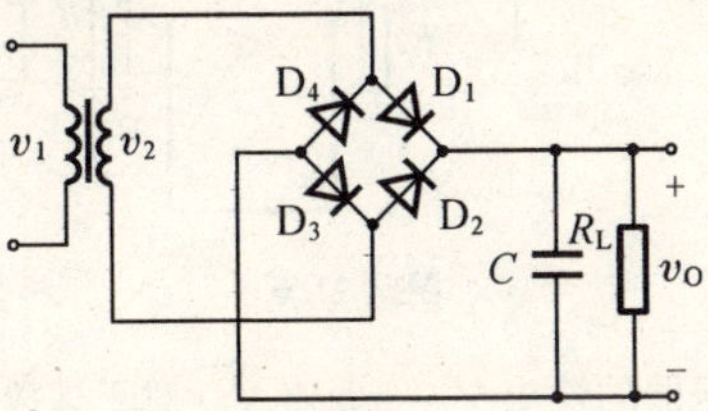

图题 11.3

③$V_O=24$ V 刚好是 V_2 的 1.2 倍,电路工作正常。

④$V_O=9$ V,是 V_2 的 0.45 倍,此输出电压与 V_2 的数值关系只有在半波整流情况下存在。所以,此时属电容 C 开路且有一个二极管开路(未接或虚焊或是已烧断)的故障情况。

(2) 用直流电压表接在 D_1 的两端测出的是二极管的反向电压平均值。有电容滤波时,v_{D1} 的峰值接近$\sqrt{2}V_2$。要使电压表指针正偏,应将正表笔接 D_1 的阴极,负表笔接其阳极。

4　(浙江师范大学 2011 年硕士研究生入学考试试题)图题 11.4 所示电路中,稳压管 VD_Z的稳定电压 $V_Z=5$ V,$R_1=R_3=200\ \Omega$。

(1) 要求 R_W 滑动端在最下端时 $V_O=15$V,请问 R_W 的阻值为多少?

(2) 在(1)选定的 R_W 情况下，当 R_W 滑动端在最上端时 V_O =？

(3) 直流电源一般由哪些部分构成？

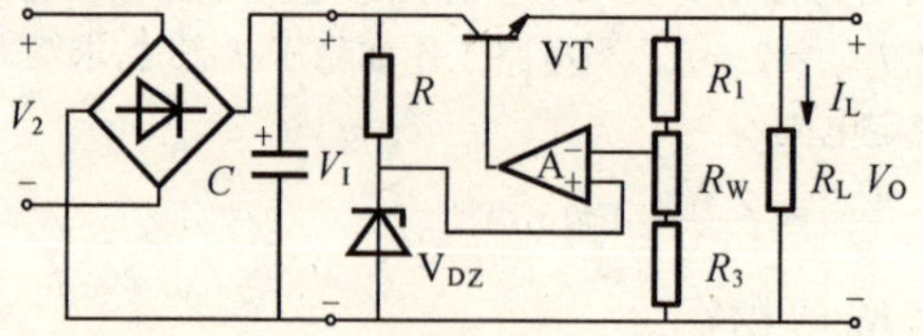

图题 11.4

【解】 (1) 利用运放引入负反馈，具有“虚短”和“虚断”的特点

$$V_N = V_P = V_Z$$

当 R_W 滑动端在最下端时输出电压

$$V_O = \frac{R_1 + R_W + R_3}{R_3} V_N$$

R_W 的阻值为 $$R_W = \frac{V_O}{V_N} R_3 - R_1 - R_3 = \left(\frac{15}{5} \times 0.2 - 0.2 - 0.2\right)\ k\Omega = 200\ \Omega$$

(2) 当 R_W 滑动端在最上端时输出电压

$$V_O = \frac{R_1 + R_W + R_3}{R_3 + R_W} V_N = \frac{3}{2} \times 5\ V = 7.5V$$

(3) 直流电源一般由变压器、整流电路、滤波电路和稳压电路四个部分构成。

5 （哈尔滨工业大学 2007 年硕士研究生入学考试试题）已知电路如图题 11.5 所示，电位器的滑动端位于图位置，试求：

(1) 当开关 S 切换到 a 点时，写出 V_o 的函数表达式。

(2) 当开关 S 切换到 b 点时，写出 V_o 的函数表达式。

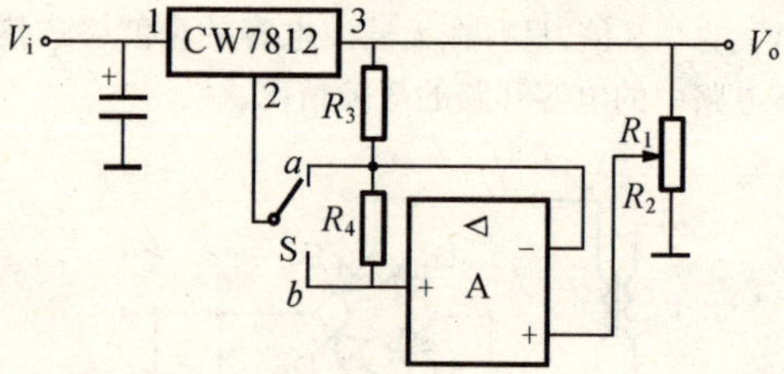

图题 11.5

【解】 由题已知三端集成稳压器的输出 $V_{32} = +12$ V。对于运放利用“虚短”和“虚断”，可得

(1) 当开关 S 切换到 a 点时，运放构成电压跟随器，则

$$V_{R1} = V_{32} = \frac{R_1}{R_1 + R_2} V_O$$

此时输出电压的函数表达式为

$$V_O = \left(1 + \frac{R_2}{R_1}\right) \times 12\ V$$

(2) 当开关 S 切换到 b 点时，则

$$V_{R3} = \frac{R_3}{R_3 + R_4} V_{32} = \frac{R_1}{R_1 + R_2} V_O$$

此时输出电压的函数表达式为

$$V_O=\frac{R_3}{R_3+R_4}\times\left(1+\frac{R_2}{R_1}\right)\times 12\text{V}$$

6　(华中科技大学 2006 年硕士研究生入学考试试题)电路如图题 11.6 所示。已知:$V_Z=15$ V,$R_1=1$ kΩ,$R_2=2$ kΩ,$R_3=2$ kΩ,$V_I=30$ V,T 的电流放大系数 $\beta=100$。试求:

(1) 电压输出范围。

(2) 当 $V_O=15$ V,$R_L=150$ Ω 时,调整管 T 的管耗和运算放大器的输出电流。

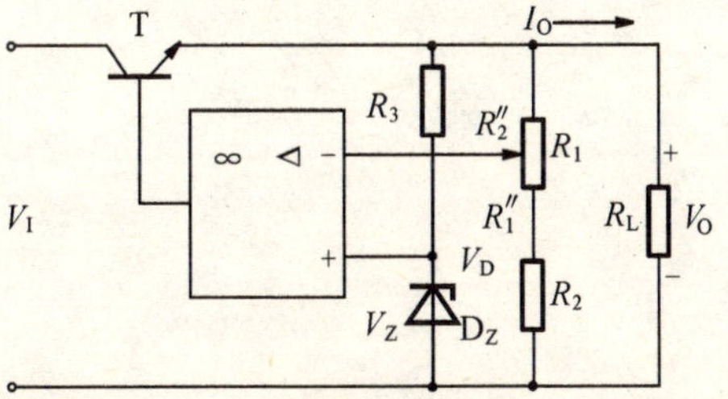

图题 11.6

【解】　(1) 由串联型稳压电路输出电压公式,可得 $V_O=\frac{R_1+R_2}{R_2+R_1''}V_Z$

当 $R_1''=R_1$ 时,$V_O=V_Z=6$ V

当 $R_1''=0$ 时,$V_O=\frac{2+1}{2}\times 6\text{ V}=9\text{ V}$

电压输出范围 6～9 V。

(2) 由欧姆定律可得:$I_O=\frac{V_O}{R_L}=\frac{15\text{ V}}{150\ \Omega}=0.1\text{ A}$

由三极管:$I_C=\beta I_B$,$I_E=(1+\beta)I_B$

又由 KCL 定律:

$$i_E=I_O+\frac{V_O}{R_1+R_2}+\frac{V_O-V_Z}{R_3}$$

则

$$I_{AO}=I_B=\frac{I_E}{1+\beta}=\frac{1}{1+\beta}\left(\frac{V_O-V_Z}{R_3}+\frac{V_O}{R_1+R_2}+I_O\right)$$

$$=\frac{1}{100+1}\left[\frac{15-6}{2\times 10^3}+\frac{15}{(2+1)\times 10^3}+0.1\right]\text{A}=0.001\ 1\text{ A}$$

$$P_T=I_E\cdot V_{CE}=I_E\cdot(V_I-V_O)=1.64\text{ W}$$